中国近现代园林史

吴泽民　编著

中国林業出版社
·北京·

图书在版编目（CIP）数据

中国近现代园林史 / 吴泽民编著 .-- 北京：中国林业出版社，2022.4
ISBN 978-7-5219-1538-9

Ⅰ．①中… Ⅱ．①吴… Ⅲ．①园林建筑－建筑史－中国－近现代 Ⅳ．① TU-098.42

中国版本图书馆 CIP 数据核字 (2022) 第 001777 号

出版发行　中国林业出版社
（100009 北京西城区刘海胡同 7 号）
邮箱：36132881@qq.com 电话：010-83143545
印　　刷　河北京平诚乾印刷有限公司
版　　次　2022 年 4 月第 1 版
印　　次　2022 年 4 月第 1 次
开　　本　787mm×1092mm　1/16
印　　张　43.5
字　　数　697 千字
定　　价　248.00 元

责任编辑　刘香瑞

序一

这是对中国近现代园林发展回顾的一部巨著。如同开拓创新，回顾亦非易事，同样需要浩海识珍的智慧、持之以恒的毅力以及坚守真理的勇气，特别是对于中国现代园林的发展，该书是一次积极而富于勇气的努力尝试。毛主席指出："历史的经验值得注意。一个路线、一种观点要经常讲、反复讲。只给少数人讲不行，要使广大人民群众都知道。"对于中国近现代园林发展的回顾极为必要，尤其在应对百年未有之大变局、寻找方向、创新求变的当前，更需要"与古为新"。为此，该书无疑具有重要的作用。

中国近现代园林历经的时期非常特殊，这是五千年中国传统风景园林融入近现代世界风景园林坐标系的过程，是自成一体的中国传统风景园林与西方世界广泛交流、急剧碰撞、从传统走向现代的转换时期，是应对百年未有之大变局的预备期。回顾这一史无前例的历程，充满着进取开拓创新，跌宕起伏而充满艰辛，事事人人，成败得失，可歌可泣，却又充满着迷茫、争论。如何回顾、记录、总结、议论这一伟大的历程，特别是其中蕴含的精神，难度可想而知。作者填空补白、身先士卒、耗费六年余写成此著，其勇气和执着令我钦佩。

任何事物历史的主体都是由其本身的发生、行为、事情等一系列客观客体组成的，正所谓"成就在于事"。然而，中国人讲求"主客合一"，没有人的主体、主观、思想，万事不成。回顾中国近现代园林发展，自然也就绕不开一系列的人。以人带事，以事表人，无可厚非，但褒贬不一、误解、歧义，甚至非议也在所难免，毕竟这是“一家之言”。对此，建议读者以客观、就事论事的立场和包容平和的心态，泰然处之。

总之，以生动的人、事记录中国近现代园林发展的伟大历程，将正在过去的点点滴滴、若隐若现予以展现、串联、议论，一些疑惑可以一目了然，一些问题终将迎刃而解。通读全书，以史为鉴，对于今天还在苦苦思索中国现代风景园林事业的我，恰有“众里寻他千百度，蓦然回首 ……”之感。或许，这正是此书的价值所在。

2021 年 8 月 15 日于上海

刘滨谊，教授

同济大学风景园林学科专业委员会主任，风景科学研究所所长

国务院学位委员会风景园林学科评议组第一召集人

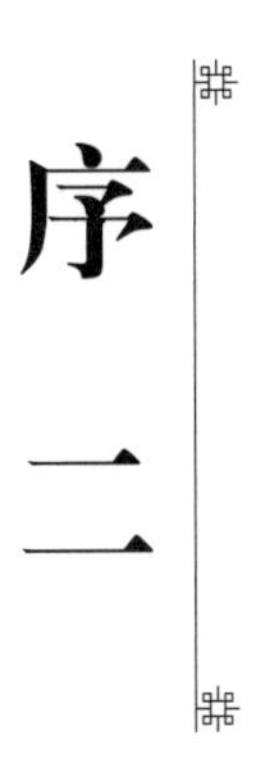

序二

写史难，写近代史更难，写现代和当代史尤其难，而在中国写现代和当代园林史则是难上加难。大概因为它不但要求作者有广博的知识、客观的立场、去芜存菁的敏锐、国际化的视野、深邃的品评，更需要有超人的勇气——即使园林历来都是社会现实以及恶劣生态环境的避难所，而关于园林人与园林的讨论，却总是不免让活着的人和死去的人的学生和后代们产生无端的联想，因此都会将写史的人置于私设的道德和学术的法庭上拷问。

所以，本书作者的这份勇气首先值得人们点赞。他把中国的园林史延展到了当代，填补了在中国奇缺的当代园林评论的空白。因为，即使在相关的学术期刊上，到目前为止，也鲜见有能够用没有门户之见的第三者的客观立场、用学者的精神和坦荡的处事态度来对一件当代中国园林作品给予评论的。这当然得益于作者长期从事有关园林的教学与科研所积累的底气；也得益于作者以“桃花源”外人的坦然立场，在清晰的视野下，用独特的学术视角，俯瞰纷繁有趣的园林世界的态度。

除了勇气，该书史料丰富。十余年前敝人曾与吴泽民教授有机会学术交流，感叹他能游猎于浩瀚的文山、拾遗于零散的史料、遍访天下园林、面会南北学者，甄选出我国近现代具有重要影响的园林理论、园林著作、园林学家、设计师和他们的作品，以及具有重要影响的主要事件，对一些争论也能客观表述，使读者能全方位了解我国近百年园林发展的历史和风貌。

把枯燥的历史写成有趣故事而又不失真实性和专业性，则是本书的另一个特点。作者文笔简明，把园林建设的“事”和从事园林建设的“人”结合起来，让园林建设成为故事了，通俗易懂，因而更能为广大园林爱好者和学生所阅读，也可以被关心城市生态环境建设的广大群众浏览阅读。所以，本书除了为学科本身的发展梳理历史、总结理论以外，对园林学科的普及推广必有裨益，在园林行业日渐式微的今天，是难能可贵的。

一百多年来的中国园林发展史是中国近现代和当代社会发展的一面镜子，也是园林事业继往开来的理论基石，因此，吴泽民先生的《中国近现代园林史》得以付梓，可谓久旱甘霖，善莫大焉，乐为之序，以表敬佩与欣慰之心。

2021 年 10 月 17 日于燕园

俞孔坚，教授
北京大学建筑与景观设计学院院长
美国艺术与科学院院士

前言

改革开放 40 多年，我国城市建设速度、规模及所取得的成就，在世界城市发展史中是绝无仅有的。由此我国成了当代世界城市公共园林建设机会最多的国家，同时园林学科、专业的发展也是全世界最快的，其变化速度远超欧美国家。这 40 多年可谓是园林景观规划和设计师的美好时代，在这样的背景下中国的园林景观理应形成特色鲜明、时代感强，甚至能引领世界的风格。因为，纵观世界园林发展历程，在不同时期出现了主导世界园林风格的学派，如意大利文艺复兴及台地园林、法国巴洛克园林、英国风景园林以及美国景观建筑与设计，而他们都是与所在国的经济发展、财富积累，特别是城市发展密切相关的。

在中国，古典园林（文人园林）在延续了千余年后，因辛亥革命推翻封建帝制而结束。尽管我们一直把古典园林看作是传统文化的遗产来继承并希望再现辉煌，但在今天的城市生活轨迹中，它实际上已失去了发展的土壤。现在我们复原名园、修复名园、新建及向国外输出古典园林，都可看作是继承传统，然而此仅为当代园林建设的一小部分。而近代在我国城市中应运而生的城市公园，一开始就因受西方园林的影响而与传统园林大相径庭，当代园林更是在与国际接轨的大趋势下趋同化了，我国博大精深的传统园林和现代园林之间似乎始终未有很好的融合。

我们当代园林如何为大规模的人居环境建设服务，如何在为大众服务的城市公园、风景园林名胜地等的设计建设中继续传承古典园林的精粹，将传统与现代结合、中西文化融合，而不是不顾条件的随意搬套和拼凑，依然是需要解决的问题。而在展现中国古典园林魅力的同时，形成符合新时代要求、体现当代文化价值并具有中国特色的园林流派，也是当代园林学家们一直在探讨和实践的。正如金柏苓（1992）所说，今天“我们并无避暑山庄或清漪园这样的辉煌力作，也没有发掘出代表时代的新的观念，今后的人又将如何评价今天的理论和实践，岂不是一个十分令人不安的问题”。这确实是值得我们思考的。因此，现在当我们面临最好的发展机遇时，是否可以，甚或应该在这片古老文明光彩熠熠的热土上，形成突现中国特色、主导21世纪的新园林风格呢。写这本书就是希望从历史上得到感悟、受到启发，所谓“以史为鉴”也。

笔者用了六年多的时间完成了这本《中国近现代园林史》的编写，这源于当年编写《欧美近现代园林景观艺术》时的一个感触。欧美国家几乎每年都有一些重要的园林史作出版，不仅是写历史的辉煌，更多是写今天的成就，除了写那些经典的园林作品外，还写了他们的主人、设计师及管理养护的人，写他们在设计、建造与管理园林背后的故事，他们的学识、爱好甚至是生活轶事。然而，我们的情况却有不同，一方面是写古典园林史的多，写近现代园林史的少；另一方面是写园林建设成就、写园林作品的多，而写园林设计者的少。因此，笔者萌生了要归纳总结我国近现代园林发展史迹，希望尽可能多地涉及在园林艺术发展中起到重要作用的人。然而，提笔后即发现这是一件很不容易的工作，近代的历史已淹没在浩瀚的文献中，现代的事件虽然脉络依然清楚，但要追寻其真实的发生过程却是相当困难。因为，在20世纪70年代之前我们更多强调集体的作用，在一些文献记载、相关人员的回忆中记述个人作用的内容并不多。“文化大革命”中，有的历史档案已经遗失，许多史迹只能从当事人的一些回忆文章中获得点点滴滴的相关信息，即使在这些回忆中对于一些具体的细节又常有不同的表述。最近几年情况有所变化，1999年柳尚华编著出版《中国风景园林当代五十年（1949～1999）》以来，学界对园林现代历史的关注愈来愈多，同时出现了一个现代园林史的研究群体，其中不乏年轻一代的研究人员。因此，不断有关于园林人物、历史事件、园林教育、园林政策的研究文章发表，还有多部著名园林学家的传记问世。更重要的是在2000年前后，各省及主要大城市几乎都编写出版了“园林绿化志”，还有一些重要的园林、公园等建设大事记，这些文献资料为笔者编写本书提供了最最重要的参考。

现在想来，笔者写这本书还是有点“自不量力”，因为我并非从事园林设计实践的专业人员，被业内人士戏称是“圈外人”，因此对所谓的“圈内”发生的许许多多事件背后的故事并不完全知情。又受制于客观条件，笔者没有能亲赴各地采访老一辈的园林学家，于是少了从更深层次挖掘历史陈迹的机会，自然难免失之偏颇。但从另一个角度看，正是因为不是“桃花源中人”，笔者能以“旁观者”的立场来看待个中的种种事件，只是依据已发表的文献尽量客观地叙述历史事实、评述各个园林作品。当然对于园林景观我还是有着不少知识积累的，自 20 世纪 80 年代赴美做访问学者后又多次在美、欧等地有过短期的合作研究、游历了欧美多个国家，因为导师的关系接触到景观学科，对国外的现代景观设计有了现实的感受和了解，也就有了国内外的比较。另外，笔者一直在安徽农业大学林学与园林学院任教，1985 年参与创办园林专业，从而经历了从“园林绿化”到“风景园林”专业的变化，也了解当年因专业名称引发争论的整个过程。而在最近的 20 多年中，又因科研及社会活动的机会几乎走遍了全国主要大城市，每到一地都会考察公园、广场、校园、住宅小区、景观大道等现代景观，对园林景观的发展有了直接的感知。在感受到城市发展和园林建设取得巨大成就的同时，又看到各地城市景观的雷同性却是愈演愈烈，几乎失去了城市原有的记忆。所有这些都为我撰写这本历史著作提供了基础、动力和信心。

历史学将鸦片战争（1840 年）列为我国近代的开始，本书则选辛亥革命后至 1949 年的民国时期作为近代园林历史的叙述范畴，这是鉴于我国城市公共园林主要发生在民国之后的史实。民国时期园林（造园）与建筑等相近的学科相比实是一个小众行业，真正从事这个专业的人屈指可数。但他们在极其艰难的环境下，积极引入国外现代园林的概念、教育后辈并参与实践，从而奠定了近代园林发展的基础。正由于他们的努力，在新中国成立初期百废待兴的形势下，就开始了系统培养园林专业人才的高等教育，并在新中国成立后出现的第一个城市园林建设高潮中，为修复历史名园、营造城市公园发挥了无可替代的作用。

1949 年新中国成立，我国园林进入现代发展阶段，70 多年来其发展过程颇多曲折，这与我国政治和经济形势密切相关。70 多年来园林理论、设计手法、运用技术，乃至政策、管理等诸多方面都发生了很大变化，特别是进入新世纪后，园林建设事业也和所有其他事业一样蓬勃发展、欣欣向荣。从园林人才队伍来看，虽然在每个时期都人才辈出、新老更替迅速，但总体上有着明显的师承关系，他们在承继了中国传统造园理念的同时吸收了西方园林景观理论。

基于上述思路，笔者将全书内容归纳为八章：第一章，作为开篇，简单阐述中国古典园林的历史发展，民国时期政治、经济和文化的主要特点，以及新中国成立后的城市发展和园林建设的大致过程，主要是勾绘出大致的历史脉络。第二章，民国园林，主要包括这个时期的庭园、租界园林和主要城市公园。因为在朱钧珍先生出版的两卷本《中国近代园林史》中，已全面系统地概述了近代园林的发展，本书主要侧重写这个时期主要造园家和园林著作，作为一个补充。第三章至第七章，包括自 1949 年以来不同时期的主要园林作品、重要的园林学家，以及相关的主要事件。基本是分为 20 世纪 50—60 年代（“文化大革命”前），80 年代，20 世纪 90 年代前后和世纪之交几个时间段。第八章，主要写植物园和园林植物、园林植物配置设计等，这是考虑园林植物的应用贯穿了整个园林发展历史，但又有其特殊性，如分散在各个时期叙述难免会有重复，故自立一章。

从历史内容上，本书主要选择出现在各个时期的重要的园林作品、设计师、园林学家、园林理论、园林著作，以及影响园林发展的重要事件，尽量客观、真实地反映人的作用以及发生过程。对于代表人物的选择则基于一个原则，即有重要学术著作、有创新理论和自成体系的学术观点，有堪称经典的作品，在整个学术界产生重大影响、被公认为是一个时期或一个领域的领军人物，而不在于其资历及行政职位的高低。在具体编排上，所撰写的代表性人物一般安排在其最具代表的学术理论及实践作品出现的时间段，尽量集中在一个章节论述其主要经历、成就、作品、学术观点及贡献，以方便读者。但有的在不同时期、不同领域中都有重要贡献，这就有可能分别出现在几个章节中。从时间上，本书基本写到 2015 年前后，也增补了 2015 年之后的少许文献资料。尽管有了上述的诸多考虑，但限于笔者的学识、阅历，在选择代表人物及典型作品时都可能会发生偏差，所谓“挂一漏万”者也。

本书书名用了“园林”而不是“景观设计”及现在一级学科的“风景园林”之谓，实是考虑历史的延续性，而与“园林”、“景观”及“风景园林”的争论无关。另外，由于受篇幅限制不可能面面俱到收集所有与园林有关的人物及作品，如当代遍及各地的城市广场、生态园区、风景名胜、校园及居住区园林，还有园林教育、科研和园林企业管理等都不可能一一详细叙述，实为遗憾，只能有待于今后了。

本书在撰写过程中，费本华、黄成林、王嘉楠等为本书立意、结构等提了许多建设性的建议，刘滨谊、俞孔坚、李敏、王向荣审阅了有关其本人的章节，张庆费、曹光树、贾保全、武金翠、王锁等提供了相关照片，吴澜、吴璞帮助整理和修正图片，校对文字。国际竹藤中心的胡陶博士参与编写第八章，吴澜参与编写第一章。还有许多提供帮助的朋友、同事、学生，笔者不再一一列出，在此一并致谢。书中引用的文献都作了注明，如有疏漏谨致歉意。

感谢安徽农业大学图书馆、林学与园林学院为我提供了丰富的文献资料及良好的工作条件，使我在退休多年之后还能完成此书的编写；感谢国际竹藤中心基本科研业务费专项资金（编号：1632019009 和 1632018010）对本书出版的资助；感谢中国林业出版社刘香瑞编辑为本书的编排和出版作了大量工作。更要感谢我家人的一贯支持，四年中我曾多次面临困难而欲中途搁笔，在他们的鼓励下才得以坚持。而两位小孙子的欢声笑语更是让我时时振起精神，谨以此书祝愿他们健康成长。

本书编写历时数年，几易其稿，尽管作了最大努力，但限于笔者学养和知识水平，书中难免有论述不当、错误和疏漏之处，有的观点并不成熟，乃“一孔之见”也，仅作引玉之砖，敬请同行、专家、读者指正。

吴泽民

辛丑年秋

于安徽农业大学林学与园林学院

目录

第一章

中国城市发展及园林历史概述

第一节

中国古代城市发展与园林

一、秦汉之前的中国古代城市及宫苑

城市这个词形象地反映了它的内涵，古老的城市就是由“城”和“市”两个部分组成，“城”指的是城墙、边界，反映其具有一定的地域范围，而“市”是城中进行交易活动的场所，“匠人营国……面朝后市”就是古代有计划建设都城的形象描述。然而对城市下一个科学的定义却并不容易，至今至少有30种不同的城市定义，例如文化的定义，政治的定义，经济的定义等。

人类学家估计，作为一个物种人类以现在的形式已存在了近4万年，其大部分时间是在四处游动狩猎、采收自然食物而居无定处，直至15000年前农业活动开始，人类才建立了永久的居留地。早期农业的直接影响是游牧生活的结束，因为能够生产足够量的食物使人类得以永久性地定居。

农业的影响是多元的，每个农民家庭生产的食物有了少量的剩余，这样的积余使得小部分人口不用再靠耕作而生存。小型聚落的建立使社会变得复杂，储备的食物对于其他聚落以及游动的人群都是有吸引力的，于是为了保护而筑起了围墙，聚落之间的争斗不断发生因而需要军队，这样便巩固了统治者的权力。随着时间的推移聚落逐渐扩大发展成小城市。正如马克思所说，城市是由于人类社会生产的发展、社会分工发展以及阶级和国家的出现而形成的。

我国最早的城市雏形可能出现于夏代，传说中夏代已“筑城以卫君，造廓以守民”，是一种防卫型的城市。公元前14世纪，商朝后期的都城殷墟（今河南安阳小屯）已有宫室、庙宇和一般住宅之分，20世纪20—30年代在此发现大量的甲骨文。商朝向黄河下游发展，郑州商城周长近7公里，总面积达25平方公里，内外有宫殿和平民住宅（董鉴泓，2004）。公元前12世纪周迁都周原，后周文王建都的丰京、西周建都的镐京均在今天的西安附近，为了方便统治黄河下游地区，又分别在今之洛阳城西涧河东岸建王城（洛邑）和成周两个城市。当时的周朝建城已有一定规划，城市中手工业和商业也已相当发达，《周礼·考工记》有“匠人营国，方九里，旁三门，国中九经九纬”之说，对后世筑城产生很大影响。当时在殷、周的都城，均出现专供王室田猎的“囿”和登高以观天象的“台”，以及种植树木蔬菜的“园圃”，它们是中国古典园林的三个源头（周维权，1990）。

周朝末年的战国时期（公元前 475—前 221 年），中国开始进入封建社会，时七雄争霸、战火纷争，但此时却是中国文化空前活跃的时代，先秦诸子包括各种不同的学术流派和政治观点，有儒、道、阴阳、法、名、墨、纵横、农、杂、小说十家，其中最重要的是儒、墨、道、法，《论语》《荀子》《墨子》《老子》《庄子》《韩非子》等影响中国历史文化的著作均出此时，被尊为“中国匠作之神”的鲁班也已名震列国。屈原的《离骚》，从政治上说是表达了诗人的坚持奋斗和爱国理想，艺术上是一篇具有深刻现实性和浪漫主义的作品，成为我国文学浪漫主义的直接源头（游国恩，1963）。

七国中规模较大的都城，如燕之下都、赵之邯郸、齐之临淄、曲阜鲁城等至今还有城墙残迹。据考证，临淄是战国时期最大的都城，人口 7 万户，大小两城，街上“肩摩毂击”，城中还有较大面积的空闲地。当时的都城都有城廓之分，“城”为贵族居住，“廓”是平民住地。《孟子》所说“三里之城，七里之廓”，恰和 1935 年考古发现的常州市南淹城东西长 850 米，南北宽 750 米的格局相吻。从淹城地面遗址可见，三重城墙和环形护城河构成王城、内城和外城，据考这是建于 2900 多年前的古城（图 1-1）。

图 1-1　常州武进的淹城遗址

春秋各国都建宫苑，据朱有玠（1992）研究，吴王夫差扩建吴国长洲茂苑、筑姑苏台，并认为“长洲苑是中国园林史从古台、囿形式向宫苑形式过渡的重要史实，也是宫苑与风景区结合，早在春秋时期的实例”。而楚灵王之章华台，吴王夫差之姑苏台，假文王灵台之名，开后世苑囿之渐，非用以观象，而用以宴乐（童寯，1963）。陈植（2006）在其《中国造园史》一书中对古代的苑囿有明确的注释，“养鸟兽曰苑，苑有垣曰囿。所以种植谓之园”，史迹“苑”以秦始皇之上林苑最早，“囿”以豨韦之囿为最早，后世称帝王之园为苑囿。

秦（公元前221—前206年）灭六国后建都咸阳，始皇“徙天下富户12万居咸阳”，营作朝宫渭南上林苑中，前殿阿房宫东西五百步，南北五十丈。“令咸阳之旁二百里内，宫观二百七十，复道甬道相连”（《史记·秦始皇本纪》）。秦统一而分天下36郡，仅黄河流域就有23个，各地城市均有相当的发展。秦之上林苑实为一宫苑群，有许多宫、观、台、殿散于其中，故童寯（1963）谓“是苑乃古之灵台、灵囿、灵沼集合而成也”。

西汉立国建都长安，汉武帝扩建上林苑，北至渭河北，东至浐、灞以东，据《三辅黄图》记载，“周袤三百余里，离宫七十所，能容千乘万骑”，进入了其鼎盛时期，直至西汉末毁于王莽和赤眉军争夺都城的战火之中，上林苑历经240余年。而今在咸阳发现的上林苑遗迹有细柳观、龙台观、宣曲宫、黄山宫、牛首寺、太液池等多处。

汉朝自公元前202年至公元220年历420余年，建立了强大的中央政权，成为中国封建文化的第一个高潮时代，城市发展也进入一个高潮。如汉之都城长安“有九市，百六十里，八街，九陌”之说，公元2年户口八万八百，人口三十万以上。汉之宫由多数殿、台、榭、廓簇拥而成，尚有池、沼、楼、台、林苑游览部分。东汉改都洛阳，“东西七里，南北十余里”，跨洛河两岸。洛阳的宫室规模虽不及长安，但在规划上发展了坊里制度，部署更整齐，城市功能分区较西汉长安更为合理，有利于城市经济发展（梁思成，2005；周维权，1990）。除了南宫北宫外，洛阳城街道呈方格状，全城有24条街道、140多个闾里，而且在街道两侧栽植有栗、漆、梓、桐（汪菊渊，2012）。城内有御苑四座，其中规模最大的是濯龙园与永安宫。张衡《东京赋》中描述：“濯龙芳林，九谷八溪。……永安离宫，脩竹冬青。”

而在洛阳郊外的邙山洛河一带还散布许多宫苑，如灵昆苑、上林苑、广成苑等不下数十处，汉朝的宫苑实是皇家园林。

汉朝是中国文化灿烂的一个时代，武帝采纳董仲舒的意见，表章六艺，罢黜百家而独尊儒术；兴太学，立五经博士，置博士弟子员，因而儒家之学遂臻极盛，成为国家官方学说。汉独尊儒家尔后复兴道教，道家之学成为显学，有正规的教团，奉老子为道德天尊，变成有组织的宗教。此时佛教已经传入，东汉永平十一年（公元68年）在洛阳建白马寺，为中国第一座寺院。后在公元三四世纪出现了“禅”的精神，禅宗是佛学和道家哲学最精妙之处的结合，它对后来中国的哲学、诗词、绘画都有巨大的影响（冯友兰，2013）。汉朝文学以辞赋见长，司马相如是其中翘楚，他的《上林赋》写尽了帝王的宫殿、园囿和田猎，语言富丽堂皇，如写水“汩乎混流，顺阿而下，赴隘狭之口，触穹石，激堆埼，沸乎暴怒，汹涌澎湃”；写山“崇山矗矗，巃嵸崔巍，深林巨木，崭岩参差，九嵕巀嶭。南山峨峨”；写树“卢橘夏熟，黄甘橙榛，枇杷橪柿，亭奈厚朴，梬枣杨梅，樱桃蒲陶”。鲁迅先生谓“相如独变其体，益以玮奇之意，饰以绮丽之辞，句之短长，亦不拘成法，与当时甚不同”。而汉代最伟大的著作当首推司马迁的《史记》，开创了我国纪传体史学及传记文学。

两汉季世，皇室衰微，王侯外戚，宦官佞幸，竞起宅第园囿，之最奢侈者莫如桓帝朝大将军梁冀（梁思成，2005），“广开园囿，采土筑山……深林绝涧，有若自然”（《后汉书·梁通列传》）。而在西汉武帝年间已有宅第私园出现，如茂陵富人袁广汉之园，“于北邙山下筑园……构石为山，高十余丈、连绵数里……奇树异草，靡不具植……”（《西京杂记》）。这些宅第的建筑记载超过了宫室，正反映着东汉社会的具体情况（梁思成，2005）。

东汉后历经三国、两晋及南北朝400余年的分裂，期间列国在各地建都城，魏都（洛阳）邺城、蜀都益州、吴都建邺，同时城市体系发生变化，中原因连年征战，长安、洛阳一带趋于萧条，而江南却经济上升、城市崛起。

二、魏晋南北朝山水田园诗与宅第园

南北朝中，宋、齐、梁、陈都以建康为都，南朝宋文帝“立玄武湖于乐游苑北，筑景阳山于华林园”，后又“于玄武湖北立上林苑”；从而带动长江流域一带之荆州、广陵（今之扬州）、京口（今之镇江）直至山阴（今之绍兴）都有较大发展。

而同时代的河西走廊也有了城市的发展，如姑臧（今之武威），在北凉时人口就有 20 万之众（董鉴泓，1999）。

此时鲜卑族在北方建立强大的魏朝，迁都洛阳后统一了北方，于是汉族统治于公元 318 年退至长江以南，南北对峙直至公元 581 年才重新统一为隋。北魏始都盛乐，道武帝迁都平城（今之大同），然后宫郭苑囿营建之见于史籍者尚极多。后孝文帝迁都洛阳（公元 495 年），遂大兴土木。洛阳东西 20 里、南北 15 里，面积 73 平方公里，设坊里 320 个，居民达 109000 户；道路呈方格形，几处大小集市，登高望之“宫阙壮丽，列树成行”（游国恩，1963）。苑囿有华林园、园有景阳山。“采掘北邙及南山佳石，徙竹汝颖，罗莳其间。经构楼观，列于上下。树草栽木，颇有野致”（梁思成，2005）。

从两汉至魏、晋（公元 265—420 年）是中国文化的一个转折点，从古代的迷信转而开始从事哲理的研究，文学艺术也是两种风格，也即表现了两种不同的生活态度。汉人庄严、雄伟，晋人放达、文雅（冯友兰，2013）。史家称，魏晋南北朝是中国历史上的一个大动乱时期，也是思想十分活跃的时期，儒、道、释、玄诸家争鸣，彼此阐发。魏晋生玄学，盛行于士大夫之中，为避祸士人不敢评讥时事、品评道德，丧失操守节气，遂成重清谈的玄学家。玄学是士人以老庄学说为表，杂糅儒、道而形成的以“贵无”为主的玄学体系（周维权，1990）。而文学上有曹植、阮籍、陶潜、谢灵运等为代表的吟怀咏史及田园山水诗，建安时期最大的贡献是改变了诗风，追求个性化，李白诗云“蓬莱文章建安骨，中间小谢又清发”，正是对这个时期诗人与诗情的最好概括。除此外，书画上王羲之的字，顾恺之首创的山水画，更是在中国古代的文化史上占有辉煌的一席。

魏晋时期文人名士都寄情山水，而此时的山水田园诗画对宅园、私园营造产生深远影响。当时的私园不仅在城市有，还出现在郊外的庄园、别墅中。如西晋石崇，营别业于河阳；东晋吴郡始以顾辟疆园称于时。谢安及会稽王道子营墅筑第，楼阁山池，竹树林列（童寯，1984）。东晋之后江南私园日增，南朝谢灵运之《山居赋》“既非京都宫观游猎声色之盛，而叙山野草木水石谷稼之事”，是对其宏大庄园的描述，不仅是田野山水、树木珍兽，还是对住地周围自然环境的理解、对人生的感悟，当然还有为建立一个避世、清虚世界的规划。园林史家认为，这类庄园别墅开启了后世别墅园林的先河。两晋南北朝时期的山水文学不仅对于唐朝的自然园林的发展有影响，而且对于开发风景区也有影响（张家骥，2004）。

南北朝时，佛教得到广泛的传播，由此对中国建筑带来巨大影响。建筑匠师为了满足佛教的需要，运用传统的结构和布局方法，创造了许多宏伟庄严的寺塔，大大丰富了中国古代城市面貌和生活，如南朝建康有“四百八十寺”，北魏洛阳有一千多个佛寺。

南北朝之后，隋朝重新统一中国（公元 581 年），修通大运河，沟通南北交通，沿线出现许多重要城市，如号称四大都市的淮、扬、苏、杭，还有如汴州（开封）、宋州（商丘）、泗州等重要的商业城市。隋初定都长安，后建东都洛阳，隋都位于汉长安之东南，命太子左庶子宇文恺创制，宇文恺被后世称为建筑巨匠，他的作品还有仁寿宫（即唐太宗改名的九成宫）。据 1958 年考古探查，隋长安城墙范围内面积约 8300 公顷，城中街衢整洁，“端门街……阔一百步，旁植樱桃石榴两行……大街小陌，纵横相对”。但京城规模太大，直至隋亡时大部分地区仍无人居住（游国恩，1963）。

隋炀帝建西苑极尽奢华，内造十六院，苑内造山为海、过桥百步，即种杨柳修竹，四面郁茂、名花美草，隐映轩陛（陈植，2006），但隋朝仅历三帝存在短短的 38 年即被唐所取代。

三、唐代城市的坊里制和文人造园

公元 618 年唐朝立国，开启了中国古代史上辉煌灿烂的时代，唐朝盛世也是东方城市发展的辉煌时期。唐都长安，东西 9550 米，南北 8470 米，周长 35 公里有余，面积 84.1 平方公里，人口 30 多万户，相当于明建西安旧城的 5 倍。这是在隋大兴都城的基础上规划了当时世界上最大、规划最完善的都城。在城市布局上“不使宫殿与居民相参”，布局暗合风水、八卦的概念，采用严格的坊里制，有 106 坊里，各坊间形成南北大街 14 条、东西大街 11 条，道旁植树成荫。白居易诗说：“千百家似围棋局，十二街如种菜畦。”唐还以洛阳为东京，东西 7000 米、南北 7300 米，限于当时的条件，形成主轴线偏于一侧的不对称布局，皇城占西北角，坊里 107 个，方正规则，一般道路 40~60 米。全城有集市 3 个，最大的南市四壁有四百余店（图 1-2）（范文澜，1965）。

唐代在建筑上的成就，首先是城市有计划的布局，规模宏大，不但如长安、洛阳，

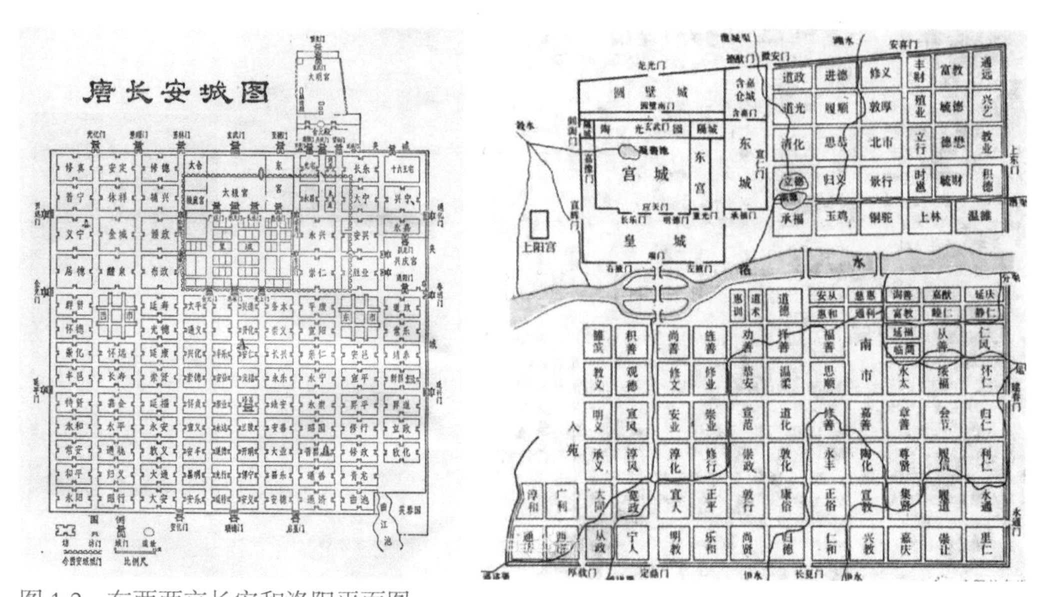

图 1-2　东西两京长安和洛阳平面图
左：唐长安（引自：范文澜，1965）；右：唐洛阳（引自：董鉴泓，2004）

而且遍及全国的州县，是全世界历史上所未有的；其次就是个别建筑群在造型上是以艺术形态来完成的整体（梁思成，2006）。当时商业城市扬州（江都、广陵）、广州（番禺）、汴州（开封）和成都等也都非常繁华富庶。唐时扬州，在江淮之间富甲天下，紧临长江，依托运河，处漕运要冲，是水陆交通的骨干城市。

唐代所建的宫苑和府邸有着高度的艺术性和高超的技艺，历代诸帝都建离宫，如唐太宗修复“仁寿宫”而改名“九成宫”，魏征的《醴泉铭》有文“冠山抗殿，绝壑为池，跨水架楹，分岩竦阙，高阁周建，长廊四起，栋宇胶葛，台榭参差”；唐玄宗在骊山改“温泉宫”为“华清宫”，是玄宗处理朝政的离宫，呈前宫后苑的格局，“骊山上下，益置汤井为池，台殿环列山谷……”（张家骥，2004）。

东汉以后有大量的佛书传入并被翻译成汉文，从而推动了隋唐以后的中国哲学发展。东汉至南北朝是佛教吸收时期，隋唐则是佛教的融化时期，创立宗派并形成中国化的佛教哲学（范文澜，1965）。唐帝尊崇道教，但对儒、道、释的思想都很重视，佛教的势力已深入到民间，至今存留的唐代建筑大多为佛教的。武后、宪宗更是提倡佛教，自公元 7 世纪末至公元 8 世纪中叶建造寺院的风气大盛，京城内外良田多被僧寺占领，但在武宗会昌五年（公元 845 年）又下令“灭法”，毁掉寺院无数（梁思成，2005）。

唐是学术思想和文学都发达的朝代，思想和佛学臻于极盛。盛唐文学以诗歌最为繁盛，中唐散文和韵文都有变化，韩愈、柳宗元提倡古文、反对骈文，中国文字自此分为骈散两途，后人以此等文体与魏晋以来对举，谓之散文。韩、柳和宋代的苏轼、苏洵、苏辙、欧阳修、王安石、曾巩，合称唐宋散文八大家。唐代文学最发达的是诗，其变化大致为初唐浑融，盛唐博大，中唐清俊，晚唐稍流于纤巧（吕思勉，2006）。李白的诗多描写山水和抒发内心的情感，雄奇飘逸，俊逸清新，富有浪漫主义精神，称为"谪仙人"；杜甫长于叙事，后称其诗为"诗史"；王维、孟浩然的诗寄情山水，诗能入画，称为田园山水诗。王维《山居秋暝》"明月松间照，清泉石上流"，像一幅清新秀丽的山水画，王维本身就是大画家，他创泼墨山水画，苏轼评价其"味摩诘之诗，诗中有画；观摩诘之画，画中有诗"，"诗中有禅"。

魏晋时开始了山水画的最初形式，到隋朝有独立审美意义的趋势，但作为独立审美意义的山水画则是在盛唐。"山水诗"和"山水画"对造园产生深远影响，被史家认为是自然园林形成的主要原因，一些文人在从政担任地方官职期间，对当地风景名胜建设都有建树。如柳宗元于唐元和四年（公元 809 年）以其山水游记《永州八记》，描述了眼前小景，幽深宜人，为世人展示出永州山水的特有风姿。他描绘山水，能写出山水的特征，无论写动态或静态，都生动细致、精美异常，他的《小石潭记》写潭中之石，"全石以为底，近岸，卷石底已出，为坻，为屿，为嵁，为岩"，形象逼真。白居易在杭州刺史任内，修堤植树、整治西湖，留下白堤成为西湖胜景之一。

唐代诗人、画家很多都亲自参与主导自家宅第、别业的造园活动，开创了文人造园的先河，其中最为著名的如王维在陕西的辋川别业；杜甫于唐肃宗乾元二年（公元 759 年）流亡入川后，在成都浣花溪建的草堂；白居易的庐山草堂等。另外还有，唐朝宰相裴度在洛阳的别墅绿野堂，李德裕在洛阳及赞皇（今河北赞皇县）的平泉山庄等。周维权（1990）推白居易是园林理论家，认为他的"园林观"是融入了儒、道的哲理，还注入佛家禅立，也是历史上第一个文人造园家。不过从年代先后来看，同被许多园林史家称为造园家的王维建辋川别业时却要早于白居易，故此第一人之说尚需商榷。

四、宋时的山水园林

公元 907 年唐亡，中国进入五代十国的大分裂时期，当时战乱主要发生在北方，南方各国战争较少，关中经济已呈衰落，而南方地区经济则持续发展而十分繁盛。公元 960 年赵匡胤代周自立，建立北宋，社会趋于稳定，经济复兴，促使城市发展繁荣，唐代 10 万户以上的城市只有十多座，而北宋增至 40 个，于是影响了城市的布局。北宋沿袭五代以汴梁为都城，后改称东京，持续建设东京（开封）历百数年，时开封人口达 26 万，成为公元 10~12 世纪世界最大的城市。史载开封有三套方城，从内至外是皇城、里城、罗城，各有城墙及护城河，城内河道较多，称“四水贯都”，桥梁之盛为其壮观，河街桥市景象尤为殊异（梁思成，2005）。开封道路呈井字形方格网，据《册府元龟》：都城“街道宽五十步者，许两边人户各于五步内取便种树挖井”，说明当时已重视街道绿化。城市之内用高墙封闭的住宅坊里以及贸易集中在集市的制度被打破，沿街开设商店，为宋朝的城市带来崭新的面貌。张择端的《清明上河图》，真实地描绘了开封汴河两岸市井街陌丰富的日常生活，和后世的街景几乎一样。

北宋诸帝修筑宫殿多豪壮、宏大，而徽宗朝更好奢丽，尤侈为营建，所筑宫苑渐趋绮丽纤巧。如皇帝别苑琼林苑、金明池、宜春苑和玉津园等。琼林苑与金明池相对，为锡宴进士之所，“大门牙道皆古松怪柏。两旁有石榴园、樱桃园之类，各有亭榭，多是酒家所占……”，除皇帝驾幸外是对市民开放任人游览的。徽宗赵佶在宫城之东北造艮岳万寿山。史家评说徽宗，称他是历史上唯一真正拥有较高的艺术涵养和绘画才能，并真正称得上画家的皇帝。他亲自参与艮岳建造，“盖所着重者及峰峦崖壑之缔构；珍禽奇石，环花异木之积累；以人工造天然山水之奇巧，然后以楼阁点缀其间”，遂起叠石之风（周维权，1990）。宋徽宗在位 25 年，“靖康之变”遭金兵掳去北方，北宋灭，自此南北分隔。北地属金、元，江南建南宋朝，定都临安（杭州），从而开始又一轮的都城建设。杭州在秦、汉时已开始繁荣，隋挖通运河至杭后经济更加发达。南宋时大量北人随政权逃亡杭州，使临安人口大增，据乾道《临安志》当时有户 26 万余。临安乃不规则之山城，城市发展配合地形，道路系统复杂，但街市生活情景与汴梁相同。至今杭州人讲话与浙江当地口音相差很大，被称为“杭州官话”，竟也是因当年临安北人居多的原因。

图 1-3 宋时平江府（今苏州）平面图碑摹本（引自：梁思成，1998）

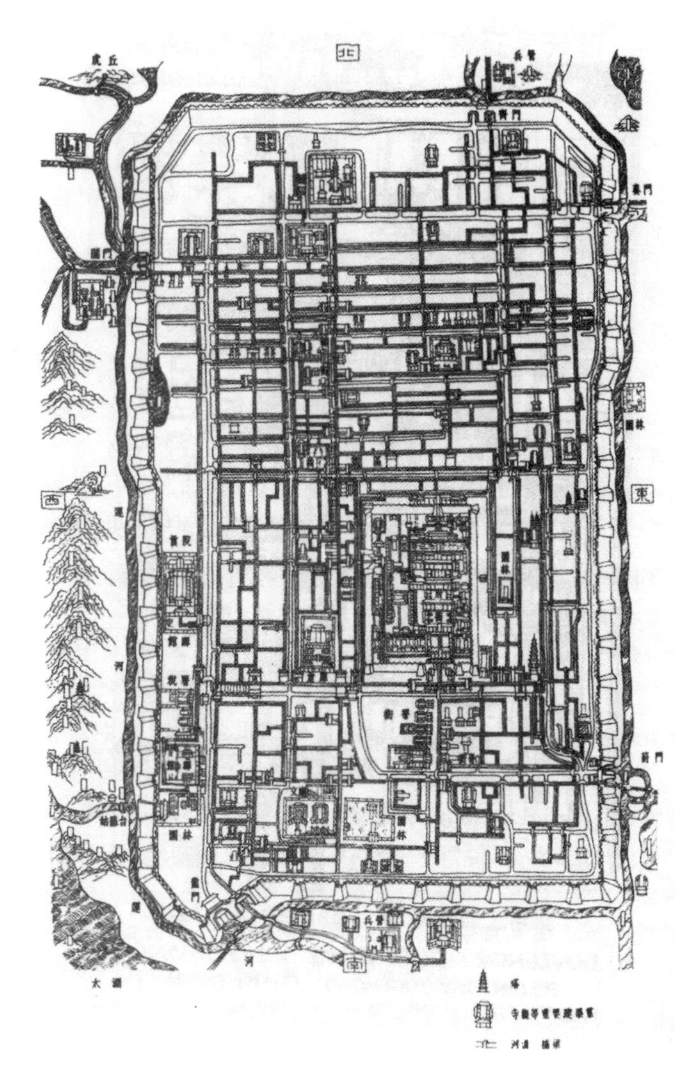

在宋朝同期，北方的辽、金两朝建上京、中京等数座京城，也都采用汉族的城市建设手法。

南宋时江南城市兴起，如平江府（今之苏州），城呈南北向长方形，保留至今的《平江图》展示其道路为方格形（图 1-3），小河与街平行，前街后河，在今天苏浙一带的古镇都能见到此类格局。当时南方的广州、宁波、泉州发展成为对外通商的港口城市，北宋时广州是最大贸易港，至南宋泉州成第一大港；宁波则是东南沿海的主要集散地，海运繁荣。朝廷作皇城，“以秦桧旧地作德寿宫，凿池引水，叠石作山”，宫中殿宇虽无宏大之作，禁御则皆亭榭窈窕，曲径通幽，内外园苑建造借江南湖山之美，得山川之助，继艮岳之态（梁思成，2006）。南宋时期的重要贡献是，建筑和自然山水花木相结合的庭院建筑在艺术上的成就。宫廷在临安造园的风气影响苏州和太湖地区的私家花园，一直延续到后来明、清的名园（梁思成，2005）。童寯在《江南园林志》中记述，“宋时江南园林，萃于吴兴。叶氏石林，其尤著也”，今余遗址的沧浪亭、环秀山庄、拙政园也都是宋朝旧物，而南宋仅临安西湖一带的私家园林就不下40家。其实在北宋年间，西京洛阳的私家园林就闻名于天下，宋人李格非的《洛阳名园记》记录当时的园林19处，对各处园林的布局及山池花木建筑都有详细的描述。

宋学以反佛学的偏于出世而为入世，据称宋学实出道家，又因宋儒好谈心性，以为实是释氏所变，可说宋学是一种独立而有特色的学术（吕思勉，2006）。但宋代宫廷多崇奉道教，故宫观最盛，对佛寺唯禀续唐风，乃其既成势力，不时修建，因此寺观园林得以发展，并从世俗化进而达到文人化的境地。南宋临安西湖一带集中佛寺建筑，如始建于唐初的灵隐寺，在宋宁宗嘉定年间被誉为江南禅宗“五山”之一。

宋朝形成新儒学的两个学派，“程朱理学”和“陆王心学”对后世影响深远，在道统观念和理学思想影响下，在文学上主张明道致用，反对浮华纤巧。出现欧阳修、梅尧臣、苏舜钦的诗文革新，至北宋中叶的苏轼最后完成了诗文革新，成为北宋文学的主流，继承了韩柳古文之风格，作品晓畅明白。苏轼的词“即情抒怀，时见奇怀逸气”，他的文如“万斛泉源，不择地而出”，而“纹理自然，姿态横生”，他的诗词散文表现了宋朝文学的最高成就（游国恩，1963），在文学上的变革和创新无疑对其他艺术，如书画、造园都带来深厚影响。

宋朝文人造园尤盛于前朝，欧阳修、苏轼、王安石、苏舜钦等都参与造园。相传扬州平山堂是庆历八年欧阳修到后所建，而其《醉翁亭记》更是道尽山水之美、山水之乐，在动静之间展示了一幅山水画的意境，也为自然园林提供了范本；苏轼不仅为后人留下了如《喜雨亭记》《放鹤亭记》等无数造园作品，还在西湖留下了与白堤并列的苏堤胜迹，可以说苏轼本身就是造园大家。

宋朝时山水园林更趋成熟，汪菊渊把唐与宋的文人山水园林特称为“唐宋写意山水图”。金学智则认为，宋在唐代文人园林写意因子积累的基础上，诞生了别具风貌的园林——文人写意园，是苏舜钦（子美）建构沧浪亭开其端绪的（金学智，

2005）。周维权又把宋代文人园林归纳为简约、疏朗、雅致和天然四大特点，从而促成了中国古典园林继两晋南此北朝之后的又一次重大升华。这是与宋代的哲学和文学艺术发展有着密切关系的，宋朝各类艺术之间的相互借鉴促成了文人园林的“诗化”和“画化”，文人画的影响促使“园理”之中蕴含“画意”（周维权，1990）。

元世祖忽必烈于至元八年（1271 年）改国号为大元，至元十六年（1279 年）灭南宋统一了全中国，但元朝仅历 98 年即为明朝取代。元朝对中国建筑的最大贡献，就是规划和建设了元大都——今北京城的前身，它是当时世界上规模最大、规划最完善的都市（梁思成，2005），也是唐长安之后平地新建的最大城市，之后明清两代的都市均是在元大都的基础上改造扩建的。元大都为汉人刘秉忠主持规划，分外城、皇城及宫城三套方城；宫城居中，中轴对称，宫城西侧太液池为内苑，宫城之东西北三侧为市廛民居，外城大致与宋汴梁规划相近，街道整齐，有如棋盘，在平面上表现有几何图形的概念，同时规则的宫殿与不规则的苑囿结合，取得高度的艺术效果（游国恩，1963）。元大都的街道纵横竖直，相对交错，街道分大街、小街、胡同三级，胡同的间距为 70 多米，之间为宅基，初步奠定了四合院住宅和胡同组成街坊的规制。马可 · 波罗如是描述：“全城中划地为方形，划线整齐，建筑房舍，每方足以建筑大屋，连同庭院园囿而有余……方地周围皆是美丽道路，行人有斯往来。全城地面规划犹如棋盘，其美善之极，未可言宣。”中国古代各朝帝王都大力建设都城，同时带动宫苑建设，推动其他城市建设，也促使建筑技术发展及建筑业的繁荣。元代之前按都城面积排列，如隋大兴城（唐长安城），建于公元 583 年，面积 84.1 平方公里；北魏洛阳城，公元 493 年建，面积约 73 平方公里；元大都，1267 年建，面积 50 平方公里；隋唐东京（洛阳城），公元 605 年建，面积 45.2 平方公里；汉长安（内城），建于公元前 202 年，面积 35 平方公里。而明清两代的京城分别是，明清北京城，1421—1553 年建，面积 60.2 平方公里；明南京，1366 年建，面积 43 平方公里（董鉴泓，1999）。

元朝立国后渐崇尚儒学，推崇程朱理学，理学确立其官学地位，但朱陆并存，还同时兴佛、道两教。在文学上元朝以杂剧登文坛主位，关汉卿的《窦娥冤》、王实甫的《西厢记》则是元戏剧的巅峰之作。元朝农业和手工业恢复发展，漕运和海运交通扩大，从而促进大城市经济繁荣。如元大都商业繁盛，有30多处集市；杭州也是“百十里街衢整齐，万余家楼阁参差”；其他城市，如中定（今济南）、平阳（今临汾）、京兆（今西安）、泉州、广州等城市工商业都很繁盛。但私家庭院见诸文献的并不多，在“大都”私家园林大多为城近郊或附廓的别墅园，以万柳堂最为著名（周维权，1990）；而江南有元初归安赵孟頫的莲庄、元末无锡倪瓒的云林堂以及苏州狮子林等（童寯，1984）。

五、明清园林从顶峰走向没落

公元1368年，太祖朱元璋灭元建大明朝，定都南京，称为京师，明永乐十九年（1421年）成祖迁都北京，南京为留都。永乐中期开始中国社会经济进入全面发展时期，到了嘉庆至万历年间手工业成为主要经济活动，经济空前繁荣，从而促进城市发展。城市人口增多，规模迅速扩大，如当时的南京城有人口119万人，包括周180里的外城、京城（应天府城）、宫城（紫禁城）三重，是“东尽钟山，西踞石头，南贯秦淮，北控后湖”的大城。当时南京经济繁荣，所谓“秦淮灯火甲天下”，还修造了国子监，在永乐年间学士多时达9000人之多，由其编抄成书的《永乐大典》是我国古代最大的百科全书。

永乐十九年（1421年）北京建成皇城，继承发扬了历代都城规划的传统，恢复传统的宗法礼制思想，以宫城为核心，周以皇城一十八里，最外乃为京城。同时始建御苑，之后陆续修南海子、琼华岛、西苑等殿亭轩馆。首都的城市规划以及皇宫的总体布局，都显示了中华民族和封建帝国的雄伟气概，强调了中轴线，造成宏伟壮丽的景象。皇城中轴线长达8公里，街道系统以各城门为干道中轴，故北京各大街无不广阔平直、长亘数里，街道相交处往往以牌坊门楼之属为饰物（梁思成，2005）。皇城外四周为居民区，划分为5城37坊，但已不是严格的坊里制。明代初期朱元璋分封诸子为王，共计25人。因此除了大规模的都城建设外，各地王储封地也纷纷大兴土木建设王府，同时扩建城市，如蜀王驻地成都，城周22公里；晋王在太原扩建城市，城周24里，当时宫殿建筑极尽奢华，琉璃瓦和琉璃面砖，用楠木为柱梁，榫卯准确，彩画精美。明朝时期，北方受蒙元势力及东北女真的威胁，东南沿海则常有倭寇骚扰，故在边境建设了完整的军事防卫城市，如九边重镇大同、宣化、榆林，以及卫所城市，如山海卫、南汇所、临山卫等（董鉴泓，1999）。

明朝的社会稳定、经济发展，推动了沿长江及沿运河城市发展带的形成。据《明宣宗实录》，公元15世纪初全国有33个商业和手工业发达的城市增收课钞，其中包括顺天、应天、苏州、松江、镇江、常州、扬州、成都、泸州等，明中期后又兴起淮安、岳阳、九江、西安、芜湖、宁波、泉州等。长江下游为经济最发达的核心区，其次为华北的直隶、山东、河南等，以及长江中上游和东南沿海地区。在明朝的57个工商都市中，运河沿线有16个，沿长江干流分布有10个，东南沿海有广州、福州、明州、泉州、廉州5座；汉口、南京、成都、重庆、上海、镇江、扬州等城市人口都在10万以上（游国恩，1963）。吴晗在他的《明朝大历史》一书中，从手工工场，新的商业城市形成，沿海通商，一些官僚地主参加商业活动，经济变化影响到社会的各个方面，货币经济发展，文学的反映，及明后期出现替商人说话的政治家八个方面论述，认为资本主义萌芽在明朝已有发生，但并没有成长，以后又遭到打压，因此在鸦片战争以前中国还不能进入资本主义社会，还处于萌芽状态（吴晗，2010）。但明朝中叶后，欧洲人从海道东来通商，中国商船聚集于马尼拉的也颇多（吕思勉，2006），说明海外通商已很是发达。

明代自开国以来，对佛道二教初无歧视，后来在武宗朝佛教得势，嘉靖年则是道教化的年代，到了万历时代佛教又得势。外国宗教如基督教，在唐太宗时即传入中国，但并不兴盛，明神宗时（1598年）意大利传教士利玛窦进入北京，神宗许其建天主堂，但不久就被禁止传布，至五口通商以前教禁一直未解。但欧洲的各种科学，却随着基督教士进入中国，影响中国的科学发展，如徐光启的《农政全书》即有采用西法，利玛窦和徐光启翻译的《几何原本》尤为学者所推崇（吕思勉，2006）。

然而，明朝最大力提倡的还是程朱理学。中叶之后王阳明发展了陆象山的“心说”，以心之灵明为知，“知而不行，只是未知”。即谓“知行合一”，所以人只要在知上用功，就能解决一切问题。他的“心即理”和程朱理学的“性则理”有对立的一面，“心学”成为明朝中晚期的主流学说，对当时和后世的思想界产生广泛的影响（冯友兰，2013）。王学在对文学的评价上，一反传统观点，而是重视小说、戏曲的文学价值（游国恩，1963）。虽然明代的诗文是承唐宋而无特色，但在文学创作上发生很大变化，主要表现在戏曲和通俗文学作品上，许多作品直接反映市民的生活及思想感情。文学史家都把章回小说列为明时期文学的最高成就，流传甚广的“四大奇书”，以及冯梦龙的“三言”和凌梦初的“二拍”均出自明朝。在戏曲杂剧方面汤显祖以其《牡丹亭》，奠定了其浪漫主义精神优秀作品的地位，昆曲也在明朝中期成为流传最广、影响最大的戏剧。小说中的许多故事都发生在庭园之中，更有一些小说直接描述了园林的许多细节，让后世了解了当时造园艺术的精彩。明代的文人画已完全成熟，并占画坛主要地位，江南成为文人画家的集中地，如以唐伯虎、沈周、文徵明、仇英的吴门四家为代表的文人画，都以描绘江南风光和山池园林为主，他们在一定程度上影响了造园艺术风格。而当时的许多造园家本身就是文学家、画家，如计成、王世贞、文震亨等，都是工书善画、山水韵格兼胜的大家。

明朝之后留下的宫苑和私园甚多，皇家主要集中建设大内御苑，在北京共有六处，大多建在紫禁城以外、皇城以内的地方。其中，在元代太液池基础上扩建的西苑规模最大，北、中、南三海水面几乎占了总面积的二分之一，苑内建筑疏朗、树木葱郁，如仙山群阁、水乡田园。明大臣李贤、韩雍等都有《赐游西苑记》，详细描述西苑的景观，如“池广数百顷……隔岸林树阴森，苍翠可爱”“山曰万岁，怪石参差”“环殿奇峰怪石，万状悉有。名卉佳木，争妍竞秀”。从中可见到西苑的宏伟与秀丽，风景佳丽，犹如图画（张家骥，2004）。

今天我们所说的江南园林则大多是明清两代之遗物。童寯在其《江南园林志》中写道：“江南园林，创自宋者。今欲寻其所在，十无一二。独明构经清代迄今，易主重修之余，存者尚多，苏州拙政园，其最著者也。”另外如苏州的留园、环秀山庄、寄畅园，扬州影园、休园，上海豫园、嘉定秋浦园以及绍兴寓园等。京城中，定国公园、英国公园、梁园以及城外的清华园等尤为著名。

明代造园之兴起，与南宋之后中国经济文化中心开始南移、江南集中大量财富有关。到明中晚期士人官宦大量息政思退，在风景秀丽、文化丰厚的江南大造私园，寄情墙内之“自然山水”，“据林泉之胜，养丘壑之胸”，让内心与胜景、与自然相合。此时文人参与造园者甚多，如计成、文震亨、许晋安等，文人造园者皆能诗能画，对造园叠山之艺懂行懂窍，因而造园刻意追求清幽雅致，既能体现自然，又具诗情画意（夏昌世，1995）。

而明朝对中国传统园林的贡献，不仅在修建了诸多宫苑和私家园林，用一批批实物展示了中国山水园林，更重要的是，那时出现了两部最为重要的园林著作《园冶》和《长物志》。《园冶》作者计成，明吴江人氏，生于万历年间，自述“少以绘名，性好搜奇”，主持营造了影园、东第园等，其造园叠山均获好评。园林史家首推《园冶》为中国最早、最系统的造园理论专著，他的名句“虽由人作，宛自天开”“巧于因借，精在体宜”，高度概括了中国造园之意境、艺术效果，以及造园原则与手段，当然还融合了“天人合一”的哲学思想，此之最高的境界总是造园家所追求的。

明朝历经277年，1644年李自成攻破北京，明灭亡，但不久即败于被吴三桂引入山海关的清军铁骑。李自成在北京仅仅待了41天就撤走了，同时清军进驻北京标志了清朝历史新纪元开始。同年十月初一，顺治帝正式登基，成为统治全中国的清朝第一帝，自顺治至末代皇帝宣统沿袭十代。1911年辛亥革命推翻清朝，结束长达两千多年的封建王朝统治。清统治中国达268年，经历了康乾盛世之繁荣、嘉庆道光的中衰，鸦片战争与太平天国后国家沦入全面衰落，帝国主义列强瓜分中国，最终落入半殖民地半封建落后苦难的境地。在18世纪处于鼎盛时期的清朝，尽管西方科技文化纷纷传入中国，但当时的清朝皇帝却采取闭关锁国政策，使中国失去了与西方对接的历史机遇。正是在乾隆后期盛世已渐显衰落，而到了第二次鸦片战争再次遭到惨重失败后，中国已到了积贫积弱的严重程度（李治亭，2002）。然而，清一代实是变化激烈的朝代，从古代而入近代，临界现代，其武功文治，幅员人材，皆有可观（孟森，2007）。

清建都北京，依明旧制修复被李自成焚毁的宫殿，整个城市全沿用明代的基础，即使皇城宫墙也都依原址，仅将内城一般居民迁出，全城人口急剧增加超过了100万。清朝时期帝国的行政管理体系促使城市较大发展，康熙六年，全国共建立18个行省，至清末有27个省级行政区划，雍正朝府县达到1221个，全国先后设县1371个，东三省、新疆、台湾及海南在历史上第一次由中央政府正式设置县城。还兴起了诸如承德、唐山、营口、长春、佳木斯、乌鲁木齐等一大批重要的城市，东北、新疆、云南、广西等边远地区的城市由此获得相当的发展；此外，西南地区的城市也有所发展。至清代中期，除北京人口在百万人以上外，南京、苏州、广州等城市的人口也接近百万，人口 10 万人以上的城市达数十个。以 1843 年城镇人口 2072 万计，推测城镇化水平约为 5.2%，当时美国的城市化水平不到 10%、英国约为 26%（何一民，2009）。

清代在政治上坚持国家与民族的“大一统”，和元朝统治者不同，清朝对各民族采取比较平等待遇的政策，基本继承了我国传统的国家机构组织形式和制度，除了皇室血统上是满族外，在生活习惯和文化方面（服饰除外），事实上已完全和汉族一样，城市规划和建筑上也和明朝没有显著差异（梁思成，2005）。

清初尊崇儒学，大力提倡程朱理学，在各地修复与新建了一些书院，继承了程朱学派的教学思想，雍正和乾隆年间之儒学，天子不自讲学，唯以从祀示好尚，于学术也有影响（孟森，2007）。康熙朝大规模组织编纂图书，乾隆朝时编纂《四库全书》，成为我国思想文化遗产的总汇，被称为有功文化无过于收辑《四库全书》者，但也兴文字狱，在编纂过程中也销毁了许多所谓“悖逆”和“违碍”的书籍。清代文学，戴明世和方苞开创“桐城派”古文流派，主张雅洁文风，一直影响到清末文坛。康熙中期以后，小说以蒲松龄的《聊斋志异》把我国的文言小说推到更高的阶段，是文言志怪小说的一座高峰。乾隆朝的小说，《儒林外史》和《红楼梦》为中国文化史留下了不朽名著，而《红楼梦》中对大观园的描述，是曹雪芹借贾氏父子之口阐述了他的造园理念，成为后世研究中国传统园林的一个经典，而且按书中描述复制了现实版的大观园。在中国小说中，描述园林最详尽者除了《红楼梦》外还有一部，那就是《金瓶梅》，其所述之内相花园与园林布置之旨暗合，“初入园，有朱栏回廊，渐见亭台，然后到池，而以楼及假山殿后，登其高处，顾盼全局，由小及大，有卑至高，斯经营位置之定律也”（童寯，1984）。

清初造园极盛，顺治、康熙、雍正年间建西苑（北海、中南海）、南园、畅春园、圆明园、静明园、静宜园及承德避暑山庄，乾隆朝又建长春园、绮春园、清漪园等。“三山五园”是世界上最大的皇家园林群（图 1-4）。圆明园称为“万园之园”，罗列天下名胜点缀于园，并仿巴洛克建筑，俗称西洋楼，开中国庭院之创举（梁思成，2005）。清朝画家中有以圆明园为题作画（图 1-5），来自外国的传教士及画家也将宫苑的园林艺术介绍到了欧洲。欧洲园林史家就认为，英国

1. 静宜园
2. 静明园
3. 清漪园
4. 圆明园
5. 长春园
6. 绮春园
7. 畅春园
8. 西花园
9. 蔚秀园
10. 承泽园
11. 翰林花园
12. 集贤园
13. 淑春园
14. 朗润园
15. 近春园
16. 熙春园
17. 自得园
18. 泉宗园
19. 乐善园
20. 倚虹园
21. 万寿寺
22. 碧云寺
23. 卧佛寺
24. 海淀

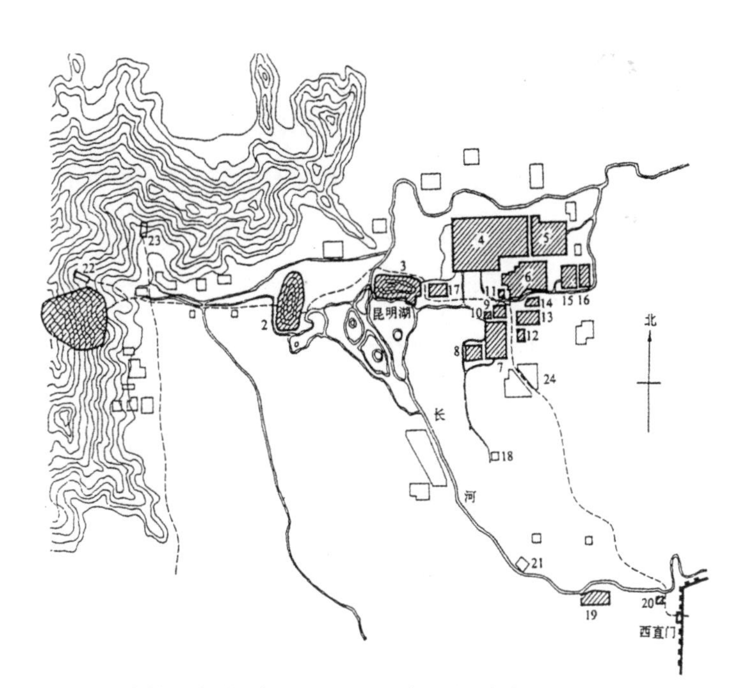

图 1-4　清乾隆朝京城西郊主要皇家园林分布
（引自：北京地方志编纂委员会，2000）

图 1-5　清乾隆十一年（1747 年）唐岱和张若霭的圆明园山水画
左：曲院风荷（西湖曲院，兹处荷花最多，红衣印波，长虹摇影）；右：映水兰香（屋傍松竹交阴，悠然远俗。前有水田数棱，纵横绿荫之外，适凉风乍来，稻香徐引）
（引自：吴泽民，2015）

的风景园林之形成也是受来自中国的艺术风格的影响的。当时供职于清宫廷的法国画家王致诚（Jean-Denis Attiret），在写给法国友人的信中，有一篇题为《北京附近的中国皇家园林特记》，详细描述了圆明园的情景，1752 年此信被译成英文而广泛流传，英国园林师开始接受中国园林中刻意回避直线的这种不规则形式（吴泽民，2015）。1860 年英法联军烧毁圆明园等三园，光绪十四年（1888 年），慈禧动用海军军费修复清漪园，历时七年建成，更名为颐和园。

清代北京有宅园 160 余处，而王府花园是其中的特殊类型，所谓京师园亭以各府为胜，如旧日的醇王府、恭王府等。西城的郑亲王府，据《清稗类抄》记："园后为之雏凤楼，楼前有一池，水甚清冽，碧梧垂柳，掩映于新花老树之间……楼后有瀑布一条，高丈余，其声琅然，尤妙。"

清朝文人参与造园者众，造园艺术更加精巧，文学情趣增加，存世作品也甚多。著名的如被称为"山子张"的叠山世家第一代传人张然，供奉内廷参与瀛台、玉泉山、畅春园等宫苑及诸王公园林的修建；画家石涛善画山水，被称江南第一人，以善叠石为名，据陈从周先生考证，今存扬州何园的依山假山就是石涛之作。而作南京随园的袁枚更以诗文闻名于世，袁一生写了六篇"随园记"，先后提出造园是一种学问，"此治园也，亦学问进也"，"园林之道与学问通"（陈植，2006）；俞樾谓"袁子才以文人而享园林之福数十年，古今罕有"（童寯，1984）。童寯言，"清初人称'杭州以湖山胜，苏州以肆市胜，扬州以园亭胜'，……今江南现存私家园林，多创始或重修于清咸丰兵劫以后"。陈植、童寯先生列举了清时修建的江南名园，如：扬州何园、个园、补园，南京愚园、随园，常州近园，常熟燕园，苏州网师园、羡园、怡园、可园等。正如童寯（1984）所说，"按江南城镇，随地有园，惟雅俗轩轾，或品题见遗，志乘不载，乡里罕知，致访者迷焉"。

综上所述，中国传统园林或谓古典园林，在魏晋时期确立了园林美学思想，至今已延续 1500 余年，是一种基于传统文化、模于自然、寓意诗文、借于画意、巧于工匠的造园艺术，极少受到外来文化的影响，它的整个发展历程与当时的社会政治形态、经济繁荣程度、思想哲学及宗教文化的影响，以及城市建设和建筑技艺密切相关。清朝亡，中国结束了世袭王朝的封建体制，同时也结束了中国园林的古典时代，开创了园林发展的新时代。

第二节
近代城市发展与园林建设概要

一、民国时期历史文化及社会经济背景

（一）民国历史概要

史家把1840年鸦片战争列为中国近代史的开始。鸦片战争失败，中国签订了近代第一个不平等条约《南京条约》，割地香港，开放“五口通商”，从此清朝海关及税率被英国控制，关税主权受到破坏。清朝后期政治腐败、经济衰退，鸦片战争之后的几十年间经历了太平天国和捻军起义，英法联军之役，中俄战争、中日战争、中法战争，以及八国联军侵华战争等一系列都以中国失败告终的战争，签订了丧权辱国的不平等条约，割地赔款，中国沦为半殖民地半封建社会。从1845年英国在上海建立第一个租界至1904年短短的60年间，各国列强在华建立了43处租界，成为变相的殖民地。其中上海开辟租界的时间最早，经历的时间最长，受西方影响也最为深厚，对近代中国的现代化进程起着极其重要的作用，有“开启中国近代之门的钥匙”之称（墨菲，1986）。

1898年历时百日的维新变法失败，但它是一次思想启蒙运动，促进了思想解放，对社会进步和思想文化的发展，促进中国近代社会的进步起了重要推动作用。虽然在清朝末期统治集团也曾谋求改革，如李鸿章办洋务、行官制改革以备立宪，但政治既不清明，又不真懂得集权的意义，并不能励精图治，一味加以压制，于是激而生变，酝酿多年的革命运动就一发而不可遏了（吕思勉，2006）。

1911年10月10日，武昌起义成功敲响了清朝灭亡的丧钟。1912年1月1日孙中山到达南京宣誓就职，中华民国临时政府成立，改用公历，为民国元年。同时迅速颁布了有利于资本主义民主政治建立和发展文化教育及民族资本主义经济的若干法令，资产阶级革命取得了胜利。从历史的眼光来看，辛亥革命虽然在政

治上没有建成一个真正的资产阶级民主共和国，经济上却为资本主义的发展提供了一定的有利条件，中国的现代化建设进入启动阶段，出现了资本主义发展的时代（吕思勉，2006）。但在整个民国时期，中国社会长期处于各种矛盾的激烈斗争之中，社会经济在动荡、曲折中缓慢前进。

纵观民国历史，大致可分为四个阶段：

第一阶段：民国初期（1912—1928 年）

即国民党政权建立前的 15 年，政治基础不稳，政局一直动荡不止。此时期经历了民国初期的南京临时政府；袁世凯执政及复辟帝制，袁世凯签订丧权辱国的《二十一条》；孙中山发起武力讨袁的二次革命（1912—1916 年）；然后是立宪共和的北京政府时期（1916—1928 年），史称“军阀时期”。也有称 1912—1924 年为北洋军阀时期，1924—1927 年为大革命时期。

在南京临时政府时期，孙中山提出民生主义，以发展资本主义为目的，以解决社会问题为任务，反映了中国民族资产阶级发展资本主义的强烈愿望，表达了中国人民摆脱贫穷落后实现富国裕民的美好意愿。由于南京临时政府存在时间较短，孙中山未能实现其平均地权等主张，但他的“建国大纲”为后世实现现代化建设提供了许多极具远见的建议。

民国元年以后，一些资产阶级代表人物进入政府，极力推动民族资本主义经济的发展。第一次世界大战期间，帝国主义暂时放松了对中国的经济侵略，1914—1925 年，中国民族资本主义经济的发展达到了一个所谓的“黄金时代”。当时的民族工业主要是棉纺、面粉、火柴、造纸、钢铁、化工、制造等，出现了一批跨行业的资本集团和民族资本家。同时在新式商业发展中出现了一批现代大型商业百货公司，工商企业依然主要集中在沿海、沿江等大城市。大战结束后，帝国主义势力从战争中解脱出来，立即加紧了对中国的经济侵略，中国民族经济受到极大打击，严重阻碍了民族经济的发展。

袁世凯之后的北京政府只是一个象征，事实上是军阀为夺取北京政府的政权而穷兵黩武、混战不断。当时北京政府的财政收入，主要来源于税收和举借内外债，而在其支出中军费却占了 47%（杨荫溥，1985）。同时，在武汉和广州建立了革命政府。1924 年广州成立财政委员会，整顿税收、金融和统一管理财政，积极组织恢复生产，支持两广地区的经济发展。

这一时期发生了一系列中国近代最为重要的历史事件，即五四运动，马列主义传入中国、中国共产党成立，第一次国共合作，五卅运动，北伐战争，蒋介石发动“四 · 一二”反革命政变等。1928年张学良主政的东北三省通电服从国民政府，国民政府名义上的统一告成。

第二阶段：国民党政府政局相对稳定的10年（1927—1937年）

这个时期是南京国民党政府政局相对比较稳定的时期。然而在1930年发动了国民党内的战争，即“中原大战”，史称新军阀混战，最终蒋介石政府取得胜利，从而巩固了其国家体系。蒋介石坚持消灭共产党的政策，1927年发动“四一二”反革命政变，中共则开辟农村革命道路，实施变革中国社会的新探索。这一时期，发生了1931年“九一八”事变，日本野蛮霸占东北三省，国民党蒋介石在对日方面采取不抵抗政策，妥协、退让，寄希望于通过谈判求得解决的方针，公开推行“攘外必先安内”政策。中国共产党在1927年之后发动了一系列武装起义，经过南昌起义失败至井冈山建立革命根据地及苏维埃红色政权，蒋介石不顾日本的入侵对红色政权“五次围剿”。共产党领导了举世震惊的长征，确立毛泽东在全党的领导地位，从而建立陕北根据地奠定了胜利的基础，号召全面抗日。1936年的西安事变促成了国共第二次合作。

这一时期南京国民政府总体上采取统一财政、整顿税收、巩固金融、发展交通、开发煤铁的财政经济建设总方针，扩大了市场交流和对外贸易，一定程度上保护了民族工商业，同时为配合对共产党苏区的围剿，采取复兴农村地主经济的政策。但很快陷入严重危机，随之发起“国民经济建设运动”，这对于经济的发展起到一定的促进作用，在此时期建立起了金融体系，并初步完成了对金融的垄断；1936年后开始工业建设，筹建了一批厂矿企业，工矿业中国家资本约占15%；交通运输业是当时国民经济建设的重点之一，主要在长江流域修建铁路（卓遵宏，2015）。此时期，中国共产党在江西成立苏维埃政权，开展土地革命，农民经济上获得利益，解放了农村生产力。同时，建立苏区金融制度，积极开展根据地经济建设。

日本侵占东北后建立伪满洲国傀儡政权，东北经济惨遭日本的殖民掠夺，并对华北实施经济扩张和渗透，对中国经济造成严重伤害。在国民政府的统治下，20 世纪 30 年代的中国经济经历了一个缓慢而曲折的发展过程。经过实施新的财政经济方针，1928—1930 年间经济水平是上升的，1931 年后经济状况又恶化，经济水平总体下降，后来逐渐恢复；至 1936 年达到民国时期最高的经济水平。

在这 10 年间中国社会经济以及近代生产、民族资本主义等都比以前有较大发展。但与当时先进国家相比差距还非常巨大，如 1933 年中国现代工业生产只相当于英国的 1/50、德国的 1/64、美国的 1/162，中国国民收入人均只合 12 美元，仅及美国人均国民收入的 1/26，中国主要经济部门农业仍处于停滞状态（王玉茹，1987）。

1927—1937 年，在中国现代历史上是一个开创历史新进程的重要时期，社会政治、经济、意识形态都在发生着前所未有的变化（张宪文，2003）。但是即使在南京政府的十年之末，这个政权依然是国家复兴的一个笨拙和靠不住的工具。行政官僚机构仍然腐败无能。这个政权是个独裁政权，建立在军事实力之上，并靠军事实力来维持（费正清 等，1994）。

第三阶段：全民抗日阶段（1937—1945 年）

1937 年卢沟桥事变爆发，日本发动全面侵华战争，史称八年抗战。今天我们重新审视国人的抗日历程，事实上从 1931 年“九一八”事变开始中国人民就没有间断过抗日，因此现在称为十四年抗战。

日本全面侵华，使得刚刚得到恢复和有所发展的中国民族工业遭到浩劫，又陷入重重困难之中。中国东部大部分国土沦陷，政府、民众和物资向西部内地省份大规模迁移，对大后方工业发展起了很大促进作用。但大后方经济形势十分严峻，生产力水平低下，现代工业薄弱，军需民用物资缺乏，物价飞涨，战前财政经济体系被打乱，财政赤字庞大，经济处于严重困难状态，转入战时经济体制。

当时的陪都重庆成为国民政府的政治、经济、文化中心，国民政府建设以四川为中心的西南四省战略大后方，同时推进西北开发，提出《抗战建国纲领》和《非常时期经济方案》，作为国民政府战时施政方针，采取一些措施促进战时后方民营工矿业的生产恢复和发展。此时，大后方人口急剧增加，后方交通运输业有所发展，如建设滇缅铁路、滇缅公路和陕甘公路等，在保持战时运输、打敌人封锁上发挥了作用。但1943年以后，由于太平洋战争的影响，国际交通被封锁，后方经济开始衰落（费正清 等，1994）。

抗战时期被日军侵占的沦陷区，原是中国的工业、经济的重心，日本对沦陷区的经济进行疯狂破坏和掠夺，把沦陷区作为进一步侵略中国和东南亚地区的“后方”基地，沦陷区工农业生产衰落，经济破产。日本帝国主义企图长期侵占中国领土，也在沦陷区进行投资，但主要在东北，形成巨大的产业（吴承明，1955）。

中国共产党在其领导下的陕北延安抗日根据地建立了边区苏维埃政权，实施减租减息，制定“新民主主义经济纲领”，没收地主土地分配给无地和少地的农民，抗日根据地的工农业都得到发展。至1945年全国解放区面积达到95万平方公里，人口9500万。

1945年日本宣布投降，中国取得抗战胜利，这是国民党领导的“正面战场”和共产党领导的“敌后战场”以伤亡3500万人的代价取得的胜利，而抗日战争时期造成的损失至少高于6000亿美元（郭飞平，2014）。

第四阶段：解放战争时期（1946—1949年）

抗战胜利后，国民党政府接收沦陷区日伪产业，但实际上是对沦陷区的一次大规模掠夺，给收复区人民带来了新的灾难，表现了国民党严重的政治腐败，人民对国民党失去了信任。战后中国资本几乎被国家垄断资本控制，同时官僚资本膨胀，美国商品大量进入中国独占中国市场，严重摧残了中国民族经济。在这个时期，战争使工农业生产再次遭到严重破坏，南京政府面临财政危机与金融崩溃，除大举内外债、增加苛捐杂税外，实行通货膨胀政策，滥发纸币，1949年赤字达到岁入的2.8倍（郑友揆，1984）。而民营工商业逐渐陷入绝境，在战争的破坏以及国民党政府的无尽搜刮下农村经济破产，促使了国民党政府的覆灭。

与此同时，随着人民解放军在全国的不断胜利，新民主主义经济在全国逐步建立起来，解放区实行土地改革，民营工商业得到恢复和发展，为新中国成立后国民经济的恢复和发展打下了一定的物质基础（上述民国经济部分根据郭飞平、张宪文、费正清等资料整理）。

（二）民国时期文学简史

民国时期的文学是从旧文学蜕变而来，且发生了根本性的转变，初期是新旧交替杂陈的过渡期，是近代文学的尾声、现代新文学的前奏，是现代文学诞生、成长期，出现了章太炎和南社柳亚子等代表。

而早在清末时，梁启超的新体散文为晚清的文体解放和“五四”白话文运动开辟了道路，他的《少年中国说》更是一篇经典之作。另外，严复翻译的《天演论》给当时的文化知识界介绍了进化论，敲起了救亡的警钟，产生了极其广泛的影响。章太炎的作品则表现有显明的民族思想，南社的作品在民国初期很受革派人士和青年的欢迎，作者群中如苏曼殊的诗风格别致，有雄壮悲凉，又有歌吟生活的和谐喜悦，诗中有画，但更多的是流露个人感伤的微吟轻叹，他的小说对“鸳鸯蝴蝶派”小说有一定影响（游国恩 等，1963）。然而，当五四运动创造出崭新的社会文化风气时，南社差不多已被遗忘了（费正清 等，1994）。

所谓的“鸳鸯蝴蝶派”是辛亥革命后开始兴盛的一种文学流派，民国初期以徐枕亚、包天笑、周瘦鹃等为代表，盛行一时，1910—1936 年出版了 2215 部小说。鲁迅谓“佳人和才子相悦相恋，分拆不开，柳荫花下，像一对蝴蝶，一双鸳鸯一样”。然而，它的兴起反映出都市居民在逐步现代化的环境中，经历迅速变革的焦虑不安心理（Link，1981）

五四运动和马克思主义在中国的传播，为中国共产党的成立做了思想上和组织上的准备，更推进了“新文化运动”。五四时期文学革命兴起，胡适、陈独秀发起新文学“革命”，诞生了现代文学。鲁迅、郭沫若是现代文学的奠基者，与“文学研究会”“创造社”等社团流派的作家，形成第一个创作高峰。“文学研究会”主办《小说月刊》，主张“文学应该反映社会的现象，表现并且讨论一些有关人生一般的问题”，提出文学工作是一种“终身的事业”，在 1925 年达到其顶峰。“创造社”其重要人员如郭沫若、郁达夫及其他社员的作品，在思想内容上大都具有强烈的反帝反封建色彩（游国恩 等，1963）。

20 世纪 30 年代转向“革命文学”，开创了现代文学的发展和繁荣，形成第二个创作高峰。主要代表是茅盾、巴金、老舍、曹禺等文学巨匠与左联东北作家群，以及新月派、现代派、京派等作家。而鲁迅发表于 1918 年的《狂人日记》是中国

第一部白话小说，他论辩犀利的杂文被毛泽东誉之为“匕首”和“投枪”。

抗日战争时期及抗日战争胜利后，是现代文学的革新发展期，由于政治和战争等多种原因，出现了国统区、解放区（抗战期间，还有上海孤岛和沦陷区）和港台，不同地区呈现出不同的内容和特点，文坛上出现文协、七月派、讽刺文学和解放区的人民文学，形成第三个创作高峰（游国恩 等，1963）。

由于近代社会迅速的变化和错综复杂的矛盾，也由于作家本身的局限，近代文学发展呈现空前复杂的情况。民国时期文学流派众多，小说除了徐枕亚代表的鸳鸯蝴蝶派外，还有老舍代表的京派、张资平代表的海派、郁达夫的自我抒情、解放区孙犁的荷花淀派及赵树理的山药蛋派等；诗歌则有徐志摩的新月派、朱自清的现实主义诗派、郭沫若的浪漫主义诗派、戴望舒的现代诗派等。

二、民国时期城市发展概要

辛亥革命是一场发生在城市的革命，对城市中旧的制度、旧的势力、旧的文化冲击较大，同时推动城市工商业发展并促进城市现代化。孙中山在《建国方略》中就提出政府要规划城市，收购土地，开发新城，做完统一的一级开发后，再出售给市民，这种开发理念即是现代所说的经营城市。在推翻清朝之后和抗日战争之前的这个时期，在全国许多大城市都出现过一次建设高潮。但纵观 1911—1949 年这 38 年，基本都是处于战争之中，政治动荡、社会不稳定，中国的经济总增长量很缓慢，在这样的总形势下城市发展总体上也必然是缓慢而曲折的。

这个时期，中国经济从传统的自然经济向近代经济转化，社会经济现象复杂，封建经济、民族资本主义经济与在华外国资本主义经济并存。民族资本家尽管受外来资本的冲击但总体上还是呈波浪式的上升和发展，然而经济主体的很大部分依然是农业，小部分是城市工商业，农产品占生产总量的 65%（费正清 等，1994），1933 年全国约 5 亿就业人口中有 79% 从事农业（陈真，1985）。由此可断定，民国时期城市人口比重是较低的。

据胡焕庸、张善余统计，在 1840—1949 年的 100 多年间，全国总人口从 4.19 亿人增至 5.41 亿人；城镇人口由 1843 年的 2070 万人、占总人口 5.1%，增至 1893 年的 2350 万人、占总人口的 6.6%。另据刘大中推算，1912 年中国大陆人口约 4.2 亿，1920 年以前中国共有 2.5 万人口以上的城市 338 个，城市人口占全国人口的 7.29%（侯杨方，2001），1920 年占 10.6%，抗战前约为 12.5%、1938 年为 11.4%，1949 年为 10.6%，而这个数值得到学界普遍公认（高路，2014）。

开埠通商及工矿、交通运输业的现代化趋势，导致城市中产业工人及外来人口激增，促进了城市发展，典型的如上海、武汉、九江等沿江城市，以及华北地区。1917 年华北地区有城市 15 座，至 1936 年增至 28 座，城市人口增加了 77.6%，天津、石家庄、济南、唐山成为华北地区重要的工业城市。据《兴华周刊》记载，1936 年上海人口为 350 万以上，人口百万以上的有南京、北平、天津，人口在 50 万 ~100 万之间的有广州、汉口、杭州，全国人口 5 万以上的都市共计 200 座。1948 年编印的《中国之行政督察区》刊载，全国直辖市 12 个，省辖市 55 个；其中台湾 9 个，大陆 58 个，还有 2016 个县城（曹洪涛，1998)。

在城市建设方面，辛亥革命后孙中山的南京临时政府提出的经济和社会政策，在总体上为资本主义发展和城市现代化开拓了道路。其政策措施有利于城市现代化和社会经济的发展．并对以后北洋政府制定经济、社会和城市现代化政策产生了某种示范效应和持续性影响。在北洋政府期间城市工商业确实有所发展，1912—1920 年，现代工业的增长率达到 13.8%（张宪文，2002），城市中出现现代化工厂。1912 年后，上海、无锡、武汉、天津、济南、广州、奉天、哈尔滨等都成为当时的重要工业城市。城市出现新精英队伍，主要包括名流和新生的实业家等资产阶级、新型知识分子，各社会集团分化重组。

近代资本主义经济主要分布在沿海、沿江的一些大中城市及邻近地区。据 1933 年调查，全国 17 个省份的工厂有 48.7% 在上海；1936 年上海、天津、青岛、广州、北平、南京、无锡 7 个城市的工业产值占了关内工业总产值的 94%；1947 年全国 20 个主要城市中，上海的工厂占了 54%，上海、天津、青岛、广州 4 个城市工厂数占了 69%。在近代城市发展中，华北地区也是重要的一块，天津、青岛、秦皇岛等港口城市虽然数量不多，却构成了华北城市群体的一个新类型，成为华北区域城市近代化的龙头，对整个华北区域城市的近代化进程产生了极其深远的影响（江沛 等，2015）。

然而，中国近代城市化的开始并非为工业化正常发展的结果，而是表现为租界、租借地、通商口岸等形式的畸形发展特质。受租界建设及西方资本主义影响下的工商业推动城市面貌发生变化，同时在外来的西方文化冲击下，首先在沿海一带城市文化风气开始变化，还影响了城市建筑风格。城市出现西洋式建筑，包括教堂、一般性的住宅和公共建筑，官僚买办则大盖“洋房”，蔑视祖国传统，隔断历史，硬搬进来的西洋各国资本主义国家的建筑形式对于祖国建筑是摧残而不是发展（梁思成，2006）。同时，租界的规划建设也把西方现代城市规划的理念带进中国，深刻影响了中国近代城市规划建设，孙中山的《建国大纲》中提出“首先注重于铁路、道路之建筑……商港、市街之建设”，他的《实业计划》明确规划了建设3个国际商港都市（天津、上海、广州），4个二等商港都市［营口、海州（连云港）、福州、钦州］，9个三等商港城市，以及铁路城市、内陆城市、工商业城市等，并提出将广州建设为“花园城市”。

民国时期开始有了近现代意义的规划管理机构，许多城市已有建设计划，主要模仿西方国家，一些早年留学欧美的建筑师、市政专家参与城市建设。当时的城市规划主要有两种形式：一种是由政府当局主导的城市规划，其中南京的《首都计划》当是一个典范，虽然也聘请了国外的设计师，反映了欧美的城市规划理念，但总体上是将西方理论和中国传统观点相结合的。正如负责首都建设的政府委员孙科，在《首都计划》的序言中所说的“其所计划，固能本诸欧美科学之原则，而于吾国美术之优点，亦多所保存焉”；另一种，是帝国主义占领或租界城市和地区，则带有严重的殖民色彩和西方文化烙印，如上海、天津、青岛、大连、长春、香港等。

由哈雄文执笔的《都市计划法》于1939年颁布，它强调土地分区的规划思想，第12~18条规定都市计划中应划分住宅、商业、工业等限制使用区；第22条规定市区公园应依天然地势及人口疏密分别划定适当地段，公园占地面积占土地总面积不得少于10%。

三、民国主要城市建设与规划

（一）民国首都建设

作为国民政府首都的南京，1919—1949年的30年间，城市总体规划共作7次。1927—1937年南京国民政府政局相对比较稳定，政府于1929年成立了“国家建设委员会”，并组成国家城市规划及建设机构，开始旨在推进“市政改革”及城市现代化，但因抗战爆发而中断。1929年《首都计划》的编制历时一年多，是中国首个按照国际标准编制的城市规划，在事实上终结了我国封建社会皇权至上的城市规划传统。该计划由孙科担任国都设计机构的最高负责人，聘请亨利·墨菲(Henry. K. Murphy）和工程师古力治为顾问，清华留美生吕彦直（中山陵设计者）为其助手，中方主事的为林逸民负责的“国都设计技术专员办事处”。孙科自称对市政研究颇有心得，在担任广州市长期间就推动广州城市建设，还撰写过《都市规划论》（胡巧利，2013）。墨菲是美国著名建筑师，在中国设计了很多建筑项目，如上海沪江大学（1919 年）和清华园的若干建筑等，他提倡在现代建筑中应用中国的传统建筑风格，而墨菲规划中最著名的建议之一是保护南京的城墙。《首都计划》反映了西方现代城市规划思想，今天南京市道路的基本框架就是按照该规划完成的，正如林逸民指出的，“此次计划不仅关系首都一地。且为国内各市进行设计之倡，影响所及至为远大”。

《首都计划》在划分功能区方面明确划定公园区，如拟增辟雨花台公园、莫愁湖公园、清凉山公园等，并建林荫大道连接城市的各个公园成为公园的延伸，最有特色的是沿明城墙建环城林荫大道（傅启元，2009）。这些理念显然来自西方，当时美国就已经提出了公园路及公园系统的概念，而设计师墨菲毕业于耶鲁大学，对这些理念必然是耳熟能详的。在这部规划的指导下，南京历经十年的集中建设，虽然因抗战被迫停止，但城市的框架已经形成（图 1-6）。同时建成了一批极具时代特色、中西结合的公共和民用建筑，特别是出现了一大批官邸别墅建筑。它们集中在规划的新住宅区，百姓称之为“公馆区”，大多由我国第一代从欧美留学归国的建筑师设计，如杨廷宝、梁思成、刘敦桢等。这些建筑流派纷呈，造型独特，现尚存 200 多处。

南京定为中华民国首都后，江苏省省会迁址镇江（1929 年），于是开始了省会城市的建设，1931 年颁布了《江苏省会分区计划》，这是民国期间镇江省会建设的主要规划蓝本，该计划根据镇江岸线条件、交通条件、用地条件及城市功能之间相互关系将全市用地规划成行政区、工业区、码头区、商业区、旧 城区、住宅区、学校区、园林区八个分区。根据省会地势，在城南城东空旷郊野划定园林区三处，建甘露公园，道路普植法桐使绿盖城中、林荫蔽道。

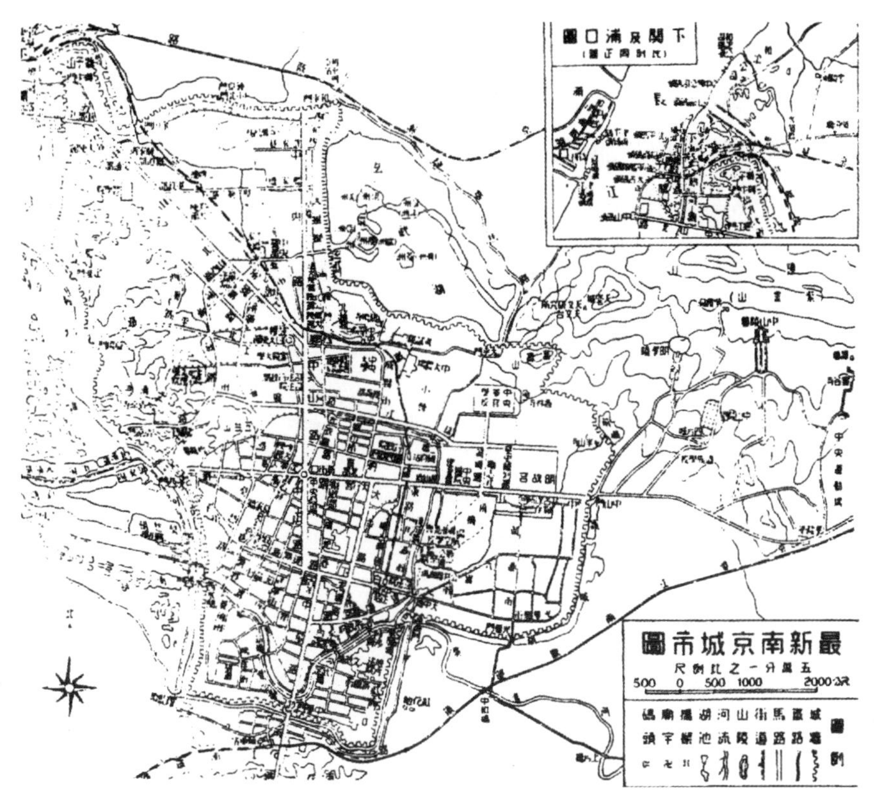

图 1-6 民国首都南京（引自：董鉴泓，2004）

（二） 租界城市

1. 上 海

1843 年上海开埠，1845 年划定洋泾浜以北、李家场以南为英租界，后来面积扩大了两倍。1848 年虹口成为美国租界，1858 年《天津条约》后法国在上海强设租界，占据上海西南部，面积达 10 平方公里，到 1880 年时上海人口已逾百万。1915 年英、美租界合并为公共租界，面积近 36 平方公里。在 19 世纪 60 年代后，上海口岸对外贸易总量为全国第一，逐渐取代了苏州的区域中心位置。随着上海的发展带动了无锡成为围绕上海运转的苏南经济中心，其巨大的经济吸引力辐射南京、杭州、宁波，确立了长三角城市体系（朱月琴，2014）。中国早期的城市公园、公共绿地也都是在上海租界发生和形成的。

民国时期上海人口增长迅速,1910年人口约159万,1940年增至400万(图1-7)。上海不仅成为近代中国一个多功能的经济中心城市,也是世界级的大城市,仅次于纽约、伦敦、柏林和芝加哥,位列第五(图1-8)。但是上海的城市规划并不合理,工厂、仓库沿苏州河密集建造,工厂集中在沪南一带,工厂常与居民区混合,

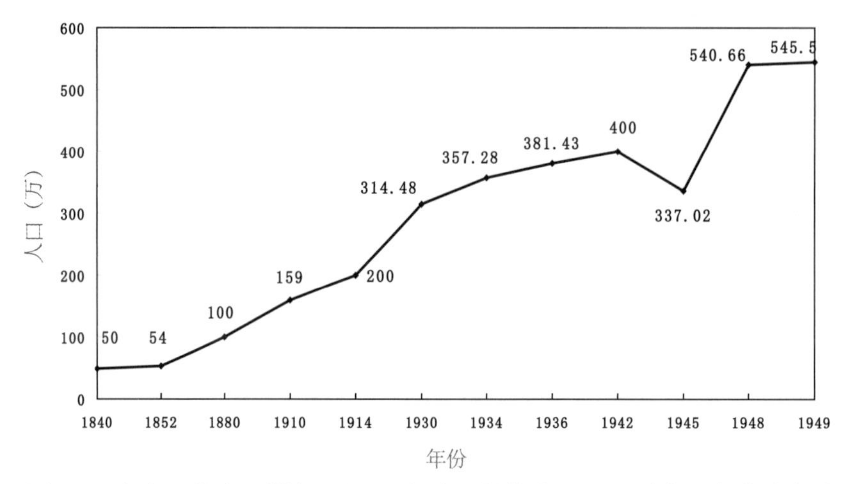

图1-7 上海近代人口增长(1949年为3月的人口)(引自:上海地方志网)

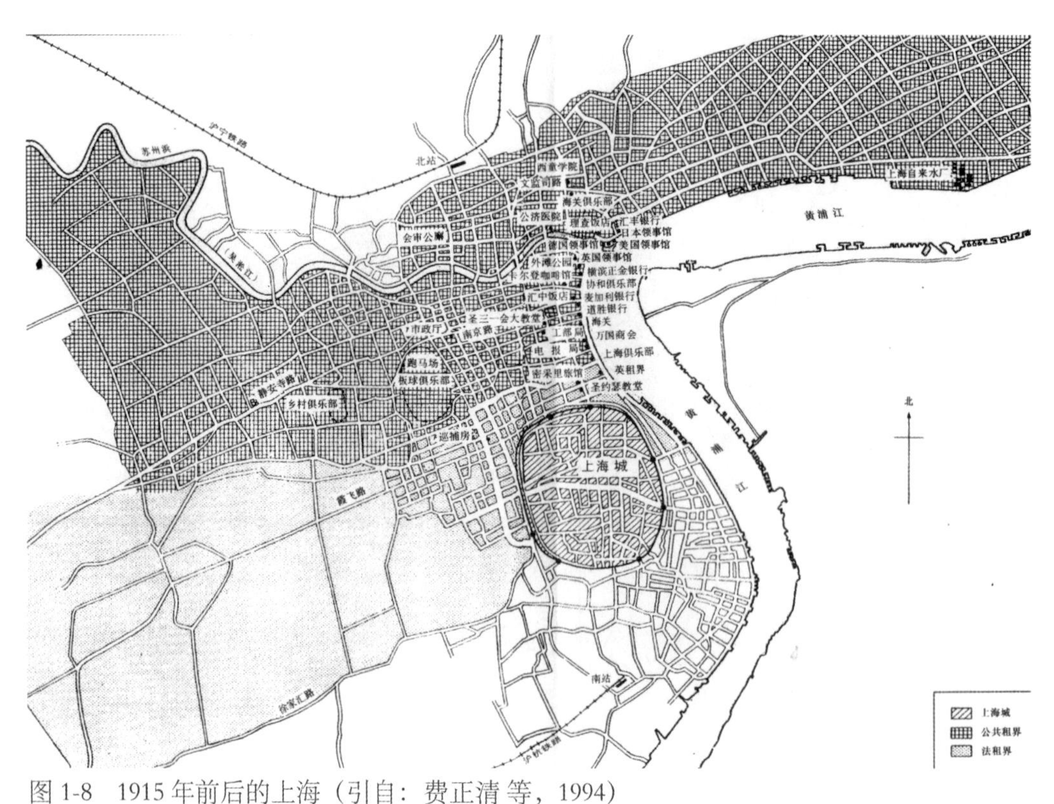

图1-8 1915年前后的上海(引自:费正清 等,1994)

老城区道路方格网排列不能行驶机动车辆，租界道路呈棋盘状，道路延伸与租界扩展方向一致，主要为东西向，而南北向几乎缺少直通干道。这一布局导致的交通问题直到 20 世纪 80—90 年代后才逐渐得到改善。

上海市中心的租界十分繁华，夜夜笙歌燕舞，称为十里洋场，但居民区贫富悬殊、分化严重，在不同年代出现不同风格的住宅建筑。旧城区多为木结构院落式低层建筑，被称为本地房；19 世纪末出现三间两厢二层联立式建筑，称为老式石库门；民国成立前后建造的，被称为最具上海特色的新式石库门房子，之后又有新式弄堂建筑，而官宦富人都在租界建高楼公寓或是带花园的洋房。在抗战前的十几年里花园洋房大量出现，主要集中在沪西一带，形成花园洋房弄堂；到了抗战期间，造了许多弄堂房及临时性住房。外来务工人口在短期增长迅速，他们经济地位低下，无力承担高昂的城市消费，只能聚居在城郊、沿河等地，搭建被称为“滚地龙”的简易建筑居住，逐渐形成人口密集的棚户区。当时的石库门坊间及后来的一些弄堂很少有绿地，棚户区更谈不上有休闲空间。城市的公园、绿地大多在租界，那里的道路都有行道树，而洋房别墅都拥有私人庭园。当年在上海西区现衡山路一带栽种的悬铃木行道树保存至今，已成为上海的一张城市名片。

1927 年上海成为特别市，1929 年几乎在南京首都规划的同期成立市中心区域建设委员会，翌年首先编制《上海市中心区域道路系统图说明书》，并决定编印《大上海计划》书，分别有市中心区域计划、交通运输计划、建筑计划和空地园林布置计划等 30 余章；1931 年绘制了《大上海计划图》。因为现实的中心区属租界地域，故而另辟江湾一带的 460 公顷土地为上海市中心区，甚至还有建大学城的设想，但该计划的原文本已丢失。“大上海计划”仅实施了一部分即因抗战爆发上海沦陷而停止，之后城市发展陷于停滞、混乱，进入衰落和停滞时期。日伪时期，伪上海市政府曾做过《上海新都市建设计划》（1937 年），由日伪合资的上海恒产股份有限公司负责具体实施，基本延续了“大上海计划”，仅修建了机场和码头，期间闸北、江湾等地房屋及市政工程设施严重破坏。此后，除房地产建设畸形繁荣外城市建设基本停顿。

抗战胜利后上海成立大都市建设委员会，1946 年成立都市计划小组，邀集中国建筑师学会理事长、著名建筑师陆谦受，圣约翰大学建筑系教授鲍立克，港务局工程师施孔怀，大同大学教授吴之翰，著名建筑师庄俊，设计处处长姚世濂，园林处处长程世抚及钟耀华等参与。计划写了 3 稿，初稿共有 10 章，其中关于园林绿化部分有详细阐述，如“在市中区以外（中山环路以外），设 2~5 公里宽的绿带。……在环状绿带内，既可作公园、运动场，也可作农业生产用地。环状绿带向全区域作辐射形扩充，与林荫大道、人行道及自行车道的绿化，以及滨河绿带等形成绿化系统。……关于市中心内绿地，要保持 32% 是绿地和旷地，并将现有旷地加以联系，使之成为系统”（《上海城市规划志》）。《大上海都市计划》至 1948 年才完成终稿，把上海定位为港湾城市、全国最大的工商业中心之一，由于时局的动荡这一规划也未能实施。

《大上海都市计划》提出的“有机疏散、组团结构”理念，以及确立的卫星城与环城绿带建设思路，对新中国成立后上海的历次城市总体规划产生了深远的影。关于建设环城绿带的设想直到 20 世纪 90 年代，才因外环林带的建成而得以实现，当然此外环林带范围比原设想在中山环路以外的要大得多。有意思的是，民国时期参与提出环城绿带设想规划的程世抚，在新中国成立后曾出任上海工务局园场管理处处长，但在他的任上未能实现此设想；而 20 世纪 90 年代初主持规划建设外环林带的上海市园林局局长，恰是他的女儿程绪珂，女儿圆了父亲的梦应是中国园林界的一件奇事。

2. 天 津

1858 年《天津条约》签订，天津被迫成为开埠城市，在随后 40 余年间共设有 9 国专管租界，对外贸易的发展使天津很快成为华北地区最大的港口及商贸城市。天津的租界区城市格局，以海河为中轴形成网状道路路系统，20 世纪 20 年代在法租界内建成天津劝业场、天祥商场等商业设施及众多整齐美观的西式建筑，形成天津最繁盛的商业中心，上流社会人士主要聚居在英租界，即今五大道区域。租界内开辟了多座公园，如法租界在天津最早的海大道花园 (1880 年) 遗址上建造的法国花园（1922 年），英租界的英国花园（1887 年）、平安公园（1925 年）、土山公园（1937 年）和皇后公园（1937 年）等。

租界的建设对华界产生了巨大影响。袁世凯主新政推行地方自治，曾编制天津河北新区的规划，1901 年拆除城墙、修环城马路，河北新区一度成为天津的政治中心。北洋政府期间，各届大总统、官僚买办及富商大贾在天津建造花园洋房住宅，主要集中在英租界。

天津市编制城市总体规划始于1930年，是继南京、上海之后自主进行城市总体规划的城市。由梁思成和张锐共同设计的方案中标，“梁张方案”是天津近代城市规划史上第一部详细、全面的规划方案，它并没有避开租界，而是从天津全域出发考虑应用西方城市规划理论与中国发展现状及国情的结合（李百浩 等，2005）。方案包括了城市分区、交通公建、公用设施和树木种植及公园规划等内容，如规划林荫大道为干道一种，两旁种植树木、设置座位；明确树木种植原则，还提出了几种树木供选择；可学习欧美在河岸两侧开辟公园、美化环境，并在规划图中列出了规模较大的公园位置（梁思成，1930）。该方案虽未能付诸实施，但它是天津近代第一部全面系统完整的城市规划，对以后天津的城市规划和建设具有一定的影响（图1-9）。

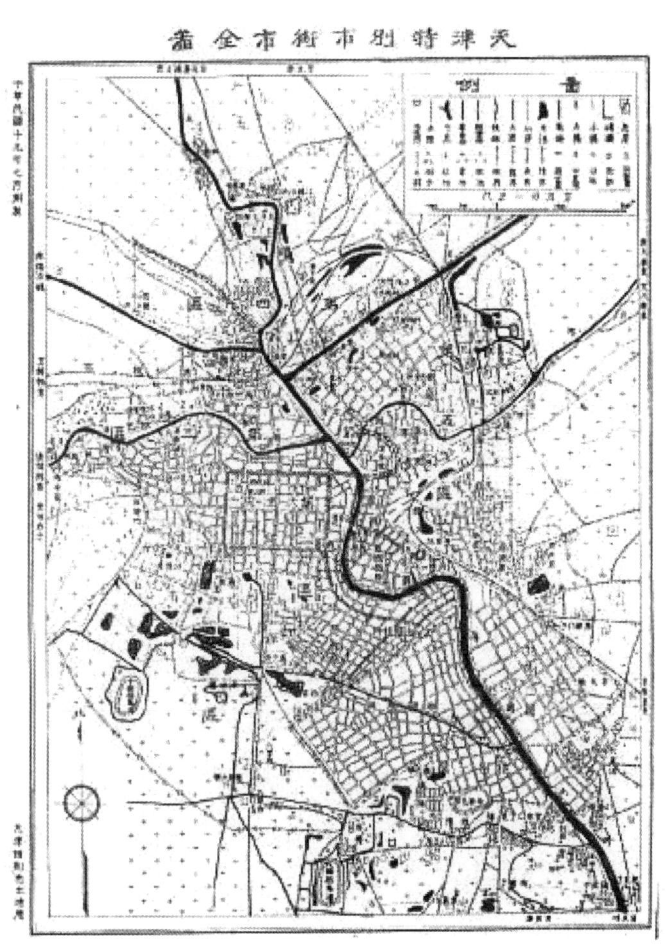

图1-9　天津“梁张方案”图（引自：李百浩 等，2005）

抗战时期，日本侵略者多次制定掠夺性的华北开发计划，设想把天津建成一个侵略华北的经济中心和兵站基地，拟订《天津都市计划大纲》《大天津都市计划》等，计划发展到300万人口，但实际上只是为支撑其侵略战争体系而主要发展工业及城市对外交通。

抗战胜利后杜建时出任天津市市长，成立“都市计划委员会”，开始编制城市总体规划，提出建设天津市区的三项原则：以市区为中心，以十五里为半径，作为天津市范围；临近以上区域之重镇，如杨柳青、北仓等一律划入市区；塘沽划入市区。采取疏散计划，规划若干卫星城镇，由市中心放射出交通干线，沿主要河道，分段建成带状都市。

3. 青 岛

青岛不同于上海和天津，它早在1897年就被德国占领，德国采用当时欧洲城市规划理念规划了青岛城市建设；青岛也不同于其他租界城市，它是从一片几乎荒芜的土地上开始建设的。德国占领者以修建港口和铁路为起点，引来中国民族资本家在青岛投资开厂，促进了地区商务的发展，1913年市区人口达到5万余人。德国当局妄图长期侵占中国而投入了大量的资金，并且引入德国最新实施的建设管理办法，形成了青岛近代建筑风格和特征。从本质上来说，青岛是一个由外国侵略者决定的现代化，成了德国文化和城市建设艺术的展览馆（孙施文，1997）。在德国人作的青岛规划中，划分了德国区和华人区，将市南环境最优美的沿海地段划为德国区，道路与绿化结合较好，还布置了两条绿化带，并集中造林18000亩（现中山公园一带）（董鉴泓，2004）。

第一次世界大战后日本占领了青岛，城市发展依然沿用德国的规划。1929年由国民政府管理，之后由于政局相对稳定及优美的环境吸引了大量投资者。期间青岛的城市功能不断增加，成为东亚最好的港口和综合性的区域城市，1937年人口达到了38.5万。涌入的富商和资本家则在沿海一带建造别墅，如在30年代初规划建设湛山特别区域时，修筑了以八条以我国著名关隘为名的马路而得名“八大关”。依海而建，地势起伏，近百幢造型迥异的西式别墅、精巧的庭院和公园结合，道路树木葱郁，每条道路以一个树种为行道树，当年风貌保留至今成为青岛最著名的旅游胜景。

南京国民政府时期青岛已具备了一定的发展潜力，在市长沈鸿烈主政期间对市政建设很是重视，政府对城市发展与规划是有序进行的。1932 年的《青岛特别市暂行建筑规则》中，对八大关区域的建筑密度有了明确规定，如建筑基地面积为 300 平方米以下的密度不超过 40%，建筑与环境融合很好，建筑轮廓线隐匿在绿树中，郁达夫曾如此描写青岛："以女人来比青岛，她像是一个大家闺秀，以人种来说青岛，她像是一个在情热之中隐藏着身份的南欧美妇人。"1935 年编制的《青岛市施行都市计划案（初稿）》，预测了城市发展规模，规划人口 100 万、城市面积 137 平方公里，将城市性质定为"工商、居住、游览城市，中国五大经济区中黄河区的出海口"，划分了城市功能区，道路系统中主干道连接各分区及重要设施，山地丘陵等地以建设园林为主，但因抗战即至并未实施（李东泉，2006）。

（三）传统城市的规划与发展

1. 广 州

广州是五口通商城市之一，由于其特殊的地理位置成为中国较早接受外来文化的城市，也是中国近代化建设的先驱之一，民初广东工业发展基础较好，与江浙、山东、河北等省并称"我国工业最盛之省"(陈真，1985)。民国时期广州市人口增长较快，1918 年人口 70.49 万，1932 年突破百万，1937 年 121.9 万。1940 年日本侵略军占领期间人口锐减至 54.5 万，抗战胜利后人口逐渐回迁，1945 年末即达 97 万，1949 年广州市区面积 243.25 平方公里，人口 115.7 万。

虽然广州开埠很早，但城市迅速发展则是在辛亥革命之后。民国初期广州成为革命政府所在地，地位特殊。海外华侨加大对广东投资推进了一系列大规模建设，在 1927—1937 年陈济棠主粤时期，是广东华侨投资的全盛阶段，大大促使了城市化进程。但广州城市住宅建筑贫富悬殊，殖民者和官僚、买办、富商，竞相修筑花园洋房、高级公寓和别墅。如陈济棠在东山梅花村的公馆，占地 10 亩，有大片草地，置假山、六角亭，环境幽美。

孙中山将广州市列为全国 3 个国际商港都市之一。孙科在三任广州市长期间，将中山先生的理念应用到广州的市政建设实践中。1918 年广州开始拆城墙修马路，次年孙科发文介绍 "都市规划"理论，引进"田园城市"的理念，将其译为"花园都市”，认为城市中开辟大小公园及娱乐场是规划的重要内容之一，并称在市外附近设立“广大之园林”，在市内人烟稠密处多设小花园。1926 年孙科第三次主政广州时，聘用墨菲主持制定广州城市规划，推动广州城市的建设，建设力度相对较大，拓延马路、推广骑楼、开辟公园，着手筹建公园，并完成观音山公园，建设公园成为广州城市的一个亮点。广州沿街之骑楼建筑是城市一大特色，原是 20 世纪初广州开辟马路，将西方古典建筑中的券廊等形式与广州传统的形式相结合，演变成广州特有的“骑楼”建筑，体现了中外文化的交融，不仅成为广州街景的主格调，而且推广至福建、浙江的城市，甚至上海都能见到。1928 年城市设计委员会首任会长程天固，提议并经市政委员会决议在维新路（今起义路）不准建筑骑楼，而代之两旁植树，“先择要处，培植树木。分榕树、台湾相思树、凤凰树、桂树等五类”。至此，广州于 1912 年引进建造骑楼即随之停止。程天固曾留学美国，在他主政工务局期间专设工程设计课，负责新辟街道、公园等的规划，并完善广州第一公园（今人民公园）。第一公园最早由孙中山倡议辟为公园，在原来的清代巡抚署旧地上开辟兴建，由毕业于美国康奈尔大学的杨锡宗设计，采取意大利对称图案式建筑形式，1918 年建成，于 1921 年 10 月 12 日正式开园命名为“市立第一公园”（旧称中央公园），是广州城市公共空间的开端。

1932 年广州公布第一个由政府组织编制的总体规划方案《广州市城市设计概要草案》，但未能全面实施。计划在公园建设中加大了力度，1933 年政府成立园林委员会通过“规划新建公园 12 处”决议案。1947 年国民政府设广州为直辖市，经过近代多次的规划建设，广州以越秀山为依托，通过传统城市中轴线与珠江相连，形成了以自然环境为主体的城市骨架，体现中西方城市规划思想的结合。但城市绿化薄弱，1949 年广州仅有 4 个较完整的公园以及设施简陋的净慧、东山等小公园，面积共 32.6 公顷。

2. 北 京

北京自古以来是北方山地和南方平原之间交往的枢纽，也是中原文化和草原文化交融的重镇，今天的北京城始建于元，明代在元大都的基础上改建，清朝沿用明旧城，总体布局和街道如旧，进行多次修缮、扩建和改建。

1905 年后京汉、京张和津浦铁路通车使北京成为近代交通枢纽。1914 年北京设京都市政公所，开放旧京宫苑为公园游览，1928 年北京改称北平，1933—1935 年间市政建设主要是修建道路、创办公交，实施文物整理工程及卫生事业，但 1935 年后华北政局不稳，市政建设逐停。日军侵略者占领时又称北京，1938 年提出《北京都市计划大纲草案》，规划总面积 300 平方公里，还把北京定位为政治、军事中心及特殊观光城市，准备把行政中心定在西郊，开辟西郊新街市，面积 65 平方公里，建筑面积为 30 平方公里，其余为绿化用地，但计划只实施一小部分。抗战胜利后国民政府还都南京，再改北京为北平，1946 年参考日伪的方案，明确西郊新市区为行政中心，规划八宝山建动物园、高尔夫球场、国际运动场，在城外设园林式环路，城墙内外设绿地，城墙上端建公园等园林规划设想，但都未予实施。

民国期间，北京政局不稳、社会动荡，加之日寇侵占，城市人口增长比较缓慢，1912 年人口 72.5 万，到 1948 年时增至 142 万，增幅远不及上海、广州等港口城市（图 1-10）。

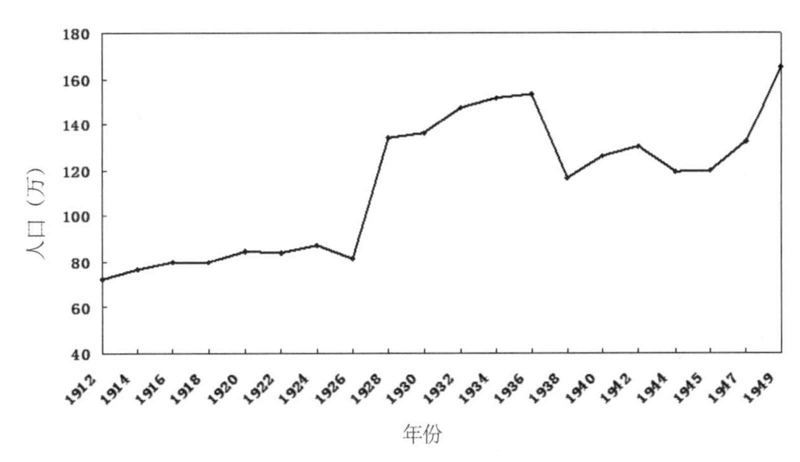

图 1-10　北京市近代人口增长（据《北京市志稿》整理）

北京的皇家园林在清乾隆时达到顶峰，是康熙以来皇家园林建设的最终形式，嘉庆之后再无财力建造新园，咸丰之后又经历了英法联军和八国联军的两次野蛮摧残，毁损严重。自元明以来的积聚，上自典章、下至国宝奇珍扫地遂尽，清朝无力修复，于 20 世纪初将清华园改作清华学堂，迎春园遗址也划入清华园，而著名的恭王府花园也在 1932 年归了辅仁大学。

民国初期军阀反复进驻皇家园林，各坛庙的树木多有损坏，之后一些皇家园林如景山、天坛、北海、颐和园等陆续向市民开放为公园。而一些军阀权贵、官僚富商却掠夺皇家园林的材料来构建别墅私园，从辛亥革命至七七事变的20余年中，北京出现了一大批宅园、山庄和别墅，建造私园40多处。如熊希龄的双清别墅；清末营造家马辉堂在魏家胡同的花园，园内山石得当、花木扶疏，是民国时期最具代表性的宅园。据记载，至新中国成立前，北京有明清以来具园林艺术价值的私园60多处。

1929—1948年间，北京的街道绿化主要在东西长安街、王府井大街、景山前街等主要街道，20世纪30年代栽的槐树是保留至今最早的行道树。据市政府工务局在1945年的调查，北京有行道树24万余株、树种有14种。民国时期也开辟了一些公园，如1917年京都市政公所在琉璃厂建海王村公园，在广场堆山筑池，栽植花卉。中央公园（今之中山公园）是最早设计的北京市公共公园；1925年，京兆尹薛笃弼力促地坛改为京兆公园，1928年后被称为市民公园。1947年成立了北平市都市计划委员会，提出在城外设园林式环路、在城墙内外设绿地、城墙上端建公园的园林规划设想。

（四）中西部城市

1. 重 庆

重庆为中国西南近代重要的通商口岸，1890年开埠后英商即开辟宜昌至重庆的航运，1901年设立日本租界。1921年后四川地方军阀逐渐控制重庆，成立特别市，开始有了城市规划。在军阀杨森主政时曾计划修建中央公园，由于军阀混战，未能完成，后由政府出资修建，1929年8月竣工时面积达万余平方米，成为我国近代早期建成的城市公园之一。1929年重庆成立市政府，城市扩大，开辟新市区，开展有规划的建设，在计划中就有园林区一项，并明确其位置在各区之间，以园林散置设计为主。在抗战期间重庆作为战时首都，在短时间内迁入大量军政、文教单位，人口激增（图1-11），市政设施备受压力，于是在1939年拟定《重庆市建设方案》，之后中央政府直接管理重庆建设规划，1940年面积扩大至328平方公里，至抗战胜利时人口已破百万。

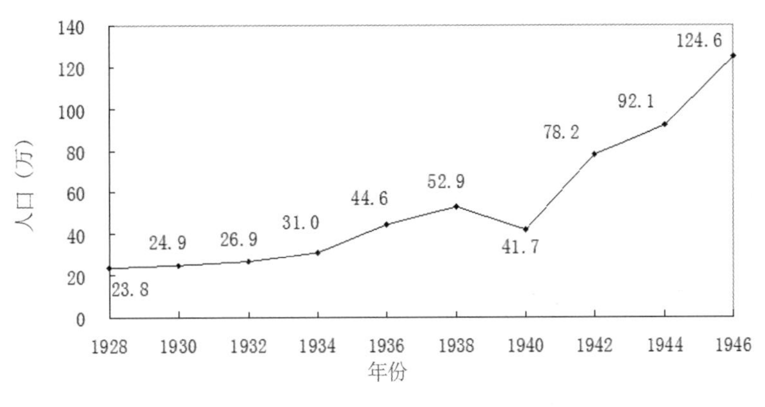

图 1-11　重庆抗战前后城市人口变化

1946 年国民政府还都南京，重庆人口大量流失、工业严重衰退，导致社会不稳定，为了稳定大后方安定人心，国民政府确定重庆为永久陪都，希望其成为大西南的中心，要就重庆制定为期 10 年的建设计划，并成立了“陪都建设计划委员会”由市政专家周宗莲主持，提出《陪都十年建设计划草案》，简称《陪都计划》。将重庆确定为未来大西南区域内的政治、经济、军事、文化中心。在《对于陪都建设计划的意见》中，众多学者建议将重庆建成以市区为中心，向有地形优势的江北和南岸发展，以建设卫星城拱卫市区母城（龙彬，2015）。以卫星城作为参照，基本上践行了城镇疏散理论，田园都市理论与分区制相辅相成，以控制城市卫生和美化城市环境（赵耀，2014）。

计划中单列“绿地系统”一章，分为需要与功用，种类与分布，绿地标准，绿地鸟瞰，公园系统，十年内公园发展步骤与每年预算，今后公园发展及管理之改革七项。提出筹建各区公园，拟定园林分布，在功能区划分上将周围占地面积达 25% 的山地明确为风景区，如歌乐山公园区；城区绿地系统包括林荫道，扩建和新建公园，两江沿岸绿化。在建筑方面，选定若干地点建设居住区，区内设商店街道、小学、小公园以及公共体育场等，初步形成现代居住的规划理念。虽然该规划事实上付诸实践的部分不多，但对后来的重庆城市规划与建设都产生重要影响（龙彬，2000）。

2. 武 汉

武汉在中国近代史上有着特殊的地位，它曾是国民政府所在地，抗战初一度被确定为陪都，也是我国最早开埠的城市。1861 年汉口开埠后人口增加迅速，

1911 年武昌首义后因战乱人口外迁。第一次世界大战后及 30 年代武汉工商业及城市建设发展，使武汉市区从业人员增加，1935 年人口达到 125 万，为民国时期顶峰，武汉沦陷后人口降至 45.79 万 (1939 年)（罗翠芳，2015），以后虽有恢复但至 1948 年也还只有 118 万，未达到民国时的最高水平。武汉三镇之汉口，在 1934 年就有 80 多万人口，向近代都市转变，是 20 世纪初华中最大的转口贸易中心，有“东方芝加哥”之称的汉口是当时除上海外人口、街市、住宅密度最大的城市。

1929 年武汉成为特别市，由张斐然主持撰写《武汉特别市之设计方针》，按面积 446 平方公里、每市民占 50 平方米推算，可容纳 594 万人。确定公园面积每市民不得少于 9 平方米，25 公顷以上大公园的间距为 5 公里，3.6~24 公顷的小公园的间距为 1.5 公里，3 公顷以下小广场的间距在 500~1000 米之间。抗日战争胜利后，成立武汉区域规划委员会，规划范围纵横 60 公里，包括武汉三镇及近邻，涉及公园系统计划、破坏区域重建计划等。确定武汉为近代化工商业大城市，武昌为政治文化城市，汉口为工商业城市，汉阳为园林住宅城市。三镇内部采用完整社区单位，进行公园绿化系统建设；城市应有绿色地带围绕，限制城市不致连片盲目扩大。后在 1947 年又编制了《武汉三镇交通系统土地使用计划纲要》，提出将汉口密集人口向武昌、汉阳扩散。

汉口开埠后，租界区内出现西式花园 ;1920—1930 年，有达官巨贾在珞珈山建造别墅，如夏斗寅的养云山庄，俗称夏家花园，占地 70 余公顷；曹祥泰的种因别墅，即曹家花园等。在市区有首义公园和中山公园等，但至武汉解放时，城市绿化面积仅 71.4 公顷，绿化覆盖率 2%，人均公共绿地面积为 0.29 平方米。

3. 西 安

西安位居中国六大古都之首，是世界四大文明古都之一，古代丝绸之路的起点，在历史上一直是西北重镇，而其所在的关中地区则有“中华民族摇篮”之誉。但因其地处内陆，交通相对闭塞，近代经济一直不振，1911 年时人口才及 11 万。民国初年又屡遭兵戎，在 1932 年以前西安基本无现代工业，直至 1934 年陇海铁路至西安通车后工业才有所发展。抗战爆发后上海、天津等城市的工厂迁入西安，促使民族资本工业得到发展。“一·二八”事变后国民政府将西安定为陪都，称“西京”，抗战期间为保卫大西北的门户，沦陷区的资金人口流入，逐步形成轻工业经济。1937年西京市政建设委员会提出《西京市区计划决议》，以河流及道路划分市区为10个分区，在灞河和渭河汇流处草滩规划第一公园，童家巷及含元殿地区辟为第二公园，其他各区公地及文化古迹所在也辟为公园。但因国民政府迁都重庆，1942年西京建设委员会结束，计划未能实施，但在市政建设方面也是有所发展的。直至1947年，西安拟订了《西安分区及道路系统计划书》，在分区用地方面明确提出绿面的概念，除房屋基地外，余地包括公园、道路（干道林荫路、花坛、行道树）、广场、园圃、水湖都为绿面，城区绿面达到10%、郊区30%，同时还指出了增加绿面的途径，然当时国民政府已近崩溃自无力实现。1949年西安建成区面积13.2平方公里，人口39.76万（图1-12）。

西安最早的现代公园是莲湖公园，于1922年改明秦王府花园而建，1927年辟清时的"满城"北郊废墟建革命公园，之后又建建国公园和丹凤公园。在筹备西京期间，主要在公路植行道树，建太液池苗圃，但总体上园林建设事业萧条，1949年时西安仅有3座公园，面积22公顷。

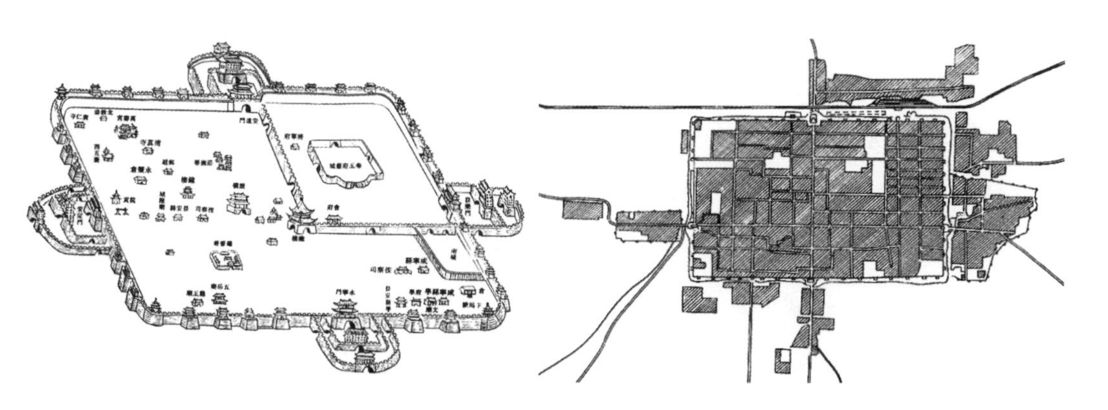

图1-12 清代时的西安城（左）和1949年时的西安（右）（引自：西安市地方志编纂委员会，2000a）

第三节

新中国成立后城市发展与园林绿化建设

一、新中国成立后的城市发展

（一）新中国成立初期及第一个五年计划时期——工业化促进城市发展

1949 年中华人民共和国成立，中国进入了国营经济、合作社经济、个体经济、私人资本主义经济多种成分并存，并在社会主义性质的国营经济领导下的新的经济时期。然而，当时的工业化率仅为 12.57%，城市建设处于停顿状态，全国有城市 136 个，城市化的水平 10.6%，而当时世界平均水平是 29%，北美达到 64%，西欧 60%，拉美 41%。

新中国建立后现代工业生产和工业布局的工业化成为城市发展的主要动力，在城市建设上开创了新时期。毛泽东在中国共产党七届二中全会的报告中指出，“从我们接管城市的第一天起，我们的眼睛就要向着这个城市的生产事业的恢复和发展”，“只有将城市中的生产恢复起来和发展起来了，将消费的城市变为生产的城市了，人民政权才能巩固起来”。1951 年《中共中央政治局扩大会议决议要点》更是明确提出，“在城市建设计划中，应贯彻为生产、为工人服务的观点”。此后，“建设社会主义工业城市”“变消费城市为生产城市”成为城市规划建设的指导思想。

新中国成立之初的三年是国民经济恢复阶段，重工业和轻工业的年均增长率分别高达 48.8% 和 29%。1952 年全国设市城市 160 个，大多在东部地区，沿海地区集中了全国工业产值的 73%，使得我国各地区间经济发展很不平衡。1953 年开始第一个五年计划的全面建设，重新布局城市，以苏联援助的 156 项工程为主导，采取有重点地进行城市建设的方针。提出 74 个城市的建设计划，包括：新建城市 7 个，有包头、洛阳、白银、株洲、茂名、克拉玛依、富拉尔基；大规模发展的城市 20 个，有北京、上海、天津、石家庄、太原、西安、沈阳、长春、哈尔滨等；还有一般扩建的城市 74 个，如保定、桂林、重庆、西宁、乌鲁木齐等。从地理分布来看，全部102个有规划发展的城市在东北有24个，几乎涵盖了当时东北的主要城市，其中大规模发展的就有7个；另外分布在京西铁路以西的有54个，新建城市中则有6个在京西铁路以西（曹洪涛，1998）。

1954年举行第一次全国城市建设会议，提出“城市建设应为国家的社会主义工业化，为生产、为劳动人民服务，并要有重点、有步骤地进行”，但在次年又提出，“今后新建的城市原则上以建设小城市及工人镇为主，并在可能条件下建设少数中等城市，没有特殊原因，不建设大城市”，这个城市发展方针影响我国许多年。随后在1957年5月24日《人民日报》头版刊发了《城市建设必须符合节约原则》的社论，批评城市建设和城市规划存在规模过大、标准过高、占地过多和求新过急的“四过”现象。然而在1958年“大跃进”中，大规模招工导致农村人口大量流入城镇，使得1957—1960年中国出现了一个空前的城镇化高潮。总体说，在第一个五年计划时期我国城市基本属于稳步发展，先后完成了包括沈阳、北京、武汉、太原、郑州、西安、兰州、重庆等大中城市为核心的八大工业区建设。到1957年城市化水平提高到15.4%，城市增至176个，平均年递增5个新设城市；1960年城市化率上升到19.7%。这时期我国的城市化还处于初期起步阶段，而北美与西欧已达到60%~64%并开始进入改善城市质量的城市化成熟阶段。

（二）20世纪60年代城市化进程停滞

1958年“大跃进”后，中国进入一段自然灾害与经济困难时期，经济结构失衡，出现粮食危机，于是开始推行收缩性的经济计划，并大规模精简城镇人口。第二个五年计划时（1959—1963年），曾提出“从实际出发，逐步建立现代化城市”，进入“三年困难时期”后即改为“不建集中城市”，把“是乡村型的城市，也是城市型的乡村”的大庆作为城市发展的模式，还在1960年提出以后3年不搞城市规划。之后国家执行“调整、巩固、充实、提高”的政策，整个国家经济战略发生很大变化。1965年城市数量减至169个，城市化水平17.9%（朱铁臻，1996）。

第三个五年计划时期（1966—1970年），鉴于当时的国际形势开始实施“三线建设”的重大战略部署，把重点建设放在三线，企图走一条“非城市化的工业化道路”。在经历了城市人口下放、知青下乡等运动后，城市建设缓慢、城市化基本上处于停滞状态，到1965年城市人口下降了1.5%。在之后的“文化大革命”

期间（1966—1976 年），城市人口主要靠自然增长，全国城市化率从 17.86% 上升到 17.92%，仅提高了 0.06 个百分点；城市数量自 1966 年的 171 个增加至 1977 年的 190 个。国外城市学者将这段时间我国因政策上造成的人口从城市向乡村的移动，称为反城市化（Anti-urbanization）。另外，在 1964—1980 年间中国城镇人口发展主要集中在中小城市，小城镇没有得到应有发展，但特大城市人口得到了控制 (周一星，1986)

（三）改革开放后城市化进程加速

1978 年十一届三中全会确定改革开放路线，制定了实现四个现代化的发展目标，经济全面恢复并进入快速发展轨道。改革开放初期，国家提出“建设适应四个现代化需要的社会主义的现代化城市”，城市的主导地位和主导作用重新得到重视。“六五”（1980—1985 年）期间，提出发挥中心城市作用的改革方案，城市发展和城市化进程开始走上轨道。当时中共中央印发《关于加强城市建设工作的意见》指出，“城市职工住宅和市政公用设施失修失养、欠账很多，市容不整，环境卫生很差，大气、水源受到严重污染，园林、绿地、文物、古迹遭到破坏……”，“无论从现实或发展上看，都已经到了非解决不可的时候了”（国家城市建设总局办公厅，1982）。这对城市建设及城市化进程起到积极的推动作用。

在 1978 年后近 20 年的时间内，中国城市化过程结束了大起大落实现了持续增长，并进入中期加速阶段。表现有以下几个特点：城市化发展东部快于中西部，南方快于北方；小城市在城市体系中的地位提高，大城市人口的实际增长率大幅度回升；城市适度走向国际化；大城市已经开始了郊区化过程；都市区和都市连绵区的形成；城市内部的社会分化在扩大 (周一星，1986)。到 1986 年城市化水平上升到 24.5%，年均增长 0.5% 以上。1990 年第四次人口普查结果，城市人口已达到 26.41%，1995 年为 29.04%（图 1-15）；城市数量也由 1978 年的 193 个增至 1994 年的 622 个，平均每年增加城市 33 个。

进入 90 年代以后，“八五”计划首次提出“城市化”的概念，并要求“有计划地推进我国城市化进程”。大量的农村人口拥入城市寻找就业的机会，实质上脱离了第一性生产，而且其中有相当一部分已成为事实上的城市居民，只是没有获得法律的身份。当时我国人口普查是以户口所在地为准，如果以实际所从事的工作性质来统计，城市化人口这一数值可能要大得多。因此，此时城市化水平要高于报道的统计数。

1987 年国家科委主持研究 2000 年的中国城市化道路，专家分别根据农业与第二、第三产业的发展，以及国民收入与我国土地资源的情况来推测，到 20 世纪末我国的城市化水平将达到 30% 以上，从而开始进入城市化高速进程的阶段。但当时显然没有充分估计到 20 世纪 90 年代以后我国出现的经济飞跃发展，因此对于城市水平的预测是比较保守的，事实上到 2000 年时已突破预测的水平而达到了 36.2%（图 1-15）。并在 20 世纪 90 年代初出现了“珠三角”、“长三角”和“京、津、唐”这样以大城市为中心、连同周围地区一系列中小城市组成的城市群。

（四）21 世纪初的快速城市化阶段

城市学家一般认为，一个国家的城市化进程可划分为三个阶段，即初级阶段，城市化水平低于 30%；快速发展阶段，城市化水平达到 30% 以后，城市化进程加速的趋势一直要持续到城市化水平达到 70% 后才会逐渐稳定下来；成熟阶段，城市化水平高于 70%。而 21 世纪初，我国城市化水平就已大大超过 30%，在经济、政策方面都有力地推动城市发展，进入城市化高速发展阶段（图 1-13）。

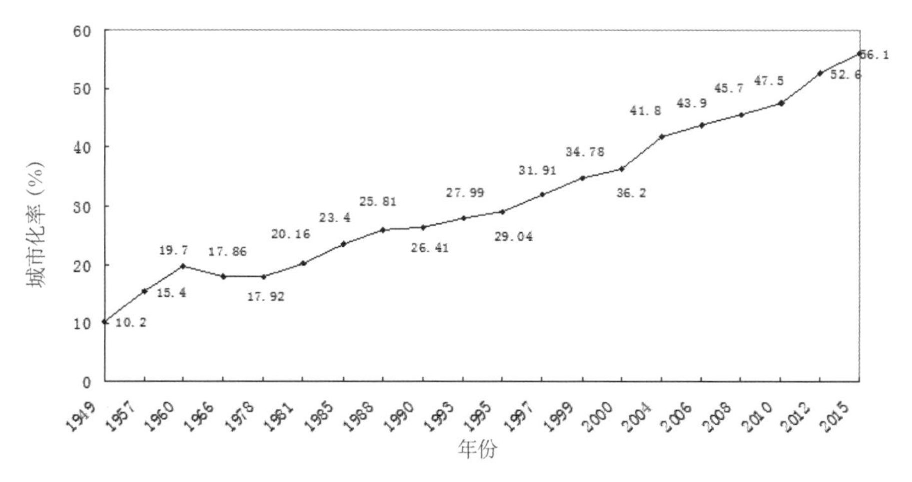

图 1-13　我国 1949—2015 年的城市化进程

第十个“五年计划”（2001—2005年）纲要提出，“随着农业生产力水平的提高和工业化进程的加快，我国推进城镇化的条件已渐成熟”，明确提出城市化将成为中国推进现代化进程的一个新动力源。在此方针指导下，2001—2015年的15年间，城市化率增加约20%，达到了56.1%，平均每年增长1.33%。同时期大城市发展较快，特大城市的数量和规模都增加迅速，人口超过1000万的超大城市已有3个，特大城市增至10个（表1-1）。还出现了“同城化”的特点，即一个城市与另一个或几个相邻的城市，在经济、社会和自然生态环境等方面能够融为一体的发展条件，以相互融合、互动互利，促进共同发展。如长株潭同城化、沈阳与抚顺同城化等，这对区域发展起着推动作用（朱铁臻，2009）。同时，新的城市群不断出现，中国大陆城市空间从1949年的3个城市集聚区发育至2003年的20个，如山东半岛城市群、辽中南城市群、巴蜀城市群、中原城市群等。

表1-1　2000年与2015年中西地区城市人口比较

年份	地区	超大城市		特大城市		大城市		中等城市		小城市	
		人口规模 >1000万		人口规模 500万~1000万		人口规模 100万~500万		人口规模 50万~100万		<50万	
		城市数（个）	人口（万）	城市数（个）	人口（万）	城市数（个）	人口（万）	城市数（个）	人口（万）	城市数（个）	人口（万）
2000	总数	1	1136.8	5	3868.6	82	13430.5	102	7170.2	58	2564.2
	东部	1	1136.8	3	2222.87	29	4549.7	28	1811.2	21	830.7
	中部			1	749.2	19	2824.2	31	2230.1	19	714.3
	西部			1	896.5	25	3988.3	27	1914.6	9	647.0
	东北					9	2068.3	16	1214.3	9	372.23
2015	总数	3	4575.8	10	5985.6	128	23402.9	100	7344.8	47	1730.6
	东部	2	2632.8	5	3240.7	54	10963.3	21	1523.3	5	178.5
	中部			2	1048.1	31	4984.6	25	1864.6	10	371.5
	西部	1	1943	2	1168.8	35	5697.4	34	245.0	27	974
	东北			1	528.0	8	1757.6	20	1504.9	5	206.6

综观新中国成立后的城市化，整个进程与经济发展、工业化过程、产业结构转换、科技进步的推动及人口增长有着密切的关系。但另一方面，又直接受政府的政策支配，即使改革开放以来，在建立并逐步完善社会主义市场经济体制的条件下，城市化仍与政府政策有着直接的关系（孙颖杰 等，2009）。整体上来说，中国的城镇布局并不均匀，主要在东部及东南部，如从黑龙江瑷珲到云南腾冲画一条线，在这条线以东以南占国土约 42% 区域几乎集中了所有城镇，同时城市化水平的省际差异也十分明显（徐匡迪，2011）。不同规模的城市增长比较，人口大于 100 万的大城市数量和人口增长显著，特别是 100 万 ~500 万人口的城市，但中等城市数量和人口变化均不大，小城市数量和人口都出现明显的减少，表明中小城市向更高等级的城市发展趋势。而此趋势在东部和中部地区表现尤为突出，西部地区小城市数量增加显著，但人口增加较少（表 1-1）（图 1-14）。

国外的城市学家认为，在城市化快速发展阶段，政府经常只能关注到为快速增长的城市人口提供居住及就业机会的城市基础设施建设，而往往无视或忽略了城市环境问题，到了城市化成熟阶段才来改善城市环境。我国现在正进入高速城市化阶段，应该接受这个教训，避免重复其他国家的城市化老路。

在 1980 年以来的城市化进程中，我国的城市面貌发生了很大变化，城市基础设施得到很大改善，如城市人均拥有道路面积从 1990 年的 3.1 平方米增加到 2015 年的 12.56 平方米，建成区绿化覆盖率增加至 42.07%；人均公园绿地面积从 1.8 平方米增加到 13.16 平方米，城镇人均住宅建筑面积也达 33 平方米（住房和城乡建设部网站）。

然而也不可否认，在整个城市化进程中，确实存在环境污染严重、生态服务功能下降的情况， 以及城市防灾减灾体系脆弱等问题（徐匡迪，2011）；另外在新世纪开始，中国多数城市大肆占用周边的农业用地，“摊大饼”、平面扩张的方式推进城市化建设异常突出（吴敬琏，2013），它的负面效应是十分显著的，应该引起我们的注意。

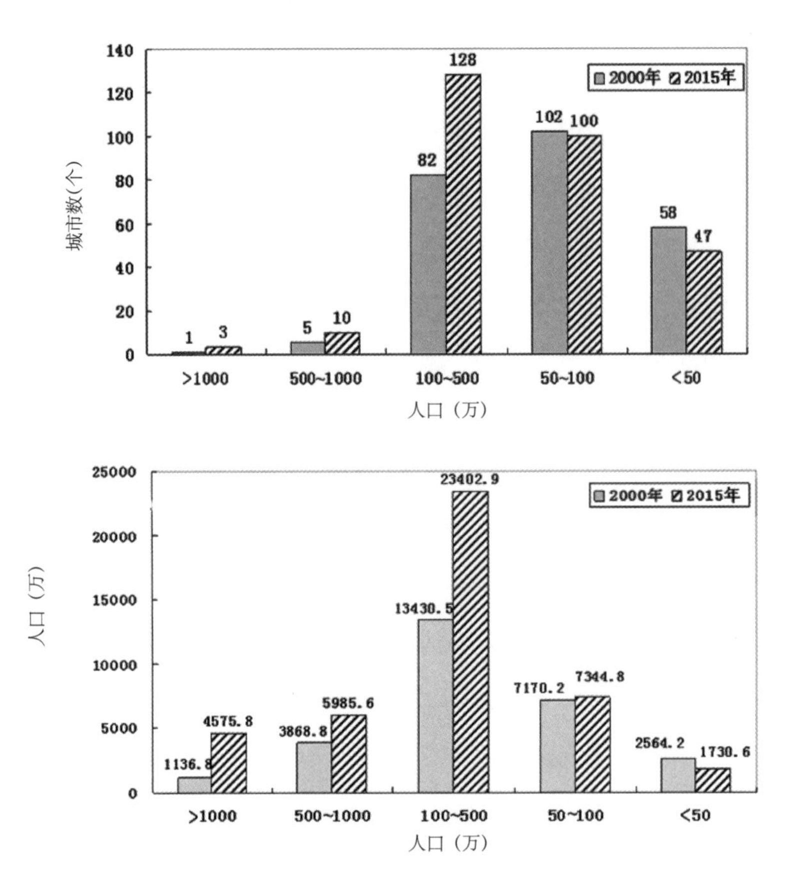

图 1-14　2000 年与 2015 年不同地区城市增长比较
上：城市数；下：城市人口（据《中国统计年鉴》编绘）

二、城市规划与城市绿地系统规划

尽管在民国时期许多城市都有过规划，但真正完整地搞城市规划并予以实施，还是从新中国成立以后才开始的（邹德慈，2003）。1953 年国家设立城市建设计划局，提出城市规划工作的重要性，要求加强城市规划设计工作。

在“一五”期间集聚技术力量成立中央城市设计院（董鉴泓，1955），这是我国第一个城市规划专业部门，在之后的几十年中承担了许多城市的规划。到 1956 年国家建委正式发布《城市规划编制暂行办法》，在第二条中特别强调了“城市规划设计文件的编制，应依照城市建设为工业、为生产和为居民服务的方针”，城市规划兼顾到了生产、生活和布局、建筑的美学效果。当时国家执行“重点建设，稳步前进”的城市建设方针，时任国家城市建设总局局长的万里，在 1956 年对不同城市的规划提出不同要求。如新建与扩建的工业城市，合理安排工业企业、交

通运输、住宅及公共福利设施和公用事业，保证工业发展速度和劳动人民生产生活上的便利与必要的卫生条件，适当照顾建筑造型上的美观；沿海各大城市，省会，自治区首府以及其他重要城市的规划编制工作，必须结合实际情况，充分利用现有建筑物和各种设施，尽量防止和避免拆迁过多过早的现象，做出多方面的比较方案，进行合理的规划；一般按照人均住宅面积 9 平方米来考虑城市的布局和功能分区，以保证城市的合理发展（周干峙 等，1994）。但在 1957 年开展反“四过”运动，对我国城市规划与城市发展建设形成一定的消极影响。

回顾中国现代城市规划历史，整个 20 世纪 50 年代是以首都建设规划和重点新兴工业城市规划为主，主要模仿和学习苏联计划经济体制下的城市规划。在新中国成立后第一个十年中，新建的 7 个以工业为基础的城市规划，都是在苏联专家的指导或直接参与下完成的，如北京的首都城市规划，大同、太原、兰州、包头、西安、洛阳等八大重点建设城市的规划。这些城市的规划，以道路广场、绿化水系和重要建筑物等的布置为重点，开展城市空间的建筑艺术设计。而当时参与规划编制的国内专家，则大多是从西方国家留学归来的，或是由他们培养的新中国第一代建筑专业的学生，他们带来的西方国家城市规划与建设的理念，常常与计划经济体制下培养而成的苏联专家产生分歧。最为典型的是北京城市规划的编制，其成员一部分主要由第一代留学英国、美国、法国、比利时和日本的中国专家学者（如梁思成、陈占祥、华南圭、朱兆雪、赵冬日）以及刚毕业的大学生等组成；另外就是政府特别邀请的、从事过莫斯科 40 年代规划的苏联专家们。结果却形成所谓“梁陈方案”的“保城派”与苏联专家的“改城派”方案的对立。而对于“梁陈方案”至今依然评论不断。

20 世纪 50 年代以后城市规划出现波动与起伏，先是城市规划“大跃进”，不久就提出了“三年不搞城市规划”。而在“文化大革命”期间，除了少数三线城市外，城市规划基本处于停顿状态，直到 70 年代开始才逐渐恢复。1984 年颁布了《城市规划条例》，并作为行政法规予以实施，标志城市规划开始走上法制化的道路。在规划条例指导下，整个 80 年代全国有 90% 以上的城市完成了总体规划，324 个城市的第二轮总体规划于 1985 年提前完成，但大多数仍体现计划经济时代的特征。真正构建城市规划的法制化建设，是在 1990 年之后，城市规划作为一项国家社会制度而建立起相对完整的框架体系（李浩，2016）。

由于城市规划在之前较长一段时间内处于停顿和受批判的状态，因此一直未能形成我国自己的规划思想。就城市规划的专业队伍及规划理论而言，前期主要借重苏联专家、借鉴苏联经验，20 世纪 60 年代以后，我国自己培养的城市规划专业人员才逐渐成为规划队伍的主体。由清华大学、同济大学、南京工学院、重庆建筑工程学院共同编写，国家城市规划研究院参与审查修订的《城乡规划》教材，于 1961 年由中国建筑工业出版社出版，这是新中国第一部自主编写的城乡规划教科书。而改革开放以来，城市规划在应对新的需求和形势时显得措手不及，相当长一段时间内在规划理论上或者现代城市规划理论上，比较多地引进和借鉴了西方（邹德慈，2003，2009）。

在改革开放以后新建的现代化城市深圳的规划，代表了一个新时代城市规划师的先进理念。这部以总规划师周干峙为首编写的规划，根据深圳狭长的地形特点，结合河道、自然山川等因素，从东到西、依次布置组团，形成了深圳市特有的“带状组团式”城市空间格局。这样的城市空间格局，便于顺应城市发展过程所需的灵活调节，也为以后的发展预留了空间。正如多年以后周干峙（2010）所说的，“世界上没有一个城市像深圳这样一次规划上百万人口，按规划建出来，而且建得如此完整、如此合乎功能”。

回顾我国 20 世纪 50 年代的城市总体规划，所有的城市都安排了绿地内容，如北京 1958 年城市总体规划，贯彻“大地园林化”的指导思想，在城市布局上第一次提出“分散集团式”布局原则，要求城市中心区与边缘地区设置绿化隔离带。即将市区分成二十几个相对独立的建设区，其间用绿色地带相隔离，但由于 60 年代初的经济困难而未能认真实施。然而用绿带隔离城市组团的设想，在之后的北京总体规划中都有所体现。另外由苏联专家主持编制的包头城市规划，绿化指标就定得较高，仅公共绿地就占居住总用地 18%，除将近郊大面积草地作为绿地系统保留下来外，还在市中心规划了宽 124 米的绿带，将城区用绿地分割成几大块，引河进城，形成完善的城市绿地体系。这个规划在“文化大革命”时期受到批判，规划绿地有的被占用，从而影响了绿地分布的合理性。但从今天保留下来的绿地效果来看，依然能感到当时规划的合理与前瞻。

50 年代初我国第一个“造园组”专业教学已列入“市镇计划”课程，包括了城市绿地系统规划的相关内容。50 年代学习苏联后，北京林学院的园林专业采用了“城市及居民区绿化”这个课程名称，包含绿地规划内容，但还没有形成独立的城市绿地系统课程体系。之后的高校《城乡规划》（1961 年）教科书中都有城市绿地内容，将绿地分为公共绿地、小区和街坊绿地、专用绿地和风景游览、疗养区的绿地四大类。

1963 年，《关于城市园林绿化工作的若干规定》发布，在城市总体规划中提出了一些关于城市绿地结构的构想，但在接着的“文化大革命”时期是无法实现的。直到 1978 年的城市绿化工作会议上，才重新提出城市绿化应按照城市总体规划要求，有计划地进行建设，要求城市规划部门与园林部门合作编制园林绿化规划，并提出了建设目标，如人均公共绿地面积近期争取达 4 平方米（1985 年），远期达到 6~10 平方米（2000 年），城市绿化覆盖率近期 30%、远期 50%（柳尚华，1999）。而在 70 年代末提出的城市绿地应“连片成团，点线面相结合”的设想，成为之后绿地系统规划实践的指导方针。

进入 80 年代后，在城市规划中更加强调绿地的要求，如 1982 年的城市园林绿化工作会议，提出近期绿化覆盖率 30%、20 世纪末达到 50% 的目标，并要求在城市总体规划中按此指标安排绿化用地，注意合理分布等。同年发布的《城市园林绿化管理暂行条例》明确提出编制“城市绿化规划”。1989 年颁布的《城市规划法》在第十九条中明确，在城市总体规划中应当包括绿地系统等各项专业规划，这预示了我国城市绿地系统规划的开始。这些措施的结果在 1994 年的城市园林绿化工作会议上得到肯定，会议在总结成绩时指出，城市绿地系统规划作为城市总体规划的重要组成部分，对于指导城市园林绿化建设起着非常重要的作用，自 1987 年以来许多城市编制或补充完善绿地系统规划，并举出江苏、山东、广东及北京、上海等地都落实了规划。而到了 1997 年的城市工作会议上，同样在总结成绩时肯定了城市绿地系统已逐步规范（柳尚华，1999）。由此看来，以“城市绿地系统规划”为名的规划实践，应是在 20 世纪 80 年代后期开始，在接着的 10 年中各地普遍开展了城市绿地系统规划的实践和探索。但由于相关理论和方法还不成熟、各地缺乏统一标准，还都在摸索阶段。与此相对应，同时期的北京林学院的园林专业教学体系中出现名为“绿地规划”的课程，将城市规划原理与城市绿地设计结合在一起。

这一时期，大城市比较有代表性的城市绿地系统规划有：

①上海市。以前只是编写园林绿化规划设想、规划纲要等，在20世纪80年代末至90年代初，按照重新修订的城市规划编制了《上海市绿地系统规划》以及《浦东新区环境绿地系统规划》，以大型绿地、环城绿带及居住区绿化建设为重点，形成点、线、面、楔、环相结合的城市绿地系统。到2002年完成新规划的编制，积20余年之经验，并有原创性的突破，提出建设类型齐全、指标恰当、布局合理、完整开放的绿地网络体系。

②北京市。在1983年提出绿地系统规划，市域绿地系统主要以山区荒山绿化、平原农田林网和风沙危害区的植树造林、为数不多的自然保护区及风景游览区的建立为主，城市绿地系统主要突出区级公园绿地布局与建设，城乡绿地相互独立（吴淑琴，2006），形成分散集团式城市结构间的放射状的楔形绿地系统，将田园的优点引进城市，为城市发展提供秩序和弹性（刘滨谊，姜允芳，2002）。1993年国务院批复的《北京城市总体规划(1991—2010年)》中提出了“绿色空间”概念(图1-15)。

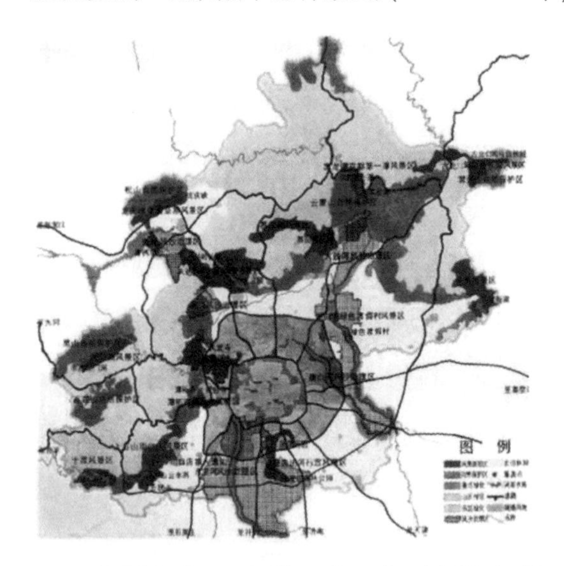

图1-15 1993年北京城市绿化规划
（引自：吴淑琴，2006）

③西安市。在第一个五年计划期间按照苏联专家的提议，规划基本采用了棋盘式路网，又增加了广场体系。广场和干道组合构成城市建筑艺术的重要部分，规划引水入城，恢复曲江池公园等，还规划了大雁塔、小雁塔等十个大公园，主要绿地之间以林荫路、林带联系起来，形成绿地系统（周干峙，2005），规划人均拥有8平方米文化休息公园，4平方米区公园。但城市总体规划的说明文字中，有关绿地系统的文字是放在“水系统和绿地系统”的标题下的。1980年采用“城市园林绿化规划”名称，主要是将文物古迹保护和扩大公共绿地有机结合，尽可

能做到公共绿地分布均衡，方便群众。直到 1995 的规划，才真正突出了绿地系统的规划布局，还包括绿化规模与技术指标，树种规划及健全绿地系统保障体系等。

④广州市。在 1954 年的城市总体规划方案中，提出过远景人均绿地指标为 17 平方米，这个标准在今天看来依然是很高的（图 1-16），但在 2008 年的规划中确定的目标是 12 平方米，实际上 2016 年广州公布人均公共绿地为 16.7 平方米，依然高于全国平均水平。1984 年广州市城市总体规划包括绿化规划，提出绿化系统概念，要求城市绿化的重点在市区的普遍绿化上，……使绿化点、线、面有机结合，建设一个完整的绿化系统。1989 年编制了城市绿化系统规划，在全市园林绿化普查基础上修订，并把它纳入城市总体规划之中，着重提高城市绿化覆盖率，增加人均公共绿地面积，实现绿地均匀分布。

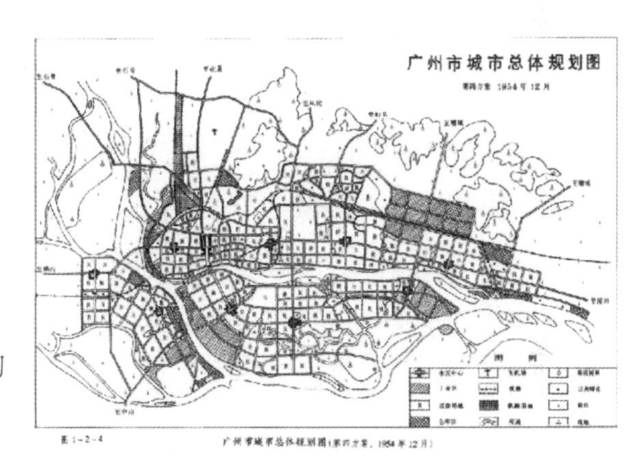

图 1-16　1954 年广州城市总体规划中的绿地标设（引自：广州市政厅，1972）

另外如，苏州市利用水系网络形成的网格式绿地系统；杭州市利用周围的山、水等地形地貌形成的环绕中心城区的环状绿地系统；深圳市因地就势利用绿地资源的天然状况，形成的并列组团式城市结构间的平行楔状绿地系统；合肥市利用自然条件和城市历史发展过程形成的环和楔结合的绿地系统模式（刘滨谊，姜允芳，2002），南京中心城区以天然的地理条件及历史人文景观结合形成条带式绿地系统模式等。

20 世纪 90 年代，许多大中城市的绿地系统规划大多着重于城市中心城区，但也有少数城市已定位在市域范围。如 1996 年厦门市提出市域绿地系统规划构想；秦皇岛市在 1998 年的规划尺度包括了市辖的 3 区 1 县，但与市域相关的内容基本上还是以规划原则为主，图纸均为示意图，与具体实施差距甚远（徐波，2005）。

90年代后随着城市化进程的加速，对城市环境问题的关注逐渐加强，在园林绿化中有北方以天津为代表的“大环境绿化”，南方以上海为代表的“生态园林”之说。城市绿地指标也有明显提高，如1993年的《城市绿化规划建设指标的规定》，规定城市绿化覆盖率到2000年应不少于30%，2010年应不少于35%；人均建设用地指标7.5~10.5平方米的城市，人均公共绿地面积到2000年应不少于6平方米，到2010年应不少于7平方米。

此时，许多学者进一步强调园林绿化在城市环境建设中的作用，吴良镛先生观点鲜明地指出，“今天我们对园林的考虑已不仅是传统概念中的咫尺天地，而是对绿色呼唤，对生存空间和生态空间的追求，对大地的体察”。在具体规划中，不仅要在有限的绿地上建造公园，规划一个城市的绿化系统，而是要规划一个区域甚至整个国土的大地景物，即“大地景观规划包括城市农业、城市森林、开敞空间的布局等”（吴良镛，1999），之后又出版了《人居环境科学导论》（2001年），把建筑和城市规划结合在一起构建出一个庞大的学科群，这个学科群综合了建筑、园林和城市规划等多方面内容。

进入21世纪后，城市绿地系统规划尺度从市区扩大到市域，2002年颁布的《城市绿地系统规划编制纲要（试行）》中明确，城市绿地规划系统要定义到广泛的城市区域的各个层次方面，主要包括“城市各类园林绿地建设”和“市域大环境绿化的空间布局”，即由原来的城市范畴进一步上升到市域的范畴。同年颁布了《城市绿地分类标准》和《园林基本术语标准》，明确城市绿地系统含义为“由城市中各种类型和规模的绿化用地组成的整体”，应是各类绿化及其用地，相互联系并具有生态效益、社会效益和经济效益的有机整体。这为全国城市绿地系统规划制定了一个统一的标准，促使城市绿地系统规划逐步规范与完善，走向成熟。《城市绿地系统规划编制纲要（试行）》要求编制城市绿地系统规划，应涵盖市域绿地系统规划的内容。在2004年初北京启动的城市总体规划修编中，同时开展的城市绿地系统规划范围突破市区，从城市规划区、主城区、新城不同空间层次上，考虑城市绿地与城市发展的关系，从城市大环境的角度考虑绿地系统的构建，与以前相比这是广义的城市绿地概念。

2007年10月《城乡规划法》正式颁布，开启了新一轮城乡一体化绿地系统规划的编制。《城乡规划法》扩大了城乡规划的权限，绿地系统规划涵盖内容也相应增加，此时北京林业大学的园林专业已明确“城市绿地系统规划”课程（雷芸，2012）。

然而，对于当前的城市绿地系统规划，许多学者提出了很有针对性的不同意见，如刘滨谊和姜允芳（2002）认为，现在的城市绿地系统规划，往往只停滞在城市绿地系统总体规划阶段，或者是直接进入修建性详细规划与设计阶段，至于分区规划或控制性详细规划则很少进行，使得规划管理人员在实施规划方案时由于面对尺度较大的城市，总体比例又很小的总图而无法严格控制管理。因而，随意可变性较大，造成与城市绿化规划管理实践的严重脱节。

俞孔坚等（2010）则直接指出，城市绿地系统规划的定位有问题，绿地系统是城市生态安全的关键构成，因此不应作为总体城市布局基础上的后续规划，而绿地系统规划中的核心和系统部分必须先于城市、建设用地的总体规划进行，并用它来定义城市形态，并优先在生态基础设施规划范围内建设绿地，不同性质、不同形状、不同规模的绿地构成一个有机结合的、能保持自然过程整体性和连续性的动态绿色网络。这正是俞孔坚“反规划”理念的具体表达（详见第六章）。

对此，一些城市采取了相应对策，如广州市在绿地系统规划中，形成了绿地系统总体规划、绿地系统建设规划、绿地系统控制性规划、绿地项目修建性详细规划四个从上而下的层级，将绿地系统规划完善成为一个独立的体系（张皓翔，2016）。

从上述的简单叙述中可看到，城市绿地规划起先只是包含在城市总体规划中，然后出现“城市绿化规划”，最后成为“城市绿地规划”。据刘滨谊等研究，1994 年以来研究论文的关键词更多的是用“城市绿化”这个名词，在 1996 年才出现“城市绿地系统”，而之前都是用了“绿地系统”。而“城市绿化系统”、“城市绿地系统”和“绿地系统”，在概念及内涵上都是不相同的，在研究城市园林绿化历史中，有必要进一步区别其间差异、理清其间的关系。

三、新中国成立后的城市园林绿化历史回顾

如今，我国已有超过半数的人口居住在城市，城市的居住环境成为人们最为关注的问题之一。在 2016 年 12 月召开的中央城市工作会议上，明确提出“城市建设要强化尊重自然、传承历史、绿色低碳等理念，……城市建设要以自然为美，把好山好水好风光融入城市。要大力开展生态修复，让城市再现绿水青山。要控

制城市开发强度，划定水体保护线、绿地系统线、……推动形成绿色低碳的生产生活方式和城市建设运营模式。……要按照绿色循环低碳的理念进行规划建设”。城市绿化建设作为城市建设的重要组成部分，再次受到中央的重视。在提出向城市生态建设转型的战略目标时，有必要回顾一下历史上我们对待城市园林绿化的态度，以及采用的各项政策。

在新中国成立后，“绿化”这个名词大约在1952年前后出现，是从北京农业大学通过教育部，得到列宁格勒（现彼得格勒）林学院城市及居民区绿化系的教学计划和教学大纲开始的（赵纪军，2009），是“城市居住区绿化”的简称，后来代替“园林”“造园”这些传统名词，还引发了一场争论而且持续了许多年。后来考证“绿化”一词在新中国成立前已有应用记录。在毛泽东主席提出“绿化祖国”的号召后，“绿化”被广泛应用，如造林绿化、园林绿化、荒山绿化、城市绿化等。传统的“园林”和现代的“绿化”这两个词有时组合在一起，有时又独立使用或相互替代，很多时候竟然难以分清它们之间在词义和内涵上的差别，即使在专业文章中也是如此。在这里笔者把园林和绿化结合在一起（暂不考虑之后名称上的变化，如“风景园林”“景观设计”等，详见第六章），作为城市绿地建设和管理的一种事业、专业，相当于工业、农业、服务业等。新中国成立以来我国城市园林绿化事业发展基本可划分为三个阶段：第一阶段，1949—1965年；第二阶段，“文化大革命”期间（1966—1976年）；第三阶段，1977年以来，即改革开放后的40多年。然而在第一、第三阶段中的前后时段有明显的差异，因此笔者将其大致细分为六个时期。

第一阶段

1. 新中国成立初期的恢复和建设（1949—1959年）

新中国刚刚成立面对的是百废待兴的局面，然而在众多纷繁的经济建设问题当中，城市建设仍然被列为重要的建设内容之一，并在政府管理中得到保证。新中国成立不久，中央政府很快召开了第一次城市建设会议（1952年），明确划定了城市建设范围，在明文规定的11项建设内容中，城市的公园和绿地属于第五项，并把城市绿化归属于建设部门的园林处、园林局管理，一直延续至今，正如我们现在常说的“园林局管城内，林业局管城外”的体制。在新中国成立初期的经济恢复阶段，有一段时间没有足够的资金用于城市绿地的大规模建设，城市以恢复、整理现有公园和改造、开放私园为主，也建设少量的城市公园。城市园林基本上属于保护和维持原状，同时还重点整修古典园林，而古典园林的新生是新中国成立以后园林建设成就的亮点。

1955 年毛泽东主席提出“绿化祖国”号召，翌年又提出“大地园林化”及“12 年绿化祖国”。又在 1958 年 12 月 10 日由中央正式下发实现“大地园林化”的文件，在全国兴起植树造林的高潮，推动了城市园林建设。与此同时，城市建设部制订了城市绿化建设的方针与任务，即“在国家对城市绿化投资不多的情况下，城市绿化的重点不是先修大公园，而首先是要发展苗圃，普遍植树，增加城市的绿色，逐渐改变城市的气候条件……不要把精力只放在公园修建上，而忽视了城市的普遍绿化，特别是街坊绿化工作”。城市普遍绿化事实上就是绿化祖国的具体解释，而且在今后的几十年中，一直强调着增加城市绿色和普遍绿化这一点（柳尚华，1999）。

在第一个五年计划及“大跃进”期间，全国各地加大城市绿化建设步伐，成为城市公园建设时期。为了向国庆十周年献礼而开展的园林绿化重点工程建设，促进了全国城市园林绿化的发展。据 1949 年的统计数据，当时 136 个城市有公园绿地 112 处，面积 2961 公顷，到 1959 年时全国城市绿地面积达到 12.8 万公顷、公园 509 个、面积 1.66 万公顷。然而在 1958 年开始的“大跃进”运动，把各行各业都推向了盲目和无序，园林建设也不可避免同样有着浮夸现象（柳尚华，1999）。

这里我们通过几个重要城市来看 20 世纪 50 年代城市绿地的变化：

①北京市。1949 年时市区有 6 处公园、总面积 772 公顷，当时的市政府执行“普遍绿化，重点提高”的园林绿化方针，至 1957 年公园绿地面积增加到 2643 公顷，比 1949 年增加 2.4 倍。

②上海市。1949 年时市区共有公园 14 个，面积 63.81 公顷，市区人均公共绿地面积 0.13 平方米；1949—1952 年，在国家财力还很不充裕的情况下，新建了 9 座公园，重建、扩建 2 座公园，至 1958 年公园已增至 50 座，主要大型绿化工程有人民公园、西郊动物园、长风公园、静安寺外国陵园改建为静安公园、建成肇嘉浜林荫大道等，还编制了《上海市树木绿地保护管理办法》（1958 年）。

③南京市。在新中国成立初期，市区公共绿地65.55公顷，人均1.3平方米；1965年时增加到305.5公顷、人均为2.5平方米，基本实现每个行政区有一个或几个园艺水平较高的公园。

④广州市。在新中国成立初全市只有4个小公园，总面积仅32.6公顷，绿化覆盖率1.56%，人均公共绿地0.296平方米；1958—1959年，开辟流花湖、荔湾湖等公园，新建华南植物园、动物园等，总面积增至917公顷。

2.“大跃进”之后的波折和起伏（1959—1965年）

1958年“大跃进”后，接着进入了60年代初的经济困难时期，因遭受严重的自然灾害，加上经济工作上出现失误，以及同时受到国际环境的影响，国民经济建设止步不前，国家大量削减城市建设投资，园林绿化建设也被迫停滞。

这时期有个十分引人注意的现象，即“园林结合生产”“以园养园”的方针，在很长一段时间内左右着城市园林绿化工作。1958年以后曾几次强调提出，“城市绿化必须和生产相结合”的方针，“在市内郊区，利用一切条件包括街坊院落，广植果树、用材林以及其他经济林木，甚至种植蓖麻、向日葵、西红柿等经济作物，既可增加收入，也可绿化美化城市”（柳尚华，1999）。结果公园中的花带、花池变成了菜园，草地被铲、行道树被砍，改种庄稼果树。这段时间城市中的园林绿地面积严重萎缩，园林绿化功能明显降低。当时提出这样的方针，可能是受“先生产、后生活”建设思想的压力，也可能已出现进入困难时期的预兆，但不管是什么原因，它在客观上影响了园林绿化事业的正常发展，而且影响了许多年。如北京在3年困难时期，退出绿化用地470多公顷，全市公园和防护绿地从1958年的3070公顷降为2800公顷。1962年年底，全国城市园林绿地总面积降至8.6万公顷，比1959年减少了1/3，直到1986年印发《全国城市公园工作会议纪要》后这种情况才得以纠正（赵纪军，2009）。

20世纪60年代初调整巩固取得成效、经济有所好转时，中央立即关注城市绿化事业的发展。1962年中共中央、国务院召开第一次全国城市工作会议，并发出《关于当前城市工作若干问题的指示》，其中决定把大中城市的工商附加税、公用事业附加税和城市房地产税，统一划给市财政保证用于城市公用事业、公共设施建设，而在公共设施所包含的项目中，明确规定了包括园林绿化设施，使城市绿化建设增加了资金。这是新中国成立后第一次明确城市绿化资金的来源。按照该文件的精神，1963年建设部颁发了《关于城市园林绿化工作的若干规定》，这是我国第一部关于城市绿化建设的准则。规定明确了城市园林绿化的方针、任务，园林绿地的包含范围，园林绿地建设、管理、养护等一系列内容，该文件基本是以后不同版本“绿化规定”的依据。而其中提出的，如：园林绿地建设必须按照城市绿化规划要求进行建设；园林绿化部门配合城市规划部门，编好城市绿地规划……点线面结合，把城区郊区组成一个完整的城市园林绿地系统；选择树种要充分考虑本地气候、土壤，密切结合城市特点；树种选择应以适应性强，冠大荫浓，树干挺直的乔木为主等，即使在今天也还是适用的。同时，该准则也首次以政府名义把城市绿化和园林这两个概念结合起来，可能是鉴于当时毛泽东主席提出“实现大地园林化”的号召的原因。

第二阶段

3.“文化大革命”时期的停滞（1966—1976年）

“文化大革命”时期全面否定《关于城市园林绿化工作的若干规定》，使刚刚走上有序的园林绿化事业遭到严重的摧残。园林绿化、栽花种草被当做修正主义的温床加以批判，园林绿化建设停止，古典园林被关闭，园林文物被毁者不计其数，园林管理人员遭下放，全国的农林院校都下迁至农村办学，高校园林专业被停办。

据各地园林志记载：北京把绿化美化首都的方针批判为修正主义，有400余公顷公园绿地被蚕食；南京在公园中搞林粮间作，征用栖霞山公园部分土地建二氧化锰工厂；广州被侵占的园林绿地有1100多公顷，草坪荒废或改种番薯；上海，被占、借的公共绿地达42.4公顷，170公顷的苗圃被毁，花农被迫改种农作物，还在1969年发文把花卉、金鱼列为禁止出售的物品；杭州花港观鱼内的蒋庄变成吴山无线电厂……据不完全统计，“文化大革命”期间全国22个省及直辖市的城市园林绿地，被侵占11000多公顷，约为这些城市绿地总面积的1/5，到1975年年底全国城市绿地面积下降至62015公顷，比1962年还下降了28%。

然而，在整个“文化大革命”期间也有极少量的园林建设发生。有的因外事活动需要，如1971年为接待美国总统尼克松访华，上海对西郊、复兴、黄浦等公园及外滩绿地进行修整、恢复原貌；1971 年为迎接西哈努克访问，杭州在植物园修建牡丹园等。有的是邓小平恢复职务后在全国实施治理整顿时的活动，如上海在 1973 年曾举办过菊花展，1974 年龙华苗圃改建为上海植物园；南京因叶剑英及邓小平指示，中山植物园迁回原址重建，以及建造了南京园林药物园（1976 年），等等。即使在“文化大革命”最为激烈的 1967 年，周恩来总理还直接指示不同意撤销紫竹院公园，并作了“我们的公园不是多了，而是少了，紫竹院公园树木不要砍伐，水面可以划船，还可以养点鱼”的指示。但总体来说，“文化大革命”给园林绿化工作所造成的损失是无法估量的。

第三阶段

4. 改革开放后的重建和发展（1977—1991 年）

1978 年国务院召开了第三次全国城市工作会议，制定了关于加强城市建设工作的意见，起到了拨乱反正的作用。国家建委分别在 1978 年和 1982 年连续召开了两次全国城市绿化工作会议。1979 年国家城市建设总局即发出《关于加强城市园林绿化工作的意见》，该意见与 1963 年的《关于城市园林绿化工作的若干规定》基本相似，但明显的区别有：其一，在有计划进行园林绿化建设条款中提出了量化的指标，如公共绿地近期（至 1985 年）达到人均 4 平方米；远期（至 2000 年）达到 6~10 平方米；新建城市绿地面积不得低于城市用地总面积的 30%；旧城改建保留绿地面积不低于 25%；绿化覆盖率近期 30%，远期 50% 等。其二，明确提出按经济规律办事、改善经营管理。其三，建立、健全技术责任制，把技术管理工作提高到应有位置。从历史发展观点来看，这个文件和 1992 年《城市绿化条例》都是城市绿化事业发展历史上具重大意义的文件。

这个时期一个十分明确的特点是，国家陆续颁发了一系列有关园林绿化建设的文件，通过各项文件和法规的建立，把城市园林绿化建设引向全面发展，而各项条文都包含了科学的定义和技术规范等量化的指标。主要有：中共中央、国务院《关于大力开展植树造林的指示》；1981 年全国人大五届会议通过的《关于开展全民义务植树运动的决议》；1982 年国务院办公厅转发国家城市建设总局《关于全国城市绿化工作会议的报告》，提出城市绿化建设也是建设社会主义精神文明的一项重要内容；1982 年城乡建设环境保护部颁发《城市园林绿化管理暂行条例》；1989年全国人大七届常委会第十一次会议通过《中华人民共和国城市规划法》。1989年全国城市绿地面积38.11万公顷，是1975年的6倍；公共绿地5.26万公顷，人均公共绿地3.3平方米，达到“七五”计划规划的3平方米的要求；建成区绿化率，117个城市超过20%，41个城市超过30%。

“文化大革命”的结束和改革开放政策的实施，使城市园林绿化建设迎来了春天，停滞了十年的园林建设重新开始。就在1978年，南京举办了园林绿化展览，上海市开始修建至今闻名遐迩的松江方塔园、光启公园等，又在1982年开始建设占地120多公顷的共青森林公园，至1990年共新建了37座公园，总面积234公顷。

1984年的《北京城市建设总体规划方案》，再次提出把北京建设成为清洁、优美、生态健全的文明城市，指明了首都的绿化方向。1985年北京城市绿化率达到28%，1990年达到28.93%，人均公共绿地面积6.38平方米。

5. 世纪之交的巩固与发展（1992—2000年）

笔者把1992年颁发的《城市绿化条例》和创建“国家园林城市”作为这个阶段的起始，是因为1992年6月22日国务院以第100号令发布《城市绿化条例》，标志着我国城市园林绿化建设真正步入了法制化建设的新阶段。正如建设部的宣传提纲中说的：该条例立法的目的主要有三个方面：促进城市绿化事业的发展；改善城市生态环境；美化城市环境。该条例明确了城市绿化的三项综合指标，即人均公共绿地面积、城市绿化覆盖率、城市绿地率，并且作了具有法律意义的解释。在1990年前，我国城市绿化的考核标准只有2项，即城市绿化覆盖率和人均公共绿地。在《城市绿化条例》中增加了合理安排同城市人口和城市面积相适应的城市绿化用地面积，即绿地率指标，是鉴于绿化覆盖率变化大、统计有困难、在国际上缺乏可比性（建设部城市绿化条例解说）。

该条例在绿化改善城市生态环境方面作了有力的说明，例如：城市绿化工程设计的一项主要原则就是以园林植物材料为主要内容的原则；用植物材料来满足生态的、环境建设的和构成优美景观的功能；各类绿地构成城市绿化的全部内容，最终构成城市的整个绿地系统等。

几乎在《城市绿化条例》公布的同期，建设部提出了在全国范围内创建园林城市的活动，从而进一步推动了城市园林绿化建设进程。然而，在这个时期各地城市在建设过程中却出现了侵占城市绿地的现象，城市绿地建设数据在连续10年增长后居然在1993年出现下降，如人均公共绿地面积比1992年减少0.2平方米（柳尚华，1999）。

作为《城市绿化条例》的补充，建设部于1993年颁布了《城市绿化规划建设指标的规定》，2000年发布了《城市古树名木保护管理办法》，并在国家园林城市标准中明确要求建立地方性管理法规。因此许多城市不仅制订了地方性的绿化条例，对其城市的绿化指标作了明确的规定，还涉及植物的种植比例等。例如《北京市建设工程绿化用地面积比例实施办法》（1990年），《上海市闲置土地临时绿化管理暂行办法》（2000年），《常州市建设项目配套绿地规划建设管理办法》（1996年），等等，都很具有代表性。

1997年亚洲发生金融危机，我国政府应对风暴推行改革政策，其中的城镇住房制度改革直接导致城市基础设施建设投资加大，形成房地产开发高潮。同时在90年代末全国高校扩大招生，推动高校校园建设，从而带动相关行业的发展，园林绿化行业迎来了发展机遇，进入新世纪形成建设高潮。

6.21 世纪来的蓬勃发展（2001年至今）

进入21世纪，各地城市都把园林绿化建设作为发展经济、改善投资环境的重要保证，加大投入力度，使城市绿化建设达到新的高潮。同时，许多城市积极申办各类与园林有关的博览会，如园林博览会、世界园艺博览会、花卉博览会、绿博会等等，为此在举办的城市都新建了专门园地，而北京奥运会、上海世博会、广州亚运会、南京青奥会等国际盛会都极大地推动了举办城市的园林建设。

另外，随着房地产行业升温，城市改造、扩建，以及各地建设新城、政务新区、经济开发区、工业园区等，同步规划建设了大量的公园、广场、居住区绿地，使得城市园林绿化在最近的十几年发展很快。2004年，全国绿化委员会、国家林业局开启“国家森林城市”创建工作，至2016年全国已有118个城市被命名为“国家森林城市”。2016年习近平总书记指出，“森林关系国家生态安全，要着力推进国土绿化，加强重点林业工程建设；要着力开展森林城市建设，搞好城市内绿化，使城市适宜绿化的地方都绿起来”，更加推动了城市森林和园林绿化建设。

这一阶段，全国城市建成区绿化率从2000年的29.4%，提高到2015年的40.12%；2015年人均公共绿地面积达到13.35平方米，城市园林绿化发展进入一个全新的阶段。

第二章

民国园林

第一节

民国时期的庭园

一、民国时期园林基本特点

园林史家认为鸦片战争后的近代园林有三个重要标志，即：北京皇家园林的罹难与颐和园的重建，中西合璧的建筑与庭园园林，城市公园的出现（刘秀晨，2010）。主要发生了三个事件：城市公园兴起，包括由西人建造的租界公园和国人自建公园；官宦商贾营造私园；皇家园林的开放。同时近代的一些时代先进人物的思想推动园林的发展（朱钧珍，2012）。然而，民国时期中国园林在军阀混战和日本侵略中遭到极大的摧残，同时新园建设和旧园恢复又有新特点。表现为：孙中山先生的逝世引发“中山”园林建设和更名潮，西洋的风景园林论和中国造园论在公园建设中得到全面实践；造园主主体发生改变，由皇家转为政府以及官宦商贾等富裕人群；在造园中采用了新材料，建筑风格是西洋和中国地方传统相结合，开阔的草坪空间和中式叠山理水结合，大量引进国外植物，使景观在风格和要素上都显出中西结合的趋势（刘庭风，2005）。虽然近代造园没有像古典园林一样留下记录一个时代文明的瑰宝，但民国是中国古典园林转为现代园林的一个重要的时期，随着西方城市规划、建筑和造园理论及技术的输入，出现了一大批西式的特别是中西合璧所谓民国味的建筑和园林。

除了上述的这些论述外，民国园林还有一个很重要的特点，就是出现了中国造园历史上第一批经过学校培养、有现代教育背景的造园理论家及实践者，他们中多数在国外接受建筑、土木、美术理论等和造园有关的教育。他们不仅在中国这片有着千余年造园实践的土地上开始了新的尝试，而且参与办学、开创“造园学科”，用西方现代理念培养了一大批造园专业人士，为今后几十年的中国园林建设奠定了基础。

二、民国时期的私家园林

辛亥革命胜利，最后一个封建王朝覆灭，以皇家贵胄、达官商贾为主体的私园建设随之结束，昔日盛极一时的私邸、园林开始衰败，甚至多有废弃者。然而，民国初期，政权更迭频繁，各地涌现的执政军阀、政府官员、实业资本家、洋行大亨等成为一时新贵。他们在追求享乐、附庸风雅上和前朝的达官贵人没有区别，一样地营造私宅、兴建庭园。所不同的是多数私宅园林在规模、质量和造园艺术上已大不如前了，这要归之于民国政局动荡，一些私园业主更替较快，修园周期较短，有急于求成之感，再加上财力限制自不能精雕细刻。另外，虽然当时传统园林造园哲匠的建筑、叠山技艺尤在，但在总体布局和设计上似缺少大家。陈植的《中国造园史》中竟未举一人是民国早期的造园名家，而近代经过专业教育的建筑家、造园家在此时还未走上历史舞台。再者，清末至民国早期正处于西风东渐的盛期，各个方面都在追求西方模式，造园也不例外，私家庭园中出现西洋元素自不奇怪，但中西融合还在探索之中，说不上都能“有机结合”，事实上在造园上关于中西融合的探索和实践一直延续到今天，在许多方面依然不能说做得很好。

民国期间建造的以中国传统风格为主的私园，包括：故居园林、文人园林、世俗园林、侨商园林、商家私人园林等（朱钧珍，2012）。从造园风格、园林艺术来衡量，民国时期的宅第私园主要有三种：其一，从清朝留下的皇家旧园、官宦贵胄私园改建而成，这主要集中在北京以及历史上经济比较发达、传统底蕴深厚的城市和地区；其二，完全新建的传统风格庭园，其格局及风格显示中国古典园林的基本特征，有些在局部细节加入西洋要素以及适应现代休闲需要的设计或构件；其三，完全西化的洋房别墅园林，这主要在开埠较早、经济发达，西风盛行的沿海城市，如上海、天津、青岛、厦门等地。而作为民国首都的南京也集中了这类庭园，然而在这类园中也不排除有中国传统元素的出现。因此，在造园风格上除了还有一部分坚持了传统园林格局外，多数是传统中有洋的成分，或洋中有传统的成分，成为中西合璧的新形式。从园林设计者来看，传统风格为主的私园大多是由园主决策，一般还是文人参与设计、匠人建造。而洋房别墅的营造，在最初几乎都是被外国建筑师所垄断，直至中国第一代现代建筑师群体出现后才陆续打破这一局面。从宅邸私园的地域分布看：

（一）北方地区

辛亥革命后袁世凯执政，在其之后各路军阀逐鹿中原，军政要员聚集北方兴修宅邸庭园成风。据文献记载，在“七七事变”前的民国20多年间，北京新建宅园、别墅、山庄40余处，主要有熊希龄的双清别墅，徐世昌、曹汝霖在汤山的别墅，多数沿用了清代的旧园，有的则是在旧园基础上重建而成，仅少数为完全新建，如北京的达园、马家花园、陈氏淑园、郝家花园、贝家花园等。新园大多建在西郊，同时有一些大型的府园被改建成机关校园，完全改变了原有的私家园林属性。

山西太原阎锡山执政多年，其宅第有平房200余间，总体设计分为上下两院，前后为东西花园。同时在晋祠周边集中了当时山西军政要人的花园，如孙家花园（孙殿英）、荣家花园（荣鸿胪）、陈家息庐（陈大姑娘，即陈学俊）、王家花园（王柏龄）、周家花园（周玳）等。新中国成立后，荣、陈、周家三处花园归入晋祠公园。

西安城内有宋家花园、止园、半园等名园。济南建私园近40处，其中名园达23处之多，主要集中在济南市区和下辖章丘市内，如万竹园、群芳园、颐园等。

（二）岭　南

广东地区是近代经济发达、侨商聚集之地，民国以后广州多有营造私家花园者，如文园、南园、谟觞、西园都很有造诣。另外是具有极强神秘色彩和森严感的军阀公馆园林，如李福林公馆位于现海珠区，原名厚德园，占地面积达13.3公顷，民国十年（1921年）建成。另外有广西南宁的明秀园、桂东南陆川的谢鲁山庄（1920年）。而厦门鼓浪屿的菽庄花园则是富商园林，是别墅群中的佼佼者。

（三）中　南

如民国二十三年（1934年）何键在长沙创建的容（蓉）园，面积近百亩；武汉曹家花园（1932年），也是中国传统园林和西方建筑合璧；另外还有杨森花园等十余座。

（四）江　南

历史上即为传统私园集聚之地，民国期间自有不少改建、增建的新园，如上海在抗战前建各类宅园55座，其中1911—1931年期间就有39座，著名的如半松园；现为彭浦公园一部分的陈家花园，占地100亩，规模最大；1917年建的范园面积达 70 亩，1919 年建的止园面积 22 亩，而最多的还是洋房和别墅。

无锡有多座民国名园，其中最著名的当属荣氏家族的梅园，还有 1928 年王禹卿所建蠡园，规模较大的还有建于 1931 年的郑园（6.7 公顷），建于 1928 年位于太湖鼋头渚风景区鹿顶山下挹秀桥南的若圃（4.7 公顷），1929 年荣宗锦建造的锦园（16.7 公顷）。陈植在《中国造园史》中列出的、真正在民国成立后全面建造的名园只有无锡的梅园和蠡园（陈植，2006）。

三、民国时期几处经典的传统私家园林

（一）北京东城马家花园——哲匠自建的宅院

在北京新建的私园中，东城的马家花园可算是民国造园的典范，它是清代著名营造家兴隆木厂业主马辉堂的宅园。马辉堂（1870—1939 年）是明清著名营造世家马氏的第 12 代传人，与“样式雷”齐名。据传承德避暑山庄即由马家承建，还承建了颐和园、北海等皇家苑囿和大量京城王公大臣的府园，主持维修多座坛庙、寺观等，被誉为“哲匠世家”，马辉堂还是中国营造社的成员。

马辉堂是民国时期的京城巨富，据说曾拥有 1400 余座房产和多家实业，如此富有再加上其本人就是营造家，可想而知由他自己设计、花费了 3 年时间建造的这座宅园会是什么样子。这座宅第总面积 0.75 公顷，花园占了 0.45 公顷。大门偏于西侧，门房、账房、佛堂、库房等沿街一字排开。进大门即见花园居整座院落的西侧，中间平排两跨四合院，转角走廊相接，东边是戏楼另有边门出入。整个院落的空间布局精致紧凑，建筑设计朴素但用料讲究，园内用假山或游廊分隔院落。花园布局为传统的山水格局，以分散而自然配置的假山、水池为主，厅堂楼阁点于其中，游廊爬山绕屋萦回穿插；道路是和颐和园相似的甬路，菱形方砖铺地、两侧石子护边，小路在假山和廊子之间来回曲折伸展，应对了步移景异的意境。园中假山叠石，或峥嵘、或玲珑，有的峰如山岳、有的蜿蜒低回，在最大的一座假山上还安设了台球房。园中布设 3 个形状不同的水池，都在池中设置了雕塑，也许是从圆明园借鉴而来的西洋手法。园中树木多样，如有楸、槐、枣、杏、银杏、榆、柏、柿、核桃等。据马辉堂的孙子马旭初回忆，当时园内还有西府海棠、丁香、牡丹等（谭伊孝，1991；贾珺，2003）（图 2-1）。马家花园是民国新建宅园中极有代表性的一座，也是哲匠造园、继承传统造园意匠的典范，然而花园早

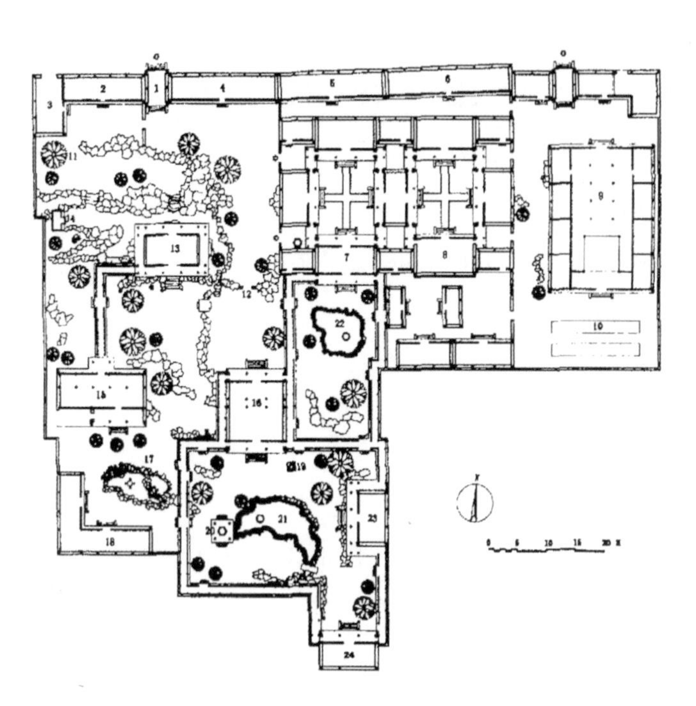

图 2-1　北京东城马家花园平面图（引自：贾珺，2003）

已淹没在历史的陈迹中，仅存的一些建筑多成“大杂院”，庭园园林也大多毁坏，但全园的格局还是基本保留下来了，从几个残留的小园中依然能看到当时的光彩。

（二）北京西郊达园——军阀侵占圆明园前湖修建的名园

达园位于京西海淀，建于 1919—1922 年，为时任京畿卫戍司令的军阀王怀庆私宅。他侵占了原圆明园的东扇子湖，以及湖北岸慧福寺、善缘庵一带共计 108 亩土地，还从西郊圆明园等皇家园林中盗来遗存的屋宇材料和山石石雕，历时 3 年才建成这座大型私家园林。全园约为长方形，分南北两部分：南面宽大的水体几乎占了整个园林的一半以上，湖水北岸东西向水榭，其两侧伸出游廊长近百米，将南北分隔为截然不同的两部分；北边以建筑物为主，有假山、小溪、水池及一片大草坪。由上述可见，达园的整体造园手法是基于中国传统园林法则，除了建筑为非院落式布置、在局部有轴线以及大片草坪外，全园以自然格局为主（图 2-2）。

进门迎面一座假山起了到障景作用，绕过假山是小溪环绕的一片大草坪，约居全园中间，溪上架汉白玉精雕石桥，越桥即入园之北区。最北处东西走向的土山为全园最高处，林木繁茂颇有野趣，山顶一座园亭，站于亭中全园景色尽收眼底。一股清流从山下叠石间泻出，曲折流向两组建筑之间的园池，正应了“水因

图 2-2　达园平面图
（引自：贾珺，2005）

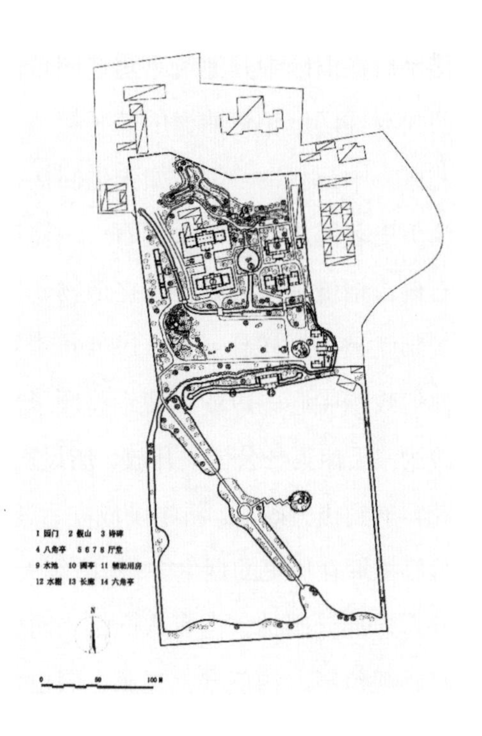

源而活”的法则；草坪西侧尽头是绿树成荫的土阜堆石小山，山坡树木浓荫，沿石级登上山顶单檐八角亭。南面的大湖碧波荡漾，一条长堤从西北至东南斜跨湖面，堤上林木葱翠，堤中筑曲桥通向湖心小岛，岛中立了一座重檐石柱六角小亭，却是温泉明秀山庄旧物，此情此景终究会让人想起西湖和昆明湖。园中的大草坪、圆形水池、砖砌栏杆，展现了西洋园林及现代特色；山石水池无游廊围合，偌大的园子建筑不多又少见楼阁，使整座园林略显空旷，而大湖几乎成独立单元缺少与山体的联系，则与传统园林布局不同（贾珺，2005）。然遍寻手边资料却不知达园为何人设计，深感遗憾，只能留待以后考证。从整体看，虽说达园盗用了不少圆明园的旧物，有的还弥足珍贵，但毕竟财力有限，且建造仓促，造园水平有相当的局限性，不及前朝宅园杰作多矣。新中国成立后此园一直保存完好，成为京城西郊的一处胜地。

（三）天津曹家花园——中西合璧的津门宅邸园林之冠

天津以曹家花园最为有名，其他还有如德租界的李春城别墅“荣园”等。曹家花园原是天津洋行买办孙仲英的业产，面积约 200 亩，建于 1903 年，是一座以山水楼台为特色的私家园林，1922 年转售给北洋军阀曹锟，故称曹家花园。曹锟接手后在旧园中开池筑亭重造园景，还建造宫廷式建筑，其间筑回廊相连，又建西式双柱门庭和弯曲檐的公子楼、公主楼为其子女所用。据《天津市地名志 · 河北区》中记载，“王翁如先生回忆，当年军阀曹锟指示其弟曹锐，乘深夜拆毁天津历史名园水西庄的太湖石……盗运至曹家花园中”。园中曾有“云渊”二字的石刻，相传是清柳墅行宫之遗物，惜毁于抗战时期。后来曹锟贿选当上大总统仅一年就被冯玉祥赶下台，1924 年奉系入关，张作霖进入曹家花园，曹园逐成为天津的政治中心。1936 年曹锟将园子出售给宋哲元主持的“冀察政务委员会”，后改为“天津第一公园”开放，增设剧院、饭店等。抗战期间日军在园中设军医院，花园遭到极大破坏。新中国成立后还延续作了医院。由此曹园几易主人历经沧桑，最终掩埋在历史的烟尘中，2012 年天津河北区政府将曹家花园定为文物保护单位，并重建部分园林。据有人回忆当时园中有约占全园五分之一的偌大湖水，有湖心亭、观鱼亭、钓鱼亭，长廊、假山，土山石阶曲折，上筑亭俩，是一幅中国传统园林的图景（图 2-3）（博凌，2007）。但园中又建了西式双柱门庭及几座西式建筑，还铺设草坪，长廊用西式花瓶状圆柱栏杆，可见是中国古典园林与西方建筑元素结合成为中西式园林，是津门近代中西合璧造园手法的先例，园内树木茂盛，被誉为津门私家园林之冠。

图 2-3 天津曹家花园的叠石遗迹（引自：博凌，2007）

（四）西安宋家花园——西安文化造园的代表作

为宋联奎私人花园，建于 1915 年，面积近 2 公顷。宋联奎，字聚五，清光绪十五年 (1889 年) 举人，善诗文、工书法，曾在四川、云南等地任职，辛亥革命后任陕西巡按使、陕西省临时参议会议长等要职。关于建园选址一说是原为宋家墓园，又一说是宋联奎在瓦胡同村北置地建的园。

园内有平房 72 间，主要建筑是题名“城南草堂”的一座仿古建筑殿堂，殿前两边各配镶石碑的亭，殿堂通往镶有大量名碑的长廊。园内有人工石山、水池，广植翠竹及各类树木，环境幽雅。由此可见宋家花园布局当是沿用古典园林的手法和理念，是文人型园林，它的规划设计最有可能出自园主之手。

据蒋经国在其《伟大的西北》一书中记述，宋联奎 1915 年卸职后隐居期间，他为了明志和消遣，栽种了各色菊花，读书挥笔之余，信步花径观赏。后来又在此基础上，增加了许多花卉品种，栽培了牡丹、月季、玉兰、梅花、桂花、竹子等，四季飘香，红绿相映，群众称为“宋家花园”（蒋经国，2001）。

抗战时陕西邮政管理局、西安邮政管理局先后迁来此园办公，周恩来途经西安，曾到园为邮电职工作《关于抗战形势与对策》时事报告。新中国成立后，宋家花园为瓦胡同小学使用，后又在此建雁塔区教师进修学校，现仅存当年的玉兰树、虎皮松。

（五）厦门菽庄花园——西洋式别墅群中的传统私园

1840 年鸦片战争后，厦门居东南沿海要津而成为五口通商城市之一。1844 年在鼓浪屿岛上建立英国领事馆后，又陆续兴建了 12 座外国领事馆，来自英、美的传教士在岛上修建多座教堂，开设医院，创办学校。1903 年鼓浪屿正式沦为公共租界，之后大量归侨、富商、政界要人来此修建别墅。20 世纪 20—30 年代的 10 年间，这座不足 2 平方公里的岛上建造了一千余座建筑，成为我国民国时期形成的几大城市别墅群之一。这些主体建筑包括了西方现代风格、中国古典建筑风格及中西合一的建筑形式，也有继承闽南传统的民居，可谓多种多样堪称现代建筑博物馆。正因鼓浪屿的建筑风格多样，其庭园园林自也多样，著名的庭园很多，而特色最为鲜明的当属菽庄花园，不仅是园林本身，还因为它承载着海峡两岸的一片思乡情缘。

菽庄花园主人林尔嘉，1875 年出生于厦门，后全家迁到台湾台北板桥。林尔

图 2-4　鼓浪屿菽庄花园
上：民国时的四十四桥和海阔天空巨石；左下：旧日的平面图；右下：现在的 12 洞天景（引自：李敏，2013）

嘉从小生活在台北林家花园，那是一座“大厝九色五，三落百二门”的豪华住宅和规模宏大、布局精美、具有闽南风格的中国传统园林。日本侵占台湾，林尔嘉随堪称台湾首富的父亲林维源移居厦门，但他对台北板桥的古宅记忆在心、念念不忘，1913 年他在厦门鼓浪屿海边选择了港仔后依山面海的一块坡地，仿板桥旧居宅园修建了一座园林，以其字“叔臧”的谐音为花园命名，此后 1919 年与 1922 年均有增建（图 2-4）。

林尔嘉怀念故园，所以他亲自经营，自己构思规划，当然他也请了一些高明匠师能工巧匠来实地经营操作， 但主要的布局和设计都是由他定夺的（罗哲文，2005）。1919 年在建成四十四桥后，林亲自撰文刻石以记曰“余既成菽庄之七年，己未五月瀛海归来，旁拓海壖，别构藏海园，临水开轩，累石支桥，以九月九日讫工，因续为记”，足见林尔嘉实为花园的设计者和实施者（李敏，2013）。林氏的主要造园思想是“因其地势辟为小园”，但此地面向大海却又与中国传统园林的幽静之区相违，于是从规划上采用了把小园分成藏海和补山的布局形式，而菽庄大门的题匾藏海即点明了造园的主题。藏海，是在大门入口处设置的一个封闭庭园，进园不见大海，前行出月洞门经竹林后则豁然开朗，碧海蓝天尽现眼前。旧时藏海园有五景：眉寿堂，亭阁式建筑，为林家待客之地；壬秋阁，临水而筑，顶为楼阁式；四十四桥，为林尔嘉44岁那年修建，长百米曲折延伸，有44跨，桥上分建“渡月”和“千波”两亭，桥侧一巨石，两面分别刻“海阔天空”和“枕流漱石”，喻示园主追求“所以枕流，欲洗其耳；所以漱石，以固其齿”的脱俗归隐的意境；另外两景则是听潮楼和招凉亭。补山也有5景，所谓顽石山房、十二洞天、亦爱吾庐、真率亭和小兰亭，今仅十二洞天保存完整，其为用各色岩石构筑成的一座大假山，高低错落、怪石嶙峋，山中藏形态各异的十二洞穴，小径曲折回旋，岩壁嵌十二生肖塑像，实为华夏园林中少见者（图2-4）（李敏，2013）。

菽庄花园善于借景，藏海观潮谓之借海；园中多处能赏自然山崖、观日光岩犹如园内，可谓借山；再是借了北山和草仔山上的建筑之景。同时，吸收和借用了日本、南洋和江南造园技法，如自然顽石、矶滩与植物、竹木小桥亭阁的配置，石灯笼、庭石的布置等等都有新意（罗哲文，2005）。李敏将菽庄花园的艺术特色总结为四点，即“藏海补山，巧与借景；立意高远，家国兼齐；私园布局，公园空间；中西合璧，动静互映”，是近代私园中上品之作。

图2-5　明秀园山石嶙峋、林石相依的自然风貌
（摄于2009年）

（六）南宁武鸣明秀园——从旧园改建的自然山水园

位于广西南宁武鸣县城西北，原名“富春园”，始建于清朝道光年间，是广西三大古典园林之一。1919年时任两广巡阅使的陆荣廷购得此园，改名“明秀园”，占地2.8公顷，三面环江。陆荣廷在园中炸石开路，加筑围墙，建造亭台、屋宇，但未见刻意雕琢，是以怪石嶙峋、曲径回环、树木参天取胜。匠师以天然山石造园(图2-5)，“别有洞天”六角亭建在3米高的天然磐石上，亭下两块天然巨石相交成人字拱门，四周山石玲珑，树下天然条石筑成石凳石桌。园中遍植大树，多龙眼、扁桃、海南蒲桃、榕树等，葱郁苍翠，一片自然山林景观。陆荣廷曾有“山林幽静多清乐，不愿荣封万户侯”的诗句，明秀园似为其明志之作。新中国成立后该园曾作他用，20世纪80年代收回开放，现大门及荷风锣亭、荷花池和部分石凳均为建园时旧物。

（七）无锡梅园——哲匠和现代建筑师合作之佳品

无锡梅园位于浒山，1912年由民族工商业家荣宗敬、荣德生兄弟所建，是在清乾隆进士徐殿一的乡间别墅小桃园旧址营造的，面积约10公顷。由土木工程师朱梅春设计，申新三厂的贾茂青督造。据说朱梅春出身于建筑世家，荣家建房、造桥、筑路多是由他们承办的，荣德生称其为能工巧匠。

主建筑正厅3间，楠木结构，荣德生自拟“诵豳堂”，又称楠木厅，堂前梅林中建天心台，台旁凿池，上架小桥名“野桥”，有“骑驴过小桥，踏雪寻梅花”的意境。荣德生为“梅石结缘”觅得古朴奇石一峰，是清代大学士金坛于敏中园中故物，名“嘘云”，高可二丈，立于天心台下状似福禄寿三峰之前，是传统园林手法的具体表现。在东西两翼建有小屋荷轩和八角之揖蠡亭，轩后一泓小池、亭倚围墙可望蠡湖一角，还先后建香海轩、招鹤亭等，以种植梅花为主，数年植梅3000株。1922年梅园扩建至浒山，挖洞名“豁然”，洞上山顶设高尔夫球场，建敦厚堂，球场下置八个圆形石台，是荣氏初创面粉厂时，从法国购来的四副石磨。1925年，孙松陀曾以《梅园八景》为题赋诗连载于《锡报》，即“山庄春晓，晴峦香雪，荷轩消夏，盘涧流泉，松径横云，断岸涛声，枫林夕照，小院秋灯”。后在园内建宗敬别墅，平房三间，东侧有仿罗马式拱顶的圆筒形装饰建筑。1930年为母亲八十寿辰建念劬塔于宗敬别墅之西，塔下有开梅园道路时发现的海瑞书碑“以善济世”（沈虹太，2012）（图2-6）。抗战期间梅园都有毁坏，胜利后又请同为无锡老乡的戴念慈作园景规划，绘《渲染图》十幅，称“梅园十景”。新中国成立后戴念慈设计了许多重大建筑，包括中央党校、北京美术馆等，于 1991 年当选为中国科学院院士。由此看来，前期梅园属于匠人造园，后期却是依据了现代规划的。梅园建园初具规模即向民众开放，开我国以梅花为主题的专类园之先河，也开由私人出资购地、相地、营造，向公众免费开放之先河（徐大陆，2008），1955 年荣毅仁将梅园捐给无锡政府。

陈从周在他的《苏锡园林风格迥异》一文中有对梅园的评价，说“无锡荣氏财雄甲东南，其住宅园林，在荣巷之老宅亦殊平平。太湖梅园未臻其善，仅一楠木厅系拆迁自他处者颇精致，数主峰稍具姿态外，无可足述，盖荣氏已走近代资本主义道路，不欲以大量资金投于不动产，而以资金作再生产，视以前资本家进步矣”。在陈从周的眼里，梅园的造园艺术已不及前朝多矣，然而这也是社会发展之必然。

图 2-6　无锡梅园念劬塔，1936 年荣氏兄弟为母亲 80 寿辰而建（引自：董斌仁，2018）

（八）上海青帮头目的黄家花园——民国时期上海最具代表性的造园之作

黄家花园始建于 1931 年，即今桂林公园，是旧上海法国租界捕房督察长、上海青帮头目黄金荣的私人花园别墅。黄金荣耗资 350 万元以黄家墓地为基础，扩占 34 亩土地历时 4 年建成宅邸和花园，园中遍植桂花，沿用江南园林造景手法。门楼翘角重檐，歇山斗拱，进大门南北通道两旁龙墙蜿蜒，46 扇图案不同的花窗透映出园内的绿荫花影。二道门内，湖石假山连绵、亭阁楼台掩映；四教厅居园之中央，砖木结构，呈十字形，四周的门、窗、梁、柱、檐刻有“文、行、忠、信”的历史故事浮雕。厅之西北九曲长廊，扶王靠倚于两侧，南北两端各有造型相同的六角小亭一座，亭角用斗拱挑出，亭顶置以石质莲花座；长廊中间小亭为八角，亭顶雕有四个龙头，称为“多角龙头亭”，是上海地区亭榭建筑艺术佳作之一。长廊东侧荷花池畔，有花岗岩砌就的石舫，两层重檐，歇山篷顶，名曰“般若舫”，荷花池中石桥相连称“双虹卧波”， 池东叠石为山，山上建阁供奉观音。园中建筑融入了宫殿式结构，四教厅位居纵横交汇的轴线支点，起到统领全园的核心作用，八仙台和静观庐南北相望，观音阁、般若舫和长廊、颐亭左右呼应(图 2-7)。在传统建筑群中却耸立一座中西合璧的颐亭小楼，成为民国造园中的一大特色。这座园林有崇尚权力和享乐的意愿，有传统的江南文人园林的意念，也有西方的建筑技术、设计手段，被誉为民国时期上海地区最具代表性造园之作（图 2-8）。

抗战期间花园为日军所占，撤离时纵火烧园。1949 年国民党军队在园内修筑工事、砍伐桂花，黄家花园荒芜。1953 年黄金荣去世，花园收归国有后辟为公园，改名“桂林公园”。

图 2-7　黄家花园中西合璧建筑——颐亭（引自：上海地方志办公室，2007）

图 2-8　黄家花园一览（民国二十四年）（引自：《黄家花园全景》）

（九）《时报》主人黄伯惠的花园——一座以植物造景为主的园林

黄伯惠名承恩，伯惠是他的字，人称黄百万，上海金山人氏（一说为皖安庆人），沪上巨富之后，毕业于复旦公学，后游历欧美，1921 年回国接手《时报》与弟黄仲长共同主办，还和郎静农、胡伯翔等联络各报社和摄影同仁创办《中华摄影学社》。《时报》首创副刊形式，“鸳鸯蝴蝶派”的包天笑、周瘦鹃等都在副刊发文，巴金名著《家》也是在《时报》副刊最先连载的。

1923 年黄伯惠在当时上海郊区原属江苏省的嘉定县南翔购置土地 68 亩，挖湖开河营造花园，据说是为了打造一处既能召开记者招待会，又能交流中西文化和观赏休闲的场所（沈惠民，2015）。这座庭园布局别具一格，四周小河环绕犹如护城河，仅可从一座吊桥进入园中，园内有几处平顶小屋，是仿美国海滩避暑房屋的形式所建。挖湖堆土形成环状土山，最高处达 7 米，形成山、河、湖及平地的地形变化。园中遍植树木，从国外引种多种树木，树种丰富，且结合不同的立地环境构筑其自然形式的森林群落，林中小径曲折、河水蜿蜒。河岸树木临水，两侧选用不同树种，外侧有无患子、榆树、朴树、乌桕、枫杨、三角枫，内侧近河岸处有香樟、银杏、喜树、朴，然后是台湾枫、花椒、马尾松、枸骨冬青和各类竹子；山坡下平地还种了北美红杉、美国长核桃，湖滨种池杉等，据最近调查园中有植物 200 余种（龚和解，2003），如一座树木园（图 2-9）。该园也被称为“黄家花园”。

图 2-9　上海嘉定黄家花园
左：园中树冠覆盖率很高（引自：Google Earth）；右：园中一角（引自：上海地方志办公室，2007）

整座宅邸建筑风格朴实，庭园布局以植物为主很少装饰，更具特色的是，其处处表现出来的自然观和生态理念，既不同于传统园林也不同于当时的洋房花园，是一座乡野式的森林别墅，或就是供黄伯惠观赏研究的植物园，更体现了业主和设计者崇尚自然的情怀。虽然至今未找到关于别墅设计的文字实录，但据称黄伯惠爱好园林园艺，能自己嫁接培育花木，故可推测黄氏兄弟在别墅花园设计上是起了主导作用的。

抗战爆发，淞沪战争期间黄家花园遭到严重破坏，《时报》也被迫停刊。新中国成立后黄伯惠移居香港，黄家花园归嘉定县管理，不对外开放，很少受人为活动干扰，现在黄家花园树木繁荫，有着自然山林的特点，很值得作深入研究。

四、花园洋房和别墅园林

中国的大门被西方打开以后，欧美的城市建筑文化也随之而来，在上海、天津、广州、厦门、青岛这些最早有租界的沿海城市，很快出现了欧美式的建筑。殖民者在中国土地上最先建造的是教堂、领馆，然后是用于商业、金融、旅馆的各式大楼及教会学校等，随着外商、侨民的大量迁入，自然就有了专为外国人居住的各类住宅，其中带有花园的洋房、别墅是为洋人、富商专有。那些哥特式、巴洛克、洛可可、文艺复兴各个时期建筑风格的住宅，还有随之带来的法国梧桐、洋玉兰、雪松、郁金香等异域花草树木，都寄托了异乡客的思乡之情。随后中国的权贵、官宦、买办、富商纷纷效仿，也都以拥有洋房、别墅为荣（图 2-10）。

图 2-10　20 世纪 20 年代上海的西人住宅花园（引自：Virtual Shanghai）

洋房之名自是相对中国本土民居而言，如北京的胡同四合院、上海的弄堂石库门，还有带庭院、园林的宅邸府院、传统私园，从建筑到园林皆不同于所谓的洋房。其实洋房也是一个总称，如上海在近代有新式里弄、花园式里弄、公寓式里弄、公寓式住宅和独立花园洋房等。同中国传统私园在布局和功能上最为接近的，当是英国的 Villa、法国的 château、美国的 country estate(country place)。

天津五大道、青岛八大关、厦门鼓浪屿、南京颐和路公馆区、上海租界（现在的徐汇、卢湾、静安、长宁等地），都是独立式花园洋房住宅比较集中的地区。另外，在我国的一些主要风景名胜区、避暑胜地还都营造了用以度假、避暑的别墅群，典型的如庐山、莫干山、鸡公山、北戴河等。然而，在民国之后营造的独立式花园洋房，无论在建筑尺度还是花园规模上都远不及我国的传统私园。

上海地区第一幢较完整的花园洋房，是建于 1846 年的英国领事馆。1895 年后在上海逐渐形成一定规模的花园住宅，辛亥革命前夕营造了一批规模较大的花园洋房，但居住者均为外国人。第一次世界大战爆发后，原住上海的不少外国人回国，这批花园住宅便易主为中国人。上海的花园洋房大多是在抗战之前的 20 多年中建造，1920—1936 年是建筑高潮期，当时在上海市西区的乡村别墅式花园住宅共计 246 幢，中国人出资建造的有 162 幢（上海建筑施工志编纂委员，1997），到 1949 年共有各种风格的独院式花园住宅 160 余万平方米，占全部住宅的 6.7%（上海住宅建设志编纂委员会，1998）。

上海早期独立式花园洋房的布局，一般是主建筑朝南，前侧多有高台阶、露台、低地坪与室外空间连接，主屋南面有大小不等的花园，两侧植以雪松、罗汉松、玉兰、海棠等乔木，花园中间大多有一片大草坪，通常设大理石塑像、喷泉或花坛，外侧有花境，视花园面积大小在远处一角布置池沼、小丘、小亭等。也有沿用传统园林手法叠假山、置湖石、筑亭阁，遂形成中西合璧的格局。整个园子用高墙、竹篱或铁制栅栏围合，园内沿围墙种植各类树木，通常多为法国冬青、石楠、女贞等。在豪华的花园洋房里，除了主屋、下房、车库、花房外，还增加了网球场、游泳池等设施。

早期建造的洋房几乎都由洋行的外国建筑师设计，据《中国建筑史》（1993 年版）载，至 1928 年仅上海一地就有 50 余家注册登记的外籍建筑设计机构，20

世纪20年代前上海68%的建筑事务所由外商经营。从近代中国建筑师产生的历史过程来看，在中国建筑师孙支厦及同期的沈琪之前中国尚无自己的建筑师。到20世纪20年代前后，在国外学成归来的我国第一代建筑师开始陆续执业，并于1926年在上海成立了中国建筑师学会。因此到了20世纪30年代情况发生变化，51%的事务所由中国人成立，而外国人独资经营的则下降到44%（上海地方志办公室，2005）。

据不完全统计，1938年之前学习建筑的留学生多数在美国，而留学美国的几乎有一半毕业于宾夕法尼亚大学建筑系，如范文照、朱彬、赵深、杨廷宝、陈植（直生）、梁思成、童寯、谭垣等都是宾大校友。这批海归建筑师陆续创办了自己的建筑事务所、营造社，开始与洋人建筑师竞争，在南京、上海、广州城市都留下了许多堪称经典的作品。如柳士英、刘敦桢等的华海建筑事务所，天津朱彬、杨廷宝和杨宽麟等加入的基泰工程，沈理源的华信工程司，庄俊开设的庄俊建筑师事务所，吕彦直的彦记建筑师事务所，范文照建筑师事务所，董大酉建筑师事务所，赵深、陈植（直生）和童寯成立的华盖建筑师事务所，广州林克明建筑设计事务所，等等。其中基泰、华盖等规模大、作品多、影响广，他们不仅承建设计了许多政府大楼、银行、学校、戏院等公共建筑，还设计了许多住宅、别墅洋房（娄成浩，1992）。但相对于那些体量大的公共建筑而言，洋房住宅一般属于小型工程，除了少数名宅外大多已很难找到它们确切的设计人员，而附属的花园更无明确的设计人。根据当时建筑师的构成分析，那些规模较大洋房中的花园设计应是建筑师起主要作用，而小型花园可能更多出自业主的意愿，再由苗圃、园艺农场设计施工。

在民国年间上海私人经营的知名苗圃、园艺农场等有80余处，面积近800多亩，其中著名的有黄氏畜植场、大陆农场、顾桂记利根农场等。他们拥有丰富的绿化材料和技能，还经营花园设计和施工，俗称“翻花园”，除了应用自己生产的名贵庭园花木外，还经常到外地采购翻花园所需的假山石料、石笋等造园材料。如称“黄园”的黄氏畜植场，为园艺行家黄岳渊在1909年创建，后其子黄德邻居继承，在翻花园的承包竞争中即使与外商同行较量时也屡屡获胜，在上海地区设计了不少风格迥异的庭园，还在1931年为无锡巨商王禹卿营造蠡园。

1923年浦东凌家花园花农罗长根创建大陆农场，承接叠假山、建亭廊、造温室等工程，曾先后为申新纱厂、高纳公寓(今锦江饭店中楼)、德士古洋行等单位和业主营造花园、绿地，为荣氏家族建造8处住宅花园。新中国成立后上海市园林学校就是在这座农场建造起来的。另外，如顾德俊和朱利根合办的顾桂记利根农场，创办于1920年，顾长于园艺设计，朱善于园艺施工，两人除培植花木以外，还合作经营园林设计和施工业务，承接过沙逊洋行(现龙柏饭店)、太古洋行(现兴国宾馆)等约20个较大的园林绿化工程，抗日战争胜利后曾承接过永安公司业主等18处住宅花园的绿化工程（《上海园林志》编纂委员会，2000）。

（一）洋行建筑师作品

1. 邬达克设计的上海花园洋房

邬达克（(Ladislavs Edward Hudec．1893—1958)，匈牙利籍，生于时属奥匈帝国的Besztercebanya。1914年毕业于布达佩斯皇家技术学院，后选为匈牙利皇家建筑师学会会员。在第一次世界大战期间加入奥匈帝国军队，在与俄国作战时被俘流放至西伯利亚，后逃亡至哈尔滨。1918年到达上海加入美国建筑师克利建筑事务所，开始在上海长达30年（1918—1947年）的建筑师生涯。1925年邬达克离开克利成立自己的建筑事务所。他的业务范围涉及多个建筑领域，经他设计的建筑多达65座，现今被列入上海优秀历史建筑名单的就有25座，如大光明电影院、国际饭店、诺曼底公寓、沐恩堂、市三女中等公共建筑，以及英籍富商何东、企业家刘吉生和民国官员丁贵堂、吴同文、孙科等名人住宅，还有被称为外国弄堂的新华别墅等。他的建筑风格多样，从20世纪初期流行的折中新古典主义、新哥特式到装饰艺术，以及上海第一座功能主义的现代建筑，包括英国、西班牙和现代风格等，被称为当时上海建筑界现代派先锋代表。由他设计建造的别墅花园主要有:

1）被称为“爱神花园”的刘家别墅

为民国实业家刘吉生（1889—1962年）住宅，刘出生于上海豪门望族，毕业于圣约翰大学，他与称为“火柴大王”的其兄刘鸿生共同经营刘氏集团。1926年刘吉生请邬达克为其设计住宅，作为送给其妻子40岁生日的礼物。这座别墅位于巨籁达路（今巨鹿路），占地约4000平方米，建筑面积1600余平方米，主建筑为砖混结构、意大利文艺复兴时代的风格，由上海著名的馥记营造厂负责施工营造。

据说整座建筑和花园花了 20 万银元。

邬达克有感于刘吉生和妻子陈定贞青梅竹马的坚贞爱情，希望用希腊神话丘比特与普绪赫的故事来创造一个庭园建筑样式的范本，他从莱顿的《普赛克洗浴（Bath of Psyche）》油画中获得灵感，为花园设计了一尊普赛克雕像喷泉以演绎爱情这个永恒的主题。莱顿的画选取美丽的普赛克脱下薄纱长裙的那一刻，亭亭玉立、举臂回眸，整个画面映衬在古希腊风格的背景里，爱奥尼柱子、台阶、水池、石径，邬达克将这些画中的元素融于建筑中（邢晓辞，2010）（图 2-11）。

为此，邬达克在意大利制作了一尊大理石普赛克雕像作为礼物送给刘吉生，一方面是感谢刘吉生给予他创作的机会，另一方面也表达了他的设计理念和寓意。普赛克喷泉位于庭园的中轴线上，是整个园子的灵魂，雕像真人大小，站立在柱子支撑的一个水盘上。普赛克的脚下 4 个小天使或抱着鱼、或骑着鱼，水从鱼嘴喷向人体落入水盆，再溢出跌向水池。邬达克设计的普赛克雕像，定格在她正在脱衣准备入浴的那一刻，寓意东方人含蓄的审美观。刚脱下的纱袍还举在手上，长裙遮住了下半身，仅裸出了上半身和腿部，整个雕像和庭园、建筑混为一体。花园中草坪、花坛、半弧形的西式石椅、有雕花图案的铺装地面、水泥圆柱棚架，展现了典型欧式园林风格，但点缀其间的石笋、太湖石又显示了主人的中国情结。新中国成立后刘吉生居家迁至香港，花园成为上海作家协会办公地。

图 2-11　上海刘家花园
左：庭园中轴线上的普赛克雕像喷泉，背景为有卷纹顶饰的爱奥沙立柱主建筑；右：弧形石椅和图案铺装（引自：邢晓辞，2010）

图 2-12　上海孙科住宅（引自：https://www.sohu.com/a/251668706_100016888）

2）上海孙科住宅

这座建于 1931 年的混合式建筑原是邬达克为自己建造的住宅，位于大西路（今延安西路），为感谢孙科帮他解决了在设计沐恩堂时遇到的麻烦，就将刚建成还未入住的房子低价转让给了孙科。

整座宅邸占地约 0.8 公顷，主建筑砖木结构、假三层，有西班牙式平缓屋顶、红色筒瓦、装饰讲究的檐口，意大利文艺复兴式的多变窗框、尖拱券门，以及美国近代建筑的明快墙面（张长根，2005）。整个宅园呈矩形，主建筑偏于西侧，花园包围主建筑。南面和东侧的花园风格不同：南面门厅正对喷泉，小路从喷泉向南延伸穿过草坪构成轴线，喷泉两侧各有条形花坛， 形成次轴，显然是规则式布局；而东侧花园更接近自然风格，还有中国庭园元素，如在东南角布置水池，岸线弯曲，湖石驳岸，卵石小径曲折，花园中乔灌木错落有致，四周沿围墙种植乔木，绿树成荫 建筑浑然一体（图 2-12）。1949 年孙科离开上海前将这栋房子出售。1953 年为上海生物制品所办公楼至今。

2. 马海洋行设计的嘉道理宅邸

这座位于上海西区南京路与延安西路交汇口的白色建筑，是英籍犹太人煤气商埃黎斯 · 嘉道理投资所建，耗资百万两白银，从 1919 年始历时 5 年才建成。整座宅邸占地 1.44 公顷，花园近 1 公顷。据说嘉道理因丧妻之痛暂离沪上，委托其朋友建筑师拉汉 · 布朗设计营建住宅，不料布朗嗜酒误事，转托马海洋行承包，其建筑设计师为斯金生，极尽豪华建成了仿法国宫廷式的一座大理石大厦。

主体建筑坐落在西北部，外观式样为新古典主义风格，立面以乳白色为基调，入门处 4 根爱奥尼克式的大理石柱、卷式柱顶，两侧长廊贯通东西，红色机瓦和鏊假石边沿点缀下整个建筑气派不凡，内部装饰仿法国宫殿式样，壮丽华贵。主楼南侧中间是大草坪，面积近万平方米，四周植有冬青、雪松、龙柏等树木花卉，在西南角形成一个树木群，其间凿有池塘，架设小桥。园中还建有暖窑花房、马厩、鹿厩、网球场，草坪周围以铁栅围墙。1953 年成为上海市少年宫。20 世纪 50 年代笔者在沪读初中时曾多次去那里参加活动，对室内的中央大厅和外面的大草坪印象深刻，记忆中似乎只有中山公园的草坪可与之媲美，现在花园的格局基本保持原来面貌，但在西南角增建了一座少年天文馆（图 2-13）。

图 2-13　上海花园洋房尽管建筑设计各有风格，但花园设计比较相似，草坪为主体，周围种植树木花草，缀以池、石、亭、喷泉、小品等
上：太古洋行大班住宅花园；下：嘉道理住宅花园（引自：薛顺生 等，2002）

3. 新瑞和洋行设计的两栋别墅

新瑞和洋行，20 世纪 30 年代后改名为建兴洋行（Davies，Brooke and Gran Architects），在上海设计了不少建筑，有多座被列为优秀历史建筑，如外滩 22 号原英国太古洋行大楼，是外滩历史最为悠久的一幢清水红砖建筑。在其洋房建筑中，现保留完好的著名住宅有周湘云别墅、太古洋行大班勃蜡克 · 华特的住宅等。

1）周湘云别墅

1936 年竣工的花园住宅，位于上海青海路，由洋行建筑师戴维斯 · 布鲁尔设计，为现代风格花园住宅。周湘云是宁波巨商、上海地产大王、著名收藏家，周家别墅占地 2600 多平方米，建筑占 460 平方米，在上海的花园洋房中算是规模小的，但它位居上海中心，地价昂贵，建造别墅花了 40 万法币，可算当时的一大豪宅。

住宅地块狭长，南端为祭祖的祠堂，北端由点状的前楼和条状的后楼组合而成，中间地块辟为庭园，住宅为现代建筑，强调水平线条，平屋顶、女儿墙，显得简洁活泼。花园面积不大，却是典型的中国园林布局，小桥流水、曲径山石， 没有当时上海洋房花园中常见的草坪，而是树木葱郁、幽静怡人，还在庭院中央设计绿岛回车，园内种植的紫藤、香樟现已成古树。该住宅现为岳阳医院门诊部。

2）太古洋行大班勃蜡克 · 华特住宅

位于上海西区的兴国路 72 号，建于 1934 年，为帕拉第奥式新古典主义风格的二层砖混建筑。花园面积较大，宅前大片草坪，周围种植各种树木花草近百种，今天存留下的树木中，如大王松、香樟、五针松、塔枫、雪松、龙柏、银杏、香榧等都已成古树。该楼现为上海兴国宾馆一号楼（图 2-13）。

4. 公和洋行设计的花园住宅

公和洋行是在我国最早开办的洋行之一，为英国建筑师威廉 · 赛尔维（William Salway）于 1868 年在香港创立，1912 年乔治 · 威尔逊（George Leopold Wilson）和洛根 (M · H · Logan) 来上海设立分部，使用“公和洋行”（Plamer & Turner Architects and Surveyors）这个名称，该洋行至今还在营业，2003 在世界排名第 52 位。公和洋行在上海设计的著名建筑，如上海海关大楼、沙逊大厦（现和平饭店北楼）、中国银行大楼、永安公司等；其设计的洋房建筑，如南京路的郭氏兄弟花园住宅、沙逊别墅、狄百克洋行别墅等。在住宅建筑中最负盛名的有：

1）郭氏兄弟住宅

这是两幢三层混合结构的花园住宅，主人是创建永安公司的郭乐、郭顺兄弟，建于1926年，由建筑师威尔逊设计，陶桂记营造厂承建施工。两座楼房均为仿欧洲文艺复兴时期法国式建筑，并排居花园北侧，整体造型十分相似，仅在立面侧阳台、窗户转角处理上稍有变化，立面构图强调对称形式，中部层叠柱廊，从底层至三层分别采用不同形式的立柱设计，展示了希腊柱式建筑的丰富语言，是仿欧洲古典主义建筑风格的典型（上海地方志办公室，2005）。

主楼南面为花园，约1700平方米，以中间的入园道路分为近似方形的东西两片，虽说总体上都是中间草坪、树木植于四周，但在具体布局、树种选用上东西花园颇有不同。整座花园树冠浓郁，掩映了小桥、假山、亭台等，还有用进口的意大利白色大理石砌就的塔状喷泉，中间立希腊神像，是一座中西元素结合的花园。

2）狄百克花园

地处上海太原路，建于1928年，原为法籍律师狄百克的别墅，当地人称“狄百克花园”。主建筑设计为文艺复兴时期法国宫邸式建筑风格，孟莎式屋顶，城堡式圆体锥尖塔楼，但在南面廊柱两侧安放一对石狮子，融入了中国传统建筑文化元素。别墅占地约1.27公顷，花园占了2/3，树荫下草坪、柱亭、高台喷泉以及大理石小圆台，展示了法国园林特点（图2-14）。1933年狄百克去世，这座房子被卖给周佛海的密友岑德广，抗战后作为敌产没收，后由马歇尔将军居住，故又称马歇尔别墅。新中国成立后毛泽东主席曾下榻于此。现为瑞金宾馆一部，称太原别墅。

图2-14　狄克尔花园一角（引自：Renyuanok博客）

（二）华人建筑事务所设计的花园洋房

在 20 世纪 20 年代前后，中国近代建筑师群体出现，他们参与了首都南京规划建设、大上海规划建设、重庆陪都建设等重要项目，当然还有许多住宅建筑，包括花园洋房。其中著名的如：

1. 海归经营的建筑事务所设计的花园洋房

1）基泰工程公司杨廷宝设计的帅府红楼

杨廷宝（1901—1982 年），字仁辉，河南南阳人，是基泰工程公司的第三位合伙人，早年毕业于清华学校，1924 年获美国宾夕法尼亚大学建筑硕士，是梁思成在宾夕法尼亚大学的学长，后在欧洲游历，1927 年回国到基泰工作。他回国后设计的第一个作品是奉天（沈阳）铁路总站，由此为张作霖、张学良所知。1929 年张学良筹建帅府西院红楼群时，看中杨廷宝的设计方案，由此杨廷宝成为西式住宅建筑设计领域中的首批中国建筑师之一。

帅府红楼群有 6 栋 3 层建筑，为都铎哥特式风格，与帅府四合院、小青楼、大青楼浑然一体。总体布局应是出于杨廷宝之手，庭园融入了西式园林元素，建筑由美国马立思建筑公司承建（图 2-15）。

杨廷宝后来加入中国营造学社，参与北京、南京、天津等许多政府及公共建筑设计，新中国成立后参与人民英雄纪念碑、人民大会堂、毛主席纪念堂、北京图书馆等重要建筑设计，当选为学部委员，位至江苏省副省长。

图 2-15　杨廷宝设计的帅府红楼群，庭园融合了西式园林元素（引自：沈阳晚报，2007-10-26）

2）华盖建筑事务所设计的别墅洋房

1932年赵深与陈植（直生）、童寯在原赵深的建筑事务所基础上成立华盖事务所，专做设计。他们三人和梁思成夫妇同为美国宾夕法尼亚大学建筑系的前后期同学。华盖的多数建筑设计都是由三人合作完成，无法冠以任何一人单独的名字，因此陈植主张华盖期间的所有项目全部归华盖的名义，“以保持华盖的整体性”。华盖从创办到1952年结束设计作品近200项，是上海近代最多产的华人建筑设计事务所（徐昌酩， 2004）。大上海大戏院、浙江兴业银行、南京的国民政府外交部办公大楼、首都饭店等这些在近代建筑史占有一定地位的建筑均出自华盖。华盖还为高官富商设计别墅及洋房建筑，如上海的愚园路公园别墅、尚文路潘学安西式住宅、南京孙科住宅及张治中、何应钦等高官及名人富商的住宅数十座。而明确注明设计者的有：赵深1932年设计的南京孙科住宅；陈植于1941年设计的上海武康路金叔初洋房住宅等。

3）范文照建筑师事务所设计的孔祥熙住宅

范文照（1893—1979年），广东顺德人氏，1917年毕业于上海圣约翰大学土木工程系，后赴美深造，1922年毕业于美国宾夕法尼亚大学建筑系。1927年创办范文照建筑事务所，1928年任上海建筑师学会会长。他在上海留下了许多著名的建筑，如美琪大戏院、上海音乐厅（原南京大戏院），曾获中山陵园设计二等奖。他的事务所也有多座别墅建筑作品，其中最为著名的当属孔祥熙在上海的住宅。这座建筑由范文照在1935年设计，位于上海永嘉路，是一幢混合式花园洋房，展现了英国乡村式和西方古典手法的结合。

4）华信建筑事务所在天津的主要作品

华信建筑事务所原为外国人开的一家建筑事务所，1931年由沈理源（1890—1951年）独自经营，主要在京津一带从事建筑师业务。沈理源早年在上海南洋中学读书，后入意大利拿波里奥工业大学攻读土木和水利工程，是20世纪30年代前唯一在意大利学建筑的留学生。1915年毕业后回国后曾在黄河水利委员会任职，后转入建筑设计行。他独自经营的华信建筑事务所在天津设计了多家银行建筑，如浙江兴业银行(1921年)、盐业银行(1926年)、金城银行（1937年），其中盐业银行被载入了弗莱彻尔的《建筑史》（第19版）（Banister Fletcher：A History of Architecture Nineteenth EdiSion），这是天津唯一载入该书的近代建筑实例（天津日报，2009-06-07）。沈理源还先后在国立北平大学和天津工商学院建筑系担任主任，被誉为中国近代早期建筑实践的先驱。他设计的洋房建筑，如五大道的张作霖三姨太许氏旧宅、藏书家周明泰旧宅等，但这两座宅第占地面积都不大，因此庭园园林未见特色。

2. 国内学成的建筑师设计的花园住宅

1）林瑞骥设计的严同春住宅

主人严载如，上海沙船大王。严同春实为商号，住宅占地 3692 平方米，花园 3000 平方米。该宅建于 1933 年，由林瑞骥设计。林瑞骥毕业于上海交通大学土木工程系，时为南洋建筑公司工程师。总体布局是中国传统的两进四合院型。采用大天井、大厅堂，中间厅堂，两侧为厢房。建筑立面造型受装饰艺术风 Art deco 影响较大，但门窗图案、女儿墙、木雕则为中国传统风格，是在西方建筑思潮影响下，迎合业主而设计的中西合璧形式的建筑。东侧花园有草坪、水池、曲桥凉亭（图 2-16）

2）第一代女建筑师张玉泉设计的蒲园

张玉泉（1912—2004 年），四川荣县人氏，1934 年毕业于中央大学工学院建筑系，1942 年同为建筑师的丈夫费康病逝，她在上海独立经营事务所，期间完成上海福履理路花园、上海虹口花园住宅规划、上海万国药房等多项设计。而她设计的蒲园是一处西班牙的弄堂，1942 年竣工，有 12 幢西班牙式花园洋房，花园多在主建筑南侧，一般规模不大，安排在大门入口道路的两侧，数株乔木，树下普植花草、点缀湖石，或设鱼池、花坛。

图 2-16　严同春住宅花园一角（引自：高参 88 博客，2014）

第二节

民国时期城市公园

一、城市公园释义

以前一般认为最早的城市公园是上海黄浦公园，但近年来多有学者指出，广州十三行的美国花园和英国花园（建于 1844 年）、沙面的英国公共花园和法国公共花园都要早于黄浦公园（彭长歆，2014)。而首个中国人自建的公园，是左宗棠任甘肃总督时建于 1770 年、后在 1880 年开放的甘肃酒泉公园（朱均珍，2012）。

在园林史研究中对于我国出现公园的时间一般有两种观点：其一，多数学者认为中国的公园是近代产物，古代只有私家园林而没有公家花园；甚至还认为“公园”一词是因为 1903 年留日学生在《浙江潮》发表《东京杂事诗》，介绍日本公园后才开始使用的（赵军，2008）。还举 1904 年 12 月 15 日《大公报》报道“南京依照上海张氏味莼园形式，建造公园一座，供人游览” 为证（闵杰，1998）。更有文直接提出，中国人最初是把黄浦公园英文名 Public Garden 译名为“公家花园”的，几十年后留日学生增多才从日本引进、最后确定名为“公园”的（雷颐，2008）。其二，直接驳斥上述的说法，指出“公园”一词出于古代，在我国宋朝就已出现公园。

然而，这两种说法都有可商榷之处。先说“公园”一词引自日本的说法，这显然是历史的误会。事实上后来称为“黄浦公园”的英文名至少在 1917 年前的很长一段时间都是用 Public Garden 而不是 Public Park 的。这有 1917 年立于公园门前的一块牌子为证，上面明确写着 Public and Reserved Gardens（图 2-17）。但是后来的许多文章都把黄浦公园最初的英文名写成 Public Park，实是以误传误。正因为有了这个误写，于是就有了为何不译“公园”而用“花园”的疑问了。

从时间序列看，计划筹建黄浦公园时正是欧洲国家开始着力建设城市公园的时期。要知道第一个工业化城市的公共公园就出现在 19 世纪初的英国，早期的公园首推由乔舒亚·梅杰（Joshua Major）和伯克斯顿分别设计的维多利亚女王公园和伯肯梅特公园。之后不久，在美国就开始了在景观设计史上具有重大意义的纽约中央公园的建造，到了19世纪中后期欧美各国都在建造城市公园（City Park）、规划城市公园系统。在英语国家为何用City Park而不用City Garden，自然因为在园林术语中Garden和Park的含义是不同的。

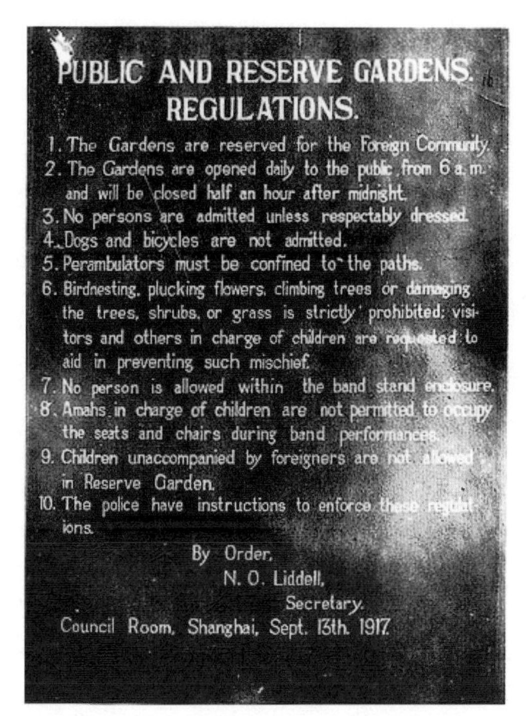

图 2-17　N.O.Liddell 撰写的公园规则

按19世纪英国著名园林理论家汉弗莱·雷普顿（Humohry Repton）给Garden的定义是："由栅栏围起的一片土地，适宜人们游乐及应用，应该种植植物并有丰富的艺术性。"（Turner，2010）在英国则专指住宅建筑附近一片有草坪的土地，供人们种植各种花草、蔬果。在英语国家， Park这个词原指宫殿、城堡、别墅、乡村府邸园林中上述花园以外的园地，一般距主建筑较远、面积较大，是英国风景园林中较为自然、原野化的部分，有的向公众开放， 陈志华将其译为"林园"以示与城市公园的区别。而现在的城市公园（City Park），是指城市中面积较大，主要服务与公众而非少数人的具有公共性质的园林形式，因此不同于上面所说的林园（Park）。

在欧美国家普遍兴建城市公园这个时代背景下，为何上海新建的黄浦公园用Garden而不用Park，我猜测可能是因为当时那里仅由几个小花园组成，园子面积不大，无法与欧美国家的城市公园比；也可能是因为它专对城市中的少数人群（外国人）开放，而有违于欧美国家公园为大众服务对象的宗旨；或许仅仅是工部局的随意为之。直到上海租界其他公园都用了Park命名很多年后的1946年，黄浦公园才把英文名改为Huangpu Park。

在20世纪初的十几年中，中国有多次提到在城市建公园的建议，如早在1905

年，清廷为“预备立宪”派端方等五大臣到欧美诸国“考察政治”。城市里的公园、动物园等公共设施给他们留下深刻印象，在端方等人提倡下各地官府开始计划兴办公园。甚至偏于西南一隅的小城雅安，在1909年也准备在城南小山建一公园。

1910年6月，美国传教士、北京万国改良会（The international Reform Bureau）会长丁义华（Thwing Edward Waite），连续在《大公报》上发表公开演说，建议在城市中广泛布置公共花园景观，提倡建造类似纽约公园那样的大公园（侯杰，2006）。丁义华是美国基督教北长老会的牧师，1868年生于波士顿，1887年来华传教，后提倡戒烟并参与许多社会活动。而在19世纪末及20世纪初的几十年中，上海、天津、大连等地租界建造了多座公园，如天津英租界的维多利亚公园（1887年），天津俄国花园（1900年）；上海虹口公园（1896年），法租界的顾家宅公园（Koukaza Park，1909年，后改为复兴公园），然后是极司非尔公园（Jessfield Park，1914年，后改为中山公园）；大连西公园（1897年）等等。因此，当时“Public Gardens”用“公共花园”来应对，绝不会是因为没有“公园”这个词的原因。

再来说中国“公园”一词的出处，据查大多文献都引用陈植先生在《中国造园史》中的表述，“我国公园一词初见于《北史·景穆十二王传》，‘任城王澄表减公园之地以给无业’（魏书），至今已有一千数百年之历史，其内容及性质如何无从考证，但可肯定并非私人之园”。以及他后来的据证“文王之囿，方七十里……与民同之”，实为我国设置公园之嚆矢，距今盖四千余年矣。陈植是从这两条来说明我国自古代就有“公园”一说，但并未明确即是现在所说之“城市公园”的先驱，后来的许多学者（陈植、周维权、朱钧珍）都谨慎地用了“公共园林”来叙述此类园林的属性。

据笔者理解，就上述两条而言所谓的古之“公园”实与近代之城市公园相距甚远。首先，文王之“囿”，古时与此相近的还有“园”“圃”“苑”等，各自均有特定的含义。园，“种果为园”（《说文》）；“有藩为园”（《初学记》）；“园中掇山，非士大夫好事者不为也”（《园冶》）。圃，“圃者，蓄鱼鳖之处也”（《广释名》）。苑，“苑，所以养禽兽囿也”（《说文》）；“古谓之圃，汉家谓之苑”（《周礼·囿人》疏）。据《孟子·梁惠王下》，“文王之囿，方七十里，刍荛者往焉，雉兔者往焉，与民同之”，故囿实是周王室圈养动物以供狩猎和祭祀之用的地方，但又有“囿游，囿之离宫，小苑观处也”的记述，则表明囿还有“游”的功能（周维权，1990）。不过周文王的囿是允许庶民割草砍柴、捕禽猎兽的，但若要将其作为我国设置公园之始（嚆矢）却是过于牵强的。事实上“递及后世，历代帝王公卿文人雅士，虽间尝自然，建置园林，然类皆个人独乐，例不公开”（陈植，2006）。

其次，来说上文中的“任城王澄表减公园之地”中的“公园”，它究竟是官家的“园林”，还是官家经营的“园地”或仅是一片非私人的土地？从现有的文献看，多数文章是将其作为官家“园林”的。然而有“又明黜陟赏罚之法”，即严明官吏升降制度和赏罚法度，所以应是仅指把一些官家拥有的多余土地分给无业者以度生机。其实那时的皇家园林规模已较小，而且生产和经济运作已很少存在（周维权，1990；张家琪，1987），从逻辑上说“表减公园”不应是已经建成的园林。

然而，有学者赞同古代有“公共园林”或称为“公共性园林”，列举了如晋之兰亭、宋之西湖湖滨，以及苏东坡把醉翁亭看作“行乐处”也是公共园林等等，甚至认为这即与现代城市公园相似的公园。如周维权在他的传世之作《中国古典园林史》中，早就有公共园林始于晋之说，可能也是鉴于王羲之的《兰亭序》。另外，毛华松在 2013 年曾两次发文直接提出，在宋朝有城市公园形成和发展（毛华松，2013），然而在其 2015 年的博士论文《城市文明演变下的宋代公共园林研究》中，认为宋朝因其在官员“与民同乐”的引导下，在商业化、平民化的城市文明演变下，成为我国第一个全民游赏文化普及、兴盛的时代，因此出现了许多“公共园林”（毛华松，2015），这里毛华松谨慎地没有再用“城市公园”一词，可见其本人都是有着疑虑的。需要明确的是，园林史中所说的古代“公共园林”大多是在城郊、城边的风景地，但要把有时也向大众开放的皇家及官宦园林、寺观园林、官衙园林等也看作是具有公共性质的园林是不合适的。而最具有公共属性且为人工刻意而为的是徽州村落之“水口”，似乎更接近“公园”，但那也是明清之后的事了。

近代在一些城市对于如公园这样一种公共活动场所命名时，为什么没有用如“公共园林”这样更为传统的名称呢？最为直接的原因就是这类公园就是西学东渐的结果，就是对西文“Park”的翻译结果。因此，可以说我国近代的城市公园是从欧美引入的一种全新理念，先出现在租界，公园的设计、管理都深刻地印上租界国的印记，而且对我国后来的城市公园、城市园林等建设都产生巨大影响。

二、北京改建皇家园林为城市公园

北京皇家园林的修复改建并向公众开放，是近代中国园林的一个重要事件，虽说其发生是时代发展的必然，但不可否认它与朱启钤的竭力推进有着密切的关系。朱启钤是清末举人、民国政府官员，作为一个政界要员却与园林有了交集，这源于两个方面：一是，他倡导和主持改造内城社稷坛为中央公园（即今之中山公园），还开放其他皇家园林为公园；二是，他创办中国营造学社开展了中国传统园林的研究，并重刊《园冶》这本重要的古代造园著作，因此他成为中国近代园林史中的重要人物。

朱启钤在北洋政府任职内务总长时执掌京都市政公所，他极力推崇公园建设，在1914年的《市政通告》第22期特辟“公园论”专辑，介绍欧美国家的公园，详细论述公园要义，如“‘公园’二字，普通解作公家花园，其实并非花园，因为中国旧日的花园，是一种奢侈的建筑品，可以看作是不急之物……公园通例，并不要画栋雕梁，亭台楼阁，怎么样的踵事增华；也不要春鸟秋虫，千红万紫，怎么样的赏心悦目。只要找一块清净宽敞的所在，开辟出来，再能有天然的丘壑，多年的林木，加以人工设备，专在有益人群游玩。只要有了公园以后，市民精神逐渐活泼，市民身体日益健康，便算达到目的了。所以公园对于都市，绝非花园之对于私人可比。简直说罢，是市民衣食住之外，一件不可缺的要素”。

北京最早的公园是位于西郊农事试验场中的万牲园（即今之动物园），包括宝文庄之别业可园和清皇家行宫乐善园，于1907年开放，是清朝开放的第一个皇家园林，也是我国第一个动物园。但它在西郊不便市民造访，于是在进入民国后报端常见舆论敦促政府在城内开放公园。如黄以仁在《公园考》中，“语不云于，一国之托，都市也。都市之花，公园也。睢公园为都市之花，故伦敦、柏林、巴黎、维也纳、纽约、东京暨他诸都会，莫不设有公园……匪特于困民卫生与娱乐有益，且于国民教育上，乃至风致上，有弘大影响焉”。又言“至若国中都会，无一完全公园，非特方诸东西列强，大有逊色，其于国民卫生上及娱乐上，亦太不加之意哉”（黄以仁，1912）。

1913年时任交通总长的朱启钤，就提出改造社稷坛为公园并发起募捐。社稷坛始建于明永乐十八年（1420年），照《周礼》“左祖右社”的营国定制，社稷坛建在午门前方天安门至阙右门西。当年社稷坛为清隆裕皇太后的临时停灵处，并允许群众参拜。朱启钤身为交通总长负责指挥事宜有权巡察坛内情况，他发现社稷坛位于内城，“地望清华，景物巨丽”，是营造公园的首选之地。1914年他担任内务总长，即发动士绅、商贾捐款改造这座已荒芜的皇家祭坛为公园。朱启钤主持规划，创设董事会并出任董事长，提出就坛改建、依坛造景，改建只限于外坛，保留五色土坛、殿堂、城垣等古建筑，还特意保护了坛内古柏，由此保护了内坛格局和建筑的完整性（华声，2014；李理，2011）。1914年10月10日对外开放，“因地当九衢之中，名曰中央公园”。1925年孙中山逝世停灵于拜殿，1928年拜殿改名为中山堂，中央公园也随之改为“中山公园”。

朱启钤作《中央公园记》，记述了社稷坛改建为公园的目的、设想及具体布置。公园的主体建筑社稷坛位于轴线中心，在“清严偕乐，不谬风雅” 的原则下陆续添建一些新景点，多数景点设在社稷坛垣外柏林中，且集中在坛南社稷街。建园之初，“西拓缭垣，收织女桥、御河于垣内”，南流东注，引渠为池，于是园中逐有清流、淤地成池，建成水榭，三面临水，屋架水上“有水木明瑟之胜”，民国时期为结社之地。在原坛神庙引水环之，积土成屿，因其四面可望且琴棋书画咸宜，故名“四宜轩”。在内坛南门墙东南角外建来今雨轩，黑筒瓦歇山卷棚屋面，厅前平台周围砌矮花墙，中间独置太湖石一座，厅后西侧堆叠山石，轩名为朱启钤所定，建成后改为饭馆（图2-18）。另外还有上林春、春明馆等餐饮设施，复建东西长廊以蔽暑雨。坛南疏浚池塘、数泓清水，叠山作山；西边建唐花坞，为邻水的花卉温室，后由梁思成设计；又将原在礼部的习礼亭移来与坛南门相值，此亭六角攒尖、小巧玲珑，与唐花坞左右相置；后还从圆明园移来兰亭刻石及清高宗御笔青云片石、青莲朵、搴芝、绘月诸湖石，

图2-18　民国时期中山公园内的来今雨轩（引自：刘媛，2015）

分置于林间水次。兰亭刻石为八方石柱，分别刻着历代书法家临摹王羲之的兰亭帖，直到1972年才以此为亭柱建成兰亭八柱亭立于坞西（北京地方志编辑委员会，2000）。

综上所述，社稷坛的改造是在朱启钤的亲自指导下实施的，因此中山公园可视为他的造园作品。他在诠释造园时称“贵在纯任天然，尽错综之类，穷技巧之变”“盖以人为之美入天然，故能奇，以清幽之趣药浓丽，故能雅”。而社稷坛的改造即体现了他的山水园林观，也是按照中国传统园林的造园理念和手法实施的。在平面上展现了池、亭、榭、阁、廊的传统园林要素的错落布置，点缀假山、即池栽荷、就山种树，尤以牡丹、芍药、丁香、海棠最盛；又从原来废旧的皇家园林中移来一些古碑亭等建筑，丰富了公园的历史和文化内涵。公园为提供公共服务重辟园门、修筑道路，增设了一些现代元素，如辟图书馆，设置饭庄、茶室，还逐渐增添了照相馆、咖啡馆、西餐馆和台球房等公共体育讲习场所，使原本荒芜的社稷坛成了水木明瑟、绿树成荫的现代公园。朱钧珍（2012）评价其园林思想时称，更是传承了中国造园“源于自然，高于自然”的基本体系，又能抓住中国传统园林的基本特色，以诗情画意写入园林。

中山公园颇得当时北京文人的钟爱，他们喜欢到此聚会，然而留下了许多描述和赞叹中山公园的文字，还常把中山公园作为他们作品中故事的发生地点。如有描写中央公园“当春秋之交，鸟鸣花开，池水周流，夹道松柏苍翠郁然”；叶恭绰《稷园观牡丹诗》“万人如海竞相欢，胜似君王带笑看”，可见当时的赏花盛况。而在热闹的园中又保留了一角清新，如蒋梦麟描写自己“坐在长满青苔的古树下品茗”，魏兆铭称中山公园“灵素雅淡”；胡适、钱穆、钱玄同等常来公园聚会。鲁迅在日记中记载来公园达60次，还与友人在来今雨轩的茶座上共同翻译了《小约翰》；而张恨水的《啼笑因缘》就是在来今雨轩的后院茶座创作的等等。

1914年5月，朱启钤向袁世凯呈交《请开放京畿名胜酌订章程缮单请示》，先后改造社稷坛、开放先农坛（城南公园，1915年）。之后十余年间，天坛（1918年）、海王村公园（原名厂甸，1918年）、北海公园（1925年）、京兆公园（即地坛，1925年）、景山公园（1928年）、中南海公园（三海公园，1929年）、太庙（1929年）、颐和园（1928年）等共11处京畿名胜陆续开放。

三、各地名胜或传统园林改建城市公园

北京开放皇家园林为公园的举措为各地所效仿，民国初期各地当政纷纷将原有的官衙旧址、废旧别墅等园林改建辟为公园。除了租界公园外，我国各地的近代城市最早的公园极大部分都属于此类，包括最早由国人自建的三座公园：无锡锡金公园，成都少城公园及北京农事试验场附属公园。因此，除了少数加入类似草坪、体育场等现代元素外，公园的整体布局仍沿用了中国传统自然山水的基本骨架，理水掇石、建筑与植物配置均采用古典园林的传统手法，可说是中国山水园林在近代的延续。

同时在一些县城也开始建造公园，如湖北枝城卢园、广东乐昌昌山公园、四川三台中山公园、贵州贵阳公园、云南马关中山公园、上海嘉定奎山公园、上海金山第一公园、安徽宣城鳌峰公园等。而仅江苏一地，在民国初的十几年时间就建造了数十座公园，按年代序列有南京玄武湖公园（1911 年），常州第一公园（1913 年，今人民公园）、南通濠河五公园（1917 年），苏州皇废基公园（1927 年，今苏州公园），镇江河滨公园（1928 年），徐州快哉亭公园（1928 年），南京秀山公园（1928 年），鼓楼公园（1928 年）、白鹭洲公园（1929）、莫愁湖公园（1929 年），以及县城江阴中山公园（1912 年）、泰州中山公园（1922 年）、东台城东公园（1927 年）、涟水五岛公园（1929 年）、常熟虞山公园（1931 年）等。这些公园有的已经不复存在，这里仅据几个典型例子。

（一）江苏第一座近代城市公园——建在历史胜地的无锡锡金公园

锡金公园位于无锡市区中心，当年由地方名士裘廷梁、俞仲还、吴稚晖等人倡议并捐资辟建。1906 年初成规模开放，民国后不断扩大完善，是江苏历史上第一座近代城市公园。园地位于无锡著名历史胜地之一，即南北朝崇安寺、明代盛冰壑方塘书院和洞虚宫等遗迹故址。在遗迹上整理地形，挖池堆岗，栽花植树，铺设草坪，建多寿楼、“寥莪”小亭，自岸桥弄明代俞宪独行园迁来绣衣峰（太湖石），在城市中心地带建成初具规模的公园，向公众开放，定名“锡金公园”（徐大陆，2008）（图 2-19）。民国初即设专门办事机构，1912 年改名无锡公园，俗称“公花园”，并逐步扩大。1921 年请来日本造园家松田指导规划调整园景，但也不免

掺入了东瀛风格。前后在园内修建楼、堂、桥、阁，如涵碧桥（1918）、池上草堂（1920）、枕漪桥（1921）、兰苡（1921）、松崖白塔（1927）、九老阁（1933）等。无锡名流为公园题有“绣衣拜石”“林崖挹翠”“方塘邀月”“柳堤芙蓉”“草坡落英”等 24 景。园中栽植大量松、杨、柳、槐、榆、梧桐、玉兰、银杏树木等，还从日本购进樱花、红枫。园中碧波荡漾衬楼亭错落，佳木扶疏以花草为胜，树木浓密现森郁气象。抗战期间公园被日军侵占，破坏惨重，新中国成立后经全面整修和养护改名为“城中公园”，现占地面积约 3.3 公顷。

图2-19　无锡锡金公园一角、假山与塔（引自：锡金公园网）

（二）贵阳最早的公园——自官衙园林改建的贵阳梦草公园

这座贵阳最早的公园，地处贵阳中心区今贵州省教育厅及原市委后院。相传为明代贵阳诗人吴滋大的别墅，清代改建为臬台衙门，1912 年改建为梦草公园，1929 年改名中山公园。公园进门正对原臬台衙门内厅，民国初实业司内设商品陈列所，后期改作省参议会会址。厅后是两厢有侧房的图书馆，再后是为纪念辛亥革命胜利而建的一座西式楼，即光复楼，楼后有一大草坪及多棵百年的老树，人称“齐巅树”，距树不远有为护国讨袁的蔡锷及唐继尧两将军建的纪功碑，并建亭覆盖。穿碑亭而过，左首为涵碧阁，登阁可鸟瞰公园全景及山城部分景物，下

图 2-20　梦草园中的池心亭与木桥（引自：贵阳档案馆老照片）

为动物园。而后，为时任园长的刘以庄所建之吴滋大祠，祠外即梦草池 。取自谢灵运“池塘生春草”的诗意；池旁岩上篆书“紫泉”，泉水经小石桥下流汇池中，池大数亩，种植莲、荷，池心有亭以木桥相连，原有清末民初贵阳人刘玉山的一副对联，“红浸一池春，看鸿爪犹存，谁替荷花来作主；翠拖三径曲，念滔生若梦，我寻芳草倍思君”（图 2-20）。

梦草公园在改建中因增设草坪而有了些许西洋园林的特点，但从整体上看错落有致的厅、楼、阁、亭与山石曲水相依相映成景，仍然是一座中国传统园林，而餐馆、照相馆等的出现显示其有了公共服务的功能。后来因军阀混战公园无人管理而荒芜破败，1935 年后被政府部门占用，园内设施备受破坏，梦草公园不复存在。

（三）从城市荒地上修建的公园——打破满汉分隔而居的成都少城公园

少城公园位于成都旧少城之内东南隅、地广数百亩，原为清朝驻军之地，清末成都将军玉昆困于经济问题而开发少城，修葺旧“八旗官学”，改名为“工艺传习所”，旧署空地定名为农业试验厂，新建大街开设门面由旗民经营。在少城内的数百亩水田荒地修盖公园、戏园，并将原属旗人的一些庭园合并，添建亭榭、栽花种树、豢养飞禽走兽构成了一座园林，于 1911 年 7 月 1 日建成开放。正如《成都市市政年鉴》所记，“园之擅胜者，即以金河蜿蜒、楼台倒影，茂林参天、桃柳护岸，群山起伏、渔艇待渡”。1913 年园内建造辛亥秋保路死事纪念碑，碑高

31.85米，碑身四面嵌长条青石，分别用楷、草、行、隶4种字体刻写碑文。然而，辛亥革命后却因政局动荡疏于管理而陷于荒废，民国初有过一段重新整顿的经历，由省署内务司司长尹仲锡扩大园区，在园内开河挖渠引金河水入园，叠山作山、筑小桥、辟体育场等，但不久又复萎缩。直到1924年，王缵绪任市政公所督办在军阀杨森授意下少城公园再次改造扩建（赵可，1999），增设电影院、通俗教育馆、体育场、国术馆、茶馆及餐饮等，由此少城公园更像民国时期各地建的游乐场。新中国成立后少城公园改名“人民公园”。

少城公园的建成对近代成都产生很大影响，如打破了原来满人与汉人隔离聚会集会的空间。而它在近代园林史中的地位，则是与无锡锡金公园、北京农事试验场附属公园一起，是中国最早由国人自己建造的公园。

（四）以古典园林名扬天下的苏州第一座公园——中西造园师合作的苏州公园

苏州公园是苏州历史上第一座公园，初名“皇废基公园”，又名“吴县中山公园”，俗称“大公园”。公园位于苏州市中心，在春秋吴子城旧址东部，之后列代都为官府、王府所在，至清末大部沦为荒地，义冢累累，称“王废基”。在叶圣陶辛亥前后的日记中，常载其偕同学来“最可爱之王废基”游玩。1911年4月15日记写该处景物云:“春风入襟，斜日映池，高柳嫩绿，野花娇红，此一幅仲春艳丽图。”民国初地方士绅倡建公园，1925年江阴旅沪巨商奚萼铭慨捐5万银元，同年组成百人筹备小组，择王废基东部为园址。当时由苏州工业专科学校学生测绘平面图，交上海公董局曾设计上海法国公园的法籍工程师约少默（Jousseaume）规划设计，自然引入了法国园林风格。公园南面为规则式格局，园中荷池前建城堡式两层、四面钟楼的图书馆，馆东侧临池为“东斋”茶室，西南角建西亭，园东南辟池名“月亮”，池边修廊，紫藤翳密，又植树4000余株。

公园围墙建成西洋风格，在青水砖砌成的半截墙体上装了铸细花纹的铁栅栏，间隔花岗岩石柱（图2-21），全园面积约15亩。1927年组织苏州公园筹备委员会，请画家颜文樑设计喷水池，特建水塔供水，同年落成开放（徐刚毅，2001）。颜文樑出身苏州美术世家，为吴中著名画家，他创办苏州美术专科学校，曾任沧浪亭保管员，受命筹设苏州美术馆，多余房舍拨作美术学校校舍，至今犹在。1929年叶楚伧、钱大钧等积极募款以开发北部，翌年聘苏州农校园艺系主任范云书为主任主持拓修工程，筹建公园北部，开凿北部池塘，沟通南北水池种荷养鱼，土山顶建四面厅名“民德亭”。当时公园成为民国时期苏州文人集会之地，如时称东斋十老的陈石遗、邓邦述、费仲深等常集东斋，有唱和诗160首装为长卷并刻《东斋酬唱集》。抗战时期为日军侵略者所占，公园遭严重破坏，胜利后陆续修复，建叶楚伧纪念牌坊，造楚伧林等，还改名“中山公园”，但至苏州解放时公园未全恢复。

回顾苏州公园的规划建设历史，至少说明了当时对城市公园的了解多基于上海租界公园，因此在传统名园汇集自不失造园大家的苏州，却请来了法国工程师设计；其次，当时已采用现代造园方法，是在现场测绘平面图上进行规划设计；再次，在具体建设过程中由苏州文人主导，因此尽管最初设计为规则式的布局，但在随后的扩建中，造景却大多采用了中国传统手法。这是近代西方园林师和中国文人结合建成的中西合璧的现代公园，因此它在近代园林史中应是占重要地位的。遗憾的是几经沧桑，除了保留下来的大树外，公园的原貌几乎无迹可寻。

图 2-21　苏州公园建成时的西式围墙（1927 年）　（引自：秋宵梦觉博客）

（五）依据风景名胜规划城市系列公园的典型——杭州西湖湖滨公园

杭州西湖举世闻名，不仅因其自然山水之美、历史文化之丰富，更因其紧临城市而蜚声遐迩。西湖原为钱塘江边的一个小水湾，泥沙淤积成潟湖，东汉筑海塘挡海潮，西湖从此成为内湖。历朝列代都有疏浚西湖、建设西湖的记载，如唐白居易任杭州刺史时修筑长堤即今之白堤；宋苏轼在杭州知府任内疏浚西湖，将葑泥堆成长堤，上筑六桥，后人称“苏堤”；明正德年间杭州知府杨孟瑛组织疏浚西湖、拓建苏堤，并筑一堤与苏堤平行，是为“杨公堤”，等等。清初顺治帝在西湖边上圈地建旗营，周长约9里从而在空间上割断了西湖和杭州城区，杭州居民须绕道出涌金门才能游览西湖名胜。1912年，浙江民政司长褚辅成力主拆除旗营开辟新市场、沿西湖筑湖滨路，以离湖岸起20公尺之地辟为公园，平草设栏，内杂植花卉，设置座椅，供游人休憩，是曰“湖滨公园”（图2-22），自南而北依次命名为第一至第五公园。湖滨公园建成后成为杭州市民最喜爱的去处，无论在湖边散步还是打坐，动静都有无穷的乐趣，这里林木葱郁、视野开阔。远眺西湖全景，抱湖诸山，冈峦起伏，历历可数，苏堤、白堤、湖心亭尽收眼底；近看，碧波粼粼，柳枝摇曳，荷香四溢，又有棋桌弹台，可弈棋打弹，雅玩也（张光钊，1934）。湖滨公园还在多处分设游船码头，多见蓬舫儿和西湖船娘来招揽生意，呈现了水乡文化的特色。据称湖滨公园由李驹参与设计，但未见有确切记载。

1927年杭州正式建市，同时为迎接第一届西湖博览会，湖滨公园得以全面改建，重新铺设园路，布置花境添造花坛。据文献记载，由时为浙江大学教授的范肖岩主持设计八馆二所园景布置，是否也包括湖滨公园的改造却未见具体说明。1928年市政府决定利用浚湖之淤泥广填为平原，在湖滨最北处辟地20亩建第六公园，是湖滨公园中面积最大者。公园设计仿巴黎公园式样，如设置喷泉音乐亭、凉亭、花房等。据当时报纸载文描述，“有楠木的茅亭，大和小的两对雕刻极精的石狮子，红漆的铁椅，铁链的栏杆，配着一对古气盎然的石翁仲，真是上下古今珠联璧合了”。之后，湖滨公园不断修建完善，还在各公园相隔处建了纪念性雕塑物，如辛亥革命风云人物陈士英铜像（位于三公园，1929年建）、北伐阵亡将士纪念塔（位于二公园，1929年）、淞沪抗战阵亡将士纪念碑等（六公园，1932年建）等，这类人物形象的雕塑在西方城市中经常出现，而在中国近代城市中则还不多见，由此看来湖滨公园的设计更具时代特点。

杭州的湖滨公园是向公众开放的城市公共活动空间，成为杭州民众休闲、娱乐、社交以及政治集会的主要场所，同时也推进了湖滨地区的商业，形成杭州新的城市中心。因此可说，杭州湖滨公园是我国近代城市规划建设中利用名胜改建城市公园、丰富市民活动、提升城市形象、发展城市经济的一个成功例子。

图 2-22　民国时期的杭州湖滨公园［引自：真友书屋（杭州忆）博客］

四、租界公园设计理念及影响

租界公园是民国初期城市公园中的主要组成，大多建于 19 世纪后期至 20 世纪初的几十年中，因由租界工部局主持建设，故公园设计者都由来自租界国的设计师担任。当然，在建设或改建过程中也有我国的园林设计师或园艺师参与，故在一些公园中会出现中国传统园林要素，但总体上来说公园的整体格局是体现租界国的园林风貌的。其中最具代表性的公园有：

（一）上海最早的租界公园——黄浦公园

公园由英美租界当局工部局主持， 建园投资来自公共娱乐场（俗称跑马厅）基金会，通过填滩和整治黄浦江岸线，获土地 30 余亩建园，工部局指示工程师规划。设计者为克拉克（J. Clar），当时他担任工部局工务处土木工程师，而据工部局职责规定工务处负责租界内市政建设，包括工程预算书的编制和工程平面图的绘制及说明书的编写等。

1868 年 8 月 8 日公园建成对外开放，初时公园名为公共花园、公家花园、公花园，中国人习称为外国花园、外白渡桥公园、大桥公园和外滩公园等，1928 年名为 Bund Garden（外滩花园），虽名为公共花园但只允许外国人进入。租界当局于

1936年改园名为外滩公园，1945年12月21日改名春申公园，1946年1月20日改名黄浦公园 (Huangpu Park) 至今。

身为土木工程师的克拉克，可能对花园的设计没有很多经验，或是限于建设费用等原因，建园初期以树木花草为主，设计比较简单，另外仅有一个小温室，之后逐步增加设施，但基本奠定了英国自然风景园林的格局。尽管后来经历了几次改建、扩建，至20世纪初花园的格局依然是疏林草坪式的英国风景园林风貌，园中部的椭圆形之大草坪和长形的园地颇为协调，草坪中间设圆弧形花坛，种植乔木，在略为下沉的一侧建了一座圆形穹顶的音乐亭，大草坪周边由间断的长条花坛及灌木丛围合，众多花坛点缀其间展示英国的花卉园艺，步道围绕草坪而在临江一侧设了一排园椅（图2-23）。

20世纪20年代改建时，由时任公共租界园地监督的麦克利设计，采用城市广场及滨水的布局形式，增辟了多条园路，形成3个呈圆形的草坪区，进门是以花

图2-23　黄浦公园的变迁
左：1910年；中：20世纪20年代；右：1947年
（引自：Virtual Shanghai）

坛为主的植物种植区，中部最大的一片草坪依然以音乐亭为中心，树木都在公园的周边围绕草坪种植，以后陆续加建了常胜军纪念碑及马嘉里纪念碑，这都是英国园林中常见的元素，整个公园保持了英国风景园林的基本特点（图 2-23）。然后，在 20 世纪 30 年代中叶的改造中，拓宽了道路，中部圆形草坪改为一组阵列式花坛，拆除园水池中假山改成 12 道喷泉，拆除音乐亭仅留石台基，又增加不少活动设施，公园面貌大不同于之前了（王云，2008）。黄浦公园的花坛植物配置也颇有英国花卉园艺的特色，完全有别于中国传统园林，如郁金香、紫罗兰、三色堇、菊花和热带植物等，这些花卉都在公园东南所谓的预备花园中培育。

然而，黄浦滩的公共花园直至 1928 年才在中国人民的愤慨声中不得不向华人开放。正如著名作家郑振铎在《上海之公园问题》（1926 年）中写道，在 20 世纪 20 年代中期，上海已有五所公园：公共花园、兆丰公园、昆山儿童公园、顾家宅公园和虹口娱乐场。但差不多每个公园之外都张挂着“这公园是专供外人之用的”牌子，而且“华人”和“犬”不许入内的规定同列于一块牌子（图 2-17），成为国人心中永远的痛。

但从园林历史角度来看，这座花园对中国城市公园的建设确是起了一个示范的作用，是西方园林中为公众提供开放空间理念在中国的首次表现，他通透的观看视野、宽大的草坪、展现时代特色的植物造景，以及和中国传统园林迥异的风格情调，对中国城市管理者产生了很大影响。租界公园，也成为整个租界区总体结构的一部分，并影响了城市规划，同时促成了华人自己在城市中建造公园，也促使中国传统园林向现代园林过渡。

（二）上海的法国公园——从顾家宅兵营到复兴公园

1900 年上海法租界公董局购得名为顾家宅的小村建兵营，1908 年公董局决定将其改建为公园，翌年 4 月落成，选择了法国国庆日那天开放，名顾家宅公园（Koukaza Park），俗称法国公园。

最初的公园设计由法国园艺师柏勃 (Papot) 担纲，他还担任了工程助理监督，公园从整体布局至局部细节都体现了法国园林特色，对称、图案化，花坛草坪都呈几何形，花卉树木多、建筑少，只有一座喷水池和避雨棚。建成后公董局任命法国人塔拉马为专职园艺师负责公园管理，塔拉马后来担任公董局公共工程处园艺主任，但在 1917 年公园开始较大规模扩建和改造时，另外聘用了法籍工程师约少默 (Jousseaume) 负责，延续了法国规则式的园林风格，直至 1926 年完工 (苏智良，2012) 。

法国公园更注重散步道和游憩空间的设计，1917 的设计增加了一个大池塘和温室，在北部设计了下沉式小花园，由中间圆形花坛和两端的长方形花坛组成。长方形花坛周边用条状种植构成不同色彩的装饰带，中心立一尊瓮，花坛的北面为规则式的草坪树丛和 X 型道路（图 2-24），在 1921 年新建的大门则采用了有 4 个立柱的德式风格。1925 年，22 岁的中国园艺设计师郁锡麒参加了公园扩建的部分设计工作，他采用中国传统造园手法，在花园的西南部设计了一个中国风格的南园。他在设计中加入许多中国元素，如块石堆叠的假山，其上建一小亭可眺望全园景色，山石相互交叠，有泉涌出，形成瀑布流入小潭，宛转流淌汇人荷花池。据郁老晚年回忆，当时法国人不理解他的设计，认为园林不是这样的，于是他带他们去上海有名的赵家花园游览，终于他的设计获得通过，于是才有了今天法国式和中国式拼接在一起的复兴公园（谢晓霞，1999）。后来有人采访已是 96 岁高龄的郁老，遗憾的是未能进一步了解他的学业情况。据分析当时他应刚刚毕业，能绘出设计图必有西学背景，而在 1925 年前国内仅有清华等少数几所学校有土木工程或建筑教学，参与过园林设计的大多为海归留学生。遗憾的是几乎没有关于郁锡麒的文献记载，而一些文献中也仅仅有“清末出色的园林专家，贯通中西园林之长，法国公园（今复兴公园）就是他设计的”之说。然而，这里有几点误会，首先他不是清末的园林专家，因民国元年他仅 9 岁；其次，复兴公园不全是他设计的，他只是设计了其中一部分，主要是南园。但他是我国最早参与设计城市公园的本土人士之一，陈植设计镇江赵声公园是 1926 年，吕彦直设计中山陵在 1923 年，后被陈植称为造园名家的刘敦桢、童寯等当时也刚刚起步。因此，可以说郁锡麒应是参与租界公园设计的第一个华人，研究民国时期园林史是不可绕过郁锡麒的。法国公园在现代城市园林中的意义，不仅是完好地保存了法式园林，还因为有中国园艺师参与了设计。

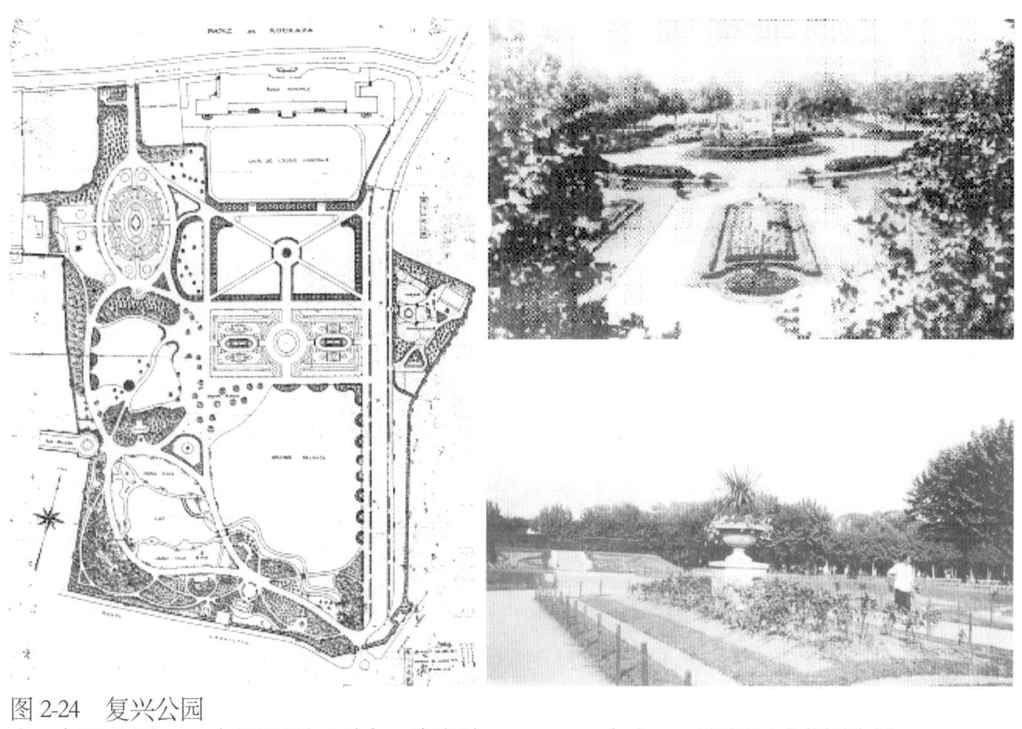

图 2-24　复兴公园
左：复兴公园 1909 年平面图（引自：崔文波，2008）；右上：下沉规则式花园全景；
右下：长方形花坛及周边花饰物（引自：Virtual Shanghai）

法国公园和下述的极司非尔公园是当时面积较大且经过设计的城市公共公园建设的标志，两座公园都很好地把休闲、游憩和教育之目的糅合在了一起，不仅吸引当地民众，还有不少旅游者前来观赏。在 20 世纪三四十年代，因为法国公园紧邻上海最具现代特色的淮海路，而成为时髦男女的主要去处，也常常作为小说故事发生的地方，多有文学家用细腻的笔触来描述法国公园的风景和浪漫（图 2-25）。

图 2-25 左：法国公园一角（1924 年，引自：Virtual Shanghai）；右：公园的法桐林荫道（摄于 2005 年）

（三）上海极司非尔公园

1854 年英国地产商詹姆士 · 霍格 (James Hogg) 在上海西区建兆丰别墅，称兆丰花园，1914 年公共租界工部局购得此园及临近土地 123 亩建造公园，称 Jessfield Park(极司非尔公园)，也称兆丰公园，是当时上海最大的一座公园，被誉为上海公园建设史上最重要的一笔。而极司非尔公园的建成，结束了 1904—1914 年间公共租界扩大公共空间的作法，开始建造邻近居民住地的小公园，并努力改进其规划和设施。

极司非尔公园由时任工部局园地监督的麦克利（Donald Macgregor）设计，他担任此职长达 24 年，曾主持上海租界虹口公园、汇山公园、兆丰公园、霍山公园等主要公园的设计，还从海外引种，并编制了上海租界栽培植物名录（谢圣韵，2008）。麦克利深受当代英国公园理论“自然犹如精神的刺激剂，游憩就是城市环境的解毒剂”的影响，在他的设计中体现了自然与休闲的结合。

公园总体布局按波浪起伏和边界曲折的原则设计，是典型的英国风景园林风格，堆土成山，道路蜿蜒，沿路安排不同景致，树林、草坪、湖面错落有致，中间大草坪的缓坡延伸至岸线曲折的湖边，水面宽窄变化，在浓密树荫下铁制小桥跨越狭窄的溪流。还建了一座月季园，收集 160 余个品种展示英国花卉园艺。在 20 年代中期，公园之中部区域改造成地形起伏的丘陵状，引进树木 100 余种建成植物园。又逐步增加了同样颇具英国园林特色的建筑，如 1923 年建成的露天音乐演奏台，宽 17 米、高 9 米，呈喇叭状，台前是草坪；1935 年侨民爱斯拉夫人捐款建造一座大理石亭，两侧各有一尊大理石女神雕像（图 2-26）。但此后却混杂了一些中国传统园林和日本园林的元素，如在湖边堆起假山，设立石灯笼、洗手水钵等，出现了混杂的设计特点，并逐步形成 3 个分区，即自然风景园、植物园和观赏游览园。1931 年出版的《上海县志》如此描述该公园，“极司非尔公园为公共租界公园中之最优美者。园中布置合东西洋美术之意味共冶于一炉。有吾国名园之幽邃，有日本名园之韵味，而园中大体格局，又莫不富于西方之情趣”（《上海园林志》编纂委员会，2000），这段话基本上反映了该园的特色。1944 年 6 月，兆丰公园改名为“中山公园”，之后在西侧土山的斜坡上用黄杨灌木组合成“中山公园”4 个大字。山坡上大树成荫，在上海市区一片平坦之地有此小山自会引起惊喜。笔者少年时家住中山公园不远，周末最喜来公园爬山，登高以一览全园景色，并可眺望墙外川流不息的车流。

综上所述，在上海租界的公园设计中，西方园林和中国传统园林在一个园中出现且能较好地融合，然后逐渐地萌生了所谓的“海派园林”风格。另外，在植物材料和景观方面，公共租界园林对法租界和华界园林产生了很大影响，从而确立了上海近代园林的植物景观基调（王云，2015），还影响了今后园林植物的配置。极司非尔公园中的植物园，收集了许多中国的乡土树种，如现在依然能看到的银杏、刺楸、桧柏（圆柏）、香樟、香榧、黄檀、悬铃木、梓树、七叶树、朴树、榉树、罗汉松、瓜子黄杨等，到 40 年代末有各类树种 177 种。而在法国公园进门的一排悬铃木不仅成为许多公园的模仿，而且在后来各地的机关、学校中都被不断地复制（图 2-27），还有引种的外来植物，如法国公园的欧洲七叶树，几年前已呈老态，但不能确定是何时引种。租界公园的植物造园技术和理念为上海近代园林发展作出了重大贡献。

图 2-26　20 世纪 30 年代的极司非尔公园
左：树林、湖面和草坪相间，构成英国风景园林风格；右：大理石音乐亭
（引自：Virtual Shanghai）

图 2-27　左：建于 1942 年的兰维纳公园（Ravinel Square），即今之襄阳公园，入口成行悬铃木和对称的布局（引自：Virtural Shanghai）；右：20 世纪初上海虹口公园，设计者 D.MacGregor，基本模仿了 Glasgow 的一个公园（引自：Wikipadia）

英美租界工部局于 1868 年 8 月在上海建成外滩公园后，因租界地扩大及娱乐需求加快了各类公园建设，先后建成徐家汇公园、华人公园、法国公园、昆山公园、虹口公园、汇山公园、胶州公园、兆丰公园等。而几乎所有的公园设计都体现了西洋园林的风格（图 2-27）。

（四）天津的租界公园

和上海一样，天津是我国最早有租界的城市之一，在近代建造了多座租界公园，如法租界的海大道花园（1880 年，已消失），英租界的维多利亚公园（1887 年，今之解放北园）、义金路花园（1925 年，已消失）、久不利公园（1937 年，现土山公园）和皇后公园（1937 年，今复兴公园），德租界的德国公园（1895 年，今解放南园），俄租界的俄国花园（1901 年，已消失），日租界的大和公园（1906 年，今八一礼堂）。民国后主要有法租界的法兰西公园（1917 年，今中心公园），意租界的意国花园（1924 年，现一宫公园）。天津的租界花园由不同国家的殖民者分别出资营建，因此具有更加明显的所在国地域特征，浓缩了不同的西方园林形式，但又较好地结合了一些中国传统园林的要素。

1. 维多利亚公园

维多利亚公园是天津最早的一座租界公园，为庆祝英国维多利亚即位 50 周年而建，1887 年建成开放，占地 1.23 公顷，堪称天津英租界第一花园。公园呈正方形，借鉴中国造园形式形成半自然、半规则的中西合璧式园林。园中心为一中国古典风格的六角亭，周围花池草坪，4 条道路向外辐射通向 4 个角门，沿路设有一些花架。1919 年，在其东南角建立了一战纪念碑（图 2-28）。

图 2-28　20 世纪 30 年代的天津维多利亚公园
左：公园与周边建筑，背景为戈登堂，右侧利亚德饭店，园中为六角攒尖亭；右：公园细部及一战纪念碑
（引自：Virtual Tiatsin）

1889 年在公园北侧建造英租界工部局大楼，名“戈登堂（Gordon Hall）”以纪念戈登（Charles Gordon）。戈登是中国近代史上有名的外国侵略军军官，是参与烧毁圆明园的罪魁之一，当时为英皇家工兵上尉，后又帮助清室镇压了太平军。在雷穆森撰写的《天津租界史》中，有“英国皇家工兵戈登上尉同一名法国工兵军官划定了英、法租界的地界”的记述（雷穆森，2009），雷穆森提到的这名法国军官就是法国公使馆的随员泰伟（de Vaisseau de Trèves）。戈登在划定了英法租界范围后，还初步设计了英租界内的道路、街区、河坝，制订分区出租计划，以拍卖形式出租土地，史称“戈登规划”。可以说戈登是天津英租界的创建人。1887 年戈登在苏丹任殖民总督时被起义军刺死。

戈登堂由英国建筑师钱伯斯（Chambers）设计，据说工部局的第一任秘书长史密斯（A.J.M.Smith）和做过石匠还懂建筑的面包师弗兰岑巴赫（Franzenbach）作了修改。于是建成欧洲城堡式古典风格建筑，两层砖木结构、铁皮瓦屋顶、清砖墙面、门窗尖卷，具有中世纪的都铎风格。在公园周围建造的利顺德饭店、英国俱乐部、开滦矿务局大楼等建筑也均为欧式建筑，这与维多利亚花园很是协调（图 2-28）。由于这里的环境好，民国期间许多下野的北洋大臣在此建房居住，如张勋、徐世昌、孙传芳等都建过公馆。新中国成立后，戈登堂曾为天津市政府办公楼，1976 年唐山大地震中受损，后拆除。花园保留至今，现称解放北园（《天津园林绿化》编写组，1989）。

2. 法兰西公园（Jardin Francaise）

法兰西公园又名“霞飞广场”，后改名为“中心公园”，位于天津法租界（现和平区中心地带）。公园始建于 1917 年，1922 年竣工，占地 1.27 公顷，是当时法租界最大的公共空间。公园整体圆形，直径 130 米，为典型法国规则式园林，以圆形作为设计基本元素。主入口处设有一个椭圆形的广场，花园空间呈环状布置，公园向外辐射出 6 条马路，但他们之间因角度并不相同而不能与平均划分的花园园路一一对应。这种圆形的公园以及辐射型的道路模式，是法国城市公共空间的重要特点，让人想起法国巴黎从凯旋门向外辐射的道路格局。

公园中的花园正中心为一座八角凉亭，红瓦屋顶，各个角都有柯林斯双柱支撑，凉亭四周为草坪，周围种植小乔木。从主入口穿过凉亭设有一条轴线道路，轴线尽头为纪念一战胜利而建的法国女民族英雄贞德铜像（又名和平女神铜像）。雕像由法国雕塑家克莱门辛（Franois André Cléimencin）设计，右手握剑插向左手中的剑鞘，以示和平意愿，基座周围设有半圆形大理石座椅，这半圆形的造型与法国花园整体的圆形布局相呼应。公园外侧又多为造型别致的西式小楼，与公园风格相得益彰，而公园临近劝业场繁华商业区，闹中取静，是天津租界最漂亮的公园（图2-29）。

图 2-29　天津法兰西公园（今中心公园）
左上：20 世纪 40 年代航拍图；右上：20 世纪 80 年代；下：公园中心的八角音乐亭，右边是建于 20 世纪 30 年代的渤海大楼
（引自：Virtual Tianshin）

法兰西公园究竟是谁设计的至今未见有明确的记载，李天在他的博士论文中有两段关于法国租界公园的文字记述。其一，1870 年 5 月开始担任驻津领事的查尔斯 · 狄隆（Charles Dillon），通过与李鸿章合作奠定了法租界作为天津公共服务中心的基调，开启了法租界的城市建设进程，1880 年在海大道西侧修建了天津租界中最早的公园，即海大道花园；其二，道路测量处的负责人勒韦迪（L. Reverdy），1907—1916 年一直负责法租界内全部市政建设工作。因此，李天认为，法国花园的设计者应为工部局工程师勒韦迪（李天，2015）。但有一个问题是，勒韦迪在修建公园时实已离职，而在建造公园期间担任工程处负责的分别是 L. Boniface（1917 年）和 E. Rouch（1918—1920 年）（雷穆森，2009）。据有的文献

表述法国公园在初期的规划十分简单，设计者只是模仿了其家乡里昂的某座公园而已，而 1919 年就开始了修建。如此看来法国公园的完善应是在 E. Rouch 的任期中完成的。

其实在整个 19 世纪，天津租界的建设均没有专业建筑师的参与，建筑设计者多为传教士以及工部局技师，以及前述如面包师弗兰岑巴赫等有一定建筑知识的殖民探险者。仅有少数为具有一定土木工程与建筑设计的专业技师参与设计，如英租界的史密斯（A. J. M. Smith），在钱伯斯（Chambers）之后调整了英租界“戈登堂”的设计等，因此也可认为，这段时间建造的公园多数是由这类业务人员规划设计的。20 世纪 20 年代之后，在天津从业的建筑师就是持有建筑师执照的专业人士了，甚至还有了中国的建筑事务所。但他们的主要业务是在那些大型的现代建筑上，似乎还没有参与到初期建造的、规模又不大的公园设计中去。

五、华人设计的城市公园和“中山园林”现象

这里仅记述在民国初期由国人自己设计建造的公园，以展示国人在公园设计中的一些理念。笔者阅读许多已发表的园林史作，感到写园林作品的多，而写它们的设计者的少。因此，在此要多写那些参与公园建设实践的人以及公园的规划和设计者。由于最初由国人规划的公园大多已近百年，许多相关资料也淹没在浩海的文献中，而当时建园这个行业本就不大，其实还没有形成专职队伍，再加上以前对这些设计者似乎并不重视，故缺少了可参考的证据，因此很难确定公园的事实设计者，还有待于今后更多的考证发掘。

关于第一座由国人设计的公园考证有不同的结果，如朱钧珍认为左宗棠在甘肃酒泉全面整修的酒泉公园（1795 年）为首家；徐大陆教授则提出建于 1906 年的昆山亭林园是中国第一处由国人建设、为国人服务的公园；也有说上海的华人公园、 无锡的锡金公园位列第一。1906 年在无锡、金匮两县乡绅俞钟等筹资建锡金公花园，这是我国最早的公花园之一了。辛亥革命后扩建，定名为“城中公园”，该公园的布置特点为多建筑，无草地，有假山、自然式水池等，充分体现了中国古典园林的特点（安怀起，1991）。

20 世纪 20—30 年代，是中国建造城市公园的一个集中时期，特别是在各地建造或改建中山公园，这缘于 1925 年 3 月 12 日孙中山在北京逝世。当时有人提出

修建中山纪念堂和中山公园这一类永久性纪念场所，20天后广东省革命委员会就下令将观音山改名为中山公园，在之后的3~5年间全国各地许多城市纷纷将原来的公园改建、改名或建造中山公园，朱钧珍称其为“中山园林”现象。据陈蕴茜(2006)统计，民国时期全国共有中山公园267座（包括台湾）。至2011年全球还有中山公园75座，是世界上同名公园中数量最多者，其中中国71座（含台湾17座、香港2座、澳门1座）。这些公园基本位于闹市中心或城市边缘，常与当时的政府或国民党机关相近或在同一中轴线上，表现出中山公园的政治意义，尽管公园建设是以地方政府为主，但仍是国民党控制意识形态与宣传孙中山的结果。

国内的中山公园布局一般具有共同特征，如设孙中山塑像，建中山纪念堂、纪念碑、纪念亭等。大多采用中国传统园林的手法，利用城市山水胜地或在平地堆山理水建起来的，还有的是利用原有园林改建而来。如杭州在西湖景区的孤山公园改为中山公园，厦门、汉口在原来的园林基础上改建为中山公园，北京由古皇家社稷坛改造成中山公园等 。

（一）广州第一个华人设计的城市公共公园

有园林史家考证，广州的十三行美国花园和英国花园、沙面租界的英国和法国公园、长洲岛的黄埔公园都是中国最早的城市公园 (彭长歆，2014)。但从这些公园与市政设施的关系来看，十三行花园更像现在的专用绿地；黄埔公园则是公共建筑的附属绿地；沙面的公园位于面积仅0.3平方公里的小岛居住区，与广州市区隔离，更像是一座社区公园（图2-30 ）。

图2-30　广州十三行英国花园
（引自：胡冬香，2010）

现在一般认为广州的第一座城市公共公园，是位于广州城市中轴线越秀山范围的人民公园（原名“市立第一公园”），因其位置居城市中心，当时称之为“中央公园”。早在隋朝起这里就是历朝历代的政府所在地，之后也一直是广州或广东政府的所在地。其原为南明绍武政权的王宫，1647 年被清室封为平南王的尚可喜也在这个位置建造王府，1680 年尚可喜的儿子参与三藩起事被处死后，这里成为广东总督的住地。道光年间的两广总督兼广东巡抚阮元对该园进一步整修、完善，题名“万竹园”。1885 年，两广总督张之洞在此大兴土木，营造“渔、樵、耕、读”四景。第二次鸦片战争时期（1856—1860 年），英法联合占领广州长达 3 年，但当他们认识到不可能由他们单独统治广州后，他们建立傀儡政府，而就职仪式也是在这里举行的。

辛亥革命成功，孙中山就任广州军政府大元帅，他倡议将此处辟为公园，市政府任命时年 32 岁的杨锡宗作规划设计。公园占地 10 公顷，于 1921 年建成，由孙科亲自主持落成典礼。杨锡宗按西方园林模式来设计，公园采用意大利图案式布局， 道路十字交叉。为营造几何形的对称，杨锡宗的设计对地形作了大量改造，还砍掉了许多大树甚至是古树，但保留了一对石狮。另按综合性公园格局规划了喷水池、名人大石像、大礼堂（兼作剧场）、历史文物陈列馆、餐厅、射击场、游乐场等设施（黄元炤，2013）。公园的南入口 4 根石立柱按大小两对排开，立柱多装饰，并有弧形铁拱券门楣，均明显为西方古典的巴洛克式（图 2-31）。1926 年在接近公园的中心位置建了一座音乐亭，亭上书“与众乐乐”却是孙中山在 1918 年提出的，公园形成一条南北中轴线。公园建成后有人评论“将池沼填埋、树木多数殁除；另设假山一座，水池数方，既缺美观，范围犹狭”（李宗黄，1922），直至 1925 年还有人在报上发文批评，称其“营造不甚得法。无弯曲高低之雅……又无大树遮荫”（广州民国日报，1925-09-22）。

在这样一个原来是中国传统园林的基础上，杨锡宗坚持了西式园林设计理念，可见他对西方园林之中轴线与对称的格局印象之深，同时也表明了他有相当的自信与勇气。尽管公园受到了时人的批评，然而他开阔的空间及独特的西洋风格在广州俨然是一个创新，于是吸引了众多市民，也很快成为广州各类活动的中心，政府的许多典礼、活动都在这里举行，还举办了水仙花、菊花展等。

图 2-31　广州第一公园沿中轴线自南向北的排列，为杨锡宗的建筑风格，称“杨锡宗门” 自左至右: 巴洛克风格的南大门、清初留下的白玉石狮、位于公园中心建于1926年的音乐亭、北大门（引自：胡冬香，2010）

（二）末代状元张謇造南通五公园

吴良镛院士曾高度评价近代南通的城市建设，称其为“中国近代第一城”，而主持这座城市近代建设的就是清末状元、实业家张謇（吴良镛，2003）。张謇(1853—1926 年)，字季直，出生于今属南通的海门常乐镇，16 岁中秀才，光绪二十年慈禧 60 寿辰恩科会试得中状元，被授翰林院修撰。甲午战败之后张謇便有“以实业与教育迭相为用”之思，遂应两江总督张之洞要求在通州筹办大生纱厂，并陆续开办交通运输企业、铁厂、油厂、面粉厂等 20 多个企业，创办通州师范学校、纺织专门学校、河海工程专门学校，并办博物苑及兴办了一批慈善事业。

1912 年张謇被任命为实业部总长兼两淮盐政总理，后出任农商总长，袁世凯欲恢复帝制，张謇终辞职退居南通。他在南通兴办实业，将工业区选在城外的唐闸，港口区定在天生港，再结合自然风景把狼山作为私宅、花园和风景区，避免在旧城大兴土木，保护了南通古城风貌。于是南通城居中，唐闸、天生镇和狼山镇均布于外，之间为乡村田野，镇间河流道路相连，构成了南通一城三镇的空间布局。

1915—1918 年，张謇沿西南濠河畔先后创建了题名东、西、南、北、中的五公园（图 2-32）。最先建成的北公园，面积 2.4 公顷，建筑为西式连房复室；八角形“观万流亭”，上下两层、斗拱飞檐，四面临水，亭侧常停泊一只船舫，因购

于苏州故名“苏来舫”。据《二十年来之南通》记载：“每当春秋佳日，夕阳西下，红男绿女，联翩结队，步柳荫，听流水，人山人海，汇集北公园，久恋而不散。”（弁言，1930）新中国成立后在此修建了劳动人民文化宫。中公园总面积 1.45 公顷，园内有旦戎堂、魁星楼，楼内陈设古碑字帖及佛经，如今仅假山尚为当年遗物。西公园，面积 1 公顷，是五公园中面积最小者，四周垂柳、桃树相环，树木葱郁，曲径通幽，起名“自西亭”的一间茅草小亭，有联“装点知多少，更水绕人家，桥当门巷；欲去且留连，有华灯碍月，飞盖妨花”。西公园废于 20 世纪 30 年代。南公园位于南濠河北侧，面积 1.56 公顷，园内建筑倚水构建，相向对立，东之与众堂，庄重雍容，为当时南通名流聚会议政之处；西是千龄观，古朴典雅，张謇多次在此会见来客。公园园路架设半圆形竹栅，紫藤绕于竹上，两侧杨柳相依。东公园，面积 1.3 公顷，园中立石雕仙女像一对，工艺精巧，园内置儿童游玩的滑台、秋千等，所谓半园树身隐秋千。1919 年张謇创办中国影片制造股份有限公司，就设在东公园内。张謇依托濠河建园，巧妙地将原有的历史、人文和自然景观串联一起形成一个城市公园系统。

图 2-32　民国时期南通五公园
左上：西公园自西亭；右上，北公园观万流亭；右下：中公园千龄观和与众堂；下：南公园（引自：江海平，2017）

公园布局是典型的传统江南园林风格，濠河波光粼粼映出精巧的楼阁茅亭，林木葱郁参差几处露红墙，楹联匾额增添了文情哲理，运动设施和游戏场地又彰显了现代公园的特色，这反映了张謇城市建设的整体观和现代意识，这在当时是十分先进的。

南通五公园由孙之夏参与规划设计，孙之夏（1882—1972 年）号之厦，曾师从通州师范聘请的日籍教师木造高俊测绘校区平面图，后毕业于通师测绘科和工程科，为张謇所赏识，推荐他设计江苏省咨议局大楼工程。这是中国近代建筑史上最早由中国建筑师设计建造的新型建筑之一，也是近代建筑从工匠到建筑师演进的开始。作为中国近代最早本土建筑师之一的孙之夏，参与了张謇的南通规划和建设，并作出很大贡献。他先后任县署技士、路工处技士，负责建筑设计和施工，设计了张謇的濠南别业等多座近代著名建筑、学校等。张謇去世后孙之夏一度离开南通在杭州、莫干山、黄山等地从事建筑设计，如设计了张静江在杭州和莫干山的住宅等，新中国成立后回南通任市政建设委员会会员，还设计了唐闸公园（赵明远，2003）。

在我国近代史上，如南通那样在城市发展中系统考虑工、农、商、学和城市公园规划布局的实属少见，真不愧有“中国近代第一城”之称，然而遗憾的是世事沧桑，西公园已毁于 20 世纪 30 年代，其他的也经历了多次改建而未能保持其原貌。

（三）陈植设计的镇江伯先公园

陈植先生是我国最早参与城市公园设计，并有重要论述的造园家之一。1926 年他规划设计了镇江赵声公园（后称“伯先公园”），几乎同时发表《南京都市美增进之必要》一文，提出在城市建公园和种植行道树的必要性。1929 年写成《国立太湖公园计划》，并于 1931 年发表，是第一个关于国立公园的论述。从现在的史料来看，陈植的《镇江赵声公园设计书》应是我国具体到一个城市公园且公开发表的最早、最完善的设计文件之一。

镇江伯先公园坐落在树木葱郁、景色秀美的云台山。1926 年由知名人士冷御秋倡议筹建以纪念辛亥革命先烈赵伯先，遂辟云台山为伯先公园（图 2-33）。

陈植在设计书绪论中阐述了城市公园的意义，除了是城市之肺的功能外，还是“市民道德之堕落，实以缺乏公园为之厉阶也”。他指出镇江公园不足，但如考虑距离不远的金焦、北固，而以改善交通使其为镇江装景，则是“公园学上所谓公园系统是也”，此规划设想对当时国人来说是全新的理念。在伯先公园整体设计上，“采用不规则形式，……建筑当与环境协调”，“除平坦地外全部布景，应广植森林……一切设计当注意朴实，俾与森林自然之景色无异，他日城市山林，当颇适于市民避嚣也”，这些论述即使在今天依然是需遵循的原则。此规划如此符合今天我们对城市公园的要求，似乎就是对当今一些不顾实际、过于浮华的公园设计之批判，那竟然是90年前的文字了。

图2-33 镇江伯先公园齐云亭（引自：Kesen博客）

计划书将公园具体分划为草皮区、纪念区、森林区、园艺区4个部分；并对局部设施，如瀑布、水池、曲桥、亭、路等都作了具体说明，要求采用中国传统园林的手法，如以太湖石积之，筑假山状，桥作三曲状，亭力避雷同等（陈植，1988）。同时设计了西式的规则花坛，还不厌其烦地介绍了大树移植的方法。让人感叹和尴尬的却是，就在前几年我居然看到有一家地方报纸报道，说是请来外国专家移植大树，殊不知他们采用的方法和90年前陈老所说之法是一样的。

陈植教授本身是树木学家，故对公园树种的应用说得十分仔细，所选树种之多就是现在的新建公园都无法相比的。除了为增添纪念区的肃穆气氛而选用如雪松、云杉等少数外来树种外，几乎全部选用了乡土树种，其中一些优良树种今天已很少在公园中见到了，如枳椇、赤杨、化香、铁冬青、糙叶树、楠等。正如陈植所说“盖丹徒县在森林植物带暖带终点，上列树种皆足表示暖带特征者也”，这正是现在我们常说的要体现地带性植被特征的要义所在。可以毫不夸张地说，今天苏、皖地区城市公园树种选择如果用了陈植这个名单，一定比现在的树种规划更为合理。遗憾的是，在陈植发表的计划书中没有当时的规划图纸，虽然现代有人从公园现状来解读当时的设计思想，但因无确实的文献记载，已无从知道当时陈老的规划设想是如何赋予实施的，有时还可能出现误判。如陈植当时列举大叶合欢和小叶合欢，有文指出大叶合欢是 *Cylindrokelupha turgida*（严军，2015）。笔者认为此可能性不大，因为所列此种原产于两广，按陈植教授所说的代表暖带终点植被特征而选择乡土树种的原则，是不应从两广引种的。最大可能还是产于当地的山槐（小叶较大而被陈老称为大叶合欢）和合欢（小叶较小）。

陈植教授对我国现代造园事业的贡献，远不是一份镇江公园的计划书可包含的，他被誉为我国造园学科的奠基人，其成就主要在造园理论、造园历史研究以及培养人才方面，本书将专设章节叙述。

（四）具代表性的中山公园

1. 福建厦门中山公园

位于厦门市东北隅魁星河一带，由当时驻守厦门的国民革命军漳厦海军司令部司令林国庚发起建造，为纪念孙中山而名“中山公园”。据记载，工程设计由留学德国的建筑师林荣庭担任，堤工处周醒南总负责。

公园始建于 1927 年，是在原荷庵基础上建造起来的，据《厦门中山公园计划书》对选址的描述，“园内有三河萦其中，两溪贯其内，崎山、凤凰山南北相峙，天然趣致自是不凡”。在规划前周醒南还率员赴各大城市考察，后决心仿北京农事试验场结构进行设计，保留固有园林美景，增修新式设施供市民消闲娱乐（周醒南，1929）。据 1931 年的《厦门指南》，“中山公园顺其地势分南、中、北 3 部分：北部以大面积水景、山景为主，有原来的‘荷庵’及新规划的博物馆、陈列所、动物场，电影院等；中部水陆交融，有喷水池、华表等；南部陆地为主，规划了图书馆、运动场、音乐亭、司令台等。公园的整体布局体现了几何规则式，有放射型的景观布置”（图 2-34）。厦门岛原有的三河两溪规划其中，水流环绕，上建 12 座桥及亭台楼榭 10 多处，又将兴泉永道署后的崎山划入以补山景之缺，园内有明代寺庙建筑，又新建了罗马复兴式钟楼和三重檐八角音乐亭。

园内建筑反映 20 世纪 30 年代厦门市民生活之民族主义与政治化生活趋向，如在南门内立一座醒狮地球雕塑，乃厦门美术专科学校校长黄燧弼所作（图 2-34），望柱四面镌有孙中山之《建国大纲》；东门筑华表，台阶刻“国民革命史略”，表中镌有《总理遗训》（周子峰，2004）。公园于 1927 年秋动工，还为拆迁居民 124 户建“百家村”以容，历时四载，花费近百万银元，成为厦门第一座公办民助的综合性文化公园。

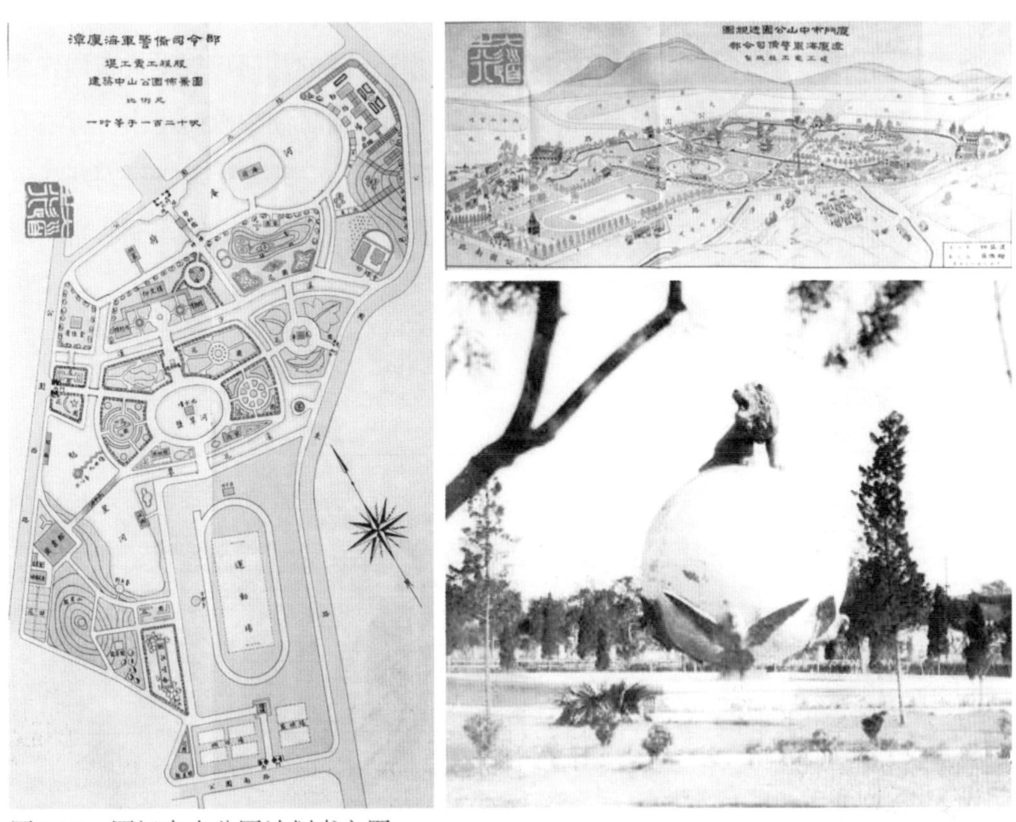

图 2-34　厦门中山公园计划书之图
左：规画图；右下：透视图（引自：周醒南，1929）；右上：醒狮（引自：视觉厦门“厦门旧影”174 期）

2. 汉口中山公园——吴国柄的汉口第一公园

武汉也是中国最早有租界的城市之一，在民国历史上更是一座具有历史意义的城市。1875 年英国租界修建的海关花园是武汉市首座租界公园，面积不大，布置简单，多栽植树木而无园林建筑。之后，1920 年日本人开办了四季花园与共乐花园，1925 年又修建了日本公园。

而由华人自己建造的第一座公园则是中山公园。1927 年汉口特别市政府确定用西园及周边土地建汉口第一公园。西园原为法国立兴洋行买办刘歆生 (1875—1946 年) 的私园，后赠予湖北军政府财政厅厅长李华堂，北伐胜利后被武汉特别市政府以逆产没收。公园由吴国柄担纲设计，按中西结合的风格改造扩建。1928 年 10 月改名为中山公园，1929 年双十节举行开幕典礼，是当时长江流域最大的城市公园，并成为亚洲第一个综合性大众公园。1932 年公园遭大水所毁，依然由吴国柄主持修复，扩建后面积达 12.5 公顷。公园大致分为 4 个部分，在南门入口保留了原西园的景观，向北是以网格状园路和花坛形成的几何形规则式布局；西侧为湖山景区，是在原来的低洼处挖湖堆山，湖岸弯曲，湖中数座小山，有亭有桥构成自然式园林格局；再向北是运动场区，有游泳池、儿童运动场、网球场、高尔夫球场等（图 2-35）。之后还在西北处增添了足球场、张公亭、湖心亭、四顾轩、水阁和落虹桥等。

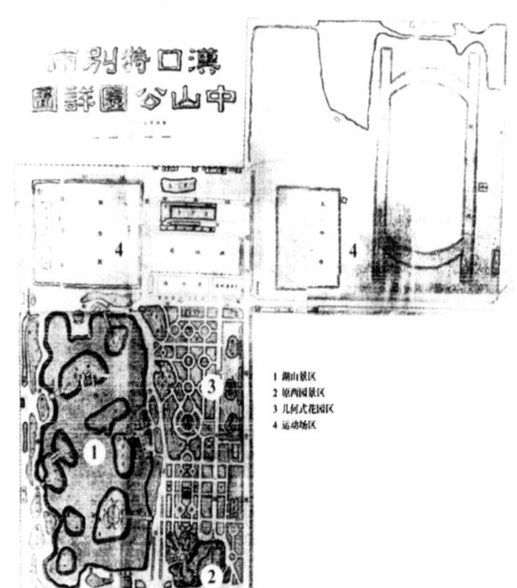

图 2-35　汉口中山公园详图（1943 年），大体保留 1937 年的布局（引自：张天洁 等，2006）

图 2-36　汉口中山公园“四顾轩”（建于 1933 年）

吴国柄在园中建造几座由他设计的建筑，如在规则式花园中从南到北安排了四顾轩、月门洞和中央喷水池，构成一条南北轴线。这四顾轩很有特点，虽然采用了“轩”这个中国传统建筑的名称，可一眼就看出这是典型的西方建筑，然而却采用了伯拉第奥风格的立面、爱奥尼克式的檐口和立柱及科林斯 (corinthian) 风格的柱头，成了混合式的建筑（图 2-36）。而喷水池有 3 层叠水盘，又有浴女雕像，是意大利或巴洛克园林中常见的元素；南大门则是根据英国白金汉宫设计的。1933 年吴国柄还设计了张公亭，是为纪念湖广总督张之洞而建的墓庐式建筑，具有以圆形和穹顶为特征的意大利建筑风格（张天洁，李泽，2006）。抗战胜利时中国战区司令就在张公亭接受日本投降，使张公亭名声大震。

很有意思的是，吴国柄在高尔夫球场中建造了世界著名建筑物的微缩模型，包括巴黎的凯旋门和埃菲尔铁塔、伦敦的大桥、纽约的自由女神像等，可算是当今各地热衷建造的“世界之窗”之先驱。也许设计者吴国柄是要把他在欧洲见到的印象深刻的景象都放置园中，于是让人想起欧洲一度流行的那种混合繁杂的设计风格。

吴国柄（1898—1987 年），湖北建始人氏，早年入唐山工业专门学校学土木工程，后赴英国伦敦大学主修机械工程，并考取了英国皇家工程师。但他并非学习与园林设计有关的建筑等专业，因此他的公园规划和园中建筑的设计应是凭着他在伦敦的感受和记忆所为。正如他在回忆录中说的，他是“把在欧洲社会上看到的搬回中国”，他的设计大多是模仿（吴国柄，1999）。其实，这也是那时许多海归留学生在作公园设计时的所为。吴国柄是曾任上海市市长的国民党要员吴国桢的胞兄，他还主持汉口的市政建设的规划设计，是汉口城市公共空间的开拓者（童乔慧，2011）。新中国成立后他去香港，任英国军部皇家工程师，1952 年去台湾（当时吴国桢任台湾省主席），曾任行政院设计委员，主持台湾的市政建设，被誉为市政专家，然而他在台湾也应该留有不少业绩，却无从考证了。

3. 其他城市的中山公园

汕头：汕头市中山公园原名“中央公园”，位于市区韩江之畔，地点适中，其四面环水，依托天然风景。公园创建于 1921 年，1925 年改建更名为“中山公园”，总面积 20.18 公顷，其中湖泊 6.3 公顷。在中山公园建设中，汕头历任市长或工务局主管都发挥了十分重要的作用，他们大多为从海外留学归来的广东籍人士，其中著名者如萧冠英、范其务、林克明等。

汕头中山公园采用中西结合方式，规划了西洋式花园区、东洋式花园区、游船区及南北酒楼茶室区四个区域。西洋式花园，地既平坦，无山石林木，取西洋式布景，参以本国式建筑，并多种树木以为掩蔽。进园为拱桥，从南向北依次安排牌坊、塑有自由女神像的喷水池，孙中山铜像两侧伴以花坛及音乐亭、纪念碑。然后是运动场、仿北京宫苑式的中山纪念堂，最北处为望湖亭。东洋式花园区：分列公园东西两侧，计划为古典式园林，植绿树青竹，栽苗圃名花，设花篱廊架，垒叠石假山，修荷池观亭，筑水榭小桥。主要建筑有济案亭、清党碑、图书馆、高绳芝纪念亭、儿童运动场等，公园东南面的假山用海石砌筑，山石交错、洞壑小径、苍松翠竹，上筑小亭 7 座（图 2-37）。

图 2-37　汕头中山公园九曲桥，连接三座凉亭（左，建于 1936 年）和南假山的梅亭（右）（引自：陆琦，2009）

因此，汕头中山公园内含中西园林元素及文化设施和体育项目，明显有别于普通公园。当时省政府民政厅派来调查的姚希明，认为“园内设备，颇具现代大城市理想公园之规划”（赵莉，2015）。

汕头中山公园的西洋式规划和具有西学背景的林克明有关，林毕业于法国里昂建筑工程学院，进修建筑学，导师是戛涅。1926 年冬林克明从法国毕业归来，任汕头市政厅工务科科长，提出重启中山公园的建设，重新踏勘了前人设计过的中山公园用地，最后确定了园址在月眉坞。林克明后来加入广东省勷勤大学，筹办勷勤大学工学院建筑系（华南理工大学建筑学院前身）。中山公园南面的大假山据说是张伯忍（梦天）主持设计，张伯忍为潮安人氏，当时任公园主任、市佛教会理事，应属于文人造园之类。建公园时林修雍曾任筹建委员会常委，因其所作贡献 1932 年筑亭以作纪念，原定名为“浩如亭”，林修雍婉言谢绝，并亲为题写“浩然亭”。林修雍，字浩如，澄海人氏，国民党左派人物，早年毕业于北京法政大学，曾任澄海、揭阳、陆丰等县县长。1925 年第二次东征时，被周恩来委以东江各属行政委员公署第二科科长（陆琦，2009）。

杭州：杭州最早的近代城市公园是湖滨公园和孤山公园，孤山曾经是皇家园林，1928 年浙江省政府将孤山公园改为中山公园，在园林要素上融合了孤山原有的一些景点特色。

杭州中山公园在建园和建设初期，市政府主事者为曾留学欧美的邓元冲、周向贤等，他们对中山公园的建设应是参与意见、施以影响的。中山公园既保留了中国传统园林要素，又引入西方园林的格局规整、轴线分明，加入草坪及新式建筑。园中的中山纪念亭是以西式结构为主又糅合中国元素的亭子，双层混凝土结构，12 根罗马柱，柱顶涡纹雕饰为西式风格，而圆形穹顶的外观却是中国式的人字形结构，然而顶上又竖起一个小亭，用了 6 根中式方柱撑起一个欧式圆顶，亭子周围开阔的草坪与湖水相邻，视野开阔赏尽西湖美景（图 2-38）。

如上所述，民国时期的公园，无论是租界的还是国人建造的，均有中西风格合璧的特征，或是西式布局杂以中式元素，或是中国传统布局缀以西式结构，更有的在一个建筑上中西风格混合，成为民国园林的一大特色。而主持设计城市公园者，租界公园以西人为主，而中国自己的设计者，一般都有留学欧美的经历，然而以学习建筑、土木或市政工程者居多，极少有如陈植等学造园或园艺者。

图 2-38　杭州中山公园之中山纪念亭（建于 1936 年）（引自：Wikipedia）

第三节

民国时期主要造园家及造园著作

一、民国时期有现代教育背景的主要造园家

民国时期出现了一批在近代园林历史中起了关键作用的造园理论家和实践者，主要如吕彦直、杨锡宗、周醒南、吴国柄、陈植（养材）、郁锡麒等；在园林学教学及著作中享有盛名的，如莫朝豪、童寯、叶广度、范肖岩、童玉民等；在园林植物方面颇有建树的，如傅焕光、章守玉等（表 2-1）。他们大都具有现代西方教育背景，或留学西方、日本，或在国内的现代农业学校学习。但是，民国时期不长且政局动荡，真正能从事园林建设的也不过是在南京政府治下的十几年时间，留下的文献记载不多且散于各类回忆文章、地方志书中。有很长一段时间我们在近代园林历史研究中，学术思路常常以介绍和评述园林实体为主，恰恰忽略了它们的设计者。在 20 世纪 70 年代之前的众多著作中，仅见陈植在他的《中国造园史》中，列举了可称大家的近代造园名家。其他的，即使是最近出版的《中国近代园林史》也未能例外，不过该书作者朱钧珍解释了之所以未写人的原因，“要写人物就要写他真正的精神，他有一定的厚度，一定的深度，如果写出来不合要求，不如不写”（李树华，2012），由此看到她治学态度的严谨。当然，也有人提出，近代的一些政治人物、社会贤达等时代先进人物的思想推动了园林的发展，如梁漱溟、晏阳初的“宛西自治”，卢作孚对重庆北碚的建设等，张謇与南通现代城市建设等，都针对园林建设提出了相当深刻的理论，并有实践功绩（吴良镛，2003）。然而，他们毕竟不是实际规划、设计的专业人士。

近年来我国出现一股研究民国的热潮，陈丹青更是以“民国范”来描述民国时期的一些学者、名人，造园家也应属于这一类人吧。他们在艰苦的岁月中依然不忘发掘我国历史悠久的园林传统文化，为后人留下了一份宝贵的遗产，他们值

得我们尊敬，这里暂把见于各类研究文章中，民国时期主要的造园家、理论家及教学家依次做些介绍（表 2-1）。

表 2-1　民国主要造园家、理论家或出版造园专著的学者（以出生年月排序）

序号	姓名	生卒年代	主要业绩
1	朱启钤	1872—1964 年	贵州开阳人，字桂莘，号蠖公，清光绪举人，清末及民国北洋政府的官员，后经营实业，组织中国营造社，研究古建筑、造园史。他对近代园林的最大贡献是，修复并开放北京皇家园林，重刊《园冶》等
2	阚铎	1874—1934 年	祖籍合肥，出生吴门，毕业于日本东亚铁路学校，任北京政府交通部秘书，辅助朱启钤创建中国营造学社并任编纂，后任文献部主任，1931 年《园冶识语》成稿，具有很高的学术价值。“九一八”事变后，阚铎退出学社，赴伪满洲任职
3	周醒南	1885—1963 年	字惺南，广东惠阳人。1927 年主持及设计厦门中山公园，被称市政专家，对漳州、厦门等城市建设作出重要贡献
4	杨锡宗	1889 年生于香港	1918 年毕业于美国康奈尔大学建筑系，代表作有广州第一公园、黄花岗烈士墓园、十九路军将士墓园等
5	傅焕光	1892—1972 年	字志章，江苏太仓人，著名林学家、水土保持学家。1917 年毕业于菲律宾大学森林管理科，1918 年回国，历任江苏省第一农业学校校长，省第一造林场（分场）主任；1928—1937 年任总理陵园管理委员会园林组主任，设计委员兼主任技师，参与总体规划设计，并主持紫金山风景区绿化，参与创建总理陵园纪念植物园，著有《总理陵园小志》。新中国成立后调任安徽大别山林管处，后任安徽林业厅副总工程师、林科院副院长等职
6	章守玉	1897—1985 年	字君瑜，园艺花卉学家，1912 年就读江苏第二农校，1918—1922 年就读于日本千叶高等园艺学校，后在江苏第二农校教授风致园艺，是属于造园学的内容，1928 年任中山陵园艺股技师，在复旦大学任教时与毛宗良主持开办造园课
7	刘福泰	1893 年出生于香港，祖籍广东	1917 年，美国芝加哥依速诺工业学校毕业，后入俄勒冈大学建筑系获硕士，参与中山陵设计。代表作有中山陵扩建设计方案（1933 年）、六和塔修复与绿化方案、南京廖仲恺先生墓园（1935 年）、富春江严子陵钓鱼台、重庆北碚公园、重庆北碚可园及北洋大学教授住宅等。国立中央大学（第四中山大学）建筑科副教授、教授设计类课程。1933 年，刘福泰与谭垣合办建筑事务所
8	吕彦直	1894—1929 年，出生于天津	17 岁进入清华学堂，后赴美康奈尔大学学建筑，1918 年毕业，入纽约墨菲建筑师事务所工作。回国后自办建筑事务所；主持规划设计广州中山纪念堂及南京中山陵，并任建筑师。位列我国五大建筑宗师
9	童玉民	1897—2006 年	原名秉常，浙江慈溪人氏，1919 年毕业于鹿儿岛高等农林学校，1926 年著有《造庭园艺》，是近代第一本造园方面的著作。1928 年毕业于美康奈尔大学，获农科硕士，回国复任浙江大学农学院教授，后在多所大学任教。1961 年受聘为上海文史馆馆员
10	莫朝豪	生卒年不详	毕业于广东国民大学，1935 年出版《园林计划》

（续）

序号	姓名	生卒年代	主要业绩
11	叶广度	生卒年不详 推测当于1900年前后出生	四川遂永人，擅诗，曾在重庆江津执教八年，1933年出版《中国庭园概观》，是中国造园史必提的书目；还设计江津师范的元老建筑和“田”字形四间平房教室
12	陈植（养材）	1899—1989年	1918年在日本学习造园，1926年设计镇江赵声公园，1929年设计国立太湖公园，担任中山陵园设计委员会委员。民国期间先后在中央大学等多所大学教习造园课，作《观赏树木学》《都市与公园论》《造园学概论》等。新中国成立后任南京林业大学教授，创办造园专业，被誉为我国造园专业的奠基人；出版《园冶注释》《长物志校注》《中国造园史》，一生坚持用“造园”作为专业名词
13	刘敦桢	1897—1968年	著名建筑学家，与梁思成齐名。新中国成立后设计南京瞻园，撰写《苏州古典园林》
14	毛宗良	1897—1970年， 生于浙江省黄岩县	1927年毕业于东南大学农学院园艺系，1933年毕业于巴黎大学植物系，获理学博士学位。归国后，在中央大学农学院园艺系和工学院建筑系开设造园课程。1935年前后，曾为南京国民政府大礼堂、考试院、外交部、交通部等单位的庭园进行设计；抗战胜利后为复旦大学的校园绿化及树木标本园作规划设计
15	童寯	1900—1983年	满族，字伯潜，出生于奉天，1921年入北平清华学校，1928年毕业于美宾夕法尼亚大学，获建筑学硕士学位。毕业后在费城、纽约建筑事务所工作，1930年受聘东北大学，1931年赴沪，与赵深、陈植合组“华盖建筑师事务所”。期间研究中国传统园林，著《江南园林志》；抗战期间曾在重庆中央大学任教。另著《外中分割》《随园考》《北京长春园西洋建筑》；设计南京国民政府外交部办公楼等。新中国成立后在南京工学院任教
16	范肖岩	1900—1939年	早年留学法国，归国后任教浙江大学，1934出版《造园法》。主持西湖博览会的八馆二所园景布置设计
17	李驹	1900—1982年	1917年考入法国高等园艺学校，毕业后获园艺工程师称号；1921年入法国高等诺尚热带植物学院，进修一年，获农业工程师称号；1928年任中央大学农学院园艺系主任时，发起成立中国园艺学会，任理事长。规划开封龙亭公园、南京玄武湖（五洲）公园、秦淮河公园、杭州湖滨公园、成都少城公园、南郊公园等及中央大学、重庆大学校园。设计蒋介石奉化妙高台花园、何香凝五夫庭园。先后任中央大学重庆大学、四川大学的教授、园艺系主任等，教授造园学、苗圃学、花卉学等，兼任中山陵设计委员会委员，南京公园管理处主任，成都公园设计委员会委员；1956—1971年任北京林学院园林系主任
18	梁思成	1901—1972年	1927年毕业于美宾夕法尼亚大学建筑系，获硕士学位，又去哈佛大学学习建筑史。和妻子林徽因都是中国营造社重要人员。其主要成就是建筑学、创办清华大学建筑系。在抗战期间撰写我国第一部《中国建筑史》，书中多处论述中国造园艺术及历史，被誉为中国建筑文化的化身。新中国成立后他提出北京规划方案，史称“梁陈方案”，直到现在依然不断被提起
19	杨廷宝	1901—1982年	字仁辉，河南南阳人氏，早年入清华学校。1923年毕业于美宾夕法尼亚大学建筑系，获硕士学位；曾在克雷建筑事务所实习；1927—1949年受聘于基泰建筑工程公司，设计南京中山陵音乐台等工程，1940年起兼任中央大学建筑系教授。新中国成立后历任南京工学院副院长、中国科学院技术科学部委员、中国建筑学会理事长、江苏省副省长等；参与人民英雄纪念碑、人民大会堂、北京火车站、毛主席纪念堂、南京雨花台烈士陵园及烈士纪念馆等百余项工程的设计

（续）

序号	姓名	生卒年代	主要业绩
20	章元凤	1902—1985 年	江苏常熟人，毕业于复旦大学文学院，先后任教于广州大学、广西大学、暨南大学等，1932—1938 年在广西大学开设“中国古典园林艺术”选修课。新中国成立后任职上海旅游杂志社、复旦大学外语系等。身后出版《造园八讲》，由陈植校阅
21	程世抚	1907—1988 年	四川云阳人，1932 年毕业于美国康奈尔大学，获风景建筑及观赏园艺硕士学位。新中国成立前参与规划设计浙江奉化溪口公园、成都少城公园、桂林纪念植物园、浙江大学校园和广西大学校园等，参与上海城市规划，提出建造环城绿带设想。大部分业绩是在新中国成立后（见第三章）

二、民国早期公园的主要设计者

如上一节所述，在民国南京政府期间我国各地都建立了一批城市公园，其中很多以“中山公园”命名，它们大部分由我国自己的建筑师、园艺学家等规划。表2-1基本涵盖了当时比较著名的参与者，从这些人员来看有建筑教育背景的明显多于其他人员。但由于缺乏详细的文献资料，对他们的实际工作业绩难以确认，有文献记载能明确的最早一批设计城市公园的主要有以下几位。

（一）杨锡宗——我国近代城市公园设计第一人

1921 年杨锡宗设计了广州第一公园， 从目前的文献记载来看他应是我国最早设计城市公园的设计师之一。虽然公园是在原广州督抚住地的花园基础上建造的，但他大兴土木将其改造为西方式布局的公园，如此改园、建园是近代园林史中的第一家，公园建成后还受到时人的批评，不过的确为后世留下了一个中西合璧的经典（见第二节）。

杨锡宗（1889 年—？），广东中山人氏， 出生于香港，是 1920—1930 年广州最具声望的建筑师。他与设计中山陵的吕彦直一样先入清华学堂，但仅学一年即因母病返穗，后赴美考入康奈尔大学建筑系与吕彦直成为同学，1918 年毕业后即回国。先暂居香港，后在广州市政公所任画则工程师，30 多岁即任广州工务局代局长，之后在广卫路 11 号开设杨锡宗画则工程师事务所，1948 年又以著名建筑师的身份出任广州市城市规划委员会委员，1952 年移居香港之后去向不明。

杨锡宗是我国最早系统接受正规西方建筑学教育并回国服务的建筑师之一，他的一生业绩主要在广东地区，在 20 世纪 30—40 年代一直是岭南建筑界的领军人物，在广州等地由他设计的建筑项目很多，而且很早就涉足园林设计，但在现代建筑史或园林史研究中却少见有对他的记述和评价。可能是因为他在新中国成立后不久就移居香港与内地失去交集的缘故吧。

据黄元炤等研究，杨锡宗作品主要在各类建筑，初期设计了许多具有新古典主义风格的建筑，如广州的新华酒店、新亚酒店（原嘉南堂之一部分）等。之后他探索现代主风格，将其应用于广东银行汕头分行等大楼设计上，是 20 世纪 30 年代岭南为数不多的、运用正统西式风格进行设计的本土建筑师之一。涉及园林规划方面，除了第一个作品广州第一公园外，他还另外规划了 5 座公园，但未见有具体阐述。至今能确定由他设计的有广州黄花岗七十二烈士墓园、中山大学石牌校区总体规划和国民革命军第十一军（十九路军前身）公墓（后改为“十九路军淞沪抗日阵亡将士陵园”）（黄元炤，2013）。后世评价十九路军淞沪抗日阵亡将士陵园为杨氏古典主义的高峰作品，完成于 1928 年，主要仿西方墓园形式，同时也借用了中国传统陵园的处理手法。墓园依山托体，建筑群处于林木环绕之中，沿中轴线布局抗日亭、甬道、纪念碑、战士雕像，轴线最北段正中拾级而上是擎天柱状的花岗岩纪念碑，高 19.2 米，建于 1932 年。碑座镌刻李济深题写的“十九路军淞沪抗日先烈纪念”，背面为半月状的柱廊，由 12 对石柱组成，两端为门亭，借用了古罗马凯旋门、纪功柱、多立克柱廊等古典主义建筑元素，其背景即为远处的白云山主峰（彭长歆，2005）（图 2-39）。

图 2-39　广州十九路军淞沪抗日阵亡将士陵园的叠式喷泉及纪念柱

图 2-40　杨锡宗设计的中山陵方案，获三等奖（引自：《中山陵档案史料》）

虽然杨锡宗偏寓岭南，但作为孙中山的同乡，他对于纪念中山先生的各类建筑是寄予极大热情的。他前后参与了广州中山纪念堂和南京中山陵的设计竞赛，然而这两个设计均被他的康奈尔同学吕彦直拔得头筹。据他的同事后来回忆，杨锡宗"为应征'中山陵'设计作了大量准备，他检查从前的错误（指中山纪念堂），以为自己的参考资料太少，遂向国外买了好几千元的新书，偕同助手杨宪文日夜钻研。费去几个月的工夫，计划和印绘完竣。当其装箱运赴南京时，两杨相顾微笑，这次再不会屈居第二了。那时笔者在旁，心中默念，勿要过为自满，我看中山陵的画则，还是洋气扑鼻，不合国人胃口的。揭晓后，果如笔者所想"（韩锋，2005）。该同事认为杨锡宗的方案多趋于西化，而吕氏却在一定程度上融合中国古代的建筑学而加以变通。想到杨锡宗在第一公园为造规则园林而填池、砍树的做法，这个评价还是中肯的（见本章第二节）。不过，在受此挫折后他的建筑设计开始有了转向，由"西方古典"转向"中西合璧"或"中华风格"（黄元炤，2013）。据文献记载，在中山纪念堂的设计方案竞赛投稿中，吕彦直的方案第一，杨锡宗的方案第二；在中山陵方案竞赛中，吕彦直的方案第一，范文照的方案第二，杨锡宗的列为第三（图 2-40）；而杨锡宗在总理纪念碑图案之获选者中得首名，还获奖五百元（广州民国日报，1926-02-09）。

20 世纪 20 年代中山大学按孙中山的遗嘱规划建设石牌新校区，当时杨锡宗和吕彦直都被校方邀请参加了校园规划方案，还请来外籍专家参与意见，这次杨锡宗的方案终于胜过了吕彦直。整个校园分为三期建设，在校长邹鲁的主持下杨锡宗主要负责第一期规划，后两期分别由林克明、余清江负责。杨氏的规划平面布局呈一钟形，构图强调中山先生的临终遗训， 并在意象概念上暗示中山大学的历史渊源，这与吕彦直设计的南京中山陵的“警钟”布局相似，两方案都是南北向的中轴线布置（黄元炤，2013）（图 2-41）。但这一规划的钟形平面及次要建筑之几何图形排列，却与实际地形不相适合，因此在实施过程中不仅取消了几何图形的道路网，而且屡次调整了建筑的组合布局（郑力鹏，2004）。杨锡宗对中轴线与几何图形规划布局的熟练运用，显然是西方建筑教育的结果。但在广州第一公园建设中通过地形改造而获得几何图案的布局，以及在中山大学因地形原因舍弃了几何图案的道路布局来看，他是过于拘泥于形式，也许就是他略逊色于吕彦直的地方吧。但不可否认的是，他为中山大学校园留下了许多经典的校园建筑，使得中山大学成为我国近代国立大学校园建设的典范。

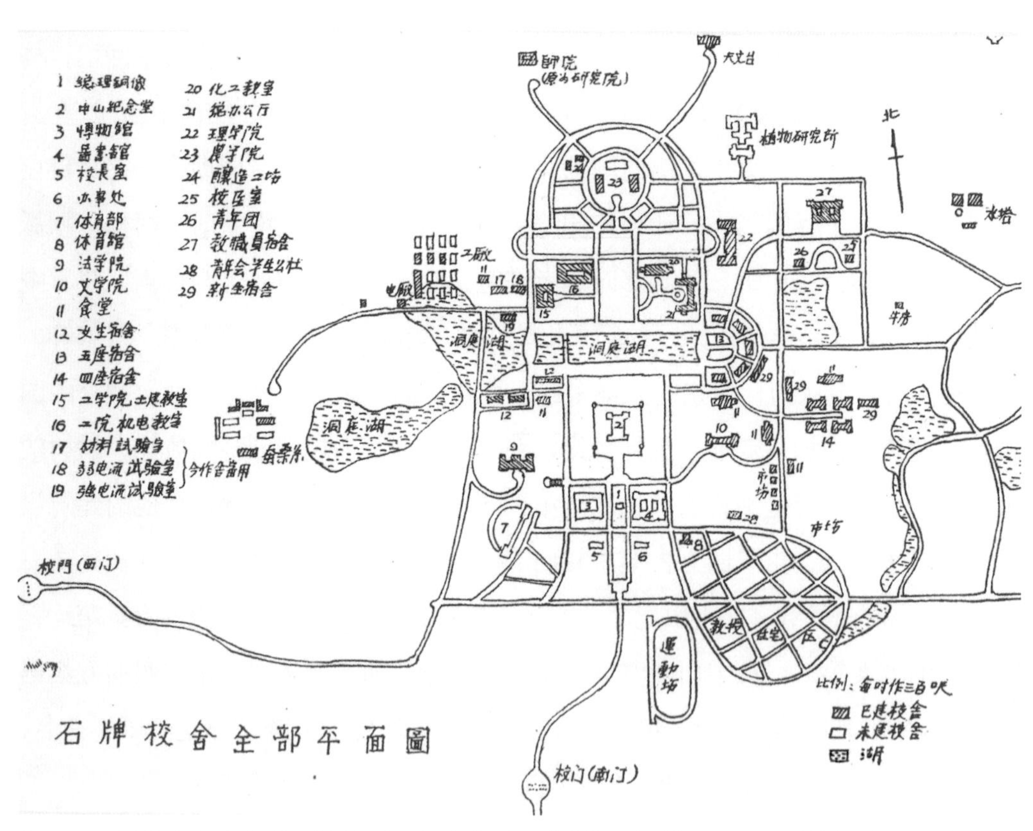

图 2-41　原国立中山大学石牌校区（现华南理工大学）平面图（引自：郑力鹏，2004）

（二）周醒南——我国中山公园的最早设计者之一

周醒南 (1885—1963 年)，字惺南，广东惠阳人。他被称为市政专家，对广州、汕头、漳州、厦门等城市的市政工程建设都有过重大贡献。1927 年他主持规划厦门中山公园，十分难得的是，当时漳厦海军司令部编纂印行了《厦门中山公园计划书》，除了文字记述外还有多幅插图，包括地形图、布景图，一些公园旧址的照片等。书中有周醒南撰写的序言："民国十六年秋，厦当局拟建公园，命醒南董其役，受命后，出高入深，经营相度，绘图著说，制表计值，阅六月，端倪犅具定园址之广袤也，则先筑马路以范之；轸居民之失所也，则建百家村以容之；因经费之无着也，则辟新区收地价以充之。斯园结构仿北京农事试验场而风景则过之，园内有三河两溪，长桥二，短桥十，体育场动物园图书馆博物馆陈列所仰文楼音乐亭华表铜像各一，其他亭台簃榭十有余处，面积计一百四十三万六千七百另五方呎，需费计八十余万元，规模宏远，非一手一足所能奏功，将伯之助，不能无望于厦民矣，醒南性虽好游，长江以南，黄河以北，居庸山海关外以及南洋群岛，足迹靡不至而见闻乃尟，凡所计划斯未能信，因辑为是书，藉以就正于大雅，而各种工程预算，附表其中，并以征信焉。园名系以中山者，从民望也。惠阳周醒南志。"

从周醒南之自述可见，当时他已颇具现代经营理念，如收地价以资不足，建住宅以安置拆迁居民，岂不是今日城市建设之为之。而通过考察以定范本，先筑路以界定范围等，实是今天都应效仿的。从他的规划中可见，有规则式的布局，也有自然式的安排，西方园林常见的音乐亭、喷水池、铜像和中国传统园林之台榭共存一园，可说是采中外园林之长，而其规模及特色在同时代兴建的城市公园中也是都属少见的。

然而遗憾的是，关于周醒南的学业背景却少见记述，他早年入两广游学预备科（两广方言学校前身），学成后初在北江任教。1912 年出任广东公路处处长，后随粤军陈炯明入闽，在漳州主持公路、公园建设，创办道路工程专门学校；后主持厦门市区开发建设七年。抗战胜利后移居香港在九龙创办环山学校。可见其生平事业都与教育、市政有关，却从未见周有开设营造所之类的经营实践活动，故猜测也许他并无建筑、工程之类的教育背景，应该不是一个可以执业的建筑师。1963 年，周醒南病逝于澳门（惠州日报，2021-01-06）。

三、吕彦直与孙中山纪念性建筑、园林及其影响

（一）中山陵园设计概说

在民国造园事业中最重要、规模最大、影响最大、参加规划设计及营造人员最多的当属南京中山陵园，包括墓园建筑及周围的山林，是近代规模巨大的纪念性园林，当然也是近代陵园园林的经典作品。中山陵还是由中国建筑师第一次规划设计的大型纪念性建筑组群的重要作品，也是中国建筑师规划、设计传统复兴式的近代大型建筑组群的重要起点（潘谷西，2009）。至今，已有无数论文、专著论述中山陵，对它的筹建过程、工程、建筑、园林、管理等都有叙述，然而无论何时要再写近代园林史的话，依然不可能绕过中山陵以及其设计者吕彦直。

1925 年 3 月 12 日孙中山先生逝世，按其遗嘱，葬事筹备委员会决定以南京紫金山（钟山）为其墓地，划定 133 公顷。由南社创始人辛亥革命元老陈去病领衔，唐昌义及戴季陶参与下撰写了《紫金山考》，论述选择紫金山为陵园的原因，并先后以《国民党对中山陵寝之商榷》及《关于孙公陵寝之商榷》为题，分别在《大公报》和《广州民国日报》发表。陈去病是为孙中山经办葬事、主持营造中山陵的主要负责人之一，他在文中提出陵墓设计的四点原则：偏于平民思想之形式，有伟大之表现，能永久保存，能使游览人了然先生之伟绩。文中还提出一些具体要点，如大平台、塑像、喷水池、音乐亭、纪念堂等，希望将孙中山陵寝建成一个中西合璧的纪念墓园（李恭忠，2016）。

1925 年 5 月 15 日，《陵墓悬奖征求图案条例》公布，向社会征求陵墓方案，结果收到应征图案 40 多份。这些图案公开陈列展览 5 天，由葬事筹备委员、家属代表及 4 位专家顾问组成的评判委员会进行严格评审。参加的专家有南洋大学校长、土木工程师凌宏勋，德国建筑师朴士，画家王一亭，雕刻家李金。最终由杨杏佛宣布表决结果，头等吕彦直、二等范文照、三等杨锡宗，另有 7 名获荣誉奖。9 月 27 日下午，委员会在上海张静江住处进行最后讨论，决定采用吕彦直的设计方案，并聘请他为陵墓建筑师（陆其国，2003），由上海的姚新记承包工程。

吕彦直的设计思想是融建筑于自然环境之中，既保持了中国传统陵墓的布局特点，又吸收了西方建筑元素，采取中轴线对称格局。吕彦直在《孙中山陵墓建筑图案说明》中表述“陵墓范界略成一大钟形，广五百呎、袤八百呎”，南洋大

学校长凌宏勋称之为“全部平面做钟形，尤有木铎警世之想”，寓意“唤起民众”。陵墓位于紫金山南坡，左邻明孝陵，右毗灵谷寺，墓室高出明孝陵100余米，陵园上下高差73米，故自下仰望，极为崇高。

陵园从牌坊到墓室距离700米，主要建筑依次有牌坊、陵门、碑亭、祭堂、墓室，均在同一条轴线上，左右形制基本对称，整体风格四平八稳，十分符合中国传统的审美标准。因其是公共的、开放的，规划加大了广场和台阶的尺度，同时应用大片绿地和平缓的台阶，把各个尺度不大的个体建筑联成为大尺度的整体，取得庄严、雄伟的气氛（周健民，2010）。应用西方开阔空间的设计理念在牌楼处安排大片草地，突出现代性，更加体现陵园的公共性特点，是中国传统陵墓的空间特点和西方园林文化影响的结合。主建筑祭堂朴实厚重、外观庄严肃穆，将中国文化特色与西方建筑精神融为一体（图2-42）。近年卢洁峰（2011，2012）诠释中山陵规划布局的寓意，指出中山陵的钟形平面布局竟是巧妙地将基督的十字架与“大钟”叠加在一起。即宽38米、长162米的祭堂平台是十字架的东西向横杠；自祭堂背后的墓室圆顶南下至“大钟”底部的陵门处，分别串起墓室、祭堂、台阶、碑亭、陵门的长约260米、宽约40米的中轴线，就是十字架的南北垂直主干。寓意孙中山本是基督徒，且有言当以基督徒而死，因此大钟与十字架的叠加成为吕彦直的中山符号。在实际施工时，按照葬事筹备处主任干事夏光宇的建议，将主干道自陵门向南延长成480米的墓道，并将原本置于陵门前的牌坊向南移至墓道最南端。“十字架”因而成为横杠长162米，垂直主干长740米的巨构。而且卢洁峰认为，吕氏的这个理念在广州中山堂的设计中已有表述，是吕彦直对孙中山深入认知后的一个提示。当年设想的钟形范界现在已被树木所遮蔽，但巨大的白色十字架依然醒目（图2-42）。当然，关于隐含十字架的构图思想，在吕彦直的说明书中是无任何表述的，也许因鉴于中山先生的领袖身份，吕彦直自不能直接点明用了“十字架”这个符号，但从他对孙中山的一生经历及崇高思想的敬仰，是必然希望能在他的最后归宿地留下一些表述的，“大钟”是他的思想、“十字架”是他的信仰，也许就是最好的解读。

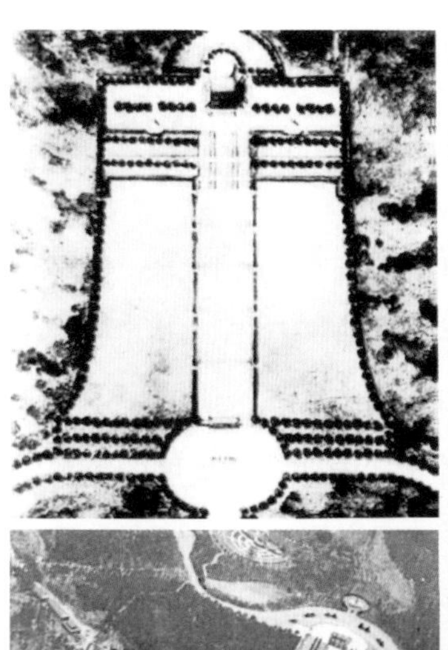

图 2-42　中山陵
左上：中山陵竞赛图（引自：卢洁峰，2011）；左下：民国时期中山陵航拍图；
右：2010 年中山陵

（二）吕彦直

吕彦直（1894—1929 年），字仲宜，别号古愚，1894 年（清光绪二十年）生于天津，原说籍贯为山东东平，经考证为安徽滁州（徐茵，2009）。其家学渊源，父吕增祥，别称临城、开州，同治五年（1879 年）在滁州中举，先后为李鸿章幕僚及天津、临城等知县。1880 年吕增祥与从福建调天津北洋水师学堂任总教习的严复相识，并与严复结儿女亲家，据说对严复翻译《天演论》多有协助。严复为吕增祥的遗墨写文，在《题吕开州遗墨》中称其为“三绝诗文字，一官清慎勤”。吕彦直为吕增祥次子，幼年丧父，1902—1905 年随姐旅居法国（姐夫严伯是严复之子，时任法国大使馆参赞），回国后随姑母南迁南京就读于汇文书院（今之金陵中学）（徐茵，2009），但据卢洁峰考证认为是在北京五城学堂完成中学学业的（卢洁峰，

2011）。1911 年，吕彦直考入清华学堂（今清华大学）留美预备部，1913 年公派留学美国康奈尔大学，先学光学，后改学建筑学。1918 年大学毕业后任美国建筑师墨菲的助手，曾参与南京金陵女子大学和北平燕京大学的规划设计。1921 年回国后在上海与过养默、黄锡霖合办东南建筑公司，与黄檀甫合办真裕公司，后又自己创办彦记建筑事务所。他精心研究清宫建筑艺术，擅长将中国传统宫殿艺术与近代西方建筑技艺融为一体，形成宏伟、壮观的设计风格（卢洁峰，2009）。

吕彦直设计中山陵时年仅 31 岁，他的方案被选中后又被委任为陵园总建筑师，主持中山陵的工程建设。当时正逢直系军阀孙传芳通电反奉，由浙江攻入沪、宁。他为履行职责，不避艰险，曾多次冒战火奔走于宁沪之间，终积劳成疾，于 1929 年 5 月中山陵工程即将竣工时溘然病逝，年仅 35 岁。吕彦直终身未娶，他曾与严复的二女儿严璆定亲，严璆在吕去世后在北京西郊削发为尼，留下了一段吕严悲情（葛培林，2014）。

吕彦直在中山陵建造中功勋卓著，为表其功绩，中山陵园管理委员会立石以作纪念，《中山陵档案》记载，总理陵园管理委员会通过决议，决定在祭堂西南角奠基室内为吕彦直建纪念碑。由捷克雕刻家高琪雕刻，上部为吕彦直半身像，下部刻于右任书写之碑文“总理陵墓建筑师吕彦直监理陵工积劳病故，总理陵园管理委员会于十九年五月二十八日议决，立石纪念”（陆其国，2003）。吕彦直逝世后，他的挚友建筑师李锦沛等继续主持中山陵工程设计。

吕彦直还设计了广州中山纪念堂，他用一条 600 多级的石级阶梯，将山脚的纪念堂和山顶的纪念碑串联起来，形成南北中轴线，向南延伸连接中山纪念塑像及再向南的外门亭（图 2-43）。广州中山纪念堂建设组委会如是评价：吕彦直的设计图案，山上筑碑，山下建堂，互为连贯，交相辉映，为“纯中国建筑式，能保存中国的美术最为特色”。另外在金陵女子大学的具体设计中，吕彦直大胆地运用西方建筑技术和建筑材料，仿造“中国本土式”，再用这个“中国本土式”包装西式建筑。他对南京首都规划提出自己的见解，“城市规划，应就天然之形势、经营布置”；应有森林、水面，应广植花木，美化环境，以便市民休闲、游乐在其中；南京城市总体规划设计应由中国人担任，因为只有中国人才能带着一份桑梓情感，规划设计其国家的首都（卢洁峰，2012）。

图 2-43 广州中山纪念堂

吕彦直英年早逝，他在国内从事建筑设计的实践不足 10 年，虽然设计了一些建筑但留下的文字及图稿并不多，存世的有参与墨菲事务所规划设计的金陵女子大学校园、燕京大学校园规划；中山陵规划和廖仲恺墓，设计的图纸现藏于南京市城建档案馆；民国国民政府编印的《首都都市区图案大纲草案》；民国时期的杂志《良友》发表的规划首都都市两区图案（1929 年，第 40 期）等。吕彦直绘制的一份《广州中山纪念堂建筑设计图纸》现藏于广州市档案馆，这份图纸竟然是 1961 年在上海一家废品收购站意外发现的。据娄承浩记述，吕彦直的文案及图纸资料，包括中山陵和中山纪念堂的许多设计及施工图共有 5 大箱，都由其挚友及合伙人黄檀甫保管，1950 年后黄檀甫经历坎坷，部分图纸流失，后幸得有心人购后邮寄至广州档案馆方得以保存 (娄承浩，2012)。

吕彦直短暂的一生为我们留下最重要的传世之作——中山陵、中山纪念堂和中山纪念碑，他似乎就是为纪念孙中山而生的。后人评价吕彦直，称其为中国近现代建筑的奠基人，是我国近代融汇东西方建筑技术与艺术的代表，在建筑界产生了深远的影响。

中山陵这座近代最伟大的陵园凝聚了许多人的心血，除了吕彦直这位主建筑师外，当时的建筑大家、我国近代第一代建筑名师，如杨廷宝（设计音乐台，1932年）、刘敦桢（设计光化亭、仰止亭）、赵深（设计行健亭）、卢树森（设计藏经楼，1935年）、顾文钰（设计流徽榭）等都参与了。另外，还有傅焕光、陈植（养材）、李驹、章守玉、毛宗良等园艺和造园专家也参与其中（陆其国，2003）。

据史载，1925年3月国民党中执委推定林森、于右任、宋子文等12人为总理葬事筹备委员会，由林森负责，不仅亲自主持方案的最终确定，还督建工程建设，在建造陵园期间先后聘请了夏光宇和傅焕光等专家参与（刘晓宁，2010）。林森在建设、管理和保护中山陵方面可谓费尽心血，亲自过问工程建设中的各项事宜，还亲自规划了流徽湖，并批准用中央陆军军官学校捐款在湖上建纪念建筑，即湖边三面临水的流徽榭，由工程组顾文钰设计（图2-44）。

据陈植回忆，他被葬事筹备委员会聘为陵园设计委员会委员，而“设计委员仅在建陵开始之前分组就有关事件提出建议，实际工作则由园林组专任技师负责进行”（陈植，1982），因所作贡献还被邀请参加总理奉安大典。由此，陈植主要是在1926—1929年之间参谋陵园设计，而他所说的园林组的专任技师，则应当是傅焕光、章守玉、林祜光等，其中傅焕光是核心人物。

图2-44 中山陵的几个园林景观
左：流徽榭（顾文钰设计）；右：音乐亭（杨廷宝设计）
（引自：钟山风景名胜区网）

（三）傅焕光的贡献

傅焕光（1892—1972年），字志章，江苏太仓人氏，早年就学于上海南洋公学，24岁考入菲律宾大学森林技术管理科，2年后转农学院研究植物1年。1918年回国，先后在江苏第一农校教学并任校长、在江苏第一造林场任场长，被吴中伦先生誉为是“中国绿化之父”。1928年傅先生被聘为总理陵园设计委员会委员，林森提议将紫金山全部建设中山陵园，傅焕光倡议将江苏省立第一造林场紫金山林区转移归陵园管理，傅焕光被聘为主任技师，规划执行陵园布景及园林建设事宜（傅焕光，1933）。1929年孙中山奉安中山陵后，成立总理陵园管理委员，委员包括胡汉民、将中正、孙科、于右任等18人，以林森、叶楚伧、孙科等5人为常务委员，下设总务和警卫两处办事机构。

图2-45　总理陵园园林组合影（20世纪50年代）前排左起宋世杰、傅焕光、叶培忠，后排左起赵儒林、吴敬立（引自：《总理陵园纪念植物园史略（1929—1954）》）

营建中山陵，傅焕光被聘任总务处下属的园林组主任兼主任技师长达10年（1928—1937年），襄助纂辑《总理陵园管理委员会总报告》，负责主持陵园园林规划建设及紫金山风景区绿化，在后续的国民革命军阵亡将士公墓、国民革命军遗族学校建设中都担任筹备委员，还参与创建总理陵园纪念植物园（即中山植物园）。他主持的园林组聘用了一些有留学经历或毕业于中央大学、金陵大学及江苏农校的专业人员，如林学家林祜光任森林股主任，园艺股主任是留日的王太一，技师为章守玉，后来成为著名林木育种家的叶培忠教授也曾在园林组工作（图2-45）。傅焕光主持总理陵园园林绿化建设后，根据地质、土壤作出区划，把全园设置为三大部分：森林、园艺和植物园。傅焕光强调封山保护森林植被，在陵园山地培育森林使之成为绿色林海，同时开展大规模育苗造林（吴中伦，2009）。

可以说傅焕光和章守玉等在中山陵整个园林建设中起到十分关键的作用，作为林学家和园艺学家，他们自然对中山陵的树种选择及辖区内森林植被恢复、培育和管护方面都有着独到的见解。傅焕光撰写的《总理陵园小志》于1933年10月出版，内容包括陵园的自然环境、工程、园林、名胜古迹、陵园范围内的学术机关、陵园建设经费等，这本小书在2014年由南京出版社再版，为我们再现了研究中山陵的第一手资料。书中傅焕光详细记述了陵园园林的总体布局，“陵墓前后左右均为林海，白石建筑，现露林间，如青天白日焉”，“试出中山门，竹林夹道，不一里而转入松林，直达陵墓”。至于种植设计的具体配置，“墓室平台两侧有侧门通墓后，分高下二重，第二重由东隅石阶上，为草地，宽 75 尺，内外植广玉兰及法国冬青各一匝，中间散植梅树。祭堂外大平台，周围铺草地，宽 45 尺，草地内周为苏石步道，左右平台各铺草，中间匀植雪松各 4 株，拥壁下匀植龙柏 40 余株，台之南端草地列植盘槐（龙爪槐）8 株。自平台下至碑亭有石阶八段，共计 290 级，全部石阶筑成斜坡，铺大草坪，东西各约 15 亩，坡之上部分植桧柏 4 行、枫树 1 行、石楠 3 行、枫树 1 行、海桐 3 行；坡之四周建大围墙，岩石围墙内种白皮松。墓道全长 1450 尺、阔 130 尺，分辟三道，中道路外草地各阔 30 尺，植桧柏各 2 行；左右两道外植银杏 1 行。墓道南端大石牌楼，再下大广场有花台 6 座，中间 4 座各植雪松 2 株，旁边 2 座种大黄杨 1 株”（傅焕光，1933）。

从上述种植安排可见，陵园区以松柏类为主，间植阔叶大乔木和常绿灌木，树木基本成行栽植，土壤表面都有草坪覆盖。从祭堂平台往下看，白色的台阶和平台掩映在一片绿色之中，整个布局整齐、规则，营造出庄严肃穆的气氛。1929 年从中山门至陵园的大路以悬铃木为行道树，当时选用胸径 5 厘米、树高 4 米左右的大苗，有 1034 株（傅焕光，1933）。据称南京在民国时期大量种植悬铃木为行道树即从此开始，现在已成为南京的标志，由于当时采用了大苗而非现在常用的移植大树的做法，每株树木树形完整、树冠饱满。

由于时间久远，现在的种植结构与当时已不同，然而从保存下来的一些大树、古树依然能推测到当时的基本情况。据 1996 年古树调查，当时采用了白皮松、杉木、金钱松、铅笔柏、白玉兰、槐树、皂荚、刺楸、秤锤树等，甚至还有北美鹅掌楸、梭椤、千头赤松、火炬松、欧洲刺柏（璎珞柏）等外来树种（伍卫东 等，1998）。墓道尽端陵门前广场中轴线两侧，有对称排列的 6 株千头赤松（*Pinus densiflora* ‘Umbraculifera’）。陵门与碑亭之间，栽植了日本冷杉、线柏、白玉兰、龙柏、梅和桂花等。祭堂平台外侧 14 株大小高低、形状姿态相同的龙爪槐一线排开，老干遒枝、造型古朴，却与门口的球形龙柏形成强烈反差。这些树种与傅焕光的描述有所差别，可能是以后陆续增加的。据傅焕光记述，当时曾向各地征求花木，结果各地（包括海外）赠送不下 300 余种、11000 多株，分别在温室、苗圃和植物园中栽植。

抗战期间，傅焕光被任命为重庆国民政府农林部天水水土保持实验区主任，他组织人员前往天水，组建了中国早期水土保持科研队伍，开拓了我国黄土高原水土保持工作。他遵循孙中山“要做大事，不做大官”的教导。放弃立法委员不当，要去种树。有人曾提出让他当部长，他不要，只担任总理陵园主任技师（吴中伦，2009）。

抗战胜利后傅焕光任中山陵园管理处处长，新中国成立前夕他被国民党列入出逃台湾人员名单中，但他选择了留守保护中山陵。新中国成立后，他主动提出到安徽大别山水土保持站工作，后担任安徽林业科学研究所副所长。

四、民国时期重要的造园理论著作

民国时期是我国现代造园形成的萌芽期，它已不同于历经千余年的文人造园和匠人造园的传统，在西学东渐的影响下，接受西方系统教育的建筑师、园艺家、林学家等参与到造园的行业中来。尽管当时政局不稳、战乱时发、社会动荡，影响了造园事业发展，但城市公园的兴起以及对庭园的奢望，已足以促使造园家群体来研究顺应时代发展的造园理论，于是在这段时间出现了一些论述和著作。当然，如果要和今天的那些大部头相比它们似乎不够全面，也不够厚重，但当我们仔细阅读这些文字后发现，当时的许多理论、理念和应用实践竟是依然适合今天的。然而，会情不自禁地发出感叹，80年前就已说清楚了的问题，为何至今还没有真正认识到。遗憾的是，多年来这些著作被历史的尘埃所淹没，被人们逐渐遗忘，然而在最近被陈丹青称为“民国范”的研究热中，出版社专门再版了这类所谓的小书，让我们有机会再读到那些写在80年前的文字，在这里只能仅列举几本最为重要的著作，按出版先后排列如下。

（一）童玉民《造庭园艺》（1926年出版）

童玉民(1897—2006年)，浙江慈溪人氏，他出生清末，一生跨了3个世纪。早年受旅日乡贤资助去日本学习农业，回国后任教于浙江省立农业学校（浙江大学农学院前身），并研究园艺和农业经济。1926年赴美入康奈尔大学读农科。1925年他写成《造庭园艺》，翌年由商务印书馆出版（1926年）。之后，他在多地的学校教习和政府公职之间频繁转换角色，新中国成立后还在安徽省科学研究所农业生物室当研究员，办园艺畜牧场。1961年受聘上海文史馆馆员，似乎从此脱离农业和园艺研究，专事文史工作。110岁去世时，是上海最长寿的老人，可说是一个传奇式的人物。

《造庭园艺》的主要内容大多译自东西洋书籍，故未写中国造园历史，却略述了欧洲庭园历史。分别从大体设计、部分设计来叙述中国、日本、西洋庭园之设计要旨，列举实用主义庭园、校园、公园设计。还专设一章叙述都市计划，重点介绍都市公园系统计划，在公园设计中列举了当时中国各地的主要公园，此论述还早于陈植的《都市与公园论》。最后介绍庭园施工、庭园管理，对于造园分类、特质及发展趋势都有较详细阐述。

《造庭园艺》是一本造园著作，商务印书馆将其列为高级中等农林师范之教本，并指出“庭园专册，中国尚未闻焉”，因此可说是第一本关于造园的著作或教材。然而，此书的影响远不及陈植的《造园学概论》，一方面是因为后者作为大学丛书，篇幅要大得多，内容更完全，且基本形成体系；另一方面，陈植一生从事造园教学，后来陆续出版了《中国造园史》等力作，而童玉民却很快转向农业经济等其他领域而淡出了造园界。

从出版时间看，《造庭园艺》是童玉民还在浙江省立农业学校教书时撰写的，应是基于他的讲义形成的。其实，此书的构架和后来出版的范肖岩的《造园法》、陈植的《造园学概论》大体相同，都是为学生使用的教材之类。而从内容和深度来看，则是从童玉民、范肖岩到陈植依次递增的。

（二） 范肖岩《造园法》（1930 年出版）

范肖岩（1900—1939 年），与著名画家林风眠同期留学法国，回国后任国立第三中山大学劳农学院园艺系教授，与著名林学家梁希和植物学家钟观光为同事。1929 年与果树专家吴耕民创建浙大园艺学会，1934 年在浙大农学院园艺系主持庭园布置专题［浙江大学农业与生物技术学院简史（1910—2000）］，期间他完成《造园法》（Garden Making）一书，由商务印书馆于 1930 年出版。

范肖岩和童玉民一样也是用“庭园”来应对英文之 Garden，然而将“庭园”划分为“私园”和“公园”。书中简单记述西方造园历史，却高度概括、非常精准地点出了其美妙：如意大利，“千层级步之美丽喷水池，庄皇之长廊与建筑物，设计与规划更称精密整齐，处处为几何形之方案，令人赏心悦目”；法国，举 Le Notre 作品为代表，“使精密巂美之各部连络而贯通之，又创造出透视线之原理，收揽全园之风景达于主要之一点，而使主要之视线扩大于无穷远处”；英国，“浪漫式庭园者，完全以适合自然为原则，故庭园之地位主张靠山傍水，造园之物质充分利用草石花木，欲以理想之一幅天然图画，而以实物表现出之”。关于中国庭园历史仅寥寥千余字，然而自古周文王至近代，把各朝各代的造园经典几乎都列举了。在“造园设计”一节，他指出造园是综合艺术，“其结构设施之善美与否，即为造园家运用其意志之表示，如造园家富有优美之意象，伟大之丘壑，则其创作品必不失审美的价值”（范肖岩，1930）。然后，对造园的必需设施，房屋、道路、树木、花坛、水、岩石、小桥等设计一一解说，如何种树、植草、布置四季花坛等，还附上重要观赏树木和草花名录。

《造园法》可说是一本造园的入门书，应属于实用类图书，当时正值城市公园兴起、西式住宅庭园不断出现的时候，在相关图书又十分缺乏的情况下，此书是一本相当不错的工具书，作者称其为《造园法》而不是《造园学》就是在于其实用性。值得一提的是，范肖岩曾以教授之身参与造园实践，不过仅见于叶广度的记载，谓其主持西湖博览会的八馆二所园景布置（叶广度，1932）。杭州西湖博览会于 1929 年举办，而《造园法》出版其后，可想此书有范氏实践经验的总结。还有，不知此书是否是作者在浙江大学任教时编写的讲义，其关于庭园的理论和历史的阐述，为我们提供了继续学习研究的脉络。

抗战爆发后范肖岩随学校西迁，不幸在逃难路上染上肺病，1939 年在四川乐山去世。那年范肖岩的女儿范我存年仅 9 岁，新中国成立后她随亲戚去台湾，后成为著名诗人余光中的妻子。

（三）叶广度《中国庭园概观》（1933 年出版）

叶广度，四川遂永人，生平不详，其兄叶麟是台静农好友，而台静农为叶广度诗集写序，可见对叶广度的诗还是很推崇的。叶广度在重庆江津执教时，写下“怀宝自足珍，艺兰那计畹”“孤亭天地大，陇上一声钟”这样的诗句。据他的《自序》，1929 年从日本考察回来后开始撰写《中国庭园概观》，1932 年底完成，并由南京钟山书局于 1933 年出版。而他写此书的目的非为教人造园，而是从古代诗词书画中探寻各个时代造园的特点，概观中国庭园之美，指导世人如何赏析中国庭园艺术（叶广度，1933）。因此他的书与之前童玉民、范肖岩以及后来陈植的书都不同，他主要写了中国传统庭园的美学，并将其概括为“清淡、优雅、静秀、冷逸、超洁”，这是把中国园林当作诗、当作画、当作文学来欣赏的。叶广度的这本书，是我国第一本介绍中国庭院美学的著作。另外，他对庭园学的理解不仅在于美学方面，还把它看作是改善环境的科学艺术工作，并借用清代文学家沈复《浮生六记 · 闲情记趣》中的文字，来表述对造园要有“天地吾庐”“万物皆畀于我”的意境，这应是他对中国造园的深刻理解。叶广度在书的《例言》中称，他的书为中国庭园界有系统叙述之第一本，且由章守玉为之校阅，当时章守玉正在中山陵管理处任园艺组技师。

这本书篇幅虽小，而内容十分宏大，涵盖了庭园历史、庭园的艺术地位、造园要旨，以西湖为例诠释了中国庭园的自然美和人工美，还比较了法、中、日三国的庭园特点。最后他大发感叹，抒发了世事不平，如谈当时公园“似无关于国计民生”，又对当政发声，“当局诸公，苟能本总理三大建设之遗训，在根本上求解决，使之颓废柔弱之民族，变成发奋有为之强种，荒漠秽浊之社会成为锦绣如织之花都，贫穷散漫之国家，形成光华灿烂之山河，将见执世界第一之牛耳”（叶广度，1933）。难怪台静农在为叶氏诗集写的序中，要说自己“恨无藻翰如吾广度，抒吾愤懑于万一耳”。

叶广度对中国庭园历史发展的划代虽略显粗糙，但对庭园的三次园艺演进和三次文化影响对应，却是有独到见解的，实为后世造园历史研究奠定了基础。他把中国庭园的艺术位置用文学、诗词、联语和小说来表述，提出“一方面要看当时文人的文学，对于庭园上的观念如何，同时要看当时全体的社会、艺术种种比较研究后，才能知道当时庭园设计的概况”，书中列举大量的诗词作证，值得一提的是后世学者也都是采用此法的。他所谓的“庭园的组织”，又谓“装景术”，即今之布局者也，用花木、山石、水景、添景（建筑）这些要素依据“变、韵律、丰富和统一”4 个原则来构筑庭园，实是道出了造园之精髓。

他对中国庭园有很深的理解，在比较中、法、日三国的庭园特点后，总结为三句话：法国庭园表现为疏朗，以壮丽胜；中国庭园表现为雄大，以幽邃胜；日本庭园表现为娇小，以秀美胜。同时认为，之所以形成如此不同，一方面归于地形和气候，另一方面受文化传承的影响，如法国远承希腊罗马文化之遗绪；中国庭园则是“田园诗”的写真和“山水画”的缩本；而日本庭园原崇尚恬淡，后趋向欧化而成为混合形式。

叶广度的书行文如流水，笔墨简括、词意古雅，读起来不像是一本学术著作，倒更像是一篇文学作品。

然而，叶广度在发表了《中国庭园概观》这本很有分量的著作后，却再无相关著述出现，从此销声匿迹了，颇有隐者之风。确如台静农称之的“问樊迟之稼，学东陵之瓜，似乐放逸，与世相忘”。现在关于叶广度见之文字的，仅有重庆江津地方志专家钟志德撰写的《驴溪札记》一文，称 “叶广度，川省遂永人，在抗战期间任江津简易师范生物教师，兼职于国立大学先修班”，谓其“擅诗，精风水之学，而津师之元老建筑均由叶广度设计，依山峦、跨土丘，以底层平房为主体，竭力凸现驴溪半岛之岛际线与水际线，以营造出亲自然、兴人文之恬淡清幽环境”“其设计之田字形4间平房教室，独步蜀中学校，一时成为标本”；更是赞其“开驴溪一带文风者也……津师所以为巴蜀师范之冠也”（钟志德，2015）。由此看来，叶广度既擅诗文，又懂生物，还通建筑和造园，显然是个全才，但不知他的求学背景，甚为遗憾。

今天，我们已出版了大量的园林史类著作，还有汪菊渊的《中国古代园林史》、周维权的《中国古典园林史》这样的经典巨作。然而叶广度的这本小书依然是值得一读的，况且在当时那种条件下以一人之力写下如此著作实是不易。2015 年当代中国出版社以《中国庭院记》再版，将我国第一本系统介绍中国庭园美学的书籍，再次奉献给了读者。

（四）陈植《都市与公园论》（1928 年出版）**、《观赏树木学》**（1931 年出版）**和《造园学概论》**（1934 年出版）

陈植，字养材（1899—1989 年），出生上海崇明。是我国杰出的造园理论家、教学家。他早年毕业于江苏省立第一农校林科，1919 年赴日本东京帝国大学林学科造园研究室学习造林学和造园学，受日本知名造园学家多静六博士和上原敬二等的影响颇深。1922 年回国，之后不久就开始他一生的教书生涯，先后在中央大学、河南大学、云南大学、中山大学等多所大学任教，新中国成立后随华中农学院林学系并入南京林学院。1931—1933 年，陈植在国立中央大学任教时开授造园学，还专为学生编写了“造园学概论”讲义，应该是和童玉民、范肖岩同期开设造园课程的。1928 年他倡议成立中华造园学会，建议编纂“造园丛书”，他的《造园学概论》是“造园丛书”中的第一部。这与朱启钤等创建于 1930 年、主要从事中国古建筑实例调查和研究的中国营造学社同期，它们对我国古建筑和造园研究都起了重要作用。但与中国营造学社相比，中华造园学会的影响远不及前者。

陈植在造园学科的主要成就是在新中国成立后的几十年中，如撰写了《中国造园史》《园冶注释》《长物志注释》等。在南京林业大学创办造园专业，坚持用“造园”这个专业名词，反对用“园林”“绿化”这样的名称，为此参与学界争论达数十年，确是不易（本书将在以后详述）。在民国期间，陈植出版《都市与公园论》《观赏树木学》《造园学概论》三部著作，参与中山陵规划，主持镇江赵声公园及国立太湖公园规划，教授造园学。新中国成立后首批从事造园的骨干中，有很多是他当年的学生。

1935年，商务印书馆将陈植的《造园学概论》列入大学丛书出版，据陈植自序，“全稿于十九年冬，始草率告竣……迨民国二十一年一月初旬，始获校对完竣”，但不幸遇“一·二八”日寇轰炸闸北，他的书稿付之一炬，幸好在国立中央大学任教还留有副稿，遂在1934年付印出版（陈植，1935）。此书于1947年增订再版，新中国成立后也曾多次印刷。以前学界认为该书是当时国内仅有的造园学专著。但从上面叙述的关于童玉民、范肖岩和叶广度的著作出版时间来看，陈植的书都当不得“仅有”，几乎在同时（先后几年）有多人分别在几所大学开设造园课，而且各自撰写了相关的造园讲义（著作）。当然，相比之下，陈书篇幅最大、所述内容最为丰富，应是当时最为完整的一本造园学教科书。如书中《造园史》一章，对中国造园史的划代比较具体，和后世的历史研究十分相近。在“造园”的名谓下，明确把庭园和天然公园、都市公园、植物园、墓园等分类，这显然要比上述几本专著对庭园的描述更为合理。此书中的“都市公园”一章，较之前他出版的《都市与公园论》更为具体。但关于“都市美”的叙述似乎过于宽泛，包含一些城市规划、装饰的内容，和造园主题关系不十分紧密。倒是在《南京都市美增进之必要》一章中，详细阐述了公园、行道树对于一个城市计划的重要性，接近于现在的城市绿地规划。可以说，陈植的这本著作对造园理论和实践的阐述，从民国到新中国成立后影响了几代人，在近现代园林发展中占据极其重要的地位。

（五）莫朝豪《园林计划》（1935年出版）

莫朝豪（生卒不详），1934年毕业于广东国民大学（新中国成立后大部分院系调整至中山大学），该校由学者陈其瑗、卢颂芳等于1925年创建，1930年始有土木工程系，莫朝豪为该系第一届毕业生，该校培养的学生很多在广东、港澳地区经营建筑工程事务，抗战胜利后莫朝豪在广州市领得甲等建筑师执照。

1935 年莫朝豪编写出版了《园林计划》一书，张仲新为其题字，“都市园林化，乡村都市化”实为该书的理念，可能是受霍华德《明日的田园城市》的影响。从书后引用的参考文献来看，此书大部分内容当引自国外关于公园、城市规划等方面的著作。莫氏的书名用“园林”而非当时常用的“造园”“庭园”，内容更近似今天之“园林规划”“绿地规划”等。他对“园林”下的定义，“一个含义甚广的名词，它是包括都市内外一切公园，路树，林荫大道，林场，游乐场，公私花园，草地，一切绿色面积等区域，皆可称之为园林地”。他明确“都市园林计划必须保存自然之风景与名胜古迹，施行造林计划，扩展原有园林面积，建设新式公园与园林区，改良道路设施增辟广场与种植路树，限制建筑及奖励园林建筑事务，林荫大道之设计及完成都市园林系统”。“园林计划欲达到美满的成功，必须具有健全的园林系统为贯通都市内外及其它村镇之工具”，应使公园能够均匀分布于全市各地，然“园林计划尤须自然化、艺术化、经济化为依据呵”（莫朝豪，1935），今天读来这些表述依然没有落后和不切之感。

另外莫氏还比较具体地叙述了公园设计、林荫道设计的原则和方法，展示了广州园林计划纲要。而这份纲要却是其兄莫朝英任职广州工务局园林股时拟定的实施计划，然不知此计划是否有付诸实施。而书中对几个大城市，如北京、汉口、南京、厦门、昆明、长沙园林现状的简述，为我们提供了民国时期我国城市的园林概况，实是难得的资料。但关于莫朝豪的生卒年，及后来的业绩却无片言只语可寻，实为遗憾。

（六）童寯《江南园林志》（1937 年完稿）

童寯（1900—1982 年），出生于奉天，为正蓝旗钮祜禄氏。1921 年考入清华，是清华第一个沈阳籍学生。1928 年毕业于美国宾夕法尼亚大学建筑系，获硕士学位，在纽约任设计师 2 年，后游欧考察古典建筑。1930 年应梁思成之邀，出任由梁创建的东北大学建筑系教授。“九一八”事变后到上海和宾大校友赵深、陈植（直生）合办“华盖建筑师事务所”。此期间，童寯因游览上海豫园而对中国传统园林产生浓厚兴趣，暇时常到邻近各地寻访园林，当时恰逢华盖事务所在苏州有工程项目，童寯更有机会考察苏州园林。“遍访江南园林，目睹旧迹凋零，与乎富商巨贾恣意兴作，虑传统艺术行有澌灭之虞，发愤而为此书”（刘敦桢，1962），即写成堪称经典的《江南园林志》，但此书出版历经坎坷。

刘敦桢在1962年为《江南园林志》写的序中详细地叙述了该书出版的经过，“由余介绍交中国营造学社刊行，乃排印方始而卢沟桥战事突发，学社仓卒南迁，此书原稿与社中其它资料寄存于天津麦加利银行仓库内。翌年夏，天津大水，寄存诸物悉没洪流中。社长朱启钤先生以老病之躯，躬自收拾丛残，并于一九四〇年携原稿归还著者，而文字图片已模糊难辨矣”，“一九五三年中国建筑研究室成立，苦文献残缺，各地休整旧园，亦感战事摧残，缺乏证物，因促著者于水渍虫残之余，重新移录付印”。结果1937年的书稿直至1963年才由中国建筑工业出版社出版。

2006年童寯的后人在编辑《童寯文集》时发现1937年梁思成给童寯的信，信中一开头就说，先谈大作（应是指《江南园林志》），“拜读之余，不胜佩服。(一)在上海百忙中，竟有工夫做这种工作;(二)工作如此透彻，有如此多的实测平面图:(三)文献方面竞搜寻许多资料;(四)文笔简洁，有如明人笔法;(五)在字里行间更能看出作者对于园林的爱好，不仅仅是泛泛然观察，而是深切的赏鉴。无疑是一部精心构思的杰作”。同时梁也提了两点美中不足之处: 很多很有意义的照片，文中没有指示到（指文中对所附图像没有描述）；“现状”节内注重园史，均未加游时印象。不知在后来出版时童老是否有过补充。但刘敦桢却独独认为，童寯之所以对书中图相未加一一判析，实是“夐乎自成一家之言，而又慊慊然惟恐有损自由研讨”，作为童寯的知己好友，刘敦桢之言确是发人深思的。

《江南园林志》全书主要分五大部分，即造园、假山、沿革、现况、杂识，最后附记随园考。“造园”一章是最重要的部分，集中表达了作者对中国传统造园艺术的理解和评论，提出了许多甚为精辟的见解。这里仅引举几例与读者共赏:如开始以“园之妙处，在虚实互映，大小对比，高下相称”概括园林布局之奥妙。接着提出“盖为园有三境界……第一，疏密得宜;其次，曲折尽致;第三，眼前有景”，既是作者的感悟又是他提出的品评标准。然后以苏州拙政园为例，依次解读他对三境界的详细诠释，并称之为三境界的典范，“其经营位置，引人入胜，可谓无毫发遗憾者矣”，是在逐步地引导读者如何读懂和理解中国传统园林艺术。在列举造园要素，即花木池鱼、屋宇和叠石之后，又分别阐述构筑要旨，如说花木“固不必倚异卉名花，与人争胜，只须‘三春花柳天裁剪’耳”；说亭榭“可以随意安排，结构亦不拘定式……建筑物又尽伸缩变化之能事……廊、桥、栏、径，皆如文章中用虚字，有连贯作用”；说假山时，他是借历朝历代古人的论述导出他的理解，“奇章之嗜石，不以其可游，而以其可伍，是以生命与石矣”。读了这些文字，令人有豁然开朗之感，似乎顿时参透了园林艺术的神韵，读懂了这幅立体山水画作。

园林学界对《江南园林志》评价甚高，称其为“中国近代第一部融汇中西并系统论述中国园林的书稿”(朱光亚，2001)；“成为研究中国传统园林艺术的经典著作”（陈植，2006），“是一本研究中国园林艺术的开山之作……就系统的研究上说，还没有可以代替它的著作”(黄裳，1988)；“是中国现代史上第一部园林研究专著，而他本人也在中国建筑界第一次揭橥了中国文人建筑之美”(赖德霖，2012)。而此书的开创性，不仅是其系统的研究，还有独自手摹步测第一次采用约略尺寸的园林平面图，这是在当时其他园林著作中所没有的。正如作者在序中所言“近人间有摄影介绍，而独少研究园林之平面布置者”。童寯对江南园林可谓痴迷，他说园林“自非身临其境，不足以穷其妙也”，但发感叹“东南园林久未恢复之元气”，还有由衷的伤感，“著者每入名园，低回歔欷，忘饥永日，不胜众芳芜秽，美人迟暮之感”。他作文、摄影、绘图记下传统名园，岂知不是为了传下这渐趋衰落的国粹。

虽然《江南园林志》迟至1963年才问世，但本书将其归之于民国一章是因为作者成书的时间是在20世纪30年代，其成果当归属于我国最早的传统园林研究之中。之后，童寯还撰写了不少研究传统园林的文章，其中1936年发表于《天下月刊》的《中国园林》，可能是最早用英文写作的园林论文。新中国成立后他虽专事建筑教育，但依然撰写了《随园考》《造园史纲》等力作。中国建筑史学一直将童寯与吕彦直、梁思成、刘敦桢、杨廷宝同称“建筑五宗师”；而陈植在《中国造园史》中专设《造园名家》一章，在近代他仅举了范肖岩、刘敦桢、童寯、章守玉和陈从周5人。他用了最大的篇幅介绍了刘敦桢和童寯，足可见在陈老的心目中童寯的地位是很高的，也显示他在中国园林研究中的地位。

（七）朱启钤创办中国营造学社，重刊《园冶》，进行造园研究

朱启钤(1872—1964年)，贵州开阳人，出生河南信阳，字桂辛，清光绪举人，晚年号蠖公。曾出任北洋政府五任交通总长、三任内务总长，袁世凯称帝大典筹备

处处长，一任北洋政府代理国务总理，并开办中兴煤矿公司和中兴轮船公司。新中国成立后，周恩来总理通过朱启钤的外孙章文晋邀其来京担任中国文史馆馆员，第一届全国人民代表大会特约代表，全国政协第二、三届委员。还有一件在造园史上值得书写一笔的是，后来成为园林大家的陈从周教授自认是朱启钤的嫡传弟子。

在朱启钤先生长达 92 年的人生中，从政、兴实业、做学问都取得很好业绩。然而因其历任晚清、北洋、民国三朝政府的官僚要员，且为袁世凯复辟称帝做事，很长时期以来学术界将朱启钤置之度外，忽视其在中国近代学术文化事业上的历史贡献（崔勇，2003）。

朱启钤在北洋政府任职时，呼吁吸收西方市政管理经验，制定城市管理法规。他主持了近代第一次北京旧城改造，如改建正阳门拓展交通，改造内城社稷坛为中央公园（今之中山公园），还开放其他皇家园林为公园（详见本章第二节）。为系统研究中国古建筑，朱启钤于 1930 年创办中国营造学社，请来当时著名建筑学家，如梁思成、刘敦桢、杨廷宝、赵深，史学家陈垣，地质学家李四光，考古学家李济等参与。参加人数不多，即使在全盛时期也只有 17 人。在极其困难的条件下开展田野调查和测绘制图，这些资料促成了梁思成写成我国第一部《中国建筑史》。营造社的一个最重要研究，就是发掘我国古代关于建筑的文献资料，如发现了北宋李诫的《营造法式》，委托商务印书馆影印出版；收藏和研究北京《样式雷》建筑图案；出版《中国营造社汇刊》，自 1930—1945 年共出版 7 卷 23 期，约 5600 页，其中插图约 1600 页，留下了极其珍贵的资料。在抗战时期，营造社避难四川宜宾李庄，在极其艰苦的条件下，穷困的梁思成和在病中的林徽因依旧坚持研究出版专业著作（林洙，1995）。

朱启钤和营造学社的学者，将古典园林研究包括在古建筑范畴，主要研究北京皇家园林，发表许多相关论文，如《元大都宫苑图考》（朱启钤，1930 年）、《同治重修圆明园史料》(刘敦桢，1933 年)、《乾隆朝西洋画师王致诚述圆明园轶事》(1931 年)，以及多篇《哲匠录》等。1936 年刘敦桢与梁思成、卢树森、夏昌世至苏州作详细之考察，调查虎丘二山门、府文庙大成殿，及怡园、拙政园、狮子林、汪园(即环秀山庄)、木渎严家花园、留园等，写出《苏州古建筑调查记》（1936 年发表），成为当时研究园林艺术的少数人之一（崔勇，2010）。

另外，营造学社对中国古典园林最重要的贡献之一，是发现和影印了被誉为我国第一本造园著作、明计成的《园冶》。朱启钤在《一家言居室器玩部》中读到有关《园冶》的介绍，1932年他在《重刊园冶序》中记述，“吾国建筑，喜用均齐之格局，以表庄重……人情所喜，往往轶出于整齐画一之外。秦汉以来，人主多流连于离宫别苑，而视宫禁若樊笼；推求其故，宫禁为法度所局，必须均齐，不若离宫别苑，纯任天然，可以尽错综之美，穷技巧之变……吾国中古以后，建筑之美术，借造园以发挥者，不可胜数”“计无否《园冶》一书，为明末专论园林艺术之作。余求之屡年，未获全豹。庚午（1930年）得北平图书馆新购残卷，合之吾家所蓄影写本，补成三卷，校录未竟，陶君兰泉，笃嗜旧籍，遽付影印，惜其图式，未合矩度，耿耿于心。阚君霍初（阚铎），近从日本内阁文库借校，重付剞劂，并缀以识语，多所阐发，为中国造园家张目”（刊于《蠖园文存》下卷）。

陈植后来评述《园冶》的重刊，“三百年前之世界造园学名著，竟能重刊与国人相见，诚我国造园科学及其艺术复兴时期之一大幸事”。近代第一个诠释《园冶》的是阚铎，他当时是营造学社主要成员之一，写了《园冶识语》一文，发表在1931年的《中国营造社汇刊》上。新中国成立后陈植为著《园冶注释》，费尽周折最终在友人陆费执教授处获得营造社版《园冶》才得以付印，营造学社发掘和重刊《园冶》是近代对我国造园艺术及历史研究上最重要的贡献之一。中国营造学社虽然在1947年停止了活动，但作为一个学术团队，其成员梁思成、刘敦桢后来分别就职于清华大学和东南大学（南京工学院），培养了一大批古建研究人员，使得其学术思想得到传承,学社在造园史方面的工作思路和研究领域也得到延续和发展。

如上所述,在整个民国期间参与造园研究及从事教学的著名学者,人数并不多，主要来自两个方面：其一，具有农学、林学或园艺教育背景的；其二，是学习现代建筑的。而他们几乎都有在西方国家或日本接受系统的现代高等教育的经历，同时还具有深厚的传统文化教育背景。因此，他们的研究是基于传统学识与西方现代方法的结合，不仅开创了新时代造园研究的理论和实践，还培养了大量人才，为后世研究提供了坚实的基础。童玉民、范肖岩、叶广度、莫朝豪、阚铎等后来都没有相关研究成果。陈植一直坚持造园学术研究，新中国成立后主要从事教育培养人才，于晚年还著有《中国造园史》等力作，是具有重要影响的学者。

第三章

新中国成立初期古典园林修缮及城市公园建设

第一节
江南古典园林修整

一、历经沧桑江南名园现颓势

童寯在《江南园林志》中说，“南宋以来，园林之盛首推四州，即湖、杭、苏、扬也。而以湖州、杭州为尤。明更有金陵、太仓。清初人称‘杭州以湖山胜，苏州以市肆胜、扬州以亭园胜’……江南现存私家园林，多始或重修于清咸丰兵劫之后，数十年来复见衰像”。书中记述了他在苏州、扬州、上海、太仓、杭州、嘉兴与湖州南浔等地交通方便之处实地调查的约 50 座现存园林，又具体描述了几处名园的情况。称拙政园在同治十一年（1872 年）改为八旗奉直会馆，因而日久荒废，“坠瓦颓垣，榛篙败叶”，“今狐鼠穿屋，藓苔蔽路”；说狮子林是“台久废，叠山虽存，亦残缺垂危”；谓环秀山庄，“现久经驻军装拆四散，涧瀑不流，幸假山完整，花木扶疏，两亭一舫，犹可登临”。童寯的这段文字写于 20 世纪 30 年代中叶，可见当时江南园林已现衰败景象。相比之下，扬州园林衰退可能更早，在道光十九年（1839 年）已到了“楼台荒废难留客，林木飘零不禁樵”的地步。民国以后，由于盐票的取消，盐商无利可图，坐吃山空，因而都以拆屋售料、拆山售石为生，园林与大型住宅渐趋破坏（陈从周，1983）。

然后，江南园林又一次倍受摧残是在抗战期间，当时一些名园为日军侵略者所占，毁坏严重。之后又有国民党军队驻扎，到新中国成立前夕许多名园已呈断壁残墙之态。如苏州留园，日军在园中饲养军马，假山欲坠，精美家具被掠一空。抗日战争胜利后又沦为国民党部队的马厩，楠木立柱竟遭马啃食，园内破壁颓垣一片瓦砾。至苏州解放前夕，还我读书斋、揖峰轩一带已成为乞丐难民栖宿处。拙政园的小飞虹及西部曲廊等坍毁，见山楼腐朽倾斜，亭阁残破。环秀山庄因久经驻军建筑拆散，后园主拆除大部分园林建筑，园西改建洋房，园内仅存山池花木及补秋山房。

淞沪抗战期间，上海南翔古漪园大部建筑被毁，仅存的缺角亭（补阙亭）、小云兜、五老峰等假山也面目全非；青浦县的曲水园大部建筑被毁；上海豫园的香雪堂被日寇所焚，除堂前“玉玲珑”一石外仅剩一片空地。至新中国成立前夕，古建筑大多破漏不堪，有的改作民房或营业场所，园内假山部分倒坍，景色面目全非。而历史上盛极一时的南京瞻园，太平天国时毁于兵火，同治及光绪年间虽曾两次重修但非原园景况，民国期间曾为江苏省长公署、国民政府内务部、水利委员会、中统及宪兵司令部看守所等，两朝名园败庑荒草。

至新中国成立时，江南名园大多已非旧日姿态，有的几易其主无力修缮已由多户居民同住，有的成为政府机关用房，或为学校、医院所用。如苏州，拙政园一度为专员公署，耦园曾驻志愿军伤病员，怡园为《新苏州报》社社址，狮子林先后办合作社和宋锦厂，网师园被苏州医学院附属医院占用。扬州在何园办部队速成中学班，南京煦园成为省机关事务管理处，常熟燕园、吴江退思园均为工厂所占，上海秋浦园成为嘉定第一中学操场等等。

二、20世纪50年代江南名园修复概况

1952年，第一次城市建设会议明确了城市公园和绿地建设，园林建设进入一个全新的发展时期。此时期，一些古典园林集中的城市开始着力接管和修复名园。苏州于1951年即成立苏南区文物管理委员会接管一些名园，1953年成立了苏州园林整修委员会开始全面修缮名园。1951年春，苏北人民行政公署拨款整修扬州瘦西湖。上海由文化局负责修复豫园，并在1959年列为文物保护单位。据各地园林志记载，将苏、沪一带历代名园修复时间大致整理列于表3-1，可见大部分是在50年代进行修缮的。

表3-1　20世纪50年代后逐渐修复的江南主要名园

序号	修缮起始时间	名　园	主要修复内容
1	1951年	苏州拙政园	苏南区文物管理委员会接管，整修中西部，山池、台榭均按原样恢复，于1952年开放。1961年被列为全国首批重点文物保护单位
2	1951年	扬州徐园	全面整修瘦西湖、小金山、五亭桥、白塔寺景点
3	1952年	无锡寄畅园	1952年小修，1954年全面整修贞节祠、庭院和假山，新建砖刻园门，疏通八音涧泉流，修缮知鱼槛等建筑，堆叠太湖石障景假山等

（续）

序号	修缮起始时间	名 园	主要修复内容
4	1952 年	无锡蠡园	全面整修，分别划给湖滨饭店和渔庄，两园之间湖堤上修筑 289 米长廊，仍以“蠡园”为名对外开放。1954 年，在蠡湖堤内建四季亭和拱桥
5	1953 年	苏州留园	苏州园林整修委员会负责，重点抢修，修缮五峰仙馆、林泉耆硕之馆、寒碧山房等。1961 年被列为全国首批重点文物保护单位
6	1953 年	苏州沧浪亭	划归园林管理处，全面整修，于 1955 年春节开放
7	1953 年	苏州怡园	浚池叠石，整修假山慈云洞，修复画舫、复廊，重建螺髻亭。补植花木，增植梅花。历时 4 个月修复完工
8	1953 年	苏州寒山寺	花篮楼移至寒山寺大门，取“枫江第一楼”
9	1953 年	苏州环秀山庄	先抢修假山，后在 1982—1985 年按原状全面修复名园。由苏州园林设计室的石秀明、陆宏仁、胡裕德负责修复设计，苏州古典园林建筑公司施工
10	1954 年	苏州狮子林	园林管理处接管狮子林，稍加整修。1978 年，全园整修，恢复园容园貌。1982 年被列为省文物保护单位
11	1955—1961 年	玄妙观、虎丘塔	整修灌木楼，修葺唐寅墓，造虎丘海涌桥，修整百步趋，重建花雨亭、通幽轩等
12	1956 年	上海豫园	1956 年开始修复，历时 5 年，于 1961 年开放。陈从周参与修复
13	1957 年	上海南翔古漪园	由南翔镇负责修缮，1958 年由上海市园林管理处拨款进行较大规模的整修和扩建，柳绿华负责规划及绿化设计
14	1957 年	苏州定慧寺双塔	修复
15	1958 年	苏州网师园	重修月到风来亭，新建梯云室及该处庭院等，圆通寺法乳堂划归该园使用，于 1959 年 9 月开放
16	1958 年	南京瞻园	刘敦桢主持修缮、复建，1966 年竣工
17	1959 年	拙政园，东山寺庙园林	拙政园东部大规模整修重建；寺庙园林彩绘修复。东部归田园居，中部拙政园，西部旧补园 ，三部正式统一
18	1959 年	苏州拥翠山庄	全面整修
19	1959 年	扬州何园	1959 年 10 月 1 日经整修后开放，1979 年整修假山，1985 年全面整修

（续）

序号	修缮起始时间	名 园	主要修复内容
20	1963 年	苏州耦园	归市园林管理处，进行整修，刘敦桢、陈从周参与。1963 年被列为市级文物保护单位
21	1980 年	苏州鹤园	全面修复，始复旧观。苏州古典园林建筑公司承担施工。1982 年被列为市级文物保护单位
22	1980 年	上海秋浦园	修复
23	1981 年	同里退思园	至 1989 年全面修复，1982 年被列为省级文物保护单位
24	1982 年	苏州艺圃	修复
25	1982 年	苏州曲园	保护及修复
26	1982 年	南京煦园	修缮，太平天国天王府遗址被列为全国重点文物保护单位
27	20 世纪 80 年代中期	上海曲水园	全面大修复
28	1990 年，	泰州日涉园	1977 年陈从周确认为苏北现存最早的古典园林，1990 年恢复修建。1982 年被列为省级文物保护单位
29	1989 年	扬州片石山房	吴肇钊主持修复工作。1991 年获建设部优秀设计三等奖
30	1991 年 9 月	如皋水绘园	1991—1994 年由陈从周、路秉杰设计，重修水绘园，由常熟古建队施工
31	1999 年	常熟静园	2006 年完成，被列入省级文物保护单位
32	2012 年	苏州可园	苏州唯一的书院园林，1979 年列入修复项目，保留道光七年以来的格局。1963 年被列为市级文物保护单位

注：上述内容据各地志书所记述编排；苏州园林均在谢孝思为首的苏州园林修整委员会主持下修复。

三、苏州名园修复——文人与哲匠的合作

苏州解放不久就着手修复一些著名的古典园林。据谢孝思回忆，当时上海市长柯庆施来苏州，苏州市长李芸华推荐谢孝思向领导介绍苏州园林“原来是如何的好”，认为应当把苏州园林恢复起来，于是决定先修复留园（谢孝思，2008），并将此事交谢孝思主持。1953 年苏州成立园林修整委员会，谢孝思任主任，成员有周瘦鹃、范烟桥、陈涓隐、蒋吟秋、汪星伯等苏州文人及建筑学家刘敦桢、

园林学家陈从周等。谢孝思还延聘了当地能工巧匠，如木雕老艺人赵子康，精于彩绘的薛润生，建筑工匠王同昌，木作名师陆文安、陆巧宝父子，叠石名家韩良源弟兄等一批“香山工匠”，建立起一支 80 余人的施工队伍。

在专家中，除了刘敦桢是有留学背景的建筑家、陈从周为同济大学教授外，其他都是当地的作家、书画家等传统文人。这可说是江南造园史上，最后一次沿袭文人与哲匠合作传统的大规模实践，是现代园林史中的重要事件。其中起了重要作用的是谢孝思和汪星伯。

（一）谢孝思——苏州古城的守护者，“一个人与一座城市”

在苏州古典园林的保护与修缮中，谢孝思的功绩永垂史册，他被誉为苏州古城的保护者。1997 年，苏州四大名园被列入世界文化遗产名录，当时《姑苏晚报》连载特约记者石弥的长文《世纪老人与千年古城的对话》，按语中有说：“为了保护这座古城，无数人付出了心血和汗水，其中谢孝思先生就是一位‘最不能忘记’的古城守护者。没有他也许就没有古城完美的今天。”当然，用今天的眼光来看“古城并非完美”，但谢孝思一生贡献给了苏州古城保护、园林胜景修复和文化的传承是客观事实，而且贡献巨大。2008 年 5 月，《一个人与一座城市——谢孝思与苏州文化》一书出版，记录了谢孝思对苏州古城保护和修缮园林的功绩，苏州人给予他高度评价。2007 年 8 月 16 日，紫金山天文台盱眙观测站发现了一颗在宝瓶座运行的新星，2014 年 4 月，这颗星被正式命名为“谢孝思星”。

谢孝思（1905—2008 年），字仲谋，出生于贵阳一个衰落的官宦家庭。1928 年考入中央大学政治系，后转学艺术教育，师从著名画家吕凤子、汪采白，曾向徐悲鸿学过素描、向潘玉良学过水彩，能诗善文。1936 年他曾任贵阳达德学校校长、教育部视察员、国立艺专教员。谢孝思是贵州第一所私立学校达德学校的创办人，是参加护国运动的革命老人黄齐生的高足。黄齐生又是王若飞的舅父，因此谢孝思得以追随王若飞等中共人士参加抗日救亡等社会活动。1946 年谢随当时任教的社会教育学院迁至苏州，新中国成立后历任苏州文化教育局局长、文化局局长。但他是个书画家，在书画艺术领域成就卓著，因此本质上是文人从政。在主持古典园林修复中，他有着艺术家的思维方式，也有着传统文人的执着精神。

1951—1952 年，谢孝思以文管会主任主持拙政园中西部修整，他请出名画家吕凤子和专家一起实地踏勘。吕凤子从画艺的境界对总体结构作了调整。谢孝思又请来周瘦鹃、范烟桥等名家从具体构造和园艺角度提建议，请汪星伯设计假山，最后由谢孝思汇总形成实施方案。1959 年他又主持拙政园东部整修。

1953 年，园林修整委员会成立后首先修留园，当时有一种意见要把古典园林改成现代人民公园，是谢孝思等坚持按原貌修复了古典园林（周峥，2008）。在 3 年时间内重点修整了狮子林、沧浪亭、虎丘、环秀山庄、北寺塔、怡园、苏州公园等 30 多处园林名胜，接着又成立专门机构，负责园林的日常管理和维修工作。谢孝思说，“现在苏州园林和一些名胜古迹所能保存下来，基本上都是我所经手的”。

修留园时他提出“利用旧料，保证质量”的原则，所用材料大多为从民间收购的历代雕花门窗、隔扇、栏杆、红木紫檀家具，或从当时没收的财物中选用。如当时修留园用的 100 多扇门窗挂落是从盛家祠堂拆来的，落地圆罩等是谢孝思意外得来的。这里还有一段小故事，那天他恰巧经过道前街，见有人车载着从老宅卸下的红木落地圆罩十扇，还有一套四幅完整的银杏木屏风板，正反面分别镌刻着孙过庭《书谱》和王羲之《兰亭序》全文，据说是准备运往加工厂制作算盘，一番口干舌燥后，终于把几车宝贝“劫”到留园工地。后来隔扇装在鸳鸯厅中部，又配上从东山收来的圆光罩，那套银杏木屏风板则安置在五峰仙馆厅堂正中，即南“兰亭” 北“书谱” （周峥，2008）。在修整留园时“又一村”已十分破败，谢孝思提出“应考虑到西南是土山枫林和花圃，在它的东面又是改建的竹园，因而设计建造了小型建筑群一处，采用半封闭的形式，以葡萄架代替长廊，在空地上种植桃杏，使其带有乡村风味”（谢孝思，1998）。

整修狮子林时，他与原园主贝氏的老管家相处得很好，管家将贝家把早年各厅堂配置的家具藏在夹层中的情况告诉了谢孝思，于是取出这批家具重新布置。他一直认为，在苏州园林中，狮子林的家具摆设是最讲究的。另外如，网师园殿春簃前的灵璧石来自桃花源费念慈书院；寒山寺“江枫楼”，是修仙巷宋氏捐献的“花篮楼”移建过来；环秀山庄“海棠亭”是原西百花巷程宅的旧物（谢友苏，2007）。如果没有苏州及周边古宅的支撑就没有今天的苏州园林了。

谢孝思在 84 岁那年写下了《名园长留天地间》一文， 详细记述了留园的历史变迁、景观构成、艺术价值及修复过程，堪称是留园文记的经典之作（廖群，2008）。1989 年，在他 85 岁时还欣然接受上海文艺出版社之约，开始编写《苏州园林品赏录》，他担任主编，历时10年，此书于1998年出版。书中不仅描述了园林的精妙，还记述了当时修整的一些细节，这是世纪老人对苏州园林所作的又一重要贡献，是至今出版的所有关于苏州园林著作中，除了刘敦桢的《苏州古典园林》外最有价值、最有权威的力作。

（二）汪星伯——半路出家叠石造山的吴中画家

建造园林以叠山理水为手段，所谓“虽为人造，宛若天开”者，叠石堆山就成为传统造园之必然内容，列代名家辈出。计成就是叠山大家，他的《园冶》一书列了掇山、选石两章，成为我国最早的和最系统的造园著作（陈植，2006）。明时周时臣的留园叠石，明末张南垣“能以意叠石为假山”；清初大画家石涛从画理造“万石园”和“片石山房”的假山，戈裕良叠环秀山庄假山等，都是名垂造园历史的上乘佳作。在古典园林修缮时，建筑与假山修复一般都是重点工作。在谢孝思的园林修整委员会中，汪星伯就是直接介入假山修整工作的最主要人员，然而当时他的身份却是国医、画家，或者本质上就是一个文人。

汪星伯（1893—1979年），名景熙，号伏生，擅琴棋书画，被誉为江南才子，一生充满传奇色彩。他祖籍安徽，出身苏州望族，祖父是同治翰林、长沙知府，父亲曾出任驻日大使馆参赞，前妻为清末状元陆润庠的孙女，得陪嫁之文物古籍助他研究中医和学问。汪星伯家老宅在苏州东北街，与拙政园仅一墙之隔，他早年就读清华预科时随姑丈著名画家陈师曾学画，毕业后南下上海，业余时间广谒沪上画坛名流。因是陈师曾学生而深得吴昌硕赏识，与贺天健、张大千、吴湖帆等合称“画中九友”，徐志摩妻子陆小曼也曾拜他为师学画作诗（江洛一，2014）。后因发妻亡故、姑丈陈师曾英年早逝，遂弃艺从医，研读家藏医书，并投沪上名医恽铁樵门下，1927年正式挂牌行医。抗战时避难云南，因救治龙云病危的儿子而名声大振，人称“汪一帖”。抗战胜利后他返回苏州，在拙政园隔壁的故居老宅挂牌“国医汪星伯诊所”行医。曾参加中华民国第一届全国美展，参展作品为《雨融残雪》《层峦叠嶂》等。新中国成立后在居民委员会任职。

汪星伯从未有造园经验，他之所以能参与苏州园林修缮工作，是归于他的堂叔汪东的推荐。汪东是章太炎弟子、同盟会会员，国立中央大学文学院院长，是谢孝思的老师。汪东向谢孝思推荐汪星伯，遂被聘为市文管会委员，后成为园林修整委员会成员（黄恽，2016）。1956 年，汪星伯放弃行医，任苏州市人民委员会园林管理处修建组组长、园艺科副科长，主持和具体参与指导留园、天平山、寒山寺、拙政园、虎丘、网师园、沧浪亭和耦园等名园的修复（苏州市平江区地方志编纂委员会，2006）。而虎丘的试剑石、二仙亭、古真娘墓及天平山的御碑亭、接驾亭等古建筑得以保存，同汪星伯有很大关系（毛心一，1983）。

汪星伯主张修缮园林应“修旧如旧，如同修复古画一样”“在每个具体问题上，例如建筑方面，已经坍塌的，如何在原有基础上照原样复建。原有基础已经模糊的如何仿效本园风格予以重建。在门窗装饰方面力求精雕细刻，古雅大方……在陈设方面，室内摆的是红木家具，墙上挂的是旧字画，竭力追求古色古香”（汪星伯，2016）。他主张采取山水画高远、深远和平远的“三远”处理手法来模仿真山，堆土叠山。他认为，古典园林色调要古朴、淡雅，确定古典园林的木构要广漆荸荠色，水作要白墙灰瓦的基本色调，而这些都成为后来古典园林修复所一直遵循的基本原则。

现在陈设在苏州园林中的一些对联匾额，有的就是汪星伯从旧货市场上挑回来的，最典型的是拙政园荷风四面亭上的对联“四壁荷花三面柳，半潭秋水一房山”，据说是郑板桥的字。他还献出自家红木家具和名贵树木用于拙政园修建。1959 年，汪星伯主持拙政园东园扩建，拆除官舍、拆迁临街民宅，说服亲戚让出私宅花园归入拙政园东部，就遗存池面向西北疏浚，将久已隔绝的东、中、西部池沼沟通为一，挖出的土于东北部堆为大阜，还为拙政园设计大门（汪辉，2016）（图 3-1）。汪星伯后人回忆园门上“拙政园”三个大字为汪星伯手书（姜锋，2015），但谢孝思在 1961 年就有文指出，“是从原当街石库门上移来的砖刻隶书、应出自清代名家之手”（谢孝思，1998）；后在 1998 年他编著《苏州园林品赏录》时，依然强调“当街石库门上有‘拙政园’三字，朴拙劲健，当是清代名家手笔”，新建大门“中间嵌者移来原石库门上的‘拙政园’三字”。谢先生一直负责苏州园林修复且与汪共事多年，他多次撰文记述古园修缮过程时都客观表述汪星伯的作用，如此看来如果“拙政园”三字真是汪星伯手书，谢孝思当不会否认，可想他对于“拙政园”三个字的说法应当不会有错。不过这仅是笔者所想，毕竟还有汪星伯后人的回忆，至于其中究竟哪一方有误，有待进一步考证。

图 3-1 苏州拙政园大门（王嘉楠摄于 2017 年）

谢孝思赞赏汪星伯设计的拙政园大门，称其“巍峨的牌楼中开三洞挺直细腻镶边的座砖方形大门，中间嵌者移来原石库门上的‘拙政园’三字，围以极为精工的砖刻花边，牌楼门洞上方横嵌三条精工细致的砖刻，好似一幅名画长卷。这座大门是采用原山东会馆残破的旧砖门楼旧料改建的，打破了苏州私家园林门道的传统构造”（谢孝思，1961，1998）。对此褒者，赞其是适应时代发展的需要；但也有不少贬者，则以为“庙堂气太甚，与苏州园林格调殊不得体”。但不管如何评说，拙政园的这座大门确有其独特之处，它不同于苏州其他园林的大门，是在平淡之中见其宏伟，简朴之中显其气度，古典中蕴含现代元素的一座大门。

汪星伯主持和参与指导的叠山有：拙政园中兰雪堂后“缀云峰”等三峰，兰雪堂西的“翻转划龙船”假山，秫香馆前假山驳岸，倚虹亭前拱桥的假山驳岸，梧竹幽居下驳岸的重筑，拙政园中部见山楼、听雨轩的黄石假山驳岸；还有留园的全部假山，虎丘二山门到真娘墓甬道的黄石假山挡土墙、真娘亭下的台基等。在重修虎丘试剑石后的一大段大假山时，他与韩十八子等叠山师傅研究，用本石顽石使假山混于真山之中，成苍劲古拙、陡峭挺拔而不失自然险峻之势（毛心一，1983）。

汪星伯叠石作品中最著名的要数拙政园之缀云峰（图 3-2），此峰原为明代叠石名家陈似云所作，全部湖石堆叠，自下而上逐渐硕大，其巅尤伟，其状如云，1943 年坍塌。1959 年在汪星伯指导下恢复，汪世代家与拙政园为邻，从小耳濡目染，可想其所制必有所本。缀云峰用黄鹤山樵云头皴法，缀成峥嵘一朵，自是佳作。或曰“此峰与左右诸峰皴法横竖不同，勿乃调协”；或曰“分别看待，各有佳色”，言之不无道理（谢孝思，1998）。另谓是参照沈周的画重新堆叠的（姜峰，2015）。

图 3-2　汪星伯叠石作品——拙政园之缀云峰（引自：邵忠，2001）

汪星伯将修缮园林的实践经验总结成文，著有《假山》一册，以及《关于旧园改造和维护的一些经验》《园林堂构名称解释》等。而他的《假山》一文，对垒土、叠石、分类、堆叠、相石、选石、刹垫、立峰、拓缝等法的技术要点均有详述。并具体提出堆山要有宾主、有层次、有起伏、有曲折、有凹凸、有顾盼、有疏密、有呼应、有轻重、有虚实这十要，以及二宜、四不可和六忌的原则。该文 1979 年在清华大学《建筑史论文集（第二辑）》发表，是一篇教科书式的佳作。汪星伯对叠石造山有着深刻的理解，言辞发人深省：首先，认为叠石和绘画山水就非常相似，有人认为有名的假山大多出于画家之手，但他们在意境上虽然相似在技术上是截然不同的。其次，画家的参与对于提高艺术水平，能够起很大的作用，但假山工匠的经验和技术还是占主要地位，如果把它完全归功于画家是不切实际的。再者，因此历代以来很少有假山的专门著述，偶见记述，也有不少精辟的见解，但缺实际经验、较空洞。唯有《园冶》掇山一章，写得比较具体，但文字简奥，有法无式。不过他本人虽然是一个知识分子，却是从实际工作中总结出来的经验，因此有许多方法，到今天还是值得我们参考（汪星伯，1979）。客观地说，他的《假山》一文有历史、有理论、有方法、有经验，在一定程度上是对《园冶》掇山的诠释，无疑是现代造园著作中写假山的开创性佳作。

20世纪60年代初，汪星伯与陈涓隐等实地调查苏州园林，写成《苏州园林名胜调查资料摘要》，详细记载了七个名园及虎丘等名胜历史资料、堂构名称来历、匾额、对联、碑记、石刻及建筑、陈设等，并逐一考查注释（毛心一，1983），也是现代研究苏州园林的重要资料。

造园大家陈从周曾对汪星伯的园林修缮有过多次评述，却颇有微词，如称“星伯为汪坦父旭初（东）先生之侄，于园林墨守清同光时旧法，修古园似非所宜”。又谓“虎丘云岩寺二山门，俗称断梁殿……而此殿堪令人注意者，即栌斗非平置栏额上，而将其底部嵌于栏额上。前十余年重修时，汪星伯翁董其事，于此特征不知，致修成后，丧此美德，一如常状矣，汪翁盖于古建筑少知，复自负，此种作风足以为鉴……今修理后以清式代之，使古建筑外貌起大变化”（陈从周，1999b）（注：刘敦桢鉴定此建筑为元构，陈从周认为是宋构）。但为何汪星伯在此修建中用了清代式，正是如陈从周老所说是因其“古建少知”，还是因为有可能苏州工匠只作清式构建的原因，就不得而知了。

尽管对汪星伯在园林修整方面的工作有褒有贬，但他所作出的努力与贡献是不容置疑的，他的著述、经验、作品都是后世研究古典园林的重要参考。谢孝思说他“性情直爽、办事认真，个性强、心高气傲，从不随声附和，但和他是挚友”，有关修缮具体细节常在争论中求得一致（谢孝思，2008）。这正是汪星伯的可爱之处，当然，可以说20世纪50年代苏州园林的修缮是和谢孝思与汪星伯两位文人坦诚合作分不开的。

（三）苏州几处名园修整小记

1. 拙政园

明正德年御史王献臣失意回乡，占大弘寺旧址拓建园林，取潘岳“是亦拙者之为政也”之意，名“拙政园”，后其子一夜赌博将此园输于徐氏。嘉靖年间文徵明有《王氏拙政园记》及绘园之三十一景，据此布局以水为主，建园之始建筑疏稀，而茂树曲池相接，水木明瑟旷远，近乎天然风景。明崇祯四年（1631年），侍郎王心一购东部另建归田园居，至近代荒废。拙政园屡更园主，清初属海宁陈之遴，乾隆初归蒋棨，分为中部复园和西部书园，此后沿用“拙政园”名称的只是其中部（童寯，1963；刘敦桢，1979；谢孝思，1998）。嘉庆年间归海宁查姓、平湖吴姓，太平天国时为李秀成忠王府一部，同治年间改为“八旗奉直会馆”，光绪十三年（1887年）曾大修，其中景色格局基本保持至今，但西部归富商张履谦，易名“补园”大加修缮为今之规模。民国年间改为“奉直会馆”，抗战时日军轰炸苏州，远香堂被震坏，南轩被焚毁，园内楼台亭阁逐渐倾圮荒秽。1946年国立社会教育学院迁入园中，东部辟为操场。

1951年苏南区文物管理委员会接管了拙政园，当时园中小飞虹、得真亭及曲廊皆塌毁，见山楼、绿漪亭、待霜亭、海棠春坞、听雨轩均已残败不堪。在谢孝思主持下由汪星伯具体指导按原样修复园中建筑，并配以匾额对联、家具陈设。谢孝思将当时被人占用的西花园划归园内，增筑半亭“别有洞天”，联通中西花园，1952年10月修复竣工。1954年开始全面修缮，拆除日式木屋，拙政园分为三部分:

①西部，面积12.7亩，中为曲尺形水池，东墙沿水构波形水廊，凌波跨水，蜿蜒曲折与高低起伏相结合，为苏州诸园中之游廊极则。池南主厅，北为三十六鸳鸯馆，南为十八曼陀罗花馆，四隅各加暖阁，“其形制为国内孤例……内部装修精致。与留听阁同为苏州少见”(陈从周，1980)。留听阁内“松竹梅雀”飞罩，用银杏木雕镂极，系1952年老艺人赵子康精心修复。

②中部面积18.5亩，全园精华之所，主厅远香堂，四面长窗通透，北临荷池，南为小池假山，东望绣绮亭，西接倚玉轩，坐此厅中则一园之景可先观其轮廓。循曲廊接小沧浪廊桥，东经圆洞门入枇杷园、轩廊小院自成天地，外绕波形云墙和复廊，植枇杷、海棠、芭蕉、竹子等花木，庭院布置雅致精巧（谢孝思，1998）。

③东部，即1959年在归田园居废址上建成的东园，面积约31亩，在汪星伯指导下拆除官舍，拆迁临街民宅，新建大门及芙蓉榭、涵青亭、秫香馆，疏浚遗存水池，将久已隔绝的东、中、西部池沼沟通，挖出之土于东北部堆为大阜，其上植树和铺草坪，重叠缀云峰，1960年9月竣工。1961年被公布为全国第一批重点文物保护单位，园虽变迁繁多，但明清旧制大体尚在（苏州市地方志编纂委员会办公室，1986）（图3-3）。

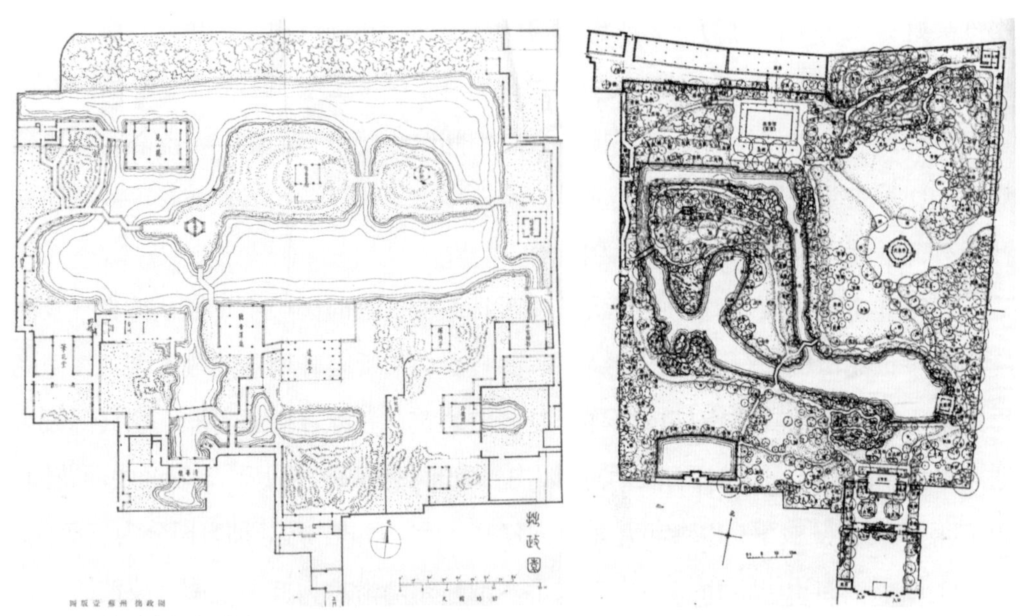

图 3-3　拙政园平面图
左：童寯绘制的拙政园（1936 年前后）；右：刘敦桢绘制的拙政园东园（20 世纪 60 年代）

东园的总体布局，从“通幽”“入胜”两洞门进入，隔一花木小院，正中为 1957 年建成的兰雪堂，取自李白“独立天地间，清风洒兰雪”诗意。据明代王心一之《归田园居记》所载，原兰雪堂面阔五楹，“东西桂树为屏，其后则有山如幅，纵横皆种梅花，梅之外有竹，竹邻僧舍”。重建拙政园东部时尽量按原来格式恢复，谢孝思在他的《苏州园林品赏录》中对东园各处重建、修整都有详细描述，现编辑简略如下：兰雪堂玲珑雅致，堂中置彩绘“拙政园全景图”（原隔板裙板上刻二十四孝图毁于“文化大革命”期间）。堂北明代遗下假山残迹经修整而成东园最佳景观，此为土包石假山，幽篁丛树、接叶连阴，极幽邃野逸之趣（谢孝思，1998）。山左两峰奇崛平峙，名“联璧”，山之巅一峰高出树杪，名“缀云”，为汪星伯指导恢复。小山北临广池，名“涵青”，山麓一带堆砌自然，大抵犹存明代当年模样。循缀云峰沿青池石栏，尽头为芙蓉榭（当年王心一筑归田园居时，这里为一派水乡景观，所谓“池广四五亩，种有荷花，杂以荇藻，芬葩灼灼，翠带柅柅，修廊蜿蜒，驾沧浪而度，为芙蓉榭”）。再北穿过梧桐香樟林，一片旷朗草坪，林际建天泉亭，亭北土山一带崎岖上下，枫杨黑松蓊郁一片，西头尽处为秫香馆，馆前临树荫广场，围以石栏，下有清溪，环绕明代留下的土山。

秫香馆西穿松径即为东中两园交界之复廊，漏窗 20 余扇，东西景色隐约穿透。

再一路由兰雪堂向西，经梅花玉兰土坡至涵青亭，依墙而建，北面池水一方，池北草坪一片，在苏州园林中别创一格；对面放眼亭高踞土山南面，登亭东园诸景皆在足下，山麓一派天然山水，如王维诗、如柳州记，苏州园林景色中堪称上选（谢孝思，1998）。

谢孝思指出，当时修园原计划分两步，而此为第一步计划的实现，与中部相比还有逊色：空间太少、缺少分隔、建筑松散、缺乏联系，至于叠山理水，绿化陈设都尽有文章未做。然而在拙政园中出现草坪，其实是和中国古典园林相违的，可能是和当时有来自“将园林修建成公园”的压力，为适应现代群众游览休憩的需要，有着沿袭传统、探索新意之举。也可能只是如谢孝思所说是第一步计划，暂时以草坪填补以待后续规划，从今天的情况来看，有此一方开敞空间供户外活动，也不失为一个得当的处理。

刘敦桢对拙政园东园的重建持肯定态度，如是评说，“布置了大片草地和茶室、亭榭等建筑物，具有明快开朗的特色。草坪之西隔水有土山，山上树木森郁，四周曲水萦绕……夹岸绿柳成行，繁花弥望，山巅立亭名放眼，水际安榭名芙蓉，各成构图中心……新建秫香馆规模远远超过旧式厅堂，尺度与开阔的园景颇为相称，局部湖石池岸与叠石峰沿袭传统做法而有创新”（刘敦桢，1979）（图 3-4）。

陈从周认为拙政园中部旧时规模所存尚多，西部补园已大加改建，然布置尚是平妥。然而有几点批评，如“水池驳岸，本土石相错，如今无寸土可见，宛若满口金牙”（陈从周，1979）；拙政园芦苇丛中竟建石矶，更不知是何用意……不仅与文徵明拙政园图土岸多于石岸，大不相侔，且池水面积日小，令人为之一叹（图 3-5）；而今拙政园入口在东部边门，大悖常理等等（陈从周，1999b）。由此可见，陈从周先生的观点是修园应严格恢复原貌。其实，苏州现存的园林，包括拙政园都是清同治、光绪年间之后的，要完全依照某个年代修整或修复已是不太可能。20 世纪 50 年代采用选用现成的构件再组装的办法应该是最好的，即使有着瑕疵终究是瑕不掩瑜。

图 3-4　拙政园东园
左：开阔水面及草坪；右：浮翠阁（摄于 2014 年）

图 3-5　拙政园中部黄石岸与芦苇（引自：刘敦桢，1979）

2. 留　园

留园原为明代嘉靖年间太仆少卿徐泰时私园之东园，建于万历二十一至二十四年（1593—1596 年），园中有宋花石纲遗物“瑞云”“冠云”两峰，盛极一时。

至清初已显颓势，乾隆朝瑞云峰被移至织造府供奉御览。嘉庆年园归道员刘恕，集太湖石 12 峰，因多植白皮松故更名“寒碧山庄”，又名“花步小筑”，俗称“刘园”。光绪二年（1876 年）归盛氏，取“刘”与“留”谐音，改为“留园”，经 12 年扩建修整，吸取诸园之长重加扩建，盛氏的留园成为苏州最精致的古典园林，名冠天下，谓“吴中第一名园”（图 3-6）。

1935 年，谢孝思游览留园并留下如此记述：“其间山林泉石幽深曲折，厅堂富丽堂皇，布置陈设古香大雅，壁间书画都是文徵明、董其昌、刘石庵等明清大家真迹。”但到 1946 年再来留园时，却看到留园“几乎成了一片废墟，惨淡凄凉

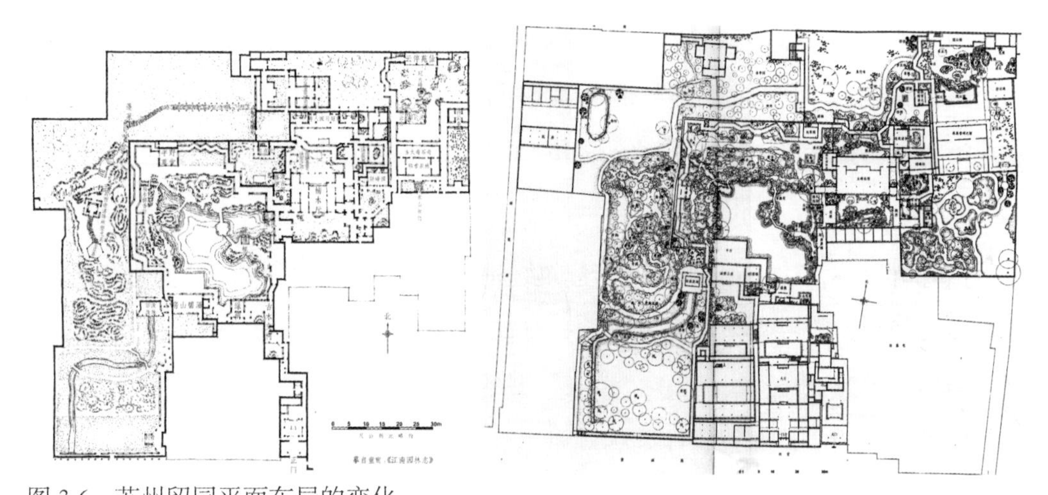

图 3-6　苏州留园平面布局的变化
左：童寯 1936 年前后绘制（引自：童寯，1963）；右：刘敦桢 60 年代绘制（引自：刘敦桢，1979）

难以尽述”，当年俞越《留园记》认为“得以长留在人间者”，至此竟成泡影（谢孝思，1988，1998）。留园是苏州园林中受损最为严重的一座古典名园，但幸好古树和一些建筑遗迹犹在，遂下决心于 1953 年重点抢修留园。工程由谢孝思负责，由王国昌设计，王立成营造厂承包施工。王国昌（1903—1957 年），吴县（今苏州吴中区）香山人，参与留园、拙政园、狮子林、孔庙、双塔、虎丘塔等工程的修缮工，是一位杰出的“香山帮”建筑工匠。香山匠人在明初时出了个工部左侍郎蒯祥，此后香山匠人名声大振，独霸苏南建筑市场 600 余年。王立成营造厂主人王汉平联合了当时的 8 家营造厂修缮留园，但未留下惯见的承建碑。在留园修复工程中，他们起到了重要作用，如中部花墙图案精美的漏窗、楠木大厅的水磨大砖地坪、鹤所等处的磨砖窗框都是工人的精心之作（谢孝思，2008），据说王汉平还把自家的一只大花瓶拿来作了可亭的亭顶。笔者在此不厌其烦地写下这段文字，就是要强调中国古典园林就是文人和哲匠合作的成果。

留园以空间处理见长，建筑空间处理颇为精湛，厅堂宏敞华丽、装饰精雅，有节奏的空间联系衬托出各庭院的特色（图 3-7）。园分中、东、西、北四部分：中部以水展景，楼阁绕山石，贯以长廊小桥，十余棵古树置于其中；池西南主厅涵碧山房年代最久，厅前小院，后临荷池，东侧贴明瑟楼，再虚接“锁绿”“绿荫”水轩，其间一株高大的青枫；涵碧山房西侧顺爬山游廊而上，山以土为主，黄石堆砌，其间驳岸陡峭、山径曲折、高低起伏，俨然天成（惜其中有的山径间以湖石，有不协调之感)（谢孝思，1998)；循游廊至山顶即闻木樨香轩，山石掩映、桂花丛生，为全园最高点。荷池东曲溪楼一带重楼杰出，以主厅五峰仙馆（楠木厅）为中心，还我读书处、揖峰轩、汲古得绠处等围绕四周，平面上曲折多变；池北堆山，山上绿荫中只有可亭，显得空灵。

揖峰轩以东，为古典园林厅堂、建筑之精品——林泉耆硕之馆，北面方梁雕花、南面圆梁朴素，前后梁架形式不同，竟有鸳鸯之意，故称“鸳鸯厅”（陈从周，说园)。其北主峰“冠云”，旁立“瑞云”“岫云”两峰，周围一组建筑群，其布局以突出冠云峰为主，而鸳鸯厅则为观赏冠云峰的最佳处。冠云峰之北建冠云楼以作屏障，登楼可远眺虎丘（刘敦桢，1979）。

留园之西部，大假山为主，漫山枫林，亭榭一二，南面环以曲水；园之北部较为空旷，西部为山林，与东南建筑群形成参差对比。原有的菜花楼旧构已毁。20 世纪 50 年代修整时，砌曲岸花坛，广植海棠、梅、桂、山花野草，平地造竹园，

图 3-7　苏州留园
上：中部北面山池——小蓬莱（摄于 2014 年）；下：清风池馆和濠濮亭（引自：邵忠，2001）

后改作月季园，不如旧观多多（谢孝思，1998）。陈从周称“东园一角为新辟，山石平淡无奇，不足与旧构相颉颃了”，又谓西部园林“唯该区假山，经数度增修，殊失原态”。

据谢孝思回忆及《苏州园林志》记述，留园的整个修整是把握留园的总体结构和景点脉络，既有按原貌修复，也有适当改建，具体处理上主要有以下几点：

①在原址修复古建筑。如清风池馆，池中的小蓬莱，到东部的还我读书处，中部北面的远翠阁、汲古得绠处等均在原址上恢复起来。可亭在池北山岗之上，平面六角、飞檐攒尖，1953 年重建。

②园中长廊联接有所改变。从涵碧山房西首上山，经闻木樨香轩沿云墙而下，折东过一段旷地接远翠阁，过渡到五峰仙馆，东接林泉耆硕之馆西侧。

③中部远翠阁与五峰仙馆后院间，筑了一道花墙接汲古得绠处，既成为中、东两园景分界，又把汲古得绠处小轩衬等更加幽雅，为得意之笔。

④五峰仙馆前院，原有假山上作 12 生肖形态，经荒废而不可修复，改为堆成大型湖石假山，是修整时经画家和叠石巧匠商量而成，灵巧自然，堪称佳构（谢孝思，1998）。

⑤小蓬莱为中部水池重要景点，当时仅存 2 座荒岛，遂修建亭子、平桥、红栏、花架，得以恢复，有游过此地的老人赞许为超过当年（图 3-7）。

⑥佳晴喜雨快雪之亭，位于林泉耆硕之馆院西侧，是由盛氏时的亦吾庐楼改建。原佳晴喜雨快雪之亭在五峰仙馆后院，今为一排花墙。

⑦北部“又一村”处仅余荒地，北部建筑为重建，改置葡萄架，蜿蜒曲折，盆景园圃竹篱相围，呈其田园风味。增设“小桃坞”接待室。

⑧西部假山，漫山枫林，有亭“至乐”，平面六边形，顶为六角庑殿顶，仿天平山范祠御碑亭略变形，江南园林中罕见，另有“舒啸”亭，下临清流，是重建改名。

⑨用文物管理委员会收集的名人书画、瓷器、鼎彝、条石等文物及红木家具等重作陈设布置，并请书画大家缮写匾额，如沈尹默书“仙苑停云”，汪东书“林泉耆硕之馆”等。或采用集帖放大采用，如“佳晴喜雨快雪之亭”集王羲之书，“清风池馆”集苏东坡书，“闻木樨香”集米芾书等。

谢孝思用“出色”来评价当年修复留园的浩大工程，被称为“修复古典园林史上的奇迹”。

3. 网师园

网师园位于苏州葑门之内，原为南宋吏部侍郎史正志万卷堂故址，称“渔隐”，后荒废。乾隆年宋鲁儒购其建别业，改名“网师园”，后归太仓瞿远村。钱大昕作《网师园记》，“……瞿君远村……买而有之，因其规模，别为结构，叠石种木，布置得宜，……石径屈曲，似往而复，沧浪渺照，一望无际”，今网师园的规模和景物建筑都是瞿园旧物（谢孝思，1998）。之后几经兴衰有所增补，辛亥革命后曾归张锡銮，改称“逸园”，最后归属同盟会元老、文物鉴赏家何亚农所有，其园大体完好（图 3-8）。

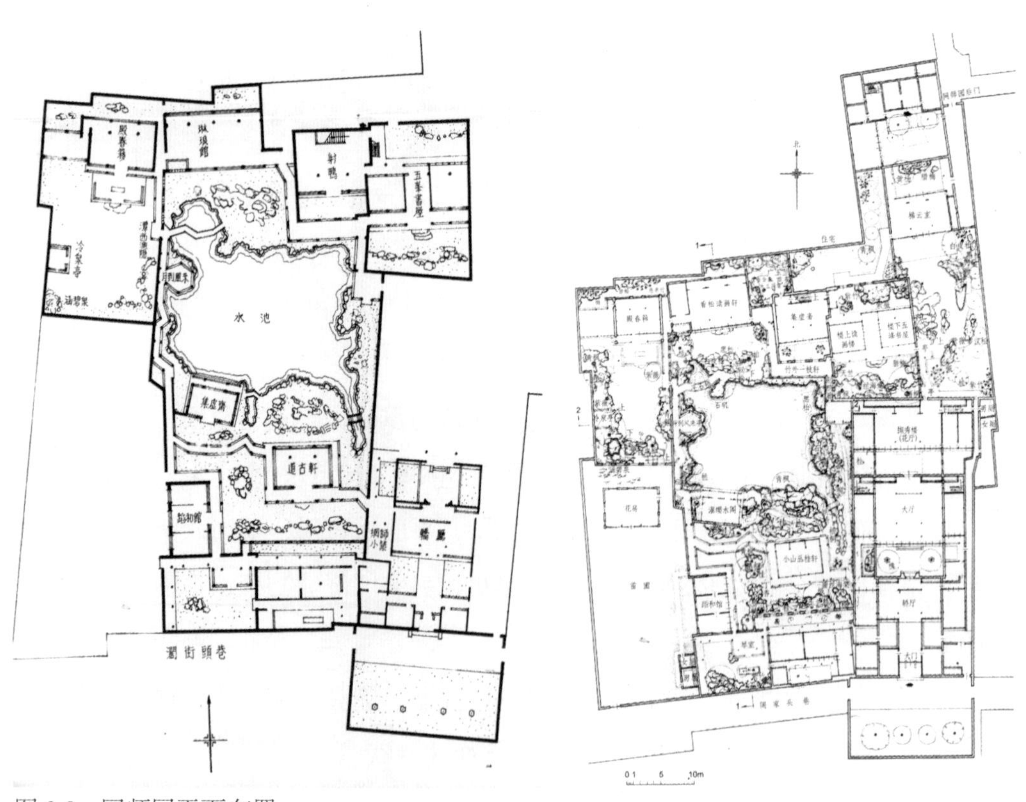

图 3-8　网师园平面布置
左：1936 年前后童寯绘制（引自：童寯，1963）；右：刘敦桢 60 年代绘制（引自：刘敦桢，1979）

1950 年何氏子女将网师园捐给国家，曾一度驻军，后被苏州医学院附属医院占用大部，1958 年由园林管理处接管抢修。在园内疏泉叠石，重建月到风来亭，新构半亭置灵璧巨石（由桃花坞费仲深宅园迁此），新建梯云室及该处庭院，增辟涵碧泉、冷泉亭等，并精心配置家具陈设，东邻圆通寺法乳堂也归该园使用。1959 年 9 月开放游览，1963 年被列为苏州市文物保护单位。1979 年园林处组织讨论向美国出口园林建筑方案时，陈从周建议，以园中殿春簃庭院为蓝本，得到美方同意。1981 年将法乳堂及庭院扩建为云窟。1983 年受中国建筑学会委托，园林局精心制作网师园宅园模型参加巴黎蓬皮杜文化艺术中心展出。

网师园突出以水为中心，中部花园水池居中，略呈方形，聚而不散，仅在东南、西北角向外分出水湾，环池亭阁山水错落映衬，廊庑回环。各个主要建筑都自成庭院，一径经假山前进入小山丛桂轩，池北看松读画轩藏于水湾之后，隐于树丛之中，花坛两边百年松、桂花老树一左一右；东侧集虚斋隐于竹外一枝轩后，登临斋楼可望“天平”“灵岩”诸峰；池南濯缨水阁轻灵，“云冈”假山厚重，两者相对产生很好的对比。主花园池区均用黄石叠加，其他庭院则用湖石，不相混杂。园之东部有宅数进，组成庭院两区：南面小山丛桂轩、蹈和馆、琴室为居住、宴用的小庭院；北面是五峰书屋、集虚斋、看松读画轩、殿春簃等书房为主的庭院区（刘敦桢，1979；陈从周，1956；邵忠，2001）。

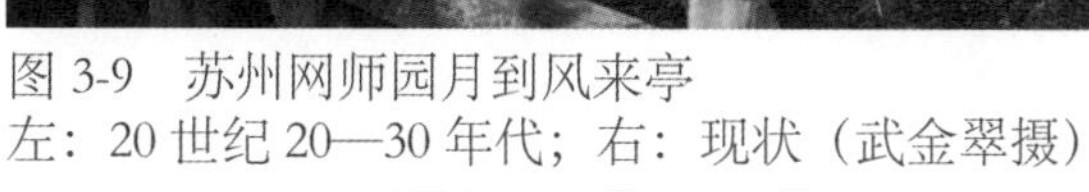

图 3-9　苏州网师园月到风来亭
左：20 世纪 20—30 年代；右：现状（武金翠摄）

网师园仅 9 亩，陈从周誉为“苏州园林小园极则，在全国园林中亦属上选，是以少胜多的典范”。刘敦桢誉其“主题突出、布局紧凑，沿池布置简洁自然，空间尺度斟酌恰当……尤以精致小巧著称，摒除了堆砌罗列的繁琐风尚，可视为苏州中型古典园林的代表作品”（图 3-9）。但陈从周对新建的网师园东部颇有微词，“网师园以水为中心，新建东部，设计上既背固有设计原则，且复无水，遂成僵局，是事先对全园未作周密分析，不假思索而造成的”（陈从周，1984）。

四、南京瞻园——建筑学家刘敦桢修复的名园

瞻园是南京仅存的两座古典园林之一，与上海豫园、无锡寄畅园、苏州拙政园和留园并称江南五大名园。原为明中山王徐达府邸之西花园，太平天国时先后为东王、幼西王府邸，太平天国亡时毁于兵火。清同治及光绪年间曾两次重修但非原园景况，民国时曾为江苏省长公署、国民政府内务部、水利委员会、中统及宪兵司令部看守所等，两朝名园沦为败庑荒草（南京市地方志编纂委员会，1997）。

瞻园以山石驰名，“山石传系宣和遗物，下有七洞，南临水涯。静妙堂前后方池，有沟可通。咸同战后，景况全非”（童寯，1963）。园中有遗存“倚云峰”“仙人峰”两块花石纲遗石。1957 年太平天国历史博物馆迁入，翌年开始修缮瞻园。

瞻园整修分先后三期：第一期，1958 年起至 60 年代，由刘敦桢主持修缮（见第四章），他偕同张仲一、朱鸣泉测绘瞻园现状平面图，后有建筑理论及历史研究室的金启英、詹永伟和叶菊华参与，苏州园林管理处古典园林修建队承建，1966 年基本完工，“文化大革命”开始后被迫停工，据称单太湖石就用了 1800 余吨。修整工程主要是在静妙堂南，临池增叠仿天然溶洞的湖石假山一座；园东沿墙建曲廊、水榭和花篮厅；在园北原有的湖石假山之巅，拆除茅亭，改建石屏（叶菊华，1980）。

第二期，1985 年扩建，由叶菊华负责规划设计，吴县古建筑公司承建。主要是延续刘敦桢 1965 年的规划，当时考虑时代特点设计了草坪，力求在景观上与旧园形成不同的对比。扩大园林面积 4000 平方米，修建楼台亭阁 13 处，1987 年完成。

20 世纪 80 年代修复后的瞻园东西二园合一，体现江南山水特色，全园布局简

洁开朗。主厅静妙堂居中，三面山水环抱，东面曲廊庭院，南、北依山各有池水一泓。北假山陡峭雄峙，山顶建石壁，气势不凡，山腹藏洞，山下石板曲桥紧贴水面，石矶伸入水面，有如铜镜之水镜石。西假山蜿蜒连绵，土石浑然一体。林木葱茏，山上筑“岁寒”“扇面”两亭，山间藏有盘石洞。南假山巍峨嶙峋，仿天然溶岩，钟乳石悬挂，三叠瀑飞泻，池岸石壁纹理自然。而三座假山的面积竟占了全园的30%，在江南园林中极少见者，仅次于环秀山庄。同时扩建的有翼然亭、碑廊、迎翠轩、一览楼和清风爽籁堂，还建了草坪（叶菊华，2013）。

第三期，2007年拓展北部，要求部分恢复瞻园历史风貌，占地规模达1.33公顷，叶菊华具体指导，南京市园林规划设计院承担扩初和施工图设计。在园林布局上依然延续瞻园以山水为主的骨架，引入瞻园水系，中部设较大水面，建筑绕池布置，水池西侧环壁山房为主体建筑，划分园景为东西两部分，东为主、西次之，周边穿过廊、榭、楼、舫等设置若干小庭院（叶菊华，2011）（图3-10）。

刘敦桢主修时，瞻园仅留下了大假山、主体建筑静妙堂、水池及廊子。他提出“这座园子以山为主、水为辅，建筑只是很少的点缀，只把建筑修复，增加几个入口的小院子，其他维持原状”。因此，基本保存北侧石假山、北池和部分原有建筑，重点新建临街的大门和与其相关的廊轩、幽庭和水院以及附有曲折水洞和钟乳石崖穴的南部石山，扩拓北假山的大石壁，新辟其东北隅的水湾与园西侧的溪流（刘叙杰，1997，2008）。

对北假山、曲桥和西侧假山作了小修，西山顶新建扇形亭一座。如拆除山巅薇亭，改用按大斧劈皴法叠成的大石屏，犹如削壁，静妙堂远望，效果较好（叶菊华，2013）。对西假山保留其土山基本特征，但在山脚及局部适当用石以固土壤，土石相错，漫山竹林、树木得以滋生，增辟三猿洞，颇显古意，山脊上曲径蜿蜒盘旋，山巅建扇亭。

为挡住园外的建筑和树木，在南围墙侧叠假山（即南假山）是最大的工程。叶菊华记述了当时刘郭桢对此座假山的设计设想：首先，静妙堂南面离围墙近30米，假山占了10米深度，留下空间有限。因此从布局考虑，在堂前做大点水面，后面用汀步分隔出小水面，如此假山可筑高，从静妙堂看来会有层次感。其次，设计个山洞，两边叠石假山成柱体支撑整个假山，临水面设计7米高的陡峭石壁

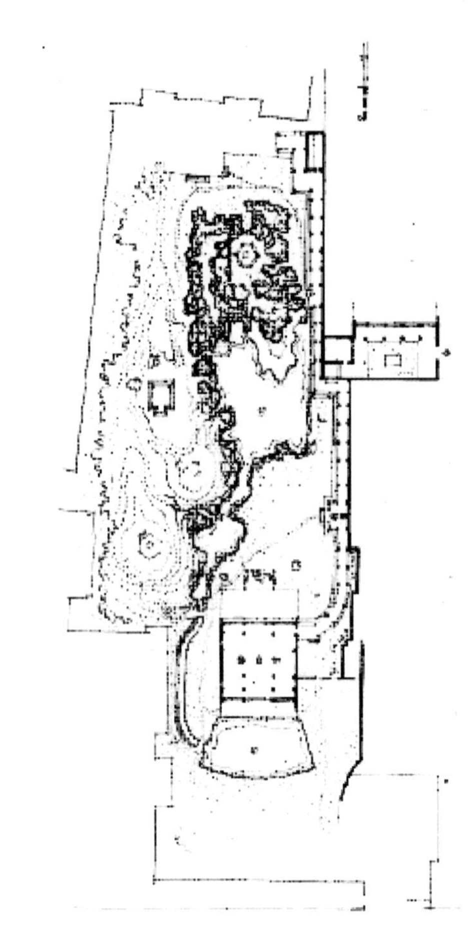

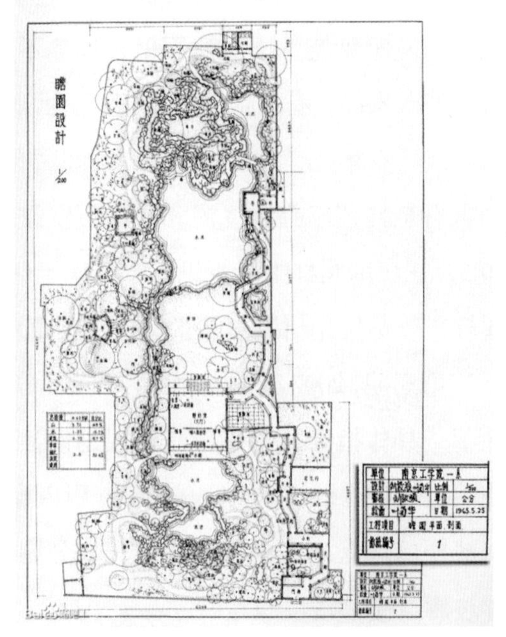

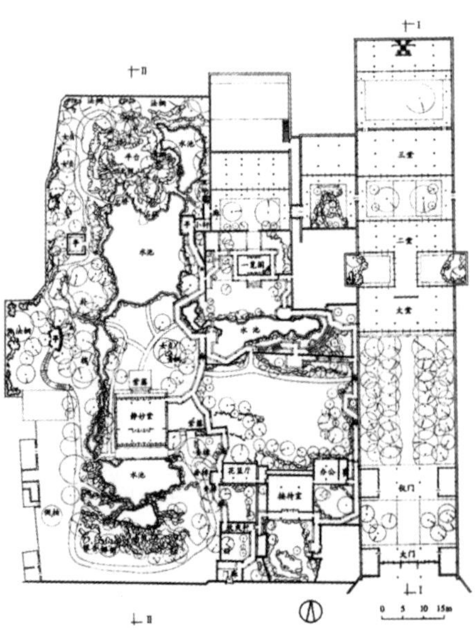

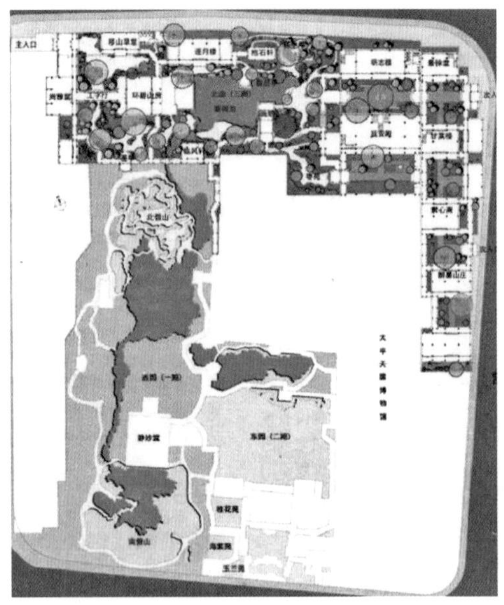

图 3-10　不同年代南京瞻园平面布局
左上：1936 年童寯绘现状图（引自：童寯，1963）；右上：60 年代刘敦桢修复设计图（引自：刘敦桢，1987）；左下：叶菊华主持瞻园扩建北园后的瞻园平面布局；右下：80 年代修整图（引自：叶菊华，2013）

撑住后面的堆土，假山为石包土种植黑松以挡外面街景。为使假山与静妙堂协调，设计山石从两边转下，而土从两边卷过去，从石包土转入土包石、再到土，有山从土中长出的感觉，为了绿化假山留了许多洞。在叠南假山时换了几位叠石师傅都未能准确领会刘敦桢的原意，后制作模型沙盘再叠山，完成模型后经4年才叠成，后多人评价“南假山是解放以后至今叠得最好的假山”（叶菊华，2007），这是刘郭桢把现代建筑学家惯用的制作模型的手段用到传统造园实践中的成功范例（图3-11）。

图 3-11　瞻园南假山（摄于 2016 年）

五、上海豫园——陈从周的情结

豫园是明代上海人潘允端（字仲履，号充庵）的花园，明末清初几度易主，园中亭台倾圮参半。至清乾隆二十五年（1760 年）当地乡绅集资购得豫园的土地，大体上依照原来的布局进行修复与重建；清道光二十二年（1842 年），英军进入上海屯兵豫园；清咸丰三年 (1853 年) 小刀会起义，豫园点春堂为其城北指挥部，后为清军队驻扎；太平军攻打上海时，清政府又请外国军队协助守城在豫园驻兵。几经战乱，豫园大部分景点不存，1871 年《同治上海县志》记西园面积为 36.9 亩。1937 年“八一三”战事爆发后，香雪堂被日寇所焚，其余建筑及古树虽幸存但长期无人维护。到 1949 年古建筑大多破漏不堪，有的改作民房或营业场所，园内假山部分倒坍，景色面目全非。

1956 年上海市政府拨专款修复豫园，整修和重建了被毁坏的三穗堂、玉华堂、会景楼、九狮轩等古建假山。同时疏浚淤塞的池塘，西园和东园连接一起，而把湖心亭、九曲桥等划出园外，1961 年对外开放，但当时未能全部修复，接着在“文化大革命”中又遭到破坏。1978 年后开始重新修整，1986 年参照乾隆年间的布局整修东部景点，包括玉玲珑、玉华堂、会景楼、九狮轩等一带景区（图 3-12）。同时拆除“文化大革命”时建的防空洞，重建青石环龙桥，扩大水面，修建积玉假山、浣云假山、玉玲珑照壁和百米积玉水廊，然后是修复内园的古戏台，新建两侧双层清式看廊，陈从周题名为“曲苑”（《上海园林志》编纂委员会，2000）。

图 3-12 上海豫园 1956 年重建之玉华堂（左侧）、玉玲珑之照壁（右侧）（引自：路秉杰，2014）

修整完工，陈从周撰写了《重建豫园东记》（1987 年），实录于下：“上海豫园昔擅水石之胜，百余年来，东部增改会馆市肆，景物之亡久矣。余每过其地，辄徘徊慨叹不已，虽风范已颓，而丘壑犹仿佛似之。建国后，百事昌盛，朱理区长有鉴于斯，遂拆市屋，还玉玲珑巨峰，稍事修整，余偕乔君舒祺参与其事，惜匆匆未善也。越三十年，董君良光来主豫园事，每感园之不足，就商于余，必欲复其旧观，而愿始遂。余欣然应命，退而细考潘氏《园记》与今日之实况，于是叠山理水，疏池浚流，引廊改桥，栽花种竹，以空灵高洁之致为归。锐意安排，经营期年，园隔水曲，楼阁掩映，初具规模矣。接笔之作，自惭续貂，良光坚属为记，可敢辞？爰述始末如此。园之成，承上海市文物保管委员会督导，与门人张建华、蔡达峰两君之助，不能不记入者。”

在此陈从周先生明确了豫园修整有乔舒祺参与，上海市文物保管委员会督导，学生张建华、蔡达峰相助。

陈从周能主持豫园修缮缘于刘敦桢的推荐，在新中国成立初刘敦桢应邀主持修复上海龙华塔，陈从周参与其中。1956 年修豫园时上海市再次邀请刘敦桢，刘看了豫园情形后，推荐了陈从周为顾问，从此陈从周与豫园结缘。用当时社会文化处杨嘉佑的话说“尽管没有正式任命，来的次数最多，提的意见也最多”(图 3-13)。陈氏弟子路秉杰在《陈从周与上海豫园的修建》一文中对此有详细记述，因陈从周不善绘工程投影图，遂在陈指导下由乔舒祺具体绘图，还曾请苏州汪星伯来讨论假山修复事宜，陈从周的学生路秉杰和喻维国参加，施工为江玉生带领的原江裕泰营造厂老匠人，以及从南汇和苏州请来的老山师和工匠们，形成豫园修复工程的队伍（路秉杰，2014）。

在20世纪50—60年代，上海多数古建筑修复是由民用建筑设计院测绘设计，并担任施工技术指导的。其中乔舒祺、郭钧伦等是其中代表。乔舒祺一度专为文物部门工作，担任龙华塔、豫园、嘉定孔庙、一大会址等修复的测绘及设计。乔舒祺自小在父亲开的营造厂里学徒，自学建筑后在上海申请开业当了10年建筑师，再开设乔记营造厂，新中国成立后进入建工局设计室，即后来的民用建筑设计院工作。

后来郭钧伦收集古代文献中关于豫园的资料，结合百年来豫园的变迁，经过仔细推敲后，精心绘制了《豫园复原全景图》，并撰写了近万字的文章，于1964年在《建筑学报》第六期上发表。上述陈从周所说之学生蔡达峰，于1985年毕业于同济大学建筑系（硕士），当时在上海文物管理委员会工作，应是以文管会和陈从周学生双重身份参与豫园修缮，蔡达峰后来担任复旦大学副校长、第十三届全国人大常务副委员长，民进中央主席之职。

图3-13　陈从周在豫园现场指导（1987年）（引自：路秉杰，2014）

第二节　20 世纪 50—60 年代建设的主要城市公园

一、20 世纪 50—60 年代的城市公园建设

新中国成立后 10 年中，城市公园建设与发展基本上经历了两个过程：先是在 1949—1952 年的国民经济恢复时期，各地主要是整理、修复旧公园，仅新建少量公园；然后是在第一个五年计划时期，各地公园建设活跃，之后是“大跃进”，又遇向国庆 10 周年献礼，有大量新建公园落成开放。如 1949 年时全国 136 个城市仅有公园 112 处，1959 年时全国 177 个城市有公园 509 个，增加近 400 座（柳尚华，1999）。但“大跃进”后国民经济进入困难时期，随之为 60 年代初的经济调整期，公园建设速度和质量都有明显下降。

这个时期新建的公园包括几种类型：①由原来的皇家园林、私家园林及一些遗址上整修及改建的公园；②没收违反新社会道德观念的旧社会游乐地，如跑马场、跑狗场等建造公园；③结合城市环境整治建设的公园；④从苗圃、风景名胜以及新辟土地建造的公园等等。当时用“人民”“劳动”“解放”“和平”等词来命名公园的很多，另外几乎每个城市都有革命烈士公园，同时也出现一些专类园和专业园，如儿童公园、体育公园、文化公园、国防公园、动物园、植物园等。在那个年代很重视儿童公园建设，几乎每个城市都有但园名有所不同，如北京就名“红领巾公园”，儿童公园一般规模不大，但都安排了图书馆、阅览室这类设施，是新中国成立后城市公园建设中一个十分醒目的特点。

在 20 世纪 50 年代扩建改造及新建的比较著名的大型城市公园，如北京的紫竹院公园、陶然亭公园，上海的人民公园、西郊公园、长风公园，杭州的花港观鱼公园，武汉的解放公园、汉阳公园，广州的四大人工湖公园，成都的百花潭公园，太原的迎泽公园，西安的兴庆公园（后更名为“兴庆宫公园”），哈尔滨的斯大林公园，沈阳的劳动公园，合肥的逍遥津公园等（表 3-2），它们至今依然是

这些城市的名片。从新建公园的造园手法来看，一般采用西方城市公园拥有开放空间的设计理念，运用自然风景式格局，同时都十分注意结合中国传统造园艺术，也有以传统造园手法为主，典型的如杭州借西湖景点扩建的花港观鱼公园等。然而，当时城市公园设计受到苏联的影响十分明显，主要学习其文化休息公园设计模式，这源于苏联专家对高尔基公园（1928）建设实践的经验总结（见第三节），把公园与政治教育结合成为当时的时代特点。

在20世纪50年代城市公园建设的第一个高潮中，主持及参与公园规划设计的人员，基本是以民国时期形成的专业队伍为主，也有在新中国成立前后几年中从建筑、造园、园艺等专业毕业的新生力量，以及少数国外归来的留学生。经过多年实践逐渐形成了我国公园设计的一些基本特点，可归纳为以自然式为主，兼有多种功能并按功能分区，重视种植设计，注重传统造园艺术的应用，同时融合中外风格，结合当地自然条件、历史和文化形成公园特色。

表3-2　20世纪50—60年代初全国主要省会城市（含直辖市和自治区首府）新建及改建的主要公园概况

城市	主要改建、扩建和新建的公园
北京	陶然亭公园（1952年，新中国成立后第一个），龙潭公园（1952年），紫竹院公园（1953年），天坛公园（修整），动物园（1955年定名），东单公园（1955年），香山公园（1956年），植物园（1956年），红领巾公园（1958年），团结湖公园（1958年），日坛公园（50年代辟），人定湖公园（1958年），月坛公园（1955年辟），　北海公园（保存最好的皇家园林之一，新中国成立后修整）
上海	1950年修复昆山公园；1951年建成人民公园、西康公园、绍兴路儿童公园、靖江路儿童公园、复兴岛公园；1952年建成波阳公园、华山儿童公园；1954年建成西郊公园、普陀公园、曹杨公园；1955年建成海伦儿童公园、静安公园；1956年建成友谊公园（临江公园）；1957年建浦东公园；1958年建成长风公园、杨浦公园、平凉公园、淮海公园、桂林公园、漕溪公园；1959年成建和平公园、法华公园（天山公园）；1960年建成红园、松鹤公园
天津	人民公园（1951年对外开放）
哈尔滨	斯大林公园(1953年)，八区体育场（1953年），哈尔滨市儿童公园（1956年），太阳岛风景区（1956年），文化公园（1958年），江畔公园（1959年扩建），建国公园（1959年）
长春	南湖公园（伪满水源地，新中国成立后扩建），胜利公园（1948年后重新规划），劳动公园（1958年）
沈阳	南湖公园，北陵公园
太原	迎泽公园（1954年）
济南	千佛山名胜1959年辟为公园

（续）

城市	主要改建、扩建和新建的公园
郑州	碧沙岗公园，人民公园
合肥	逍遥津公园（1950年）
南京	1953—1957年建成绣球公园、太平公园、九华山公园、和平公园、栖霞山公园等，1958年建成清凉山公园
杭州	花港观鱼公园（1956年），植物园（1956年），以及环绕西湖建设的公园
南昌	人民公园（1954年）
武汉	滨江公园（1953年），解放公园（1953年，原汉口赛马场），滨江公园（1953年），江汉公园（1955年），汉阳公园（1956年），硚口公园（1957年），莲花湖公园，青山公园（1959年）
长沙	烈士公园（1953年），麓山景区（1953年），橘州公园（1962年）
福州	西湖公园（1950年扩建，修复荷亭、林则徐读书处、兰花圃，1969年成为“五七农场”），烟台山公园（1962年），罗星塔公园（1963年），动物园
广州	兰圃（1951年），越秀公园，沙面公园，文化公园，流花湖公园，荔湾湖公园，东山湖公园，麓湖公园，华南植物园，广州动物园，晓港公园
南宁	人民公园（1956年）
昆明	儿童公园
成都	文化公园（1951年），百花潭公园（1953年），人民公园（少城）
重庆	鹅岭公园（1958年改建），南山公园（1959年，后改植物园）
西安	兴庆公园，西安植物园，劳动公园（1958年），新风公园（20世纪60年代）
银川	人民公园（1959年）
西宁	人民公园
乌鲁木齐	人民公园

国家在不同时期对城市园林绿化的政策，不仅影响公园建设的数量，也对公园设计方向起了决定性的作用。北京市在20世纪50—60年代的园林绿化进程，基本可反映全国的城市公园建设情况。在50年代前半期（1957年前）中央政策稳定、方针明确，为公园建设打下较好的基础，但当时缺乏建设和管理经验，也缺乏规划设计的技术力量，施工略显粗糙。1958年提出“大地园林化”和“绿化结合生产”

方针，1959 年提出以“迎接建国十周年，改变园林面貌”为纲，1960 年提出以“绿化美化发展生产”为纲，1961 年以“园林绿化为主，大搞生产”为方针，1962 年又改为“以园林绿化为主，结合生产，加强管理，提高质量”。1963、1964 两年，北京市领导再次提出大量发展花卉，大搞万紫千红，美化城市。1964 年全国开展了设计革命，园林系统批判了园林设计中的“小桥流水”，此后设计不敢再谈继承、发展园林风格和特色，不敢提倡艺术创造，造成了设计思想上的混乱（北京地方志编辑委员会， 2000）。

二、北京从皇家废址上改建的现代公园

新中国成立初期北京在城市公园建设方面，主要修复民国时期已有的一些旧公园，并向公众开放，当时全城只有 7 座公园，如北海公园、中山公园、景山公园、颐和园等。正如余树勋指出的，“北京的公园很多都是封建社会留下来的皇家园林或私家园林，让百姓进来欣赏，也谈不上公园设计”。

之后陆续兴建了 10 余座公园，但总数不及同时期上海新建的公园多（表 3-2）。北京新建的公园，大多在原皇家园林遗址或废弃地上建造的，主要有陶然亭公园、紫竹院公园，还有规模相对较小的龙潭公园、日坛公园、月坛公园、东单公园等。其中，陶然亭公园、紫竹院公园是少数几个从头开始建设的公园，从而在北京乃至全国的公园规划史上都有着重要的地位。

（一）陶然亭公园——新中国成立后北京市新建的第一座大型公园

陶然亭公园所在地原是金中都城的城厢区，以后几代都为官窑厂，长年挖土烧窑而成洼地和湖泊。清康熙三十四年（1695 年）在元代所建的慈悲庵西筑亭，名“慈悲亭”，工部郎中江藻取白居易“更待菊黄家酿熟，与君一醉一陶然”诗句题额“陶然”，成京城文人雅士聚会游览之地。在 1929 年出版的《北京指南》上就标有陶然亭名胜，还是中共早期活动的重要地点，李大钊、毛泽东、周恩来、恽代英、邓中夏等老一辈革命家都在这里进行过革命活动。这里还有革命烈士高君宇和石评梅的墓，周恩来审阅北京城市总规时特地指示要保护这两位先烈的墓地（张述云，1996）。

1950 年毛泽东来陶然亭视察，说过“陶然亭是燕京名胜，这个名字要保留，赛金花要批判”（指 1936 年赛金花葬陶然亭锦秋墩）。1952 年北京继疏浚三海、龙须沟后即开始治理陶然亭周围苇塘，形成大湖环岛、沿湖山丘的基本格局。翌年开始绿化，建环湖、环岛路和山道，修建中央岛锦秋亭、澄光亭和东北山秋爽亭 3 个茅亭。之后几年，国家陆续批地扩大面积，1954 年将中南海东岸的云绘楼、清音阁两组古建筑拆迁至公园的武家窑遗址复建。清音阁建于乾隆年，为皇家听乐品箫之地，建筑设计别致，楼下有题字“印月”意为看水中之月，及“韵磬”表示楼之平面形状。1955 年又将西长安街的两座牌楼迁建在园内东、西湖桥的两头（1971 年被江青下令拆除），1956 年将慈悲庵划归公园。当时统计公园有草皮 2600 平方米、乔灌木 12000 余株（北京地方志编辑委员会， 2000）。

北京市园林局于 1959 年在《建筑学报》上发文《北京市陶然亭公园规划设计》(图 3-14)，明确当时对陶然亭的定位，即山水风景为主的休憩公园、适当安排一般性的文化娱乐设施，总面积 79 公顷。鉴于湖面宽广、岸线曲折、丘岗起伏的地形条件，公园布局采用自然的形式、简朴的风格，创造优美的山水风景，有别于附近的先农坛、天坛等皇家园林基础上改建的公园（北京市园林局，1959）。全园中心为湖中之中央岛，由林荫路引入岛中，沿路观赏湖光山色。中央园路从开阔的树林草地向前延伸，逐渐进入山麓，坡上堆石植树，茂密的针叶树木让山岗显得幽深（图 3-15）。迁来的云绘楼建于高处与陶然亭相对，背后土坡遍植针叶树木隐蔽了平淡无奇的后山墙。原有古建抱冰堂，与 1956 年建露天剧场、舞池、游船码头等构成了一个游乐区；在有地形变化的丘岗及湖滨堆砌山石，布置山路，也采用中国传统造园手法模仿自然山水。从整个公园的设计来看，其风格与几乎同时建造的紫竹院公园颇为相似，同样采用了疏林草地的布置，建筑比重都很低，更多注重植物造景，在山石路径上的处理用了中国传统造园手法。然而，当时也对规划提出了几个问题，主要是民族风格如何与大片草地、宽阔的道路相结合，显然是对在山水园林中采用草坪的做法有疑虑的。

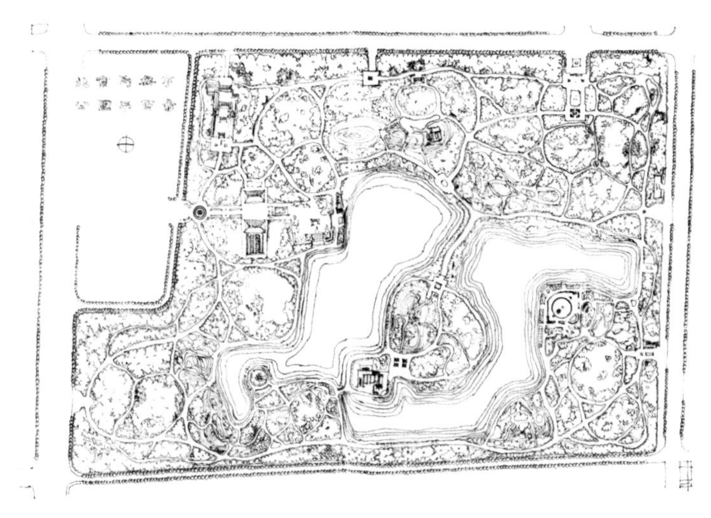

图 3-14　20 世纪 50 年代的陶然亭公园规划图（引自：北京市园林局，1959）

图 3-15　陶然亭公园示意图（现状）

陶然亭公园建园后几经改造扩建，总体的布局变化不大，而草坪还有扩大，如 1985 年时有草坪 11500 平方米，是建园初的 4.4 倍。然而它和紫竹院公园在后期的发展中方向大为不同。有意思的是这完全缘于公园的名字，陶然亭公园名中有“亭”，结果成为以亭景为主的公园，园中逐渐增加以亭为主的建筑，更是在 20 世纪 80 年代中期扩建了一个华夏名亭园，集百余座全国名亭于一园；而紫竹院公园却因“竹”成就了其成为华北第一竹园的称谓（谢玉明，1990）。

值得一提的是，由檀馨设计的华夏名亭园和紫竹院的筠石苑都获得了优秀设计奖，但对两者砭褒不一，当然并非指设计本身，而是针对“亭”和“竹”这两个主题，认为陶然亭公园建华夏名亭园似是画蛇添足；而紫竹院公园以竹立园，筠石苑为之增色不少。孰是孰非在这里不作评论，但有一点是可以肯定的，其实那都是时代的产物。

（二）自然山水园——紫竹院公园

1. 概 况

紫竹院公园于1953年建园，占地46公顷，是新中国成立后北京继陶然亭公园之后第二座新建的大型城市公园，因明清时期的庙宇“福荫紫竹院”而得名。此寺前身为明万历年间所建之万寿寺的下院，居长河南岸与万寿寺相对，清乾隆年间整修万寿寺下院而成皇家苑囿。其时，河滩上遍植芦苇，秋末秆呈紫黑色，远望如一片紫竹林。又相传观世音菩萨的道场在南海紫竹林，而万寿寺下院中正好供奉观世音菩萨，遂改庙名为“紫竹禅院”，光绪年更名为“福荫紫竹道院”。当年，光绪和慈禧由水路往返颐和园时多在此落脚小憩而成为行宫，从此地可顺水路直达昆明湖至“三山五园”，乾隆时称为芦花渡。此水即今贯穿全园之长河，是北京当年依之建城的重要水系高梁河的上游。

紫竹院在辛亥革命后依然为逊清皇室的财产，1924年溥仪将此行宫送给了京畿卫戍总司令王怀庆，后被奉军占领。日军侵占北平后，紫竹院成为日军疗养院，1946年后为国民党空军疗养院。新中国成立时紫竹院庙宇建筑仅存报恩楼、前殿区和东跨院尚完好，其他近百间殿房无存，仅有一小湖为泉水涌出之地。

1953年在此实施“废田还湖”，工程由李嘉乐规划设计，沿湖堆成起伏土山，较大的如南山、西山，创造了湖、岛、山的基本地形格局（紫竹院公园管理处，2003）。市政府决定在紫竹院一带开辟公园，按“多植树、体现自然风光、成为野景公园的建园思想”进行规划。

紫竹院公园规划设计以自然景色为主，疏林密草，充分利用原有水系，形成山环水、水绕山的山水空间，同时地形起伏变化，空间尺度舒适，层次感极强。公园东部开设为大片草地，林木环绕，草坪上布置疏落的树丛，使人一进公园就感受到完全不同的景观。公园南部设计成山林野趣，在南部堆土为连绵丘陵，主峰虎头山和中山岛的山隔湖相望打破了单调，并用植物构成自然景观，主要以树丛、树群为主。南山大片树林，林间配置榆叶梅、黄刺玫等花灌木及野漆树、山楂等秋色树种，湖边种植垂柳、黑松、枫杨。从东门至南部通过地形、植物组群及空间开合的变化，营造出变幻的美感。湖心区以两岛将大湖分割成一大二小3个小湖；西部湖面开阔作游船活动，东部湖面偏种荷花，中山岛四面环水，中央土山高达

8 米，山顶筑揽翠亭远眺全园景色(当年为茅草顶)(北京市园林局，1960)。

20 世纪 50 年代 紫竹院公园是没有竹子的，主要树种有枣、槐、云杉、灯台树、山茱萸、柳、紫薇、山楂、雪柳、丁香、白玉兰等 43 种，草坪面积 7.76 万平方米。但在总体上显得树木稀少、空旷，分隔空间及造景等效果不明显，后不断调整。1961 年扩大至 46.7 公顷，其中水面 15.15 公顷；20 世纪 70 年代初形成现在的山形水系格局；园中的主要建筑是在 1972 年以后陆续建成的，主要使其和周围景观协调，成为北京的竹景特色公园；20 世纪 80—90 年代进一步明确以竹为主的发展思路（刘少宗，2013；曹振起，2013；紫竹院公园管理处，2003）。

2. 紫竹院公园的规划设计过程

我国的诸多城市大型公园，特别是 20 世纪 50 年代初期建造的公园，基本都是逐步建设完成的。因当时园林设计技术力量不足，又限于国家财力，公园建设自会留下遗憾，因此公园建成后都有扩建、改造、提升的经历，实际上也是规划不断完善的过程。而当时，基本都是以团队的形式编写规划，必然是凝结了许多设计人员的心血，也只能说由某人主持，当然这个主持或者是总规划师是起了十分重要作用的。

紫竹院公园有据可查的至少有 4 次重要的规划过程：

第一次，1953 年前后由李嘉乐主持“废田环湖”工程的规划，当然这并非是真正意义上的公园设计，但可以说是公园的奠基工程，由此形成山、湖、岛的基本地形形态，为政府提出的建成“野趣公园”奠定了基础，也是后续规划的基本点。

第二次，1953 年确定开辟公园后的规划，从总体规划来说是实现了当时对于“郊野公园的”基本要求，以“公园要以葱郁的树木、自然的水景和简朴轻巧的园林建筑为其特点”的设计理念，来体现自然天成的山水园林特点。刘少宗称此规划是走中国自然山水园的路，但公园的布局，如入门后的大草坪以及散落的树丛形成的疏林草地，事实上是英国风景园林的主要元素（图 3-16）。从这点看，这个设计多少是受了现代城市公园设计理念影响的。这很容易理解，首先，民国时期的许多租界公园就是这类形式，它们对我国现代城市公园的影响甚深；其次，为了体现政府建造“郊野公园”的思想，这种疏林草地式的布局是最能区别于北京市内多数从皇家园林基础上建造起来的公园。

1960年北京市园林局在《建筑学报》发表了《北京市紫竹院公园规划》(图3-16)，说明公园面积42.487公顷，其中水面27%、树木草地60%、道路广场12%，建筑仅0.9%。其文字叙述有“傍临长河，有湖水和山丘起伏……茂密美丽的树木花草……在适当地段布置了大片草地……可布置自然式花群以增加色调，并注意各个不同的风景线。对现有地形只加以必要的整理，使成自然的起伏，并充分利用现有地形的优点……”，同时记述了设游泳场、儿童游戏场、露天演奏台、茶座、游船码头等（北京市园林局，1960）。

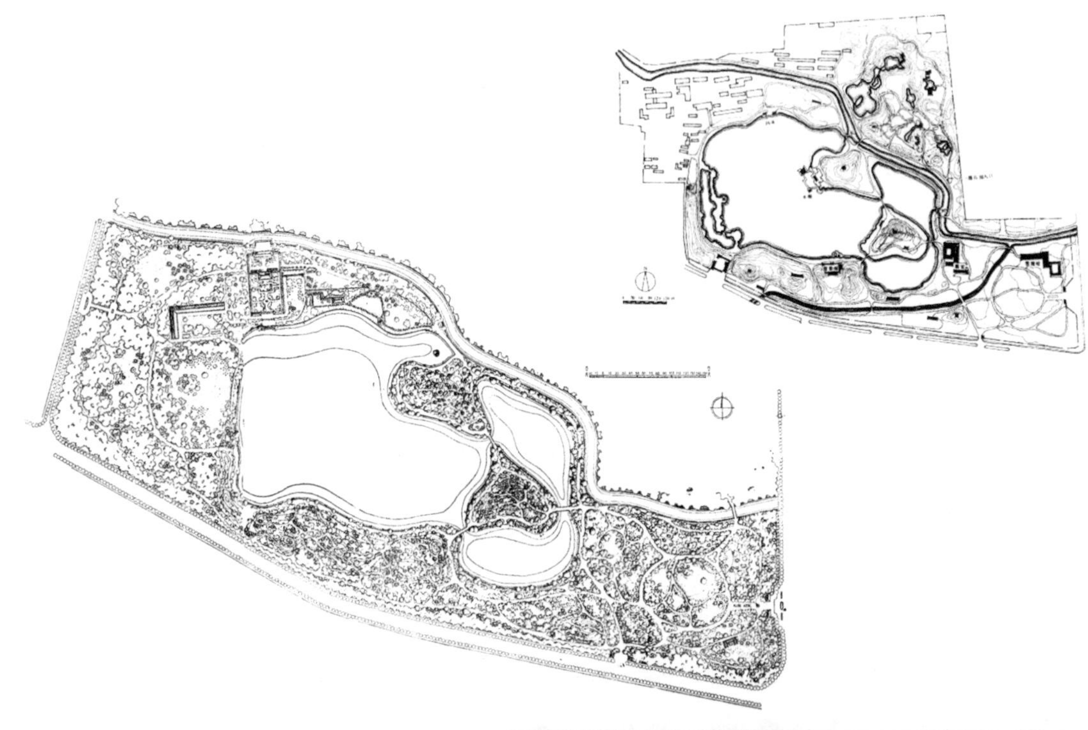

图3-16　紫竹院公园规划图比较
上：1996年发表之规划（引自：刘少宗，2013）；
中：1960年北京市园林局发表之规划（引自：北京市园林局，1960）；
两图比较：20世纪60年代前的公园以长河为北界，1996年的图表明长河已贯穿公园，公园向河北扩大，但西部园地已被建筑侵占。
下：今天的紫竹院鸟瞰图，与1996年的格局基本相同（引自：Google Earth）

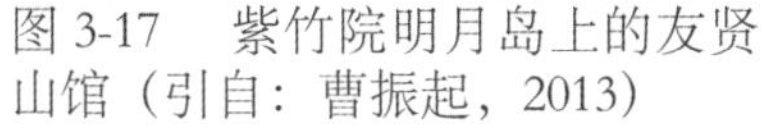
图 3-17　紫竹院明月岛上的友贤山馆（引自：曹振起，2013）

图 3-18　建于 1976 年的紫竹院水榭（已拆除重建）（引自：俞善庆，1982）

第三次，20 世纪 70 年代的规划。据称 70 年代初北京有位老市长说 “紫竹院不能没有竹子呀”（曹振起，2013），于是公园在 1971 年第一次自苏州引种紫竹，1974 年开始重新规划，当时提出按八个区规划，并突出竹林和紫竹。1976 年完成规划，公园的总体布局变化不大。期间建成西部水榭，为岭南风格，由问月楼、双层西廊、湖心曲桥、假山及水庭园、伸入湖中的圆顶小亭及靠问月楼的四角方亭一组园林建筑组成（现拆除重建）（图 3-17，图 3-18）。

第四次，20 世纪 80 年代中期后的改造与扩建规划。缘起 1986 年北京市要求对 50 年代建造的公园实施整治建设规划。于是，紫竹院公园确定以竹造景，突出竹文化，引种竹类 80 余种，在中心岛山巅建揽翠亭，明月岛西建三面临水的大型水榭、曲桥、回廊、亭和假山，大湖南岸建澄碧山房，歇山卷檐屋顶，翘角飞檐、前出抱厦，山石错落、苍松翠竹（紫竹院公园管理处，2003）。

由檀馨和建筑师金柏苓合作规划设计的筠石苑景区，居长河以北，占地 7 公顷，构思为“以竹为友”，展示江南水乡的翠竹之美。该处原为花圃，地形平坦无变化，遂将地形做成缓坡和山丘，设计 10 处景点: 清凉罨秀、友贤山馆、江南竹韵（淡雅）、斑竹麓（清秀）、竹深荷静（幽静）、松筠涧、翠池、绿筠轩、湘水神、筠峡，种竹 30 万株，采用南方传统建筑形式和竹子材料（檀馨，2013）。之后檀馨还在 1998 年主持设计东门区上万平方米的大草坪，保留了水杉、雪松、白皮松等大树，形成疏林草坪的景观；2011 年主持大湖北区的环境改造，设计以福荫紫竹院为主的景区。

筠石苑中的“江南竹韵”堪称精品，主要为竹子提供合适的生长环境，设计成沉园，以石造景，面积3000平方米。在高处设竹亭以览全园，青石板作璧山石画，下有水池溪流贯穿全园，竹桥、石笋等小品点缀，尽显江南园林精巧、细腻的特点。植竹30万竿及其他多花灌木，仅有油松、雪松、柳及粗榧等少数乔木。斑竹麓，为西部园路，两侧起伏山石间植斑竹，立娥皇、女英像于竹林前，将园中斑竹及相关故事结合一起，增添了人文色彩。另外还有：竹深荷静，是将原来的养鱼池扩大成湖，借湖东岸形成3米高差，山石堆砌形成护岸、璧山、洞穴，山石小渠蜿蜒曲折，水声轻盈别有风韵；松筠涧，以松、竹与山石相间，构成丰富的色彩对比及层次错落；金柏龄设计的友贤山馆，充分吸收中国传统建筑元素，强调幽静和建筑的美感，是建筑中的佳品。

关于20世纪80年代的这次规划，《紫竹院公园志》是如此表述的，由北京园林设计所根据1983年北京园林学会向社会征求紫竹院规划竞赛方案，结合专家意见设计筠石苑；1986年开始建设，由公园园建科、园艺队承担，由北京园林古建公司、昌平建筑队、杭州园林文物管理局工程处、无锡古建公司山石队施工。筠石苑获1991年建设部城建系统优秀设计二等奖，北京市城建系统优秀设计一等奖，而檀馨自称筠石苑是其中年时期的代表作（檀馨，2013）。檀馨1961年毕业于北京林学院园林专业，曾任北京市园林局副总工，古建筑设计院副院长。

3. 陶然亭公园和紫竹院公园规划再议

本书作为一本园林史纲性的著作，其实没有必要如此详细地记述一个公园的规划过程，之所以这样写就是希望能表述新中国成立后的公园规划现象。首先，在新中国成立后很长一段时间里，对某个公园的规划一般都不署具体设计人员的名字，甚至在一些地方园林志或公园志中也很少说明。后来出现不少回忆文章，关于规划设计者的说法却常常不同，然而今天随着这些当事人的老去，已很难再找到准确的答案了，于是只能从淹没在浩瀚文献中的访谈及回忆录中发掘出一点线索，但又少了旁证；其次，从陶然亭公园和紫竹院公园的规划过程可知，在20世纪90年代之前，50年代和60年代初毕业的专业人士已逐渐成为规划界的主力，他们受过系统的造园理论教育，是承上启下的重要一代，虽然局限于历史条件，他们主持及参与的作品不多，但在这样一个能出精品的时代，在继承传统园林、吸收西方理念方面做得较好，坚守着一份民族文化的传承。

陶然亭公园和紫竹院公园在20世纪50年代的规划，都是以北京园林局的名义发表，并没有明确具体的设计者，就是在公园志和《北京志·市政卷·园林绿化志》中也没有提及。然而，2013年《景观杂志》在采访刘少宗时称其为紫竹院规划第一人，刘也自述："1953年来到北京园林局工作，承担了紫竹院公园的规划设计工作，同时还承担着陶然亭、东单等公园的规划设计任务。"同时说在他作紫竹院设计时挖湖堆山已完成，有泉水、双林寺古塔以及破败的福荫紫竹院遗址，最初面积12公顷，长河为其北界，现贯穿公园，整个园子没有什么植被、一片荒芜。当时提出的规划设计思路为"收四时之烂漫，纳千倾之汪洋"，利用园中山湖资源，走中国自然山水园路，形成"看水景、赏花木、游曲径、观叠石、坐游廊"的特色，不以建筑为主，而以自然山水为主，最能体现紫竹院公园所具有的自然天成的山水园林特质（刘少宗，2013）。

然而，关于这两个公园的规划责任人，笔者未查到具体的文献记载，根据新中国成立初北京园林部门的技术人员组成分析，时任造园科科长的李嘉乐是不容忽略的。据余树勋回忆，"当时北京建设百废待兴，园林工作首先由李嘉乐挑起重担，在当时的中山公园挂起'造园科'的牌子"（余树勋，2007）。刘家麒也说"1954年，当时我们还是北京农业大学的在校学生，到园林局实习。李嘉乐同志当时是设计科科长"（刘家麒，2007）。之后，李嘉乐于1955年任北京都市规划委员会绿地工作组组长等职。由此可知，在建造陶然亭公园和紫竹院公园时，李嘉乐应该是担着重任的。刘少宗也有回忆称，"就在他（李嘉乐）的直接领导下工作，在工作中接受了他很多指导，在规划设计中很多创新也都是在他的支持、鼓励下成功的"，他是尊李嘉乐为师的（刘少宗，2007）。另外，孟兆祯曾回忆，1964年在园（陶然亭）之西边辟建的树木园（3.48公顷，收集260种植物）是由李嘉乐设计的，并颇有褒奖之意，称"他在陶然亭北岸做的小植物园，从地形设计到植物种植一气呵成"（孟兆祯，2007），至少说明李嘉乐应该是负责了最初的公园建造，而到20世纪60年代还参与了具体设计实践。

刘少宗1953年毕业于清华大学与北农大合办的造园班，作为刚毕业参加工作的年轻人，能否一开始就担纲北京第一批大型公园的规划，笔者是带有疑问的。事实上并没有公开发表的文献说明此事，即使后来以北京市园林设计研究院谢玉明、刘少宗名义发表的《陶然亭公园华夏名亭园景区设计》一文，也没有明确具体负责人或主持者，而用了“陶然亭公园改建规划主要参加者刘少宗、罗子厚、檀馨、金柏苓等”；“华夏名亭园主要设计者”却是以谢玉明、檀馨位列刘少宗之前的（谢玉明 等，1990）。

但刘少宗拥有农学（园艺）和造园双重知识背景，还在上学时就曾在汪菊渊指导下参加过济南大明湖风景区规划实践，毕业后即进入北京市园林局工作，当时李嘉乐是他的直接领导人，还在清华教过刘少宗“园林管理”专题课程。在新中国成立初期园林方面专业人才十分缺乏的情况下，刘少宗有此经历必然会得到重用，刘少宗作为刚毕业的学生能参与公园设计是历史的机遇。然而，客观地说当时李嘉乐身为设计科负责人，又主持了紫竹院前期的废田环湖工程规划和绿化，必然会对公园的规划建设有更进一步的思考。由此分析，以北京市园林局名义发表公园规划表明是一个集体成果，应该是在李嘉乐的主持下完成的，刘少宗参与了规划可能负责具体的设计任务，如1956年设计了陶然亭露天剧场和舞池（刘少宗，2013），以及紫竹院公园的虎头山植物配置、东单公园中心花坛设计、圆明园绿化设计，后来还参与天安门广场及人民大会堂的绿化方案制定等。

三、由同一个团队设计的上海三座公园

上海市在20世纪50年代新建了10余座公园，都由上海园林局设计团队完成，主要人员有吴振千、吕光祺、徐景猷、柳绿华、陈丽芳等，其中著名的公园是人民公园、西郊公园、长风公园等。

（一）人民公园——“十里洋场”跑马厅上建起的公园

新中国成立前上海市中心有一个跑马厅，占地35公顷，建于同治年间（1862年），1894年公共租界工部局定名为“上海公共娱乐场”正式对外国人开放。在上海解放后的第二年，市政府就发文规定跑马厅为绿地范围，同年陈毅市长宣布将跑马厅南半部建造为人民广场，北半部改造为人民公园，中间辟宽500米的人民大道，并亲自定名题书“人民公园”。这是新中国历史上第一个人民公园，也是第一个在城市中心的一块平地上建造起来的公园（图3-19），1952年6月动工，当年10月1日就向市民开放了。

图 3-19　左：20 世纪 30 年代上海跑马厅，图中左边高楼是国际饭店，居中带有钟楼的建筑为现美术馆（引自：Virtural Shanghai）；右：60 年代初的人民公园，可见小河环绕和中央大草坪（引自：故园怀旧论坛）

建园工程由程世抚主持，他当时任市工务局园场管理处处长、第一任园林处处长，1953 年调任上海市市政建设委员会城市规划处处长，为上海市 50 年代城市绿化规划等作出重要贡献，他还亲自手绘了人民公园的平面图（图 3-20）（何济钦，2004）（详见第七章）。公园总体规划由吴振千协助制定，主要设计人员有吕光祺、徐景猷、柳绿华等。吴振千是当时的造园科长，后来曾担任市园林局长。

人民公园建园初期面积 18.85 公顷，规划原则是在保留原跑马厅的遗迹基础上，营建出山环水绕、高低掩映的自然风景园。布局以开阔的大草坪为中心，通过挖河堆山造成以小丘为主，东南高、西北低的地形变化，山坡起伏、曲径蜿蜒，树丛草坪分布其间，分隔空间组成各个景点。园中小河全长 1200 余米，蜿蜒曲折环绕全园四周，10 座小桥横跨河上与园门一一对应。河边砌石栽树、小桥流水之景为闹市中呈现一片幽静。沿河道在公园的南、北及东南分别开挖三处水面较大的湖池。北面从最繁华的南京路主入口通过湖池、大草坪与人民大道检阅台构成无形的轴线，在河南端的湖池岸边建广阔的地坪，东南角湖池形状自然，湖边水榭、游廊三面临水。园林建筑以传统形式为主，造型简朴、多竹木结构。草坪是公园的主要景观，当年有7万多平方米，约占全园面积的40%，站在园中央的大草坪上，园外的国际饭店、大光明电影院、第一百货公司等地标性民国老建筑一览无遗。人民公园位于闹市中心、紧邻南京路，因此成为市民最喜欢的去处。

人民公园建成后不久就面临改建，可能是因为建园工程紧迫，规划未及仔细考虑，开园后很快发现问题，只能逐步整修。之后又几经改造，影响最大的是1958年“大跃进”后和“文化大革命”时期的两次改造，前者堆大山筑大路，后者平山填河、建了南北向的主干道，公园原来的景观格局完全变了。同时又在园中增设纪念性雕塑、休闲活动设施，而绿地面积却总体下降，1993年时绿地率为59%。由于公园在寸土寸金的南京路上，城市交通发展多次占用公园土地，1995年时园地还有12.2公顷，后来因为修建地铁等占去部分园地，至2000年仅存9.82公顷，只是建园初的一半（图3-20）。人民公园对于上海的作用无异于纽约的中央公园，想当年陈毅市长的决策是如此英明，遗憾的是未能抵抗住城市化的压力。幸好2000年市政府决定在毗邻人民公园的延安路上兴建了占地28公顷的延中绿地（现广场公园），成为上海市中心的又一块“绿肺”，但人民公园的历史地位却是不能替代的。

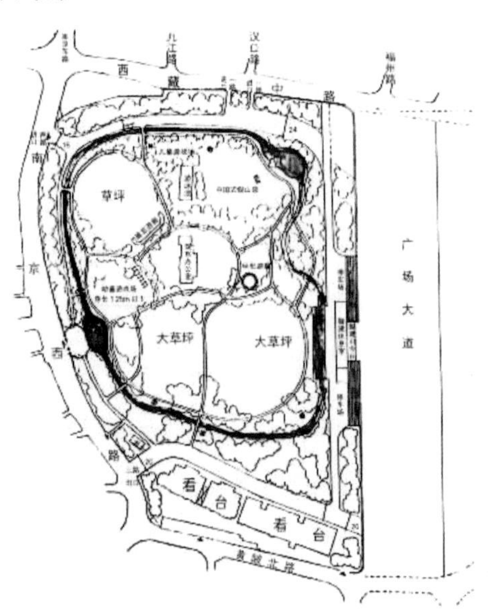

图3-20　左：程世抚绘人民公园平面图（引自：何济钦，2004）；右：今日之人民公园（引自：Google Earth）

今天的人民公园是21世纪初所作综合改造后的景象，是以生态园林的理论为指导，恢复了草坪、树林、荷池、湖泊，增加了植物造景。新建的中轴线将公园分为东西不同风格的两部分，西部重塑了山水园林特色，有假山瀑布、树林碧湖，东区则以休闲娱乐为主。遗憾的是未能恢复早年环园小河的诗情画意，缺少了整体的协调和老公园特有的历史感。笔者有感于近年各地不断出现的所谓的公园改造、公园提质等说法，有的甚至于大规模地改建，他们的做法几乎相同，就是引进当代在国外流行的景观设计元素，其实一个老公园是没有必要做大幅度改造的，只需要在局部整修、完善，或少量地添加一些公众喜爱的景点、设施，而保留总体格局和风格则是至关重要的。

（二）西郊公园的两次规划

历史很有意思，常常在不知不觉中出现了轮回，如新中国成立不久后上海西郊虹桥高尔夫球场就被没收改建为公园。那时打高尔夫球是资产阶级的生活方式，是洋人、大班、买办、资本家的所爱，因此各地都把原来只为少数人服务的这块土地还给了人民。然而，到了20世纪90年代在上海浦东新建了汤臣高尔夫球场，占地120公顷，是当年虹桥球场的4倍多，高尔夫球也被称为时尚的运动，名人、富人趋之若鹜。高尔夫球场遍及各地，这里我们只说上海的高尔夫球场改建为西郊公园的事实。

1953年上海市政府计划用原来的虹桥高尔夫球场修建一座文化休闲公园，由园林局园场管理处组织施工，造园科的徐景猷负责总体规划。用了不到1年时间公园就建成了，选择上海解放纪念日的5月25日开园，开放头十天，日游人量高达3万～15万人次，成为上海当时最轰动的事件。想当年，笔者还是小学生，就在这拥挤的人群中走进刚刚建成的公园。

徐景猷参与了前后相继建设的人民公园和西郊公园规划，尽管两个公园都以自然山水园为模本、草坪树丛为基础，但风格及布局却明显不同。人民公园以草坪为中心，小河环园，而无实质上的轴线。西郊公园有明确的中轴线，文化休闲设施沿中轴布置，逐次递增，进入建筑群中心的休息大厅；大厅两侧一边是规则的广场、花房花圃，一侧是传统的庭园，形成强烈的对比；主轴线的南北两端各建牌楼一座，东西两侧各设一阁，形成一个次轴，由此划定了确切的范围，显然是中国传统的建筑群布局的惯用手法。公园中间一条水域横贯东西，将公园分为南北两部分，北部集中了休闲设施；南部，草坪树丛，园路绕行其间，曲线流畅，路边散落亭、廊、阁等小型建筑，以备游人休憩（图 3-21）。由此看来当时西郊公园的规划是很有特色的，是中国古典园林、庙坛、寺院的格局和西方自然园林的结合。然而，遗憾的是这座公园还未能按规划完成建设就被改作动物园而必须重新规划，也就不知道他的真实效果了，否则它和人民公园形成对比，可成为研究新中国成立初期城市公园设计的范本（不过人民公园也不是原貌了）。

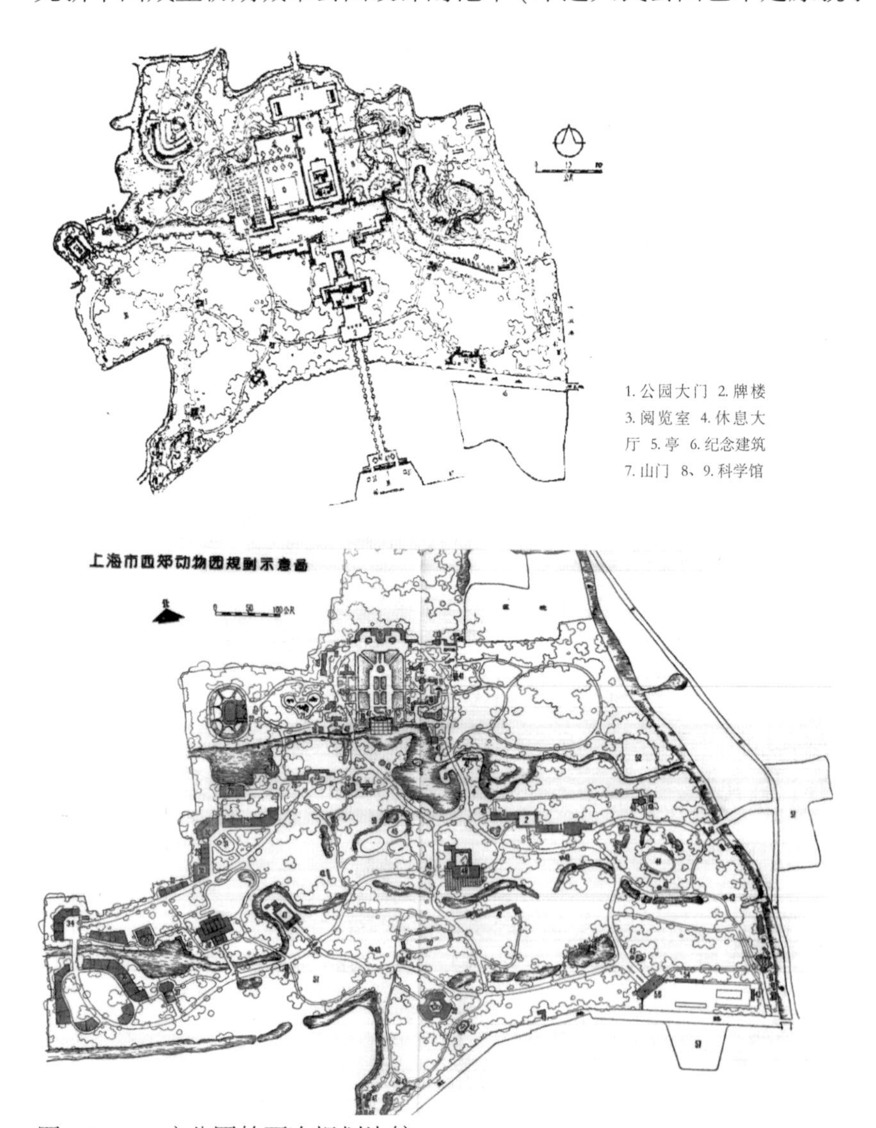

图 3-21　一座公园的两次规划比较
上：在高尔夫球场规划的西郊公园（引自：上海市园林管理处，1957）；
下：西郊公园改建为动物园规划（《上海园林志》编纂委员会，2000）

西郊公园建造不久，国务院办公厅通告上海市政府要将西双版纳傣族人民献给毛泽东主席的一头大象交给上海饲养展出。于是决定将西郊公园扩建为动物园，确定公园规模 50.27 公顷，原来依照文化休闲公园主题的设计的西郊公园已不适合动物园的要求，这就有了西郊公园的第二次规划。这次由吴振千担纲，华东建筑设计院和上海民用建筑设计院参与建筑设计，还请了莫斯科动物园主任萨斯诺夫斯基商议建园规划。从目前的资料看，上海动物园是新中国成立后最早新建的动物园，完全有别于以前集中在公园局部区域开辟动物园的做法，这对国内的规划设计师来说是理念和实践的一次突破。除了吴振千外，虞颂华、顾正、徐景猷等是主要参与人员，当时徐景猷已调任上海规划院，而他的专业所长更偏向建筑和城市规划，如上海南京路的几次改造规划他都参与其中。

动物园规划总体上是结合原有地形采取开朗的自然式布置，放弃了原来的轴线，仅在北部休息区有局部带规则形式的布置，用科普大楼作为中心建筑，道路减少迂回曲折，为活泼的曲线式，有明显的导向，动物的笼舍之间保持较大距，有绿地隔离，同时保证游人有足够的休息空间。园子的前半部动物较少，保持原来的大片草地树丛的宁静气氛。从中部开始看到动物，依鱼类—鸟类—爬行类—哺乳类的顺序按逆时针方向设计参观线路（图 3-21）（上海市园林管理处，1957）。20 世纪 90 年代动物园扩大至 72.68 公顷。

总体来说，上海动物园是一个成功的规划实例，成功之处是其开敞的自然形式，前后两部分布局相异，动物饲养区的绿地隔离使游人有了自由选择的空间。而错落有致的散点山石，小溪蜿蜒，浓密相间的树林、树丛，小亭、水榭都让人领受到了自然和人工景观的丰富内涵。之后的几次调整改建也为园区增色不少，如 1959 年将分散的池塘扩大连片，大湖 3.2 公顷，状如葫芦，以黄石、太湖石砌驳岸；三孔拱桥跨越湖面，桥东南岸一座攒尖顶六角亭伸入湖中，与湖北岸有绿廊相连的两座方亭相对；湖中 5 个小岛绿树浓荫为水禽住处，黑白天鹅游弋湖中，遂冠名“天鹅湖”，竟然引来大批夜鹭等候鸟到此越冬，成为沪上一奇观。

（三）长风公园——借滩地建成的上海最大水景公园

长风公园位于上海西区苏州河古河道的河湾地带，原是一片低洼滩地，1956 年政府决定辟建公园。柳绿华负责总体规划，上海民用建筑设计院作建筑设计。

1959年开放时取名“长风”，乃时任市委书记处书记魏文伯所起，取《宋书·宗悫传》中“愿乘长风破万里浪”之意，公园面积约37公顷。

公园规划布局模拟自然山水，借鉴颐和园的风格，又融合了江南园林的特色。最大特点是高岗平湖构成优美的自然山水环境，形成湖池、丘陵山壑、瀑布流泉等景观。居中的大湖面积14.27公顷，取名“银锄”，堆出的土山冠名“铁臂山”（高26米），取自毛泽东《送瘟神》“天连五岭银锄落，地动山河铁臂摇”（《上海园林志》编纂委员会，2000）（图3-22）。

规划对公园的地形改造是成功的一笔。首先，筑水，全园水系聚中有散，保留的老河道恰好环绕铁臂山，两端与大湖相连，湖河交融，又与沿岸几处池塘相通，使得水系更显活泼灵动。湖面碧波涟漪、山峰倒影，湖岸伸缩弯曲，形成深浅港湾，湖畔山侧设亭、建榭、筑廊，造型古朴、体量轻盈，于湖面烟波中隐隐绰绰，勾画出一幅幅空域畅朗、幽谷怡情的诗情画意。

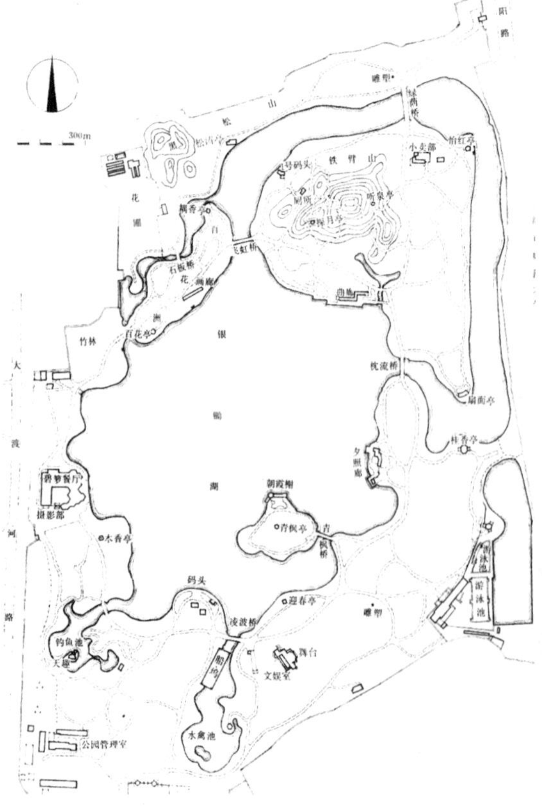

图3-22 左：上海长风公园平面布局（20世纪80年代）（引自：中国城市规划研究设计院，1985）；右上：草坪边的花境；右下：湖湾的植物造景（李亚亮摄）

其次，堆山，山体有主次五峰形姿各异、高低有序，山形峻缓凹凸，山径崎岖曲折，路边叠石错落，大小山顶分筑平台以揽全景，东西山坡立竹亭“听泉”“探月”，整座山峰树木葱郁、四季繁荫，可谓四时之景不同。

再次，修岛，在大湖的东南方筑一小岛，因广植青枫而名“青枫绿屿”，一山一岛形成对景，岛上太湖石堆砌成丘，清浅小池与大湖互为衬托，在池与湖之间临水建榭，富含江南园林的风韵。

还有，植物造景颇具匠心，绿地面积占全园的47.7%的，树种160余种。种植设计是结合景点、建筑及立地条件配置不同的群落，如铁臂山旁的银杏林，青枫岛的青枫、香樟，百花洲的玉兰群，水禽小岛上的红枫、垂柳，雷锋雕像前大草坪及香樟、龙柏和银杏构成的背景，还有黑松林、竹林及草坪边缘层次丰富的各式群落和花坛、花境等（图3-22）。

四、杭州花港观鱼公园——孙筱祥的成名作

杭州因西湖名胜就在市区范围，故新中国成立后围绕西湖开展整治的同时，也依据原来的名胜遗迹拓展或建造新的公园。其中最为重要的是1952年开始建造的花港观鱼公园，这是新中国成立后在西湖风景名胜所建的第一座公园，也是对西湖历史名胜迹地改建的试点。

花港观鱼位于西湖西南，居杨公堤和苏堤之间，西依层峦叠嶂的西山，北临烟波浩瀚的西湖，南对小南湖，形成三面临水、一面倚山的格局。此遗迹源自南宋，当时有名“花溪”的一条小溪经此流入西湖，溪畔卢园是内侍官卢永升的别墅，清初改建题称“花港观鱼”，列入西湖十景。清康熙、乾隆都曾驾临并题书，还刻石立碑。清末花港观鱼衰败，至新中国成立前仅留下一池、一碑及3亩荒芜的园地（包志毅，2014）。

1952年市政府决定在花港观鱼旧址建公园，除了要恢复此历史胜景外，主要是为了丰富西湖南山区景观、提供宁静的休息环境，同时分散北山景区日益增多的游人。公园规划由当时还在浙江大学任教的孙筱祥先生承担，他提出“主体突出，主次分明；构图整体的不可分割性；多样统一和对立统一”的园林艺术构图原则，同时采用“妙在因借”的造园要义因地借景（孙筱祥 等，1959）。孙筱祥是我国

现代著名的风景园林学家、风景园林规划与设计教学的开创者之一，他的园林设计作品遍布大江南北，还为杭州植物园、深圳植物园、西双版纳热带植物园等 8 个现代植物园作规划设计（详见第八章）。

花港观鱼公园规划面积约 20 公顷，全园地势西北向东南倾斜，地形自然起伏，富于变化。孙筱祥采用了因地制宜的规划布局，东部保留花港观鱼原鱼池、碑亭古迹，增设草地树丛；中部，南面荒废的荷塘辟为金鱼园，北面建成大草坪；西部，其南面小丘起伏地势较为高爽，在与金鱼园相邻部分辟为牡丹园，北面保留原有树林成密林区；将零星池塘挖通形成曲折的河港，贯通园区，连接了北面西湖与南面的小南湖。公园北部视野开阔，可远眺栖霞山、刘庄及丁家山，故空间上采取开朗辽阔的处理手法，而将全园最大的建筑翠雨厅置于临湖水边，又避免了过于空旷之感，同时成为西湖其他景点对景的焦点；草坪中央建一茅亭，周围桂花树群围合形成闭合空间，虚实结合，草坪以常绿林带与其他景观隔离（图 3-23）。在园之中心开辟金鱼园景区， 南临小南湖成为全园主景之一，空间布置以闭合为主，用四周土丘、林带封合以期聚拢游客，而在建筑群轴线延伸向南开辟出透视线；在荷池堆出一岛，应用亭、榭、回廊建筑构筑出几重空间，划分出 3 个小湖，除了金鱼馆外其他建筑都采用开敞形式，以曲桥、长堤和外界连接；中央鱼池四周的建筑高度与鱼池的长宽之比为 1:4~1:10，视线与建筑所成的仰角 12°~6°，符合中国古典园林的处理（孙筱祥 等，1959）。

在金鱼园的西侧规划牡丹园，建成公园的核心景观，中间为假山园，山顶筑亭名“牡丹”，八角重檐、攒尖顶，端庄稳重，为全园立面构图之制高点。设计采用了借景和障景的手法，如远眺吴山及夕照山远景之谓借景，而亭前的 8 株松则为障景。鹅卵石小径回旋曲折，将园子划分为十余处小面积种植台，分散在假山周围，台中植牡丹，以湖石、石笋及红枫、梅、杜鹃花等植物点缀其间。南面草坪为闭合空间，由西部树林及北部假山区围合。整个牡丹园其建筑、丘陵、花木、草坪结合，形成了比例相当、对比相称的小庭园，衬托出空旷的自然环境（余森文，1990），牡丹园的种植设计堪称精品。

假山园的设计综合了中国的假山园、日本的筑山园和英国岩石园的特色，中国的假山石较小、上缺少植被，日本多采用大块石头作假山，也沿袭了中国假山补种植物的做法，英国岩石园内植物运用比较讲究，孙筱祥将三者的长处结合起来，融会一体，有耳目一新之感（文桦，2008）。另外，在规划中孙筱祥还采用了等高线进行地形竖向的设计，这是国内现代公园设计的首例。

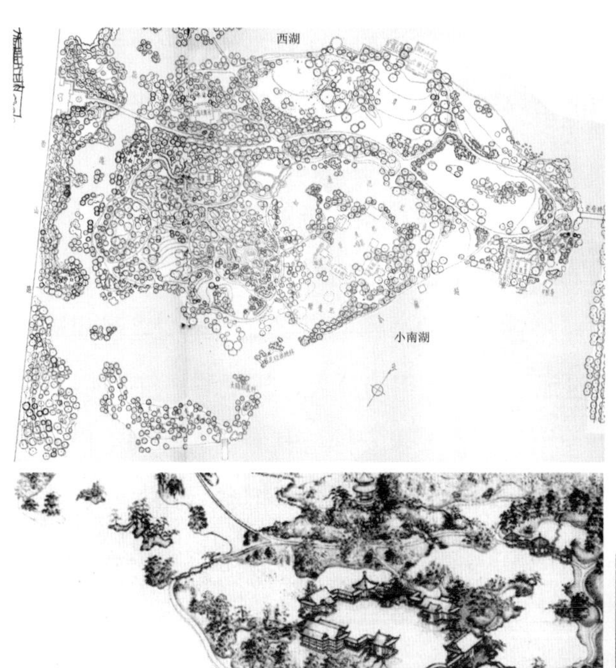

图 3-23　杭州花港观鱼公园
上：1952 年规划图（引自：孙筱祥 等，1959）；左下：孙筱祥 1964 年手绘花港观鱼鸟瞰（引自：孙筱祥，1964）；右下：牡丹亭周围的植物造景及大草坪（摄于 2008 年冬）

花港观鱼公园全园设计自然、简约，空间构图开合收放有序，地形变化丰富，道路曲折、曲线缓和。全园以植物为主，广场道路占了绿地面积的 12%，其中 80% 以上有乔木遮阴；建筑面积仅为绿地的 3%，体量轻盈，多临湖、临水，视野通透；植物种植设计颇具匠心，密林、树丛、灌木、草坪形式多样，树木覆盖达 80%，灌木或置林缘、或植乔木之下，应用树种多达 200 余种。树种选择上一方面刻意与西湖其他主要景区不同，另一方面在园内各区采取不同的基调，然后用广玉兰统一起来；群落组成丰富、层次分明，树木形状各异、色彩丰满，是西湖湖滨公园中颇具特色的种植设计。孙筱祥先生论述花港观鱼公园的设计，是“以植物材料为主进行造园，全园树木覆盖面积达 80%”，达到开合收放、层层叠叠的园林空间的构图（孙筱祥 等，1959）。总体来说，这座公园是中国传统山水园和西方自然风景园林的结合，通过狭长的水港串联起各个景点，同时也很好地表现了因名立意的“花、港、鱼”的主题，是新中国成立初期公园设计中的成功之作，是常被园林教科书列举的经典。

然而，当年对公园的设计也颇有微词，如批评大面积草坪与传统的园林格局不相称，假山体量不够大，亭阁等传统园林建筑不足，树木中多雪松、广玉兰等树形简单的树种等。笔者也觉得，如能将广玉兰换成中亚热带的代表树种，如红楠或乐昌含笑、青冈栎、甜槠之类的常绿树种，可能会更有特色，但当时可能限于苗木的来源似不能多加苛求。

孙筱祥在1959年的《建筑学报》上发表了《杭州花港观鱼公园规划设计》一文，简约地阐述了他的设计理念，同时也对上述公众的意见一一作了解释。该文的第二作者是胡绪渭，表明该规划应是孙、胡的合作成果。据胡绪渭之子胡泽之的博文回忆，胡绪渭主要负责公园的施工。1950年的夏天，胡绪渭手持1943年大学园艺系毕业的证书，来到杭州市委组织部，要求安排与其专业对口的工作。时任杭州市委书记兼市长，安排其到工程管理部门，专门从事园林绿化工作，从此与杭州园林建设结下了不解之缘，后来担任园林文物局总工程师一职多年。建设花港观鱼公园时，他是牡丹园坡地绿化的主要设计者，还把坡下的小路设计成梅枝状，而这个灵感却是缘于新安画派大家黄宾虹一幅梅花图。原来胡绪渭与黄宾虹既是徽州同乡，又有世交之谊，一天他去黄家做客，被黄老一幅梅花图的巧妙布局所吸引，顿生灵感，遂把山路设计成了梅枝状。后来国学大师马一浮先生来赏景时随口吟出“梅影坡”而成为牡丹园一个著名景点，现旁立的“梅影坡”碑，是马一浮先生去世多年后用其生前的墨宝拼凑而成的（胡泽之，2011）。

1963年，当时主管城市绿化的杭州副市长余森文，邀请建筑学家同济大学教授冯纪忠为花港观鱼公园设计茶室。茶室位于小南湖西边，坐西朝北，原来借鉴浙江古代民居造型，做了一个延伸很长的屋顶，坡面下拖直接延伸到一层，表达了冯先生自己对屋顶和大地亲和的理解。另外设计了使空间围而不合、隔而不断的墙面，以及伸展出去的一个露台，都表现了跟水的亲近关系（林广思，2015）。据建筑学界的评价，这是冯纪忠先生现代建筑和园林设计中具有承上启下意义、在中国现代建筑史上也是很有代表性的作品。多年以后冯纪忠的女儿冯叶（旅法艺术家）对她父亲的这个作品如是评价：“我以一个普通的游客的观点来看的话，我看到的是，这里靠近水，后面有个大草坪，远看可以看到一点点的山，看到原来雷峰塔的位置……他在这一个建筑里面，追求的是一种自由流动的感觉，跟大草坪，跟大水面之间不是完全封闭死的，它自身也是上、下，左、右，前、后贯通。我觉得有一个流动的感觉。”（冯叶，2009）（图 3-24）

图 3-24　1963 年冯纪忠先生设计的杭州花港观鱼公园的茶室模型（引自：赵兵，2010）

然而，茶室设计完成不久就遇到了所谓的“设计革命化”运动，茶室刚刚封顶冯纪忠与他的作品就受到批判，批其为复古主义，同济大学建筑系有人上纲上线，结果茶室被拆除重建，原来的大屋顶被切去一半，使整个设计缺乏完整性。冯纪忠的女儿说，2008 年她陪父亲来花港观鱼看茶室，父亲生气地说“这哪里是我原来的，完全不是那么回事”（赵冰等，2010c）。冯纪忠先生留下的最重要的园林作品，是他在 20 世纪 70 年代设计的上海方塔园，及园中“何陋轩”茶室，成为又一个经典。

五、广州三大湖公园——郑祖良主持的岭南园林代表作

民国年间，在广州、厦门、福州等岭南园林发源地，都有城市公园建设的实绩，如厦门、汕头的中山公园，广州中央公园等，但总体而言城市公园的数量不多，如广州到新中国成立时仅有中央公园、海幢公园、永汉公园、越秀公园等几处。

新中国成立后广州除了整修民国时期留下的公园外，还扩建了越秀公园，新建动物园、植物标本园（后改为广州兰圃）、广州起义烈士陵园等一批公园。1958—1959 年，广州开辟四大人工湖公园，即流花湖公园、荔湾湖公园、东山湖公园和麓湖公园（原为金液池），造园师将它们演绎为“淡妆”流花湖、“浓妆”东山湖、“红荔”荔湾湖和“秀茂”麓湖，兴建了山顶公园、山北公园、黄婆洞、山庄别墅、双溪别墅等园林建筑，及兰圃、海珠公园等规模较小的公园（吴劲章，2009）。

在这时期的公园建设中，郑祖良、余植民、金泽光、丁建达、吴泽椿等起了

主要作用，而他们的成就又离不开时任广州市副市长林西的领导。他们大多为新中国成立前毕业或留学海外的建筑师、园艺家，参与设计构筑出个性各异的公园，如自然山水与风景名胜相结合的越秀公园，突显亚热带园林植物景观的流花湖公园，以精巧雅趣、含蓄秀韵著称的广州兰圃，以竹科园林植物景观见长的晓港公园，以开展广州传统文化活动为主题的广州文化公园等，这些都是在新中国成立初期我国城市园林建设中极具代表性的作品。

地居广州市区的流花湖公园、荔湾湖公园和东山湖公园，绕市中心而建，相隔不远，均是在 1958 年前后建造的，主要由金泽光、郑祖良、何光濂等负责规划建设，俞植民主持绿化设计，另外有吴泽椿、邵胜娟等参与具体设计。

（一）流花湖公园

在越秀文化区内，规划面积 75.8 公顷、水面 30 公顷（建园初时），园地相传为晋代芝兰湖旧址，据称当年夹岸桃花随水漂浮流经桥下而名“流花”。园址地形低洼、布局以自然式水景为主，湖岸线采用现代主义简洁明快的处理方法。园中陆地有限又多为长堤及小岛，故将陆地面积较大的园北部安排为入口及活动区。一条东西向的直堤将湖面划分为内外两湖，南湖长堤堤岸迂回曲折、由东向西再转为南北向。园中湖水相通，波光粼粼，湖中保留浅洲，遍植芦苇，堆土筑岛，架桥相连。园林建筑大多布置在游览点，采用式样疏落、轻巧通透的岭南建筑与湖岸相依，将喧闹性的建筑安排在湖的外圈，以避免干扰清静的环境（金泽光，1959）。绿化配置表现流花情调、素装之美，树种选用色彩清淡的开花乔灌木，如黄槐、素馨花、白花羊蹄甲等（图 3-24）。

从园林艺术角度看，东山湖园中那条跨过湖面的笔直长堤并不符合造园法则，但却是当时为节约而作的一个成功设计，因为这里原有横贯湖中的自来水输水总管。设计者以覆土改为长堤来避免管道搬迁所需的额外费用，同时在中间设计了两个小型半岛与湖中小岛呼应，适当地增加了变化，可见设计者的别具匠心（图 3-25）。

流花湖公园中现在的园林建筑大多在 1979 年后所建，设计精细，平面布局活泼，山墙、景门分隔，空间变化丰富，山石、蹬步与花木结合，构筑成一个个景点（李敏，2001）。

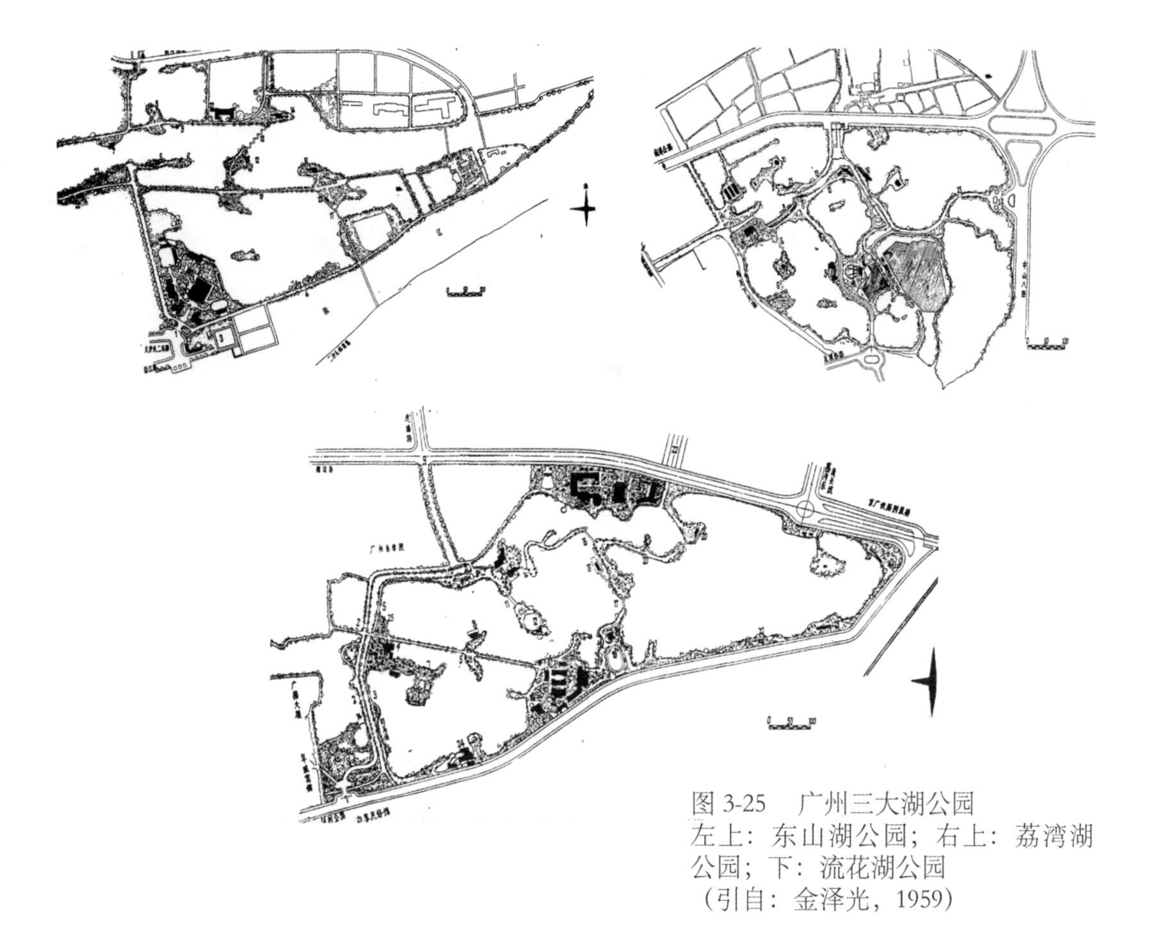

图 3-25　广州三大湖公园
左上：东山湖公园；右上：荔湾湖公园；下：流花湖公园
（引自：金泽光，1959）

（二）荔湾湖公园

位于荔枝湾，面积 37.5 公顷，其中水面 30 公顷。规划仿北京海淀勺园，有“园仅百亩，一望尽水，长堤大桥，幽亭曲谢”的意境。总体布局以堤坎分隔水面，造成迷离曲折的效果，园中桥、亭、榭、廊架等园林建筑均采用岭南建筑风格，尽量临水以做到“堤绕青岚杆，廊廻环水河”，而入口则处理成“到门唯见水，入室尽疑舟”的境界，显得与流花湖公园及越秀东湖公园不同（图 3-25，图 3-26）。园中保留了原来的荔枝和古榕，在堤岸上又添种了大量荔枝，在这类常绿树的衬托下，成片成群地栽植桃李、荷花、芙蓉和梅花以展示四季之花（金泽光 等，1959）。

（三）越秀东湖公园（现东山公园）

面积 46.8 公顷、水面 39.8 公顷。设计主题为富丽的中国式园林，布局以湖景为主，用堤岸划分成几个湖区空间，从中间长堤筑出几个半岛成为主要游览点，以造型不同的小桥如九曲桥、拱桥、五孔桥等串联。榭、廊、馆等设计独特，通过巧妙的布局使自然环境获得精致的艺术加工。

上述 3 个公园特色鲜明。第一，是结合城市低洼地治理及水利工程建设的公园，以水面为主成为其共同特点，但又将它们演绎为“淡妆”、“浓妆”和“红荔”的不同个性；第二，当时国家经济已显困难、又刚刚批判过规划界的浪费现象，因此公园设计以简约为要旨；第三，三个公园规划设计团队都以郑祖良、金泽光、何光濂和余植民为主，吴泽椿、邵胜娟等参与，因此设计风格比较一致，是中国传统造园思想和西方现代主义的手法的结合，在自然中融合人工元素，建筑尽显轻巧通透的岭南风格，然而也不可避免地受苏联文化公园设计理念的影响，加入了社会活动要素；第四，在布局上依托湖水，以堤、岛、建筑及植物构筑空间格局变化，在局部巧于安排自成单元，各显特色；第五，在植物配置上，以南亚热带植物为基调，配置四季花木，流花湖公园选用花色清淡的树木，越秀东湖公园采用花色鲜艳的树木，荔湾湖公园则保持了原有的荔枝和古榕为主的基调。值得一提的是，当时坚持采用“先绿化后美化”的方法，在先期大量绿化的基础上逐步添加建筑，随着树木的茂盛丰富了园林景色（金泽光 等，1964），确是十分明智而有效的作法。

图 3-26　广州三大湖公园现状
左：流花湖公园（引自：广州日报，2008-08-12）；右：荔湾湖公园（引自：piao.guar.com）

六、武汉解放公园——留学丹麦的园林学家作品

武汉解放公园前身是六国洋商的西山跑马场，1902 年英商人以贱价从洋行买办“地皮大王”刘歆生手中购得汉口西北郊荒地 800 亩，后来曾扩大至 2000 亩，并于 1905 年正式辟为跑马场。新中国成立后政府没收土地改建为苗圃，1953 年决定在苗圃基础上建公园，这是继上海人民公园之后又一座从昔日跑马厅改建的城市公园。公园面积 38.2 公顷，由时任东湖风景区管理处设计室主任的余树勋主持规划，1955 年武汉解放 6 周年建成开放，名“解放公园”（李树华，2012）。

余树勋（1919—2013 年），1949 年赴丹麦皇家农学院学习造园学，1952 年回国任教于武汉大学，同时参与东湖风景区规划。当时同为丹麦留学归来的陈俊愉也在武汉，并主持设计了中山公园扩建规划。可见，新中国成立初期武汉公园设计是由两位曾留学丹麦的园林学者参与的，后来他们两人都在北京林业大学任教，成为我国现代园林学界的翘楚，同时余树勋还是著名的植物园学家（详见第八章）。

余树勋的公园规划明显留下了他所受西方教育的烙印，采用规则式非对称布局为主、自然式为辅的设计，有简洁、柔和、朴素的北欧园林风格，整体上形成了东敞、南雅、西幽、北静、中旺的空间特点（姚倩，2009）。公园东部面积较大，从入口开始以 800 米长的东西向主干道为主轴线，至中心花坛继续向前延伸，以露天剧场（音乐场）为终点，从中心花坛向外辐射的道路分隔了不同空间，四周水道环绕。主干道以悬铃木为行道树，柳树、雪松、玉兰等乔木间布置成片草地，符合自然风景式风格。主轴线的空间序列变化丰富、通达流畅、开敞明朗、富于韵律（图 3-27，图 3-28）。

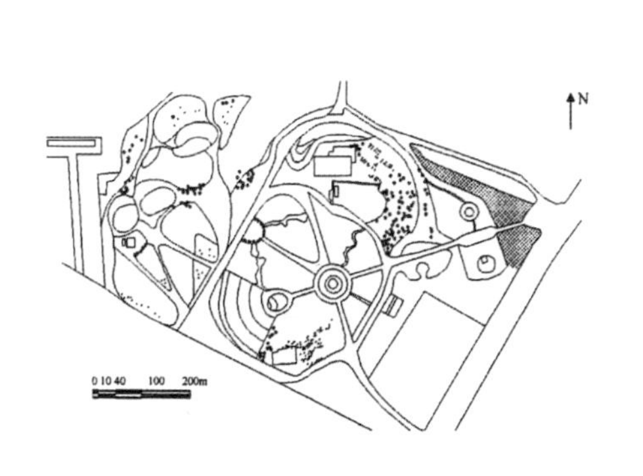

图 3-27　武汉解放公园
左：平面规划图（1955 年）（引自：姚倩，2009）；右：露天剧场旧址（引自：武汉市园林局，2008）

图 3-28　今日之武汉解放公园保留了原来的轴线格局（引自：Google Earth）

公园的主轴线北侧是体育游乐区，有“朝梅”“夕桂”两岭相对，分别以梅、桂为主，1956 年在两岭之间建苏军烈士墓，为典型的苏联风格。西部称柳林区，面积较小，地形起伏，采用自然式布局，以回游式园路系统连接各景点，有简洁、柔和、朴素的北欧风格，而其中浣花池、浣花桥、灵芝石、寿石亭、晓春轩、露华台、依亭等，又展现中国传统园林风格。 解放公园段落分明的空间序列，秩序井然的空间节奏，在当时的武汉园林之中是十分罕见的 (贾建玲，2015)。

解放公园在上 20 世纪 70 年代后经过几次改造，扩大水面、增添中国园林元素，90 年代兴建占地近 20 亩的名塔园，以高 26 米 7 层八角的步月塔为主，周围 50 座按比例缩小的各地名塔，塔园沿岛回廊长 300 米，与桥、榭相互辉映。2005 年又做了一次大改造，请加拿大园林设计师文森特 · 艾斯林作生态修复设计，但依然遵循原来布局形式，还强化了轴线感（图 3-27）。

七、西安兴庆宫公园——现代第一座大唐宫殿遗址上的公园

1954 年审议通过的《西安市 1953—1972 年城市总体规划》将兴庆宫公园建设列入了计划，但受当时经济条件限制，决定暂时在欲建公园的地方先建苗圃。1958 年，上海交通大学内迁西安，将苗圃南面的地块作校址，为配合校园建设将其北侧的兴庆池苗圃改建为公园，即兴庆池公园。相传这是周恩来总理提出的，要让上海来的教师们有个业余活动的地方，不过此说法仅为民间传说而已，却是无文字记载的。

这座兴庆池公园是在我国古老的历史文化遗址——大唐兴庆宫遗址上建的公

园。兴庆宫位于唐都长安外郭城的兴庆坊，建于唐开元盛世，面积2000余亩，规模恢弘，其设计布局、建筑和园林艺术都有很高水平。兴庆宫是在唐玄宗李隆基的旧宅基础上改建的，是玄宗听政之地，玄宗与杨玉环的许多故事就发生在此地，安史之乱后遭到破坏。

公园规划始于1956年，当时的西安市公园建设委员会从20多个设计方案中，选出西安建筑工程学院（今西安建筑科技大学）彭埜教授和西北工业建筑设计院副总工程师洪青所作的设计。这两个方案刊登在1957年3月31日的《西安日报》上，同时附了洪青撰写的《兴庆池公园设计意图说明书》（图3-29），还制成彩色石膏模型到全市各单位展览征求意见。结果收到500余条意见，最后由洪青归纳整理制定出新的公园规划（图3-30）。1958年建园时政府动员市民义务劳动挖湖堆山、修筑道路，植树造桥，参加者近17万人次。发动民众参与建园之举也是新中国成立初期我国城市建设的一大特点。而在报纸上对一个城市公园规划公开征求意见，可说是现代园林规划史上的第一次，当年中山陵设计方案也登过报，不过只是为评选最优者。

·4·

对興慶池公園的兩个設計方案

欢迎大家提出贊成或修改的意見

西安市公園建設委員会

三月三十一日

图3-29　1957年3月31日《西安日报》登载对兴庆池公园两个设计方案征求意见的文章（陕西图书馆提供）

公园总设计师洪青（1913—1979年），祖籍古徽州婺源（现属江西），20世纪30年代初去欧洲留学，1932年毕业于法国巴黎国立高等美术专门学校建筑科，接受了西方古典主义建筑体系教育。回国后在上海的几家建筑事务所工作，曾任上海美术专科学校工商美术系主任兼教授，从事美术图案、建筑图案的教学工作；还兼任上海新华艺术专科学校工商美术系图案教授。1950年来西安加入西北建筑公司（后为西北建筑设计公司），1953年任设计所室主任，后任总工程师（胡耀星，2006）。他参与古城建筑的修复，留下了许多存世作品，如折中主义装饰风格的人民大厦（1952年）、中西合璧的建工局大楼（1954年）、巴洛克式的人民剧院（1953年），及中国古典园林风格的华清池九龙汤（1959年）、宝鸡人民公园（1960年）、骊山风景区规划(1960年)等。洪青作为西北现代建筑师的代表人物之一，还曾参加毛主席纪念堂规划方案，人民大会堂陕西厅的设计。他曾担任中国建筑学会设计学术委员会副主任委员、西安市园林绿化建设委员会副主任委员、西安市文物管理委员会委员等职。在“文化大革命”中受批判，他的许多设计方案图被毁（胡耀星，2006）。

彭埜和洪青的两个规划，都是中国传统造园与西式园林结合，将湖泊置于中间、环湖安排景点，再现历史建筑，大门朝南与交通大学相对，但在具体设计上各有特点（图 3-30）。

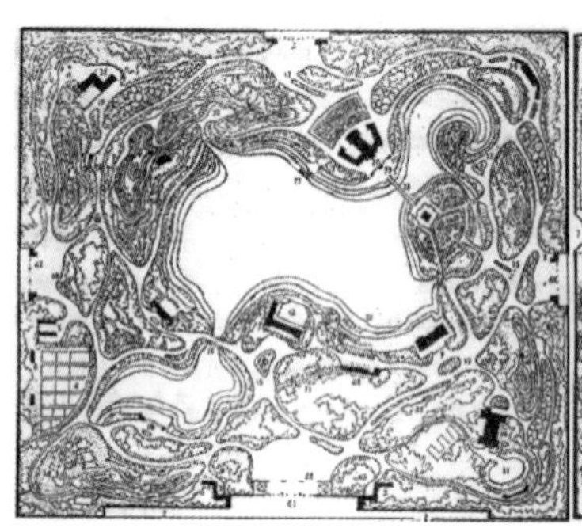

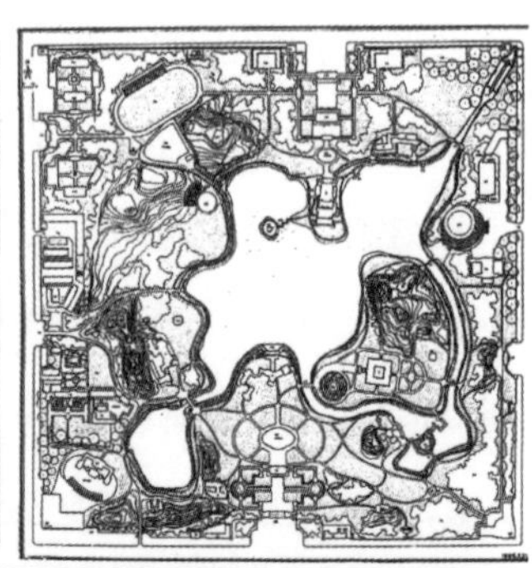

图 3-30　西安兴庆宫公园
上左：洪青的设计方案；上中：彭埜的设计方案（引自：西安日报，1957-03-31）；上右：1995 年李百进规划保留了 50 年代建园格局（引自：吕丹丹，2016）；
下：公园现状鸟瞰（引自：潘雨辰，2016）

（一）洪青的方案

采用中国传统造园艺术手法，结合欧洲风致园的布置形式，弃用中轴对称，而采用灵巧曲折的布局，利用天然地形，高低起伏，挖土成池、堆土成山，着重模仿自然，加以人工粉饰。建置各种类型建筑物，配以大量树木、草坪、假石山，创造复杂的空间，幽雅多趣，前后左右都可呼应。并结合现代社会主义内容的要求及逐步发展的远景，在园的功能方面能为广大人民休息娱乐之用。道路设计为 3 个环形道，即内侧的环湖林荫道、中间游览林荫道及外侧绕远而行的小径。

大湖居中为主景，西南有小湖植菱放鱼，两湖拱桥相连；西北，自两山下的山洞引水出，流入山北蓄成小池，植荷成景；土山及建筑物为园中客景，主要在西北角造成两个高峰，上架飞虹石桥，土山遍植树木，石级盘旋而登，半途平台建茶室，山顶小亭、石塔可登高望远。大门与交通大学主楼中轴线相对，入门后东南角为儿童游览区，向东经小桥至沉香亭，用古时题名（图 3-31）；大平台上重檐琉璃瓦四方亭突出水面，在园内任何地方都能看到。从亭下石阶过长石桥直至对面文化宫、露天音乐厅，经其北面土山之假山洞，进入西北的清僻区，竹林、梅林，有翰林阅览馆，是古时翰林院旧址，如于丛山丛林之中。从馆向南沿湖至与沉香亭相对的万字棋轩，前过大小两湖之拱桥，即为花萼相辉宴舞楼，乃旧时花萼相辉楼之方位。此为全园最富丽建筑，楼前大喷水池及大草坪，由此一路向南又回到进门空地。综上所述，公园规划沿湖布景、线路清朗，空间开合有序，意境静喧有致，既有唐风遗韵，又有现代风致（洪青规划方案说明）（图 3-30）。此规划不仅展示了洪青在西洋游学的知识积累，也表达了他对中国古建筑及传统造园的深刻理解。

（二）彭埜的方案

结合地形功能分区比较明确，同样以中央兴庆池为主题，对大湖的蓄水处理考虑较多，利用东南部低洼现状开通迂回的小河，再在土山前开辟河渠及浅塘，创造出深水和浅水的不同水体，分别供划船、垂钓、赏荷、观鱼等。在东南的浅水湾上修建沉香亭、阅览室，西北的浅水湾为菱塘鱼池。园之西南部安排为儿童活动区，在唐代花萼相辉楼旧址，利用竹材建花朵锦绣轩建筑群，植枫林、修竹及草坪。园西北角翰林院旧址建紫薇院建筑群，为阅读垂钓处。南大门主入口，局部设计成规则式，形成一广场，两侧藤架、中间喷水池，跨过双桥即大草坪，是全园主要空间，临岸处设水禽雕塑成为入口轴线的终端。道路系统设内外两环，适当参插小径，向西侧远处石桥连接的“如此多娇社”隐于浓荫中，向东侧是丘陵前的湖光山色，建筑群置于半山腰，山顶有亭远眺（图 3-31）（彭埜规划方案说明）。相比之下，彭埜的设计中园林建筑较多，局部空间轴线明显，而自然山水不及洪青规划的多，但在水面的处理上却有异曲同工之妙。

最终洪青归纳公众意见，结合上述两方案作出新的总体规划，实际占地 748 亩、湖面 150 亩。规划在总体布局上放弃了原宫殿的轴线，也不用规则式的对称格局，而是采用迂回曲折的中国传统造园艺术手法与西方风景园林相结合的形式，从宏观看既有皇家园林的风貌也展现了现代公园的特点。布局上比原来的方案简洁，简化了河渠、突出沉香亭，将亭置于岛中三级高台之上作全园主景。湖边岸线弯曲，构成半岛、港汊、湖湾，将开敞的湖面划分为许多小的空间，桥跨河渠、湖水相通，皇宫遗址、园林亭榭散布其间，各成单元、自显特色，兼有历史文化和现代元素双重价值。在大门入口的处理似较多吸收彭埜规划的理念，采用了局部规则的设计手法。另外规划更加注重保护并再现历史文化，在局部空间恢复古时宫殿格局。如将唐玄宗勤政务本楼遗址上发掘出的石础和车辙等历史遗存裸露于地表，四周以石栏围住；另外仿建花萼相辉楼等。据洪青先生的儿子回忆，当年在设计公园时，他常在家吟诵唐诗然后画出草图，以现历史沧桑。但当时政府财力有限，除沉香亭、花萼相辉楼等几处重要建筑外，大多为竹木结构，直到“文化大革命”结束后才重新修订规划完善公园建设。此外，为充分展示公园特有的文化内涵和历史渊源，1979 年由“兴庆公园”更名为“兴庆宫公园”（吴雪萍 等，2016；吕丹丹，2016）。1985 年中国城市规划设计研究院主编的《中国新园林》一书出版，其中收录了兴庆宫公园，这是唯一被该书收录的、代表了西北地区的城市公园，可见其设计与建设的成功。

图 3-31　西安兴庆宫公园仿唐建筑沉香亭（引自：吴雪萍，2016）

之后，兴庆宫公园历经多次改造，如1995年李百进主持了新一轮的公园总体规划，提出以历史文献资料及唐长安城发掘遗址资料为基础，将公园内容与文物考证相结合并考虑公园经济开发，主要恢复唐时“北宫南苑”的空间布局，展示以龙池为主景的唐代离宫苑囿风光。2006年又对公园设施更新改造，依然延续建园时的规划方针及古典园林的设计方法。据文献记载，当时兴庆宫的仿建规划可谓规模庞大、气势恢宏，只是未能实现，规划的建筑群兴建起来的不足1/2，即便是建成的也仅是些规模小的，原规划北侧公园大面积宫殿门楼部分，也已被高层建筑所占而难以实现了。正如陕西作家朱鸿（2013）抒发的感叹：“我情怡意散，考察了兴庆宫遗址，徘徊公园的桥上与树下，进南门，出北门，走西门，辞东门，唐的痕迹一无所见，唐的气象稀薄近无。几个仿古亭楼虽为点染，然而欠其韵味，犹显生硬。”

八、对上述公园规划的思考

对上述几个主要城市的现代公园规划设计作个比较的话，我们发现很有意思的现象，这些公园都是中国传统造园手法与西方现代公园设计理念的结合，传统建筑、假山、叠石的中国元素与草坪、喷泉、雕塑的西方成分相容，只是在多少、主次上有些区别，同时必然有为社会主义政治教育服务的文化设施，显然是受苏联文化公园理论的影响。

从公园的特点来看，大致可归纳为三大类型：第一，以水为主题，公园中水体面积加大，一般占了40%以上，大多布置在中心位置成为公园的主景，湖中筑岛，湖岸弯曲形成半岛、湖湾、港汊，基本是山水园格局，如北京的陶然亭公园、紫竹院公园、广州三大湖公园、上海长风公园及西安兴庆宫公园等，仔细分析可见它们是借鉴了颐和园、北海、西湖等园林的特点，甚至可说是在一定程度上的模仿，而他们的设计者一般受传统造园思想的影响较多；第二，公园绿地面积远大于水体，基本采用轴线或至少部分轴线的格局，在很大程度上受西方园林艺术影响，多草坪这类西洋园林要素，更接近于英国风景园林风格，如上海人民公园、西郊公园，武汉解放公园，而他们的设计者或是海归的造园家，或是更多接受西方现代主义教育的专业人士；第三，介于上述两者之间，但总体上较多采用传统造园手法，更接近中国传统园林的，如杭州花港观鱼公园，在设计中有较多创新。

关于 20 世纪 50 年代公园的规划设计者，有些地方在园林志或在发表有关公园规划文章时，明确了具体负责人、主持者，但北京的几家公园却都没有说明，为现在研究园史带来困难。

最后必须指出，这些公园的设计者是我国现代城市公园设计的先锋、探索者，当然也是那个时代的主要力量。而他们设计的公园，在当时及很长一段时间里成为各地效仿的对象，可以代表 20 世纪 50—60 年代园林设计的主流。

第三节

20 世纪 50—60 年代中国园林史上的重要事件及影响

一、创办中国第一个造园专业——现代园林专业教育的开始

20 世纪 50 年代，在中国现代园林史中有一件重要的事件，这就是在梁思成的支持下，汪菊渊和吴良镛一起在清华大学建筑系共同创办了造园专业。在此之前中国是没有造园专业的，只是在大学的农学、园艺及建筑类的专业中开设过造园类课程，如陈植（养材）、毛宗良、章守玉、范肖岩、章元凤等在国立中央大学（1950 年更名为“南京大学”）、复旦大学、浙江大学等开设过造园学、庭园设计等课程。新中国成立后各地农学院都取消了造园花卉类课程，而北京将原来的北京大学农学院、华北大学农学院、清华大学农学院合并组成了北京农业大学，将造园及花卉类课程改为选修课保留了来，汪菊渊当时就在北京农业大学教花卉蔬菜园艺类课程。

汪菊渊是园艺学家，吴良镛是城市规划和建筑学家，他们之间的年龄相差近 10 岁，一位在北京农业大学园艺系、一位在清华大学建筑系，学业相距甚远。然而，1951 年在北京都市建设委员会的一次相遇，却使他们俩人的名字联系在一起，因为他们共同开创了中国现代园林教育的历程。

据吴良镛（2006）先生回忆：“就在园林系统委员会会议上，我结识了汪先生。在会议休息期间，谈到了建设形势的紧迫性以及园林人才培养的重要性。汪先生建议‘农大和清华合起来创办园林专业 ’。这个想法得到梁思成的支持，原来 1949 年 7 月 10—12 日的《文汇报》上连载了梁思成的《清华大学营建学系学制及学程计划草案》，梁先生业已提出在营建学院下设立‘造园学系’的设想，与建筑学系、市乡规划学系并列。” 梁思成指出，“这种人民公园的计划与保管需要专才，所以造园人才之养成，是一个上了轨道的社会和政府所不应忽略的”。于是 1951 年在清华成立了中国第一个“造园组”，汪菊渊在农大组织读完园艺系

二年级的 10 名同学来清华上课，成为造园组的第一届学生。当时直接参加组织造园组的还有农大陈有民和清华朱自煊两位助教，据陈有民（2002）回忆，1953 年毕业时有 8 位同学，当时分配给北京市 3 名、清华 2 名、北农大 2 名，中央单位 1 名。1952 年北京大学建筑系并入清华，遂成立造园组正式招生，汪菊渊任教研室主任。

吴良镛（1922 年—），建筑大师、城市规划学家，两院院士。20 世纪 40 年代后期辅助梁思成创建清华大学建筑系，后留学美国，因认识了旧金山有名的园林设计师 T · 丘奇 (Thomas Church)，而对园林学科的发展产生浓厚兴趣。当年造园组的教学计划主要由吴良镛制定，他参照了美国宾夕法尼亚大学 Landscape Architecture 的教学计划，结合农大园艺系提出了课程安排，首次把西方现代学科意识与中国园林艺术相结合，吴良镛和朱自煊辅导公园设计，还和刘致平一起讲授建筑初步（吴良镛，2006）。另有陈有民（2002）记述当时造园组的教学情况，说明当时汪菊渊请来科学院崔友文先生讲植物分类学，请倡导森林万能论的郝景盛讲课等。教育部又将苏联的教学计划和教学大纲交给造园组，于是按照要求修改了教学计划，同时安排暑期实习。由此看来当时造园组的教学计划既包含了吴良镛的西方理念、也纳入了苏联的经验，不过吴的计划在第一届学生教学中还有可能成为主导，但能维持多久则就难说了。因为 1956 年造园组调至北京林学院，接着就是全面学习苏联的时代，造园组都被改为“城市及居民区绿化系”了，教学计划也就可想而知了。

吴良镛先生后来主要从事城市规划研究与实践，但一直关注园林学科发展，而且还带了园林专业的博士生，如今在华南颇有声誉的华南农业大学李敏教授就是他的弟子。

汪菊渊（1913—1996 年），祖籍安徽休宁，出生于上海。1934 年从南京金陵大学园艺系毕业，先到庐山森林植物园工作，后回金陵大学任教；1946 年到北京大学农学院任教，主要研究蔬菜及花卉园艺；1956 年调入北京林学院创建园林专业，任城市及居民区绿化系副主任；1955 年出任北京农林水利局局长；1964—1968 年为北京市园林局局长；1972 年后任北京市园林局副局长、总工程师，期间一直兼任北京林学院教授（详见第四章）。

汪先生在园林方面最主要的成就在三个方面：

首先，他与吴良镛在清华共同创办了中国第一个造园组，继而发展为园林专业，因此被誉为我国园林专业的创始人。而“中国当今风景园林规划与设计的学子大多直接或间接地蒙受过汪先生的教益”（孟兆祯，2006）。在早期的毕业生中有刘家麒、刘少宗、朱钧珍、孟兆祯、郦芷若等，后来都成为著名园林学家，汪菊渊先生是园林教育的一代宗师。

第二，他是现代园林学科理论体系的主要奠基人，为建立中国园林学科体系作出重大贡献。他担任《中国大百科全书：建筑 · 园林 · 城市规划》中园林篇主编，明确了园林学为独立学科，与建筑、城市规划并列，是现代科技领域的重大突破。同时界定了“园林”的性质、定义、内涵及范围，提出目前园林学的研究内容包括传统园林学、城市绿化及大地景观规划三个层次（汪菊渊，1988）。提出“园林学的研究范围是随着社会生活和科学技术的发展而不断扩大的”，将园林学定义为“是研究如何运用自然因素（特别是生态因素）、社会因素来创建优美的、生态平衡的人类生活境域的学科”。同时“阐述园林学与城市科学的关系，城市生态与绿地系统的关系”。

第三，在中国古代园林史研究上成果卓著，他在20世纪40年代后期就开始园史研究，1958年编成《中国古代园林史纲要》及《外国园林史纲要》，1965年发表《我国园林最初形式的探讨》。基于长期的园史研究及资料积累，他在1994年基本完成了《中国古代园林史》书稿，但直到2006年才得以正式出版。这是一部断代通史，洋洋170万字，记述从商殷起至清末为止的古典园林文化和艺术，是汪菊渊先生毕生精力的结晶，是中国园林历史研究的重要著作，被誉为里程碑式的贡献（详见第四章，园林史研究一节）。

汪先生对我国现代园林发展的贡献并不仅于此，他长期在高校任职培养了大批园林专业人才，就连陈俊愉院士也自称师从汪师；他是“学优登仕”，曾历任北京农林水利局、农林局、园林局局长、总工程师等职务多年，为首都乃至全国的园林建设事业做出贡献，如1962年主持全国城市园林绿化10年研究规划，1985年参加了“中国技术政策——城市建设”课题研究，负责城市绿化和公园部分，项目成果获得了“国家技术政策研究重要贡献奖”等。

由清华和北农大合办的造园组开创了中国现代造园教育的先河，后来虽然学科名称不断改动，从造园至园林、绿化、景观及风景园林，但他的根就在这造园组。1962年前后南京林学院、沈阳农学院、武汉城建学院等也相继成立园林系和园林专业。然而，师资力量要数北京林学院的最强，1956年北林请来了著名造园学家李驹担任系主任、汪菊渊为副主任，教师中还有陈俊愉、孙筱祥、余树勋等当时已经声名鹊起的学者。但遗憾的是正当园林专业刚刚在成长、发展的时候，1965年被停办，之后“文化大革命”席卷大地，园林专业被迫中断，直至1978年才重新开始恢复正常。

二、苏联城市绿化理论引入我国

1950年2月14日，中苏两国政府签订了《中苏友好同盟互助条约》，在50年代特别是第一个五年计划期间，全国上下学习苏联老大哥，园林建设、规划设计自不会例外。不仅将原来的造园专业改成了“城市与居民区绿化”，而且是处处学习苏联的城市绿化经验，引入了苏联绿地系统理论、居住区绿化概念、城市绿化的卫生防护功能，以及对我国公园设计产生很大影响的“文化休息公园”设计理论等。

（一）苏联文化休息公园（Park of Culture and Leisure）模式的影响

“文化休息公园”最早出现于苏联第一个斯大林五年计划期间，当时苏联人民对文化娱乐的要求不断提高，已有的俱乐部设施等已不能满足需要，必须建设另一种新型的场所使劳动者能在广阔的地方活动。1928年莫斯科苏维埃主席团根据劳动者的提议，决定在原来农业展览馆的旧址荒地上建造一座公园，即莫斯科中央文化休息公园，1932年改名为“高尔基公园”。公园坐落城市西南，距中心城区不远的莫斯科河岸，面积从开始的120公顷扩大到1000公顷。公园是由建筑师弗拉索夫领衔设计的。公园包括大花坛区、尼斯库奇花园、列宁山及路士尼克区，每一个区都有其主导的形式。如大花坛区为大规模的设施及群众娱乐的地方，按法国古典园林的对称几何图案布局，中央设计了纪念伟人的林荫道，笔直的通道两旁排列修剪整齐的树木，连接着用花床镶边和用雕像及喷泉装饰的广场与草地，绿地中大多为低矮的植物，大群密集栽植的蔷薇、高山植物及大理菊让人感到它的广阔（图3-32）。这里建造了大会堂、剧院、娱乐宫、体育馆、马戏院，为开展文学、艺术、科技等活动提供场所，其中著名的剧场青春戏院有15000个座位（正明，1952；依凡诺娃，1951）。公园平均每天接待七八万游人，说明公园不仅规模宏大还能满足不同人群的兴趣选择（符拉第米罗夫，1950）。之后，高尔基公园成了苏联全国建造公园的典范，在公园用地组织、区域规划及园林布局方面整理出一套崭新而独特的原则。

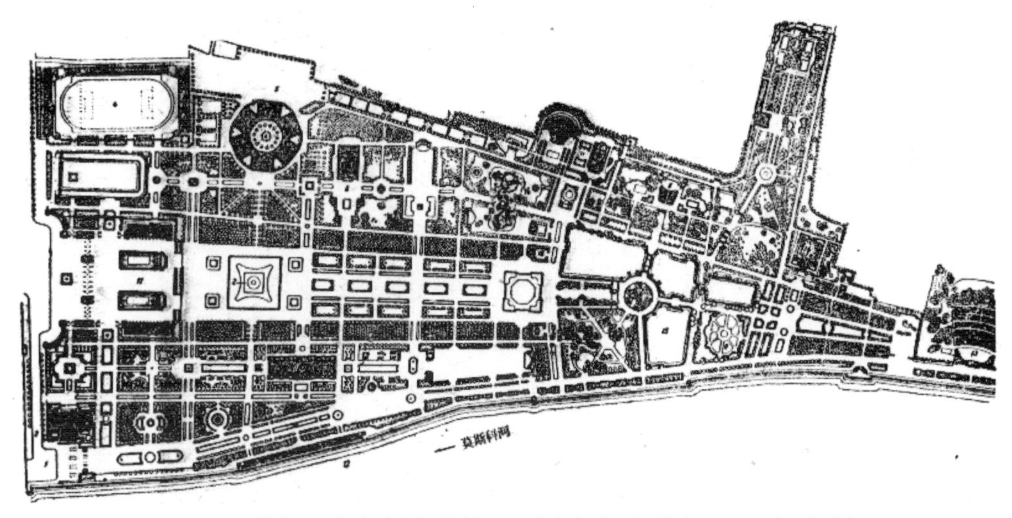

图 3-32　莫斯科高尔基文化休息公园改建平面图（1932 年改建）
（引自：苏联建筑研究院城市建设研究所，1959）

文化休息公园的基本理念，是公园不仅是散步的绿地，还是群众的休息场所，有较为完整的运动场和体育场，以及各种文化教育和娱乐设施，按照其提供的服务功能进行分区，一般都包括文化教育及公共设施区、体育运动设施区、儿童活动区、静息区和经营管理区五大功能区，在公园中修建图书馆、体育场、音乐堂等体量较大的建筑（正明，1952）。

据苏联建筑研究院编著的《苏联城市绿化》一书记述，文化公园是苏联城市不可缺少的要素。它把广泛的教育活动与劳动人民在绿地环境中的文化休息相结合，是建筑与规划两方面巨大而繁复的艺术组合体。因为它在自己的空间结构中，把建筑物的统一艺术风格极其调和地与四周美丽的天然景物配合起来。文化休息公园不同于沙俄时代的公园，那不外乎是皇宫园苑或地主庄园的附属，是不对下层人民开放的，即使是开放的城市公共花园也是面积很小。而欧美各国的城市公园主要特点是，缺少为游人服务的群众性的政治设施和文化设施，娱乐设施常常是设置在几乎没有草木的地段上，这种公园实际上没有创造良好的休息条件。文化休息公园的特点，是在于它有着丰富的花草树木，有着为广大人民群众易于欣赏和理解的园林艺术布局；在优美的大自然环境中给游人创造出有益于健康的休息、游戏和体育锻炼的条件，同时也帮助他们扩展文化眼界（苏联建筑研究院城市建设研究所，1959），它强调政治属性，实质上是巨大的文化教育机构。这与奥姆斯特德的理论“公园尽可能成为城市的补充……需要的是简单的、具有树木所提供的各种遮蔽和光照的宽阔空间”不同，不过纽约的中央公园也还是有艺术博物馆、网球场、小酒吧这类设施的。

莫斯科高尔基文化休息公园成为苏联城市公园建设的模本，苏共及苏维埃政府还对文化休息公园的工作大纲作出决议，除了提出政治性及方法上的活动大纲外，还说明了建筑规划方面的艺术任务问题。还在1946年由部长会议下属文教委员会（相当于文化教育部）制定了文化休息公园条例，规定了在公园实施文化教育工作的任务、内容及范围。当然不是每个文化休息公园都会有这些设施，如何布局则取决于公园规模、所在的位置及游人多少。其任务主要是建立各种不同的文化设施、娱乐及风景来满足群众游乐的要求；组织广泛的政治报告；宣传科学教育知识、科技成就、技术、艺术和文学，普及军事知识，促进体育运动发展等。视具体情况，安排安静休息场所、露天剧场、小型剧院、音乐广场等，以及展览馆、图书馆、联欢场地、舞池、体育场地等不同的设施。条例对各类用地及设施都有规定的配额，甚至对主、次入口都作了具体规定与要求，到1954年在苏联全国范围内归文化部管辖的文化休息公园就有464个（勒·勃·卢恩茨，1956）。

20世纪50年代初，我国的报刊纷纷撰文介绍苏联的绿化经验，特别是高尔基文化休息公园的情况。之后又组织翻译出版了勒·勃·卢恩茨写于1952年的《绿化建设》（1956年）、克鲁格梁柯夫的《城市绿地规划》（1957年），及由苏联建筑研究院城市建设研究所编著的《苏联城市绿化》（1959年）等，它们成为园林绿化方面学习苏联的基本教材。文化休息公园的设计理论及模式为我国公园设计提供了方法，被我国的设计者参考和运用。具体表现在公园按功能分区，及用地按比例平衡的设计方法，一般划分安静区、娱乐活动区、成人活动区、儿童活动区等。同时，按文化休息公园的模式建造各类文化、娱乐、教育及体育活动设施，通过保护革命文物、增设具政治教育意义的雕塑、举办科普展览、开展文体活动等来表达社会主义政治与文化属性。

20 世纪 50 年代，我国公园建设对苏联文化与休息公园的效仿有着强烈的政治意义，因此当时在全国各地新建的城市公园都会安排儿童园、阅览室、展览馆之类的设施，有的还增设露天舞池、纪念碑、歌颂英雄的雕像等。如北京的陶然亭公园、武汉解放公园、西安兴庆宫公园、合肥逍遥津公园等，都按照文化休息公园的模式划分功能区。1954 年北京提出公园的活动内容应以文化与休息相结合，还成立了公园文化服务社。上海的西郊公园就是按市政建设委员会决定辟建的一座文化休息公园。有的干脆就命名为文化公园，如扎兰屯文化休息公园、广州文化公园、哈尔滨文化公园等。扎兰屯文化公园安排了文化娱乐区、水上活动区、安静休息区、动物区和体育活动 5 个区，设有田径场、球场、游泳池及展览馆、纪念碑烈士塔，还包括了宾馆和招待所等（徐振亚，1963）（图 3-33）。

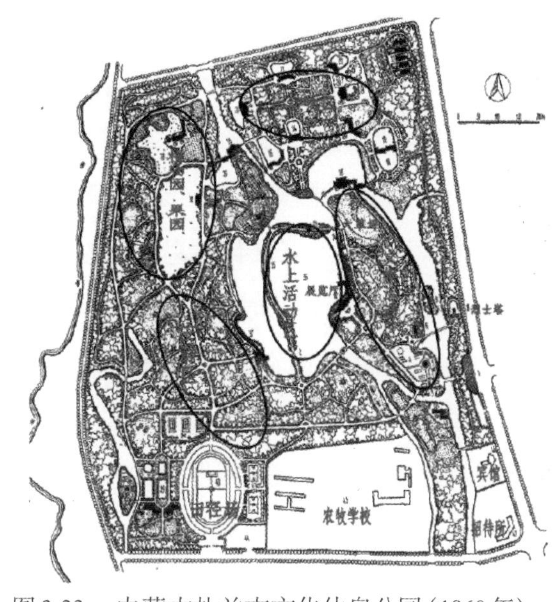

图 3-33　内蒙古扎兰屯文化休息公园（1960 年）（徐振亚改绘）

一开始在学习苏联文化公园设计理论时几乎是全盘照搬，有的不顾具体情况机械地运用分区原则，或简单盲目效仿按比例用地平衡的设计方法。一般说 7~8 公顷的公园不能达到理想的分区效果（李敏，1995），而当时我国建造的公园规模通常为几公顷至数十公顷，因此机械的分区导致公园布局单调、刻板，影响了绿地空间效果。另外，我国城市绿地总量低，在有限的公园绿地中一味地要增设一些文化、娱乐及体育设施，甚至在北京古典坛庙的中山公园都造了一个很不协调的大型音乐厅，内蒙古的一个城市把市级图书馆建在公园中（柳尚华，1999），一些较大的公园建餐馆更为常见，这也是我国一些公园建筑设施比例偏大、绿地面积趋小的一个原因。

然而必须指出的是，我国现代设计师一直在探索如何把中国传统山水园林风格及造园手法用于新公园的创作中。如上海长风公园的山水布局，高岗平湖构成优美的自然山水环境；广州三大湖公园（流花湖公园、荔湾湖公园和东山湖公园）水、堤、桥、岛的有机结合；杭州花港观鱼自然简约的设计，建筑面积比例极小，用亭、榭、回廊建筑构筑出几重空间的格局等。这些都体现了中国自然山水园的基本特点，是在中国传统造园手法和与西方园林布局（特别是英国风景园林）的结合中，加入了苏联文化休息公园的元素（主要指文化教育设施），形成了 20 世纪 50 年代城市公园的时代特点。

60 年代随着中苏关系的恶化不再有向苏联学习的说法，对于苏联的公园模式也有了批评，然而此时公园建设进入了长达 10 年的沉寂期，但到 70 年代之后公园建设逐步恢复时，公园规划的分区理论、增设一些文化娱乐设施的做法依然得到应用，甚至延续到今天，当然这已不占主导地位了。

（二）苏联城市绿地系统理论的影响

民国时期我国开始有了近现代意义的城市规划管理机构，许多城市已有建设计划，主要模仿西方国家在城市建设规划中安排城市绿地、公园等规划内容。如南京《首都计划》在划分功能区方面，明确划定公园区，并建林荫大道连接城市的各个公园；《大上海都市计划》中有关于园林绿化的详细阐述，并提出形成绿化系统；1947 年北平都市计划委员会编制城市规划，其中有关于城外设园林式路、城墙内外设绿地、城墙上端建公园的园林规划设想；1948 年南京市园林管理处向都市委员会报送绿地现状、绿地分类和设计及设计刍议等（详见第一章），但真正意义上的城市绿地的系统研究及规划则是在新中国成立后才有的。

1951 年上海工务局都市计划研究委员会的程世抚、冯纪忠等研讨上海绿地建设，并形成《绿地研究报告》，阐述了绿地范围、绿地作用、上海市的绿地概况、绿地设计标准、建成区绿地的获得及今后绿化计划的方向。在今后绿地计划中明确了主要利用带状林丛……连接重点公园，绿地可联系河滨水岸绿化，并要求建设苗圃以备绿化建设所需（程世抚，1957），可以看作是新中国成立后最早的绿地规划雏形。然而，苏联的有关城市园林绿化改善气候卫生条件的理论传入我国，当时翻译出版苏联勒·勃·卢恩茨的《绿化建设》一书，系统介绍城市公共绿地系统，随即成为我国城市绿地规划的主要参考。提出城市绿地系统的规划原则：最大可能地设置大片绿地；居住区和公园之间、公园与公园之间有交通联系；大片绿地深入市区，接近市中心；绿地系统各个要素综合为有机、完整的一体；水面系统和绿地系统有机结合；城内和城郊的公园连成两个环状系统，并在由中心向外的辐射方向补充林荫大道、花园和公园网。这个原则成为我国城市绿地系统规划的准则，同时苏联城市绿地类型、城市绿地分类及定额，都成为我国城市绿地规划的主要参照。其绿地分类体系的城市绿地划分为：

（1）市内绿地，包括：①公共绿地：公园，花园，小游园，林荫道，街道和滨河地带的绿化地带；②专用绿地：公共建筑物地段的绿地，工业企业用地上的绿地。

（2）郊区绿地，包括：①森林，森林公园，郊区公园；②防护兼观赏用绿地；③陵园；④苗圃和果园。

（3）市内和郊区的专用防护林带。

这个绿地分类对我国城市绿地系统规划产生很大影响，直至1963年出台的《建筑工程部关于城市园林绿化工作的若干规定》，规范了各种城市绿地类型，也是在参考了苏联的分类方法的基础上有所增减的，甚至在今天我国的城市绿地分类中依然能看到这个系统的痕迹。

苏联绿化建设的经验也影响我国城市的绿地建设，如1955—1956年在以勃德列夫为首的苏联城市规划专家组指导下，北京在城市规划中提出完整的园林绿地系统。1956年方案共规划出公园绿地9749公顷，平均每个城市居民17.22平方米。而在实现大地园林化和“大跃进”的形势下，1959年规划修改方案的绿地指标都定得过高，绿地率达到40%、人均绿地49平方米，城外的成片绿地至少占土地的60%（北京地方志编辑委员会，2000）。

当时学习苏联最为典型的城市是包头市，作为依托苏联重点援建工程包钢的包头市，其城市总体规划就是由苏联专家做的。因此城市绿地系统规划完全体现了苏联的模式，如市中心规划了一条贯穿市区的绿化带，甚至保留了原有的草原景观，布置环城的绿环、大面积的绿地、水面，大中小的公园绿地均匀分布等。而中间的这条绿带一直保留至今，在全国城市中所少见，这为包头创建“园林城市”“森林城市”提供了厚实的生态基础。

然而，即使在全国学习苏联的形势下，也有学者提出不同的看法，如 1957 年程世抚在《建筑学报》发表《关于绿地系统的三个问题》一文，针对苏联绿地规划经验结合国内的具体情况，讨论了绿地系统的形成、规划绿地系统的准备工作和绿地定额 3 个问题，明确发表了自己的见解。认为城市绿地系统必须作适当的分布才能发挥作用，绿地系统和城市规划不可截然划分；绿地系统的形成主要依靠自然条件及现状具体情况加以组织，其重要组成部分是森林公园及森林地带以及街坊或小区内住宅旁的绿地，至于各种类型的公园应当看作是公共建筑物，不能强求大量设置来增加市政投资；集体住宅群中的园地布置不能抄袭苏联周边式街坊里的几何图案。他指出按苏联经验的绿地定额定得高了，尤其是强调占用完整地形，位于市区中部的文化休息公园是否切合我国生活习惯的迫切需要也是值得研究的。程老是留学美国的城市规划与园林专家，他已清醒地认识到城市绿地系统规划不应该盲目套用某种模式，因此在文中多处提出要结合中国的现实情况。在当时的政治形势下，程老能客观地提出这些问题是难能可贵的，特别是对具有政治教育意义、被看作是社会主义新生事物的文化休息公园提出不同意见，是必然会有政治风险的。就在程世抚的文章发表不久，江良栋（1957）也在《建筑学报》上发表了《对“关于城市绿化系统的三个问题”一文的几点商榷》，实际是维护苏联的经验，批评了程世抚的几个观点，幸好没有给程世抚扣上政治问题的大帽子。

苏联的城市绿地系统理论对我国的影响不仅在公园设计、绿地系统规划方面吸收了苏联的相关理论，就是在绿化配置方面也是主要参考苏联的绿化设计的植物配置形式，即以丛林、树群、孤树的自然群落与大小不等的草坪相结合，一时成为效仿的样板，但实践证明这种做法仅仅适宜于局部风景之组成，而不宜用于公园总体景观之结构，因为缺乏大片纯林就显得气势不够浑厚、少有变化，而且空旷地多、树木稀少、空间分割不清（北京地方志编辑委员会，2000）。在这里引用这段文字不是要分析这个评价是否正确，只是要说明当时苏联绿化设计的影响是十分巨大的。

三、“大地园林化”与城市园林发展

1956 年 3 月毛泽东主席发出“绿化祖国”的号召，要求在全国推进植树造林，“在一切可能的地方，均要按规格种起树来”；“要做出森林覆盖面积规划”；“真正绿化，要在飞机上看见一片绿”。1958年8月在北戴河中央政治局扩大会议上的讲话中，毛泽东又集中谈到“园林化”这个想法。他说：城市里的房子挤得要死，公园太少，人们没有休息的地方，要改变这种情况，“农村、城市统统要园林化，好像一个公园一样”。同年12月的中国共产党第八届中央委员会第六次全体会议即通过《关于人民公社若干问题的决议》，并以中央文件的形式发出“大地园林化”的号召。“决议”提出要将农田逐步缩减到1/3左右，而以其余的一部分土地实行轮休，种牧草、肥田草，另一部分土地植树造林，挖湖蓄水，在平地、山上和水面都可以大种其万紫千红的观赏植物，实行大地园林化。

“大地园林化”是党中央和毛主席的号召，是伟大理想、远大目标，是全国上下都必须执行、具有重大的政治意义的工作任务。然而如何去实施、达到何种状态可说是实现了这个目标？却是有着不同的理解和诠释的。当然，最基本解释就是毛泽东主席所说的“农村和城市好像一个公园一样”。但实施起来就有了种种不同的做法，而当时解说最多的是林业部门，因为按照中央的说法园林化的基础首先是绿化，绿化就是植树造林，那自然是林业部门的任务。甚至在1959年林业部召开的造林绿化会议上，还批评了从苏联引进的“居民区绿化”概念之局限，提出“认为只要美化城乡居民点就算实现园林化的看法是不全面的”（人民日报，1959-03-27）。

一开始对“园林化”概念有两种不同的解释，一是认为园林化以美观为主，另一种则认为必须以生产为主，后来把两者统一起来即生产和美观相结合。时任林业部副部长的惠中权（1958，1959）撰文解释园林化的几个问题：首先，园林化是绿化的进一步发展，是要求绿化的内容丰富起来，既有林木产品又有优美的生活环境，和改造自然面貌联系起来；其次，考虑经济问题，和木材、油料、果品生产联系起来；再次，通过园林化做到城乡处处是花园。针对当时对“大地园林化”的不同解读，1959年3月27日，毛泽东在《人民日报》刊载的《向大地园林化前进》中发出“实行大地园林化”的号召，明确了园林化是在全部国土上通过植树造林逐步地消灭荒山荒地乃至沙漠戈壁，必须认识大地园林化具有生产观点、生产内容。根据不同类型的土地利用规划，建立起用材林、经济林基地，营造必要的防护林；栽植出产各种林产品及果品的树种。这时对“大地园林化”有了基本的认识，就是依次为造林绿化、生产产品、美化环境，显然植树造林是最基本的，于是有了森林覆盖率的规划。在当时“大跃进”的形势下提出了森林覆盖率达到60%，全国的沙漠在3~7年内（个别的是10年）基本绿化这样过高的指标要求（程崇德，1959）。同样，在城市绿地规划中也制定了较高的目标，如北京城市中心区要以40%的成片土地绿化，城外达到60%，人均40平方米绿地；上海市提出“全市种树一亿株，一年基本绿化，二年普遍绿化，三年香花、彩化，五年园林化”的目标等。

然而，一些学者发文对“大地园林化”提出了更为全面的解释，如著名林学家吴中伦先生（1959a）发表《对于大地园林化的初步意见》，在阐述其生产、防护和创造优美环境的作用后，强调了全国至公社的规划部署，大江、大山统筹规划及建立全国性的重点风景，同时也提出居民点与城市园林化是为广大人民最迫切需要的。园林学家陈俊愉（1958）认为园林化规模宏大，特别提出如经营副业，辟设文化娱乐设施，结合山川名胜增辟水景，修筑假山、亭、榭等，做到有色、有香、有副产。值得指出的是，陈俊愉先生（2002b）直至晚年还呼吁要重提“大地园林化”。

汪菊渊1959年发表《怎样理解园林化和进行园林化规划》一文，更为全面地阐述了他对园林化的理解，认为园林化不能简单地归纳为“建园”和“造林”，也不是把普通的绿化提高一步，而以生产为中心的看法是把园林化的范围扩大到农业生产的全面发展。他指出，园林化的总任务是“为了将来美好的生活，在一切有居民的地区把自然面貌改变过来，征服自然灾害，改善地方气候和环境卫生；为居民的工作休息，创造既卫生又舒适优美的环境，使到处都很美丽，到处像公园，到处都生产极为丰富的产品”。于是提出要把各种用地的园林化相互协调地布置，有机地联系，成为一个统一体，叫作“园林系统”，并不是说园林化的规划必须等到总体规划全部定案后再进行，还可把人民公社的规划当作区域规划来做。由此看来，汪菊渊对“大地园林化”的认识与他后来在大百科全书编写中，对“园林”的三个层次之说是相符的，也可看作是他对“园林”定义的雏形，这应该是当时比较全面的理解。但未见有更多的园林学家撰文来讨论或诠释“大地园林化”关于城市绿化的内涵。即使是当时主管城市绿化的国家城市建设工程部的理解也是有过反复的。

1958年“大跃进”时代又有“大地园林化”的号召，必然会促进城市绿化事业的发展，我国城市公园建设的第一个高潮就是在这个时候出现的（表3-2）。在这个时期，国家城市建设工程部曾召开两次全国城市园林绿化工作会议。在1958

年 2 月的第一次会议上强调普遍绿化，提出城市绿化重点不是先修大公园，而是要普遍植树增加绿色；同时提出城市绿化必须与生产相结合，以前局限于修公园、种行道树和开辟街心绿地是保守观点，在公园中建亭台楼阁是浪费。然后，在 1959 年 12 月第二次会议上适当修正了之前的提法，提出把城市建设成美丽的大花园，因此需贯彻公园绿化和一般绿化相结合的方针，要不断提高公园绿地建设水平，提高公园绿地的园艺水平；同时要求进一步贯彻园林绿化与生产相结合方针，实现以园养园、以园建园（柳尚华，1999）。

值得注意的是，在仅仅间隔一年的前后两次会议上，却对公园建设有了不同的指导意见，从强调普遍绿化到为实现全面园林化必须贯彻公园和一般绿化相结合，并且在列举城市绿化的主要内容中也将公园放在了首位。显然，这是政府主管部门在“大地园林化”号召下对城市园林绿化方针的调整。正是因为有了这样的理解和调整，在这个时期建造的一些公园有了继承传统园林，探索和发展彰显时代特色的新园林的机会。有学者认为，以“大地园林化”为契机，继承和发展园林传统成为此时公园设计与建设的显著特征（赵纪军，2010）。如北京新建的红领巾公园、青年湖公园、团结湖公园，扩建了紫竹院公园；上海新建了长风公园、淮海公园、桂林公园、和平公园，广州的三大湖公园，桂林的七星公园等，都是公园设计的成功例子，不仅留下了堪称经典的作品，还使得新中国成立后的第一代园林设计师成熟起来，形成了骨干队伍。

然而，依据“大地园林化”的生产概念，以及随后出现的国家经济下滑的变化，在城市绿化中提出了园林化结合生产及以园养园、以园建园的方针，使得城市公园类似一家生产企业，对公园布局和种植设计、树种应用都带来很大影响。如在公园增植果树、建立苗圃、利用水面养鱼、布设餐馆茶楼等，这类生产性经营活动成为公园管理的重要部分。1958 年北京市领导指示要把园林绿化当作一项生产事业，于是首次在中山公园内坛种植三片果园，后又在天坛的内坛和外坛建成几片封闭式果园。至 1960 年北京有 45 处公园及道旁绿地种植了 15 万株果树，之后提出要发展至 24 万株，还制订生产发展规划，这一做法在之后的三年困难时期更加普遍，北京的公园开始种秋菜，有的地方还搞起了林粮间作、挖除草坪种粮食，甚至养猪等，破坏了园林的基本格局。

后来，尽管从国家层面不再提“大地园林化”，但事实上这个“口号”却一直没有消失，不用说在六七十年代，即使在市场经济形势下依然不断出现。如1993年林业部副部长刘广运撰文《绿化祖国 实行大地园林化：纪念毛泽东同志诞辰一百周年》；2002年陈俊愉院士《重提大地园林化和城市园林化》，其基本观点与内容是他在近50年前发表的《从绿化到园林化》一文的延伸，但增加了林业建设不仅要讲生态，还要讲“文态”的内容，而且强调大地园林化的重点是城市园林化（大园林）的早日实现。一些地方政府还启动了大地园林化建设，如山东德州（2007年）、黑龙江垦区（2008年）、陕西关中（2013年）等，都提出了要在若干年时间内实现“大地园林化”。同时，在学术界也时有讨论，如有学者将“大地园林化”看作是非常具有中国特色的区域规划思想，将其和西方的“大地景观规划（Earthcape Planning）”相对应，大力宣传和推进大地园林化，有助于尽快改变我国城乡生态环境（李敏，1995）；认为大地园林化与奥姆斯特德的Landscape Architecture有契合之处，通过对“大地园林化”内涵的正确理解和稳步、慎重地实践，其思想在行业实践与学科发展中应能焕发出新的生命力（赵纪军，2010）。然而，毛泽东主席提出的“大地园林化”是一个宏大的发展目标，是指导农林业生产、土地利用、国土治理的战略性纲领，他虽然蕴含有规划思想但是不能仅仅以规划方法或者学说来对应的。

四、政治运动下的园林设计

新中国成立后至1966年“文化大革命”开始的十几年时间里，发生了多次全国范围的重大政治运动，可以说是波及社会的各个阶层、涉及每个人，对各行各业都有直接和重大的影响。对于城市园林事业来说，除了上述的“绿化祖国”“大地园林化”等号召直接指导园林建设外，50年代的“反浪费”运动，即对建筑界“复古主义”和“追求形式”的批判，以及60年代初提出的“设计革命化”，这两次关于建筑设计的政治运动直接影响了园林建设与设计。

（一）1955年建筑界“反浪费”、反“形式主义”和“复古主义”波及园林设计

新中国成立初期学习苏联经验，建筑界提出了“民族形式”的创作方向，以清华大学建筑系为代表的中国建筑学界肯定了“建筑和城市建设的艺术性”。结

果，大多数中国的建筑师认为中国的民族形式，就是模仿古代的宫殿、庙宇、斗拱，而不是批判的吸收。当时设计的许多建筑都有四周伸展“飞檐”、下面支撑“斗拱”的绿色“帽子”，被称为大屋顶。这种民族形式不仅在民用建筑，还逐渐向工业建筑发展（邢和明，2014）。“大屋顶”的建筑形式出现后很快开展了反对建筑浪费的运动，对大屋顶的批判是由毛泽东主席发起的。毛主席讲了“大屋顶有什么好，道士的帽子与龟壳子”，然后开始了由北京市委负责的对梁思成建筑思想的批判（王军，2003）。

1955年开始系统批判资产阶级形式主义和复古主义思想，人民日报发表了《反对建筑中的浪费现象》的社论。同时对当时的建筑，如地安门的机关宿舍大楼、中央民族学院、友谊宾馆、重庆大礼堂等“大屋顶”建筑展开批判，后来被称为是一场荒唐的学术政治批判（郑孝燮 等，2012）。梁思成首当其冲成为主要批判对象，一些著名设计师和建筑学家，如张镈、张开济、冯纪忠等都受到了批判。

在建筑界开始的“反浪费”、反“形式主义”和“复古主义”运动，直接影响园林建设和设计。在“反浪费”要求下对有的公园建设作了压缩，如上海报刊以西郊公园象房为重点，批判“追求形式，不计实用，铺张浪费”的设计思想(图3-34)，对动物园的建设规划重新审查，面积从原计划的2000亩压缩为279亩，包括公园在内共为645亩。但总的来说，这次运动对园林的影响远不如建筑设计领域那么大，也没有树立批判典型。可能是因为当时全国在政治上集中批判胡适、胡风、梁漱溟，所谓的批“二胡、一梁”，而仅把批判梁思成定位为学术问题，而且时间也很短，因为“反右”运动接踵而来，随之建筑界的“反浪费”运动也就停止了。

作者查阅了许多资料，没有发现这次运动有批判中国传统园林修复的确切记载。而从江南的名园修复时间表来看，多数园林整修是在1954年前和1956年之后进行的，那么1955—1956年之所以少有园林修复是否和反浪费有关或只是巧合就不能确定了，不过从刘敦桢恰在此时间段组织

图3-34　20世纪50年代上海西郊公园的象房（称为象宫）（张庆费提供）

研究苏州园林，而且引发对传统园林的研究热潮来看，中央提出反对建筑的“形式主义”和“复古主义”并没有波及对传统园林的整修上，或者至少影响不大，这还有待于进一步深入研究。

（二）1964 年的“设计革命化”运动

1959 年国家进入困难时期，随之实施“调整、巩固、充实、提高”的经济方针，经济逐渐恢复。在经济形势有所好转后，1964 年发动了农村“社会主义教育运动”和“四清”运动，接着是批“海瑞罢官”等，实已是“文化大革命”的前奏。同年的 11 月 1 日毛泽东主席发出关于开展群众性“设计革命”的号召，全国 20 多万设计人员投入运动。和以往政治运动一般由上面派出工作组不同，这次运动主要依靠设计单位的原有组织，依靠广大群众。1965 年，谷牧在全国设计工作会议上作了《关于设计革命运动的报告》，毛主席批阅后由中共中央批转下发，成为指导运动的纲领性文件。报告明确了这是“在知识分子集中的部门，采用这种办法进行四清运动”。谷牧的报告指出设计存在五大问题：贪大求全；许多建筑设计不符合勤俭建国的方针；因循守旧，不重视采用新技术；缺乏战争观念；设计方法繁琐，效率低，周期长，影响了建设进度。这些都是和总路线多快好省的精神相违背的。他提出设计不是纯技术，不能忽视政治；设计工作要深入实际联系群众；不能照搬苏联的一套，要改革不合理的规章制度；要纯洁队伍、大胆提拔新生力量等。

继后，在 1965 年的第五次城市建设工作会议上又提出了：“公园绿地是群众游览休息的场所，也是进行社会主义教育的场所，必须贯彻党的阶级路线，兴无灭资，反对复古主义，要更好地为无产阶级政治服务，为生产、为广大劳动人民服务。”这是在园林建设中“以阶级斗争为纲”的政治意识形态的具体体现。然而，“设计革命化”不仅仅是针对 20 多万设计人员，是对所有建设工程设计思想、设计方法、设计过程及设计周期的全盘改造，把设计也提到了政治的高度。对园林界来说，在 1958 年提出“大地园林化”形成城市公园建设高潮，设计界有了继承传统园林，探索和发展彰显时代特色的新园林的机会，但马上开始在园林系统批判小桥流水，以后设计不敢谈继承和发展园林风格特色，不敢提倡艺术创造，造成设计思想的混乱。

“设计革命化”也波及了一些人和具体设计实例，如直接批判了冯纪忠为杭州花港观鱼公园设计的花港茶室，在主体已实施完成的情形下遭到了强拆，“文化大革命”开始后还作为典型来批判，还被改建，结果是面目全非。据时任杭州副市长的余森文回忆“硬要把他上纲上线，……把他说成又是封建、又是资产阶级思想、又是不革命的、又是反设计革命化的”（赵冰等，2010c）。花港茶室是冯纪忠先生的第一个园林建筑，正如他自述的他给许多园林设计提过意见，参加过许多设计审评，但自己设计的这是第一个，也是他第一个有意识地运用中国传统风景理论的园林建筑（林广思，2015），可惜并没有流传下来，但后来他为上海松江设计的方塔园及园中的“何陋轩”茶室是他名垂园林史册的大作。当然，受到冲击的不仅仅是冯纪忠及他的作品，据记载陈从周的《扬州园林》已送交出版社也因这场运动而被迫停止，直到 1983 年才正式出版。由此可见，这场运动也波及园林学术研究领域。

此外，还出现了批判《园冶》的文章，现在看来针对这本明末的造园著作提出批判，可看作是园林学界对“设计革命化”的响应。这就是 1965 年 8 月《园艺学报》第三期刊登的题为《关于 < 园冶 > 的初步分析与批判》和同年第四期的《对当前古典园林艺术理论研究的一些意见》，这两篇文章延续了园林阶级性的观点。认为之前对《园冶》是学习多于批判，缺乏阶级立场。因为《园冶》“整个内容充满着封建时代士大夫的审美趣味， 反映着封建统治阶级的要求和精神生活的空虚”，“书中具有许多封建主义的糟粕”，而计成本身就是封建阶级的一员，因此“瞧不起匠人之类的劳动人民”，“为当时权贵服务”，“不止是遁世哲学的反映，而且更是有闲阶级享乐思想的直接流露了”。作者担心“如果今天的社会主义新园林‘要踏着计成的脚步’去发展， 那无异是要发展封建主义的园林”，于是呼吁“对《园冶》反映出来的封建思想加以严肃认真的批判， 实在是园林学术界中一桩有意义的事”，而“过去一个时期不少同志对《园冶》评价过高”。而在《对当前古典园林艺术理论研究的一些意见》中，作者提出研究古典园林就是不能“仅仅陶醉在古典园林艺术的所谓美的形式之中而不可终日”，而“对园林艺术的阶级内容和社会本质视而不见或知而不谈”，还批评了“很多人百般赞美古典园林的美的形式；有人花了许多心血去集写词来咏题苏州园林的照片，什么‘庭院深深深几许’之类的陈词滥调”（注：陈从周在《苏州园林》一书中所为）。这些批判是对 “设计不是纯技术，不能忽视政治” 这个“设计革命化”运动主要思想的具体响应。

让我们简单地回顾一下历史，在民国时期计成的《园冶》有喜咏轩版、营造学社版和右文阁版三种，当时阚铎写了《园冶识语》，是近代第一个诠释《园冶》的人。新中国成立后陈植为著《园冶注释》，费尽周折最终在友人陆费执教处获得营造学社版《园冶》，促成《园冶》于 1957 年影印出版，此即“城建本”，是新中国第一版《园冶》。接着，1963 年张家骥写了《读 < 园冶 >》一文，总结《园冶》的要旨在：“构园无格”，造园虽无一定成法但有法可循，就是“巧于因借，精在体宜”；是要把客观存在的“境”与主观构思的“意”有机结合；强调“因地成形”和“就地取材”；《园冶 · 立基》篇所说的精神，就是要在建筑的实用功能和园林的美感作用统一的基础上，进行布局和选择建设形式；认为计成的创作思想中有不少是富有辩证精神的，因此提出《园冶》“虽有缺点，可说是大醇中之小疵”。

1963 年，余树勋发表了《计成和 < 园冶 >》，认为计成是造园实践家，是杰出的建筑师，是画家和诗人；归纳《园冶》的内容为，体会到造园求“宜”；强调“巧于应借”；表达“雅”，即简单、朴素、宁静、自然、风韵清新；提倡俭朴节约的精神”；善于用“变”，主张“景到随机”和“临机应变”。因此提出“我们要踏着计成的脚步，实事求是地整理园林的民族遗产，逐步应用在造园实践中，创造我们新的民族风格”（余树勋，1963）。

现在看来，在当时《园冶》出版不久还无注释本的情况下，张家骥和余树勋这两篇论文的具体分析和客观评价，有助于对《园冶》的理解和应用，有利于继承传统和创造新的民族风格。而批判《园冶》的文章出现，可以说是符合了当时“设计革命化”运动的需要，但类似的批判并没有继续展开。接着“文化大革命”来了，像余树勋、陈从周这样的学者都受到彻底批判。

20 世纪 80 年代后《园冶》的研究重新回到学术界，余树勋和张家骥又都发表了关于《园冶》的论文，依然是坚持着他们最初的观点，而且都有对 60 年代批判他们的文章有所回应（详见第四章）。那么，对于《园冶》的批判就看作是园林研究史上的一个小插曲吧。

第四章

20世纪50—60年代主要园林学家及著作

第一节

研究江南园林与岭南庭园的大家

一、新中国成立初期主要园林学家及设计师

在新中国成立后的第一个五年计划期间，各地都有兴建公园的计划及实绩，特别是在省会城市，出现了现代公园建设的第一个高潮。除了留下一个时代的精品外，也造就了一代园林理论家、教育家、造园设计师及建设实践者，其中不乏堪称大家、宗师的人物。他们中许多人还成为园林专业教育的开拓者，培养了新一代园林专业技术人才，为之后几十年的园林建设奠定了人才基础。

1951 年 9 月，汪菊渊与吴良镛在清华大学营建系创办“造园组”，开创了中国现代园林教育；1953 年刘敦桢在南京组织中国建筑研究室的人员对苏州园林做了普查，他在 1956 年作的《苏州园林》学术报告推动了古典园林研究的一轮热潮；1954 年夏昌世主持普查粤中庭园，并与莫伯治合作编写《岭南庭园》；1956 年陈从周在同济大学出版《苏州园林》，在漫谈中讲述中国园林的精妙，延续了古时文人品赏园林的角度与方法。因此，20 世纪 50 年代，是中国园林研究、园林教育的一个重要阶段。

然而和民国时代不同，在这个时期新建园林的规划设计，除了可能有苏联专家参与意见外，已不再由外国设计师主导了。纵观当时主持了园林设计及建设的技术人员，大致可归纳为以下几类:

第一，民国时期的传统文人、少数有海外留学经历的建筑学家。他们主要参与古典园林的整修、建设。最典型的如谢孝思、汪星伯、陈从周、刘敦桢、童寯等。

第二，具有海外留学背景的，其专业分别为建筑、工程、市政规划及园艺等，他们中真正学造园的并不多。他们主持或参与了当时公园规划设计，但有些人的主要业绩是在建筑，其中最具代表的有程世抚、夏昌世、洪青、余树勋、陈俊愉、冯纪忠等。

第三，20 世纪 30—40 年代在国内大学的建筑、园艺、农林等相关专业毕业的，新中国成立时他们刚刚进入事业的开创期，正好成为设计的主力，如汪菊渊、孙筱祥、朱有玠、郑祖良、余植民、程绪珂、李嘉乐、吴翼、吴泽椿、柳绿华、陈丽芳等。由于他们的年龄和资历，新中国成立后有机会承担了大量的园林设计工作，他们中有的走上了领导岗位，有的成为学术领头人。他们对园林界的影响远大于上面两类，一直持续到 21 世纪初。

第四，新中国成立初期毕业，当时是园林界的后起之秀，他们中有的在 20 世纪 50 年代就已崭露头角，有的担当了重任，但一般在 60—70 年代之后逐渐成为园林学界的主要力量，如吴振千、刘少宗、朱钧珍、孟兆祯、杨赉丽等，毕业于中国第一个造园组的八位是其中的主要代表（表 4-1）。

表 4-1　20 世纪 50—60 年代园林学及业界的代表人物（按年龄排序）

姓名	生卒年	生平简介	主要业绩
汪星伯	1893—1979	苏州名园整修	详见第一节
刘敦桢	1897—1968	学部委员，1956 年设计南京瞻园	著《苏州古典园林》
童寯	1900—1983	近代首位系统研究江南园林的学者，新中国成立后很少有建筑设计实践	20 世纪 30 年代著《江南园林志》，60 年代出版
余森文	1904—1992	1922 年入金陵大学本科（农林科），早年参加革命。先后任杭州市建设局、园林管理局局长，杭州市副市长	主持西湖治理、筹建植物园，整治及恢复一大批公园，主持杭州第一个城市规划编制
谢孝思	1905—2008	新中国成立后任苏州文物管委会主任，主持整修苏州园林	20 世纪 90 年代著《苏州园林品赏录》
夏昌世	1905—1996	1928 年毕业于德国卡尔斯鲁厄大学建筑系，1932 年获图宾根大学艺术史博士学位。中国营造学社成员。岭南建筑、岭南园林的代表人物，晚年移居德国	著有《岭南庭园》《园林述要》《园林植物的配置艺术》等，设计作品有华南文化园、桂林丽江风景区等
程世抚	1907—1988	1929 年毕业于金陵大学，先后在哈佛大学、康奈尔大学获景观建筑及观赏园艺硕士。新中国成立后任上海市工务局园场管理处处长，兼任上海市都市计划研究委员会委员，后任中国城市规划设计研究院总工程师	主持上海第一个绿地系统建设，负责人民公园、人民广场规划等
洪　青	1913—1979	毕业于法国巴黎高等美术装饰学校建筑科，西北现代建筑的代表人物	主持规划兴庆池公园、宝鸡人民公园等

（续）

姓名	生卒年	生平简介	主要业绩
余植民	1910—1996	1931 年毕业于中山大学岭南园艺系园艺专业	广州三大湖公园种植设计等
汪菊渊	1913—1996	1934 年毕业于金陵大学园艺系，中国第一个造园专业创建人之一，中国工程院院士，曾任北京园林局局长	著《中国古代园林史》
郑祖良	1913—1994	1937 年毕业于广东省立勷勤大学建筑系，1985 年移居美国	主持设计广州四大湖公园、兰圃、广州起义烈士陵园等
莫伯治	1914—2003	1935 年毕业于中山大学土木工程系，建筑学家，中国工程院院士，与夏昌世合作开创“岭南庭园”研究，是岭南园林的主要造园家	与夏昌世合著《岭南庭园》等，开创“酒家园林”设计。设计白云宾馆内庭等
冯纪忠	1915—2009	建筑学家，同济大学教授	设计上海方塔园，杭州花港观鱼茶室等
吴泽椿	1916—2000	1945 年毕业于重庆中央大学园艺系，毕业后一直在广州园林建筑规划设院工作	主持和参与广州流花湖、北秀湖、动物园、海珠广场等规划设计，兰圃扩建，白天鹅宾馆绿化及内庭院绿化具体设计等
何光濂	1916—？	1941 年毕业于广州中山大学工学院工程系。与金泽光、郑祖良同为现代岭南园林设计的代表人物	主持及参与广州起义烈士陵园、四大湖公园、动物园、华南植物园设计，还主持设计德国慕尼黑的“芳华园”
金泽光	?	毕业于巴黎土木工程大学，曾任教于勷勤大学建筑系	现代岭南建筑的代表人物之一，主持及参与广州四大湖公园等规划设计，主要为园林建筑设计；编著《广州园林建设（1950—1962）》
陈俊愉	1917—2012	早年留学丹麦，中国工程院院士，北京林业大学园林学院教授	新中国成立后参与武汉东湖风景区规划；园林植物学家，主要研究梅花、菊花等
陈从周	1918—2000	新中国成立后参与江南古典园林整修，将园林输出国门。以散文形式阐述中国造园艺术，可说是传统文人造园之最后一人	修复上海豫园东园，参与设计营建纽约大都市博物馆“明轩”、云南楠园等；著有《苏州园林》《扬州园林》等，著作等身，《说园》五篇为其代表作
余树勋	1919—2013	毕业于丹麦皇家农学院，先后任武汉东湖风景区设计室主任，华中农业大学、北京林业大学教授，后任职北京植物园，任《中国园林》主编多年	规划武汉解放公园、汉阳公园及多地的植物园，出版专著多部
朱有玠	1919—2015	毕业于金陵大学园艺系，首任南京市园林规划设计院院长，建设部园林设计大师	曾主持南京市雨花台、鸡鸣寺、莫愁湖、玄武湖公园、瞻园及北京钓鱼台国宾馆等规划设计
孙筱祥	1921—2018	1946 年浙江大学园艺系毕业，主修造园学，先后任浙江大学、北京林业大学园林学院教授	主持杭州花港观鱼公园规划，及杭州植物园、华南植物园、西双版纳植物园等多座植物园设计
胡绪渭	1921—	1943 年毕业于大学园艺专业；杭州园林局总工	参与花港观鱼公园设计，主要为种植设计

（续）

姓名	生卒年	生平简介	主要业绩
程绪珂	1922—	1945年毕业于金陵大学农学院园艺系，曾任上海园林局局长，长期主持和领导上海园林建设	领导上海植物园、大观园、方塔园等著名公园建设，著《生态园林的理论与实践》
李嘉乐	1924—2006	1946年毕业于中央大学园艺系，任北京园林局副总工，风景园林学会副理事长	主持陶然亭、紫竹院公园规划，天安门广场绿化设计等
柳绿华	1924—2006	毕业于广西农学院，上海园林局设计室工程师	参与上海人民公园、西郊公园等规划设计，主持长风公园、普陀公园等规划设计
吴　翼	1925—2013	1948年毕业于中央大学园艺系。50年代初到合肥，曾任园林局长、副市长	代表作有合肥逍遥津公园，主持环城公园等设计、建设。著《现代城市园林》等
周维权	1927—2007	1951年毕业于清华大学建筑系	著《中国古典园林》
陈丽芳	1928—2010	毕业于广西农学院园艺系，供职于上海园林管理处设计科	主持静安公园、淮海公园、曹杨公园、和平公园设计
吴振千	1929—2016	1950年毕业于复旦大学园艺系。曾任上海市园林管理局局长兼总工程师	参与人民公园规划，主持西郊动物园，鲁迅公园规划等；晚年设计“豆园”
朱钧珍	1929—	清华大学第一届造园组毕业，清华大学教授，主要研究植物配置，中国近代园林史	出版《杭州园林植物配置》《中国近代园林史》等
孟兆祯	1932—	中国工程院院士，北京林业大学教授	著《园衍》
刘少宗	1932—	清华大学第一届造园组毕业	20世纪50年代参与北京陶然亭及紫竹院公园规划；主编《中国优秀园林设计集》
叶菊华	1936—	1958年毕业于南京工学院（现为东南大学）建筑系	协助刘敦桢设计复建瞻园

二、研究江南园林的古建专家与文人造园代表

如第一章所述，在新中国成立初期的江南古典园林修缮中，传统文人起了重要的作用，如苏州的谢孝思、汪星伯、周瘦鹃、陈涓隐等，当然也少不了具有理论功底、在民国时期就开始古典园林研究的专家，如梁思成、刘敦桢、童寯、陈从周等。其中以刘敦桢主持的南京瞻园复建，是后古典园林重建中最重要的工程之一，而陈从周参与上海豫园整修等多个项目涉及范围广，并在之后的数十年中一直坚持撰文论述中国古典造园艺术，是文人成为造园理论大家的代表。

（一） 刘敦桢——用现代技术系统研究古典园林的开创者

刘敦桢（1897—1968年），字士能，是新中国成立后最重要的古建筑学家，

造园理论家及实践者之一，1955 年被选为科学院学部委员。20 世纪 30 年代在中国营造社与梁思成共同开创了中国建筑史的研究，奠定了研究中国古代建筑的科学基础。他是 30 年代我国研究园林艺术的少数人之一，是现代对苏州园林做系统研究的开创者。他为中国古典园林的研究及实践，开拓出一个广阔的学术领域，造就了一代人才。

刘敦桢出生于湖南新宁一个清代官宦之家，1913 年公费留学日本，1921 年毕业于东京高等工业学校建筑科。1923 年回国，加入我国第一家华人建筑事务所“华海”从事建筑设计。后与留日同学柳士英等创建苏州工业专门学校（1923 年），1927 年率苏州工专的学生及部分教师，到中央大学创建我国第一个建筑工程系。在南京时他常对沪宁杭一带的古建遗址进行调查考察，在日后发表的文记里有过这样一段话，“回忆十载前，月夜步剑池石梁上，野风吹裾，遥闻铃铎声，清越可爱。惘然竟如梦境焉”反映了他早年（1926 年）夜游虎丘时的情趣。20 世纪 30 年代他在苏州结识当地匠师首领姚承祖（补云），一起踏访古建、园林（刘叙杰，1997）。刘敦桢记述了当时游严园的感受：“故人为之美，清幽之趣，并行而不悖，而严氏之园，又其翘楚也”（刘敦桢，“记游”1936 年 9 月，中国营造学社汇刊），而严园就是由姚承祖修复过的。可能由此萌生了研究中国古典园林的念头，这时也恰是童寯《江南园林志》成书的时候。

1932 年夏，刘敦桢应朱启钤之邀入京加入中国营造学社，与梁思成分别主持文献部和法式部。他在营造学社社刊上连续发表《同治重修圆明园史料》《修理故宫景山万春亭计划》等。1936 年 7 月及 9 月，刘敦桢两次赴苏州调查古建筑，撰文《苏州古建筑调查记》，期间与梁思成、卢树森、夏昌世同去怡园、拙政园、狮子林及汪园（环秀山庄）调查。他称“前二者皆布局平凡，无特殊之点可供记述，狮子林叠山传出自倪瓒手者，亦曲径盘纡，崎岖险阻，了无生趣……惟汪园结构特辟蹊径，在诸园中最为杰出耳”。认为汪园“全园面积，不足一亩，而深溪洞壑，落落大方，一洗世俗矫揉造作之弊，可云以少许胜多许者矣”。后又对苏州木渎的严家花园（羡园）称赞有加，谓之“园面积颇广，院宇区划，稍嫌琐碎，然轩厅结构，廊庑配列……新意层出，处处不肯稍落常套……而严氏此园，又其翘楚也”（此园毁于日寇侵华战火，1999 年重修）（图 4-1）。然而，对留园却评价不高，称其“平面配置，庸俗无足观”（刘敦桢，1936），说明当时他对江南古典园林已经相当重视。

图 4-1　苏州木渎严家花园一角（引自：刘敦桢，1936）

抗日战争期间刘敦桢随营造学社西迁四川、昆明，任教于重庆中央大学建筑系，抗战胜利后回南京任中央大学建筑系主任，与梁思成号称“南刘北梁”。新中国成立后，刘敦桢把主要精力放在教学上，在南京工学院主讲建筑史，1963 年还开设了造园设计课程。他所教过的学生中就有后来成为院士的吴良镛、齐康，建筑大家潘谷西、刘先觉、郭湖生及园林专家叶菊华等。

1954 年刘敦桢组织研究队伍计划编写《苏州园林》，1956 年他出版了《中国民居》，还在南京工学院作了题为《苏州的园林》的学术报告，此报告集聚了他两年来的研究成果，对苏州园林的设计理念及布局手法已有了精辟的论述，该报告后来在《建筑学报》刊载，引起了国内外园林学界的极大关注，一时“园林”“民居”成为建筑遗产研究的主流（郭湖生，1981）。他清晰表述自己对园林的基本观点，认为园林属于造型艺术：“不过园林布局如何变化多端，毕竟还是造型艺术的一种，它必然要忠实地反映着一定社会的一定阶级的意识形态。只要我们不为表面现象所迷惘，就不难从许多实例中，找出当时人们常用的基本形体和运用这些形体的原则，以及由这些原则所派生的具体手法等等。”（刘敦桢，1957）。在他后来著述的《苏州古典园林》一书中秉持这一观点，以建筑学的方法就实物而论实物。

1962 年刘敦桢为童寯的《江南园林志》写序，极力推荐此书，而此时他自己也已完成了《苏州园林》初稿，易名为《苏州古典园林》。有学者认为童寯是以现代科学方法研究中国园林的先驱者，并直接影响刘敦桢的园林研究，对中国园林的研究成为两位宗师的共同学术兴趣及晚年的精神归宿（赵辰，2003）。刘先生关于园林研究的主要成果，集中在1953—1963这十年间。“文化大革命”开始，他的中国民居及古典园林研究都被认定为是大毒草，受到批判，他也在“文化大革命”中饱受非难及迫害。1968年刘先生去世，时年71岁，这正是一个学者学术思想更趋成熟、可继续出成果的年纪，可惜我们从此失去了这位建筑大师和园林学家，他那些尚未完成的工作、那些丰富的学识和经验都还没来得及奉献。1979年刘先生沉冤得以昭雪，在他去世11年后《苏州古典园林》由他的弟子们组织出版。

刘敦桢在编写《苏州古典园林》时，几乎普查了全部遗存的私家园林，190处实例是在当时苏州城的1634条街巷之中寻找出来的。从中挑选出若干有代表性的典型，再对它们作更深入的研究，对其总体及各单体建筑、构筑物、水池、山石、花木等均作出详尽的测绘，并记录其特点以及在不同季节、气候与时刻的变化。如对某景物在春、夏、秋、冬的不同天气或月光下的观察，常可使人获得许多出乎意料的艺术效果（刘叙杰，2008）。

《苏州古典园林》全书10余万字，插入测绘图168幅，照片654张（2005年版），包括精准测绘的平、立、剖面及植物配置详图。总论部分，首先论述中国古典园林的历史沿革，接着从经济、自然和历史条件三个方面阐述了苏州古典园林的发展，并概述了我国园林艺术的形成和演变的历史过程。他总结苏州园林的基本布局:“以厅堂作为全园的活动中心，面对厅堂设置山池、花木等对景，厅堂周围和山池之间缀以亭榭楼阁，或环以庭院和其他小景区，并用蹊径和回廊联系起来，组成一个可居、可观、可游的整体”（刘敦桢，1979）。他归纳出传统园林布局中景区和空间、观赏点和观赏路线、对比和衬比、对景和借景、深度与层次之间的关系，规划设计原则及具体处理手法。对理水、叠山、建筑及花木布置、构建等具体方法又作了详细的描述。这为传统园林作为一种空间与建筑实体的修缮，提供了宝贵的参照资料。书中对园林形式的关注与精确记录，提供了一套认知园林的框架（要素、空间类型、构图等）。对于以创造空间与形式为己任的实践建筑师来说，这种对传统园林的“现代构筑”，无意间成为复制传统园林的有力“工具”，提供了极易照搬的符号、语汇、平面关系或空间类型（史文娟，2016）。

《苏州古典园林》列举拙政园、留园、狮子林、沧浪亭、网师园、艺圃等15个实例，对它们都有详细点评，这与在《苏州古建筑调查记》中对几处园林的评述相比（见上），不仅更加深入还做了一些修正。如认为怡园“有集锦式的特点，庭院处理也较精炼，但作为全园重心的西部，山、池、建筑各部的比重过于平均，相互之间缺乏有力对比”，认为“园景内容罗列较多，反而失却特色”；说拙政园，“全园三部分各具特色，而中部山水明秀，厅榭精美，池广树茂，景色自然，具有江南水乡风格，是我国园林艺术的珍贵遗产”；至于狮子林，“建筑风格杂乱，位置高下虽有变化，但尺度欠斟酌”，“池侧假山，轮廓琐碎，叠石零乱，缺乏自然感”；关于留园，“此园建筑空间处理颇为精湛……其空间大小，明暗、开合、高低参差对比，形成有节奏的空间联系，衬托出各庭院的特色，使园景富于变化和层次”。然而，他依然认为汪园（环秀山庄）能利用有限面积，以山为主，以池为辅，组合方法特辟蹊径，为罕见作品，而苏州湖石假山当推此为第一（刘敦桢，1979）。

《苏州古典园林》是继童寯之后对江南园林的历史源流、艺术特征、营造技艺系统研究的最重要著作，是中国园林建筑艺术的重要缩影。书中对这些最具代表性的园林不仅作了详细的记述、分析，还用照片、实测图及结构解剖图“保存”了业已湮灭或遭到破坏的园林，为后来的整治、修缮提供了可靠的依据（图4-2）。而采用要素提炼的研究方法，以及总结出的“布局、理水、叠山、建筑、花木”的研究体例，对后来中国传统园林的研究者影响甚大，堪称里程碑，直至今天依然是研究苏州园林所必须认真研读的著作，这项具有开创性的研究成果荣获1981年国家科技进步一等奖。

刘敦桢在编写《苏州古典园林》时，提出到园林中去写作的设想，提出要进入历史，才能领会它的构想及精髓，但又要走出历史去寻找它的特色和有价值的手法（沈国尧，2007）。刘先生虽然是身居高校学术殿堂的大家，但他十分重视与哲匠的交流，还曾给苏州叠石名匠韩良源、韩良顺兄弟写过一封信，提出并探讨园林假山叠砌中的一些问题（刘叙杰，2008）。

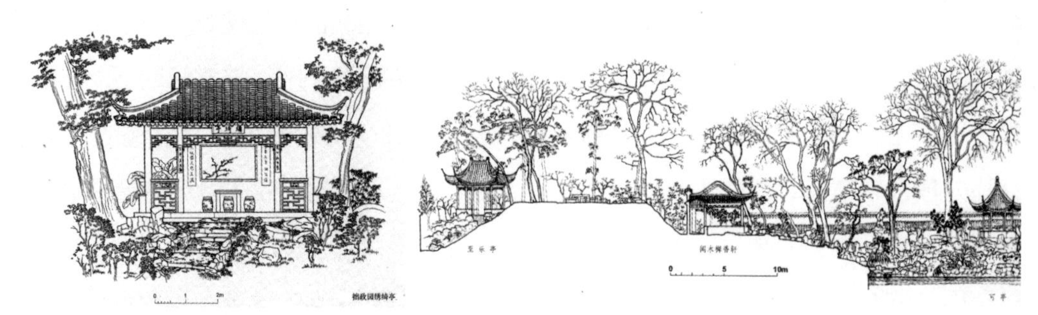

图 4-2　左：拙政园秀绮亭立面；右：留园剖面（至乐亭—闻木樨香轩—可亭）（引自：刘敦桢，1979）

据潘谷西回忆，刘老对园林图纸要求十分严格，树高用经纬仪测量，树必须画出其原貌而不能用规划图上用的变形树，平面图上的假山轮廓曲折必须与原状一样（图 4-2）。还强调，“孤例不足信”，“文章要字字掷地有声”，他治学的严谨使得《苏州古典园林》这本书达到了园林研究成果的顶峰（潘谷西，2007）。

刘敦桢的挚友、同为建筑大师的杨廷宝和童寯先生如是评价他：“对我国园林艺术精极剖析，所论虽仅及苏州诸园，然实中国历代造园之总结”（《苏州古典园林》序）。他的学生齐康院士认为，“《苏州古典园林》是他花心血最多的一部著作。童寯老师写的《江南园林志》限于新中国成立前考查文献、测绘等条件，这部著作是本开创性的著作。而刘老的《苏州古典园林》则是以实地考察、测绘的方法，深入和精致地展开了对江南私家园林的研究，取得了江南园林研究的最高成就，由此在全国翻开了研究古典园林的新篇章”（齐康，2007）。《苏州古典园林》也成为后人研究苏州园林、中国古典园林引用率最高的底本。

除《苏州古典园林》外，刘敦桢先生还发表了一系列研究古典园林的论述，如《中国古典园林与绘画之关系》《苏州的园林》《苏州园林的绿化问题》《苏州园林的历史与现状》《论明、清园林假山之堆砌》《< 江南园林志 > 序》《< 江南园林志 > 史料之补充参考》《苏州园林设计特点》《对扬州城市绿化和园林建设的几点意见》《漫谈苏州园林》《南京瞻园的整治与修建》等，都收集在《刘敦桢文集（第四卷）》中。

更为重要的是，他将长期研究传统园林的心得用于实践，用于南京《瞻园》的修整和扩建，瞻园的整修不仅是一次具体实践，也是一次重要考验。刘先生亲自拟定规划设计方案，与助手多次详细讨论、审核图纸，反复推敲各处建筑、山石、水面及花木的具体布置和做法，亲手绘出草图，如改造南池、扩拓北假山大石壁，新辟东北隅的水湾与园西侧的溪流等（刘叙杰，1997）。《瞻园》的成功也充分体现了一个现代建筑家高超的古典园林造诣。

（二）陈从周——现代文人造园的最后一人

1. 才高学富的造园大家

陈从周（1918—2000年），20世纪50年代之后中国古典园林研究的代表人物之一。叶圣陶赞其为“熔哲文美术于一炉，以论造园，臻此高境，钦悦无量”；冯其庸誉之“是为大家，是为大师”，“是百川汇海融而为一者”；俞平伯评说他是“多才好学，博识能文”；贝聿铭称其“一代园林艺术宗师”。而在20世纪80年代出版的《中国造园史》中，陈从周是被作者陈植（养材）先生认定为现代造园家的，要知当时堪称园林学家的何止陈从周一人。在他身后，浙江海盐为他在南湖建了艺术馆，馆名竟是汪道涵的题字。冯其庸先生为陈老写了悼亡诗：“名园不可失周公，处处池塘哭此翁。多少灵峰痛米老，无人再拜玉玲珑。”（“玉玲珑”为上海豫园名石，陈从周为其设计照壁，见第三章）

追本溯源，陈从周对古典园林的兴趣及开展研究，还是受益于刘敦桢和朱启钤两位先贤，陈先生一生傲骨，但对这两位德高望重的古建专家可是执弟子礼的。他自称从朱启钤学习中国营造式法，是朱先生的嫡传弟子。1950年在苏州美专教书时陈从周结识了刘敦桢，又因与徐志摩沾亲而有机会与梁思成、林徽因交往。这些机遇促使他逐渐走上古建与古典园林研究的道路。1953年他陪同刘敦桢考察曲阜，刘率学生赴北京、太原、大同等地考察时也带着陈从周，后来还推荐他主持豫园的修缮工程，推动陈走向了造园实践。20世纪50年代时陈从周还只是30多岁的青年学者，虽已入同济大学教书，然也只可说是古建及古典园林研究学术界中的后辈，但他发表于50年代的《苏州园林》等著作及论文，使他在这个领域占了一席位置，当然相对陈先生后来洋洋四百余万字的13卷全集来说，这只是“小荷才露尖尖角”。

陈从周撰写江南庭园随笔、短文以及调查报告之类，由于其独特的文体与笔法所形成的境界一般不易被人理解，故在较长时间里未受人青睐（田中淡，

1998），但他写园林的散文可谓是学术小品。而真正展示其大师风采的是在20世纪70年代后，特别是他参与在美国修建明轩，以及在同济大学学报上连续发表《说园》系列5篇，将他推上了中国古典园林艺术研究的高峰，也正是从那时开始，他又开创了园林实践新境界。正如他总结其晚年经历时说，在晚年的园林实践中，有三件大事：其一，是1978年开始的将苏州网师园殿春簃书斋移植到美国大都会博物馆内，改称"明轩"的园林建筑，开苏州园林或中国园林出国建造之先河；其二，即上海豫园东部重建；其三，是云南安宁楠园。陈从周（1999）自己总结说："美国纽约大都会博物馆的明轩，是有所新意的模仿；上海豫园东部修复是有所寓新的续笔，而云南安宁的楠园，则是平地起家，独自设计的，是我的园林理论的具体实践。"

陈从周为中国古典园林的保护修缮作了大量工作。这里仅举几例：1953年开始主持上海豫园整修；1977年认定泰州日涉园为苏北现存最早的古典园林（1982年被列为江苏省文物保护单位）；1980年在北京与叶圣陶、俞平伯、顾颉刚联名陈书，建议修复苏州曲园以纪念俞曲园先生（俞平伯的父亲）；1978年他参与主持建造美国纽约大都会博物馆之明轩、上海豫园东部、云南昆明楠木园、江苏如皋水绘园、上海龙华塔影园、松江方蟮园寺庙、杭州西湖郭庄、绍兴东潮景点等实践项目。时至今日，这些地方都已成为极其宝贵的园林遗产（刘滨谊，2010）。

陈从周能用极其简单的文字概括园林、评说园林，而且往往是借用诗词歌赋来抒发对园景的称颂，如说杭州西湖是"西堤花柳全依水，一路楼台直到山"（阮元诗）；说瘦西湖"柳色掩映，仿佛一幅仙山楼阁，凭阑处处成图了"；拙政园"以水为中心，留园之南面环以曲水，仿晋人武陵桃源"；网师园是"苏州园林之小园极则，在全国园林中亦属上选，是以少胜多的典范"；环秀山庄"园中叠石系吴中园林最杰出者，园初视之，山重水复，身入其境，移步换影，变化万端"；怡园"为后起之杰出者，论成就能承前而综合出之"；称誉南浔颖园为"陈园环池筑一阁一楼，倒影清澈，极紧凑多姿，具有苏州狮子林的风韵"；说扬州园林"以叠石胜，而其中的个园，以石斗奇，号称四季假山，为国内唯一孤例"，小盘谷假山"为扬州诸园中之上品，山石水池与建筑物皆集中处理，对比明显，用地紧凑……"。他在《苏州园林》一书之园林图片均附上宋词小令以作注解，点出园林反映的诗情画意，成为园林最佳的意境指引。此种创举虽于小处，然非有深厚文学修养者诚难为之。

有人说，陈从周在世界的名气要比在国内大，在国内的名气比在上海大，在上海的名气又比在同济大。确实如此，在当代的园林大家中，陈从周可说是被研究很多的古典园林学家之一，他的影响不仅在学术界，更是在社会公众之中。他介绍中国园林艺术，赞美园林之美，引导大众欣赏中国古典园林的文章，许多是登在了当年人们每天必读的报纸上，如上海的《新民晚报》，那时可是有数百万读者的，人们从那里记住了陈从周，记住了他特殊的散文体，也记住了他的园林学家、古建专家、散文家、诗人、画家、鉴赏家以及酷爱昆曲的大师级的特殊身份。

2. 以文史之学成为造园大师

陈从周原名郁文，晚年别号梓室，自称梓翁。祖籍绍兴，生于杭州。1938 年入之江大学文史专业，他的老师中有学者马叙伦、词家夏承焘、古文家王蘧常等，由此打下了深厚的国学功底。1942 年毕业后在杭州师范学校教国文，1946 年拜师画坛大师张大千，1948 年在上海举办第一次画展，以《一丝柳，一寸柔情》蜚声沪上（图 4-3）。据上海美术年鉴记载：“陈从周别号随月楼主，擅长国画，之江大学文学士，张大千门人。山水师石涛，花卉学白阳，人物则仿唐宋，兼大风堂同门会上海分会理事长。”可见他在当时上海画坛也是有一席之地的。由于他和徐志摩是姻亲，幼时还见过他心目中的这位大诗人，敬仰有加，遂广收资料编辑了《徐志摩年谱》，并于 1947 年自费印出，成为中国近现代文学史上第一本记载近现代作家、诗人的年谱，然而“文化大革命”期间却为此挨了批斗。

按陈先生当时的人生轨迹，他应可成为诗人、画家，或文史研究学者，在这些领域他依然是可称为大家的。但在杭州时因常去与之有乡谊的建筑学家陈植（直生）处借建筑书，对建筑产生了兴趣，后来居然经陈植介绍而去了之江大学教中国建筑史。再后来在圣约翰高中教国文时又结识了圣约翰大学建筑系主任黄作，遂被聘为圣约翰大学教员讲授“中国建筑史”。因有此经历，1950 年他受邀每周末去苏州美术专科学校、苏州工业专科学校（1951 年更名为苏南工业专科学校）兼课。于是有机会在课后踏勘苏州古建及园林，他从时任苏州博物馆副馆长的顾公硕那里听到许多苏州老宅及园林的故事，顾氏是他姻亲，著名私园怡园就是顾氏曾祖所建。当然在苏州认识刘敦桢可说是陈从周人生中的一个转折点，因为经刘推荐而参与了苏、沪古建筑、古园林鉴定、保护、维修，于是从兴趣、爱好走向了实践，走上中国古建筑及古典园林研究之路。正如他女儿所说，“从此他毕生徜徉于建筑、园林、绘画、文学、美学、哲学诸多领域”（陈欣，2010）。

1952 年他进入同济大学，正式从文史转向古建筑、园林教学和研究，在同济大学建筑系创办建筑历史学科。教学之初，每遇古建筑方面的疑问则写信请教刘敦桢，而刘师给他的回信竟有 200 多封（乐峰，2009）。1953 年他又拜朱启钤先生为师学习营造法，这段时间还在苏州谢孝思、汪星伯导引下亲访苏州古园、老宅踏勘及研究。由此看来陈从周的古建和造园学知识不是在课堂上学到的，他是许多大师的私淑弟子，是读书、行路，加上拜师学艺积累起来的。整个 20 世纪 50 年代，陈从周在园林研究方面有两个重要事件：一是编写了《苏州园林》，由同济大学教材科刊印（1956 年），他自谓这是正式写的第一本书；再是，参加古典园林的整修，如上海豫园、苏州网师园修复实践等。

图 4-3　陈从周画之代表作《一丝柳，一寸柔情》画于 1948 年（引自：陈从周，2005）

1960年他第一次来扬州，在《江海学刊》上发表了《漫话扬州瘦西湖》，翌年带领学生参加扬州市园林普查小组，发现文物古迹、园林住宅一百余处，测绘三十余处，并发现石涛和尚叠石遗作“片石山房”。1962年写成《扬州片石山房》一文发表于《文物参考资料》上，在园林界、美术界及佛教界引起极大震动。同时考证出龚自珍在扬州的两处故居，“小盘谷”假山出自戈裕良之手等。他编著的《扬州园林》早在1964年就送上海科学技术出版社，因遇“设计革命化”运动而停止，直到1983年才出版。在60年代，陈老还有一次重要的活动，即1963年应俞振飞之邀去上海戏曲学校作了一次中国园林的报告，从此将昆曲与园林连接在一起，还被称为“昆剧活动家”（《上海昆剧志》）。昆曲美与园林美多有共同的特点，正如陈先生在文中所说“粉墙花影自重重，帘卷残荷水殿风”（《玉簪记·琴挑》）的清新辞句，如画的园林又出现在眼前……

如果说20世纪50—60年代陈从周已在园林学界有了一席地位的话，70年代后期是开启了他成为大家的路，80年代则成为他事业的顶峰。“文化大革命”期间陈老挨批、下放歙县劳动，即使在这等情况下他依然有兴趣走访徽州的古建筑。1972年他被宣布“解放”后即开始他的园林考察及研究。1978年对于陈从周来说是十分重要的一年：首先，他将这年春天在上海植物园作的报告整理成文，以题《说园》发表于同济大学学报，之后4年连续写了4篇，即《续说园》《说园三》《说园四》《说园五》，最后集成一册，依然以《说园》为题由同济大学出版社于1984年出版，这是他近30年的沉淀、理性思索之心得。其次，因纽约市大都会艺术博物馆之邀为筹建中国庭院而赴美，确定模制苏州网师园局部输出，名为“明轩”。明轩虽说是以网师园的殿春簃为蓝本仿造的苏州园林，但整个创意构思都来自陈先生，而且是开创了苏州园林走出国门的先河。正是这两件事奠定了他的大师地位。

之后的80年代，是陈从周创作最为活跃的时期，也是一生中发文最多的时期。依然是用他清新隽秀的笔触、富于诗韵的语句书写着他独特的散文体，娓娓道说园林的精彩、造园的奥秘，一丝一缕地解说中国古典园林，她的美、她的魂。同时继续着昆曲与园林嫁接的不了情，也抒发他对文物古迹、风景胜地的忧患。这段时期他重编了《苏州园林》，出版《扬州园林》《上海近代建筑史稿》《春苔集》《帘青集》等。同时，为各地风景名胜、园林建设出谋划策，主持整修园林及古建筑（表4-2），其中最重要的是主持了上海豫园修复，设计建造云南安宁楠园（1991年）。

然而，80年代他经历了丧妻、失子之痛，1992年突然的病倒使他早早步入了晚年。之后极少发表新作，以前的文章集结成《世缘集》（1993年）、《未尽园林情：陈从周散文随笔选》、《梓室余墨》等出版。2000年3月16日去世，身后不断有出版社精选其散文陆续出版，如《惟有园林》等（表4-2），基本都以《说园》五篇为骨再配以其他小文，但都有反复引用者。

表4-2 陈从周先生各时期主要园林著作及实践

年代	主要园林著作	主要园林建设实践
20世纪50年代	《漏窗》《苏州园林》《苏州旧住宅》《此园浙中数第一》《上海的豫园和内园》《常熟园林》《村居与园林》《建筑中的借景问题》《园史偶拾》《江浙砖刻选集》	上海豫园整修，参加苏州拙政园、网师园修复；指导上海和平公园规划，为其设计百花馆等
20世纪60年代	《扬州片石山房》《豫园图录》	安澜园遗址及陈阁老宅建筑，发现石涛的叠山的片石山房
20世纪70年代	《说园》《续说园》《说园三》《说园四》《说园五》5篇	美国纽约大都会艺术博物馆建明轩
20世纪80年代	《中国古代苑囿》《扬州园林》《上海近代建筑史稿》《园林谈丛》《先绿后园一绿文化》《春苔集》《帘青集》	主持豫园东园复原设计、绍兴应天塔复原设计、海宁观潮处的占鳌塔复原设计，修建如皋水绘园，宁波天一阁东部的复原。参加全国风景会议，提出振兴中华必先绿化
20世纪90年代	《中国名园》《中国园林》《世缘集》《陈从周散文》《梓室余墨》《惟有园林》《随宜集》	浙江富阳依绿园修复，绍兴东湖规划，上海龙华塔影园，云南安宁楠园
21世纪	《中国园林鉴赏辞典》《园综》《未尽园林情》《园林清议》《梓翁说园》《陈从周全集》	身后由多家出版社编辑出版

3.《说园》—— 陈从周的巅峰之作

如上所说，《说园》五篇是开启陈从周大师地位的最重要著作，被翻译成英、法、日等多国文字传至海外，成为现代将中国园林艺术推向世界的重要代表作之一。笔者于20世纪80年代末从上海福州路旧书店淘得中英文版本的一册《说园》（1984年出版），正文由其内侄蒋启霆用小楷抄写，加上古代造园插图及复旦大学诸先生的得体翻译，使得这本书成为园林图书中的精品。说实话，正是陈老的这本书点醒了我，从此开始系统研读中国造园理论，并几乎读遍了他的文章，不仅爱其对古典园林的论说，更爱其诗韵般清雅的文字。他一生写了无数篇关于中国园林的妙文，虽然描述的对象不同、立意有变、文字各有千秋，但对古典园林的理解及基本思想无疑都出于《说园》一书。

他的学生蔡达峰认为“自明末计成《园冶》以后，没有一部真正属于中国文化意义上的造园理论专著，陈从周教授的《说园》，填补了这个空缺”，这个评价是很高的。阮仪三教授认为，“是陈先生拥有深厚的文学艺术根底和独到的学术见解的结果”。

因此笔者无意也无力再在此多加评说，但还是要把读《说园》时摘录的精彩片段，把先生对中国古典园林的深刻见解、他的造园理论，再次呈现给也许还未读过《说园》的读者。

园有静观、动观之分，这一点我们在造园之先，首要考虑。何谓静观，就是园中予游者多驻足的观赏点；动观就是要有较长的游览线。二者说来，小园应以静观为主，动观为辅，庭院专主静现。大园则以动观为主，静观为辅。前者如苏州网师园，后者则苏州拙政园差可似之。

在园林景观中，静寓动中，动由静出，其变化之多，造景之妙，层出不穷，所谓通其变，遂成天地之文。

造园如缀文，千变万化，不究全文气势立意，而仅务辞汇叠砌者，能有佳构乎？文贵乎气，气有阳刚阴柔之分，行文如此，造园又何独不然，割裂分散，不成文理，藉一亭一榭以斗胜，正今日所乐道之园林小品也，盖不通乎我国文化之特征，难于言造园之气息也。

造园之学，“其识不可不广，其思不可不深”。主其事者需自出己见……无我之园，则无生命之园。

造园综合性科学也，且包含哲理，观万变于其中。以无形之诗情画意，构有形之水石亭台……

远山无脚，远树无根，远舟无身（只见帆），这是画理，亦造园之理……如能懂得这些道理，宜掩者掩之，宜屏者屏之，宜敞者敞之，宜隔者隔之，宜分者分之……

造园之道……所谓实处求虚，虚中得实，淡而不薄，厚而不滞，存天趣也。

万顷之园难以紧凑、数亩之园难以宽绰……使宽处可容走马，密处难以藏针……以有限面积，造无限空间，故“空灵”二字，为造园之要谛。园林中的大小是相对的……大园包小园即基此理……园林密易疏难，绮丽易雅淡难，疏而不失旷，雅淡不失寒酸。

园林景物有仰观、俯观之别，在处理上亦应区别对待。楼阁掩映，山石森严，曲水湾环，都存乎此理……山际安亭，水边留矶，是能引人仰观、俯观的方法。

园外有园、景外有景……园外有景妙在“借”，景外有景在于“时”。

园外之景与园内之景，对比成趣，互相呼应，相地之妙，技见于斯

园既有“寻景”，还有“引景”。何谓“引景”？即点景引入。

江南园林占地不广，然千岩万壑，清流碧潭，皆宛然如画。

江南园林以幽静雅淡为主，故建筑物务求轻巧，方始相称。

中国园林是由建筑、山水、花木等组合而成的一个综合艺术品，富有诗情画意。

园林与建筑之空间，隔则深，畅则浅，斯理甚明，故假山、廊、桥、花墙、屏、幕、槅扇、书架、博古架等，皆起隔之作用。

简言之，模山范水……山贵有脉、水贵有源，脉源贯通、全园生动。

山不在高，贵有层次；水不在深，妙于曲折。峰岭之胜，在于深秀。

江南园林叠山，每以粉墙衬托，益觉山石紧凑峥嵘，此粉墙画本也。若墙不存，则如一丘乱石。

掇山既须以原有地形为据……无一定成法……亦有一定的规律可循。

石无定形，山有定法。所谓法者，脉络气势之谓，与画理一也……叠黄石山能做到面面有情，多转折；叠湖石山能达到宛转多姿，少做作，此难能者。……叠石重拙难，树古朴之峰尤难，森严石壁更非易致。

风景区之路，宜曲不宜直，小径多于主道，则景幽而客散，使有景可寻、可游，有泉可听，有石可留，吟想其间，所谓“入山唯恐不深，入林唯恐不密”。

我国名胜也好，园林也好，为什么能这样勾引无数中外游人，百看不厌呢？风景洵美，固然是重要原因，但还有个重要因素，即其中有文化、有历史……亭榭之额真是赏景的说明书……有时一景“相看好处无一言”，必藉之以题辞，辞出而景生。

中国园林妙在含蓄，一山一石，耐人寻味……园林中曲与直是相对的，要曲

中寓直，灵活应用，曲直自如……园林中求色，不能以实求之，白本非色，而色自生；池水无色，而色最丰，色中求色，不如无色中求色。

中国园林的树木栽植，不仅为了绿化，要具有画意……重姿态，不讲品种……一地方的园林应该有那个地方的植物特色。园林不在乎饰新，而在于保养，树木不在于添种，而在于修整。山必古，水必疏，草木华滋，好鸟时鸣，四时之景，无不可爱。

三、现代岭南园林的奠基人

岭南园林是岭南建筑学派中的组成部分，岭南建筑定义为“在地域上指的是以广州为中心的主要分布在珠江三角洲及桂林、南宁、汕头、深圳、珠海、湛江、海口等地的近现代建筑主流，在时间上指的是 19 世纪中期以来的建筑新风格的发展与成熟”（曾昭奋，1993）。

新中国成立初期在以广州为中心的华南地区，活跃着以夏昌世为首的岭南派造园学家，其中包括莫伯治、郑良庆、郑祖良、何光濂、金泽光、丁建达、吴泽椿等，他们在时任广州市副市长林西的领导下，50 年代初就在广州设计建造四大湖公园及不少庭院园林。

（一）夏昌世与“岭南庭园”

夏昌世（1905—1996 年），祖籍广东新会，出身华侨工程师家庭，1923 年赴德留学，先后在卡尔斯鲁厄理工大学及蒂宾根大学攻读建筑和艺术史专业，获哲学博士学位。1932 年归国入上海启明建筑事务所，后加入中国营造社；1936 年与刘敦桢等调查苏州古建筑及园林，40 年代在西南参与工程建设，还执教于中央大学、重庆大学，抗日战争胜利后任中山大学建筑系主任，新中国成立后调整至华南理工大学。是“中国第一代建筑师、第一代建筑学教授，岭南现代建筑设计和岭南园林学的创始人”（何镜堂，2003）。他唯一的研究生何镜堂是中国工程院院士、上海世博会中国馆的设计者。

1952 年夏昌世带队实测广东四大名园之一的顺德“清晖园”，接着主持粤中庭院普查，60 年代转向园林研究，1963 年完成了三四十处岭南庭园调查，莫伯治是主要参与者。他们合作撰写了《漫谈岭南庭院》（1963 年）、《粤中庭园水石景及其构图艺术》（1964 年）。夏昌世被誉为岭南传统园林研究的开创者，岭南早期现代园林的奠基人之一（彭长歆，2010；林广思，2013）。20 世纪 60 年代初，广东成立全国第一个园林协会，夏昌世当选为副理事长。但曾昭奋认为，若谈及岭南现代园林的实践创建，则始自莫伯治（曾昭奋，2004）。

夏昌世在华南建筑及园林界声名遐迩，一方面是因为在他建筑生涯鼎盛时期（1950—1966 年）设计了许多建筑，使他成为现代岭南建筑的先驱；另一方面，是他开创了“岭南庭园”研究，形成中国古典园林研究中的一个重要分支。他的建筑设计，对建筑与环境的关系进行了恰当的处理，将园林空间精神引入到现代岭南建筑中。如他的成名作，现位于广州文化公园的原华南土特产交流大会水产馆，设计构想紧扣“水”的主题，平面形式用圆形作为母题，巧妙地将展馆的入口两边设计成长方形水池及曲线沙池，使圆形的建筑似船非船般悬浮于水，十分轻巧，中庭富有岭南园林的神韵，是一座很现代的设计，有着岭南园林轻盈简朴、亲切开朗的特色（林广思，2012）。

夏昌世身为建筑学家，很有可能在中国营造社和梁思成、刘敦桢等调查苏州古建时（1935 年），就萌生了对中国古典园林的兴趣。他几乎与刘敦桢开始研究苏州园林同时，在广东开展岭南庭园的调查，调查过程长达 10 年。同时完成了《岭南庭园》初稿，该书约 10 万字，记述近 40 个庭园，附大量插图。然而，因当时反“封资修”运动风起而未能出版。80 年代初莫伯治又重编著，2003 年莫先生去世，曾昭奋在莫伯治的书房和办公室陆续发现此书稿，才在 2008 年由中国建筑工业出版社正式出版（林广思，2013）。而夏昌世的《园林述要》也是在 20 世纪 60 年代就开始撰写的，完成于 70—80 年代他移居德国期间，最终由他的学生曾昭奋于 1995 年编辑出版。

《岭南庭园》和《园林述要》是夏昌世园林研究的两部最重要著作，可惜这两本书都出版太迟，但书中的观点、论述以及他对岭南造园的诸多思考，已通过之前的文章、学术报告及教学为人所知（表 4-3），也都是被后来的研究者所证实了的。

表 4-3　夏昌世有关园林的主要著作

年份	著作	发表期刊或出版社	合作者
1963	漫谈岭南庭园	建筑学报 1963（3）	莫伯治
1963	潮州庭园散记（上）	广东园林学术资料（三）	莫伯治
1964	粤中庭园水石景及其构图艺术	园艺学报 1964，3（2）	
1964	中国古代造园及组景	莫伯治文集（原载不详）	莫伯治
1995	园林述要（写于 20 世纪 60 年代）	华南理工大学出版社	
2008	岭南庭园（写于 20 世纪 60 年代）	中国建筑工业出版社	莫伯治

夏昌世对岭南园林研究的主要成果包括：首先提出“岭南庭园”和“岭南建筑”的称谓，认为“庭园”是岭南园林的真谛；解释了岭南地区所包含的地域，而之前广东建筑界习用的是“南方庭园”和“南方建筑”；理清了岭南造园的历史；归纳总结了岭南庭园的特点、造园手法及艺术意境；并实测记录了现存的主要庭园，留下了珍贵翔实的资料。

他在《园林述要》一书中论述岭南庭园历史，认为岭南造园可上溯到唐末五代，最早的岭南庭园遗迹为南汉时期的仙湖，现广州教育路的九曜园中水石景即为当时仙湖药州之一部分。现在遗存的庭园则大多为清嘉庆、道光之后所建，如粤中四大名园佛山群星草堂创于嘉庆年间，番禺的余荫山房建于同治五年（1866 年），顺德清晖园应为道光晚期之作，东莞可园为咸丰六年（1856 年）所建（夏昌世，1995）。

夏昌世找出岭南庭园的真谛就是“庭园”，他分析了北方宫殿园林、江南园林与岭南庭园之间的区别。他立足当代，将“庭园”与“园林”的区别归于功能不同，从设计角度对这两个概念给以新的界定。他指出庭园规模较小，多数适合和居住建筑结合在一起，功能是以适应生活起居要求为主，适当结合一些水石花木增加庭内的自然气氛和提高其观赏价值”。另外，庭园的空间以建筑空间为主，观景以静态观赏为多，居室空间与自然空间结合在一起。园林规模较宏大，功能为游憩观赏，园林的空间以自然为主，建筑是点缀，因此园内布景的安排始终是透过一条动态的游览路线组织起来的。由此，认为“庭”为基本单元，几个不同的“庭”构成庭园，而建筑及水石花木则为庭园之空间构成（夏昌世，1963，1995）。由此，夏昌世所说的“庭园”相当于江南私园，而把公园归之为“园林”。这与 20 世纪 20—30 年代乐嘉藻、陈植等从历史文献中探寻园林的字义和内涵的立足点不同（陈芬芳，2017）。在民国时期大多造园著作是用“庭园”这个名词的，如范肖岩、童玉民、叶广度等（见第二章），但在 50 年代后，则都用了“园林”。

夏昌世在《园林述要》一书中进一步阐述了他对“园林”的理解，认为“园林”只是概括的总称而已，从规划来看园林分为庭院、庭园、苑囿及风景区。江南园林是规模大小不同的庭园，庭园名义上有寺园、祠园、墓园，以及附于书院、会馆、义庄和衙署等，实际只是名称和大小之差别，而无特殊体制；苑囿是帝王游乐的禁区，有些像大型庭园，实非庭园一类；而原为园林一种类型的苑囿，质变为公园。

他从布局归纳了庭园实例的平面组合、空间过渡的形式与手法，对空间结构进行分类。诠释了庭园与景的关系，即庭园的结构上是将各种景物的形象、色调、影与声，配合季节等变化，构成具有诗情画意的意境空间，要有优美的造型，通过周围自然环境的衬托，诱使人们有深刻的联想，达到物外有情、言有尽而意未尽的境界。这样造成的视觉空间，就是景。而景有品题，寥寥几个字则能概括景之特点（夏昌世，1963，2008）。景可归纳为：主景与副景、配景、前景与背景、中景、远景、夹景、对景、借景、框景、漏景、障景和抑景、装景、添景和补景、月景十四种。景点就是不同要素（构件）的组合，是全景的局部。景的安排一般由平淡进至高潮，有意识地安排景之情节，具有起承转合的节奏……起伏变化，步移景换，空间层次分明，重叠深远，柳暗花明，耐人寻味（夏昌世，1995）。

他总结了岭南庭园的特点：

首先，在布局上吸收外来手法，应用几何图案式总平面；注意对外围空间及建筑群透视式的处理；很少用独立走廊来分割空间；石景规模不大，喜用散石布置；喜用花木做内庭的主要景物空间；布局较平易，起伏不大，不作过分曲折，以清空平远为主（夏昌世，2008）。

其次，岭南庭园的建筑轻快、通透开敞，几乎每座庭园都有船厅，位于水旁或园的边界，作为主体建筑代替厅堂，具有厅堂楼阁多种功能；有的庭园有高达4层的可楼、深入潭底的水窟及迷楼式的楼房组群。

再次，石景的构筑技法及造型与一般的掇山不同，如潮州喜用大块而有天然剥蚀的山石，形体厚实、古拙浑厚；广州以石塑为主，采用英石贴于骨架上，山石形态可以随意塑造，拳曲飞舞、剔透玲珑。

还有，庭园中植物种类繁多，景物有时以花木为主要构成，绿化空间四时都在变化，清新活泼的气氛更为突出。

夏昌世和莫伯治合作的《粤中庭园水石景及其构图艺术》一文，提出了“水石景”概念，即为水石景物构筑，这有别于传统的“水池假山”之说。认为庭园中的水石是重要景物，其结构布局要结合建筑环境来考虑，受着内庭空间和建筑体型的制约。“与大型园林中的假山水池在比例尺度和处理手法上有许多不同之处”。水石布景最重要的要考虑多角度的空间组织，常用作对景、障景和衬景。对岭南庭园叠石之法，文中从石材到程式都有较为详细的描述，犹如《园冶》中对掇山叠石之法的描述。如称岭南庭园筑山，在广州多用英石、潮州多用海边花岗岩孤石，前者嶙峋突屹、纹理清晰，后者浑圆古拙、形体沉实。而广州石匠有一套石景图谱，历来石塑就取材于这图谱，事实上流传了许多石景造型的程式，如“夜游赤壁”“美女梳妆”“铁柱流沙”等。

夏昌世的《园林述要》是中国古典园林的理论著作，全书八章，前三章分别从历史、类型、布局来概述古典园林；然后用了两章来诠释“景与视觉空间的关系”以及“设景组景的意匠”。还着重举例分析了《园冶》及清帝南巡对造园的影响，以及在京城仿制江南园林的实例。最有特点的是，书中单设一章举例分析比较南北园林之区别：北方庭园以亭廊花木为主要内容，建筑占主要地位，组景不如江南园亭妙造自然婉转清幽，但风格独特、雍容华贵、着色绚烂。对于江南园林，他引用童寯对拙政园的描述“疏中有密，密中有疏，弛张起阖，两得其宜……山回路转，竹径通幽，眼前对景，应接不暇……斯园亭榭安排，于疏密、曲折、对景三者，由一境界入另一境界，可望可即，斜正参差……含蓄不尽”，可为江南园亭的一般写照；但潍坊十笏园却是江南之柔和秀丽、北方的浑厚稳重兼而有之，为南北过渡。然后说，岭南庭园多平庭布置、清空平远，内外空间相互渗透，园中着重花圃树木，少回廊多船厅，但岭南庭园情况复杂为其他地方所少见。总结为，北方园林为“稳重雄伟”；江南园林是“明秀典雅”；岭南庭园该称得上“畅朗轻盈”“轻快通透，疏朗清雅，玲珑多彩，静中有闹”（夏昌世 等，1963）。

（二）莫伯治——酒家园林，开创新时代岭南庭园的艺术风格，现代岭南造园的实践者

莫伯治（1914—2003年），出生于广东东莞，1935年毕业于中山大学土木建筑系。著名建筑学家、中国工程院院士。

莫伯治的岭南庭园研究是和夏昌世联系在一起的，莫伯治的年龄要比夏昌世小近10岁，当莫伯治刚刚走出校门时夏昌世早已从国外学成归来，进入民国政府的交通部门工作。然而他们的人生轨迹却在抗战时有了交集，因为两人同时避难西南，并参与后方工程建设而在武汉相识，不过真正的合作是在新中国成立后。莫伯治在其文集自序（2000年）中提到，“解放初期从香港回到广州，参与广州的恢复建设工作，并开展岭南庭园与民居建筑的调查研究。至20世纪50年代中期，又与夏昌世教授一起，进一步开展岭南庭园的调查研究工作”，从此成为亦师亦友的合作者。

莫伯治长期的建筑创作，就是把岭南庭园融合在岭南建筑中，并从实践和理论上推动了岭南建筑与岭南园林的同步发展。而岭南建筑与庭园相结合的创举，已大大超过历史上曾达到的水平，与皇家园林和江南园林相比，当代的岭南庭园在创新和实际应用方面，已获得更有力的发展（曾昭奋，2004）。曾昭奋认为，中国园林有三“家”：北方皇家园林、江南私家园林和岭南酒家园林，酒家园林的代表则为岭南建筑大家莫伯治。

1958年莫伯治设计广州北园酒家，梁思成认为这是“建筑与园林环境融为一体，而又有强烈地方风格的作品”，是广州新建筑中他最赏识的（图4-4）（曾昭奋，2009）。之后莫伯治相继完成了广州泮溪酒家（1958—1960年）、南园酒家（1962年）、白云山双溪别墅（1963年）、桂林伏波楼（1964年）、广州宾馆（1966年）等建筑设计项目。这些项目都把岭南庭园中的山水、植物诸要素与民间建筑中的建筑手法和装修部件运用、组织到新建筑中，实现了 岭南建筑和岭南庭园的有机结合。把建筑融合于山林环境之中，适应本地亚热带的气候特点和人们的生活习惯，

图 4-4　广州北园酒家庭园
（引自：莫伯治，2003）

创作了富有地方特色的室外、半室外空间环境。当时被称为“园林酒家”，齐康院士在 1992 年的一次研讨会上，谈到这些园林式酒家的创作思想和创作成就时，建议称之为“酒家园林”，“园林酒家”变为“酒家园林”，一词之异却有着重大的学术意义（曾昭奋，2009）。

1983 年莫伯治和佘畯南院士合作主持设计广州白天鹅宾馆，这座中国第一个五星级宾馆奠定了他现代建筑大师的地位，其中庭成为酒家园林庭园的典范（图 4-5）。面积 2000 平方米的中庭由吴泽椿负责具体设计，以“故乡水”点题，以水池为中心，围绕水池安排回廊、敞厅、观景平台及酒吧，远端叠假山、山顶建凉亭，瀑布从山石间泻出，一侧还有摩崖石刻，俨然是一幅传统山水画。齐康院士赞其“白天鹅宾馆最使人动情的是中庭设计，‘故乡水’瀑布，亭台小桥，多层次的石砌台阶，良好的空间层次和尺度所造成的室内共享空间，激起海外游子的无尽思念之情”（庄少庞，2011）。

除了庭园设计外，莫伯治不断收集资料继续研究探索岭南庭园，发表多篇论文，如《广州建筑与庭园》（1977 年）、《山庄旅舍庭园构图》（1981 年）、《岭南庭园概说》（2001 年）、《广州行商庭园》（2003 年）等。

图 4-5　白天鹅宾馆中庭的“故乡水”（引自：庄少庞，2011）

他的《岭南庭园概说》引用了最新的南粤国宫署遗址的考古成果，增补了庭园历史及与国外交流的情况，指出潮汕一带造园艺术，远源江浙，近接闽南，庭园多“水石园”之作，筑山结构以石景壁山为多。粤中筑园多“池馆”精品，石景筑山着重于意境的表达，着墨不多。而余荫山房构成轴线对称和严谨的几何图形的庭园布局，与中国传统的婉转随意、崇尚自然的庭园格局大异其趣，是受到西洋庭园的影响（莫伯治，2003）。

莫伯治梳理了自己对岭南庭园研究的四个阶段：1957—1960 年探索现代功能与古典地方风格庭园的结合；1963—1973 年寻求现代建筑与传统岭南庭园建筑的共性，在现代主义的基础上，导入传统岭南庭园建筑的性格特征；1973—1983 年，探索岭南庭园与高层建筑的结合；2000 年，建成的广州艺术博物馆的百花庭园，体现了岭南庭园在新建筑、新环境中的适应性及其活力（莫伯治，2003）。这一叙述充分说明“庭园”研究是莫伯治地域化建筑创作的基础，是从“园林酒家”发展成“酒家园林”的学术历程。莫伯治在此文最后借用了彭一刚的话作为结语，“我国传统园林，堪称为传统文化的瑰宝，但是到了近代，由于社会政治经济发生了深刻的变化，几乎失去了赖以生存的社会基础”，经过多年的实践与探索，已令岭南园林艺术“重新获得了生机”（莫伯治，2003），这当然是指现代建筑与庭园艺术的结合之路是符合时代发展要求的。

四、刘敦桢、夏昌世、陈从周和莫伯治的园林研究概述

上面较为详细地介绍了刘敦桢、夏昌世、陈从周和莫伯治四位园林学家，从年龄看前二位出生在清末、后二位出生于民国初，恰是两个朝代人。他们的专业背景都与建筑学有关，其中三人与中国营造社有关，刘敦桢与夏昌世曾同在中国营造社，刘敦桢更是被誉为现代建筑宗师的大家。刘敦桢与陈从周有师生之谊，而夏昌世与莫伯治亦师亦友，他们从北到南住在不同城市、在不同学校教书，却几乎是同时投入到了对中国古典园林的研究之中。

然而，陈从周在其鼎盛时期发表了重要著作《说园》五篇，莫伯治以酒家园林居岭南庭园设计之首。刘敦桢、夏昌世两位未能在身前见到自己的著作出版，尽管晚了几十年，但其影响丝毫未因此而降低。其实他们的研究方法颇为相似，是中国营造社梁思成、刘敦桢一直采用的方法，通过现场调查、实测，比对文献记载、诗词图籍、历史书画，来挖掘古典园林之精粹，从历史文化到造园手法，从建筑内涵到园景布置，诠释及复原古典园林的风致。

他们的著作各有特点，刘敦桢的《苏州古典园林》更精于实物的精确测绘，夏昌世和莫伯治的《岭南庭园》则较侧重于造园设计，也更加重视工匠的营造技艺研究；陈从周的《苏州园林》和《扬州园林》则较多考证。与刘敦桢有复建“瞻园”、陈从周参与苏州园林及“豫园”整修的经历相比，夏昌世则多有现代建筑实践，莫伯治创“酒家园林”而影响甚大。

夏昌世的《园林述要》与陈从周的《说园》颇有相同之处，他们均是古典园林理论之作，立意相近、观点相通，但内容各有侧重。陈书多从造园、评园、品园、写园的角度分析造园要旨，文章格局更像一篇篇精致的散文，文字清雅，语句含义深刻，于平淡中说透了古典园林的真谛，是深得中国文化传承的传统文人的著述。而夏昌世的书更重园林布局、造园技法及名词辨析，文字同样精彩，文章格局则较多学院气，是受西方学术影响的现代学者的论述。从撰写的时间来看夏昌世要略早，但发表却迟陈从周多年，因此影响不及陈，再加上夏昌世遭受政治迫害，20 世纪 70 年代初即移居德国，故使他对于岭南园林的贡献鲜为人知。

最近十几年来，对于这些前辈学者的研究逐渐增多，他们的著作也不断再版，因此有机会让我们了解他们当时的研究思路。在重读这些珍贵文献的时候，感叹

他们治学态度之严谨、学术工作之深入，实是后辈学人必须学习、继承和发扬的。遗憾的是，对他们的研究依然不够深入，特别是关于夏昌世的研究，往往都是他的学生或校友所作，没有上升到现代园林发展进程的系统性研究之中，其专业成就还有待岭南地区之外的建筑师和风景园林师了解和理解（林广思，2014）。

第二节

20 世纪 50—60 年代造园设计的核心力量

一、程世抚——新中国成立后出任上海第一任园林处处长的园林学家

新中国成立后不久，各地城市在建委、建设局领导下成立造园科、园林处等部门（后升格为局）主管城市绿化建设，一般下设设计室（组）、设计科等，后来发展为设计所（院）。这些部门集中了当时为数不多的造园人才，在 20 世纪 50—60 年代负责城市公园、绿地、道路绿化等设计。其中，人才济济在全国起到率先示范作用的，则要推北京、上海、广州、南京、杭州等几个主要城市的园林设计室（科）。程世抚是在旧中国就以学者身份出任城市园林主管，新中国成立后又继续担任园林主管的代表人物之一。

程世抚（1907—1988 年），字继高，祖籍四川云阳，出身官宦人家，其父历任江苏巡抚、江苏都督及孙中山南京临时政府内务部总长等职。程世抚幼受其父“报学垦荒”的教诲，考入金陵大学园艺系，1929 年毕业。赴美先后就读于哈佛大学和康奈尔大学，1932 年获康奈尔大学风景建筑及观赏园艺硕士学位，是我国第一位获此学位的中国留学生。

程氏一门三代都与园林结缘，其父程德全（雪楼），光绪三十年（1904 年）任黑龙江将军副都统时，在齐齐哈尔筹建了仓西公园，是国人自建的最早公园之一，后任江苏巡抚时还参与一些寺观园林的修建；程世抚的女儿程绪珂，同样毕业于金陵大学，担任上海市园林局长多年，是积极创导和推行“生态园林”理念的著名园林学家（详见第七章）。至于程世抚本人，1932 年毕业后曾赴欧洲各国考察园林，翌年回国后先后在广西大学、浙江大学和成都金陵大学园艺系任教，是城市规划、园林规划设计专家。在他的学生中有后来成为农业部部长的何康，以及马骥（北京林业大学教授）、贺善文（湖南省农业科学院院长）、吴振千（上

海市园林管理局局长）和陆之琳（中国台湾“行政院”科技顾问）等（何济钦，2004）。1946 年程世抚出任上海市工务局园场管理处处长兼总技师，同时被聘为上海市工务局都市计划小组成员、都市计划委员会技术委员会委员，参与上海城市规划，如《大上海区域计划总图初稿》《上海市都市计划总图三稿初期草案说明》，以及市内《园林大道规划》《龙华风景区规划》等的编制。先生还曾兼任圣约翰大学农学院教授，女儿程绪珂是他的助教。正如近代园林史专家朱钧珍所言，“像程德全、程世抚、程绪珂这样一家三代都搞园林，且都贡献突出，就应该记入园林史”。

程世抚先生可说是我国第一代城市园林规划建设专家，新中国成立后出任上海市的第一任园林处处长，后任城市规划处处长。1954 年调入北京，历任建筑科学研究院、中国城市规划设计研究院总工程师等技术职务。先后主持及参与了上海、武汉、天津、洛阳、无锡、苏州、杭州、桂林、济南等 15 座城市的总体规划和园林绿地规划；负责上海人民公园设计（1951 年），还手绘了人民公园的平面图（图 3-20）；主持苏州城东公园规划（1954 年）（何济钦，2004）。他与冯纪忠、钟耀华等完成新上海的第一份《绿地研究报告》（吴振千记录整理成文）（程世抚，1951，2015），此报告论述了绿地的范围、绿地在城市里的作用、上海市绿地概况，并拟定绿地设计标准及分期实施步骤，建成区绿地的获得、今后绿化计划的方向。提出将来绿地的形式主要是利用带状林业，像人体循环系统一样广泛分布，深入居住区，在大区的外面有环区绿带环绕。他曾多次提出环城绿带的建设，指出绿地的分布原则是：环市林带、大片林丛、大型公园、森林公园、防护林带（程世抚，1957），而此设想在 20 世纪 80 年代之后为多座城市所采用实施。他的主要著作有《城市规划》（大学教材）和《国外城市公害及其防治》（前四章）等。

陈俊愉先生称，程世抚的特殊贡献是将中美加以比较，认为美国最早在世界上建立了以保护自然景观为主的国家公园，我国则以风景名胜和古迹相结合而著称于世。1953 年武汉请来程老，在勘察基础上完成了《武汉东湖风景区分期建设草案纲要》，国内才首现“风景区”之名，它既不同于一般公园，又和美国的国家公园有别，在“城市绿化”与“大地景物规划”之间搭起了一座桥梁，这是联系我国园林三个发展层次的一大创新（陈俊愉，2004）。

程世抚先生从城市规划的角度阐述对园林的见解，他提出园林布局本身应打破过去围墙式格局，使园林面向每一个人民，而与建筑、道路、河湖等有机的组织起来。整个城市的园林布置应与市外的大地园林密切结合起来，同时需从整个城市的建筑艺术布局来考虑城市的园林化问题（程世抚，1960）。在80年代，他认为园林设计中还保留着不少为少数人服务的手法，我国园林人为因素占主导地位，自然景色退居陪衬或背景的次要地位。至于苏州园林，树木太少，缺乏自然风味，只能说是建筑的延伸部分。这种模拟自然的风格与真的自然距离很远。因此需创造城市自然环境，并引入林地原野，使居民逐步接近自然，而风景区设计切忌"人定胜天"（程世抚，1982）。

虽说程世抚在新中国成立后基本离开了学校，但他一直关注园林学科的发展，曾多次发表论述，认为"园林"和"造园"二词含义偏窄，最大范围不超过城市公园，而绿地系统、风景区、大地景色等都很难包括进去，所以曾建议采用"风景建筑"一词（程世抚，1982）。但他更趋向于 landscape architecture 中 architecture 一词最好译为"营造"而不宜译为"建筑"（王绍增，2004）。他将城市、建筑、园林当作三位一体的系统，主张郊区的自然景色与城市结构应该整体考虑。他批评园林设计的一股风问题，20世纪50年代是北京风格到处飞，60年代是苏州风格到处飞，70年代又是岭南风格到处飞。客观地指出，我国古典园林蕴藏着大量人民性的精华，对精华也有历史主义的态度问题，彼时彼地的精华，不一定适用于此时此地。因此从整体看，我国园林还是要走以植物为主，以自然为主，为广大人民服务，与生态保护相结合的道路（程世抚，1982）。

陈俊愉先生自称为程老的弟子，他回忆程老的教诲，赞他坚持原则、以人为本、绝不崇洋媚上，还举了程老在苏州规划时的一个例子。当时苏联专家要在苏州拓宽并取直干道大兴土木，程老不以为然，主张随形就势，成一条弯曲的路，并在空地上实现园林绿化，事实证明，程老是正确的。而且陈俊愉先生在60年代之后研究地被菊也是源自1946年程世抚对他说的"要把菊花从盆栽中解放出来，在露地大规模栽培，供更多市民观赏评玩"（陈俊愉，2004）。

综上所述，程世抚先生在我国现代园林规划设计方面的贡献是多方面的，他提出的很多概念、理念在今天依然具有指导意义。遗憾的是，他在"文化大革命"

时期遭到不公正待遇，之后恢复工作又疾病缠身以至影响了他的工作，但即使如此他还坚持在北京林业大学带研究生，继续发表了一系列论述园林的重要文章，他在我国现代园林史中的地位不容忽视。

二、李嘉乐——从北京造园科开始的一生探索

1949 年新中国定都北京，制定“首都规划”成为北京城市建设的头等大事，于是有了“保城派”的“梁陈方案”与“改城派”方案的对立与争论。改城方案确定后，北京开始拆除城墙、拓宽道路，改造像龙须沟这样的贫民窟，接着是兴建为国庆十周年献礼的十大建筑。当时城市园林建设就是围绕这些中心任务而开展的，在公共园林方面主要是修整皇家园林、改进街道绿化等，还新建了 10 余座公园。

20 世纪 50 年代在北京公园规划设计中起了重要作用的是李嘉乐以及他领导的设计科团队，如参加天安门广场绿化设计的刘作惠、刘少宗、罗子厚、李淑风、杨以宁等。刘少宗是其中最早进入北京园林设计团队的，70 年代后成为北京园林设计界的主要人物之一。

李嘉乐（1924—2006 年），1946 年毕业于重庆中央大学园艺系，他接受中共地下组织安排进入北京农大印刷厂工作。新中国成立后历任造园科、园林局设计科科长，园林局副总工程师，园林科研所所长等职务，是新中国第一批园林绿化规划设计和科研科技人员，也是北京园林建设的开创者之一。他入职之初，在当时的中山公园挂起“造园科”的牌子，后来汪菊渊提出“造园”一词来自日本，不如改为中国传沿已久的“园林”科。这样“园林”二字一直沿用到今（余树勋，2007）。李嘉乐主持了北京市第一个绿地系统规划，主持陶然亭公园、紫竹院公园的规划设计，也是向国庆 10 周年献礼天安门广场、人民大会堂绿化工程项目的技术负责人。

李嘉乐主持天安门广场绿化工程，参加者包括了当时园林局的主要技术人员，当时已任职北京林学院的余树勋也是主要参与者。1960 年李嘉乐曾撰文《天安门广场的绿化》，叙述当时的工作情景。按照周恩来总理对天安门广场的指示，要求“大方隽永，古朴，代表中国文化的形象”，决定用成片的大油松，余树勋等连夜绘出图纸呈报中央领导审批（余树勋，2007）。天安门广场从原来的 11 公顷扩大至

40 公顷，人民英雄纪念碑居中，东西两侧的中国革命历史博物馆和人民大会堂相距 500 米。绿化设计沿广场边缘采用松柳并列，全部选用胸径 15~22 厘米的大树，外侧植松、靠人行道种柳，勾画出广场的轮廓，将松的风格和柳的情调结合在一起。在英雄纪念碑四周铺栽草坪和花卉、桧柏绿篱围起，碑南侧两翼种植对称的两片长方形油松林，总面积达 2.6 公顷，506 株油松整齐排列，气势非凡，松林中央设 10 米宽的甬道，甬道两侧及与纪念碑草坪间设置花坛（图 4-6）。人民大会堂的绿地面积达 2.04 公顷（内庭 0.87 公顷），主要是东门外朝向广场的两块长条形绿地，采用不规则的几何形种植 5000 株月季，分属 92 个品种（图 4-7）；南北两侧小广场与大会堂建筑突出部分呼应，正门两侧草坪布置花坛，花园中植元宝枫、云杉、玉兰等乔木。月季盛开时，繁花似锦，正如郭沫若诗《大广场》中所写："一城花雨山河壮，满苑松风天地香"（刘少宗，1996）。之后天安门广场的绿化经过多次改建，最重要的是 1966 年对人民大会堂月季园的改造，增加了许多常绿树；1976 年毛主席纪念堂建成后的绿化改建；1983 年以及近年来增加绿地面积等的改建。

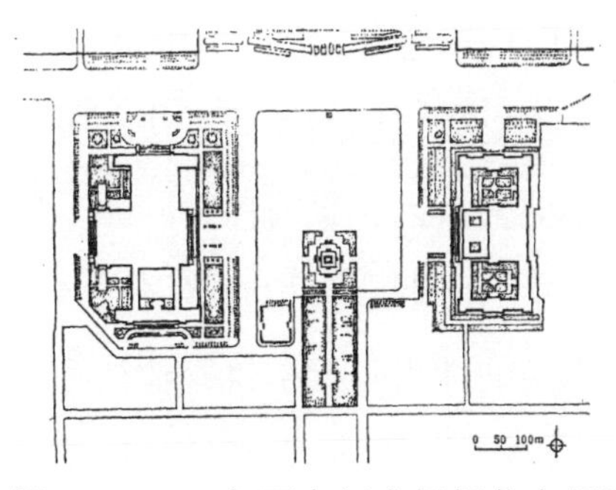

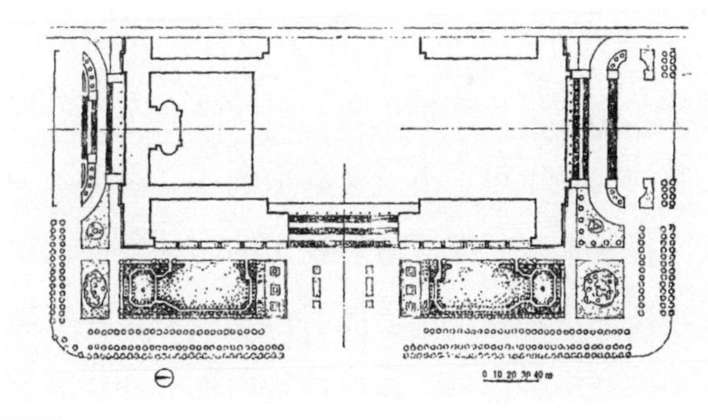

图 4-6　1959 年天安门广场绿化布置平面图
左：天安门广场；右：人民大会堂
（引自：刘少宗，1996）

天安门广场面积广阔，建筑宏伟、体量巨大，在世界上也属罕见，因此对广场的绿化设计几乎无先例可循。正是在这种情况下，设计者努力探索了在大型广场中园林艺术能为广大公众所接受的新形式。如刘少宗所说，天安门广场的绿化集中表现了当时北京城市绿化的新成就。20 世纪 50 年代，全国各地大城市市中心几乎都建了类似的以政治和交通为目的的大广场，天安门广场的绿化自然是它们可借鉴的经验。到了 90 年代后，对这类广场的认识发生明显变化，于是有了像上海人民广场的改建，大面积增加绿地面积成为当时改建的主要内容。

图 4-7　1959 年人民大会堂前月季园（引自：北京地方志编纂委员会，2000）

20 世纪 70 年代后李嘉乐主持北京园林科研工作，他率先应用大比例尺航片及遥感技术分析北京市绿化情况，研究城市绿化生态效益。他连续发表园林规划设计知识十讲，在园林的经济价值、生态功能、不同功能的园林设计、城市园林系统规划、植物配置、园林意境及园林艺术创作、园林设计手法等多个方面，阐述他对园林的理解和感悟，是有较高学术水平和实用价值的文献。

李嘉乐从事园林工作 50 多年，长期担任北京园林学会理事长、中国风景园林学会副理事长和秘书长，对园林的学术名称等争议也有自己的不同看法和独到见解。他晚年写了不少文章来阐述其观点。2005 年他为自己文集写序，回顾了自大学接触造园学课程后所经历的园林发展过程，对不同时期政治和经济对园林的影响作了深刻的反思，而对市场经济条件下园林所受的冲击不无担忧。他认为，“把天然原野山川、森林植被当作劳动产品出租、出售，是导致自然资源遭受破坏的原因”，而“把本该用作绿地系统的土地压缩、挪用，是重复资本主义国家城市发展的老路，给后代造成灾难”。他感叹，“对有些中国造园师舍弃本民族的优秀传统，模仿西方的所谓现代派风格，甚至坠入虚无主义境界而感到无奈”。他更担忧，“倘若中国的传统园林风格真的从今后的园林创作中消失，那将显示人类脱离自然的悲剧”。但他又充满信心，“但我深信，终有一天，人类中的佼佼者会醒悟过来，使自然式园林重新兴旺”（李嘉乐，2006）。

李嘉乐写这篇序的时间是 2005 年 12 月，翌年 10 月他因病去世。也许这是他最后一篇学术文章，可说是他一生的学术总结。笔者在读这篇文章时深深感受到这位老人的智慧和坦率，以及他对终身从事的园林事业的担忧和无奈。十多年过去了，他提出的问题是否已有了解决的渠道，或是更加严重了，这正是需要我们认真思考和严肃对待的。

三、新中国成立后从“造园科”走出来的上海第一代园林设计师

新中国成立后上海市在工务局下设园场管理处，先后由徐天锡和程世抚担任主任，1956 年后改为直属上海市人民委员会的园林管理处，下设造园科。20 世纪 50—60 年代上海新建 10 余座公园，都是由当时造园科（后为设计科）的团队完成（表 4-4），造园科先后由吕光祺、吴振千担任科长。当时的设计人员主要有两类：其一，有建筑学背景的建筑师、城市规划师，如吕光祺、徐景猷等；另一类，是接受现代园艺教育，大多为新中国成立前后园艺专业毕业生，如吴振千、柳绿华、陈丽芳、沈洪等，在 1956 年成立园林处后又加入了蔡仲娟、张庆间、胡嘉宝等，他们是上海现代园林设计的先驱。

表 4-4　20 世纪 50—60 年代上海主要公园的设计者

公园主要设计者	主持或参与的代表作品
程世抚	人民公园（1951 年），吴振千协助总体规划，主要参与者有吕光祺、徐景猷
吴振千	协助人民公园总体规划（1951 年）；主持西郊公园总体规划（1954 年）及后来的上海动物园规划；虹口公园改建为鲁迅公园（1956 年）；西郊宾馆；龙华烈士陵园（1964 年）
柳绿华	普陀公园（1952 年）；外滩扩建（1952—1954 年）；曹杨公园（1953 年）；虹口公园改建为鲁迅公园（1956 年，与吴振千负责规划）；古猗园修复（1957 年，1977 年）；平凉公园（1956 年）；长风公园（1958 年）；红园（1960 年）；方塔园绿化设计（1974 年）
陈丽芳	静安公园（1955 年）；杨浦公园（1956 年）；淮海公园（1958 年）；和平公园（1958 年，陈从周指导）
沈洪	浦东公园（1957 年）
张秀媚	波阳公园（1952 年）

由造园科团队设计的公园，规模较大的如人民公园、西郊公园和长风公园，又有鲁迅公园、静安公园、和平公园、桂林公园、漕溪公园等改造兴建，肇嘉浜路林荫大道以及许多小公园的规划建设。这些公园设计布局不同、风格有异、特色鲜明，但设计理念又十分相似，如在营造中融合了西方造园中的大块面整体处

理的手法，大水面、大草坪成为公园中经常出现的元素，可以说他们的设计使“海派园林”更趋成熟。

（一）吴振千——上海园林设计工程的组织者

吴振千(1929—2016年)，上海市嘉定人，1950年毕业于复旦大学农学院园艺系，历任上海市工务局园场管理处造园科科长、设计室主任等职，1984年出任上海市园林管理局局长兼总工程师。在他进入园林部门工作不久，就参与了1951年上海绿地建设讨论会，在程世抚、冯纪忠、钟耀华等带领下整理出新上海的第一份《绿地研究报告》。

他在复旦大学的老师中有毛宗良、章守玉这样的园艺大家，因此有着扎实的专业知识，这为他之后在较长一段时间里领导和主持上海的公园、绿地规划设计奠定了理论基础。他主持或参与的设计作品主要在20世纪50年代初，包括人民公园、上海动物园（西郊公园改建规划）以及虹口公园改造规划等；60年代完成龙华烈士陵园设计。其实那时上海新建、改造或扩建的公园绿地的规划设计都离不开他的领导，他自认是设计工程的组织者，被誉为上海绿化事业的领军人物和实践者（周如雯，2009）。

吴振千主持虹口公园改建规划是他继上海动物园之后的又一个重要作品，1956年鲁迅先生逝世20周年，为将先生墓迁入他故居附近的虹口公园，吴振千和著名建筑师陈植（直生）教授合作完成了公园的扩建改造。公园按335亩规模规划，当时虽然没有竞标，却是委托了5家单位分别做了规划方案，最后选择在上海城市规划院和园林管理处设计科的方案基础上做修改完善。改建规划包括：由吴振千和柳绿华负责的公园扩建总体规划；陈植和汪定曾负责的建筑部分，包括鲁迅墓、鲁迅纪念馆；还有萧传玖的鲁迅塑像设计。

虹口公园前身为清光绪年间公共租界建的靶子场，1901年采用英国风景园林专家斯德克 (W. Lnnes Stuckey) 的规划设计方案建造公园，公园原有168亩，总体上为英国式自然风景园林，1909年全面对外国人开放，1922年改为虹口公园。当时公园进门是20尺宽的甬道，两边为木兰行道树，向前为直径100多米的宽大草地，中间小溪分隔，一座乡村式木桥横跨溪上。草坪的东北角为毛石垒砌的西式岩石园及石洞，西侧一汪湖水、湖中小岛上筑亭，大门附近音乐台置于林中，沿园路种植槐树、夹竹桃、桃树等，此布局形式一直延续到 1956 年（吴振千，2009）。

1956 年吴振千的改建规划，采用自然活泼的布局，尽量扩大原有水面，注意交通线路与分区，以满足群众活动要求（陈植，1956）（图 4-8）。因此，保留了公园的自然式格局，在鲁迅墓前设计大草坪、弃用传统甬道式墓道，通过开阔的草坪对准墓地中轴方向，在南端丘陵上建石柱方亭，与墓遥相呼应，但无论在入口处或墓地平台上均无中轴贯穿的感觉。墓地的设计采用照壁式后墙，其上镌刻毛主席书写的“鲁迅先生之墓”，墓前一对广玉兰是先生身前所喜爱，两侧葡萄架、布置两个小方草坪，中央草地上是鲁迅铜像（吴振千，2009），外侧各一排龙柏营造庄严肃穆的气氛（图 4-9）。

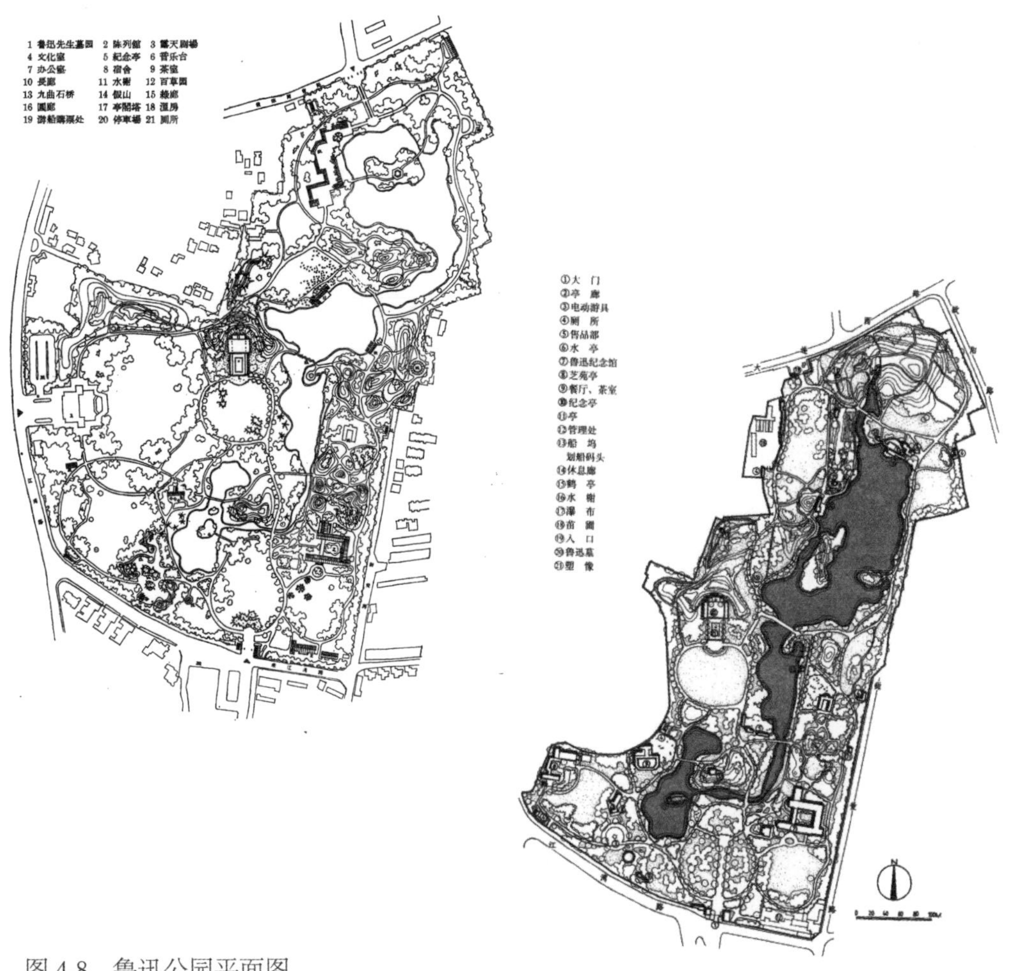

图 4-8　鲁迅公园平面图
左：1956 年改造规划图（引自：陈植，1956）；右：1985 年平面图（引自：《上海园林志》编纂委员会，2000）

图 4-9　鲁迅公园鲁迅墓区（引自：同济大学建筑系园林教研室，1986）

从正门入园后可由东西两路绕过草坪，分别向北转至墓地，东路右拐可达纪念馆。由于道路环曲并利用树丛土丘的遮蔽，避免了一望在目的缺陷。鲁迅墓北部筑小阜抬高地势 4 米，密植香樟、松柏等常绿乔木，墓后还辟石榴园；在南端扩大湖面，堆建土丘，水面向东北延伸，有分有聚，水榭、亭阁、长廊点缀其间。纪念馆南亦为草坪，点植香樟、悬铃木；北有百花园，布置曲折、迂回的小径，起伏的地形，呈现幽静雅致的环境（陈植，1956）（图 4-8）。

公园绿化设计由柳绿华负责，保留原有香樟、悬铃木为骨干，路侧安排了大面积缓坡草坪，草坪边缘点缀孤植树、树群和自然式花境，同时还采用英国式园林的草地缓坡接水的方法，来处理水岸关系使之过渡自然。

改造后的鲁迅公园是在保留原来英国式自然风景园林骨架的基础上，增加了山水地形变化，还添加了不少中国的园林元素。之后鲁迅公园又经历几次重大改造，除了鲁迅墓区域维持原状外，公园西部划出建了虹口体育场，将北部原来曲折分聚之湖水改造成宽阔的水面，在园的北面后部堆高 20 余米土山，西侧又作石壁飞瀑，山上遍植树木形成屏障；废除了公园入口屏障式树丛，改成林荫大道，牡丹亭、音乐台、喇叭厅等被拆除，使公园原来意境、韵味逊色不少。

20 世纪 80 年代之后，吴振千不再亲自主持公园设计，正如他所说是设计工程的组织者，但在 21 世纪初他设计建造的“豆香园”（图 4-10），是他新的探索和尝试，为他的设计事业再添辉煌。

图 4-10　吴振千设计的浦东豆香园（张庆费摄）

（二）柳绿华、陈丽芳——两位广西农学院校友、女园林设计师

在 20 世纪 50 年代上海的公园建设中，有多位女性设计师起了重要作用，她们主持或参与设计了 10 余座公园，其中程绪珂、柳绿华、陈丽芳是其中的代表，后来程绪珂担任过几届园林局长，还提出“生态园林”理论。柳绿华、陈丽芳两位的职业生涯也一直延续到 90 年代，但文献对这两位女性设计师的记载寥寥，笔者在这里是要着重书写一笔的。

1. 柳绿华——挖湖、叠山建“长风”

柳绿华（1924—2006 年），湖南衡山人氏，曾就读于重庆中央大学园艺系，1946 年从广西大学园艺系毕业。1951 年至上海工务局场园管理处造园科工作，她的直接领导人就是吴振千。她的代表作是 1958 年规划设计的长风公园，这是新中国成立后上海新建面积仅次于西郊公园的大型公园，她在设计中借鉴颐和园风格，因低挖湖，就高叠山。时任市委书记魏文伯取毛泽东《送瘟神》一诗中的“天连五灵银锄落，地动山河铁臂摇”为湖、山起名“银锄”“铁壁”，是那个时代上海公园中的成功之作（见第三章）。在之前她设计了普陀公园、曹杨公园，参与虹口公园改造设计等，现在看来这是为她后来担纲主持大型公园设计提供了练笔的机会。

普陀和曹杨两公园总体布局比较简单，应用的园林元素也不多，没有堆山叠石之作，所作建筑也都以竹木材料为主，显然是因建园初经济条件有限。但园中的大片草坪，以花架、花境、树丛、片林分散在草坪四周，还有多树种的种植格局，则显示柳绿华对植物应用已很有见解。在她的设计中多处出现紫藤花架，尤其是曹杨公园中的大型紫藤廊架，廊柱用红石板垒叠，颇有特色，尽管公园多次改造但此景依旧（图 4-11）。联系后来她在长风公园中丰富的植物组群设计，以及参与上海多处公园的绿化设计，可见她擅长种植设计。而对水面应用、河岸处理、大型堆山的地形设计，以及造景、对景、借景的造园手法，在长风公园的设计中则表现得成熟起来。

图 4-11　左：20 世纪 50 年代柳绿华设计用红石板垒叠的紫藤廊架（上海曹杨公园）（引自：dianping.com）；右：西郊宾馆的叠石与瀑布，陈丽芳、黄季泉设计（引自：吴振千，2009）

另外由柳绿华主持、参加设计的园林规划或绿化规划还有虹口公园、共青森林公园、方塔公园、上海植物园、大观园游览区、曹杨公园等，其中大观园游览区规划及景点建筑设计获国家优秀设计二等奖，所以柳绿华堪称优秀的园林设计师。她还编写了《园林绿地规划设计学》《城市园林绿地规划概论》等教材，将她积累的经验和学识传授给后来者。

2. 陈丽芳——借景西湖创园林

陈丽芳（1928—2010 年），1949 年毕业于广西农学院园艺系，1952 年至上海工务局场园管理处造园科工作，50 年代主持规划设计了和平公园、静安公园、淮海公园、杨浦公园 4 座公园，其中除淮海公园外都被收集在《上海名园志》中。而这 4 座公园又可归之于两类：一类是静安公园和淮海公园。它们面积不大、都是从原租界的公墓改造而成。设计者刻意保留下原来的植物材料，延续了欧美公墓的草坪树丛镶嵌搭配的基本特点，采用西式园林的规则式格局。这在静安公园尤为明显，如保留了原大门内的悬铃木林荫道（栽于 1897 年），并将其延伸构成明显的中轴线。在轴线中部建中心广场，两侧对称布置东西草坪，以树丛相隔，东草坪西北角用有着精致雕刻的白色大理石墓室改造成园亭；西草坪在公园西南，从中心广场向西需通过树丛、再绕过湖石假山才能到达。如此布局虽基本按对称原则，但也明显采用了中国造园之障景的手法。如今悬铃木及其他保留的树木都已逾百年，苍劲古朴的大树带来夏日浓荫，成为附近居民最喜爱的去处（图 4-12）。纵观上海民国时期建造的公园，几乎都有类似的悬铃木林荫道，而且有多条城市道路也是浓荫蔽日的，可见这条林荫道是真实地体现了上海的特点，也是设计者独具匠心的一笔。当时陈丽芳还保留了公园南端的一座红砖哥特式教堂，是现代建筑中的精品，可惜到 1978 年还是被拆除了。另一类是和平公园和杨浦公园。是在原先的农田、洼地水塘基础上新建起来的公园。公园面积大、都以水为主题，整体布局及植物配置采用江南造园手法，但当时受建设资金限制，只能因陋就简，建筑大多采用竹木结构，湖边少用驳岸（上海地方志办公室，2007）。从 20 世纪 80 年代的平面图可看到，这两个公园的水面都较大但布局完全不同，陈丽芳的设计对湖渠水岸的处理很是精巧。杨浦公园从西湖风景得到启发，模拟西湖的自然山水意境，将湖面整合成西湖的形状，起名“愉湖”，居公园北部，为全园构图中心；湖南几处草坪、林木花草嵌于其间。愉湖面积约 3.2 公顷，以二堤、二岛、四桥将水域分割为里湖及外湖的东西两塘，水系相通；东西、南北长堤呈曲尺型，名“柳堤春晓”，其东西堤长逾 160 米，多处弯曲，中间有拱桥，堤上建紫藤长廊，湖中小岛树木繁茂、湖石点缀；南北柳堤 100 米，将外湖分隔为东西两塘，东塘水波浩渺，整个格局总能令人想起西湖的风致（图 4-13，图 4-14）（陈丽芳，1958）。

图 4-12　左：静安公园平面图（1985 年）（引自：《上海园林志》编纂委员会，2000）；右：栽于 1897 年的悬铃木林荫道，也是公园的中轴线（摄于 2008 年）

和平公园的水域则取聚散结合的手法，水面大小不等，由长渠相连，贯通全园，九曲桥、湖心亭、亭阁与湖景相融，湖滨石舫与假山相对而望；沿河道借用西湖一株垂柳一株桃的设计。湖渠之间布置草坪、树丛、花坛、廊架；东北首土石筑起大山、山高 10 余米向西绵延，坡上树木葱郁，小径盘山而上，登高可望全园（图 4-13）。据吴振千回忆，设计和平公园时还请陈从周来指导，公园更有江南园林特色自然与之有关，园中百花馆即为陈先生所设计（吴振千，1961 年）（图 4-15）。

陈丽芳在 20 世纪 80 年代还主持了上海人民广场改造的大三角绿地设计、松江醉白池改建，以及参加荷兰鹿特丹的海洋园的园林规划、虹桥迎宾馆绿化设计等。

柳绿华和陈丽芳这两位广西农学院的校友，为上海的园林绿化事业作出了很大贡献，她们在 20 世纪 50 年代规划设计的公园虽已经历多次改造、扩建，园中增添了诸多建筑、小品，但基本格局未有太多变化，各公园特点鲜明，已成为上海公园中的精品。她们是 20 世纪 50—60 年代中国园林设计界中女性设计师的代表，在 80 年代后她们依然是上海园林设计界的主力，但因为主要从事设计实践，少有文章发表，因此在业界的影响力受到一定限制，然而人们不会忘记那几座已称上海名园的园林正是她们智慧的结晶。

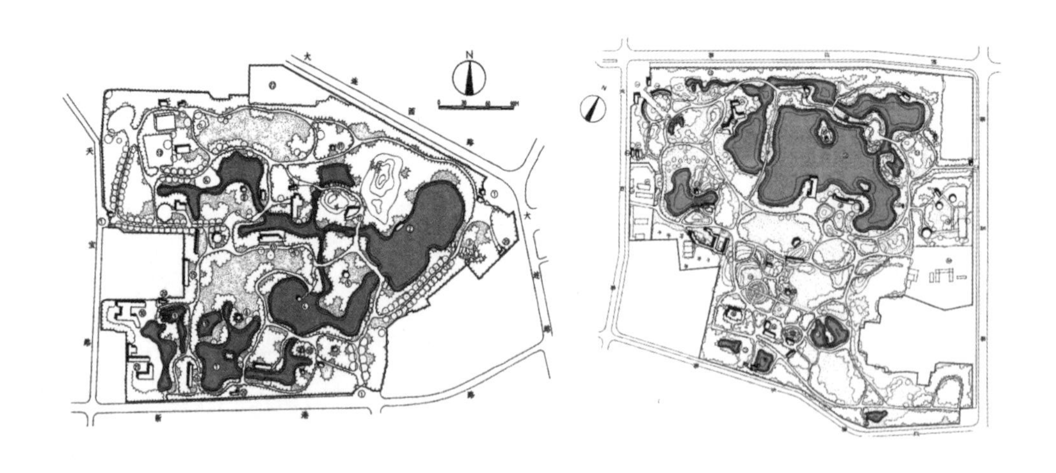

图 4-13　左：1985 年前的和平公园（引自：《上海园林志》编纂委员会，2000）；右：杨浦公园平面图，陈丽芳规划设计（引自：同济大学建筑系园林教研室，1986）

图 4-14　上海杨浦公园湖边植物层次鲜明（引自：同济大学建筑系园林教研室，1986）

图 4-15　上海和平公园百花馆（陈从周设计）（引自：上海地方志办公室，2007）

四、以郑祖良为代表的广州岭南园林实践者

新中国成立后广州市原来的工务局改为建设局，由金泽光任总工程师，局下设园林股（科），1956 年成立园林处下设规划科，另外建设局有设计科。两家各有分工，规划科主要负责城市道路绿化，主要人员有邵胜娟、吴泽椿、余植民等，分别毕业于中山大学及中央大学的园艺系。20 世纪 50 年代广州建的公园主要由设计科负责，包括拥有建筑学背景的郑祖良、丁健达、何光濂、利慕湘等，其设计及建设水平得到全国同行的认同，许多地方公园仿效广州，显示广州公园对全国具有相当的影响力。当然，设计科和规划科的两组团队是互相融合的，共同完成了广州的城市绿化建设，后来的广州园林建筑规划设计院就是在这个基础上成立的。在公园设计中最有代表性的人物的是深受夏昌世影响的郑祖良。

郑祖良（1914—1994 年），广东省香山县（现中山市）人氏。1937 年毕业于广东省立勷勤大学建筑工程系，20 世纪 40 年代曾与夏昌世合办建筑事务所，新中国成立初期与莫伯治等加入建筑师联合事务所，1952 年始任职广州建设局设计科，1978 年调任广州园林局，1985 年移居美国。他与三位现代岭南建筑大家都有交集，和林克明有师生之谊，自认受夏昌世影响很深，和莫伯治多有合作。由此，可将郑祖良看作是夏昌世的创作活动和思想的传承者，是现代岭南园林的主要实践者和代表人物之一。在他 30 余年的设计生涯中，为广州留下了许多脍炙人口的好作品，除了主持流花湖、越秀东湖（现东山湖）、荔湾湖三大人工湖公园规划外，还有越秀公园、兰圃（1961 年）、海珠花园（20 世纪 60 年代初）、白云山风景区，与金泽光、何光濂等合作完成广州起义烈士陵园规划，在广州外有珠海市海滨公园、龙门县南昆山风景区等。80 年代他和金泽光等把岭南园林带至国外，著名的有德国慕尼黑中国园——芳华园（1979 年），荣获德意志联邦共和国大金奖和全德造园家中央理事会金质奖。另外，他先后任《南方建筑》及《广东园林》主编、编委（1979—1985 年）（肖毅强，2012）。作为国内第一本地方性园林刊物，《广东园林》为岭南园林研究提供了交流平台，在推动岭南园林研究及发展上起到了重要作用。

郑祖良在公园规划中多采用综合手法，设计蕴含岭南庭园风格，如在流花湖公园音乐茶座（1981 年）、华南植物园冰室（1982 年）、文化公园品石轩的设计中都有展现（林广思，2012；周宇辉，2011）。他擅长设计亭，作品有白云山滴水岩双三角亭、亚婆髻四角重檐亭、黄花岗公园黄花亭、烈士陵园中苏血谊亭等，都是广州园林景观建筑中的精品，故在岭南园林界有“亭王”之美称。

郑祖良主持设计的文化公园之园中院，是承继岭南庭园建筑与景物组合，将山池树石有机组织，融合于建筑空间之成功的诠释，可谓传世之作。而他和利慕湘、余植民设计的兰圃，更展现了他对造园手法的独到理解。兰圃位于越秀公园西侧闹市之中，新中国成立初原是一片荒地，1963 年在原小型植物园基础上改建成展出兰花的小花园，朱德委员长题名“兰圃”，1976 年正式对游客开放。园区 3.9 公顷，为长 300 余米、宽 80 多米的长条形，在如此形状的地域设计公园，必然受到许多制约，回旋余地小，规划难度大。考虑到各种不利条件，郑祖良采用先抑后扬、一抑一扬、再抑再扬的造园手法，运用水面、建筑和各种植物配置，在狭长的地带创造出多样的曲折空间，并结合兰棚布置了 4 个景区。进门步道两侧树木成行，使得通道显得幽深，穿过尽头的月亮洞门即转入敞景空间，石景、棚榭、廊亭交错组合；然后是植物绕合而构成的一个深邃空间，从兰棚至茅舍，流水喷泉布置其间营造出动静结合的景象；茅亭之后又是一个敞景，水面上耸立亭桥，却是全园的终点。整个园子以环行的方式组织园路，茂密的植物阻挡视线，构成数个围合的空间。全园序列清晰、节奏明快，动静结合、内藏韵律，含蓄隐秀、小中见大，表现设计者对传统造园手法感悟很深，处处透出文人园的气息（冽金文，2009）。兰圃建成后历经多次改造，1983 年还进行了扩建，开辟了场地西侧高地，设立芳华园、明镜阁等，园区面积扩建至 8 公顷。

郑祖良设计的作品涵盖范围很广，设计手法也灵活多变，如在广州起义烈士陵园规划中，对轴线的运用颇具特色。他和金泽光合作，结合 3 个高岗的地形特点，设计了一主、一副两条纵向的平行轴线，前者创造墓区庄严肃穆的气氛，后者串联起松柏丘陵、湖光水色的自然式风景及亭、桥等庭园景色，两条轴线的景观形成强烈的对比，然后用横向轴线将西侧的陵园和东侧的园林联系起来。总体平面规划的特点是：轴线纵横，高低起伏，形状各具，宾主分明（金泽光，1959）（图 4-16）。

文化公园的园中院，却是建在大楼底层的园林，打破了建筑与庭园分置的布局，将建筑空间与园林空间完全融合在一起。室内的造园、山石、流泉、植物巧妙地穿插在庭园空间中，其布局的完整性是前所未有的（周宇辉，2011）。

值得提出的是，郑祖良在任《广东园林》主编的同时，也发表了多篇论文，将其对岭南园林的理解及实践中积累的丰富经验与同行们分享。他与金光泽合作撰写的《广州园林建设（1952—1962）》《广州园林建设（1962—1972）》两篇，以及 20 世纪 80 年代初发表的《前进中的广州园林建设（一）——介绍二座新建的花园式音乐茶座》（1981 年）、《前进中的广州园林建设（二）——介绍华南植物园两组园林建筑》（1982 年）等，很客观地评述了广州园林建设的成就，是对现代岭南庭园发展的总结，因此他不仅是实践者，也是一位专业造诣很高、有深厚理论修养的学者，遗憾的是因他退休后移居美国，对岭南园林的影响也随之减小。近年来，现代岭南园林研究的学者对他都有较高的评价，称其为岭南园林名家、一代宗师是不为过（利建能，1997；莫少敏，2007），但要说明的是，虽然在这里我们主要写了郑祖良，但在新中国成立后广州的园林建设中，郑祖良的名字是和金泽光、何光濂、吴泽椿等联系在一起的，他们同为一个合作的团队，在很多园林规划设计项目中有着他们共同的心血。

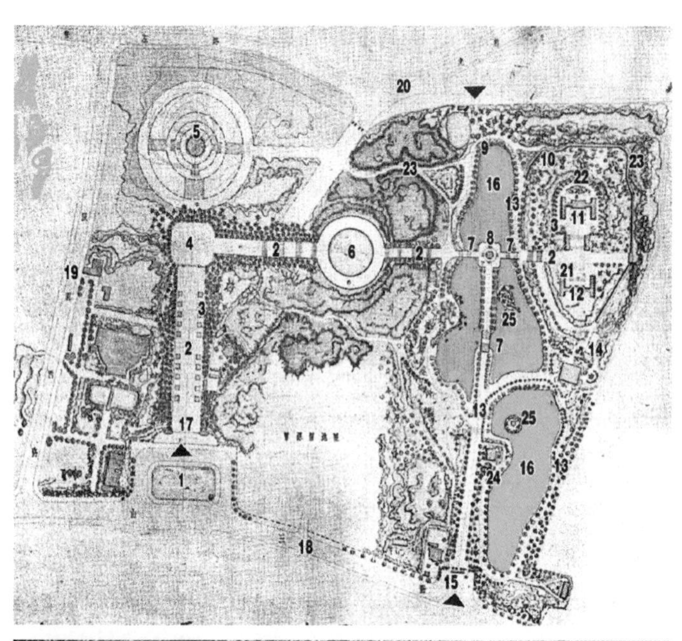

图 4-16　广州起义烈士陵园
上：平面图示 3 条轴线；
下：东部轴线上的景观
（引自：金泽光，1959）

第三节
中国古典园林史学及《园冶》研究

一、《园冶》研究

（一）《园冶》的发现和重印

我国园林历史悠久，但在千余年的发展历程中，关于园林艺术、造园理论及手法等都只散见于记述名园的诗歌、散文、园记中，直至1631年（明崇祯四年），计成的《园冶》一书成稿才算有了专著。正如郑元勋所言“凡百艺皆传之于书，独无传造园者何？曰园有异宜，无成法，不可而得传也”。因此，《园冶》是我国古代唯一的，也是世界上第一部造园专著，被称为园林学“奇书”。童寯说计成著《园冶》一书，现身说法、独辟一蹊，为我国造园学中唯一文献，造园一事见于其他书者，类皆断锦孤云，不成系统。

《园冶》是一本百科全书式的著作，它集中了园林艺术、造园技法和作者自己的经验。作者计成（1582—1642年），字无否，苏州吴江人氏，善绘画，能仿自然以石叠山，以江南湖石筑园而名噪一时，由此而受邀为武进吴又予仿司马光“独乐”制，筑园于晋陵，为峦江（今江苏仪征）汪士衡筑寤园。计成自誉为“并骋南北江焉”，并将二园图式文稿整理成册作题名为《园牧》，之后以此为基础在其53岁时完成书稿，还接受了曹元甫的建议更名为“园冶”，郑元勋为之题词。计成通过曹元甫的推荐认识了阮大铖(1857—1646年)，阮氏爱好园林为计成《园冶》写序，还出资刊刻了此书，但因其犯“阿附魏忠贤”名列“逆案”后又降清而臭名昭著，计成也因此遭士人遗弃，受此牵连他的《园冶》被埋没了300多年（阚铎，1931；余树勋，1963）。其实计成只是以造园师的身份和阮大铖结识，他们之间并无政治上的依附关系。

关于《园冶》，研究者一度认为只有明崇祯七年的刻本，这主要来自阚铎所作《园冶识语》中的说法，“有清三百年来，除李笠翁《闲情偶寄》有一语道及，此外未见著录”。另外，园林史家都认为《园冶》传入日本后改名为《夺天工》出版。但据韦雨涓博士近年考证，认为除了明崇祯七年的刻本外，还至少在清康熙、乾隆年间有华日堂的几次刻本，华日堂乃清初文人伍涵芬家堂名。中国营造社的早期成员、日本学者桥川时雄也查到《园冶》输入日本的记录，分别是1712年（康熙五十一年）的四册本《园冶》，1701年（康熙四十年）三册本《名园巧式夺天工》输入，1736年（乾隆元年）四部《夺天工》输入。《夺天工》即华日堂的《园冶》翻刻本，故《园冶》在传入日本前就已改名为《夺天工》了（韦雨涓，2014）。

关于《园冶》的重新发现也有几种说法：其一，据朱启钤在《重刊园冶序》(1931年)中记述：“计无否《园冶》一书，为明末专论园林艺术之作。余求之屡年，未获全豹。庚午（1930年）得北平图书馆新购残卷，合之吾家所蓄影写本，补成三卷，校录未竟，陶君兰泉，笃嗜旧籍，遽付影印，惜其图式，未合矩度，耿耿于心。阚君霍初（阚铎），近从日本内阁文库借校，重付剞劂，并缀以识语，多所阐发，为中国造园家张目。”（刊于《蠖园文存》卷下）但朱老并未说明其家藏影写本为何时所得。据桥川时雄在其解说《园冶》一书中记述（1974年），他辗转得知日本内阁文库藏有明版《园冶》一书，遂告知朱启钤和阚铎，时间大约在1922年前后。启钤老即托请桥川时雄，桥川时雄又请北京大学叶瀚教授帮助联系大村西崖，终获《园冶》的影印本，此可能就是朱先生所称之“吾家所蓄影写本”了。此后再访得北京图书馆有《园冶》残卷，遂组织人员以影印本与之对照校勘(朱启钤《重刊园冶序》；傅凡，2013，2016）。中国营造学社发掘和重刊《园冶》，是近代对我国造园艺术及历史研究上最重要的贡献之一。

其二，据陈植（养材）先生自述，“余于民国十年（1921年），在日本东京帝国大学农学部教授林学博士本多静六先生处始见之（指园冶），造园之名，本乎斯籍，亦由先生所指示也”，但他1922年回国后广为搜求而无果。1931年陈植到中央大学教造园学科，需参考此书拟托人在日代为抄录，获东京高等造园学校校长上原敬二博士首肯，但因“一·二八”淞沪战争而作罢（陈植，1981）。

由上所述，朱启钤和陈植两位先生，几乎在同时得知《园冶》这本造园专著，不过陈植当时未能获得此书，也未继续寻觅，故对《园冶》重刊未产生直接影响。而朱启钤也是在得知有《园冶》10年后，依托中国营造学社组织人员以影印本与北京图书馆的《园冶》残卷对照校勘。中国营造学社重刊的《园冶》共有 3 个版本：

①喜咏轩版《园冶》（1931 年），即朱启钤根据家藏《园冶》影写本和北平图书馆明刻《园冶》残卷（缺卷三），补成三卷由陶兰泉收入《喜咏轩丛书》印行。

②中国营造学社版《园冶》，是阚铎将喜咏轩版与日本内阁文库所藏明刻本，校正图式分别句读后，1932 年由中国营造学社正式发行。

③右文阁版《园冶》，是 1933 年中国营造学社与右文阁联合在大连印刷发行的，书中内容与 1932 年中国营造学社版同（刘彤彤，2012）。

（二）《园冶》注释及早期研究

1. 阚铎和他的《园冶识语》

《园冶》的重印出版，使其成为了解中国古代造园艺术的重要途径，是对中国古典园林研究的重大贡献，朱启钤和他主持的中国营造社功不可没。从 20 世纪 30 年代开始许多学者孜孜不倦地研究《园冶》，从注释开始发掘《园冶》的深刻内涵，而近代第一个诠释《园冶》的当推阚铎。

阚铎（1874—1934 年），字霍初，号无水，祖籍合肥，出生吴门，曾师从清末著名文学家、史学家王仁俊。1895 年阚铎出任湖北知县，1902 年受湖北总督张之洞所派赴日本留学，1909 年毕业于日本东亚铁路学校。归国后任北京政府交通部秘书、临时参政院参政 (1925 年)、国民政府司法部总务厅厅长 (1927 年) 等职。他辅助朱启钤创建中国营造学社并任编纂及文献部主任，“九一八”事变后，阚铎退出学社赴伪满洲任职。

阚铎在营造学社时帮助朱启钤重刻《园冶》，还撰写了《园冶识语》一文发表在 1931 年的《中国营造社汇刊》上。文章开篇先说了一段计成和其书刻本的来历，称计成能诗能画、由绘而园，独于造园具有心得，不甘湮没著成此书，“至于今日，画本园林皆不可见，而硕果仅存之《园冶》，犹得供吾人之三复，岂非幸事”。随后，简述了造园的历史，从三代至秦汉及晋唐以下都有涉及，如举梁孝王之兔园、魏文帝之芳林园、袁广汉之北邙园、六朝庾信之小园、晋人石崇河阳别业、白居易草堂、李德裕平泉山庄等，“凡所以利用天然，施以人巧，历历如绘”。

阚铎称计成，以骈骊行文乃受时代所约束，但以图样作全书之骨实为开辟之作。

认为掇山一篇为《园冶》之结晶，而书中所述之各种假山乃南中之品，就是在扬州也不多见。解说其掇山由绘事而来，“掇山以土石为皴擦”是说叠石与画理相通，还指出掇山篇中有极应注意者，即“等分平衡法”。谓“藉以粉壁为纸，以石为绘也……收之圆窗，宛然镜游也” 等都是其叠山技艺的总结，较之杨惠之塑壁之法更有进步。指出计成所列之山石皆出于苏、皖、赣三省，且都是他自己用过的，可见其足迹主要遍及这三省。阚铎归纳《园冶》为式二百三十二而无一式及于掇山，故“掇山有法无式”，“掇山理石，因地制宜，固不可执定镜以求西子也”（阚铎，1931）。

然而，后世的园林著作对阚铎及其著作较少提起，追其原因，是因为他在“九一八”事变后退出学社，赴伪满洲任职，晚节不保，为人唾弃。历史上《园冶》因为其作序的阮大铖，先反东林、依附阉党后又乞降于清而臭名昭著，遂成禁书。而近代的《园冶识语》又因作者变节投敌而沉没许久，历史有时会如此惊人地相似。

2. 陈植使原著获得再生，开创了《园冶》全本注释的先河

20 世纪 30 年代初朱启钤重刊《园冶》后不久，国家进入抗日战争时期，高校学府西迁避难，文物图书损失不少，至抗日战争胜利此书已不可多得。新中国成立后陈植教授先后与出版社商请重版，1956 年城市建设出版社决定重印，陈植费尽周折最终在友人陆费执教授处获得营造社版《园冶》，才得以于 1957 年付印出版。陈植为此书重印写序，指其“立论皆从造园出发，命名《园冶》盖别于普通住宅营建，而就其相地分山林、城市、村庄、郊野、傍宅、江湖等地，足证我国古代园林不仅限于宅傍市区，山林、江湖、郊野等人迹罕至之处，仍复注意美化，而为造园对象也”（陈植，1981）。

《园冶》一书因囿于明代文风以骈骊行文又多用典，并陈杂苏州土话故常人难以读懂，陈植先生在该书重印出版后不久即着手为其注释。他请了刘敦桢、童寯教授为建筑名词注释，杨超伯作典实查补、版本校订，刘致平和陈从周校补。每篇原文之后为译文，对原文中的词句、典故、引文等再分别作解释。杨超伯还考订了计成的踪迹交往，作《园冶注释校勘记》附书中。1964 年书稿即成，陈老以《园冶注释》为名并作了自序，但恰遇“设计革命化”及随之的“文化大革命”而未能及时出版。据陈从周先生记述，1971 年陈植先生将书稿寄给他作校阅，此

时犹在“文化大革命”之中，在此极端困难的条件下，陈从周请得上海园林局的老领导程绪珂和严玲璋协助，于1979年草草以油印本问世，在高校中流传，最后在1981年才正式出版，书以竖直排版，还收录了阚铎的《园冶识语》（陈从周，《跋陈植教授 < 园冶注释 >》）。

陈从周在《跋陈植教授 < 园冶注释 >》中，指出陈植的功劳“无异使原著获得再生”。他赞誉计成总结了“因借”“体宜”之说，列举了“掇山”“选石”之旨，他论“园的兴造……其基本精神，实在造园有法而无定式，如果以式求之，遂落窠臼了”，是千古不朽的学说。造园之“有法无式”之说即出自陈从周老所写《跋陈植教授 < 园冶注释 >》，从阚铎的“掇山有法无式”及陈从周的造园“有法无式”说，成为中国园林研究中的一个著名论断（傅凡，2016）。

陈植先生在其87岁高龄时，重新对《园冶注释》作了修订，主要是采纳了曹汛所提的一些意见和建议，于1988年出了第二版，为后世继续进行《园冶》研究奠定了最扎实的基础。陈老先生坚持学术研究的精神、一丝不苟认真做学问的态度，正是值得我们后辈学人学习和继承的。

继陈植先生的《园冶注释》后，不断有园林学者出版《园冶》诠释的专著，其中主要的有张家骥的《园冶全释》（1993年）、赵农的《园冶图说》（2003年）、吴肇钊的《园冶图释》（2012年）、王绍增的《园冶读本》（2013年）、吴吉明的《< 园冶 > 注释与解读》（2018年）等。

（三）当代关于《园冶》的研究

自20世纪50年代《园冶》重印出版以来，就不断有关于《园冶》的研究论文发表，从时间来看除了民国时期有阚铎、朱启钤等的文章外，主要研究是在新中国成立后，特别是80年代后。笔者检索了自20世纪50年代以来的主要论文，其中60年代发表的有3篇、80年代5篇、90年代11篇，而2000年后多达200余篇。从研究内容来看，从最初的注释及对注释的不同意见，到探讨分析《园冶》的内涵，如美学、哲学、设计艺术思想及其文化性。从研究人员来看，从老一辈的园林学家到新生代的青年学者。研究内容不断拓宽，研究程度渐次深入，研究队伍愈加广大。而《园冶》的各种注释本，特别是图说之类的出版增加了它的可读性，进一步扩大了《园冶》的读者范围。2016年中国风景园林学会收录了有关《园冶》

研究的文章编撰成《园冶论丛》，指出《园冶》反映了中国古代造园的成就，将中国古代风景园林创作实践从经验提高至理论层面。《园冶》尽管是古代造园的理论专著，但并不妨碍其具有的现代价值。而对《园冶》的研究明确了中国的传统园林所具有的现代意义（陈晓丽，2016）。

在《园冶》研究中探析最多的是“虽由人作，宛自天开”和“巧于因借，精在体宜”（张大鹏，2013）。前者是《园冶》设计艺术的境界，是中国古典风景式园林构建的理论基石，成为中国园林成熟发展的理论灯塔和实践方向（张薇，2005）；后者被公认为是《园冶》中最为精辟的造园思想。

1. 关于《园冶》注释的讨论

在陈植的《园冶注释》出版后，曹汛写了《< 园冶注释 > 疑义举析》一文，发表于 1982 年《建筑历史与理论》。该文对《园冶注释》一书从编排体例、断句标点、文字及图式校勘、释文和注文五个方面，列举了 140 条他认为注释不当、译文欠妥或有增益的地方（曹汛，1982）。曹汛以后辈学者的身份能直言前辈陈植先生著述之不足和有误，真正体现了学人的治学态度，而陈老能接受并在再版中作出修订又显示了他忠于学术的精神和大家的风采。

张家骥的《园冶全释》于 1993 年出版，此书出版不久即有梁敦睦连续发文评述此书，认为虽然张家骥根据曹汛的《< 园冶注释 > 疑义举析》对陈植先生的《园冶注释》作了全面梳理，但依然有不少可商榷的地方（梁敦睦，1998）。另外王绍增在他的《园冶析读》一文中，用了很大篇幅评论了张家骥所写的序言，严肃指出其对陈植先生《园冶注释》的批评大多为之前曹汛所说过的，且陈植先生在《园冶注释》第二版中早已作了修订的，其余的批评和修改则大多数有着不同程度的失误，反而曲解了《园冶》的原意（王绍增，1998）。可见陈植先生的《园冶注释》第二版是受到更多的好评。

《园冶》本是一部古代奇书，古今之间又有着历史、人文、语言和习惯的不同，现代人对古文的理解必然会有不同，因而可能出现不同的译文，就如《园冶》相地篇的“夹巷借天，浮廊可度”一句，梁敦睦、张家骥和王绍增就有着不同的解释。这些不同观点的存在说明《园冶》的注解还有待进一步推敲和完善，对原著的基础研究仍有必要进一步深入下去（张大鹏，2013）。

2. 现代《园冶》研究的几位重要学者

1）20 世纪 60 年代的两篇好文

《园冶》在 20 世纪 60 年代初重印后不久，就有余树勋和张家骥两位相继发表了《园冶》的研究文章，是继阚铎《园冶识语》发表 30 年后对《园冶》的再次解读。这两篇文章都在 1963 年发表，但从具体时间来看余树勋文发于年初，而张家骥文则发于年末。

余树勋在 1963 年《园艺学报》第一期上发表了《计成和 < 园冶 >》一文，认为计成是造园实践家、杰出的建筑师、画家和诗人。他既有绘画艺术的修养，又有诗文并茂的才华，再加上足迹遍南北的博览机会和实际营建园林的宝贵经验。通过他的钻研，将诗、画、园三者融会贯通，纳为一体而写成这部《园冶》。他归纳《园冶》的内容为，体会到造园求“宜”，园景的布置要随客观环境的转移，做出恰如其分的处理，就叫作“宜”。用“宜”字作为造园的思想指导是辩证的。计成强调“巧于应借”； 表达“雅”，即简单、朴素、宁静自由；善于“应变”；提倡勤俭节约的精神。因此提出“我们要踏着计成的脚步，实事求是地整理园林的民族遗产，逐步应用在造园实践中，创造我们新的民族风格”（余树勋，1963）。

张家骥的《 读 < 园冶 >》一文载于 1963 年《建筑学报》第 12 期，虽说是一篇读后感，但是比较全面地归纳了《园冶》的精华。他总结了《园冶》的要旨:“构园无格”，造园的法就是“巧于因借，精在体宜”，园林的“因”与“借”就是因地制宜。计成强调不论在什么地方造园，都需“因地成形”，所谓“高阜可培，低方宜挖”，以取得土方的平衡，突出“就地取材”的原则，特别是保留原有树木。《园冶》立基的精神，就是要在建筑的实用功能和园林的美感作用统一的基础上进行布局和选择建设形式。张家骥认为计成的创作思想中不少是富有辩证精神的，如空间处理上的全面观点，把科学与思想艺术统一结合的思想等，都是符合朴素的辩证法的。但鉴于当时的政治形势，张家骥也不忘说了《园冶》中充满文人墨客、地主官僚阶级意识的部分是其糟粕，但总体来说《园冶》虽有缺点，可是大醇中之小疵（ 张家骥，1963）。然而，他们的文章发表不久就遇到“设计革命化”运动，随即受到批判，这就是 1965 年《园艺学报》刊登的《关于 < 园冶 > 的初步分析与批判》，以及1964年《建筑学报》刊登的《读了 < 读《园冶》 > 之后》。但综观关于《园冶》的文章，出于批评的也仅此而已，反映当时的政治立场，应该就是“设计革命化”运动中的一个小浪花，对今后的《园冶》研究并未造成多大影响。而到了20世纪80年代，余树勋和张家骥又都发表了关于《园冶》的论文，依然坚持着他们最初的观点，坚守自己的学术思想，而且都有对60年代批判他们的文章有所回应，展示了一个学者的风范。

2）朱有玠撰写《园冶综论》——20世纪80年代《园冶》研究的最重要论文

朱有玠是建设部授予的“中国工程设计大师”（1989年），他熟读《园冶》，在主持设计南京药物园的同时总结阅读《园冶》的体会，花甲之年写成《园冶综论》4篇，分别为《兴造论》《园说篇》《相地、立基》《掇山》，连续刊登在《南京园林资料汇编》,后汇编成册作内部交流,最后收集在他的文集中。朱有玠先生把《园冶·兴造论》的精华归纳为:“因地制宜”的规划思想，如“相地”即园址选择，必须因地成形、就地取材，介绍了因地制宜的规划原则和意境创作设计手法如何贯彻到实践中的途径,这是我国园林创作不采取轴线而采取丘壑布置技法(自然式)的理论根源之一。而“因形随势”则是“因地制宜”在处理地形条件时的具体化，是地形竖向规划的一项技法原则（朱有玠，2010）。

朱有玠认为，计成所说的“巧于因借”是“因地制宜”原则的具体化，“因”是处理地形条件为主的技法原则；“借”即借景，所谓“得景则无拘远近”，是处理环境条件的“因地制宜”原则在空间透视构图技法上的具体化。然后是“精在体宜”，“精”字就是袁枚所说之“一水一石，一亭一台皆得之于好学深思之余”；再是要做到“当要节用”，是经济合理性的问题。因此，“因地制宜”“巧于因借”确定了中国山水园丘壑布置的总格局，“精在体宜”和“当要节用”确定了江南山水园朴素简练的总风格。他解说“体”是指园林全局，包括布局及风格构成的园林形体，也可理解为“得体”；“宜”是合宜，是园景的布置随客观环境的转移而做出恰如其分的处理。朱有玠认为，《园冶·兴造论》把“因地制宜”提高到“巧于因借，精在体宜”这八个字的技法原则，是其最有价值的核心部分。

他又解释计成的“立基”，是园林建筑在平面设计中的布局问题，首先确定主体建筑，要懂得留有余地，建筑必须与地形、土木工程、四季植物、四时朝暮等借景条件及立意一起考虑。

他诠释了园林的“意境”，指出江南山水园设计中“意境”是形象思维的核心，而“意境”也是我国诗、画和园林创作的共性。“意境”不全等于立意，更不等于主题，而必须于立意时结合形象与思想感情的交融，以确立意境，然而求得意境与创作技法的统一，正是计成所说之“意在笔先”，但必须是“物情所逗，目寄心期”。再是准确的应用技法，“以简寓繁，以少胜多”。而“意境”是需要点题的，中国传统园林中的楹联匾额、摩崖石刻等就是为点题而作。朱老对点题提出“要达意而不怪涩”，要“分清主景和非主景”，要注意“题名的体宜”，要“对景物有简练的归纳能力”。

他指出《园冶》“掇山”一篇，是对假山从设计到施工、从假山品类到选石产地、从对形式主义流行格式的批判到意境创作方法无不涉及，为古籍之仅有。认为计成的“土石相间”是全面发挥假山造景作用的一项基本原则，对“有真为假，做假成真”的掇山造型要求，提出了“稍动天机，全叨人力”的观点，是全书中值得着重探讨的部分（朱有玠，2010）。

客观地说，朱有玠先生的《园冶综论》是《园冶》研究中最深入、最系统的论文之一，他不仅诠释了《园冶》的要义，突出介绍计成的造园理念、手法，还参照古人文献再加上自已在工作中的感受及对古典园林的理解，又比照实例总结成文的，读者如结合朱先生的文章再读《园冶》必将事半功倍，有更多收获。

3）《< 园冶 > 文化论》——张薇的古著新论

2006 年张薇以她的博士论文《< 园冶 > 文化论》为基础出版了同名专著，陈俊愉院士评论，这是迄今为止，国内外对《园冶》最全面的评论式研究成果，给中国古典造园艺术以全新而完整的评价。冯天瑜先生认为，她对《园冶》的研究既具有原创性又具有重构性。陈有民也称之是难得的好书，因为它不同于以往大多以诠释为主，而是着重从历史文化及社会的政治、经济、哲学思想等全方位来探索《园冶》内容，还探究了《园冶》产生的哲学思想根基，自然地理的环境，民族风俗的传统与时尚等背景（陈俊愉，2006；陈有民，2007）。

张薇的研究确乎不同前人，如她认为计成之所以著书的要旨在于：欲将造园技艺传于两子，为流传社会泽及后世而作，也为创立造园学说而作。其行文采用骈体则是为追求文词华丽，是传统习惯，又是当时文人广泛使用的文体。在文中大量用典是作为科学著作的一奇，也正是《园冶》之所以难读的原因（张薇，2005b）。

她总结了《园冶》的诞生，是基于江南独特的地理、气候和自然资源，江南风光是《园冶》造园艺术的构图原型，其发达的经济环境是《园冶》的物质基础。而晚明兴造园之风与当时朝野政治斗争有一定关联，为计成提供了造园的机遇。因此《园冶》是与政治环境有关，同时与当时的思想文化态势、闲适情趣盛行的社会风气有关（张薇，2005a）。

她将《园冶》的造园理论归纳为七大要素，即“虽由人作，宛自天开”的中国式园林基本风格；“巧于因借，精在体宜”的造园创作基本理念；“园有异宜，构园无格”的古典造园基本准则；“山水相宜，景到随机”的造园环境要津；“开林酌因，屈才有度”的利用资源法度；“该用勿惜，当要节用”的造园理财信条；“世之兴造，须求得人”的造园人才条件（张薇，2006）。

她归纳《园冶》造园六大技术要旨，即“意在笔先，未可拘率；无分村郭，地偏为胜；深奥曲折，生出幻境；按基形式，临机应变；境仿瀛壶，天然图画；杂树参天，繁花覆地”。在造园艺术追求方面总结为“创新求变，意味和谐，精巧奇妙”（张薇，2006）。

张薇（1953 年—），武汉市人，武汉大学历史学博士，曾研习明清史，长期从事中国文化史和旅游规划的教学和科研。《< 园冶 > 文化论》为其博士论文，从撰写至以同名成书出版，期间花了近 10 年时间，可见这是作者经过长时间思考、探研，坚持不懈才付梓的一部力作。《< 园冶 > 文化论》不仅仅停留在对《园冶》的文字和典故的诠释上，而是进一步深入解读、拓展，是站在历史学家的角度的再创作。她使《园冶》原著内容以一种全新的面貌出现，更方便读者领悟、研习。笔者认为此书是《园冶》研究最有特色、最符合时代需求的著作之一，应列入园林专业学生的课外必读书籍名录中。

《园冶》一书博大精深，是中国古典园林最重要的理论著作，现代对《园冶》研究的学者众多，21 世纪来有 200 余篇研究论文发表，还有若干专著出版。除了上面引述的几本著作外，还有如王绍增的《园冶读本》（2013 年）、李世葵的《<

园冶 > 园林美学研究》（2010 年）、金学智的《园冶多维探析》（2017 年）等都是值得一读的，本书限于篇幅不可能一一叙述，仅选上述几例供读者参考。

二、中国古典园林史研究历史简要回顾

（一）民国时期园林史主要研究文献及人物

近代中国古典园林史的研究最早出现在 20 世纪 20—30 年代，从时间先后看主要有：

（1）1930 年范肖岩著《造园法》，其中单列一节简略介绍了中国庭园史。

（2）1930 年朱启钤创办中国营造学社，集中当时最为著名的建筑学家开始古建筑研究，其中就包括了古典园林研究，主要研究人员有朱启钤、刘敦桢、童寯、阚铎、梁思成、金勋等。学社研究除了上述整理及出版《园冶》等园林古籍外，还包括：其一，北京宫苑研究，如搜集和整理样式雷图档，园林遗构如圆明园、颐和园等皇家园林等个案研究，北京宫苑考等；其二，搜寻古代哲匠的相关资料，编写以造园叠山匠人为主的《哲匠录》，以及以苏州工匠为主的《营造法原》；其三，开展江南园林研究，1935 年学社计划研究江南园林，遂有刘敦桢、梁思成、夏昌世等调查苏州古建园林之举，1937 年为童寯的《江南园林志》排版，因抗日战争爆发而未能付印（详见第二章），而刘敦桢于 1936 年发表了《苏州古建筑调查记》。

其他关于园林研究的主要活动还有：1933 年梁思成和刘敦桢修理了故宫景山万春亭，1936 年 5 月林徽因测绘北海静心斋建筑，并请山石老人张蔚廷先生讲授叠山艺术等。在《中国营造学社汇刊》上发表了多篇有关古典园林的文章及哲匠录等，如朱启钤、阚铎的《元大都宫苑图考》（1930 年），朱启钤题阚铎校注的《扬州画舫录 · 工段营造录》（1931 年），刘敦桢的《同治重修圆明园史料》（1933 年），梁思成和刘敦桢的《修理故宫景山万春亭计划》（1934 年）（林洙，1995）。阚铎在《园冶识语》中，简述了中国古典园林的历史，虽略晚于范肖岩的《造园法》，但要深入得多，且对历代园林的特征与营造技艺的特点把握准确。

朱启钤将古典园林定义为我国古代建筑中的一个重要类型，在此框架下营造学社并没有将古典园林作为一个独立的学科体系来看待，而是定位为建筑学的一个分支，此后我国建筑学领域几十年的造园史研究亦受到这一学科架构的影响。

（3）1931年《美术丛刊》发表了乐嘉藻的《中国苑囿园林考》，简略介绍了中国苑囿园林的特点和发展过程。之后乐嘉藻又在杭州出版《中国建筑史》（1933年），其中第十六章为“苑囿园林”，第十七章为“庭园建筑”。但对于乐嘉藻的评价一直存在两种绝然不同的观点：一是，从专业学术角度明显持批判的态度，认为乐嘉藻只是传统文人，特别是受到梁思成的严肃批评；二是，从历史的视角认为乐书具有开创意义，毕竟是第一部写建筑史的书。前者以梁思成及其学生曹汛为代表，梁先生毫不客气地指出，该书“除去可证明先生对建筑年代之无鉴别力外，更暴露两个大弱点：一是读书不慎，二是观察不慎……苑囿园林一节，未能将列代之苑囿园林，如城市宫室之叙述出来……总而言之，此书的著者，既不知建筑，又不知史，著成多篇无系统的散文，而名之曰‘建筑史’”（梁思成，1934）。不过，近来有学者撰文提出，其在《中国建筑史》中对庭园的论述及对园林建筑的研究还是有一定学术意义的。

（4）1933年叶广度出版《中国庭园概观》，这是他在1929年从日本考察归来之后着手编写的，从庭园概念、庭园与文学绘画的关系、庭院组织方法入手，系统介绍了中国庭园的历史，并运用比较的手法，介绍了中、法、日庭园的特点。书中综合了当时中、日有关庭园设计的研究成果，1932年叶广度在书的例言中自称，他的书为中国庭园界系统叙述之第一本（详见第二章）。

（5）1935年陈植出版《造园学概论》，其中包含“中国造园史”一章。

（6）20世纪40年代。1939年中央博物院聘请梁思成任中国建筑史料编纂委员会主任，在抗日战争期间他西迁四川南溪县李庄，在极其艰难条件下撰写《中国建筑史》，历时3年于1945年完成初稿，林徽因、莫宗江、卢绳都参与了编写工作。为供高校教师参考直至1954年书稿才油印了50册，本应修订出版，但因对梁思成的建筑“复古主义”开展批判而作罢，竟至1998年才由百花出版社正式出版。该书主要论述历朝历代的中国古典建筑，如宫殿、寺观、塔、桥、陵园等，但也有涉及古典园林的内容，且对宋朝时期的述说较多，只是并非全面系统论述。如提出“北宋之宫苑，已非秦汉游猎时代林囿之规模，即与盛唐离宫园馆相较亦大不相同”“北宋百余年间，御苑作风渐趋绮丽纤巧”，而南宋高宗“园苑建造之频，尤甚于其后诸帝”“南宋内苑御园之经营，借江南湖山之美。继艮岳风格之后，着意林石幽韵……若梅花、白莲、芙蓉、芍药、翠竹、古松，皆御苑之主体点缀，建筑成分反成衬托”“吴中则自政和以后，进奉花石，开始叠假山之风，其著者如光宗时俞澂所作石山，秀拔有奇趣”“南宋时期的重要贡献，是建筑和自然山水花木相结合的庭园建筑艺术上的成就，宫廷在临安造园的风气一直影响到苏州和太湖地区的私家花园，一直延续到后代明、清的名园”。又在1964年《中国古代建筑》序中，指出：“宋朝以后，山水画就已成为主要题材……中国的传统园林一般都是这种风格的‘三度空间的山水画’……园林艺术在中国建筑中占有重要位置。”（梁思成，1998）

梁思成也记述了明清的苑囿离宫，特别是内苑三海、圆明园三园及颐和园，称其最基本部分乃在山丘池沼之布置，其殿宇亭榭则散布其间，在布置取材方面，多以明末清初江南诸园为蓝本。京沪沿线各县名园甚多，狮子林传出自倪瓒之手，汪园相传乾隆间蒋楫所建，木渎严氏羡园，面积颇广，区划院宇，轩厅结构，廊庑配列，以至门窗栏槛，新意层出，不落常套（梁思成，1998）。

除了上述著述外，从搜索到的文献来看，德国建筑师及摄影家恩斯特·柏石曼（Ernst Boerschmann）（1873—1949年）所著《中国建筑与景观》（德文）(1923年)，当是最早由建筑师撰写的中国建筑及景观文章。他也是近代最早用现代测绘方法研究中国明清建筑的外国学者，对中国建筑史研究有很大影响。1931年朱启钤邀请他参加中国营造学社，与刘敦桢、梁思成同事过一段时间，1933年还在夏昌世陪同下继续考察名胜、寺观，共游历了中国12个省份，拍摄了288张照片，留下了珍贵的历史资料，而之后夏昌世开始研究岭南园林有可能是受此影响。

从上述的简单历史叙述可见，民国时期无论在建筑还是园林史的研究方面，已经不同于历代传统治史的方法。传记、杂文、诗词等用来叙述园林的手段，已被系统的图像记录和科学理性的分析所替代；史料的考据也受到史学界标榜客观性的影响，注重实证法与归纳法的运用（周向频，2012）。还有一点事实是不可忽略的，就是新中国成立前的中国古典园林史研究，除了中国营造学社外大多是个人行为，因此不可能有大篇巨著的问世，但他们的研究为后世奠定了基础。

（二）新中国成立后中国古典园林史研究简要

1.20 世纪 50—60 年代中国古典园林史研究主要特点

1）主要学者及论述

这个时期从事中国古典园林史研究的人员，虽然还有民国时期已成名的专家，如刘敦桢、童寯、陈植等，然而已增加了当时已及中年的学者，他们中有的在后来成为园林大家，典型的如陈从周、汪菊渊、夏昌世、莫伯治、潘谷西、罗哲文、周维权等。他们的研究主题包括园林起源探索，古典园林通史编撰，发掘历代名园的文献并作历史沿革、考证和记述等，但相对集中在对北京皇家园林及江南园林的研究。

在北方以清华大学和天津大学为主，前者着重对颐和园的建筑作系统测绘形成图册；后者主要研究了承德避暑山庄、故宫御花园、宁寿宫花园、慈宁宫花园、北京颐和园等的测绘工作。

在江南则以南京工学院及同济大学为主，因陈从周和刘敦桢关于苏州园林的著述而引起一轮江南园林研究高潮。他们的著作对古典园林的历史发展及名园的建园、变革都有简要的论述。陈从周 1956 年出版的《苏州园林》，是其成名之作，在第一节中就论述了我国园林的历史溯源，指出私家园林的发展，汉代袁广汉于洛阳北邙山下筑园，到魏晋六朝就在宅第之旁筑园了；唐代宋之问的蓝田别墅，即后归王维的辋川别业，有竹洲花坞之胜，清流翠筱之趣，人工景物，仿佛天成；宋代李格非《洛阳名园记》、周密的《吴兴园林记》，“记中所述几与今日所建园林无甚二致”；明清以来园林数目远超前代，而苏州园林为各地之冠，然后又论述了苏州园林的历史发展（陈从周，1956）。1958 年陈从周先生发表了《园史偶拾》一文，从营造苏州园林的哲匠来论述历史，为苏州园林史研究发掘了不少珍贵的史料，如为留园叠山的周秉忠，不仅是叠山师还是画家与工艺家，同时确定了其叠山时间是在明末。建于清末的苏州怡园，其规划出自园主顾文彬之子画家顾承之手，叠山则为龚锦如所作，龚锦如还为狮子林重修假山。陈从周先生在 20 世纪 60 年代初考察扬州园林，考证扬州片石山房的假山为苦瓜和尚石涛的作品。同时考证出龚自珍在扬州的两处故居，“小盘谷”假山出自戈裕良之手等，为园林史增添了重要的史料。1964 年他写成《扬州园林》一书，因遇“设计革命化”运动而停止，直到 1983 年才出版 (陈从周，1987)。但陈从周先生关于园林史的研究未见有长篇巨著，所发掘的园林史料都散见于他撰写的林林总总的短文之中，可见园史并非是他的主要研究内容。

1963 年童寯的《江南园林志》终于出版，为我们提供了许多历史文献，并在沿革一章中简要论述了自秦汉以来园林发展的主要脉络，是古典园林史研究的最重要文献之一。

另外，夏昌世在 20 世纪 50 年代初就开展粤中庭园研究，并提出“岭南庭园”概念，对岭南庭园形成的历史地理人文原因作了系统论述，形成中国古典园林研究中的一个重要分支。他认为岭南造园可上溯到唐末五代，最早的岭南庭园遗迹为南汉时期的仙湖，现广州教育路的“九曜园”中水石景即为当时仙湖“药州”之一部。而现在遗存的庭园则大多为清嘉庆、道光之后所建。他的两本重要著作《岭南庭园》和《园林述要》都是在 20 世纪 60 年代就完成了书稿，遗憾的是直到 90 年代之后才出版，然而这丝毫不影响其在园林史研究中的地位。

由于通史类的编撰需要大量基础史料的支持，而早期研究对史料整理基础工作不够，因此这方面的研究工作在 20 世纪 50—60 年代还无法做得详尽。

2）园林起源研究

早在陈植的《造园学概论》中就提出：“夷考史乘，我国造园之历史极古，园圃之可考者，以豨韦之囿，黄帝之圃为滥觞。”此观点一直延续至 20 世纪 80 年代他撰写的《中国造园史》。

陈从周认为园林历史溯源，当推古代的囿与园及《汉制考》上所称的苑。

童寯据《礼记 · 曲礼》，提出园林不属于宫室建筑范围，当时所谓园亦不过为果蔬产地，直至前汉（西汉）董仲舒下帷讲授，三年不窥园，士之有园，此殆先河。

刘敦桢论述园林起源，认为就园林本身来说，汉之前的文献及实物均极缺乏，其实际情况尚待研讨，自两汉起记载渐多，筑山凿池、模仿自然，使用大量建筑物与山水结合。至唐中叶遂有文人画的诞生，文人各建园林而将诗情画意融贯于造园艺术中。宋之后文人画家成为园林设计的主持者，所谓园林的优劣，每以能否达到诗情画意这个境界为衡量标准（刘敦桢，1957）。

冯先生对中国园林起源的观点非常明确，认为一般讲中国园林源自周文王的灵台，“与民偕乐”这不大可信，那个时代不会出现园林，似乎太早。到了春秋时才把自然人化了，所谓“仁者乐山，智者乐水”，所以在春秋战国北方出现囿，南方出现园。可以说那个时候园林开始了（冯纪忠，2010a）。

汪菊渊的《我国园林最初形式的探讨》是当时最重要的论及园林起源的文章之一，汪老认为，从安阳的商殷遗墟发掘来看，从商殷开始有园林兴建的可能性很大。园林的最初形式“囿”在商殷末期已很发达了。汪老提出“囿”是圈划作养育禽兽的地方，让天然的草木和鸟兽滋生繁殖，还可挖池筑台，以供帝王贵族狩猎游玩之地。但他强调，所谓的“与民同之”并不真是与民同乐“开近世公园之滥觞”，而“与民同之”实是“与民同其利”也（汪菊渊，1962，1985）。而“开近世公园之滥觞”却正是陈植先生的观点（陈植，1935），可见汪、陈两位的意见相左，在之后的几十年中两位大家在“园林”和“造园”的名词应用等方面都有不同的观点，成为我国园林学术争论的一个主题。

从上述几位古典园林研究大家对园林起源的观点来看，基本都趋向于古代园是以“囿”“圃”“苑”的形式出现，但对出现的时间有源自商殷和黄帝的不同。然而在1965年的园艺学报上曾刊登过《试论我国园林的起源》一文，作者是王公权、陈新一、黄茂如和施奠东四人。他们提出一种新的看法，认为我国园林的最初形式是宅旁、村旁绿地，而且在原始人的时候就有了；同时指出囿是园林发展到一定阶段，在阶级分化及奴隶主占有大量奴隶的情况下，为适应奴隶主腐化生活的要求而出现的一种园林新形式，因此是园林在阶极社会里分化的产物（王公权等，1965），不过这个论点并未被园林史界所接受。

2.“文化大革命”后古典园林史研究

“文化大革命”结束后，中国古典园林史研究进入了百花齐放的新时代，从通史、断代研究到专类论述，相关研究渐趋多元，“中国古典园林史的现代书写已由单一的形态史学转向为多元的文化景观研究”（李泽等，2011）。从皇家园林、江南园林、岭南园林这些传统的研究领域，拓展到如川蜀、西北、徽州等其他地域。从时代划分上集中在秦汉、魏晋、两宋及明清的园林研究。从园林元素上，更多对掇山叠石、园林建筑及园林植物应用等历史沿革的研究。另外对古代造园家如对张南垣、戈裕良、计成等的研究逐趋深入。而这时的研究队伍，除了老一辈的学者如陈植、汪菊渊、陈从周、周维权、罗哲文等依然主导着园林史的研究学术方向外，已增加了许多已及中壮年的新生力量，代表人物有张家骥、曹汛、安怀起、曹林娣等，他们大多出生于20世纪30—40年代。到了21世纪又有多位青年才俊成为园林史研究的骨干，如周向频、刘庭风等（表4-5）。在研究人员中除了传统的古建专家、园林专家外，一些有历史、文学、文物等专业背景的学者，还有从事古建及园林管理的干部也参与进来。如圆明园遗址公园管理处副主任张恩荫（1933—2018年），20世纪70年代从部队转业后一直在圆明园工作，多年努力收集了大量圆明园的历史资料，发表及出版了《圆明园变迁史探微》(1993年)、《三山五园史略》（2003年）、《圆明园百景图志》（2010年）等很有分量的学术著作。

这个时期关于古典园林史的论文专著出版较多，表4-5中列举了一些重要的著述，当然其中最重要、影响最大的是汪菊渊的《中国古代园林史》（2006年）、陈植的《中国造园史》（2006年）和周维权的《中国古典园林史》（1989年）三本，除了这三位外，本书还选择了两位很具代表性的学者曹汛和张家骥稍作介绍，另外还有冯纪忠先生的园林史观也是需要特别提出的。

表4-5　20世纪80年代后我国古典园林史主要研究人员及其著述、简介

研究人员	著　述	简　介
刘敦桢(1897—1968年)	《苏州古典园林》（1980年）	在序论、 配置、治水、筑山、建筑、花木等各章分别记述了包含有古代简史的概述，其次逐一记述了各庭园遗存的沿革与解说
陈植（1899—1989年）	《中国历代名园记选注》(1983年)，《中国造园史》（2006年）	出版《造园学概论》《园冶注释》等，是最先研究中国造园史的学者之一
汪菊渊（1912—1996年）	《中国古代园林史》（2006年），《苏州明清宅园风格的分析》*(1963年)，《北京明代宅园》*（1982年），《北京清代宅园初探》*（1982年），《中国山水园的历史发展》*(1985年)	第一位园林专业的院士，造园专业创始人之一，中国古代园林史家，为园林学科定位
冯纪忠（1915—2009年）	比较园林史看建筑发展趋势，提出将中国园林划分为五个时期	现代建筑奠基人之一，设计上海方塔园、花港观鱼茶室
陈从周（1918—2000年）	《苏州园林》《扬州园林》，及以《说园》*为代表的论文	园林史研究散布在他的一系列文章中，虽未形成系统的年代史书，但对园林史的研究影响甚大
余树勋（1919—2013年）	《中国古代的苑囿》（1980年）	对奴隶社会的苑囿、封建社会的苑囿以及古代苑囿的植物应用作了系统的研究考证
罗哲文（1924—2012年）	《中国造园简史提纲（一）》《中国造园简史提纲（二）》《中国造园简史提纲（三）》*(1984年)	1940年考入中国营造学社，师从梁思成、刘敦桢，后在国家文物局任职，著有《中国古代建筑简史》等

（续）

研究人员	著　述	简　介
周维权（1927—2007 年）	《中国古典园林史》（1989 年），《园林·风景·建筑》（2006 年），《北京西北郊的园林》*（1979 年），《魏晋南北朝园林概述》*（1984 年），《魏晋南北朝的私家园林》*（1989 年），《中国建筑艺术全集·皇家园林》*（1999 年），《中国古典园林发展的人文背景》*（2004 年），	建筑学家，是中国古典园林史研究的三大家之一
潘谷西（1928 年—）	《我国古代园林发展概况》（1980 年）	建筑学家，师从刘敦桢，协助刘师编写《苏州古典园林》，主编《中国建筑史》
彭一刚（1932 年—）	《中国古典园林分析》（1986 年）	中科院院士，论述园林建筑的历史沿革，从设计方法上对古典园林进行分析。开拓古典园林研究的新领域
张家骥（1932—2013 年）	《中国造园史》（1987 年），《中国造园论》（1991 年），《中国造园艺术史》（1999 年），《中国园林艺术大辞典》（1997 年）	是造园史研究方面著述较多的作者，如按发表时间看，他的中国造园史要早于汪菊渊、陈植和周维权的著作
安怀起（1933 年—）	《中国园林艺术》（1986 年），《中国园林史》（1991 年）	
张恩荫（1933—2018 年）	《圆明园变迁史探微》（1993 年），《三山五园史略》（2003 年），《圆明园百景图志》（2010 年）	陕西韩城人，1977 年从部队转业到圆明园管理处，曾任副主任，中国圆明园学会学术委员，发表圆明园论文数十篇
刘管平（1934 年—）	《岭南古典园林》（1987 年）	
曹汛（1936 年—）	《略论我国古代园林叠山艺术的发展演变》*（1963 年），《造园大师张南垣》*（1988 年），《戈裕良传考论：戈裕良与我国古代园林叠山艺术的终结（上、下）》*（2004 年）	其研究主要集中在古典园林的叠石和假山方面，着重发掘造园哲匠的历史
赵兴华（1937 年—）	《北京园林史话》（1994 年）	1962 年毕业于北京林学院园林专业
曹林娣（1944 年—）	《江南园林史论》（2015 年），《中国园林艺术概论》（2009 年），《中国园林文化》（2005 年）	1969 年毕业于北京大学古典文献专业，苏州大学教授。她的《中国园林文化》是现代研究中国园林历史与文化的重要著作
刘庭风（1967 年—）	《岭南园林》（2003 年），《中国园林年表初编》（2016 年）	毕业于同济大学建筑系，师从彭一刚院士。现为天津大学环境艺术设计系教授，发表多篇关于岭南园林的著述
周向频（1967 年—）	《中外园林史》（2014 年），《史学流变下的中国园林史研究》*（2012 年），《中国近代园林史研究范式回顾与思考》*（2017 年）	1997 年获同济大学博士，后留法，现为同济大学景观学系教授。发表多篇园林史研究论文，有独到见解（详见第六章）

注：标 * 者为学术期刊论文。

1）曹汛的园林史研究

他以溯源人工叠山为重点，认为《穆天子传》（周穆王）有重建羽陵之说，但此为战国时的小说，故应遵《论语》之说在孔子时有人工叠山，故后世有叠山起自西汉袁广汉之说并不确切。他归纳叠山的发展有三个阶段：第一阶段，即汉之前，叠山是写实的、仿效真山，过于追求生活的真实；第二阶段，为汉末、魏晋之后，山水诗的出现推进了中国园林发展，晋、宋以来真正的山水园开始发达，山水画的发展促进了写意的小园和小山的产生和发展，至唐大盛、唐宋以降，一直延续至明清，中唐才出现“假山”一词，手法为“小中见大”；第三阶段，明万历末的张南垣、崇祯年间的计成，“叠山尽变前人之法”，只要把一丘造得果然如万重岭中的一丘也就够了，叠山艺术进入新的发展阶段，以张南垣、张然父子为代表的达到顶峰的，由精通诗情画意的专业造园叠山家领导潮流的时代（曹汛，2009a，2009b）。

曹汛发表了多篇关于叠山艺术及匠人的文章，如《 略论我国古代园林叠山艺术的发展演变》（1963 年），《造园大师张南垣》（1988 年）和《明末清初的苏州叠山名家》（1995 年）等，以及对叠山大家戈裕良、石涛等的研究，都是这一研究领域的重要文献。他自称自 60 年代开始研究半个世纪，才发现一个能代表中国园林水平的造园大师张南垣。张南垣（张涟）（1587—1671 年），松江华亭人，后迁秀州（除海宁外的今嘉兴地区），从事造园叠山 50 年，后被写入《清史稿 · 艺术列传》，是以造园叠山艺术成名得以写入正史列有专传的唯一一人，他的作品主要成于明末。

曹汛于 2014 年出版代表作《造园大师张南垣》，采用史学年代学的方法获取第一手资料，全面考证了张南垣的生平与他的造园叠山艺术，经近半个世纪的努力考证出张南垣的叠山作品 25 处，如太仓王时敏的乐郊园、南园，嘉兴姚思仁别业，嘉兴吴昌时竹亭湖墅，太仓吴伟业梅村等，他强调“不考清张南垣，一部园林史就无从说起”。曹汛考证出张南垣的次子张然，是清康熙年皇家园林师，南海瀛台、玉泉山庆春园、畅春园均由张然所作，而康熙之后，皇家宫苑，特别是离宫型的皇家园林有意追仿私家园林成为风气。自张然以下北京的“山之张”世业百余年未替，现存的无锡寄畅园为其侄子张轼所作，是张南垣流派的代表作。清道光年间苏州的戈裕良是又一位造园大师，他卒去后，鸦片战争开始，我国进入近代。曹汛认为中国的古典园林终于戈裕良，自张南垣至戈裕良是中国园林艺术达到顶峰的时代（曹汛，2009）。

曹汛（1936年—），辽宁省盖州人，1961年从清华大学建筑系毕业，即分配至东北林学院采运系工作。因专业不对口在林学院没有事做而开始自学，主要兴趣在古建园林，主攻叠石假山研究。1963年就发表了关于我国古代园林叠山艺术的历史发展的文章，后调入辽宁博物馆、辽宁省文物考古研究所，最后任职北京建筑工程学院，坚持古代叠山研究50余年。80年代后陆续发表关于叠石名家的研究成果，此外还重点研究过计成、叶眺、李渔、戈裕良等名家。他对古籍《园冶》也颇有研究，1982年发表《<园冶注释>疑义举析》一文，针对陈植先生的《园冶注释》提出140条意见及建议，大多为陈先生所接受，并在再版时作了修订。

2）张家骥编写造园史

张家骥（1932—2013年），江苏淮阴人，1956年毕业于同济大学建筑系，后随哈维文教授赴东北参与筹建哈尔滨建筑工程学院建筑系，1983年回苏州参与筹建苏州城建环保学院任建筑系主任。他在20世纪50年代从《园冶》着手开始学习古汉语，1963年发表《读<园冶>》，是《园冶》重印后最早解读该书的论文之一，他对《园冶》研究孜孜不倦，终于在80年代出版了《园冶全释》。之后又主攻园林史及园林艺术研究，1987年出版《中国造园史》。之后陆续出版《中国造园论》（1991年）、《中国造园艺术史》（2004年）、《中国建筑论》（2004年）、《中国园林艺术大辞典》（1997年）等10部著作，平均2～3年出版一部，可说是在古建及园林史方面多产的作者了。同时他也是一位古建筑及园林设计实践者，如主持江苏高淳泮池园、福建长乐塔山公园等的规划设计。

他的《中国造园史》共有七章，除了第一章写中国古代造园艺术的民族特质、第七章写了中国古典园林的空间意匠外，其他五章是按秦汉、魏晋南北朝、隋唐、宋元和明清的年代书写。这与陈植先生在20世纪30年代完成的《造园学概论》中的造园史、汪菊渊的《中国古代园林史纲要》（1980年）的编写年代体例基本相同，也是后来多数古典园林史学者采用的编写方式。1989年1月30日的香港《大公报》赞誉该书是“中国第一部造园史力作，中国造园之有史，当以此为始”。

但这个说法并不确切，因为在之前汪菊渊的《中国古代园林史纲要》已经是一本较为全面、系统的造园史著作了，尽管没有用“造园”而是用了“园林”（汪菊渊，1981）。

张家骥认为，造园史研究不能单靠史料，而应把造园实践置于社会发展中，从造园与社会错综复杂的关系去考察，才能对一个时代的园林基本特征形成清楚的概念。该书分析了中国古代造园民族特质的形成基础，提出自然山水是形成中国山水画及造园艺术的民族风格的客观条件，其次是美学思想、是自然审美观，中国造园艺术与山水画的发展大致上是相应的。

他从不同朝代的经济基础分析园林的演变原因，如历来认为秦汉苑囿是供帝王狩猎游乐之所，兼有一些生产性活动，而张家骥把它提到社会生产、社会经济的层面来考察。他发现秦汉苑囿的巨大占地范围，主要取决于帝室物质生活资料的生产需要，它们实际上是帝王的庄园，反映了当时自给自足自然经济的社会形态。以后随着财政制度的变化，帝王造园不具直接生产的性质，造园的空间范围就不需那么庞大了。到清代，皇苑便纯粹是游娱性的了，纯生产性功能被分出去，变成了“皇庄”。

他在阐述和比较各时代的造园特点及区别时，归纳为汉代贵族和富商的园苑，大体上和帝王的苑囿没有多少质的差别，到后汉开始有些变化。魏晋南北朝是造园艺术转折的时代，自然山水园的兴盛归之于庄园经济发展及自然山水尚未被开发。

在唐代城市住宅中，小空间里造园已有人工山水的造景实践了，但“覆篑土为台，聚拳石为山”，可见土石尚未结合，而山也非可游、可居之山。到宋之“艮岳”则已是大规模采用湖石，是土石兼用、以土载石的创作，是叠山技术的创举。宋以后的帝王苑囿不再兴造像艮岳一样的模写式山水，主要是城市经济发展使这类形式已不再适合帝王享乐生活的需要。

他对唐宋与明清私家园林进行比较，认为有几点不同：前者多为园池，几乎无叠石，后者多为山水园，几乎无园不叠石为山（此点与周维权不同，周认为唐时叠石已比较普遍）；前者多离宅而建，位近山野，后者多位宅园，闹市寻幽；前者较大，后者趋小；前者主人不常去，去则宴游，后者主人日涉成趣。提出明清皇家园林达到造园艺术发展的历史高峰，私家园林是在乾隆、嘉庆时期达到鼎盛。

他归纳了中国园林的基本特点，即中国园林不是在绿化的空间环境里建筑，而是在建筑所构成的空间环境里进行绿化造景，从而进一步指出“空间不尽，意趣无穷”是中国古典园林艺术思想的核心。认为“借景”不仅仅是园林空间的一种重要设计手法，而且应该上升为古典园林创作的一种思想方法，总的来说中国古代造园的历史发展过程突出反映在造园空间的变化（张家骥，1987）。

客观说，张家骥的《中国造园史》在20世纪80年代是一本难得的系统叙述中国古典园林历史的佳作，但该书层次结构不甚清晰，有的章节行文时有散乱之感。有的提法值得推敲，如提出唐代有自然山水园和城市园林，前者是建在自然山水中的封建地主庄园，后者是城市庭园。但此提法不如周维权之郊野别墅园和城市庭园的提法更为确切。张家骥认为造园是由大逐渐缩小的过程，但将上林苑和清代苏州园林相比来说明此观点却并不妥当，前者是皇家园林而后者是私家园林自不可相比，再说清朝的避暑山庄、三山五园规模也并不小。再有文献资料的延伸解读过多，也常常出现政治语句，可谓那个时代的特点，但总体来说还不失为一本好书。

3）冯纪忠先生的中国园林史观

本书第五章对冯纪忠先生有较为详细的介绍，但主要是关于他的松江方塔园及其中的何陋轩，无论是现代建筑史还是园林史都不可能绕过冯纪忠和他的方塔园。然而，除了在建筑和园林设计上的成就外，他对中国古典园林史也是有独到见解的，虽然没有写过大本的园林史。

1989年冯纪忠先生在杭州“当今世界建筑创作趋势”的国际讲座上，发表了题为《人与自然：从比较园林史看建筑发展趋势》的演讲，后由他的学生王一如根据录音整理成文在《建筑学报》（1990年）上发表。该文浓缩了冯先生中国园林历史的思想和论述。冯纪忠先生明确告诉我们，中国园林要从人和自然共生这个问题来看。而深入考察各个时期山水画及画论对“势”的理解和运用，是冯先生自然观与园林发展脉络研究的一个关键切入点，借以阐明中国园林“小中见大”的历史渊源（王一如，2011）。

他将中国园林划分为五个时期，并将这五个时期概括为形、情、理、神、意五个层面；是从客到主，从粗到细，从浅到深，从抽象到具体的发展。

第一时期，在后汉三国之前是园林的初期，秦始皇的上林苑最与园林有关的是“一池三山”，它象征仙境，这才出现园林，而且“一池三山”的模式一直延续到清代。

第二时期，从南北朝到中唐，可分前半叶、后半叶：

①前半叶：在南北朝，六朝出现了田园式住宅或庄园，如谢灵运的山居等，是建筑散开到风景里面来了。象征、缩景渐退，认识自然进了一步，欣赏山水开始，如南朝名园华林园。

②后半叶：中唐之前。唐初的画，树、石还很不成熟，所以说以画来论园林还是很困难的，但是有诗有文。王维辋川别业、李德裕平泉山庄、白居易草堂都有记录描写。建筑已不像之前是散布在风景中，而是镶嵌在自然之中，已经是自觉、逻辑、审美地进行布局了。可以说这时出现了风景建筑。另外，唐时的庙，特别是城市里面的，已经有了公园的性质。

第三时期，自中唐之后至北宋。逐渐进入探索山水之理的阶段，这时画理提出了“势”，以这个“势”字为标志，客体山水之理就完备了。有势、动态，才有神，但这时还不能把它和园联系起来看。

第四时期，包括两宋。北宋末，“势”字才成画理里面的势，不只是客体的势了。这个时候画从写实到了印象，所以有了艮岳这样划时代的巨作，表现了势，有了艮岳以后才谈得上小中见大。北宋已经普遍欣赏石头，那时的石头主要还是作为雕塑来欣赏的。

第五时期，包括元明清。叠石才成为塑造空间的重要手段。加上墙体的运用，使得“小中见大”成为可能。

冯纪忠先生之所以有上述五个时期的划分，是基于他的不能把艺术的东西根据政治（朝代更迭）来断代的历史观。因此他特别强调表达各阶段的五个字（形、情、理、神、意）只是重点，阶段之间有着搭接的关系，不代表后面没有前面的，前面的也不是一定没有后面的。如在“情”的阶段也是有“理”的，但极其粗浅幼稚。最后到了元明清才是写意，但真正称得上写主体之“意”只有在形神兼备、情理并茂之后。他认为，前三个时期近3000年时间，设计哲学上围绕着自然这个客体转，只有到了第四个时期才达到了主客体的统一，而到了第五个时期——重意时期才达到创造自然以写胸中块垒的层次（冯纪忠，2010）。

这种对园林历史阶段的划分是十分确切的，比完全按时代（朝代）划分写史要客观许多，因为园林的理念、手法都不可能随着朝代的更迭而戛然而止。正如顾孟潮（2015）所说，这也是冯纪忠教授的园林史分期与众不同且更为深刻之处，但是《人与自然：从比较园林史看建筑发展趋势》这篇文章并未得到足够的重视。笔者分析主要原因可能是：其一，冯先生在这篇讲演后并没有再发表关于园林史的文章，只是在他的建筑人生一书中有过片言只语，因此学术界未把他的园林史的研究纳入主流；其二，冯先生在建筑学、建筑教育，特别是他的方塔园及其中的何陋轩的成就很高，对他的研究都关注这些方面了，而他对中国园林史的一些独到见解反而被淹没了。还有一个原因，显然是因为对于古典园林史的研究都关注陈植、汪菊渊和周维权的三部巨著了。然而，《中国园林》杂志在冯先生去世后的第二年（2010 年）重新发表了这篇文章，应该是希望后来的学者能加以重视，也确实需要重视。

三、现代中国古典园林史研究的三大家

堪称现代中国古典园林史研究大家的，是陈植（养材）、汪菊渊和周维权三位先生。

（一）《中国造园史》——陈植（养材）先生留下的珍贵遗产

陈植先生是我国近代最重要的造园学家之一，他的造园研究与教学生涯长达60余年，本书之前的几个章节都有关于陈植的论述，这里再强调他的主要学术成就

（1）他是中国近代造园学科的奠基人，是最早在大学教授造园学的少数几人中的一位，1935 年出版《造园学概论》，被列为“大学丛书”，是国内园艺系学生必读的课本。

（2）他的《园冶注释》和《长物志校注》开创了古代造园文献诠释的先河，后人关于《园冶》的研究及继之有“全释”“图释”等基本都源于陈老的《园冶注释》。

（3）他的《中国造园史》，是一部自古至今阐述中国造园历史和理论的最重要著作之一。

本章主要记述陈老在《园冶注释》及《中国造园史》上的成就。

陈植终其一生研究造园史，他发表的关于中国造园的论述，涵盖了历史文献、名园、筑山、造园名家等诸多方面。早在1936年就在日本的《造园研究》上发表了《中国造园家考》，1945年在《清初李笠翁氏之造园学说》一文把造园学扩展到史学领域。1944年完成的《筑山考》，是近代最早系统研究传统筑山艺术的杰作，指出古代私人造园有筑山之作始于袁广汉。

在《中国造园史》中他提出了许多影响深远的观点，如认为中国古代造园，帝王苑囿以黄帝之囿、豨韦之囿（豨韦为古国名，在春秋时卫地，为殷所灭）为最早；史迹中苑以秦始皇之上林苑为最早，而周文王之囿是世界自然公园的最早记录。然后，清初《古今图书集成·考工典》中分园为园林、苑囿、山居三部，以示性质互殊，不能混为一谈。由此着重讨论了“园林”和“造园”之不同内涵，指出园林一词仅为“庭园”之古名，而帝王之园为“苑囿”，故称一般庭园为“私家园林”，苑囿为“皇家园林”，衡之古今学术均属欠妥。庭院产生于汉、晋、南北朝时期，数量较少且大多数是模仿皇家园林的规模和内容，较为著名的有董仲舒园、袁广汉园、梁翼园等（陈植，2006）。

陈老引用第一届国际造园会议的决议：“今后造园发展方向，以庭园为起点向大自然发展”，表达他对造园发展的意见。为此，特地强调他之所以要撰写《中国造园史》的根本动机，就是为了澄清“造园”和“园林”意义的不同，指出“造园”一词发源于元末明初陶宗仪《曹氏园池行》，而园林仅是造园中的一种类型（陈植，2006）。

《中国造园史》全书共十章，记述时代从先秦一直到现代，内容涵盖了几乎所有的园林类型，包括苑囿、庭园、陵园、宗教园、天然公园、城市绿地，甚至把盆景也纳入书中，还专设一章叙述其起源、类型、流派及其艺术表现，可见陈老理解的“造园”内涵之广。他将天然公园与国家公园相对应，涵盖名山大川、名胜古迹、历史文物等；在宗教园中，除了一般的寺庙外，他还列入了儒教的孔庙、颜庙、孟庙，以及名人祠堂等，并单列一节详细记述了塔。

另外，专设章节记述历代造园名家和造园名著。在造园家名单中，从东晋的赵牙开始列出了50位造园名家，对每位的主要成就都作了简单叙述。关于现代造园家，陈老仅列出了范肖岩、刘敦桢、童寯、章守玉和陈从周五位。对现代造园名著，除了他本人的几本著作外，主要列出了陈从周的《苏州园林》《说园》《扬州园林》，刘敦桢的《苏州古典园林》，童寯的《江南园林志》等。

陈老著书主要依托古文献，基本是引用或摘录原文描述历史名园，却较少扩展解读，书中以文字叙述为主而无名园遗址考察图等，据陈祖庆所言（2006年版《中国造园史》序）是“因有关图片遭到屋内水淹只能弃用”，甚为遗憾。他列举的实例数量甚多，基本都记述了具体位置、营造实践，并列出所引文献及具体出处，有的还叙述了其历史沿革。但很少从造园艺术、特点等方面深入分析、解说或评价，即使评价也仅三言两语，这正是作为史学研究学者的严谨之处，陈书为后世学人提供了可进一步深入研究、十分可靠的资料。

笔者读陈老的文章，感到他的文字简练、语言独特，有民国文风遗韵。而书中所述内容详尽，所列资料具体、引文出处明晰，是需要读者慢慢阅读、细细消化的。陈老先生以耄耋之年开始撰写此书，历时 6 年完成初稿，为中国造园研究留下了一份珍贵的遗产，如后人欲进一步研究博大精深的中国造园艺术，这本《中国造园史》是必不可少的。

（二）《中国古代园林史》——汪菊渊院士的传世巨著

汪菊渊是我国首位园林专业的工程院院士，在中国现代园林史上被誉为泰斗的大家、园林教育的一代宗师。

汪菊渊原本学农林、园艺，他早期的论文都涉及花卉、观赏树木等，1946 年还撰写过《建设我国园艺事业之展望与途径》一文，提出园艺区划的概念。那么汪先生是从何时转向研究中国古代园林的？有学者指出，20 世纪 50 年代初汪先生已从事园林史的研究（黄晓鸾，2006），可能是鉴于他那时创办了造园组，又开始讲授古代园林史的缘故。据陈俊愉先生回忆，他与汪菊渊共同署名的《成都梅花品种之分类》论文刊出前（即 1945 年），汪要陈俊愉继续梅花研究，说自己已决定专心研究中国园林史了。可见，汪菊渊是从 20 世纪 40 年代后期开始研究园林史的，新中国成立后不久他提出办造园组可能正是出于对园林史的研究。他园林史研究成果颇丰，如编写了《中国古代园林史纲要》(1958 年油印本）及《外国园林史纲要》（1981 年），发表了《苏州明清宅园风格的分析》（1963 年）、《北京明代宅园》、《北京清代宅园初探》、《中国山水园的历史发展》（1985 年）等。同时，半个世纪以来一直在编写《中国古代园林史》。吴良镛（2006）就曾说过：“他从农林园艺一经认定园林就不顾一切积极以赴，勇于开拓，在学术研究方面从园林理论到对中国古典园林的研究，披剂斩棘，勇往直前。”

《中国古代园林史》正是在《中国古代园林史纲要》基础上，作了较大的修改和充实编撰而成的。以汪老的研究基础，他本可独立完成园林史编写，但为了团结和带动一个团队、培养年轻人，他申请课题组织研究队伍广搜资料、考察实地，共同完成了这本巨著。据孟兆祯回忆，汪先生任该书主编并编写自殷周至秦汉部分，周维权先生负责魏晋南北朝部分，朱有玠先生可能是负责明清部分，还有叶金培、吴肇钊、孟兆祯辅助调查研究和绘制图纸（孟兆祯，2007）。

1994 年书稿已基本形成，但汪菊渊先生却不幸病逝，留下最后一章尚未完成，所幸遗留下 100 多万字的手稿和一份油印誊写稿，以及 3000 多幅照片、图纸。直到 2006 年由他的学生及后人整理校对才得以出版。并根据先生原来的讲义补齐了第十二章“试论中国古代山水园和园林艺术传统”，使得全书得以完整出版（刘家麒，2016）。

《中国古代园林史》全书分 12 章，记述自商殷至清朝的园林历史，包括殷周先秦时期囿苑宫室，秦汉时期的建筑宫苑，魏晋南北朝时期园林，隋唐五代时期园林，宋辽金时期园林，元朝时期都城和宫苑，明清时期都城和宫苑，清朝的离宫别苑，北京、华北、江苏明清园墅，浙、皖、闽、台、中南、岭南、西北明清园墅等，还附有图片 500 余幅。与其他几本园林史专著一样，他在开篇中对“园林”这个名词作了论述，指出其最早见于北魏杨衒之的《洛阳伽蓝记》，认为随着历史发展其含义有扩大或修改，但相当于 garden 和 park 两者的含义。关于园林的起源，特别针对当时园林起源于“宅旁、村旁绿地，原始人时后就有”以及源自黄帝时的说法，提出了不同意见。

笔者在阅读这本巨著时，真正感受到汪老著书匠心独具、见解深刻，在各个时期都选择典型的个例作记述，但对实例的描述有繁有简，有的按一定的赏玩路线叙述让人有身临其境的感受。同时叙述当时的政治经济、文化艺术和科技等情况及其对园林发展的影响。限于篇幅笔者只能仅据几例，将全书要旨按年代总结如下：

以上林苑为例，汪老提出在汉武帝刘彻时秦汉建筑苑囿已经成熟；西汉梁孝王的“兔园”已有山水之作，足以代表当时私家苑囿的内容和形式。

以山水为主题的园林是在南北朝开始创作的，但依然以再现自然、山水为主，用写实手法为主，以王羲之和谢安石（灵运）的山墅为代表。

唐朝自然园林式的别业以王维的辋川别业最为典型，汪老根据对《辋川图》和《辋川集》的推敲，按着顺序（应是游览路线）对各个景点作详细描述，以至于能感受到其整个布局特点，这完全有别于其他作者仅列出景点题名的做法。对唐朝园林遗址绛守居园池（今山西新绛县）的形成及后世沿革作了考证，原是引水入城的水渠，利用“守居”（地方官刺史住地）的蓄水池建成的署衙附园，为公署园林的典型（但陈植将其列为隋朝，俗称“隋代花园”或“莲花池”，周维权称始建于隋开皇元年，至唐成为晋中名园）。

北宋首次出现艮岳这样纯以山水创作自然之趣为主题的宫苑，不再以建筑为主体，而是以山水为主体。它的掇山理水是以诗情画意写入园林，体现了艺术家对自然美的认识和感情。唐宋的洛阳名园都是写意山水园，如《洛阳名园记》评述的 20 个名园可分为三类：①花园，以收集观赏植物为主；②别墅，游憩或小住；③宅园，连接居住宅第、日常游憩生活的园地。

南宋时，杭州内外园苑丛聚，如德寿宫仿湖山真意，继承了唐宋写意山水园传统；诸王外御园为江南园林的先驱，而在吴兴、绍兴多以山水取胜、巧于因借的宅园，如兰亭、沈园等，而南宋时好葫芦形水池和横列一丘以构成山水之境的意趣。

元大都万寿山“其山皆叠玲珑石为之，峰峦隐映，松桧隆郁，秀若天成”，其建筑群的设计，可说是仿秦汉神山仙阁的传统。从宅园别业来看，仍不脱唐宋写意山水园的传统，但个别园亭，重视笔墨意趣，通过一片树林，甚至篱落间物来传达园主的心绪观念，开明清文人山水园之端。

清朝京城以西苑(三海)和御花园为例,着重记述了离宫别苑,如承德避暑山庄、西郊三山五园、圆明三园及颐和园。承德避暑山庄于 1702 年（康熙四十一年）开始筹建，至 1708 年大致建成，之后历经康熙、雍正、乾隆三朝的不断经营才最后完成。它在风格上和唐华清宫、九成宫完全不同，不是以建筑群取胜，而是巧于因借以突出自然美。只是为居住生活要求而随形随景布置殿斋亭榭，特称其为自然山水宫苑，自汉唐以来如此表现自然美前所未有。同时该书分别对康熙、雍正、乾隆三朝的圆明园作了详细的描述。圆明园中的建筑是其表现主题，其园林艺术成就主要是：创作山水地貌的形势，结合建筑组群以构景，树木花草种植自具特色。

（三）《中国古典园林史》——周维权先生坚持不辍的学术精品

周维权（1927—2007年），出生于云南大理的书香世家，其父周恕是我国早期留美学者，回国后任云南东陆大学会计长。1944年周维权考入西南联大电机系，1947年转入同年创立的清华大学建筑系，1951年毕业留校工作直至退休。20世纪50—60年代，周先生治学涉及建筑学和风景园林两个领域，先后发表了《略谈避暑山庄和圆明园的建筑艺术》(1957年)、《避暑山庄的园林艺术》(1966年)、《北京西北郊的园林》(1969)等学术论文。70年代末至80年代初，周先生先后主持了“颐和园研究项目”和普陀山风景名胜区第一轮总体规划，参与黄山风景名胜区总体规划，是我国风景名胜规划的少数先行者之一，并于1996年出版《中国名山风景区》一书。周先生是一位卓越的建筑师，他设计的清华大学第二教学楼——意大利式红砖建筑已经成为清华园内一座公认的建筑经典。另外，他设计的清华南门，优雅，舒展，比例得当，融合环境，至今被人称道。

周维权先生自1958年或更早时间，开始中国园林的历史和理论研究（吴良镛，2007），他承担了颐和园研究项目，“从颐和园本身而涉及皇家园林，从皇家园林而涉及中国古典园林的全部历史”，从而直接催生了专著《颐和园》的出版（杨锐，2007）。此后凡40年坚持不辍，于1990年出版《中国古典园林史》，9年后修订再版，内容竟增加了70%。

周维权先生是一位学风严谨、淡泊名利、成就辉煌、受人尊敬的前辈学者。他的同事、学生的许多回忆文章不约而同地描写了他的住处，在清华照澜院旁的那个只有70平方米的陋室和堆满文稿的书桌。正如他的学生杨锐所感叹的，那是“神定气闲，精神丰富，一笔求道”，是“寒舍书香”的大学者的居所。《中国古典园林史》这部巨著就是在这样的环境中诞生的。

笔者未能亲见周先生大家风范，但读了不少他的论文，从他的著作中体会到他的大家风采，在这里摘录几段周先生的朋友、学生等对他的评价。

吴良镛院士称与周维权先生长期在一起工作，有很深的交谊，他对周维权的评价用了“淡泊名利，成就辉煌”这句话，认为他的研究颇具有个人独特性：首先，注意到对历史名园发展源流的探求应与中国城市历史发展的研究相结合，他几乎与中国城市史学者同步进行研究，有其独特的心得；其次，他的建筑根基很好，又有深厚的古典文史功底和绘画欣赏修养，所以在他的研究中，常根据文献考据周详，又能以建筑家之设想对历史名园的空间想象加以复原；第三，他在园林方面的工作主要体现在对颐和园古典园林的研究；第四，他对名山风景区有独特的研究，作为先驱者之一首先对国内众多的自然文化遗产进行了全面的发掘工作（吴良镛，2007）。

曾任《中国园林》主编的王绍增（2000）称周维权先生：“大家也，真学人也。他的学风是具有中国脊梁地位的学者们高贵品格的体现，这是当前我国学术界最最缺乏的。”“先生的著作融历史、社会、文学、景观和建筑学于一体，在园林研究的方法论上最为综合全面，且文献与实例相结合，材料之丰富、时空跨度之广大，至今未见其他著作可出其右”（赖德霖，2008）。

周维权先生在20世纪60—70年代主要研究避暑山庄、圆明园、颐和园等。他指出避暑山庄在园林艺术上有多方面的卓越成就，如选址具备三个优越条件：有全套的天然造景素材，即湖泊、溪流、平原、山岳；它们之间的位置关系和大小比例都很恰当；具有园内园外借景的最大可能性。“山庄”的规划体现了一个总的原则，即先掌握原有的自然风致规律，然后加以适当的组织、裁剪和点染，以再现山水林木之美；建筑物体量较小，布置疏朗，隐显相间，色调单纯，尺度近人，是点染风景的重要手段。园林建筑形式功能多样，在结合园林规划因山就水充分利用自然特征这方面，为其他园林所不及（周维权，1960）。

他认为，颐和园的建造年代虽然较晚，仍然可以视为北方园林极盛时期的一个代表作品，是中国最后一座皇家园林，兼有宫和苑的双重功能，但在总体规划上形成“宫”和“苑”分置的特点。在宫廷区和苑林区的衔接部位，即“仁寿殿”的南侧堆置了一带小土岗代替通常的墙垣，使得严整的“宫”和开朗的“苑”之间虽有障隔却又能把两者的空间巧妙地沟通起来，从而创造了一种“欲放先收”的景观对比。同时对圆明园在康熙、雍正、乾隆三朝的兴造历史作了较为详尽的考查，绘制了圆明园平面图（周维权，1981）。

他把圆明园造园艺术概括为：第一，圆明三园都是水景园，园林造景大部分是以水为主题，因水而成趣，回环萦流的河道把大小水面串联为一个完整的河湖水系，构成全园的脉络和纽带。叠石而成的假山和聚土而成的岗、阜、岛、桥、堤散布于园内，与水系相结合，把全园划分为山复水转的近百处自然空间。圆明园集我国古典园林堆山理水手法之大成，其本身就是烟水迷离的江南水乡的全面而精炼的再现。第二，建筑布局采取大分散、小集中的方式，把绝大部分的建筑物集中为许多小的群组，再分散配置于全园之内，建筑群体组合极尽变化。第三，总体规划采取风景点、小园、建筑群和景区相结合的集锦方式，是为广阔的大面积平地造园所创设的丰富多样的园林景观，是园林规划上的一个创新（周维权，1981a），他的这些研究成果都归集到《中国古典园林史》中了。

周先生的《中国古典园林史》是园林史的经典之作。全书以园林艺术作为主脉，在体例上没有采取断代史的写法，而是把园林的全部演进过程划分为生成期、转折期、全盛期、成熟期及成熟后期不同阶段，使得论述不再囿于王朝循环的旧有分期模式，不同于其他作者的写作体例。周先生之所以采用此种体例的原因：一是，“源”和“流”的脉络较为清晰；二是，文献浩如烟海，文字材料的辑录和钩稽工作非个人力量可完成的，园林遗址发掘尚属空白，因此编写一部断代通史尚不具备条件，而采用分期的写法则可有详有简（周维权，1999）。而这正是周先生学术严谨的具体表现。

周先生总结中国古典园林艺术的特点有四个方面：第一，本于自然，高于自然。即表现一个精炼概括的自然。第二，建筑美与自然美的融糅。建筑与山、水、花木三个造园要素有机地组合在一个风景画面中。第三，诗画的情趣。不仅是复原前人诗文的景象，而是借鉴文学艺术的章法、手法规划设计颇多类似文学艺术的结构，同时形成了“以画入园，因画成景”的传统。第四，意境的涵蕴。园林艺术由于其与诗画的综合性、三维空间的形象性，它的意境内涵的显现比其他艺术门类更为明晰、更容易把握。

他将园林分为皇家、私家及寺庙园林三大类型，在《中国古典园林史》第二版中还特别注意了城市绿化、公共绿地等。关于园林艺术的顶峰，周维权在第一版中提出双高潮论，即“两宋是第一个高潮；明中叶至清初是第二个高潮”。在第二版中将宋代园林单列一章，指出两宋园林“所显示的蓬勃进取的艺术生命力和创造力达到了中国古典园林史上登峰造极的境地。元、明和清初虽然尚能秉承其余绪，但在发展道路上就再也没有出现过这样的势头了”（王绍增，2000）。

周维权总结了古典园林发展各个阶段的主要特点：

（1）东汉之前的生成期。主要是皇家园林，即使有私园也是多模仿皇家园林，总体规划比较粗放。

（2）魏、晋、南北朝的转折期。园林造景由过多的神异色彩转化为浓郁的自然气质，创作方法由写实趋向于写实与写意相结合，私家园林作为一个独立的类型突起，而“园林”一词已出现在当时的诗文中。

（3）隋、唐的全盛期。皇家园林的气派已完全形成，私家园林艺术有所升华，以诗入园、以画成景的做法在唐代已显端倪，文人参与造园；寺观园林普及，文献中更多出现公共园林，叠石已比较普遍，“假山”开始用作园林筑山的称谓。

（4）成熟期。两宋为第一阶段，时私家造园最为突出，文人园林大兴，皇家园林也较多受文人园林影响，叠石显示高超技艺，理水能模拟大自然全部的水体形象，园林创作已完成向写意山水园转化；元、明、清初为第二阶段，主要表现为士流园林的全面文人化，江南地区涌现大批优秀的造园家，元明文人画影响及于园林，园林地方特色彰显，尤其园林建筑，同时皇家园林规模趋于宏大。

（5）清中叶至清末的成熟后期。这是中国古典园林全部发展历史的一个终结，期间皇家园林的离宫别苑成就最为突出，大量吸收江南民间造园技艺，形成南北园林融糅；私家园林形成江南、北方和岭南风格鼎峙；园林已由游憩为主转化为多功能活动，公共园林有所发展，但造园理论探索停滞不前。

《中国古典园林史》不同于其他园史，如提出发展双峰论，将梁孝王兔园划为皇家园林而不是作为贵族私园显得更加贴切。到第二版，将以前先秦时期的皇家园林改为贵族园林，是致力于创作一个可供后人信任和引用的、具有高度学术价值的精品。他提出一些古老的圣山到唐宋时期已完成向风景名胜的转化，西晋以来开发的名山风景区已成规模，唐宋因多尊佛崇道出现新的名胜风景区，宋之后就很少了（周维权，1983）。

周维权先生对中国古典园林有很深刻的理解和感悟，认为中国古典园林是人类宝贵的文化遗产，她的特点是典而不古，优点是雅而不俗，重点是“天人合一”，观点是“自然和谐”。文学是时间的艺术，绘画是空间的艺术，园林是动观与静观的艺术。她融铸了诗情、画意于景观之中。所以搞园林要理解文学，了解建筑，深解生态。没有这些基本功不要给地球擦脂抹粉（何凤臣，2007）。

在《中国古典园林史》这本巨著的最后，周先生写下了这段令人深思的文字：

人类社会的发展历史表明，在新旧文化碰撞的急剧变革的社会转型期，如果不打破旧文化的统治地位，“传统”会成为包袱，适足以强化自身的封闭性和排他性。一旦旧文化的束缚被打破，新文化体系确立之时，则传统才能够在这个体系中获得全新的意义，成为可资借鉴甚至部分继承的财富。就中国当前园林建设的情况而言，接受现代园林的洗礼乃是必由之路，在某种意义上意味着除旧布新，而这“新”不仅是技术和材料的新、形式的新，重要的还在于园林观、造园思想的全面更新。展望前景，可以这样说：园林的现代化启蒙完成之时，也就是新的、非古典的中国园林体系确立之日。

这是对我国新园林的展望，而此出自一位终身研究中国传统园林的学者，的确值得我们深思。

（四）三本著作的简单比较

三位大家的园林史著作是我国园林史研究的巅峰之作，三者各有鲜明特点：

陈植的《中国造园史》文字简练，半文言半白话，颇具民国文人作文遗韵；详细列举各个朝代（清代之前）的主要名园，但仅引用古文献描述而很少再作进一步解读、分析及评价；关于古代造园史论仅占全书篇幅的一半，大量内容为造园名家名著、天然公园和城市绿地等，因此他的《中国造园史》从体例到内容的撰写都与汪菊渊及周维权的著作不同（表 4-6）。

汪菊渊先生的《中国古代园林史》篇幅最大，内容最为翔实，附有大量图片，对一些历史名园的记述也十分详细，且不只是拘泥于文献的记述而是从布局角度进行分析，读起来有身临其境的感受。而该书下卷详述各地园林，在园林史研究中独树一家，是其他两书所不及的。汪老的书对各朝代更迭的历史叙述较多、各章节的内容编排顺序不尽相同，将古典园林的艺术放在最后一章，实为后人根据先生以前讲义稿所增补，有意犹未尽之感。

周维权先生的《中国古典园林史》，在内容的编辑方面与汪书较为接近，但周先生将中国园林发展划分为5个时期、提出两个发展高峰都是独到的见解，全书结构层次最为清晰，写法也最适合现代读者阅读。他在每章前设总说对这个时代的特点作全面介绍、明了而不繁杂，每章结束撰写的小结又是提纲挈领、简明扼要。他的见解独到也理性，如现在对“天人合一”的理解说得很多，周先生对“天人合一”表达了冷静的态度，指出“天人合一”是一种导源于中国原始农业经济而由宋儒命题的思想，其本质不过是把“封建社会制度的纲常伦纪外化为天的法则”而已（王绍增，2000），是值得我们深思的。

当然，这三本大家之作是每个学园林的人都需认真研读的，作者在这里只是想说这三本书应可互为补充，而其间的不同观点大多集中在明清之前的朝代，正是后人需再深入研究的，因为现在中国园林史学界大多关注明清遗存庭园与遗址研究方面。

表 4-6 陈植、汪菊渊、周维权三本著作的异同

	陈植《中国造园史》	汪菊渊《中国古代园林史》	周维权《中国古典园林史》
园林史涵盖时间	从殷商之前一直到现代，但近现代篇幅不大	从先秦至清代，虽为古代史但书写内容包括了历史学称为近代的清末（甲午战争后划为近代）	从先秦至清代。认为古典园林终于清代，避免与历史学划代有矛盾。因此，他的古典之谓甚为确切
写作体例	划分园林类型为苑囿、庭园、陵园。在各类型下按朝代序列叙述。还包括天然公园、城市绿地及造园家等	在各个朝代序列下，分园林类别叙述，选择代表性的案例分析。仅个别章节有小结	划分为5个发展时期，各时期中分别以各个园林类别、按时代叙述。每一章前有总说、后有小结，方便读者了解
关于园林起源	园圃之可考者，以豨韦之囿、黄帝之圃为滥觞。园林可追溯至黄帝时代	从商殷开始有园林兴建的可能性很大；认为“台”是园林开端的说法不恰当	最早的皇家园林是商殷纣王所建沙丘苑台（相当于囿），及周文王所建灵台、灵沼和灵囿。园林有3个源头，即囿、台和园圃
“园林”“造园”概念的论说	认为“园林”一词不能包括所有类型。“园林”仅指庭园，皇家园林应为“苑囿”	“园林”包括 Garden 和 Park 两者含义，今日通用“园林”来概括苑、囿、园、园圃、宅园等。但用“宫苑”指皇家园林，“园墅”指私家园林。另外有寺观园林等	“园林”之称包含所有类型，如皇家园林、私家园林、寺庙园林等

（续）

	陈植《中国造园史》	汪菊渊《中国古代园林史》	周维权《中国古典园林史》
各代园林发展的历史文化背景	主要通过梳理古籍文献来反映中国造园的发展历史。叙述历史背景少	详细分析历代政治背景、经济、文化、艺术等影响园林发展及形成特点的因素。对各朝代更迭过程书写详细	一般在每章的总说中记述各时期的政治、经济及文化背景。叙述比较简单
宗教园林范畴	包括佛教、儒教园林，及祠堂和名人故居	仅叙述佛教园林	主要叙述释、道寺观
园林艺术顶峰		古代园林是一个发展过程，明确反对把康乾盛世说成是“达到了顶峰”	双顶峰论，即：两宋是第一个高潮；明中叶至清初是第二个高潮
公共园林出现	囿“与民同之”，是与民同乐，“开近世公园之滥觞”	“囿”的“与民同之”实是“民同其利”，不真是“开近世公园之滥觞”	两晋的新亭、兰亭有公共园林的性质；唐时公共园林已多见于文献
依托的研究项目	城乡建设环境保护部为此设立的专项课题。1983 年正式立题。主要由陈植先生负责	城乡建设环境保护部为此设立的专项课题。组织有关专家参与。1982 年正式立题	之前有“颐和园研究项目”。该书由周维权个人完成
出版前发表过的有关著述	《造园学概论》中园林史章节，《中国历代名园记选注》(1983 年)	《北京明代宅园》（1982 年），《北京清代宅园初探》（1982 年），《中国山水园的历史发展》（1985 年）	《北京西北郊的园林》（1979 年），《魏晋南北朝园林概述》（1984 年），《魏晋南北朝的私家园林》（1989 年）
文献处理	大量引用古文献	大量引用古文献	大量引用古文献
造园哲匠及造园著作	专列章节论述造园名家及著述	较少论述造园家，在清朝名园中纳入此内容	
研究方法	主要引用古代相关文献描述，如引用《三辅黄图》描述上林苑，摘录《旧唐书·王维传》描述辋川别业，但较少作深入解读	用跨学科研究方法，在结合文献研究的同时，多视角探讨园林具体特点，如辋川别业的景观特点等，内容更加具体全面	结合文献研究采用现代建筑研究理论，多方面还原历史名园，总结归纳其艺术特点
选择研究的个案	在各个时期都列举大量个案。但对个案描述均以引述文献为主，无复原图	选择各时代具代表性的个案，一般都有比较详细的描述，许多重要的个案都有复原图及历史沿革的考证	选择经典个案具体分析，如明西苑有复原图，建筑疏朗、树木蓊郁，既有仙山琼阁之境界，又富水乡田园之野趣，直到清朝仍然维持这种状态

（续）

	陈植《中国造园史》	汪菊渊《中国古代园林史》	周维权《中国古典园林史》
关于“兔园“的归属		“兔园”“梁广园”，足以代表当时私家园苑的内容和形式，但又特别提出《西京杂记》中有“梁孝王好营宫室苑囿之乐”	明确“兔园”为皇家园林类型的
具体个案的叙述差异，如避暑山庄苑景区叙述	湖沼，平原、山峦 3 个景区	湖州、湖岗、谷原、山岭区	①湖泊景区，有浓郁的江南情调；②平原景区，宛若塞外景观；③山岳景区，象征北方名山。蜿蜒于山地的宫墙及园外民族形式的外八庙等，无异于以清王朝为中心的多民族大帝国的缩影。在清皇家诸园中表现最为突出

第五章

20 世纪 80 年代园林迎来春天

第一节
园林的落寞与复兴

一、“文化大革命”中园林绿化事业倍受摧残

1963 年国家建筑工程部颁发了《关于城市园林绿化工作的若干规定》，明确指出“城市园林绿化是城市人民的公共福利之一，它的主要作用是调节气候、净化空气、降低噪声、美化环境、丰富人们的文化休息活动，增加社会财富，为生产和人民生活创造良好条件”，还第一次明确了城市园林绿化的范围，确定了绿地类型的划分。这是新中国成立以来最完整、最全面的政策性文件（柳尚华，1999），它推动了城市园林绿化建设。这时北京市再次提出大量发展花卉，大搞万紫千红，美化城市；上海市相应制定了行道树种植养护管理办法、举办园林绿化专科训练班、建立市属的虹桥苗圃等（《上海园林志》编纂委员会，2000)。园林绿化事业从“困难时期”的停滞状态重新得到了恢复和发展。然而在 1965 年建筑工程部的第五次城市建设工作会议上，又提出“公园绿地是群众游览休息的场所，也是进行社会主义教育的场所，必须贯彻党的阶级路线，兴无灭资，反对复古主义，要更好地为无产阶级政治服务，为生产、为广大劳动人民服务。……目前一般不应再新建和扩建大公园”，园林发展再次受到限制，接着撤销了北京林学院园林系、停办园林专业，还批判园林的“小桥流水”为“封资修”等，园林发展重新跌入低谷。20 世纪 60 年代初，在政治运动的驱使下园林受到批判、园林绿化政策摇摆不定，造成了极大的思想混乱，实际工作也不断出现曲折和大起大落现象，这时期公园建设速度和质量明显下降，而且已很少有大型公园设计和建设任务了。

“文化大革命”时期，各行各业都受到了冲击，园林更是被当作宣扬“封资修”的典型遭到批判，指出园林中的“小桥流水”“桃红柳绿”的审美观与无产阶级的革命理论、“文化大革命”的意识形态理念相违背，是封建主义园林设计思想的产物。

在“文化大革命”开始的“破四旧”声中，城市公园被诬蔑为“封资修”的大染缸而应砸烂，公园的文物古迹、古建筑都被视为封建迷信而遭到破坏。甚至还提出了故宫整改方案，种树养花也被当作修正主义大加摧残，各地园林管理部门被撤销，导致规划无人管、公园绿地被任意侵占、树木被私伐滥砍，园林建设遭受严重破坏。当时北京园林局被撤销，陶然亭公园被皮鞋厂、革制品厂侵占，玉渊潭公园曾一度划给市农科院作为养鱼场，南太平湖、柏林寺、久大湖等 25 处公园绿地被全部侵占。即使人民大会堂的绿化也未能幸免，将草坪及月季全部挖掉，种植了梨、葡萄、核桃等果木，地面铺砌了混凝土砖，四周密植了大桧柏、大油松，草坪花园变成了果园、苗圃（北京地方志编辑委员会，2000）。

上海市在“文化大革命”期间，公园的大量园地被占、被毁，亭廊破损，花木凋零，在建的佘山植物园被迫撤销。新中国成立初建成的人民公园假山被拆、湖被填平，砍掉了大批花灌木和花卉园，随意改变公园规划，如在园中开辟主干道、道路两侧均栽植悬铃木等高大乔木，公园原有景观尽失。长风公园为强调“园林结合生产”，在园中建核桃林、银杏林、柑橘林、苹果林、梨子林、柿子林、油橄榄林等。据统计全市被占、借的公共绿地达 42.4 公顷，改作他用的公共绿地 73.2 公顷，郊区 170 余公顷的花卉和苗木全部被毁（《上海园林志》编纂委员会，2000）。

其他城市如杭州花港观鱼公园被工厂所占；南京清凉山公园被自来水公司修造厂占用，玄武湖被围湖造田、长堤上的观赏树木被拔除改种经济林木；福州的西湖公园办成了“五七”农场，动物园被改成畜牧场；武汉市被占用和拆毁的城市绿地达 310 公顷，对“园艺结合生产”的方针绝对化，大力推广用材林。“文化大革命”中还兴起城市公园改名潮，最是反映了那时极“左”思潮的政治意境，如上海复兴公园改名为“红卫公园”、福州西湖公园改为红湖公园、石家庄解放公园改为“东方红公园”等，当然这些名字只是过眼烟云，很快就被抛弃了（据各地园林志）。

“文化大革命”期间，园林如同遭遇灭顶之灾，倍受摧残，损失难以估量。据 22 个省市不完全统计，全国城市园林绿地被侵占 11000 多公顷，约占全部绿地的 1/5，1975 年底全国城市绿地面积大幅度下降，总面积只相当于 1959 年的一半，这是一个不堪回首的时期（柳尚华，1999）。除了对城市公园、绿地和文物古迹的直接破坏外，“文化大革命”对园林技术人才的摧残也是严重的，大学园林专业被停办导致人才断层。在20世纪70—80年代园林建设恢复时，因园林设计及管理人员严重缺乏而受到影响，直至80年代后期才逐步恢复形成新一代的园林技术队伍。

二、“文化大革命”后期园林建设逐渐恢复

“文化大革命”开始后除了在“园林结合生产”的口号下有一些植树活动，少量新建道路绿化及局部调整外，园林建设基本停顿。只是到了“文化大革命”后期由于政治形势的需要，如1971年我国恢复在联合国的合法席位，尼克松总统访华，中美关系正常化，中日正式恢复邦交等，加上国内政治形势稍趋宽松等国际国内政治形势的变化，才使得园林绿化得以逐渐恢复。在邓小平复出主持国务院工作并实施“整顿”的几年中，园林部门在“抓革命，促生产”“为革命养好花、种好树”的口号下逐步开展了业务工作。

20世纪70年代初，北京开始逐步修复遭受“文化大革命”破坏的文物和公园设施，如中山公园将废置多年的兰亭八柱重建了兰亭碑亭，全面整修北海、景山的古建筑，修缮了颐和园的听鹂馆、谐趣园，还大修了天坛祈年殿等。各地也利用此有利形势相继进行园林及古建的整修，有限度地开展园林建设。部分公园实施改建或扩建，如北京紫竹院公园重新做了总体规划，真正形成以竹为主题的景观。同时开辟团结湖、莲花池绿地，北京植物园又开始植物收集，但重点还是放在一些重要的政治性场地和公共绿地上。上海开始对西郊、复兴、黄浦等公园及外滩绿地进行修整。如人民公园分为三个区域进行整顿改建，中区设有文化宣传设施，西区以风景游览休息为主，东区为青少年活动设施区。此后，又在园西建造水榭和摄影长廊，园中部扩建画廊，园东整修儿童活动设施等（《上海园林志》编纂委员会，2000）。为迎接美国总统尼克松访华，杭州整修了西湖景区。为接待西哈努克亲王来游，1970年，苏州进行了拙政园修整，油漆了遭到损毁破坏的一些匾联；杭州植物园还刻意建了牡丹园。

此时园林教育也开始恢复，1974年北京林学院恢复园林系的设置，招收三年制的工农兵学员；上海开办园林技术学校，开展职业培训等等。

三、沉寂中的一朵浪花——上海龙华苗圃改建为上海植物园

1972 年 11 月 29 日，上海市园林管理处科研组的庄茂长工程师，向领导提交了《对龙华苗圃改造成为植物园的意见》。据原上海植物园园长张连全回忆，庄老是抓住了尼克松访华国家需改善城市面貌的契机。他的报告提出了改建植物园的理由、方针和规划方案，这是促成建设上海植物园的第一个正式书面文件。庄老在“文化大革命”动荡年代能冒着政治风险提出如此建议是需要很大勇气的，除了出于对政治的敏感外，根本在于他对植物的热爱、对上海建设植物园的矢志不移。他和他的倡导在已沉寂多年的园林建设事业中激起了一股浪花，是可永载园林史册的（张连全，2011）。

基于庄茂长的建议，程绪珂很快策划完成了规划方案，1974 年上海市革命委员会批准植物园建设项目，由周在春负责总体规划、盆景园和绿化设计，叶金培、秦启宪等参与。北京林业大学的陈俊愉、张天麟和上海市园林管理处庄茂长、张连全等负责植物名录（《上海园林志》编纂委员会，2000），由庄老组织人员赴华东各省收集植物，历时 3 年获 1495 种（包括变种、变型），最后保存了 984 种（张连全，2011）。1978 年植物园稍具规模，同年局部开放；1980 年正式定名“上海植物园”。这是在“文化大革命”中，由一群还处于挨批的知识分子策划、规划设计并参与建设的兼有公园性质的植物园，它的意义不仅在于建设了一座植物园，还是知识分子恢复业务工作、园林设计回归，预示园林事业将开始步入正常化的一个标志，是具有特殊意义的。从上海植物园的建设过程来看，庄茂长、程绪珂和周在春都是关键人物。

庄茂长（1916 年—）浙江省安吉县人，是著名林学家、树木学家陈嵘的同乡，早年曾随陈嵘在家乡识别树木，1935 年毕业于浙江奉化武岭农业职业学校园艺专业，经陈嵘介绍曾在金陵大学园艺系、森林系进修过半年，1946 年又经程世抚介绍到上海市工务局园场管理处工作，为中山公园筹建植物标本园开展引种工作。新中国成立初他从云南引种山茶花 23 个品种，还编写了《云南山茶花》（1959 年）一书；引种水杉并育苗成功，之后参加龙华苗圃筹建及主持引种工作，收集木本植物 150 余种，为后来改建为植物园打下了基础。经他引种的香榧、白皮松、池杉、落羽杉、枫香、糙叶树、黄山栾树等树种，一度成为上海的绿化树种，今天在一些老公园中都还可见到这类树种的大树。

程绪珂（1922 年—），四川云阳人，1945 年毕业于金陵大学，其父程世抚是著名城市规划学家和园林学家，新中国成立后程世抚出任上海工务局园场管理处处长时程绪珂为副处长，父女俩同时任上海园林建设的领导可说是园林史的一段佳话。1978 年程绪珂任上海园林管理局第一任局长，20 世纪末她提出“生态园林”理论并付诸实践。她引领上海园林事业逾半个世纪，是名符其实的上海园林建设领军人物。“文化大革命”期间程绪珂被迫离开园林岗位，1973 年回归园林后就策划了植物园建设。在她担任园林局局长期间，上海公园建设进入发展的新阶段，如著名的大观园、方塔园、共青团森林公园、光启公园建造及桂林公园、南翔古漪园扩建等都是在她的任内进行的。程绪珂在策划植物园规划设计时，将规划设计任务交给了周在春负责，使这位当时还没有多少实践经验的青年设计师获得最好的机会，而周在春最后成长为上海园林设计界的主力，可以说是从这次植物园的设计开始的。

周在春，1961 年毕业于北京林学院园林专业，在负责植物园规划前，他的设计经历主要是参与吴振千主持的龙华公园改建龙华烈士陵园的规划（1964 年）和西郊宾馆的部分设计。在龙华公园改建龙华烈士陵园的规划中，为了保存原有纪念抗战烈士的血花园，他打破常规，摒弃规划对称的甬道式布局，而改用自然式布局，建成自然式烈士陵园并取得成功（杜安，2013）。

龙华苗圃原是上海生产花卉盆景为主的大型苗圃，面积 68.6 公顷，有 600 多种植物，利用苗圃植物种类较多的特点又有海派盆景制作历史，将植物园定位在多功能的、既有科学内容又有园林外貌的综合性植物园。鉴于植物园面积不大，故将一般植物园分设的植物分类区、经济植物区和观赏植物区合并为“进化区”。以植物陈列馆（植物进化馆和植物资源利用馆）为起点，以水生植物池为中心，以松柏山为背景，形成地形起伏、山重水复、亭廊架榭、花丛草地相映成趣的江南园林（周在春，1985）。同时实行系统进化分类与专类观赏相结合的方法，在系统进化的内容中安排了以观赏为主的专类花园。7 个专类园——松柏园、牡丹园、杜鹃园、槭树园、蔷薇园、桂花园和竹园包括了中国著名的观赏植物。而这些园的设计均运用中国传统山水园原理和艺术手法，叠山理水，建造松涛阁、牡丹亭（厅）、蔷薇架、水榭、竹楼等园林建筑。植物的排列则分别采用郑万钧裸子植物和克朗奎斯特（A. Cronqulst）的被子植物分类系统，通过室内和室外的展出，给人以粗略的植物进化概念（周在春，1985）。总体上给人的印象是，植物园面积不大但布置十分紧凑，在河渠围合的一片树林草地中散布了以亭、桥、阁、榭为核心的传统园林景观，效法扬州个园四季假山的意境，以土为主辅以山石，数丘起伏于池畔草坪，配置四季花木，造景富有新意（公园规划图集）。而盆景园又是独成一章的园中园，是一座富有中国传统特色的江南庭院式园林（图 5-1）。

周在春的植物园设计，是他毕业 10 余年后主持的第一个较大规模的园林规划，在运用传统造园手法的同时探索了传统与现代结合的道路。他的创新不仅仅是采用了克朗奎斯特的分类系统，或者说是在植物园中布设了盆景园，而是在总体布

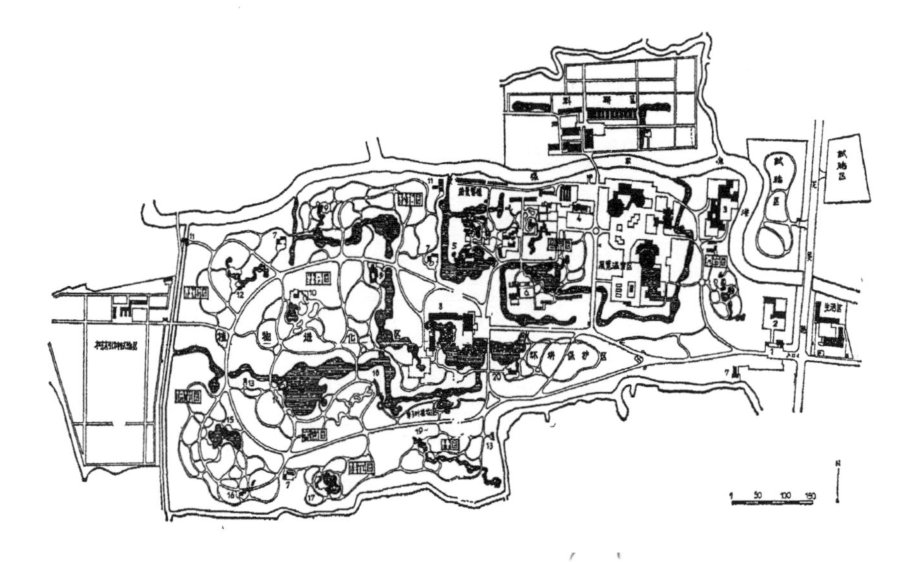

图 5-1　上海植物园
上：平面图（引自：周在春，1985）；
下：牡丹园（引自：《上海园林志》编纂委员会，2000）

局上将各种不同风格的传统园林融合在自然式的大花园中，飞檐翘角的仿明清砖木结构亭阁、粉墙黛瓦简约的江南民居和混合结构的曲折游廊，黄石假山和太湖石驳岸，自然配置的山林树木和成排的行道树，彰显了设计师将传统与现代元素结合，植物科普教育与展现多彩多姿的园林风貌并重的设计理念。展现的是具有不同意境的园林景观和植物季相特色的山水园，在规划与设计上完全不同于上海以往的公园（杜安，2013）。从植物园设计开始，周在春参加了无数公园及绿化设计，成为 20 世纪最后几十年上海园林设计的主力，在上海及全国都负有盛名。

四、冯纪忠设计松江方塔园——在争议中创造的经典

（一）方塔园规划的波折

如上所述，20 世纪 70 年代初虽然还在“文化大革命”中，但政治形势已有转变，各地逐步开始整修“文化大革命”中遭受破坏公园和古建。上海在 1973 年以后，提出了南翔古猗园的修复和扩建，重建了鸢飞鱼跃轩、小松岗假山、白鹤亭、南亭、缺角亭和浮筠阁。1974 年又开展了修复松江方塔的工程，促使了随后的方塔园建造。

松江方塔建于宋熙宁至元祐年间（1068—1094 年），所在地原是五代后汉的兴国长寿寺，元代寺毁塔存，明清时对方塔都有修缮。清末以后方塔损坏严重，新中国成立后虽然采取了保护措施但一直未修复，直到 1974 年动工大修至 1977 年竣工，随之被列为上海文物保护对象，1978 年上海市基本建设委员会批准以方塔为中心建一个历史文物公园（《上海园林志》编纂委员会，2000）。

方塔园的规划请了同济大学的冯纪忠教授来作，据冯先生回忆，1979 年由时任园林局局长的程绪珂和书记白书章向他交下了设计任务（冯纪忠，1983）。冯纪忠作为著名的建筑学和城市规划专家，自新中国成立初就一直为上海市绿化建设出谋划策，与园林部门有着良好的关系，但都是以咨询专家的身份出现的，除了为杭州花港观鱼公园设计了茶室外，他没有独立承担过公园之类的设计。正如他自己说的“很多园子我都提过意见，但没有哪个具体的园子是我自己设计的，只有方塔园”。那么这个“文化大革命”刚刚结束后新建的公园设计任务，又为何会落到冯纪忠的身上呢？

据冯先生的女儿冯叶说，这是程绪珂局长包括她的父亲程世抚对他的信任，

冯纪忠在新中国成立初就与程世抚一起形成了上海绿地研究报告，又多次参与上海的园林工程建设评审，在工作中建立起了信任，正如冯叶所说，程世抚“父女俩都一直支持我父亲的工作”（赵冰，2007）。然而，这只是个人的原因，当然这也是十分重要的，但还有一个更为重要的原因，那是源于程绪珂的一个想法。她想到多年来上海的园林绿地设计，基本由上海园林局设计室设计，从而形成了一种风格，她希望多样化。故请了4个单位分别做了当时欲建的4个园的设计，即请南京工学院负责南翔古猗园扩建规划，华东规划设计院负责植物园扩建，上海民用建筑设计院负责动物园扩建，而方塔园就落到了冯纪忠头上。程绪珂要求各个单位分头探索，创出一些新的路子作出贡献（冯纪忠，1983），其中方塔园规划设计得最为完整，而其他几个园的格局都是已经定了的（臧庆生，2007）。

然而，关于冯先生开始方塔园设计的时间有两个说法：其一，据冯先生年谱，他早在1978年的5月就开始了方塔园的规划（赵冰，2007）；其二，冯先生女儿冯叶回忆，方塔园是她1978年8月离开上海去香港后其父亲规划设计的一个重要作品（赵冰 等，2010a）。据《上海园林志》记载，1978年8月程绪珂被任命为刚刚从园林管理处升格为园林管理局的局长，因此可以认为1978年8月以后开始设计的这个时间节点似乎比较合理，而正式得到任务书则是翌年的事了。而冯纪忠则回忆方塔园第一期工程是在1978年5月至1980年，第二期是1981年至1987年，一期主要建了北大门和广场，整个草皮；水要挖深、地形改造和搬迁天妃宫，那时基本有了草稿了（冯纪忠，2010b），如此来说5月就开始设计是可能的，但应该只是有了方案。从这些回忆可看到时间上稍微有些出入，不过哪个时间开始已不重要了，重要的是冯纪忠在程绪珂心目中的位置是不可替代的，事实应是程绪珂在得到局长任命之前就想到了请冯纪忠来设计方塔园。

客观地说程绪珂当时选择冯纪忠来设计方塔园是承担了一定风险的，要知道那时“文化大革命”结束不久，“左”的思潮不会一下子消失。事实上刚刚开始方塔园建设，就遇到一些极左人士对改革开放提出异议，那恰是极左回潮的时候。而冯纪忠在同济大学都是历次政治运动的对象，他设计的花港观鱼茶室在“设计革命化”运动中遭到严厉批判，“文化大革命”中更是受到不公正的待遇，被停职、被下放，他又是同济大学建筑系最后一个被宣布“解放”的（冯叶，2009）。连冯先生自己都说“假使不是中央把我调回来，还不知道什么时候回来呢，所以还是好的了”。我们不知道程绪珂是否会想到，她提出的创造出“多样化”的要求会遇到阻力，而且冯纪忠连同设计作品都会受到批判。程绪珂在新中国成立前参加地下工作，新中国成立后就担任园林部门领导，按她的政治阅历应该对此是有所思考的，但她是一个敢于担责、勇于实践的领导，在冯先生的设计方案受到批评刁难时，她依然支持冯纪忠，最终才使方塔园这座现代园林史上的经典作品得以建成。

而对于冯纪忠来说，正如他在多年之后所回忆的，“那个时候，做设计是战战兢兢啊，不敢越雷池一步，叫我怎么做”“刚开始设计就受到批判，我实在是没法应付了”（冯纪忠，2010b）。冯叶也回忆说，“我爸在规划设计方塔园的时候，又让人整了，在市人大、市政协的会上被批斗得很厉害。刚刚挨过一个‘文化大革命’，没多久又要批判他了”（冯叶，2009）。说他设计的方塔园的地面铺了石块也是“资产阶级精神污染”的罪行，是“放毒”，应该“用水泥铺路才对”等等。还有少数人蛮不讲理地横加指责，说什么“大门像道士帽，‘何陋轩’是日本式的，不伦不类……”“石砌堑壁像封建坟墓，藏污纳垢”，甚至还有人把设计和当时提出的“反精神污染”挂起钩来，企图上纲上线（吴振千，2007a）。

据后来钱学中副市长回忆，当时市里接到告方塔园设计的匿名信，用的是“文化大革命”语言，他和倪天增副市长处理此事，曾一同去方塔园现场调查。倪天增毕业于清华、钱学中毕业于同济，两位副市长都是学建筑出身，对方塔园的设计自然是从专业的眼光来加以评述，不会仅凭匿名信的说辞来处理。他们在方塔园“感到它和上海其他公园都不一样，既有西方园林又有传统园林的风格，两者自然地融合在一起，很有新意”。关于对北大门的批判，他说“我说一直到现在为止，全国所有的园林大门或者其他的公共建筑，没有看到有一个用这样的材料，达到这样艺术效果的，一看就是中国的味道，又不是古代的，……我说真的是完美无缺”（钱学中，2007）。他用了“才艺卓越，德行亮节”这八个字来评价冯纪忠可谓十分恰当。幸好有这些领导给予支持，市建委的罗伯桦和曹淼两位主任也拍了板，才使大门和堑道没有被拆除，后期设计能继续进行，“何陋轩”的设计才能得以实现。

当时冯纪忠对于外界的指责并没有保持沉默，从他在一次会上被妄加指责后写给程绪珂的两封信中，可看到他在设计方塔园时的处境，也流露出了他的无奈和不理解，“总之，实在是疲于应付，气又受饱了。一生不懂政治，不懂哲学，然而也从不愿随俗”（冯纪忠，1983）。他毫不客气地对于那些无理的指责一一据理应对，竟然还点出了那个在会上大放厥词的人的名字，可见他依然是以一个建筑大家的态度表达他从不随俗的可爱的秉性。然而，他的一句“你看有多少机会真给我设计？所以我遇着一个设计，就要用点心了，这样的话才行”，则让人不禁心酸。冯纪忠的著述与规划设计作品不多，不像有的人可谓是珍珠与泥沙俱下，冯先生的每件成果都是精品，而他的方塔园更是传统中国风景园林走入现代的第一个实例（刘滨谊，2008b）。

现在想来，不管当时程绪珂是鉴于什么原因请了冯纪忠，她应该不会料到正因为她的选择，成就了现代建筑史和园林史无法绕过的杰作。

（二）冯纪忠先生

冯纪忠（1915—2009 年），我国老一代著名建筑学家、建筑师和建筑教育家、中国现代建筑奠基人之一，是中国第一位美国建筑师协会荣誉院士。冯纪忠祖籍河南开封，祖父是光绪年进士翰林，家学渊源。他自幼受中国传统文化熏陶，幼年拜师学画，少年时期在北京生活，1926 年移居上海就读南洋模范小学、中学，后入圣约翰大学学土木工程，同窗中有后来成为建筑大师的贝聿铭。冯纪忠 1935 年留学奥地利维也纳技术大学，1941 年毕业后因二战滞留欧洲，当时曾在三家维也纳建筑事务所从业。1946 年回国，被聘为同济大学教授，还同时任南京都市计划委员会建筑师，1949 年任上海都市规划委员会委员。新中国成立后，继续担任上海都市计划研究委员会委员，为上海市城市改建及绿化建设献计献策。50 年代，他任同济大学建筑系主任，开始推行现代建筑教育，提出并深化了城市“有机发展”的规划理念。1956 年在同济大学创办中国第一个城市规划专业，1985 年创办城市绿化专门化，1960 年提出以建筑空间为纲的教学体系，对中国现代建筑教育产生了深远的影响。60 年代初为杭州花港观鱼公园设计茶室，结果在“设计革命化”运动中受到批判，“文化大革命”中又被隔离审查。1972 年中央指定他为国宾馆做设计方案才从干校回来，“文化大革命”结束后他主持规划设计方塔园、九华山、庐山、三清山风景区等，提出“修旧如故”的遗产保护思想。参与上海旧区域旧住宅改造，探索旧城改造的新方法，提出了城市空间“拆墙透绿”的做法（1983年）。1979年又在同济大学创办了风景园林专业，构建了“建筑—城市规划—风景园林”三位一体的学科发展布局。1986年方塔园的何陋轩落成，标志着冯先生完成了现代建筑的全新超越，在建筑和园林领域开创了新时代。1987年冯先生被美国建筑师协会授予荣誉院士，2003年他担任上海市园林绿化管理局重大决策专家委员会委员。他在同济大学执教60余年，学生中有邹德慈院士，高廷耀、董鉴泓、邓述平、王伯伟、臧庆生、赵冰、刘滨谊等建筑、城市规划及风景园林名家。冯先生从事现代建筑和园林实践逾半个世纪，但他历经坎坷，施展发挥的机会不多，他的很多思想若能变成规划设计作品的现实，其成就将远超过现在（刘滨谊，2014），这实在是很客观的评价。

冯纪忠先生关于园林艺术的演讲、报告以及阐述园林规划设计的论文，表达了他对人与自然的认知。是从“人与自然关系”这个文化制高点上，评述上千年的中国园林史。他的“与古为新”设计理念真正落实在方塔园规划设计中；他对中国古典园林的深入研究不同于一般的断代史论，而是提出了“形、情、理、神、意”的五个发展阶段（详见第四章）。冯先生说，设计就是要因势利导、因地制宜。借助势来导引，最终产生具体的形；借助心地与实地的结合做出适宜的空间形态。有势才能推动，象是推动出来的，而有了象才会产生具体的形。象前面还有意，借助着势，意推动成象，象然后才成形，这就是意动（顾孟潮，2015b；黄一知，2011）。

他对苏州园林的有独特的见解，他说“我们光去用诗词歌赋去看他还不够，主要一点是小中见大，另外三个最重要的手段就是一个是障与透，一个是意动，再一个就是意境生成”。

冯纪忠先生在风景园林方面的主要著述及实践见表5-1。

表 5-1　冯纪忠教授在风景园林方面的主要著述及实践

年代	与园林有关的主要著述	主要园林建设实践
20 世纪 50 年代	1951 年，与程世抚等合作《上海绿地研究报告》 1957 年，《武汉东湖休养所》	武汉东湖客舍、武汉医院；南京水利学院规划
20 世纪 60 年代	1960 年，提出建筑空间组合原理（空间原理）	1964 年，为杭州花港观鱼公园设计花港茶室
20 世纪 70 年代	1978 年，《“空间原理”（建筑空间组合设计原理）述要》 1979 年，《组景刍议》	1978 年，方塔园规划 1979 年，九华山风景区规划
20 世纪 80 年代	1980 年，《中国景观和园林》报告，提出中国现代园林思想体系和中国园林史框架 1981 年，《方塔园规划》 1984 年，《意在笔先：庐山大天池风景点规划》《风景开拓议》 1985 年，《城市旧区与旧住宅改建刍议》 1986 年，《横看成岭侧成峰：上海城市发展纵横谈》 1987 年，《旧城改建中环境文化因素的价值和地位》 1988 年，《何陋轩答客问》 1989 年，《人与自然：从比较园林史看建筑发展趋势》	1981 年，庐山景观规划和设计，庐山文殊台设计 1986 年，何陋轩落成
20 世纪 90 年代	1996 年，《庐山的鞭策》《清理和发展：庐山的设想》（收录于庐山建筑学会主编的《庐山风景建筑艺术》一书中） 1997 年，《屈原 · 楚辞 · 自然》	
21 世纪	2002 年，《时空转换：中国古代诗歌与方塔园的设计》 2003 年，《建筑人生：冯纪忠访谈录》《建筑弦柱：冯纪忠论稿》 2009 年，《因势利导 因地制宜》	

据《冯纪忠年谱》(赵冰 等，2007) 整理。

（三）方塔园的规划与设计

方塔园建成至今近 40 年了，几十年来一直受到园林学界的关注，特别是进入 21 世纪后更有不少文章和专著深入分析、诠释和评述方塔园规划思想、设计理念，发掘它的理论意义和实践价值。正如有的学者所说，任何一本现代建筑史、园林史都不可能绕过方塔园，读者们对这件堪称经典的作品必然有所了解，这里只作简单叙述。

方塔园占地 11.51 公顷，原址仅存宋代木构九层方塔和塔北面的明代照壁，但这两者不在一条轴线上，另外有宋代石桥、8 株古银杏和 2 片竹林，市政府决定要迁来清代的天妃宫大殿和明代的楠木厅。

冯纪忠自述“园中方塔是最有价值的，它是主题，要在全园散布它原有的韵味；就是在总体设计上以宋的风格为主，这里讲的‘风格’不是形式上的‘风格’，而是‘韵味’。这个韵味是宋的韵味，我不希望只要一做园林总是欧洲的园林、英国的花园，再者就是放大了的苏州园林”（冯纪忠，2010c）。冯先生的构想是要将整个园子建成一座露天博物馆，整个规划设计的思想就是“与古为新”，是“今”与“古”为新，前提是尊古，在尊古、古上加新使之成为全新的原则指导下，运用现代园林的组合方式，将古建筑与大广场的大地面、大水面、大草坪等相互贯通地组织在一起，展现自然精神，使之成为包容了历史而又崭新的现代空间（韩小蕙，2010）。

在总体布局上，通过叠山理水，把整个方塔园大的空间构思划分为几个区，各区设置不同用途的建筑，形成不同的内向空间和景色。中间以方塔为主，塔北有明壁，西面扩大原有小丘，从而形成各向有变化的塔院，明壁之北是弹街石（小方块花岗石）地面的广场，东北向安排天妃宫，广场有塔有天妃宫，还有两株大银杏把它挡着。塔院和广场、园子之间的墙都不封闭，所有的空间之间都是相互贯通的，广场和塔南面的水面、草坪有一墙之隔，三个空间是一个整体，但不是一眼就能看到，从大草坪可看到方塔倒映在湖面的影子，相当美观（图 5-2）。塔的东南有竹构草顶茶室，南有欣赏塔影波光的水榭，西南大片草地；塔院的西南角为以楠木厅为主的园中园，一些廊榭相应地采取明代风格。园之东北堆成小山开出堑道，东大门进来走向方塔，通过堑道恰好挡住了望向园外两座高楼的视线。东南一隅是以何陋轩为主题的休闲区，何陋轩则是从写自然的精神转到写自己的“意”，主题不是烘托自然，而是摆在自然中，“意”成为中心。它是仿松江民宅的建筑风格，采用大屋顶，平面也比较大，“其整体造型是一个四坡歇山顶的草亭，草亭内部使用毛竹制作的立柱和梁架做结构支撑，柱脚落在三层互相旋转 30 度的台基上，草亭的屋面则是用稻草覆盖在竹制望板上制作而成”（图 5-3）（冯纪忠，1981，2010b；赵冰，2007）。

图 5-2　方塔园宋代古塔周围草坪、水体及绿化布局（引自：林小峰，2010）

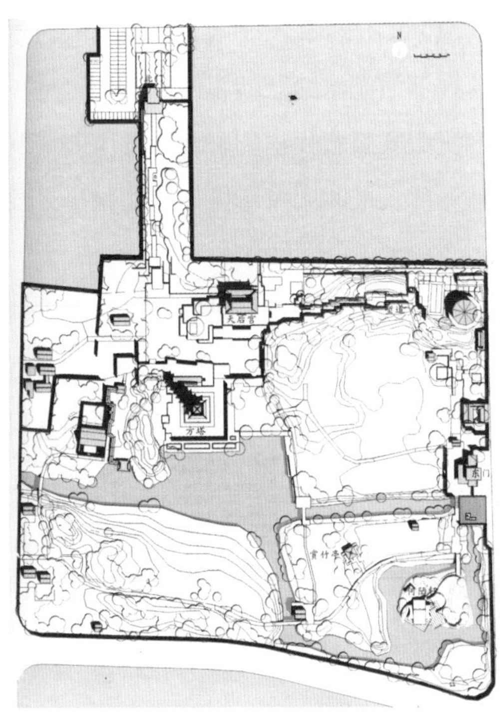

图 5-3　松江方塔园
左：平面图；右上：何陋轩；右下：堑道
（引自：赵冰，2007）

方塔园的北大门、东大门为冯先生将新型的钢结构与传统的形式相结合的尝试。传统青瓦覆盖的屋檐下是简洁有力的现代轻钢构架，设计拿捏得恰到好处，表达的是对历史的尊重而非混淆。通过北门和东门进入的路线，展示空间的旷奥关系，而且看不到园外的杂乱，整个景观更加纯净。关于入口通道的处理，北入口为主入口，入园后能透视方塔形成轴线，但轴线做错位联结，并在一侧加上弧形花坛配上绿树，轴线终端连接硬质广场，刚柔相济，活泼变化。东入口，先在入口处设方形水池与内部水体沟通，水体使公园内外分隔，对园内景色可望而不可即；入园后以两棵古银杏作为引导，原有的一片竹林挡住观方塔的视线，然后迂回曲折通过新建的堑道（图 5-3），堑道模仿山区民间以石块垒筑的高低不同的挡土墙，经艺术加工垒成曲折有致的通道，两边土山有绿树灌木，行走其间别有情趣，通过堑道再绕至中心广场（吴振千，2007），方塔跃然于眼前，这即所谓的“豁然开朗”。全园的种植设计由乌桕作为主体树种统一起来，在各景点点缀山茶、玉兰、海棠、梅、牡丹、杜鹃花等，在中心区看不到其他各区的建筑。

最终，以现代设计方式将历史遗存和现代建筑组织在一起，以简洁的院墙、肃静的广场衬托方塔；以天然石材搭建的堑道来幻化标高的不同；以苍翠的树木创造出每个文物建筑的浓绿背景；以缓坡草坪清澈湖水给予游客游憩放松之地；以古拙清奇的何陋轩表达对松江至嘉兴一带庑殿式弧脊民居的寄情。方塔园成为“一块时间的飞地……塔、壁、宫、园浑然一体，被时间摩挲得如此圆融……成为传世的‘逸品’”。

冯纪忠解释了整个设计为何独取宋的精神，因为不仅仅是塔本身传达了宋的神韵，而且，宋代的政治氛围相对自由宽松，其文化精神普遍有着追求个性表达的取向，正是这个精神能让我们有共鸣有借鉴，宋的精神也是今天所需要的（冯纪忠，2010）。

冯老直接从乡土民间的建造经验中，采集质朴的甚至有些粗陋的建造方式，小心地建造这片园林。我们仿佛循着他的掌心，循着那自然的长长的卷轴，走回宋元山水的某个素朴的版本，那明清繁复园林之前的某个真正的寒林孤园（许江，2010）。

在方塔园规划中，运用东、西方两种审美观的结合：像大草坪到湖面、到塔院、再到广场，是一个开放性的空间序列，更多是来自西方园林那种大的开放空间，而通过大门、通过堑道到达塔院广场，就是所说的障与透，是意动的空间序列。实现了中、西两种审美观的结合（赵冰，2010a）。

程绪珂（2008）评述方塔园，以宋塔为整个景观中的一个亮点，同时将明代的楠木厅和照壁、清代天妃宫，跨三个朝代不同风格的建筑融于自然之中，巧妙地把植物、建筑、文化、艺术、历史组合成一体，把人们带入历史之中。在继承中国园林传统中创造出现代园林新的生命力，为风景园林走出了一条新的途径。

许多园林史家、园林学家都对冯纪忠的方塔园给予很高的评价，赞其为“杰出而典型的代表”“超凡脱俗，堪称设计中的上品”，是“中而新”“中国式的现代公园”，是当代视觉艺术中“通权达变”的成功典范，显示了一种超传统的理念，是很前卫、很有视觉冲击的设计，是“大陆最好的城市公园”，是“中国现代建筑的坐标点”（顾孟潮，2015；吴振千，2007a；刘滨谊，2008；赵冰，2010a），现代建筑史和园林史无法绕过的杰作。同时，顾孟潮强调冯先生的学术思想给我们的最大启示是文化，然而他也感叹“冯先生被我们忽略了”。我们对冯纪忠先生的整个学术思想及其在现代建筑及风景园林方面的理论、影响和贡献，还有待于进一步的深入研究。

1999 年，国际建筑师协会第二十届大会当代中国建筑艺术展上，方塔园荣获艺术创作成就奖。

五、岭南庭园融入现代建筑——酒家园林的延伸

绕庭而建的“连房广厦”布局方式，是岭南传统庭园的主要特色之一，这种围合性的内庭院落空间，在庭园中布置绿化、山石和水面，形成优美宁静的环境。20 世纪 50 年代，莫伯治将岭南庭园引用到建筑设计中，首创岭南酒家园林，他主持设计的北园酒家、泮溪酒家、白云山双溪别墅、广州宾馆等建筑设计项目，奠定了他成为岭南园林大师的地位（详见第四章）。60—70 年代后又将岭南庭园融合到现代建筑中，成为岭南园林的一个创举，而其中几个重要的作品却正是出现在“文化大革命”期间。

广州因其地理位置的特殊性，一直在对外经济和贸易中起着主要作用，是我国重要的商品进出口基地，因此在“文化大革命”开始后停办了几年的广州交易会（广交会）在 1973 年又重新举办。为适应日益频繁的外贸活动，特别是广交会

接待的需要兴建了一些宾馆，如东方宾馆（1972年）、白云宾馆（1976年），以及直接为广交会服务的中国出口交易会流花路展馆（1974年）。这三座现代化建筑都有充分展现岭南园林风格的庭园，可看作是进入80年代出现建筑结合庭园高潮的前奏。而到了21世纪这种建筑内庭园则是十分普遍了，在宾馆、展览馆、购物场乃至住宅楼和大学校园中都常见。

（一）广州东方宾馆支柱层庭园——佘畯南与吴泽椿的合作成果

现代建筑大师柯布西耶提出了“新建筑五点”的设计模型：即底层架空、屋顶花园、自由平面、水平长窗、自由立面。其中底层架空与屋顶花园成为现代建筑的重要标志。而岭南新庭园将院落空间的水石、花卉等景物自然过渡进支柱层内，使建筑与“庭”空间相互包含嵌套，形成新型的支柱层庭园（图5-4）。

广州东方宾馆新楼就是采用这种现代风格的架空支柱层设计，东方宾馆坐落于广州市流花湖东岸，是广州历史最悠久的五星级商务酒店，1973年扩建的西楼由建筑师佘畯南设计，吴泽椿主持设计了内庭园及天台花园的园林景观（谭广文，2007）。

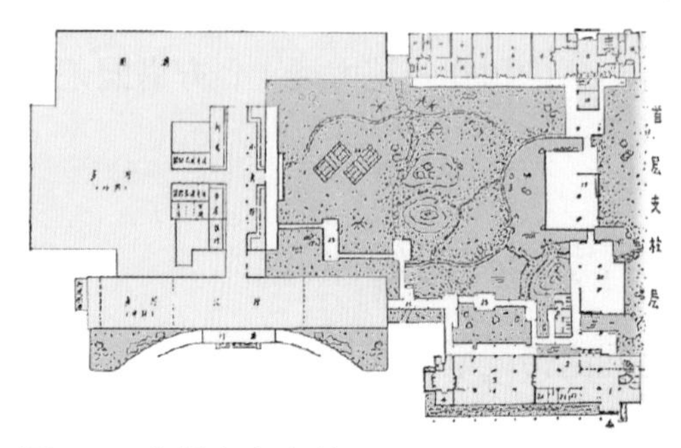

图5-4　广州东方宾馆
左：平面图（引自：卢阳，2013）；右：架空下层与庭园相融（引自：陆琦，2004）

佘畯南（1916—1998年），著名岭南建筑师、中国工程院院士，出生于越南，曾就读于上海交通大学。1941年从唐山工学院毕业，新中国成立前广州和香港执业建筑师，新中国成立后历任广州市设计院副院长兼总建筑师，1989年获中国首批建筑设计大师称号，1995年还开设佘畯南建筑设计事务所。他的主要作品有白天鹅宾馆（与莫伯治合作）、东方宾馆、海口宾馆、中山温泉宾馆、广州黄婆洞度假村等，还在海外设计了中国驻联邦德国大使馆、驻澳大利亚大使馆等10余座驻外使馆，在他的许多设计中都是将庭园有机地融入了建筑之中。事实上，早在1962年佘畯南就撰写了《现代建筑及我国江南庭园空间组织问题的探讨》一文，讨论了庭园空间的组织问题，探索现代建筑与庭园结合。

吴泽椿(1916—2000年)，广东琼山人（今海南），1945毕业于重庆国立中央大学农学院园艺系，新中国成立后一直在广州园林部门工作，后任广州园林建筑设计院总工程师。他多与郑祖良、何光濂、莫伯治和佘畯南等岭南建筑和园林大师们合作，主持和参与公园、庭园及城市绿化设计，运用岭南丰富的室内观赏植物等造园素材，营造多层次和多视角的园林景观，营造出风格独树一帜的岭南新园林，其中成功代表作有三元里矿泉客舍、友谊剧院内庭、文化公园园中院及东方宾馆内庭院等园林景观工程（吴劲章，2009）。

佘畯南设计的东方宾馆，其空间组织序列吸取了国外现代建筑理论及我国传统的造园手法。引入岭南庭园的设计理念，将支柱架空，把楼群围合出的花园院落空间引入建筑内部，即空间渗透的具体手法。由此形成支柱层庭园与室外庭园景观的相互融合，架空层之外运用传统的敞廊、亭子分隔花园使其空间层次丰富，架空层内的支撑墙、柱对渗透在内的庭园又起到空间划分的作用，使庭园在每一开间都有小变化，形成串联关系的小庭园组合（图5-4）（佘畯南，1997；陆琦，2004）。在庭园中则展现岭南传统园林的造景要素，如自然形态的浅池、黄蜡石叠石、雕花玻璃隔断、游廊曲桥、建筑小品等，同时又融入了一些西式园林的造景手法，如局部几何形的水岸等。东方宾馆是20世纪70年代初岭南庭园与现代高层建筑结合的一次成功尝试，给本地区旅馆建筑以新的设计概念（佘畯南，1997）。但之后曾经几次改造，庭园多了现代园林元素，却失去了原有岭南庭园的韵味，确实可惜。

据佘畯南回忆1971年设计东方宾馆新楼时，上有天台花园、下有支柱层的方案遇到极大的阻力，说被批浪费面积、是“封资修”建筑的死灰复燃，却是在刚刚复职的副市长林西力排众议下才得以实现这个构思。林西(1916—1993年)自1955年开始主管广州城市建设，先后任建设局局长、广州副市长等职。他与杭州的余森文、合肥的吴翼并称为中国主管城市绿化的三位专家副市长、风景园林事业杰出的行政官员（详见第六章）。林西在1954年提出“轻巧通透”的岭南建筑风格，60 年代提出“亚热带城市建设是要发挥园林绿化的优势为居民服务，不能见缝插屋而是见缝插树”，他认为南方建筑必须利用园林绿化的优势，把建筑和园林绿化融为一体（佘畯南，1997），因此现代建筑与岭南庭园结合这个新的建筑概念，正是他长期在广州工作受到林克明、夏昌世等人的熏陶与指导，在林西主政下产生并得以发展的。

（二）白云宾馆——岭南园林与现代建筑设计的嫁接

莫伯治院士对中国庭园空间的组合，提出了以“虚”空间组织庭园的理论：“外国的庭园建筑组合是将各种不同功能的建筑空间，组织在一幢完整的大房子之内，外面绕以庭院绿化。中国的庭园是传统的建筑组合，则与此相反，是将不同功能的建筑空间，分散成独立的小体量建筑，然后将这些小体量建筑采用中国传统的建筑群布局手法，组织成大大小小的庭院体系，并在庭园中运用山池树石，按一定的诗画意境组景，庭园景物融合在建筑群中，展开多层次空间和丰富多彩的庭园体系。”（莫伯治，2003a）他在 1976 年设计的白云宾馆，以及后来与佘畯南院士合作完成的白天鹅宾馆设计中，对于庭园空间的处理就是基于这个理论。

白云宾馆位于广州环市东路，是我国第一座高层建筑，由莫伯治领衔的团队设计。白云宾馆设计体现了自 20 世纪 60 年代以来，把岭南园林技术“嫁接”到建筑设计中，把传统庭院融入现代建筑中的新发展，白云宾馆由此成为现代高层建筑设计糅合岭南造园艺术的典范。莫伯治为了保留选址中的一座小山丘，特意将主体建筑后退，距离道路 200 多米，山丘的大树也保留下来成为自然景观（图 5-5）。

从城市干道进入白云宾馆，绕过前庭一组山石方可见到一池清水，而山石景物与主楼连成一片的长门廊扩大了前庭空间的纵深尺度感，这样的空间处理使人感到虽在干道旁边却已离开了城市的喧嚷。整座建筑从外到内有 3 个庭园，呈“直线收敛”型的布局，强调空间的交融和渗透，将景物与建筑空间有机地结合起来，按序列一一展开。莫伯治归纳了庭园组景的几种类型，如：平庭、水庭、水石庭、缓坡山庭、陡坡山庭，而宾馆的前庭和中庭是典型的水石庭。

宾馆有广阔的前庭，结合交通功能，保留了大片丘陵古木……是为序列第一段。由餐厅过渡到中庭，规模缩小，空间收束，为封闭性庭院……是为序列的第二段。由中庭经大厅转至后院，空间作进一步收束……是为序列的第三段（莫伯治，

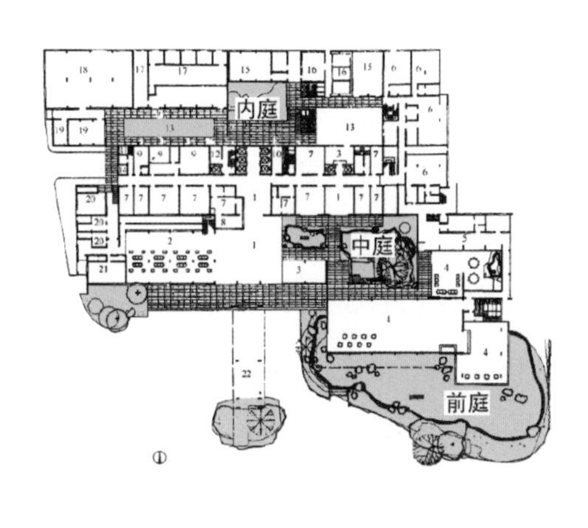

图 5-5　广州白云宾馆
左：平面图（引自：卢阳，2013）；右：庭园中叠山及保留的大榕树（引自：陆琦，2004）

2003a）。餐厅前面潺潺流水、层层叠石，小小的山、石、泉、树景致，塑造出充满林泉石趣的岭南园林场景，颇有山林起伏的气势，给人以强烈的印象；低矮的连廊形成中庭空间，是将过于疏朗的空间略做收束，使庭园的布局完整、层次深远，同时保留了原有的 3 株大榕树，再通过瀑布、景石、水池，形成了一个典雅的空间，山石粗犷、古榕挺拔、岩石上流泉飞溅，颇有自然的野趣（图 5-5），在当时用建筑来迁就树木是很超前也很有远见的思路。

六、朱有玠的《园冶综论》和南京园林药物花园设计

朱有玠（1919—2015 年），浙江黄岩人，父亲是清末进士，家学渊源，自幼受传统文化熏陶。他毕业于金陵大学农学院园艺系，师从汪菊渊、程世抚等。1949 年到南京工作，一直从事园林绿化规划设计和管理工作，是南京市园林规划设计院首任院长。早在 20 世纪 50 年代他就提出南京的绿化应遵循“先绿后好”的原则，将城市基础绿化搞好，为今后的城市建设改造提供良好的植被资源。他主持和参与了当时南京的多项绿化规划、公园规划及荒山绿化规划，如城市主要道路绿化、中山陵后山、雨花台九华山等造林绿化，玄武湖的第一次规划、莫愁湖公园规划、绣球公园等的规划设计。1989 年荣获建设部授予的园林设计大师殊荣，1990 年被建设部授予“中国工程勘察设计大师”称号。

1978—1979 年间，他主持设计并施工建成的南京园林药物花园（现名“情侣园”）就是他重要的实践成果之一。药物花园既是钟山风景区科普带的一个构成部分，又可看作是玄武湖的外围组成，因此不同于一般植物园及药学院中的药物园，而是定位为具有科普意义的观赏园林。

朱有玠在《南京园林药物花园及其蔓园与花径区设计随笔》一文中记述了他当时的设想，如分析园地：其地可谓“四周山色中，一圈烟波里”，令人想起了董北苑（董源，南唐玄武湖位玄武湖南岸的北苑*副使，其山水神似这一带自然景色）的画，也想到了词苑名篇中的“蓼屿荻花洲，掩映竹篱茅舍”（宋代张昇），“平岸小桥千嶂抱，柔蓝一水萦花草。茅屋数间窗窈窕。尘不到，时时自有春风扫”（宋代王安石），这岂不正是对这里自然景色的评价和高度的艺术概括吗？于是朱有玠决定了：“又何必跟着计无否的脚印”，“又何用那许多围墙深院，回廊曲榭，地穴漏窗”，“自然朴野，清幽潇洒”的风格不是更清新、更有地方特色吗？从而在他的构想中出现了“蓼峪、荻花汀岸，为花草潆绕的小河……临水花林，松林下成片杜鹃花的丘陵”，于是确定了总的立意（朱有玠，1989）。在整体布局上采用江南自然山水园的格局，围绕药用植物观赏的主题展开，按中国传统的专类园布置，以屈曲周绕的河渠和蜿蜒起伏的丘陵来划分景区，大体上形成小岛地形，与水接近，借景玄武湖；不掇山，假山石用本地青龙石，只用于代替岸壁，为园内外相互应借打下基础（朱有玠，1989）。

园林药物花园中蔓园和药物花径特色鲜明。从北入口进入的第一个景区就是蔓园，为藤蔓药用植物品种为主的专类园，园中减棚架而以树木、墙体、山石及小桥作为藤蔓的攀缘体以增添野趣；园中小岛题名“蓼屿”，水边遍植蓼科植物，中心的山石上覆盖着何首乌、垂蔓枸杞、常春藤等；西边标本区设计了两段弧形花垣，垣下石砌植坛，按花垣曲折分格种植不同植物，中间草坪点植桂花、红果冬青及香樟树丛，凌霄攀缘在泡桐大树上；南部临小河曲折处建小筑，苇草卷棚屋，素雅明净。而与蔓园隔河相望的是药物花径，其立意好似分散在盛花药物地被中的林荫小路网，是回旋起伏任意东西的“访花蝶径”，取意境于“水边竹畔，石瘦藓花寒……藏花小坞，蝶径深深见”（宋代毛滂《蓦山溪 · 东堂先晓》）（朱有玠，1989）（图 5-6）。

* 北苑，指今南京玄武湖地区。

从园林药物花园的规划设计中可体会到，朱老不仅对中国传统造园理论及技法有着深刻的理解，而且并不拘于形式，是能因地制宜的灵活应用，这不正应对了“造园有法无式”的理论吗？要知朱有玠是熟读《园冶》的，他在主持设计园林药物花园的同时，一边总结阅读《园冶》的体会，参照古人文献再加上自己在工作中的感受，比照实例，按照《园冶》的内容分别以“兴造论”、“园说篇”、“相地、立基”和“掇山”写成《园冶综论》四篇（朱有玠，1982）。

朱有玠的《园冶综论》四篇和陈从周的《说园》五篇都是在 20 世纪 70 年代末完成和发表的，这两位大师级的人物所处的职位不同，但他们对中国传统园林的理解、诠释的基本观点都是十分相同的。他们两人的文章，为刚刚进入改革开放时期的中国园林研究和实践提供了理论武器，对 20 世纪 80 年代出现的一股传统园林热是有一定影响的。

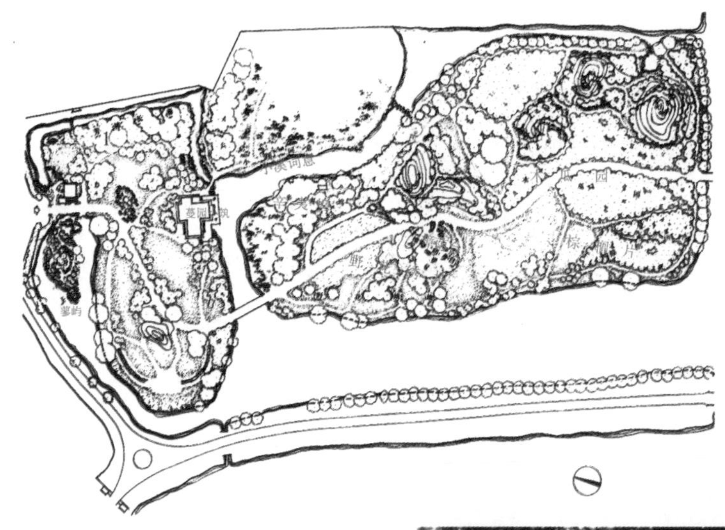

图 5-6　南京园林药物花园
上：蔓园及药物花径；下：樟荫台散点理石边缘及林下地被
（引自：刘少宗，1997）

第二节

20 世纪 80 年代的城市园林

一、古典园林回归

1978 年在中共十一届三中全会上，作出把党和国家的工作重心转移到经济建设上来，实行改革开放的伟大决策。在整个 20 世纪 80 年代的社会大背景下，一方面修正“文化大革命”时期的一些错误，另一方面积极谋求经济发展，当时依然是以计划经济为主、市场经济为辅的一种状态。城市建设因为欠债太多开始实施改造和修建，促使城市园林建设全面恢复并开启了一个新局面。1978 年在济南召开的第三次全国绿化工作会议上，提出城市园林绿化要讲求艺术，要“百花齐放、推陈出新”“古为今用、洋为中用”，创造和发展我国园林艺术的新风格。在“文化大革命”中遭到批判的传统造园理念再次得到重视和应用，各地积极开展修复历史保护地并进一步转化为市民公园，或在原来的公园中增建以传统园林为主要特点的园中园，或新建仿古园林等等。如北京陶然亭公园中的华夏名亭园，紫竹院的筠石园，玉渊潭公园中的留春园；上海修建了豫园东园，在植物园建江南园林风格的盆景园；另外如无锡锡惠公园的鹃园（杜鹃园），常熟的书台公园，合肥的包河浮庄，南京的古林公园，泰州的梅兰芳公园，扬州复建二十四桥景区等都是以传统园林风格为基调的，而最典型的莫过于京沪两地几乎在同时建造的仿古园林——大观园（表 5-2）。

回顾 20 世纪 80 年代修建的城市公园，很多是采用了传统园林风格，归纳起来基本有三种形式: ①全部复制古典园林或扩建古典园林，如京沪两地的大观园、合肥的浮庄、扬州二十四桥、南京瞻园东扩等；② 在一些公园中建造古典庭园成为园中园，基本是以现存的明清园林为摹本展开的，如上海古钟园、北京紫竹院的筠石园等；③在公园的自然风景中，如草坪、水边、山体、树丛、树林中分散建造亭、轩、榭、廊等古典园林建筑、小品等。后两者最能体现出中西园林的结合。

但在城市公园规划设计中运用传统元素的做法，在20世纪80年代盛行一时后却逐渐衰退，到了90年代特别是进入21世纪后，后工业时代、后现代的设计理念及手法逐渐充斥于公园设计，古典园林形式却逐渐少见了（详见第六章）。

表5-2　20世纪80年代修建的主要古典园林

上海淀山湖大观园，建于1978—1988年，为仿古园林。主要设计：梁友松、乐卫忠、柳绿华、周在春等（引自：上海市园林设计院，2002）	无锡鹃园，建于1978—1981年，主要设计：李正、许志勤、黄茂如（引自：刘少宗，1999）	上海松江醉白池，建于1980年，改造移入清代雕花墙、深柳读书堂等。设计：陈丽芳、陆雍（引自：上海地方志办公室，2007）

无锡吟苑，建于1982年，花卉盆景观赏专类园。主要设计：李正（引自：李正 等，2011）	北京玉渊潭公园之“留春园”，建于1983年。设计：檀馨（引自：檀馨，2014b）	南京古林公园四季名花专类园，建于1984年。设计：南京园林设计研究所（王锁摄）

1984年复建上海豫园东园，玉玲珑与大照壁。陈从周主持修复（引自：路秉杰，2014）	北京大观园，建于1984年，“名著园林”。主要设计：杨乃济等（引自：张民，2004）	江苏泰州梅兰芳公园，建于1984年梅先生诞辰90周年（曹光树提供）

（续）

北京香山饭店庭园，建于1980年。兼江南和北方园林。设计：檀馨、刘少宗（摄于2015年）	北京紫竹院“�石园”的江南竹韵。设计：檀馨（引自：檀馨，2014b）	北京陶然亭“华夏名亭园”，1985年开始规划。规划设计：檀馨、刘少宗（引自：刘少宗，1999）

西湖阮公墩。设计：卜昭辉、王品玉（引自：刘少宗，1999）	扬州瘦西湖二十四桥景区，1986年复建。设计：吴肇钊（引自：吴肇钊，1992）	常熟书台公园，相传建于元朝，清代重修，1980年前后修缮，虞山十八景之一，公园小巧玲珑，祠、泉、碑记等错落于参天古木之间，幽深精致（曹光树提供）

二、仿古园林——大观园

京沪两地同在20世纪80年代初筹建大观园，但两地建造大观园的初衷和目的不同。北京是为了拍摄《红楼梦》电视剧建造摄影基地，最终建成了所谓的“名著园林”。上海则完全是为了在一个郊外的风景区增设一个旅游景点，结果有了一座仿古园林。在当时的历史背景下这是一种突破，是一种思想文化的前卫，是我国建筑史、园林史上的一个创举，这不仅仅是创造了两座仿古园林的精品，还同时在各地掀起了仿古园林与仿古建筑的一个热潮，而且开始向国外输出中国古典园林。

大观园是贾府专为元春省亲所建，是曹雪芹在《红楼梦》中着力描写的一座园林，然而历史上究竟是真有此园还是作者的虚构却一直争论不断。有说南京随园就是大观园的遗址，有称北京恭王府是大观园的实物，也有的认为曹雪芹曾经生活了十几年的江南织造署西花园似乎更像大观园的框架。然而据红学家周汝昌研究，自清嘉庆年间来一直有人在创绘《大观园图》，但他们绘制的大观园图又偏偏大不相同。曹雪芹笔下的大观园规模之大充满了北方皇家园林的气派，决非一座私家园林可比，而园中芭蕉等植物配景又只是南方才有的花木，可见大观园既具有皇家花园的规模，而建筑花木又是南方园林的景物（周汝昌，2002）。曹雪芹先后在北京和南京生活多年，拥有丰富的园林知识，他所塑造的大观园形象能那样具体生动富有园林艺术性，应是曹雪芹创造出来的园林艺术形象。所以要想在现有的古典园林实物或遗迹中去找出和大观园一模一样的园子是找不到的，但可以找到似是而非，又像又不像的大观园园林（戴志昂，2005）。那么京沪两地的大观园又是如何体现这些特点的呢?

（一）称为“名著园林”的北京大观园

据记载，1983 年中国电视剧制作中心计划拍摄《红楼梦》，鉴于当年李翰祥拍摄电影《火烧圆明园》后，却一把火烧掉了辛苦搭起的宏伟场景的教训，专家提出了建造实体大观园的构想。就是根据《红楼梦》的精心描绘，建造一座实实在在的北京大观园永久性景观，用于电视剧拍摄的实景，事后保留作为旅游观览胜地。北京宣武区政府支持这个建议，选了市区西南护城河畔的南菜园公园为园址，并从园林建设费中出资 150 万以补初期建设费，还聘了文化名人黄宗汉为中国电视剧制作中心顾问。当年故宫博物院的清史专家朱家溍推荐杨乃济为大观园总设计师，任专职项目工程师主持大观园的总体规划设计（李明新，2013）。

杨乃济依据曹雪芹逝世 200 周年纪念展览会上大观园模型的平面图制订规划，还请了著名红学家、园林学家、古建筑学家及清史专家经多次会商修订形成初步规划（张禾，1985）。杨乃济毕业于清华大学建筑系，是梁思成的高足，之前他参与了大观园模型的制作。而说起这个模型还有一段故事，在 1963 年北京要举办曹雪芹逝世 200 周年纪念展览，当时周恩来总理指示请梁思成负责制作一个大观园模型参展，在梁思成指导下由清华教授戴志昂绘制原始蓝图、杨乃济具体设计。戴志昂先生的模型蓝本，是参照了《红楼梦》问世以来几乎所有的大观园图勾画而成，后来戴教授在《清华大学学报》发表《大观园想象图》（杨乃济，1980）。他的想象图从平面关系、建筑群组的相对位置，与《红楼梦》书中贾政和贾宝玉游大观园，贾母和刘姥姥等游大观园，以及凤姐抄检大观园所走的路线次序大致相同，因此决定用戴的图作为模型平面图的基础（杨乃济，1980）。

据戴志昂（2005）等研究，大观园占地146亩比较符合情理，建筑布置上将大观园的主要建筑省亲别墅放在主要风景线上的中点略偏东。在省亲别墅西主要风景线上有潇湘馆、稻香村、牡丹亭、蘅芜院、芭蕉坞等建筑；东边主要是怡红院、长廊、佛尼庵等。从《红楼梦》描述的贾母及元春乘舟游园路线，可知园内的重要院落都可乘船直达，可见园中水池相当大，大观园是以水为主的园林（图5-7）。

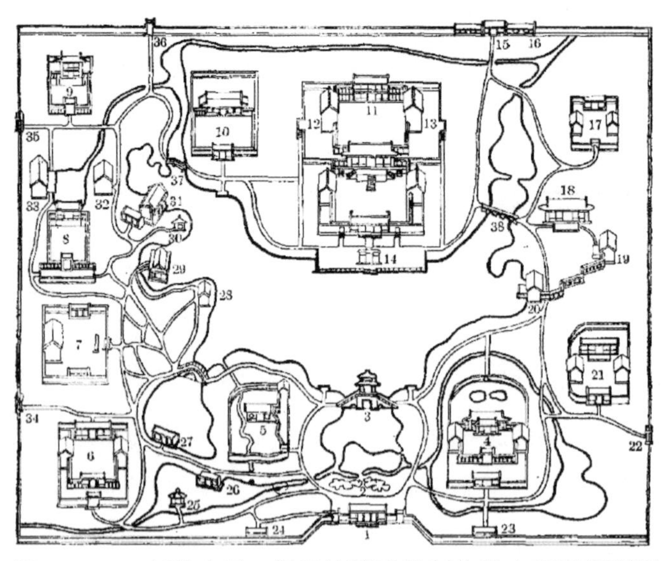

1. 大门 2. 曲径通幽 3. 沁芳亭 4. 怡红院 5. 潇湘馆 6. 秋爽斋 7. 稻香村 8. 暖香坞 9. 紫菱洲 10. 蘅芜院 11. 大观楼 12. 含芳阁 13. 缀锦阁 14. 省亲别墅 15. 后门 16. 厨房 17. 佛寺 18. 嘉荫堂 19. 凸碧堂 20. 凹晶馆 21. 拢翠庵 22. 角门 23. 班房 24. 议事厅 25. 滴翠亭 26. 柳叶渚 27. 荇叶渚 28. 芦雪亭 29. 藕香榭 30. 牡丹亭 31. 芭蕉坞 32. 红香圃 33. 榆荫堂 34～36. 边门 37. 小桥 38. 沁芳闸桥

图5-7 1964年戴志昂、杨乃济等设计制作的大观园模型平面图（引自：杨乃济，1980）

戴志昂的模型图完成后，组织了许多工匠和学生参加制作，按75∶1的比例完成了15平方米的大观园模型，放大后大观园的总面积需占地10公顷左右。模型包括140多座房屋、廊榭、假山花木及人物等，所有建筑都用黄杨和楠木制作，人像由曹雪芹的本家曹宜策（面人曹）塑造。模型构思的精细、设计的科学以及制作之认真奇巧可谓举世无双，该模型曾在日本展览引起轰动，后来在故宫博物院展览并由其收藏。

在大观园的主要风景线上有五处院落景区，即潇湘馆、稻香村、蘅芜院、省亲别墅和怡红院；三个自然风景区，如从稻香村到芭蕉坞，从芭蕉坞到花溆萝港，与稻香村隔池相对的山林；还有两个庵庙景区。但大观园的一切池、台、轩、馆、泉、石、林、塘，皆以芯芳溪为大脉络而盘旋布置，只要抓住这一点其他都是次要和细节了（周汝昌，2002）。

如上所述，杨乃济的大观园规划基本按照当年的模型平面图，而此图是按照曹雪芹描述的几次游园路线勾画的。书中是写了贾政、贾宝玉进园“试才题对额”路线以及其他几条路线，但是由东绕到西还是由西绕到东，在原著中却是没有说明的，学术界也一直没有定论。当时在确定总规时有人提出了一个观点，即建筑布局需从潇湘馆到怡红院按反时针方向布局，也就是一反以往各种图纸和模型的常态，将中轴线东西两边的建筑物和风景点颠倒过来，再作若干局部调整（李明新，2013；林福临，1992）。这个建议得到红学家周汝昌的赞同，经过反复研究最后确定了取逆时针路线规划建筑，故有现在大观园的怡红院在西、潇湘馆在东，与戴志昂的模型相反的布局（图 5-8）。另外，按曹雪芹的原意，大观楼的牌坊、月台、正殿、侧殿、楼阁、复道等，是按一个完整的建筑群来处理的。而在专家讨论中却提出一种新的见解，把行馆分为两组建筑，把正殿与正楼分别安排在大观园中轴线的南北两端。于是大观园整体布局从正门、翠嶂（曲径通幽假山）、沁芳亭到石牌坊、顾恩思义殿（正殿）、大观楼，形成一条中轴线，在其两侧配置了两大景区，西面建筑从南到北依次为怡红院、佛寺道院建筑群（含栊翠庵）、嘉荫觉等祭月赏月建筑群、沁芳闸桥等：东半区是“金陵十二钗”的膳宿场所，这些院落都是沿河（沁芳溪）布置（图 5-8）。对省亲别墅，专家们强调“按制”“严谨”以体现元妃位尊，施工按雍乾时期的建筑风貌，采用大式做法，表现出崇阁巍峨，层楼高起，精雕细镂，富丽堂皇。对于几个主要人物的宅院建筑，如贾宝玉的怡红院取对称格局，三间垂花门楼，四面回廊，正房五间，房后爬山回廊直达山顶敞厅，建筑彩画雕饰，追求富丽华贵；林黛玉的潇湘馆则小巧玲珑，粉墙修舍，翠竹掩映，回廊曲折，清溪绕屋，烘托居者清高的性格；薛宝钗的蘅芜院，以雪洞房屋、水磨砖墙、冰炸纹窗突出冷美人气质；稻香村一道黄泥矮墙，两溜青篱，草顶凉亭，篱内佳蔬菜花一片田园风光（杨乃济，1980；林福临，1992）。

植物造景也要求切合主旨，怡红院植南方的芭蕉和北方的海棠，“蕉棠两植”，突出“怡红快绿”；潇湘馆种淡竹、刚竹、紫竹、凤尾竹，突出“凤尾森森，龙吟细细”意境；蘅芜院不种花木，只种奇藤异草，突出淡、艳、冷清的意境。

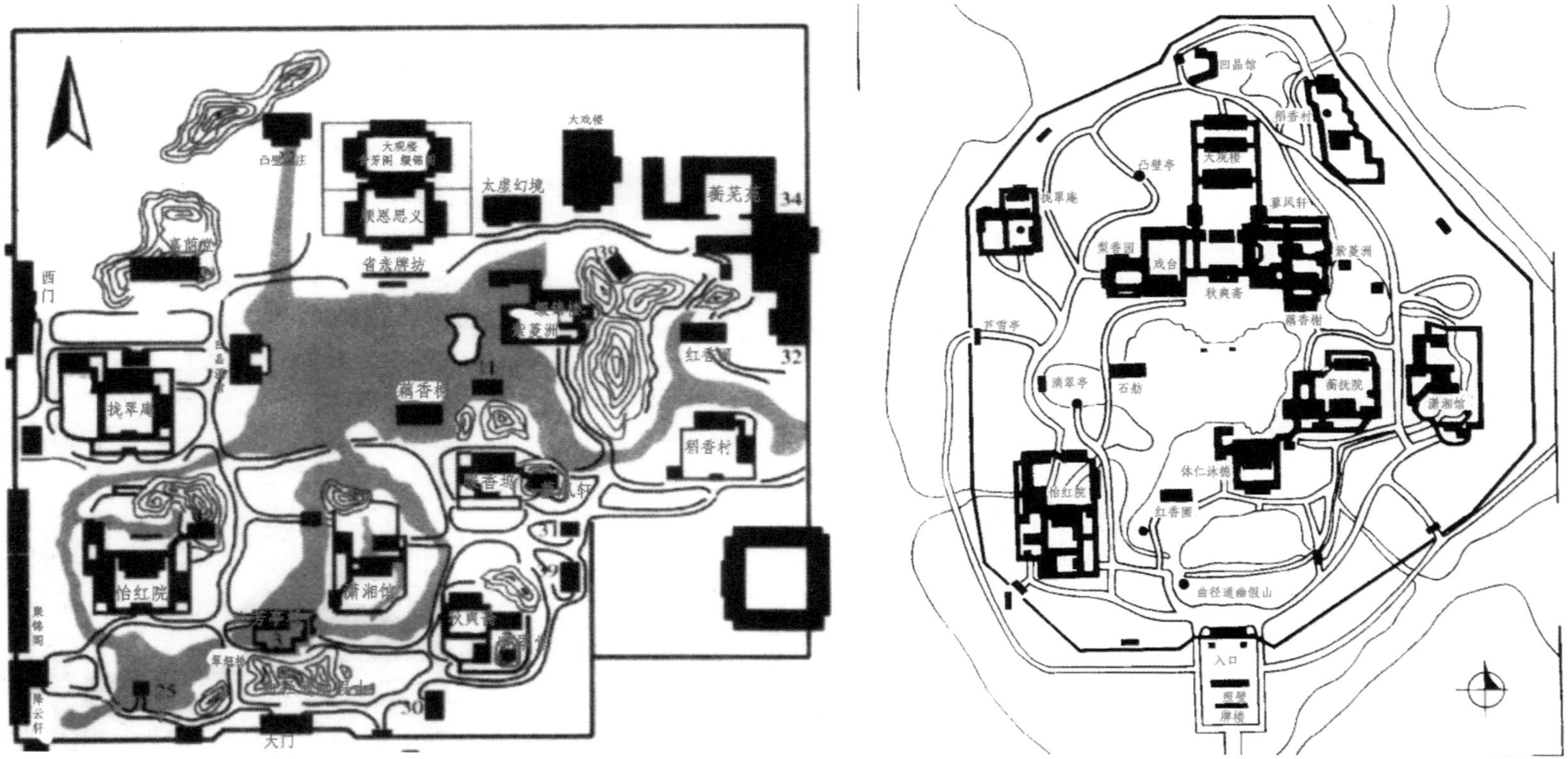

图 5-8　京沪两地大观园平面图
左：北京大观园（引自：杨乃济，1980）；右，上海大观园（引自：上海市园林设计院，2002）

建成后的大观园，占地面积13公顷，园中有40余处亭台楼榭、佛庵庭院建筑。建筑宏阔、高大、端庄，油漆彩绘，墙体厚实，内吊顶棚，这是北方特色；游廊、水榭、曲桥、漏窗、借景、障景，景点布局密度大，颇有步移景换的趣味，这是南方园林风格。白雪红梅，北方很难见；群芳夜宴的火炕，南方不会有。潇湘馆的斑竹座，书中并无，故宫御花园绛云轩里有此做法，吸收进来更符合主人性格（林福临，1992）。

（二）上海大观园——风景区中的复古园林

1978年上海园林局设想开辟淀山湖风景区，吴振千建议可在风景区建大观园仿古建筑群，一方面弘扬中国古典园林技艺，为中国古典园林瑰宝增添重彩；另一方面为淀山湖旅游区增加一个亮点（吴振千，2009）。于是在上海青浦县淀山湖西侧，按《红楼梦》描述的意境建造大观园仿古建筑群，园地面积9公顷。由古建筑专家梁友松和乐卫忠负责总体规划及建筑设计，柳绿华主持全园植物配置及绿化设计，由上海市园林工程公司承接施工，从1980年开始建设至1988年完工，历时8年。

布局上以太虚幻境—照壁—大门—体仁沐德—园心湖—省亲别墅—大观楼为中轴线，显示元妃的皇家身份及大观楼的皇家气氛（图5-8）。整座园子有围墙封闭，在空间布局上既突出了皇家宫苑以轴心为骨架的基本特征，又通过园中园的巧妙布局，将皇家园林和私家园林有机融为一体（上海市园林设计院，2002）。

大门广场立牌楼，上悬“太虚幻境”匾，进门见大假山为全园屏障，假山以石包土形式堆叠，涧、洞、峰、岩、峦俱全。园中水面次第三进，即：门内大假山之后、体仁沐德前为第一进，其东有沁芳桥、西有假山延伸至山洞，形成封闭而四面景观互借的水庭，周围有怡红院、牡丹亭、红香圃；居中大湖为第二进，主要建筑群院落都绕湖布置，正北轴线上为大观楼，对岸体仁沐德，东岸蘅芜院、藕香榭、秋爽斋，西有石舫、怡红院、芦雪亭、拢翠庵等；第三进为东北角的小水面，经藕香榭可通大湖，也可南见潇湘馆、北望稻香村。如是把各组建筑群都组织到水边，但从总体上看依然是各组围着大湖，拥簇着大观楼，聚气凝神、主次分明，水与建筑关系密切相得益彰，水引自北面淀山湖以溪流连接各进水面（梁友松，1985，1989）。在大观园右侧堆土山，山顶凸碧亭为全园制高点，并在园外北面堆山为全园的背景。

全园建筑以省亲别墅之大观楼为中心，从元妃更衣处体仁沐德径直引伸，到省亲别墅大观楼为终点依次递进，与秋爽斋、藕香榭、蓼风轩和戏台、梨香园等构成主要建筑群体。而大观楼建筑对称布局，有北方宫殿建筑的端庄凝重，也有南式建筑的妩媚秀丽，被称为是南式大殿的成功之作。

大观园中各景点植物配置，均系按小说的意境和人物性格设计。怡红院内种植西府海棠、芭蕉和罗汉松，突出了“怡红快绿”的特点。潇湘馆种植各种竹子，点出“凤尾森森，龙吟细细”的意境和潇湘妃子孤高自许的性格。蘅芜院以藤蔓植物为主。拢翠庵放生池后植龙爪槐 2 株，暗示妙玉出身的高贵，用梅及孤竹点出妙玉形象。稻香村进门就是一片园地，都是瓜果蔬菜，以示主人李纨淡泊俭朴的性格。红香圃、藕香榭、紫菱洲分别种植牡丹、芍药和水生植物。用罗汉松、银杏、金钱松、香樟等大树穿插在园中（吴振千，2009）。

（三）两座大观园的简单比较

京沪两地的大观园规划建设时都集合了红学家、园林学家、建筑学家、清史专家等共同论证，但两地大观园的布局和建筑却有着较大差别（图 5-8）。北京的大观园称为“名著园林”，因此更希望遵从原著的描述。而上海的大观园冠以“仿古园林”，是设定原著为创作背景，尽可能再现其场景，也无妨在总体部分加以虚构，形成虚虚实实的整体（梁友松，1989）。

从整体布局看，北京大观园中大观楼建筑群体量相对较小，藕香榭、蓼风轩、秋爽斋等都分散远离了大观楼；而上海大观园却是将这几处戏台和梨香园都集中在大观园周围。大观楼是省亲别墅建筑群的主体建筑，书中描绘大观楼背靠大主山，为水所抱，豪华富丽，一副皇家气派。北京大观园的所在地一带无山地丘陵，缺少气势宏大、巍峨壮观的背景；而上海的大观园虽也在平地湖区，却在园外北面堆起假山为全园的背景，贴近了原著的意境。

另外，两地大观园在处理宝、钗、黛的居所，即怡红院、蘅芜院、潇湘馆三处院子间的关系上则又全不相同。北京大观园将怡红院和潇湘馆安排在相近位置，把蘅芜院置于北边居大观楼西侧，远离了宝黛的住处；而上海大观园却是将潇湘馆和蘅芜院都置于园东，两处院子成为近邻却远离了宝玉的住处怡红院；另外，在《红楼梦》中多次出现的稻香村、拢翠庵这两处的位置在京沪大观园中也完全不同；再有建筑形式、亭桥的风格都有不同（图 5-9，图 5-10），正如“一千个观众眼中有一千个哈姆雷特”，对大观园的理解也自会各不相同。

图 5-9　大观园之沁芳桥亭，林黛玉重建桃花诗社处，京沪两地的结构和造型差异很大
左：北京大观园，白石护栏、石桥三拱，兽面衔吐，四周美人靠（引自：张民，2004）；
右：上海大观园，石结构拱桥，桥上双层亭，四角飞檐（引自：上海市园林设计院，2002）

图 5-10　京沪两地大观园怡红院的建筑风格不同
右：上海大观园，绛芸轩为宝玉生活起居之所，三间周廊歇山卷棚屋顶，殿内梁上砌上露明造（引自：上海市园林设计院，2002）；左：北京大观园，正房五间，四面抄手游廊（引自：张民，2004）

三、城市公园中的古典园林

（一）巧用地形、因地制宜的传统庭园——无锡杜鹃园

杜鹃园位于无锡惠山东麓，面积 32 亩，是典型的山麓园林，1979 年开始由李正主持规划，是改革开放后最早建设的园林之一。园址原为杂木林山坡地，李正

遵循因地制宜的原则将全园规划为两大部分，即中部以杜鹃花、兰花专类园为主的园中园，外围保留自然风景的公园部分。鹃园的中间部分采用传统造园手法，突出江南地方特色，结合地形变化巧妙保存原有大树。在空间布局上序列分明，从北面大门入园即为过亭、迎面照壁，然后紧接回廊——踯躅廊。长廊随势曲折、依山起伏，串联亭、堂建筑，结合岗阜树丛，引连山石、粉墙，分割空间，形成活泼自然的空间半闭合的庭园构图，成为园中园。在设计上让回廊回旋使咫尺园林倍觉迂回，应用框景、对景聚焦视线，提炼艺术效果。在景观序列安排上随踯躅廊依次展开，在回廊绕合的空间中，坡岗种植杜鹃花，层层叠叠创“一园红艳醉陂陀”的意境，遂取名“醉红坡”，意为陶醉而流连忘返。另外，将原有的一条土涧组入园中，涧之两侧背阴处散植兰花，起名“沁芳涧”。涧以枕流亭为尽端，亭下叠石为洞，亭周浓荫匝地，烘托涧源不尽之意境，应对“枕流”之亭名（李正 等，2012a，2012b）（图 5-11）。在亭中可一览醉红坡与沁芳涧，杜鹃如云、幽兰葱郁，一艳、一雅相互映衬，仰望又见锡山塔影，绝好的借景之笔。

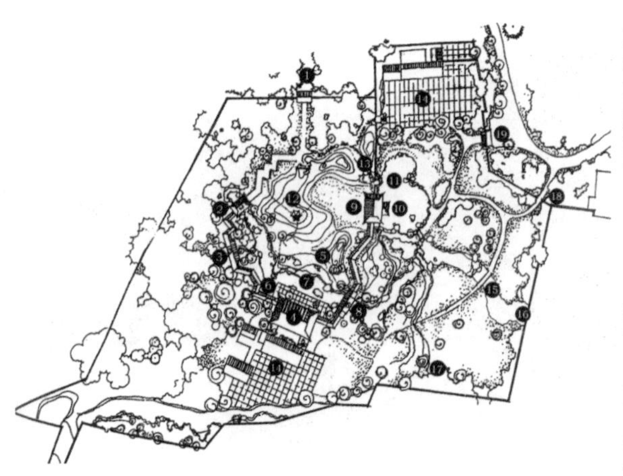

1. 大门 2. 枕流亭 3. 踯躅廊 4. 云锦堂 5. 醉红坡 6. 醉春 7. 沁芳涧 8. 映红渡廊桥 9. 绣霞轩 10. 照影亭 11. 鉴池 12. 山花烂漫亭 13. 云熏霞蔚然门 14. 温室 15. 泻玉桥 16. 乐山乐水榭 18, 19. 边门

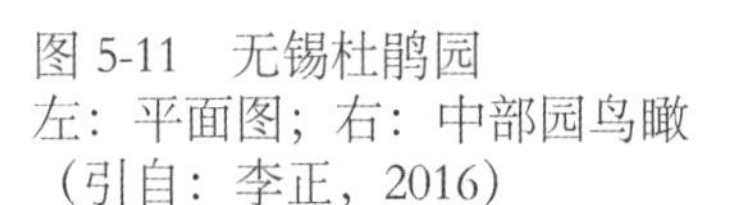

图 5-11 无锡杜鹃园
左：平面图；右：中部园鸟瞰
（引自：李正，2016）

在位于园之西南的回廊中段建云锦堂，此为全园主建筑，紧傍沁芳涧，面对醉红坡，然后随廊向东折，北有映红渡廊桥跨越沁芳涧，再是绣霞轩，轩前草坪，

周围岗阜遍植杜鹃花。此园中园为全园之精华，在设计中尽显古典园林要旨，足见设计者对造园理论不仅有深入的理解，而且能熟练运用之。回廊外面在保留了原有树丛格局的前提下，引入草坪，开挖池塘。临池筑小亭名“照影亭”，池约亩余，开朗明净，池映花影，隔池又见草坪，由此可从边门出园；园中水系曲折贯通，沁芳涧自西北流来在映红渡折北与池相连，又在池南再开挖水面形成狭长溪流，以“泻玉溪”名之，溪水东流经跨玉桥至园界端乐山乐水榭，由榭下暗洞最后泻出园外（图 5-12）（李正 等，2012a，2012b）。

杜鹃园规划建造中刻意保留大树的做法是李正规划的一大特点，他不拘泥于建筑布局的形式，而是按大树的位置调整建筑布局。如刻意让映红渡廊桥介于两树丛之间，云锦堂让位于枫香、乌桕大树，让长廊蛇行斗折于林间树隙等等，从而维护了原来的野生林相，使园容园貌古韵盎然（李正 等，2012a，2012b）。

我国建筑学界泰斗、中科院学部委员杨廷宝教授在看了杜鹃园后称赞道：“这个园子因地制宜修路，因地制宜叠山，因地制宜理水，因地制宜地建了一些房子，确确实实做到了因地制宜，至少给我上了深刻的一课……做到这样是很难想象的。游览此园后印象如读了一篇隽美的华章，文章读完后，余味还在脑中回旋”（李正 等，2010b），实是对杜鹃园设计者李正的赞赏。李正长期在无锡工作，主持设计了无锡市的大部分公园、园林，他的作品蕴含丰富的江南文化，特色鲜明，是继承江南古典园林又有创新的造园大家（详见第三节）。

图 5-12　枕流亭，亭下叠石为洞，接沁芳涧（引自：李正 等，2012b）

（二）浑朴自然的古典园林——合肥包河公园浮庄

1984 年安徽合肥在原来的环城林带基础上改建环城公园，其东段包河水面上有一串小岛，在岛中还有小水池，形成颇有特色的池中有岛、岛中有池的自然景观。在此规划建设了一座古典园林，因其所在小岛犹如一叶漂浮在河面，故称“浮庄”（图 5-13）。

浮庄由扬州吴肇钊设计，总体布局依然以水为主，在岛中设计一南北略长的湖面，园北湖石堆砌的大假山与西南聚土而成的岗阜相对；园中曲廊、主厅、水榭、石舫、曲桥、假山、岗阜都围绕水岸布置形成亲水景观，与园外宽阔的包河水面呼应，很好地表达了“浮”与“庄”的意境。

理水以聚为主，两湖之间有小溪贯通，湖水与溪水动静相对，沿溪流湖石驳岸、几处汀步，石间寸草茂盛、岗阜大树遮阴，增添了许多自然气息。园中山复水转、参差有致，继承了中国造园小中见大、咫尺丘壑的传统（吴肇钊，1992）。在园中登高凭栏，不仅园中主要景物可收眼底，还可远眺隔河隐于树荫中的包公墓园、包公祠堂等。园中建筑采用古典式样，粉墙黛瓦、木质构架、石雕栏杆、蝴蝶瓦饰屋脊，其中明月松风亭为徽州古典歇山亭，雕栏玉砌，曲院回廊。在称为“绿色项链”的环城公园中，浮庄是名符其实的那一粒珍珠。

图 5-13　合肥包和公园浮庄—临水厅廊和西北的湖石大假山（摄于 1990 年）

（三）古朴典雅的江南园林——上海南汇古钟园

明隆庆五年 (1571 年)，上海南汇元代古刹福泉寺主持，为抗击倭寇庇护百姓筹资铸铜钟，钟身铸图 6 幅，刻铭文 2056 字，其祈词为：“金声一震，虎啸龙吟，皇风清穆，海道安宁”，在“文化大革命”期间钟被弃于庭院。1981 年县政府决定在县城建公园置放古钟，园成即名“古钟园”。公园占地 4 公顷，由上海园林局设计室颜文武作总体规划，设钟亭、文源馆、藏拙苑几个景区。钟亭景区居中，四周“梦烟河”水环绕，中间钟亭双层、双重六角飞檐，古钟置亭内石台之上，由南汇县百岁高龄书法家苏局仙手书题额（图 5-14）。亭前一片草坪，亭西山岭遍植青松翠柏，又在亭之四周集中了慕碧山房、瑞春亭、观鱼轩、真趣轩、曲廊等仿明代风格的古建筑以应对古钟所铸年代。河上跨曲桥等造型不同的四座桥，区内黄石叠山，湖石点景，石板铺路，绿树成荫。园之西南文源馆区由花墙围绕成一封闭型庭园，居中聚秀堂，前后分别为观潮阁、曲廊、听雨亭等，周植青枫翠竹，应景点石。园之东南一角另辟儿童园，然而在这处配置了许多儿童游乐设施的园中依然采用了仿古建形式（《上海园林志》编纂委员会，2000；上海地方志办公室，2007）。

南汇古钟园总体布局不同于上述几座典型的仿古园林，而是在现代公园中有古典园林风格的园中园，这种设计风格代表了 20 世纪 50 年代城市公园规划理念的延续。主持设计的颜文武，是当时上海园林设计室的主要设计者之一，他的作品还有上海虹口公园的艺苑、徐州云龙公园的盆景园等，基本都是应用传统造园手法设计的园中园形式。

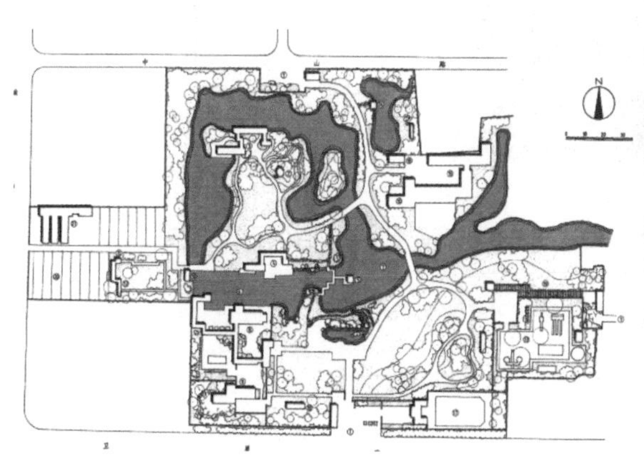

图 5-14　上海南汇古钟园
左：平面图（引自：《上海园林志》编纂委员会，2000）；右：钟亭，双层六角飞檐（引自：上海地方志办公室，2007）

四、带状公园——城市绿道的先驱

我国有许多城市临江河而建，历史上通常把贯穿城市的江河作为主要运输通道，一般都在沿岸修建工厂、仓库。因此出现了为工人居住的低矮住房，基本无绿化设施。20 世纪 80 年代初国家经济复苏，城市迎来了一轮建设高潮，同时开始修编城市绿地系统规划，将绿地建设重点放在了滨水地区。临江修建带状公园可看作是当时城市园林建设的一大特点，如天津海河公园、沈阳南运河公园等，还有如合肥、西安、济南依托市内护城河建造开放性的环城公园，则是带状公园的又一种形式。之后许多城市纷纷效仿，出现环城公园、环城林带、环城绿地等形式，如北京北二环路绿地（图 5-15）、上海市外环林带等。虽然当时绿道的概念尚未引入我国，但在带状公园的设计中蕴含了绿道的内涵，说它们是我国城市绿道的先驱也不为过。

必须指出的是，我国城市在很早就有了带状形式的公园，如杭州西湖的湖滨公园、上海外滩绿地等，程世抚先生也早在新中国成立前就曾提出在上海建环城绿地（林带）的设想。

图 5-15　北京二环路绿带（20 世纪 90 年代）（引自：北京市园林局，2004）

（一）天津海河公园——20 世纪 80 年代城市带状公园兴起的标志

海河是天津的摇篮，是天津的象征。1982 年在李瑞环任市长期间，将海河两岸作为治理城市的突破口，开始建设海河公园，建成长 19 公里、面积 20 公顷的带状公园，成为贯穿市区的风景轴线（图 5-16）。同时在市区规划中将原“丁”字形枢纽改为环形枢纽，建成 35 公里的中环线，沿线设计了 4 条绿化带，并建中环公园，还同时在城市周围规划了 71 公里长、500~1000 米宽，以果树为主的绿化带。海河公园的建设颇具时代特点，如采用市区两级投资、全市各单位集资的办法，同时动员广大群众参加义务劳动，这些做法为其他城市所效仿。有文献记载合肥市在筹建环城公园时，副市长吴翼就曾率队来天津学习海河公园的经验（刘少宗，1997）。

天津园林设计处的傅克勤主持了海河公园规划，总体布局上采用分段划分景区的方法，每区各具特色。沿河展开六个花园和两个广场，即：青年园、草花园、春花园、夏花园、月季园和秋花园，以及中心广场和解放路绿化广场。以百米距离分设景点，用草坪树丛构成的绿带相连，组景序列富有层次与韵律感。同时充分考虑了海河水景的特点，临水修路、缓坡护岸以方便游人亲近水面。中心广场突显时代特色，装有声控、配以彩色灯光的大型喷泉，成为公园构图中心。为与附近租界的欧式老建筑相协调，建筑设计采用比较现代、新颖的格调，适当融合传统民族风格（刘少宗，1997）。

以植物种植为主要特点的几个园中，面积较大的秋花园，全长近千米，绿地比例达 77%。仿自然山林采用丘壑式布局，平面曲折、小丘叠落、曲径盘桓，景观变化有序。一道土丘在园与道路间形成屏障，山顶筑亭、临水建廊；种植设计以秋景植物为主，如黄叶白蜡、黄栌、栾树、火炬树、金银木等，在黑松、桧柏、云杉等常绿树木的映衬下展现层林尽染的秋意。

（二）三座城市同时期建造的环城公园

早在 20 世纪 50 年代，梁思成就有关于环城墙建造公园的论说。他在《关于北京城墙存废问题的讨论》一文中，对北京城墙公园美景有过这样的描绘：古城墙和护城河一起组成环城“绿带”公园。护城河内可以荡舟钓鱼，冬天又是一个很好的溜冰场。宽阔的城墙上面可以砌花池，栽植丁香、蔷薇，再安放些椅子。夏季黄昏，可供数十万人纳凉游憩。秋高气爽的时节，登高远眺，俯视全城，西北是苍苍的西山，东南是无际的平原。还有城楼角楼等可以辟为陈列室、阅览室、茶点铺。这样一带环城的文娱圈、环城立体公园，是全世界独一无二的（梁思成，1982）。不过他的愿景并未实现，随着北京城墙的拆除，全国各地的城墙多数不能幸免，有的连护城河也一并消失了。然而，到了 80 年代初，合肥、西安、济南

三座城市，几乎在同一时期想起利用原来的城墙、环城河及绿化带规划建造环城公园，用它串联起历史文化遗址及自然景观，构成颇具特色的公园。这是否就是对梁公多年前意愿的响应就不得而知了，但受其影响应该是有可能的。

1. 合肥环城公园

20 世纪 50 年代初，像全国许多城市一样，合肥也拆除城墙修建了环城道路，但幸运的是，时任安徽省委书记曾希圣指示“环城一带不要随便盖房子，应该用大量的树木把它绿化起来”，于是在墙基上植树形成了环城林带。林带最宽处 90 米，主要是刺槐、枫杨、杨、柳、枫香、松，如果当时拆除城墙后即建成大马路就没有修建环城公园的基础了。据吴翼回忆，在 1978 修编城市总体规划，安徽省委书记万里同志指示要利用好环城林带（吴翼，1993b）。环城公园作为重要的规划项目，第一次提出并纳入总规，在规划说明书中明确老城区绿化基本是一环一线，绕古城墙一周将建成环城公园。那时吴良镛、冯纪忠、杨廷宝等大师来合肥研究中国科学技术大学校址时，肯定了环城公园建设及“一条项链四颗明珠的说法”（程华昭，2012）

1981 年，合肥市规划院陈秀珠撰写了《合肥古城墙的改造与公园环》的报告，其中写道：环城林带是带状绿地，与城市的接触面广、接近居民，改造成公共绿地性质不仅兼有小型园林的特点，在游憩效益和街景效益上有胜于块状园林。同时建议，将环城林带和护城河外围沿河土地一并划作环城公园用地，并将毗邻的逍遥津、包河及杏花公园等成片绿地连接起来，建成一个以“带”串“块”的绿地，以构成朴实的大自然景色为主的风格。陈秀珠是时任合肥市副市长兼园林局长、

图 5-16 天津海河公园鸟瞰（2000 年）
（引自：《天津风光》摄影编辑部，2002）

著名园林专家吴翼的妻子，这个建议应可看作是他们共同研究的成果（尤传楷，2015），也成为后来环城公园规划的基本思路。

在时任省委书记万里的直接倡导下，1983—1985 年开始编制环城公园总体规划，1986 年完成初步规划的西山及银河景区修建。合肥市园林处总工劳诚主持完成总体规划图、西山景区及银河景区的详规，设计了庐阳亭、稻香水榭、引曦阁、茶室等建筑；葛守德作银河景区种植设计，蔡一冰、窦跃华负责西山景区种植设计；环北景区在吴翼等领导的直接指挥下，保留原来树木的基础上补植大量的常绿及花灌木；扬州园林处吴肇钊完成包河浮庄的设计；公园入口广场的九狮雕塑为中央美院王熙民教授的力作，万里还题写了“环城公园”。1996 年又规划了环西景区，琥珀潭－黑池坝，总平面规划由劳诚为首、杭昊及合肥工业大学李早等组成的设计团队合作完成，采用高差大的环境特点，塑山围潭，创造壑险潭深之美（图 5-17）。至 2000 年环城公园全部建成，前后用了 17 年的时间（劳诚，1987）。

从总体上看环城公园是大面积、长距离的自然式风致园（仅局部为规则式），犹如一幅秀丽的山水画长卷，而整个公园（除几处园子外）是开敞式的，处处可以入园（劳诚，1987）。从造园艺术上讲，是以历史人文自然环境为依据，继承我国古典造园艺术传统，结合现代公园设计理念，在一个带状区间或分散布置亭、廊、轩、榭古典园林建筑单体，或集中建成封闭式的传统庭园形成若干游览空间。公园以植物造景为主，亭榭点缀为辅，保留成片高大乔木林，形成大面积的自然丛落式植物造景，起到遮阴和形成主景林缘线的作用。园林建筑仅起点缀景色的作用，如西山、银河两景区，园林建筑面积仅占千分之四。同时在不同景区大面积种植不同色叶树种，如西山景区以秋叶树种为主，火炬树、乌桕、枫香、五角枫、三角枫、银杏等；在玩赏的景点，选择树种，创造静观效果，如在小岛上栽植樱花、桂花、红叶李、花石榴、紫薇、榔榆等（劳诚，1987）。

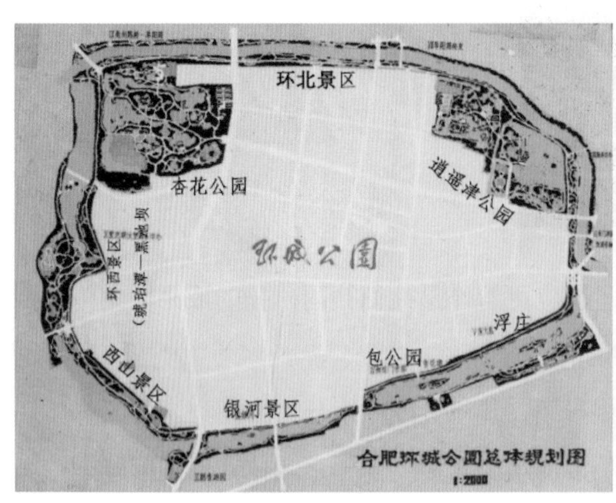

图 5-17 合肥环城公园
左：平面图；右：包河景区鸟瞰
（引自：合肥地方志办公室，1992）

园中所有建筑都为苏扬或徽派风格，临水而建，粉墙黛瓦掩映在绿色的树林之中，与一带河水相映，波光云影尽显江南风光。树冠下曲折的小径拉长了时空距离，随处可见的岔路自然地引伸至水边、路边，构成便捷的游览路线，环城公园环绕泸州老城被誉为“翡翠项链”。

2. 西安环城公园

西安市明城墙位于西安市中心，是西安城市格局的重要组成要素和历史记忆、城市文脉的重要载体，现为国内规模最大的古城墙。全长 13.9 公里，在 20 世纪 50 年代全国拆除城墙运动中能如此完整地保存下来可说是一个奇迹。1953 年，《1953 年～ 1972 年西安市总体规划》明确规定要合理利用旧城及其周围原有的环城林、城墙、护城河共同组成环城风景带，还把护城河纳入西安城排水系统（西安市地方志编纂委员会，2000）。

1982 年，陕西省委第一书记马文瑞提议整修城墙并建环城公园（陕西档案，2011），1983 年国务院针对《西安市城市总体规划（1980—2000 年）》批示，“要尽最大可能发掘和利用明城墙、护城河及环城墙周围的绿化地，根据其特点建成优美的环城公园”。市政府提出维修城墙，明确环城公园是历史文物性的公园，“园林的布局规划设计，树木栽植、小品设置等都要服从这一性质”，以古城墙为主线在原环城林带基础上改建为环城公园（董芦笛，2012）。

西安环城公园全长近14公里，宽度在30~200米之间，由城墙外侧沿护城河绿化带、护城河及其外侧绿地三部分组成，还包括明代城墙，具有独特的景观风貌（图5-18）。当时规划提出“古朴、粗放、有野趣”的理念，采用传统园林式设计手法，变换空间布局，弱化城墙、护城河一览无余的空间感受。在总体布局上依城墙走向划分为四大园区，以相应的城门命名为宁园、安定园、安远园、长乐园。1990年环城公园面积达48.46公顷，树种130余种、木本花卉23种、草坪28.24公顷。

之后环城公园又经历了两次较大的改造，20世纪90年代后期以草坪与规则式绿化为主；2000年后采用城市广场式绿化，增添人工景点，如叠石造山、增建角亭、木亭、草亭、花架和园林小品，建成溪流、鱼池、亭台等，沿河岸大面积砌石墙河岸，环城公园更具城市公园特点（西安地方志编纂委员会，2000）。

西安环城公园在整体上强调东、南、西、北各具特色，如环东段河床低下、河沟狭窄，在东南角置石堆山；环南段采用现代设计手法建成小游园和绿化广场，设计水池、雕塑；西北段则保持自然基调，采用大量草坪和蜿蜒的小路。环城一周建成牡丹园、樱花园、吉备真备纪念园、山楂园、石榴园等特色园，保留原有古柏，在林带中建亭廊、雕塑、诗碑、运动器械等。园内小路，曲直结合，迂回有趣，一侧敌台、马面、垛墙围绕规则而有节奏；另一侧，疏林草地，视线深远。此外，人们还可登上城墙，俯瞰古城内外风光（图5-18）。

图5-18 西安环城公园，示城墙和绿带一体
左：1990年建成不久；右：2010年改造后西门一带
（引自：全磊，2014）

虽然因各个时期改造公园的理念有所不同，从而一直没有形成统一、延续的基本设计原则，但早期种植林带已经形成连续的冠际线，成为构成城墙风貌形象的主体元素之一，不失为一种协调历史风貌环境的设计手法（董芦笛，2012）。

3. 济南环城公园

1950 年济南拆除城墙但护城河整体形态得以保留，成为嵌入城市肌理中的一条城中河，全长 6.72 公里。济南的护城河是蕴含丰富历史人文的文化河，沿河有唐代名将秦琼故居遗址、元代名园万竹园、一代词人李清照旧居和济南解放纪念阁等。据传上古时娥皇、女英与舜的凄美故事就发生在这里，故俗称娥英河；另有琵琶泉、九女泉、玛瑙泉，“白云怡意，清泉洗心”。护城河又是济南的景观河，沿河景色秀丽、泉水清澈，还包含了济南名泉黑虎泉及五龙潭泉群之一部分，连接趵突泉、大明湖，集自然与人工景致于一体，是济南的环城风景带。

济南城市总体规划把沿环城河岸 30 米地段划为绿地，提出利用环城绿带把城、河、湖与四大泉群联系起来，形成一个以湖山泉水为特征的园林绿化中心，突出泉城特有风貌。在此规划理念指导下，1984 年王立永主持了环城公园总体规划及设计，王立永还另外设计了植物园、五龙潭公园等。

重点规划长 4.71 公里、面积 26.3 公顷，河道宽 10~30 米，两岸绿地宽 10~50 米，形成别具特色的护城河环状泉石园林景观（图 5-19）。具体将公园划分为 4 个部分：

其一，东护城河。用植物造景设计四季花园：冬景园，遍植松竹梅；春景园，植迎春、连翘、碧桃、海棠等春色花木；夏景园，榴林绕屋、紫薇生辉、夏木荫荫；秋景园，临水建春华秋实建筑与隔岸解放阁相对，选用秋色树种，形成枫叶如丹、菊花遍地、秋实累累的景象。

其二，南护城河。以黑虎泉为中心建泉石园（图 5-20），这里水面宽阔、地形起伏，飞瀑涌泉、怪石嶙峋，依势而建临水亭榭清音阁、五莲轩、伴月亭等仿古建筑，隔河可见绿荫簇拥中的解放阁，是游人攀缘登高、踞石垂钓、凌波泛舟之佳地。

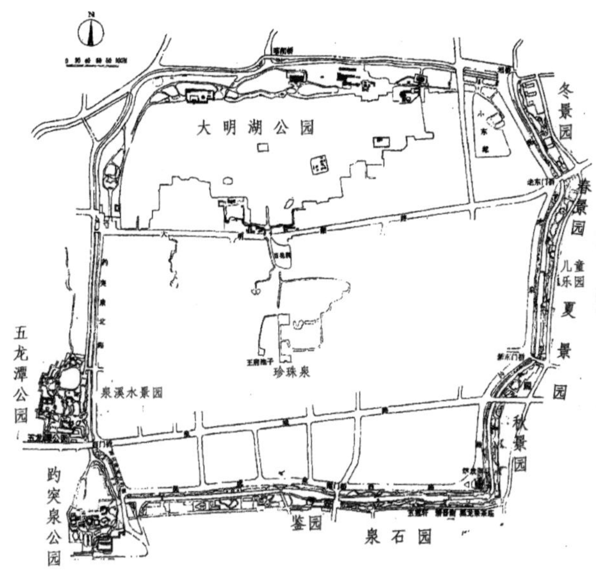

图 5-19　济南环城公园平面图（引自：王立永 等，1992）

图 5-20　济南环城公园泉石园，五莲轩、清音阁依泉而建（引自：刘少宗，1997）

其三，西护城河。与五龙潭公园相对，修葺“五三”花卉纪念园，竖“五三”惨案纪念碑，河边垂柳，园中多植月季、蔷薇、绣线菊等。

其四，西护城河南段。为泉溪水景园，与趵突泉公园相邻，包括古温泉、月牙、洗心、回马诸泉。泉水汇成一股清流注入护城河，利用原月牙池以湖石砌筑小溪，泉出石下、水漫石上，有“清泉石上流”的意趣，溪北构筑起伏地形植松、柳、桃为水泉之屏障。在大明湖东门外辟建广场，建喷泉、置雕塑，将环城公园与大明湖连接起来。

另外，在环城公园的几座桥头两侧分别建小游园，点缀雕塑小品、植物造景展示四季变化（王立永 等，1992；黄永河，2009）。

1986 年环城公园建成，但由于疏于管理，护城河沿岸有大小排污口 150 余个，护城河成了污水沟，之后在 2002 年和 2007 年进行两次大规模的修建，包括砌石驳岸、铺设游览步道、设置园林小品、沿河植柳，突出展示济南市树的绿化景观，同时实施清淤截污工程改变护城河兼有的排污功能，实现了全线通航（于超群，2007）。

4. 三座环城公园的简单比较

合肥、西安、济南三座城市率先开创我国环城公园建设，尽管三个城市所处地理位置不同，但从规划设计到建设都具有许多相似之处。首先是彰显地方特色，尽量展示丰厚的历史地域文化，如：合肥构建包公历史文化景观；济南借用名泉展现济南人爱泉、赏泉、品泉和护泉的历史记忆；而西安依据保留完好的古城墙，构成立体化公园，最具独特的景观风貌。其次，在建园初期，合肥和西安两地都保留了 20 世纪 50 年代营建的林带，它们成为植物造景的基础，树种组成主要以乡土树种、高大乔木树种为主。特别是在合肥环城公园，树木密度较大、树冠覆盖率较高，已形成良好的林地环境，在纵向上展现了强烈的连续性。再次，三个环城公园在空间组织上，都充分考虑到长轴方向上的景观序列和层次，通过分区营造不同景点造成空间丰富性，如：合肥环城公园，其南侧的 4 个景区基本为传统园林格局，然而以林带为背景，通过临水建筑单体设计、围合的园林布局、植物组团和雕塑等设置营造丰富的变化；济南和西安则都采用建造不同小园、花园的方法造成景观分异。三座环城公园的规划理念、设计手法、植物材料及建筑小品的运用，为我国城市带状公园的建设和发展提供了参考，是 20 世纪 80 年代我国城市园林的一个重要创新。

五、中国古典园林的输出

16 世纪大批欧洲传教士开始进入中国，他们将中国文化包括建筑、园林带入欧洲。1749 年，在乾隆朝供奉内廷的宫廷画家、法国传教士 Jean-Denis Attiret(中文名王致诚) 给法国友人的信中详细描述了圆明园，他的这封信传到英国引起极大反响。1757 年，英国园林师威廉 · 钱伯斯出版《中国建筑、家具、服装、器皿设计》一书，还创造了 Chinoiseries 一词来泛指中国艺术风格，他在伦敦邱园设计了中国园和中国塔。园林史家把中国园林传入欧洲看作是影响 19 世纪英国风景园林形成的因素之一。然而，真正把中国古典园林建到国外去的则是在 200 余年后的 1978 年，即由苏州古建公司在纽约大都会博物馆建造的仿网师园殿春簃的中国庭园明轩。

（一）明轩——输出国外的第一座古典园林

明轩是我国向国外输出的第一个古典庭园，也是改革开放后中美之间最早的文化交流项目之一，对后来的古典园林出口产生巨大影响。当时参与建造明轩的人很多，对整个过程有不同的回忆、也出现了多个版本。关键是谁最先提出仿制殿春簃的，设计者是谁。为了对这一段历史有客观的了解，作者在比较大量文献记述后归纳了明轩建造过程几种说法。

（1）Murck、Alfred 和方闻的说法。他们编著的《中国庭园：纽约大都会艺术博物馆的阿斯特庭园》（A Chinese Garden Court: The Astor Court at The Metropolitan Museum of Art）一书，记述了明轩的一段历史。1976 年纽约市大都会艺术博物馆购得一套明式家具，其中部分款项来自其董事文森·阿斯特夫人基金会。博物馆官方称，他们认为阿斯特夫人的童年曾在北京度过，对中国园林记忆深刻，建造一所类似苏州网师园内小庭院陈列这套明式家具最是合适。1977 年，大都会博物馆远东事务顾问、普林斯顿大学东方美术系教授、美籍华人方闻，来中国与同济大学的陈从周一同参观了苏州园林（Richard，1979），他们一致认为网师园中的殿春簃应作为博物馆拟建庭园的基础。这基于几个原因：首先，殿春簃的大小正适合博物馆设想的场地；其次，这符合最初提出的简洁和协调的建筑设想（Murck，1980）。馆方请了美籍华裔舞台艺术家李明觉设计，他依据一些建筑图和照片画出设计图及模型，苏州园林局对其作了许多修改，还提供建议作为设计一部分的太湖石照片，1978 年双方签订了工程协议。这一说法有两个关键点：一是，陈从周与方闻决定仿制殿春簃，最可能是周先生最先提出建议的；二是，明轩的设计是在李明觉的设计基础上修改的，当然苏州园林局的作用最大。

（2）许多国内文献明确陈从周先生向大都会博物馆提出移植殿春簃的建议，而且整个创意构思都来自陈从周。阮仪三、刘天华撰文记述此事，都是引用了陈从周对他们讲过的话。陈先生说："既然是明代的家具，就应该放在明代的花园里，我来给你们找一个正宗的明代花园，用不着费功夫去设计。你们这几件家具放到那样的花园里再合适不过了。"于是陈先生就带他们到苏州网师园，选定了殿春簃这个院落（阮仪三，2010）。陈先生在同济接待了方闻教授，后来他对阮仪三说，当时他提出了两点：一是明式家具必定要配明式园林，而目前保存下来的明园都集中在苏州；二是反对集大成式的新设计，建议搬一处雅典古朴的庭园去美国，原汁原味地展示古园的风采。对此方闻完全赞成，最后选中网师园的殿春簃。殿春簃在网师园中园池的西面，是一个封闭的小院，墙边走廊连着两间厅房，是园主的画室。院内花圃中栽种的是芍药花，开时洁白清香。芍药开花在春末，故称“殿春”，以应暮春之景。簃为篱边小筑之意（阮仪三，2006；刘天华，2010）。

1978 年陈从周先生赴美考察博物馆现场。“……在从周先生的精心策划下，经过中美双方艺术家、技术人员和工人的共同努力下，这一硕大的中国传统艺术珍品……获得了极大的声誉”（刘天华，2010）。陈从周的构想，庭园以殿春簃为蓝本，建筑物以明代风格为特色，叠山理石以明代山水画作为范本来营造，以“明轩”命名。而陈从周（1999）自己也说过：“在晚年的园林实践中，有三件大事，其一是 1978 年开始的将苏州网师园‘殿春簃’书斋移植到美国大都会博物馆内，改称‘明轩’的园林建筑，开苏州园林或中国园林出国建造之先河……”

（3）苏州日报的说法。2011 年 5 月 27 日，苏州日报发表沈亮的署名文章《苏州传统文化的魅力，也令世界各国人士瞩目》，指出 1977 年方闻在上海锦江饭店与陈从周进行了深入交谈讨论，终于领悟苏州园林的环境才是衬托明代家具的最佳背景。然后，1978 年方闻发信向中国文物局求助在大都会博物馆建造一所中国庭园，经国家文物局和国家建委协调，苏州园林部门接下了这个建造项目。1978 年 5 月国务院批准（具体为国务院副总理耿飚），并由国家建委主持成立援外工程班子，张以华、章表荣任总负责。邹宫伍、陶维良、石秀明、张慰人、王祖欣等在研究美国提供的现场具体资料及李明觉的设计构思和方案后，完成了新的设计图纸。11 月 11 日国家建委邀请陈从周担任顾问，与章表荣、陶维良等携设计图纸和模型一同前往美国，大都会博物馆与苏州园林处签下了建造合同，该工程后由方闻命名为“明轩”。按照合同，同样的工程要做两套，第一套建在苏州东园为实样，1979 年 4 月落成，5 月阿斯特夫人及博物馆负责人等实地考察，阿斯特夫人深深为其折服，然后组织施工队伍赴美组装在苏州制作的构件。

（4）当年参与建造明轩的张慰人（后任苏州园林设计院首任院长）却有另一种说法。1978 年春他从国家建委城建局得知要在美国建一座中国庭园，1978 年 6 月依照城建局的要求，绘制了一份殿春簃的实测图，还在“这之前向北京报过一份按殿春簃绘制的草图，已被中美联络处的人带到美国去了，后来邀请陈从周担任了顾问”（姑苏晚报，2015-07-31）。

当时苏州园林局和南京工学院都参与了设计。苏州园林局的设计由张慰人、邹宫伍（陈从周学生）、王祖欣等完成。南京工学院方面的设计由潘谷西、叶菊华和乐卫忠等于1978年10月完成，是在网师园殿春簃这个院子设计的，包括平、立、剖五张图，潘谷西还画了院子的一组剖面图和方案透视图，平面图画得很细，铺地、水池、假山都画出来了（潘谷西，2016）（图5-20）。因为南京工学院有刘敦桢教授打下的江南园林的研究基础，他们的设计水平很高，正如张慰人说的，南工的设计图画得比他们的漂亮，但因“假山太高，楼板无法承载”的问题而落选。

从上面几个不同版本的叙述应可明确几点：首先，从时间序列看，选择网师园殿春簃是方闻和陈从周的共同决定，时间在1977年（张蔚文得知时间已是1978年）。而方闻的决定显然是因有了陈从周的推荐。这很容易理解，因方闻虽然祖籍无锡，1930年出生于上海，但毕竟在18岁时就赴美留学，对于苏州园林的理解当然不会有陈老深刻，而陈老既然提出采用明式园林，在他的心目中一定有了选择，这就是殿春簃。陈老对网师园是有着特殊感情的，因为殿春簃原是他的老师张大千及其兄弟张善子的画室大风堂，陈老赞誉网师园是公认的小园极则，“少而精，以少取胜”正适合大都会博物馆的方寸之地。

其次，由上所述，明轩的具体设计涉及三方，即李明觉、苏州园林局张蔚文等和南京工学院潘谷西等。施工设计最有可能是苏州园林局设计人员所为，但应该是吸收了李明觉的方案，当然陈从周作为顾问自会有不少创意和构思为其所用。至于南京工学院潘谷西等的设计是否也起到作用，施工单位没有说法，潘谷西也说“图纸给了他们之后，就一直没了消息”。然而2017年在同济尚谷设计教育网站出现了一篇博文，还附上了图（图5-21）。文中写道：“对照明轩的建成效果，却几乎与当年潘谷西团队的设计一模一样。虽然明轩的设计有网师园的殿春簃作为明确的参考原型，但也很难想象苏州园林处与潘谷西团队完成了几乎完全一样的设计。”（“纸上建筑IPA”公众号，2017-08-14）其暗喻不言自明，也许可说明上述三方对明轩的设计都是有贡献的。

图 5-21　上：潘谷西的明轩设计图；下：纽约大都会博物馆的明轩
（引自："纸上建筑 IPA"公众号，2017-08-14）

（5）关于明轩施工的记述是比较一致的。据《苏州日报》报道，明轩建筑都是在苏州完成的，当时请来了香山老师傅制作构件。经国家特批柱子用四川的楠木作，其余均选用上好的银杏、香樟，砖瓦全在陆墓御窑定制。1979 年 10 月明轩工程构件共计 193 箱从上海启程运往美国，由 27 位工匠组成的施工队随即赴美安装，他们当中还有几位 70 岁高龄的老师傅，《纽约时报》发专文作了报道，对于他们使用的古老技艺、手工作业的工具，甚至生活起居都有详细的报道。经过 5 个多月的施工，1980 年 5 月 23 日明轩工程全部完成，6 月 18 日正式对外开放引起轰动，有多位美国政要来参观（纽约时报，1979-01-17）。

阮仪三（2006）如此描述明轩："进得门里，只见一石一木布局得极其精巧，泥木工艺甚为精湛。花台在前，绿意盎然；亭半座，石阶数步，浅池一泓，游鱼可数，孤石几块，玲珑透剔，庭院不广，适得其所。北面房楹三间，白粉墙，方砖地，长窗隔扇，分室内外。屋内漏窗亦成景色，仿照苏州原样，一丛修竹，一块顽石，几株芭蕉翠绿欲滴，纯是自然图画。"

（二）继明轩后的古典园林输出

明轩在美国大获成功推动了古典园林走向海外，不久在加拿大温哥华中山公园内建造了逸园，在德国慕尼黑国际园艺展览会建造了在欧洲的第一个中国园林芳华园，在英国利物浦建造了燕秀园；还有在德国法兰克福的春华园、杜伊斯堡的郢趣园，泰国曼谷的智乐园，日本大阪的同乐园等等（表 5-3）。在之后的 30 年间，有 40 多座苏式园林先后落户 30 个国家及地区。在海外，扬州园林也达到 11 座，尽展中国古典园林的风采，同时也成就了一代传统园林设计师。

表 5-3　20 世纪 80—90 年代在海外建造的主要古典园林

1983 年，德国慕尼黑西公园的中国园之芳华园，岭南园林风格。为国际园艺展览会而作，是欧洲第一座中国古典园林。由郑祖良、何光濂、吴泽椿等设计（引自：王缺，2015）	1984 年，英国利物浦燕秀园，仿北海静心斋，宫廷园林神韵。由李嘉乐、李志敏等设计（李嘉乐摄；引自：刘少宗，1999）	1985—1998 年，美国纽约斯坦顿岛植物园的寄兴园，苏州留园的姐妹园，完全仿真。由北京中外园林建设总公司苏州分公司设计（引自：中国风景园林网）

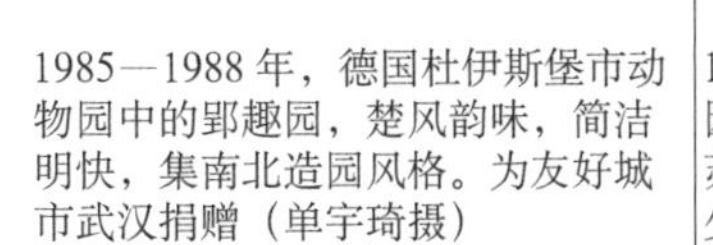1985—1988 年，德国杜伊斯堡市动物园中的郢趣园，楚风韵味，简洁明快，集南北造园风格。为友好城市武汉捐赠（单宇琦摄）	1986 年，加拿大温哥华中山公园内逸园之枫华堂，山池居中建筑环绕。由苏州园林院王祖欣等设计（引自：刘少宗，1999）	1986 年，澳大利亚悉尼谊园，自然式布局，运用中国古典园林手法表现自然山水和岭南风貌。由广州园林建筑规划院金人伯等设计（王秉洛摄；引自：刘少宗，1999）

（续）

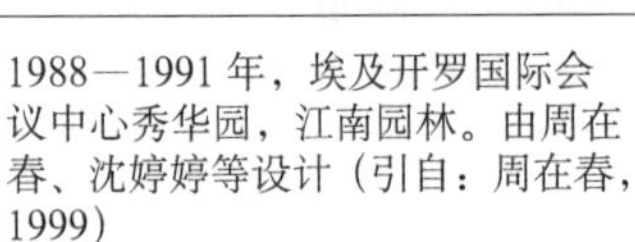 1988—1991年，埃及开罗国际会议中心秀华园，江南园林。由周在春、沈婷婷等设计（引自：周在春，1999）	1988年，日本横滨，上海—横滨友谊园，上海园林风格，九曲桥、木兰堂和重檐八角湖心亭。由周在春、秦启宪设计（引自：周在春，1999）	1988年，泰国曼谷国王纪念公园中的智乐园，为中国政府赠送泰王的寿礼。由张昆先、沈惠身等设计（沈惠身摄；引自：刘少宗，1999）

1989年，德国法兰克福春华园，徽州水口园林风格，用徽州的“砖、木、石、竹”四种雕塑点缀。广州政府赠送，徽州古建筑研究所设计营造（引自：中国风景园林网）	加拿大蒙特利尔梦湖园。明朝园林特色（乐卫忠摄；引自：刘少宗，1999）	1992年，新加坡裕华园中的盆景园蕴秀园。展现湖石水景的苏州古典园林艺术意境。由王祖欣等设计（张慰人摄；引自：刘少宗，1999）

1993年，荷兰格罗宁根哈伦植物园谊园，清代江南山水园林风格，呈现江南水乡景观。由乐卫忠、还洪叶设计（引自：周在春，1999）	1993年，德国斯图加特清音园，以瘦西湖静香书屋为蓝本，融入扬州园林的山水花木元素。为国际园林节所作，由吴肇钊设计（引自：吴肇钊，1992）	1997—2000年，德国柏林得月园，水面为主，配以中国南式建筑，典型的中国自然山水园。由金柏苓设计（引自：金柏苓，2015）

第三节

20 世纪 80 年代主要园林设计师

一、20 世纪 80 年代园林技术人才结构简述

从 20 世纪 20 年代以来，在我国从事园林研究及造园实践的主要有两类人：其一，建筑师及具有工程教育背景的人；其二，园艺师等具农林教育背景的人。而在中国传统园林研究及设计领域中的一代大家，如享有盛名的刘敦桢、童寯、夏昌世、冯纪忠、陈从周等都是古建专家。即使到了 80 年代，在老一辈的古建专家逐渐退出的情况下，古典园林复建、整修依然是以学建筑的专家为主体的。其中一个主要的原因是，建筑在中国传统园林中是占了很大分量的，所以后来有了“园林建筑”这一术语以区别于一般建筑。

70 年代“文化大革命”结束后，园林建设逐渐复兴，一些城市开始整修在“文化大革命”中遭受毁坏的古典园林，同时也新建一些以古典园林风格为主的公园等，这时的园林设计队伍已与 50—60 年代有了很大不同。首先，在 50 年代主持各地园林设计的老一辈造园家，除了冯纪忠、陈从周、孙筱祥、郑祖良等外，大多因年龄偏高或身体原因已较少从事具体工作；其次，在设计队伍中出现了一批新生力量，他们都是新中国成立后自己培养的园林专家，从而形成了新的“老中青”结构。

这时的“老”是指民国时期接受教育、依然没有脱离岗位的少数老一辈造园家；“中”是指新中国成立前后毕业的专业人员，在 50 年代他们一般是老一辈造园家的主要助手，也有的自己主持过一些园林设计，他们被“文化大革命”耽误了 10 余年，此时已值中年，终于遇到了前所未有的机会，因为有扎实的理论基础，也有过实践经验，理所当然成为设计队伍的主力，其中主要有李正、吴振千、梁友松、刘少宗、孟兆祯、叶菊华等；“青”是指一帮毕业于 60 年代的人，他们刚开始工作就遇到了政治运动，除了少数人外大多缺少设计实践。然而在 80 年代起这代人

逐渐崭露头角、并成为未来20年的主力，其中很多人还担任了各地园林部门的负责人，如檀馨、周在春、金柏苓、吴肇钊、傅克勤、王祖欣等。

1951年，我国第一个“造园”专业，改变了“造园”只是在建筑专业或园艺专业（农林等）中一门课程的历史，是教育史上第一次将建筑和园艺教育合并培养园林人才的创举。这个专业先在清华后到北京农大，1956年调整至北京林学院，从1952年只有8位毕业生至60年代每年招收数十位学生，至1965年专业被撤销前已培养了数百位毕业生。另外在1962年前后，南京林学院、沈阳农学院、武汉城建学院等院校也开设园林专业。但在“文化大革命”前园林专业的毕业生主要来自北林，因此到了改革开放初期在各地的园林专业领域，包括政府部门、高校学科带头人，特别是园林规划设计人才，大多为北林园林专业的毕业生。1989年中国风景园林学会成立大会近百名代表中，北林园林系师生占了56席，因此被刘秀晨称为“北林风景园林现象”（刘秀晨，2012），他们正是上述中、青两代人中的骨干。这里仅选几位极具代表性的园林设计师作简单介绍。

二、古典园林建造依然是建筑师的主要实践

（一）李正——撑起无锡园林建设的造园名师

无锡地居太湖之滨，丰厚的吴越文化底蕴、得天独厚的自然条件及太湖风光让其闻名遐迩。无锡又是我国民族工业的摇篮，民国时期无锡籍的民族资本家在整个民族工业群体中占了重要的地位。同时，无锡园林自属江南园林一系，都是在真山真水环境中借助山水而构建。现存名园寄畅园其历史可追溯至明及清初，如童寯所谓“无锡太湖诸园创自辛亥革命以后，惟梅园乃清初徐氏桃园故址，私家祠堂，小有园亭之胜者，亦有三四，然实当推寄畅园为最着焉”（童寯，1984）。陈从周也说过：“江南园林，明看苏州，清看扬州，民国看无锡。”无锡的梅园、锦园、蠡园、渔庄、云薖园等10余座园林皆于民国时期建造，无锡的近代园林成为中国近代园林的杰出代表。李正的园林生涯及成就与这些丰厚的园林遗产有着紧密的关系。

李正（1926—2017年），字勉之，祖籍无锡，其父曾任《无锡新报》主笔。1949年毕业于之江大学建筑系，后留校任教，还在其老师吴景祥开设的建筑事务

所工作过。1952年院系调整后任教于同济大学，后因父亲重病调至苏南工专建筑系，正是在苏州工作期间李正不断潜心考察、研究苏州园林，终成设计大家。1958年李正调到无锡城建局工作，即受命规划设计无锡惠山映山湖、愚公谷，及编制太湖风景区规划方案，开始其园林设计生涯。但不久就遇“文化大革命”，李正受到批判。1978年后他调到无锡园林局，即担重任负责惠山杜鹃园设计。之后历任无锡市园林局总工程师，市建设委员会总建筑师等职，由此开启了他园林设计生涯的鼎盛时期，而此时已近花甲之年了。2017年他在澳大利亚去世，《无锡日报·太湖周刊》特发文《忆李正“雕琢”无锡园林往事》来纪念他。

李正的名字与无锡现代园林联系在一起。首先，他受到江南园林的熏陶，使他从原来学习西方技术的建筑师成了掌握中国古典造园艺术，特别是真山真水的无锡园林造园艺术的造园师。其次，他主持设计修复寄畅园等古典园林，扩建蠡园等民国园林。再次，他为无锡设计了多座特色鲜明的园林，著名的如杜鹃园，吟苑，锡惠公园的映山湖、愚公谷，双虹园，梅园的古梅奇石圃等，使无锡园林再现历史辉煌。李正在无锡从事园林规划设计工作长达50余年，无锡80%的园林设计均出自他手。此外还在海外设计了多处中国古典园林，如德国曼海姆市的多景园、日本的明锡园等。

李正的园林设计以中国古典风格为主，更是发挥其建筑师出身的特长，亲自设计形式多样的亭、楼、阁、塔等建筑为园林增色。他设计的园林顺应地形，应用自然山林，在空间布局上集中组建传统庭园，也引入功能分区的现代公园设计理念，及营造草坪等西方园林要素。同时，他善于总结归纳其设计经验，在实践中结合了对《园冶》的深刻理解，提出“造园家首先具有强烈的环境意识，懂得尊重环境、善待环境的道理，运用科学的态度、艺术的眼光去美化环境、优化环境、创造环境”“大胆落墨，小心收拾”“以达到造园的理想境界”“要不放过每一小块地形的风景元素”“造园规划设计中的出奇制胜，往往源于寻找并利用环境中特定的制约因素而化险为夷”等（李正，2010c）。他在耄耋之年还出版了《造园意匠》（2010年）和《造园图录》（2016年）两本专著，前者用了“意之立”和“匠之营”两章来阐述他对造园的感悟，是其造园理论的总结，还详细阐述他主持设计的各个实例；后者收集了他主持的所有园林设计图，为后世留下了一笔丰富的历史资料。

1. 李正的“复园”和“补园”

李正在古典园林的整修方面有两大贡献：一是主持修复无锡寄畅园东园，以及东林书院西园、薛福成故居东园等，李正称之为“复园”；二是为梅园扩增景点建筑及古梅奇石园，同时为蠡园及鼋头渚增建景点及扩建无锡公花园等，他称之为“补园”。这里仅记寄畅园修复一例。

寄畅园又名秦园，为明代正德年间（1506—1521 年）尚书秦金所建，其为宋代词人秦观（少游）十四世孙。此园初名“凤谷行窝”，为秦金别墅园林，传至第三代主人秦耀时已是万历年间；耀解职归锡历 7 年在旧园基础上建 20 景，取王羲之诗意更名“寄畅园”。之后园在秦耀后裔手中时分时合，至曾孙德藻又合并改筑，张钺为其叠山；清康熙、乾隆两帝南巡数次驻跸与此，今颐和园之“谐趣园”即为乾隆时仿其制而作。清初姜西溟记寄畅园称其“古木清渠，攫舞澄泓”，故传老樟有千余年，园毁于咸同兵燹（童寯，1984）。清末秦家曾整理园子重建知鱼槛，但又遭直奉战争，楼房等建筑均遭毁坏。20 世纪 20—30 年代秦氏设董事会管理园务，陆续修建清响斋、涵碧亭，缀以清籞廊，与大石山房相连接，又重建郁盘廊（局部）、含贞斋等。抗战期间，寄畅园遭日军多次轰炸，至新中国成立前，寄畅园已是一片衰败混乱景象（李正，2010a）。

新中国成立后，秦氏家族将古园献给国家，政府即拨款抢救，然而在“文化大革命”期间，康熙、乾隆御碑遭受严重破坏，又拆除了民国时所建的清响斋和大石山房。80 年代秦氏后人秦家骢（Frank Chin）著书《Ancestors: 900 years in the life of a Chinese family》[中文版《秦氏千年史》（中国台湾）和《宗族之恋》（中国大陆）]，记述秦氏家族千年史，寄畅园之名传布海外。无锡市在 20 世纪 50、80 及 90 年代曾三次拨款整修寄畅园，李正参与了后面的两次。80 年代初他主持修复了已毁的邻梵阁和梅亭，90 年代初主持主体建筑嘉树堂的复原设计（李正，2010a）。

李正认为寄畅园最大的亮点是借惠山九峰连绵逶迤、冈峦起伏的形象和江南水乡重洲浅渚、湖港交叉的特点。把假山当大山余脉、把水池当作大水的缩影来处理，使得原先的平岗坂坡博洽无垠，曲岸重崖，婉转有致，正应对了计成所谓的“巧于因借，精在体宜”。李正研究寄畅园的历史，指出该园在秦耀之后一直有内园、外园之说，南半部（内园）为起居、读书、会客为主的庭园，北半部为以游憩为主的山水园（李正，2010a）。到 90 年代经过几次整修，古园北面（外园）除假山东南的一组建筑外已基本恢复，而内园缺失严重，特别是缺少了卧云堂、凌虚阁及郁盘廊等一组主体建筑，导致全园布局失衡和构图涣散。而从人文历史角度看如果少了秦家日常起居活动的内园建筑，整个寄畅园是不完整的（李正，2010a）。因此复原内园是必要的，1999 年市委终于决定启动寄畅园修复工程。李正在 73 岁高龄时担任了寄畅园东南部保护修复专家组组长，并承担主要设计任务。

当时专家组通过一个原则，即以清代《南巡盛典》所载《寄畅园图》（1771 年）为蓝本，根据文献记载及考古资料，结合现有修复用地范围及保护现有古木大树，“通盘考虑全园布局的气机贯通，修旧如旧，保持寄畅园的造园艺术”（李正，2010b）。

李正的古园规划有几处重点：

（1）规划重建以卧云堂为中心的一组主体建筑。其位置就在探挖出的遗址上，并恢复了卧云堂原来的景观层次颇为丰富的中轴线。即自堂往东依次为：宽展的月台，逐级而下是石桥跨水，前为美人石，紫藤披拂，石畔有桧，并以粉底园墙为纸，俨若立体图画。中轴线景观恢复后园之东南有了主干骨架，且在此可观园之全貌。

（2）在卧云堂中轴线北侧，恢复先月榭、凌虚阁。并以复建接出的“郁盘”曲廊将它们与卧云堂相勾连，于是全园建筑脉络可具萦回贯通之势而成完整之局。

（3）对园内水脉重新梳理。以八音涧曲注的天下第二泉作外园水之源，而内园水之源原为依南墙之曲涧所聚山水，改为引自锡惠公园映山湖，在南墙根聚而为第一级涧状石潭，经暗渠流入镜池，出为石溪，即先月榭南临之水，榭之西廊桥下筑暗坝调节，并现跌水瀑布之景。

（4）移动乾隆御碑。此为李正大胆之举。乾隆南巡时将园中美人石易名为介如峰，秦家刻石勒碑、建六角亭覆之。复园时因亭恰处中轴线通道，李正规划将石东迁，亭向南移至中轴线偏南位置，结果遭到反对，在李正据理力争下终得实现（李正，2010b）（图 5-21）。

复园后的寄畅园面积约15亩，清幽古朴、自然得体。空间布局以山水为园之中心，建筑绕山环水而设，具体以锦汇漪水面为构图中心。如名所称其四周聚集了园景精华，水池广仅3亩然而长波溍溍，形成园中开朗明净的休止空间。从水域南端的先月榭顺回廊依水向北曲折蜿蜒，中间郁盘（半亭）和知鱼槛临水而建，遥望对岸黄石假山和浓荫丛林犹如一幅山水长卷，鹤步滩石矶伸向池心，枫杨老干斜向天空；廊尽路回，前七星长桥平卧波面，池水轻拍、倒影如画，跨桥见嘉树堂，与卧云堂隔水南北相对。在此前平台南望，左有长廊半亭、水榭，右有山石、林木，中间水波灵动，池中毕现倒影；远处锡山的龙光塔历历在目，可谓借景之经典之作。向西八音涧黄石假山，奇石迂曲、涧道盘桓、林壑幽深，岩壑涧道布置正合造园上实中求虚的布局。泉水引入假山，顺势导流现曲涧、澄潭、飞瀑、流泉多处，水流忽断忽续、忽急忽缓、忽聚忽散，且产生不同音响之声十分动听，故有八音涧之称，涧上梅亭傲立山头，北衬惠山远峰。过八音涧进入园北的自然山林九狮台，假山叠石、山势险峻、石形奇特，树荫蔽日。九狮台西有秉礼堂、南临邻梵楼、东南角是卧云堂（李正，2010c）（图5-22）。从实际效果看李正的寄畅园复园规划是成功的，虽有少许改动但在总体上恢复了园之原貌，呈现在我们面前的依然是历史上蜚声遐迩的那座清初园林。

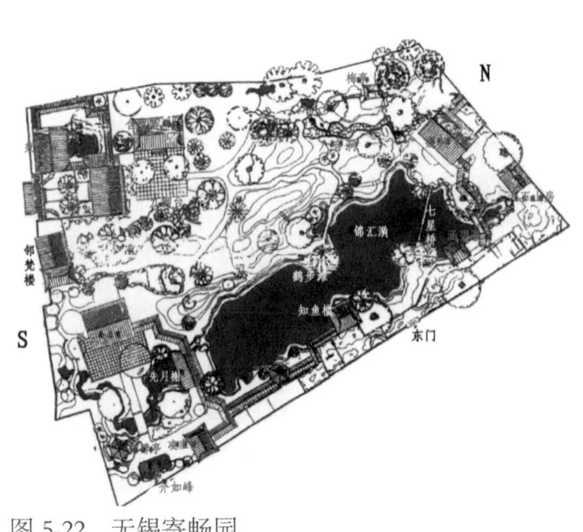

图5-22　无锡寄畅园
左：复园规划平面图；右上：复建的凌虚阁、镜池和美人峰；右下：锦汇漪湖畔知鱼槛及远借锡山龙光塔
（引自：李正，2010a）

2. 李正的《造园意匠》——意之立

李正著《造园意匠》阐述他对中国传统园林的感悟，他的这篇意匠既是对《园冶》理论的诠释，也是自己实践的总结。全书分五篇：意匠篇，为其原理设计创作之理论；然后是兴园篇、复园篇、补园篇，三篇均为其理论联系实践的实录；最后是未了篇。这里我们列举他对“意匠”的主要论述。

李正的造园理论最重要的是“因地制宜”，他对此最是称颂，理解之深在其设计的杜鹃园中得到充分展现。如“巧于因借”保护原有大树并组入园景，与新建的亭、廊、楼配合得体，使无意之树变为有情之景。他认为不可只拘泥于某种构图或成法，而不着眼于因借利用、视大树为累赘任意摒弃砍伐，那么即使亭、楼建得精美华丽，但缺大树陪衬势必毫无生气，此即《园冶》所谓“荫槐挺玉成难”者也（李正，2010c）。

他说中国园林师法自然，因有太湖山水才有江南园林，江南园林中可体悟出太湖山水的神韵，但在真山真水间筑园或周围环境可资因借的，造园者更需独具慧眼去发现美。因此造园需契合环境，而造园者意在笔先不仅是胸有丘壑，还应笔下有情。他举寄畅园的知鱼槛例，正是园主秦耀取意《庄子·秋水篇》中鱼之乐的对话，悟出正因庄子内心的从容和自由才有了鱼的快乐出游，知鱼槛是秦耀立意在先、境因心造、寓情于景的有为之作。

他强调造园必有主题，主题还需与因地制宜相结合，因地制宜以崇尚自然为前提。如作杜鹃园时以栽种兰草的沁芳涧和遍植杜鹃的醉红坡为主题，因地制宜叠石而突出了涧坡的山林意境。寄畅园以中部锦汇漪水池为主题，疏其脉源、通以平桥、贯以廊道、绕以清篥、郁盘回廊、错落间列亭台楼阁，又以假山与建筑隔水相对而互为借助，事半功倍。

他指出中国园林重内涵，园地周围的历史人文、传说典故都是弥足珍贵的景观元素。但需寓意于形、寓意赋景，睹物生情、潜移默化，而某一园林特有的历史人文内涵将是其有别于他园的个性特色。而今日之园林与古典园林文脉相承，需以古鉴今、与时俱进方能创造辉煌。

他谈掇山之理即“画理”，石山石料应用当地材料以体现地方特色，用湖石所叠石山玲珑剔透，黄石叠山棱角分明、敦厚拙朴。而从施工而言，湖石假山收头容易起脚难，黄石假山则起脚容易收头难；黄石山难在浑厚中见空灵，湖石山难在空灵中寓浑厚。而独擅观赏价值的太湖石峰则千金难求，在造园中即成为点睛之笔。

他论理水，宁静的园林环境因水之存在而灵性飞动，安详的园林氛围因水的萦回而鲜活生动，因此水是园林中重要的组成因素，运用得当可是整个园林的灵魂。理水同样要意在笔先，水的布置是空间布局中的留白，富有空灵意境，与园中山石、建筑、植物形成虚实对比，而水面光影又更能体现以虚衬实、虚实相生的美感（图5-23）。

图 5-23　左：无锡，蠡园的跨水曲廊，李正于 1982 年设计，连通了春秋阁与观鱼池，组合成景；右：公花园内的凌波榭，李正设计于 1983 年，榭之屋顶正背面的挑檐中央均作起拱曲线，配合两端榭角起翘，呈一波三折之势
（引自：李正，2016）

他概括园林建筑“精在体宜”，园林风格是由建筑风格决定的，故江南园林建筑必有江南地方特色，应允许园林建筑有较大的自由度，可匹配环境、迎合自然、顺势转折，尽错综之美、穷技巧之变。总之，园景之显在于“勾勒”，建筑在其中起主要作用（上述李正所论均据其《造园意匠》归纳）。

李正是造园实践家，也是造园理论家，从他的《造园意匠》一书读懂了他的造园理论，是来自对《园冶》的理解和感悟，自称积 50 年造园实践深感计成之“相地合宜，构园得体”“得景随影”应是至论。他的造园理论也来自对太湖自然山水风景的赏析，正如他所说对太湖风景的分析，有助于在构筑江南园林时的立意构景。当然，还来自他对中国传统文化的热爱及他丰厚的文化积淀，从诗文、画理中获得灵感。最后，他非常善于总结实践，对其作品之立意、意境、手法、效果都从造园理论进行分析、归纳。他不愧为20世纪60年代之后最重要的造园家之一。朱有玠赞其为“是一位驰誉海内外的风景园林建筑师，精于《园冶》之学，所以也是当代具有创造性的造园家”（朱有玠为《造园意匠》所作序）。

（二） 梁友松和杨乃济——同为梁思成高足的南北“大观园”设计者

北京和上海几乎在同一时期建造了大观园，而主持两园规划设计的恰都是清华校友，而且都是师从建筑学家梁思成的同门师兄弟，可谓机缘巧合。

1. 梁友松——上海大观园的主要设计者之一

梁友松（1930年— ）湖南长沙人氏，1953年毕业于清华大学建筑系，是梁思成先生在清华的第一个研究生。他的硕士论文为《西方现代建筑》（1956年），读书期间还参与了梁思成主持的《中国建筑史》书稿编写。1956年入同济大学建筑系教授西洋建筑史，在反右和“文化大革命”中受到错误对待而被下放至农场劳动，在那里还设计过几所工厂及民用建筑。70年代平反后梁调入上海市园林局设计部门，除了主持大观园规划设计外，他的作品还有上海龙华烈士陵园扩建规划（未实施）、上海动物园局部改建规划、上海浦东世纪公园的“二十一世纪巨塑”总体构思方案等。主要著作有《自然风景的审美与中国园林艺术》《< 庭院深深深几许？ >——“怡红院”设计手记》等论文，曾任上海市园林设计院总建筑师、顾问等职。

据吴振千回忆，1978年上海决定在淀山湖风景区营造仿古园林大观园时，需要物色古建筑技术人才，恰好梁友松刚刚被平反想做点实际工作。园林局党委得知后将梁友松调入园林设计部门，并充分信任委以重任，将大观园的设计任务交给了他。梁友松多方寻找参考资料研究红楼梦描写的大观园，还特意去北京请教红学界前辈，最后完成了135亩的园林规划，是以中轴线为主又富于变化的组团式空间布局。梁友松以怡红院为切入点先行设计（吴振千，2009）。在他之后，师从刘敦桢的古建专家乐卫忠于1980年也调入上海园林局，成为梁友松的合作者共同主持了大观园的设计，还具体设计了潇湘馆等。

梁友松接受大观园设计时已年近5旬，是以建筑师的身份开始仿古园林的设计，但从其以往的经历可以想到，其实他是缺乏古典园林设计的实践经验，就是对古建筑的设计也不会涉足很深，因此大观园对他来说是极大的挑战。然而，梁友松毕竟是师从梁思成专攻建筑史，又参与了《中国建筑史》编写的，在耳濡目染下对中国古建筑也应该不会陌生。大观园的设计给了他人生中最好的一次机会，他珍惜这难得的机遇，工作兢兢业业，并与乐卫忠合作，在大观园建造的近10年时间里（1980—1988年），结合自己对西方建筑的理解，比较中西方园林的不同，从实践中探索中国传统园林的真谛。

后来梁友松依据大观园的设计发表了多篇论文，并在《悲金悼玉——上海大观园建筑园林艺术》一书中，总结了对中国古典园林的体悟。他论述中国园林，实质上是对自然山水的割据，或者是模拟地拥有，总是爱将名山大川、江南胜景围进自己的围墙以内或是把握之中，把自然包进来。因此中国园林性质往往是在创造“有我之境”，寄情寓意于山水之中，而对自然模拟的似与不似则较宽容，不大较真的，重要的是能否寄情。这种心理反映在园林艺术上就表现为封闭的、向心的、画卷式地分布在线上各个点的景观，而不是以面的形式展示在游人面前，所以特别讲究空间的分割和层次，以达到景观的扩大和不尽的感觉。这与西方园林风景审美相反，他们更多是进入自然，被自然所包围，参与自然之中。因而是外向的、进取的、发散的、现实的（梁友松，1994；上海市园林设计院，2002）。

他认为中国古典园林从宏观上可用中国传统的“气”来把握，园林布局讲究“聚气”，即造园的各个元素都有一种凝聚和内向的态势和流向，这是封建文化笼罩下的民族心理。中国园林有很强的私密性，往往是内省的、收敛的、神游的，是在创造“有我之境”，抒情寓意于山水之中。而其内涵、向心的性质除了植根于中央集权的封建帝国制度外，另一方面是受道家思想影响，即所谓的返璞归真、治之以“啬”、不可示人的影响，缩大千世界为咫尺山林，于是形成封闭内敛，逐步向中心收缩以至于静止的趋势（上海市园林设计院，2002）。

他对中国古典园林的理解最终体现在大观园设计中，即基于中轴线的组团式空间布局，但并不采用东西对称的布置，而是随水面灵活地安排各组建筑（梁友松，1985）。由梁友松最先设计的“怡红院”是其南式古典园林的一次尝试，可说是达到了这个意境。

怡红院占地仅三亩半（约2300平方米），虽空间复杂多变但章法井然，是将建筑与园林造景糅合成一个整体。全院东西二路各三进，大小16个院落相互镶嵌和错位，再加上廊、墙等分割出来的辅助空间，组成了怡红院步步成景的内空间。而其游廊曲折摆动、建筑高低错落、布局紧凑自然，不像北方园林之方正凝重。犹如书法之行草疏密潇洒，其气聚而不凝、流而不散，既寻定法、而无定式，深宅重院，四时花卉不断。在建筑风格上，朱门绣户中透出些许书卷气和脂粉气，避繁就简中竭力追求雅洁清幽，其气质符合贾宝玉簪缨世族公子的性格和身份。东路主厅绛云轩，三间周廊歇山卷棚顶，轩前中庭植海棠芭蕉，直点“怡红快绿”之意；后院扩大为园，以湖石包水成池，厢房和围廊围绕四周，池北假山上置小亭“邀月”，水中石灯笼起着沟通前庭和后园两空间的作用，池东耸立听雨楼；西路以书斋为主体，前后三进，半边歇山屋顶，其南面含大小不同院落，北则突然放松节奏，为一个有平台栏杆的矩形水面，北池水榭俯临方池，池中石峰映于水中，池角以石笋、疏树为小景，再衬以粉墙，如水墨画般清雅隽永（梁友松，1985，1989）（图 5-24）。

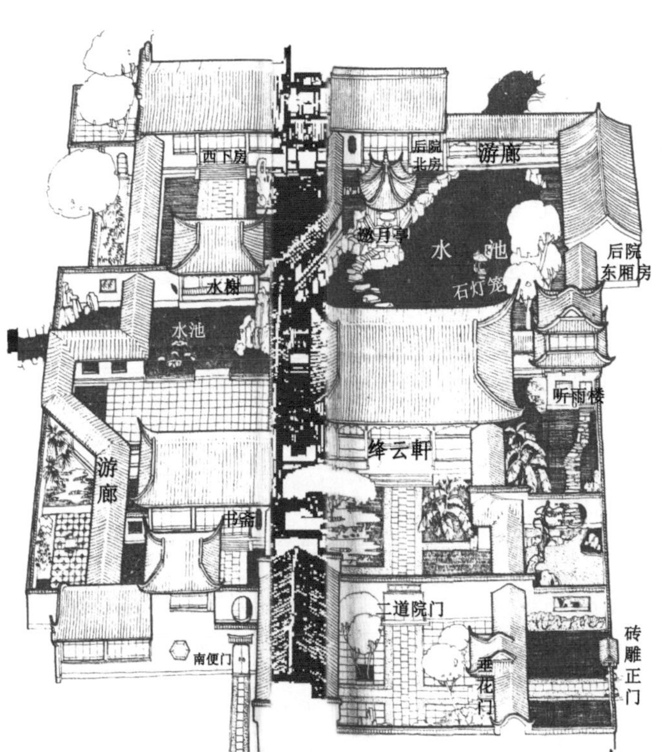

图 5-24 大观园怡红院
左：平面图（引自：梁友松，1985）；右上：从游廊框景中见东楼；右下：邀月楼（引自：上海市园林设计院，2002

梁友松的大观园无疑是成功之作，但他严肃指出，新建一座古典园林决非现代园林的发展方向，但作为休闲度假、旅游玩赏，偶一为之未为不可……传统园林艺术也有其服务对象。他因大观园而发感叹，自己是一个不能选择理想的建筑师……做了一次古典园林建筑后，就尽给我出这种题目，好像专业户似的，实在无可奈何。无奈只好向传统的纵深发展，想找找中国传统的建筑气质何在，能否在摆脱外形的条件下找出“形而上”的东西而作为现代建筑创造时的参考呢？从本质上说梁友松还是一位古建筑家，他的大观园作品被收集在《中国百名一级注册建筑师作品选》中。

2. 杨乃济——主持北京大观园规划设计的古建专家

杨乃济（1934年—），出生于北京，祖籍江苏武进，家学渊源，成长于翰墨艺文之家。其外祖父珏生公袁励准，为清末重臣，光绪三十年入值南书房，创办京师大学堂。1951年杨乃济考入清华大学建筑系，是梁思成、戴志昂的门下高足，有幸在林徽因先生病榻前听了她辞世前“最后的一课”，即室内装饰设计（文爱平，2007）。在清华期间杨乃济还是一个文学青年，是学生会文学社社长。1956年毕业分配至建筑科学研究院；1957年被划为右派，但幸运的是留在了原单位工作；1958年他转到建筑历史研究所从事中国古代建筑史研究；1963年参与了刘敦桢先生主持的《中国古代建筑史》编写，负责历代建筑装饰及家具方面，于是结识了被称为“京城第一玩家”的王世襄先生，还因此与和王先生同住一院的大画家郁风、黄苗子有了交集。后来参加编撰《圆明园》一书，翌年被借调到对外友协参加“红楼梦出国展览会”大观园模型的设计制作。他的出身与家学以及就学和实践工作的经历，使他有机会积累了丰富中国传统文化知识，而参加设计制作大观园模型的这段经历，又使他能在80年代被推荐担纲北京大观园的设计重任。不过遗憾的是，杨乃济设计了大观园这座“名著园林”后，却再未延续古典园林或古建筑的设计道路，而是转入了北京旅游学院任教，并主持了多个省市的旅游规划和项目策划（文爱平，2007）。如策划广东佛山中国古代文化游乐中心”（1980年）、北京怀柔红螺寺旅游区发展规划、什刹海地区旅游产业发展提升策划等。之后，他涉猎广泛，游走于历史地理、人文典故、饮食文化、四合院建筑、遗产研究保护等多个领域。他关注城市湿地，在什刹海旅游发展和提升策划的方案中将重点确定为：一是恢复什刹海地区的湿地生态，使北京再现世界大都市少有的城市中央湿地的景观；二是将什刹海地区打造成环绕中央湿地这一最佳人居环境的中央游憩区。

1998年杨乃济出版《蔷薇地丁集》，此书被纳入学人文库，然而其中却只收录了一篇谈园林的文章。后来他针对当时古建筑的“修旧如旧”和“修旧如新”的提法作了客观分析，认为由梁思成反复强调的古建筑“整旧如旧”的原则，是指在一般情况下而没有绝对化。而此一般是指在砖石结构的修缮中比较容易处理，但在油饰彩画的木结构建筑的修缮中还存在技术问题，20世纪30年代梁先生参与北京古建修缮时还是采用了“焕然一新”的老办法。因此，对于类似北京紫禁城宫殿一类的木结构的、有彩画的、年代不太久远的古建筑，他主张“焕然一新”，让它保持几百年来时旧时新的“原貌”（杨乃济，2003）。2008年，发表《槛外论道：建筑史论杂》，其中论及什刹海湿地景观恢复、中国叠石艺术、圆明园、长春园的有关园林的文章，其实已是几年前的旧作。如此看来，杨乃济已脱离了建筑和园林实践，而为何没有在大观园的设计基础上，继续古建或古典园林的设计事业，令人费解。要知他是学建筑出身，又在梁思成、刘敦桢和戴志昂这样的建筑大师指导下工作过，在古建筑及建筑史研究方面是有造诣的。然而在大观园建造之后他完全转了一个专业，或许正如他自己所说的“我的兴趣颇广，又呈现着一种病理学称病灶时所谓的游走性的转移，故而今日言东、明日道西”的原因吧，但遗憾的是古典园林少了一位既有理论又有实践的专家。

三、我国第一代造园专业毕业生成为园林设计和教育的中坚

1. 刘少宗——主持和参与了北京多处公园设计

刘少宗（1932年—），1951年成为清华“造园组”第一届学生，1953年毕业即到当时的北京园林处工作，在1958年前后与他的同班同学张守恒交换，回北京林学院任教一段时间。在第一届造园班毕业生中，刘少宗在20世纪50年代已是北京园林处设计方面的主要人员之一了，在李嘉乐领导下参与了紫竹院公园、陶然亭公园的规划设计，及人民大会堂和革命历史博物馆的绿化规划等多项园林绿化工程。后任北京园林局副总工程师及园林古建筑设计研究院院长之职，1997年退休。

20 世纪 80 年代他在园林规划设计方面的主要成就是，参与香山饭店庭园、陶然亭华夏名亭园景区的设计，但在主持人名单上都位列檀馨之后，可理解为是主持人之一。80 年代他编写了《城市街道绿化设计》（1981 年）及《城市绿化的作用》（1984 年），指导北京的城市绿化。还主持了《中国优秀园林设计集》（1-4）的编写，第一集由广东科技出版社发行（当时以编写组名义出版），是新中国成立后第一部园林设计专集，收集了 14 个获奖优秀作品及 11 个有代表性的作品，开创了我国出版园林设计图集的先河。书中朱有玠先生撰写的《综论》，深刻地阐述了园林建设的设计思想、艺术构思及意象经营等方面的问题，概括了园林设计的性质、任务、方针政策及评优标准，提出了当前园林具有倾向性的问题，归纳了新园林的特点，并对如何继承“崇尚自然”的中国园林艺术的优秀传统，怎样创新等问题，进行了探讨。客观地说这本设计集对于刚刚恢复不久、文献资料十分匮乏的园林设计来说，起了十分重要的指导作用。

后来，刘少宗主持起草了《建设部公园设计规范的建设部行业标准》（1992 年），退休后继续笔耕，还编写了《园林植物造景》（2003 年）、《园林树木实用手册》（2008 年）及《园林设计》（2008 年）等。我国第一届造园专业毕业生只有 8 位，多数留在清华、北林教书，如朱钧珍、张守恒、郦芷若等，虽然当时他们参加设计实践的机会可能不多，但他们在园林理论研究方面的成就不容忽视，尤其是与汪菊渊、孙筱祥、陈俊愉、余树勋等老一辈园林教育家一起，成为 20 世纪 60 年代园林教育的中坚，在高校恢复招生后的 80 年代他们依然是园林教育的骨干力量。

2. 孟兆祯——第一个造园专业出来的院士

孟兆祯（1932 年－ ） 湖北武汉人氏，因抗战迁往重庆，高中就读于重庆南开中学，1952 年考入首次正式招生的北京农业大学造园专业，1956 年毕业后留北京林业大学任教。他对传统造园的研究是从《园冶》和“假山”开始的，据孟先生回忆当年三次请汪雪楣、王蔚柏、张钧成三位先生为他讲《园冶》。因听老师说了中国园林最难学的是“假山”，便学习传统假山理法。20 世纪 60 年代初，为北京园林学会成立写了他的第一篇论文《山石小品艺术初探》，从此开始了一生对中国传统园林掇山的研究与实践，成为当代掇山叠石研究的权威和叠石大家之一。80 年代他是北林园林专业教学的中坚，如今活跃在各地的著名园林设计师很多出自他的门下。他从事园林研究、教学和设计实践逾60年，耄耋之年依然活跃在园林建设的舞台上。他的著作最重要的是2012年出版的《园衍》，1999年孟兆祯当选为工程院院士，是唯一的园林规划设计方面的院士。

至今已有很多关于孟兆祯先生学术思想的研究成果，称他是在继承前辈风景园林大师学术思想的基础上，结合自身深厚的理论研究和规划设计实践，发展了风景园林学术理论，是在传承中的创新。他的园林作品都是山水相依、自然流畅，具有中国园林特有的触动内心的品质（王向荣，2014）。他从中国传统中寻找、挖掘，并且明确了中国风景园林的目标，《园衍》一书及其核心“借景理法”正是在传承《园冶》的基础上，对于中国风景园林的创新（刘滨谊，2014）。

他的学生北京林大教授刘晓明，将孟兆祯的学术思想发展简要地归纳为三个时期：形成期（1952—1979年）；成熟期（1979—2002年），在理论和实践方面都出了很多重要成果，很多思想已经成熟；升华期（2002年之后）（刘晓明，2014）。由此，20世纪80—90年代正是孟兆祯学术思想发展最重要的时期，如他在《科技史文集（第2辑）·建筑史专辑》上发表了《假山浅识》（1980年），出版了《避暑山庄园林艺术》（1985年），开始为研究生开设了“《园冶》例释”“名景析要”两门重要课程(1986年)，同时还编写了我国第一部《园林工程》教材。

孟先生自称在园林学科上做了五件事。首先是，承接前辈的成就，在此基础上对学科进行不断地充实、完善、创新、提高并发展，如在教学中增设了国画课，拓宽实习地点扩大学生眼界，为学生提供设计实践的平台；其次，开创引领中国大学生走上国际园林设计的大舞台，并多次获得国际大奖；再次，为学生开了“《园冶》例释”课，是用实例来解释《园冶》中的内容；还有，编著了《园林工程》教材，自20世纪50年代开始应用；最后，是编著了《中国古代建筑技术史》书中关于“假山”的章节，是一生中印象最深刻、最难忘，也是实施过程中最艰苦、难度最大的往事（孟兆祯，2011；汪仕豪，2010）。这里仅择其最重要的几点简述如下：

（1）奠定园林工程体系。20世纪50年代初造园专业有一门“市政工程”课，当时由梁永基执教，1956年又由余树勋先生主讲并编成讲义，可看作是园林工程学的奠基之作。之后由孟兆祯主讲，80年代编成《园林工程》教材，从而奠定了中国园林工程的理论体系。他对园林工程的定义是“园林、城市绿地和风景名胜区中除建筑以外的室外工程，包括土方、园林筑山（掇山、塑山、置石）、园林理水（驳岸、护坡、喷泉）、园路、铺地、种植”。园林工程学即是应用工程技术表现园林艺术，使地面上的工程构筑物与园林景观融为一体。他创建并总结撰写了叠石理水的技法和历史起源，并把实践中寻找的体验与感悟都表达得淋漓尽致，而各种不同风格的山石运用及其技法都出自他的完美表述，是园林工程研究最深的学者（刘秀晨，2018）。

（2）承继中国传统园林理论和实践。对避暑山庄及“山石”等论述，是孟先生对传统造园理论的研究成果，而“园林理法”则是具有实践意义的方法论。假山理论是在厘清掇山科学性原理的基础上，结合与传统工匠师（山石子们）的交流、问道与总结提炼，之后又经历了不断积累、修正、更新、丰富和成形的过程孟先生的学术思想源于《园冶》，其理论基础是在计成《园冶》理论体系上的解读、总结、提炼和升华，因而带有明显的本土性和原创性，这种原创性即便到了各种拿来主义景观园林理论滋行的今天仍旧无人可及（朱育帆，2010）。概括起来他的学术思想包括了：坚持风景园林的中国化与现代化方向；“园林理法”形成了中国化的风景园林理论框架。“理法”将中国园林艺术的基本要素落实为设计的每一个程序，将“情感”这一元素融化到空间之中（夏成钢，2014）。

（3）晚年力作——《园衍》。2012 年，已及耄耋之年的孟院士著作《园衍》出版，全书分为学科第一、理法第二、名景析要、设计实践四篇。首篇学科第一，是对园林学科的正名，阐述了从造园到园林、再至今天成为一级学科“风景园林”之名称的演变，以及与 Landscape Architecture 的对应关系。第二篇为园林理法，是该书最重要的部分，是在传统园林理法的基础上发展成的现代园林设计方法论，包含了以借景为核心的六个设计步骤，是一种具有承上启下意义的中国园林设计方法论。借景作为传统园林思想的核心，置于程序的中心位置，并确定其本字为“藉”；六个设计步骤以立意为原始点，然后是相地、问名、布局、理微、余韵，余韵是对整体效果的收拾补充。书中对这六个设计序列都作了详尽的阐述。园林理法在孟兆祯的学术思想中占据了重要的地位，提炼出中国式园林的设计程序，成为理论与实践的桥梁。不过，对于他所强调的“借景”并非借贷之借，而是“凭籍之借”的解释，却也有不同的意见，如刘家麒就撰文讨论《园冶》中“借”的含义，而认为“凭籍之借”的观点不符合计成的原意，有一定的片面性，可以引申为“凭借”的意思，才是比较完整的含义（刘家麒，2015）。

孟兆祯在自序中说“所以将书定名为‘园衍’，与《园冶》相提并论恕我是胆大包天”，是“在继承的基础上有所发展”。从许多园林专家对此书的评价来看，《园衍》确实可看作是《园冶》的提高、深化和发展（唐振缁，2014）。不仅对于中国古典园林的解读独具匠心，而且在继承《园冶》精髓的基础上结合当代社会需求做出了具有开创性的理论贡献，并通过大量作品进行了中国园林现代化方面的不懈努力，成果丰硕（马晓暐，2014）。

（4）对风景园林学科的贡献。1999 年风景园林学科被取消并划归城市规划学科（含风景园林规划与设计），在当时关于风景园林学科的发展有激烈的争论，孟先生积极呼吁恢复该学科，组织撰写了《关于要求恢复风景园林规划与设计学科的报告》，经吴良镛、周干峙院士审阅并提意见后，以北林的名义提呈教育部，为风景园林学科的恢复并成为一级学科起到了积极的作用（王向荣，2014）。后来当有了“风景园林”与“景观设计”等学科名词之争时，他坚持认为 Landscape architecture 翻译成“风景园林”最为恰当。孟先生对风景园林学科的巩固、发展和壮大，对风景园林教育的规范和发展起到了关键的作用。

（5）主要作品。孟先生的设计理念源于中国古典园林中的自然观、生态观，强调天人合一、呈现中国所特有的诗意意境之美，从他的理论著作《园衍》即可见一斑。他主持规划设计的园林作品多达 30 余项，在《园衍》列举的 17 项主要作品中，只有排在首位的深圳仙湖风景植物园是 20 世纪 80 年代初设计的，可见孟先生的园林设计实践主要发生在 80 年代之后。

1983 年初应深圳市政府邀请，孙筱祥教授主持考察植物园园址，从原定的莲花山植物园改名为仙湖植物园，提出了风景植物园的设；并选定园址，提出总体设计初步方案，与北林林学系签订设计合同。然后由孟兆祯主持总体设计，白日新及黄金锜负责建筑设计，决定建设一座具有中国园林传统的民族特色、华南地方风格和适应社会主义现代生活内容需要的风景植物园，但园中建筑却采用了北方仿古建筑形式，据称这是深圳方提出的要求（孟兆祯，2012）。

设计中体现了“巧于因借，精在体宜”的造园理法，借梧桐山仙女之传说正名，借不涸之山溪蓄水为湖。总体布局是因地成景、组合成章，顺其自然之理而成格局，先立山水间架，而后施润饰细作。着重创造风景游览的优美环境气氛，通过赏心悦目的游览活动使游人学到植物学的一般知识。选择有代表性的植物组成分区植物骨架，以植物材料为分区内容，赋予景区有传统意味的新名称，如修木硕花（大花乔木区）、曲港汇芳（水生植物区）、盎然情趣（盆景展览区）、余荫蕴碧（荫生植物区）等10余区（孟兆祯，2012）。园中的主要景点都是围绕仙湖和长岗而设，如湖中的长岛药洲、临湖之芦汀乡渡、谷坡上的竹苇深处、跨山溪分流处的枕流亭、旱谷大山壑的盆景园、高踞山头的棕风阁以及长岗上的两宜亭等等（图5-25）。

图 5-25　深圳仙湖植物园“曲港汇芳”景区（引自：刘少宗，1997）

同样在20世纪80年代，孟兆祯还为刚刚成立不久的深圳特区的园林建设献计献策，孟先生和孙筱祥、白日新、黄金锜、杨赉丽等教授等对东湖公园、莲花山公园、儿童公园、洪湖公园、锦绣中华、中山公园、南山公园等进行了构思和规划，对深圳城市公园体系的确立起到了重要作用（何昉，2014）。孟先生的著名掇山之作有北京奥林匹克公园中的“林泉高致”大假山，北京花博会“盛世清音”瀑布假山，杭州花圃的“水芳秀岩”假山等（图5-26，图5-27）。

图 5-26　北京奥林匹克公园“林泉高致”大假山中段，石岗分水、递层下跌（引自：孟兆祯，2012）

图 5-27　河北邯郸赵苑公园一角（引自：孟兆祯，2012）

四、“北林风景园林现象”的代表

20 世纪 80 年代，各地园林领域的领导、骨干中大多来自北京林学院的园林专业，被刘秀晨称为是“北林风景园林现象”，其中 20 世纪 60 年代园林专业的毕业生已崭露头角，他们中间主要有：

（一）檀馨——“梦笔生花”，巾帼设计师的园林梦

檀馨（1938 年－ ），祖籍安徽望江，出生于北京，祖父任清末翰林院编修，从小受母亲熏陶喜爱画画。1957 年从北京第一女子中学毕业后考入北京林学院园林专业。还在读大四的时候，她受到孙筱祥教授的提携进入规划设计教研组，这对她的一生起到了关键转折作用。毕业后她先是留校，后分配到园林局工作，“文化大革命”中又回到北林，先后任教 10 年。1979 年到北京园林古建筑设计院工作，

后任副院长、副总工程师。1993 年在她 55 岁时毅然提前退休，下海创办了自己的设计公司——创新景观园林设计有限责任公司。她在园林设计领域耕耘了 50 余年，从 60 年代最初的北京中国美术馆园林设计开始，亲自设计和管理的项目超过 500 余项。

檀馨的园林设计作品基本可分为两个阶段：第一阶段，20 世纪 90 年代初之前她是体制内的著名园林设计师，主要作品有香山饭店庭园（1981 年）、北京植物园专类园 (1980 年)、龙潭公园留春园 (1983 年)、长城饭店庭园（1984 年）、陶然亭华夏名亭园 (1985 年)、紫竹院筠石园 (1987 年)、北京亚运会园林设计（1990 年）等；第二阶段，1993 年下海开公司之后，她带领公司团队完成更多的设计任务，如人定湖公园 (1994 年)、皇城根遗址公园 (2001 年)、菖蒲河公园 (2002 年)、元大都城垣遗址公园 (2003 年)、圆明园遗址公园山形水系修复设计 (2003 年)、朝阳公园 (2004 年)、北运河森林公园 (2009 年) 等。还有在苏州、沈阳、石家庄等地完成的设计项目。她的从业经历见证了我国现代园林的发展过程，重要的是她始终致力于中国现代景观园林继承、创新和发展的创作实践（张志国，2013）。

可以说檀馨是我国现代最重要的园林设计者之一，北京园林学会原理事长张树林 (2014) 赞其是“一个追梦者，也是一个实干家”。陈俊愉 (2003) 如是评价：“她的作品品位较高，都能做到将科学性和艺术性很好地结合起来……她的专长在于学古适今……檀馨对于北京乃至全国园林设计事业与学科的发展，是一位作出了重大贡献的人”。2013 年，她出版了《梦笔生花》系列丛书，即《檀馨谈意》和《创新景观园林》，书中她敞开心扉叙述了她的师从、她的机遇、她的理想和追求，还有对她所钟爱的园林事业的期望 (檀馨，2014）。

檀馨认为景观和园林不同，于是将其创办的公司命名为“北京创新景观园林设计公司”，之所以称之为“景观园林”，“是因为单纯的园林也不太符合时宜，景观这个名称大家喜欢，能代表一个领域，也挺好。我们所从事的行业、所做的工作，我认为用这种称呼合适”（付蓉，2009），可见檀馨是与时俱进，也是十分务实的。

1. 北京香山饭店庭园设计——确定檀馨业界地位的成名之作

檀馨在 20 世纪 80 年代之前曾主持美术馆绿化设计、三里河道路绿化等设计，已经是北京园林古建筑设计院的技术骨干。然而，真正使她成名的是主持了香山饭店的庭园设计，正如她自己所说的是“命运之神走向了我”。1981 年世界建筑大师贝聿铭为首都设计香山饭店，为了配合他将庭园部分的设计任务交给了北京园林局。但当时居然无人主动请缨，于是领导决定让每个设计师做一个方案，通过公开评选来确定。结果机会留给了有着长期准备的檀馨，她的方案被选中而成为贝聿铭的合作者。正因为香山饭店工程的成功，檀馨受到张百发副市长的注意，为她提供了多次出国考察的机会，这使她的眼界大为开阔，正如她自己所说的“这对我的影响无疑是深刻和深远的”（檀馨，2014）。

香山饭店庭园定位为中国自然山水园，檀馨从“相地”入手，采用“借景”的艺术手法，利用香山深、幽、古的自然优势，把山泉、松涛和漫山红叶作为背景。在园林中点缀了曲桥、亭子、假山、平台、湖池等，设计了烟霞浩渺、海棠花坞、金鳞戏波、晴云映日、松竹杏暖等 13 个景点，其中清音泉更是她的力作。在原方案中，主庭园中心流华池只是一方池水，檀馨认为这是无源之水，于是为之设计了清音泉，既为池水之源又体现了中国园林的山石艺术。这是在 6 平方米的场地上堆叠出 9 米高的一组三叠泉山石。开始贝聿铭先生是持反对态度的，因为他认为现在已没有好的山石、没有叠石师傅、设计师经验也少，如果堆不好不如不堆。但檀馨坚持己见，并和叠石师傅一起去云南石林观察真山找感觉，而采用山石以竖向手法叠山的创新技术，终于成功完成叠山之作，并得到贝聿铭先生的赞扬（檀馨，2014）（图 5-28）。檀馨的香山饭店庭园设计被誉为是“新而中”的佳作。

檀馨回忆与贝聿铭的合作，虽然也有分歧但更多是从他那里学到了不少理念。如贝先生对檀馨说：“中国建筑有两条根，一是中国民居丰富多彩，二是皇家建筑已经登峰造极，借民居建筑的根，发展有中国特色的现代建筑十分重要。香山饭店的设计，就是体现这种精神。”他的这种思想观念对檀馨的影响至深。可以说檀馨多年来一直倡导的中国景观园林创新，就是那个时候播下的种子（檀馨，2014）。

香山饭店庭园的设计及营造成功使檀馨名声大振，接踵而来的许多园林设计项目都由她担纲，从此确定了她在北京园林设计界的地位，不久被任命为古建筑设计院副院长。

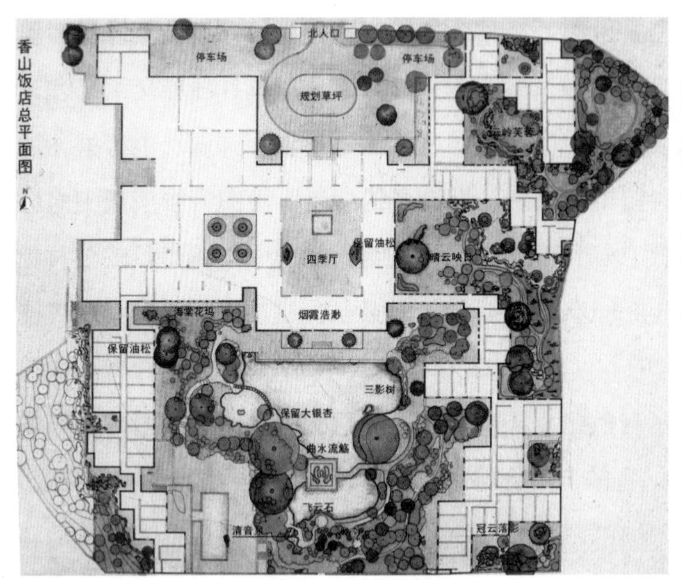

图 5-28　左：香山饭店庭园平面布置图；右：三叠泉山石（引自：檀馨，2014）

2. 皇城根遗址公园——檀馨面向城市景观园林的成熟作品

檀馨开公司创业时，正遇到北京乃至全国城市园林建设进入快速发展阶段，对于檀馨的公司来说无疑是个机遇，但她也面临激烈的市场竞争和挑战。因为“文化大革命”后进入园林专业的毕业生已逐渐成为园林设计界的新生力量，而在 20 世纪 80 年代出国学习景观设计的许多留学生，此时已学成归来成为海归创业者，而且市场对他们有更多的期待。再加上改革开放成果卓著吸引了许多国外的景观设计公司来华营业，这些都对檀馨及她的公司带来不小的压力。

然而，她对园林发展有着准确的把握，如她所说“中国园林的发展方向应该以后现代主义为指导思想，因为我认为现代园林的发展也应该具有批判和反省的意识，学现代园林要批判，学古典园林也要批判，在批判的过程中才能形成自己的风格”。因此她认为要“在主流里创新，在群体里前进 ”，也可概括为新时期的现实主义之路吧，而且要研究景观园林的现代文化表现，传统文化的现代价值，景观园林的生态责任等。她的设计跳出了传统园林的范畴，融入了更多的现代元素，还设计了如人定湖这类的欧式公园，一方面是迎合市场需求，另一方面也是她将景观与园林结合开创了成熟之路的体现。2001 年的皇城根遗址公园是她的设计更趋成熟的表现，也是她为“面向城市景观园林的一次方向性调整”（檀馨，2014）。

据檀馨回忆，当年皇城根遗址公园的最初设计者是一位留德的园林博士，结果他的“欧洲式疏林草地式”风格的方案受到了质疑，于是邀请檀馨的公司来投标。她提交了兼顾民族传承、现代时尚与生态环境的方案，从自然生态与历史文化两点着手，考虑了城市开放空间与公园功能的关系，突出将自然引入公园的理念、对于历史文化传承与保护的作用。设计以四季植物大景观作为基底，构思东安门、四合院等代表地域文化的节点，恢复一小段城墙、展现地下遗迹等来表现历史文脉，还使用了时尚设计语言营建的服务设施及艺术小品（檀馨，2014），皇城根遗址公园是她又一个具有代表性的成功作品（图 5-29）。

图 5-29　皇城根遗址公园恢复的城墙和遗址（引自：檀馨，2014）

（二）周在春——当代海派园林的重要实践者

周在春（1939 年—），祖籍广东茂名高州，1961 年毕业于北京林学院园林专业，分配到上海园林处设计室工作。毕业不久就有机会参加由吴振千主持的多项园林工程设计，如龙华烈士陵园、西郊宾馆设计等。20 世纪 70 年代他主持上海植物园规划，是他的设计走向成熟的起步之作。进入 80 年代，周在春和老一辈的柳绿华、陈丽芳、谢家芬等一起成为上海市园林设计院的主力，逐渐成长为海派园林设计的代表人物之一。他参加了当时上海的一些主要园林建设工程，如大观园、金山滨海公园、上海植物园、宋庆龄陵园设计及杨高路道路绿化等。不过 80 年代城市建设尚未进入快速发展阶段，这个时期在上海虽然新建了 30 余座公园但规模都不大，除了共青团森林公园外其余公园平均面积约 3 公顷。周在春主持设计了几处小公园，如东安公园、滨江公园等，还有位于南京西路闹市面积仅 0.5 公顷、堪称微型公园的玫瑰园。另外，他还主持设计过多个海外中国古典园林，如日本横滨的上海友谊园、埃及开罗国际会议中心的中国庭园秀华园、德国汉堡大学植物园的上海玉兰园（方案）等。80 年代初他主持设计的上海东安公园，是体现现代与传统结合的佳作。

（1）东安公园。面积仅 1.87 公顷，原为清代张氏的私园，新中国成立后改为东安苗圃，80 年代初改建为居住区小公园，虽然面积不大但因是居民家门口的公园，90 年代每年游人竟近 80 万（《上海园林志》编纂委员会，2000）。公园的总体布局以中间的水面和草坪为主题，采用传统院落与现代园林相结合的手法，以竹为主题，以植物造景为主，运用地形、水面、建筑、植物元素营造空间序列。在公园水池边的叠石，虽然同时用了湖石、黄石和卵石却没有生硬不协调之感。应用传统建筑为主的小庭院创造出多种园林意境，它们分别布置在进入大门的左右及公园边侧，如丛竹环绕素雅的翠竹院、绿树环抱幽深的合欢院、游廊连接轩亭的迎春院等，有庭院重重的感觉（杜安，2013）。然后是树林植丛、斜坡草地、浅滩水池、条石汀步形成开阔的中央空间。在树丛中依原张氏花园的故事塑百花仙子的雕塑，使得公园有了历史文脉的厚重感。东安公园中庭院、汀步及亭、轩、花墙漏窗的传统造园要素与大草坪、雕塑等西方元素融为一体，加上青瓦、粉墙及竹木材料的垂花门、挑廊等江南民居建筑风格，改变了小公园简单、乏味、一览无余的弊端。取得了既有传统韵味，又有新意，简洁大方、小中见大的良好效果（《上海园林志》编纂委员会，2000；上海地方志办公室，2007），在上海 80 年代建造的公园中是一座颇有特色的小公园，获得城建部优秀设计三等奖等荣誉（图 5-30）。

周在春在 90 年代初有两项重点设计项目，在当时可谓极具代表性：其一，是上海人民广场的改建设计；其二，为上海杨高路道路绿化工程。它们在绿化设计上可说是具有开创性的。

图 5-30　上海东安公园，汀步、方亭和斜坡草坪
（引自：杜安，2013）

（2）人民广场改建规划。在 20 世纪 50 年代的第一轮城市改造中，几乎所有的城市都效仿北京，在城市中心地区建造大型广场，为当时政治集会，如“五一”“十一”的大游行等提供必要的场地。但在 80 年代后，政治性的大型集会活动已很少，因此这类大型广场的功能发生了变化。于是逐渐开始将这类广场改造为以群众活动、休闲、娱乐为主体的场所，北京天安门广场逐渐增加了绿地面积，上海的人民广场也开始了全面改造。人民广场原为跑马厅之一部，新中国成立初以人民大道划分为南北两部，北面为人民公园、南面即人民广场，1993 年在南侧广场上修建了上海博物馆，同时决定广场改建成以绿化为主的现代化园林式广场。

人民广场改造规划由周在春担纲，规划以 9 米宽的干道将广场分成 6 大块，上海博物馆占南面中间的一块，其他 5 块为绿地。以当中 62 米见方的绿地作为中心广场，与博物馆、市政府大厦、人民公园连成一条中轴线。广场地下有大面积建筑设施，地上以草坪、花丛和花灌木为主，形成一个开阔、明朗的园林空间，沿南界的道路设宽 40~60 米常绿乔木林带作屏障（图 5-31）。中心广场为外方内园的下沉式旱泉广场，与博物馆建筑造型相呼应，题为“浦江之光”，设 3 层 9 级彩色玻璃台阶、上海市版图，四面台阶有多幅上海历史文化题材的浮雕。这些设计元素和手法以及高科技材料在当时是很新颖的，而旱地喷泉广场更是国内首创，之后为各地城市效仿成为城市广场的必要设施（周在春，1994）。

改建后的广场获90年代上海十大新景观奖、上海优秀设计一等奖，但周在春认为广场并不完美，且有不少遗憾。主要是因为广场的许多地下建筑及设施缺乏整体考虑，造成广场规划被动应付而致使绿地分割过多，失去了“大块面”的效果。更认为博物馆位置不当，放在广场中间使半圆形的广场形象全失。周在春认为理想的规划方案应是，地下工程所需的工程构筑物都统一布置在外围弧形绿化带之内侧，诸多的地面构筑物均隐蔽在绿化丛中，广场内部以中心广场为中心，形成东西两块大型而完整的绿地，体现出大块面、大手笔的时代气息和艺术效果（周在春，1998）（图5-32），然而他的理想方案未能实现，其实这反映了用地规划及园林绿化规划之间的不对接，在国内有很多建设项目都出现如此问题，是部门之间分隔而缺少协调的结果。

图5-31　改建后的人民广场（张锁庆摄）（引自：《上海年鉴2016》）

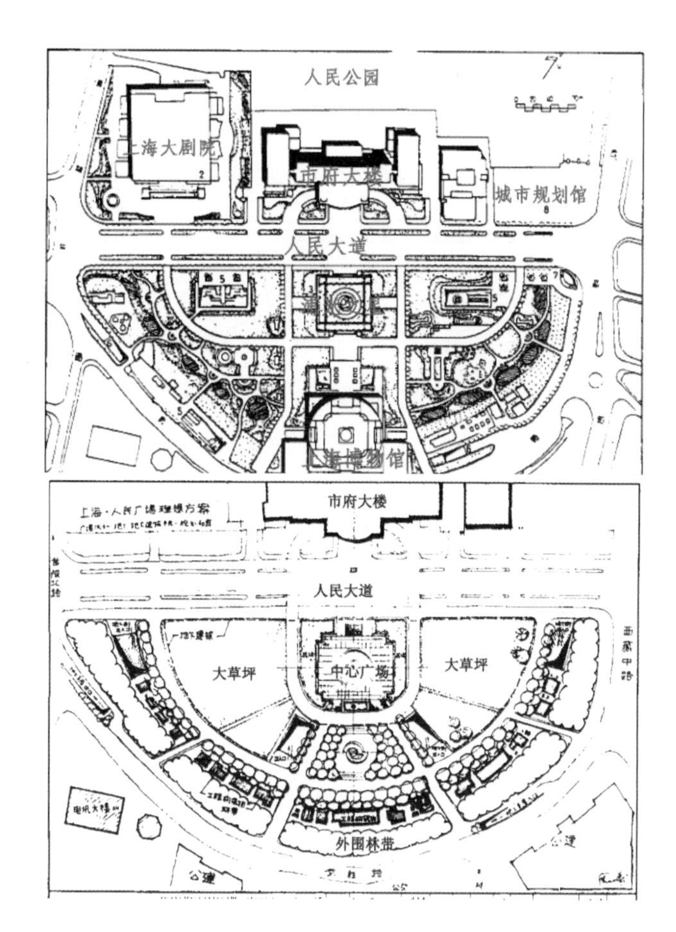

图 5-32　上海人民广场改建
上：改建平面图；下：理想方案
（引自：周在春，1998）

（3）上海杨高路道路的植物造景大色块。上海浦东新区主干道杨高路建于1992年，全长24公里，原设计路幅宽34米，两侧无绿带及中央隔离带，后改为两侧增加8米绿化带、中间分车隔离带的绿带净宽3米。绿化设计采用复层群落、密植方式，不设小品建筑、地坪等硬质景观，地表以植物材料全面覆盖。两侧绿地以乔木、中木、下木三层立体混交种植，中心分隔带密植低矮灌木丛。同时采用大片大段的配置手法，灌木片段大到30~50米，乔木大到100~120米，林冠线、林缘线也随大片段微弱变化，自然而流畅（周在春，1992）。后来将这类大片段的植物配置称为大色块，且成为各地效仿的流行形式，直至今日依然如此。

周在春毕业后就在上海工作，他的整个园林设计实践受到江南古典造园和海外园林理念影响较深，又是在最早营造公园的城市中成长起来的，他对在上海形成和发展的海派园林有较深刻的理解，是当代上海海派园林设计实践的代表人物之一。他将海派园林归纳为：“海纳百川，兼容并蓄；中西融合，绚丽多姿；博采众长，务实创新；标新立异，独树一帜。”而这些理念也充分展现在他的作品中，他在继承传统和采用现代园林风格方面做了较多的探索，还参与了《公园设计规范》的编写，编著了《上海园林景观设计精选》等著作，将其实践上升为理论。他指出，人们对城市绿化功能的认识是有一个过程的，过去过于突出“美化”，现在是“生态优先”，但当前各种绿化工程一律套上“景观”的帽子，景观过度、设计过度已是很严重了，而中国园林发展之路在于创新，是在继承传统的基础上创新（杜安，2013）。和许多同时代著名的园林设计师一样，周在春在2001年开设了自己的景观设计事务所。

（三）吴肇钊——扬州传统园林的继承者

吴肇钊（1944年—），出生于上海，1966年毕业于北京林学院园林专业，当时因被留校“闹革命”直到1967年底才分配。吴肇钊自称是“文化大革命”中的“逍遥派”，却因有绘画基础被推荐到中央美术学院学绘毛主席油画像，由此提高了他的油画技能。之后 被分配至扬州园林局工作，他又在建筑、绘画、假山技艺等方面进行了再学习。他在园林学术思想及设计实践上的提高是因为有了许多机遇：首先，他在“文化大革命”前已完成了系统的专业教育，当时北林的教师队伍中聚集了一批中国最好的园林学家，他师从孙筱祥、李驹、孟兆祯等，从而奠定了扎实的理论基础。其次，在工作后有幸在学术上得到几代宗师的培养，如70年代汪菊渊将其选入《中国古代园林史》编写组，在编写“江南园林”的五年中，受教于汪师而奠定了古典园林理论功底；80年代又被抽调到南京参加《江苏园林名胜》一书编写，顾问中有童寯、陈从周等老一辈园林大家，还得以引荐求教建筑大师杨廷宝；在工作中因修复片石山房得到陈从周的指导；而朱有玠对于他的设计定位起了重要作用，告诫其“画本再现的风范是造园成功的准则”。再次，吴肇钊长期在以古典园林著称的历史文化名城扬州工作，受到扬州园林艺术的熏陶，他的业绩始于扬州，是扬州厚重的文化积淀和园林经典丰富了他的创作源泉，还为他提供了无数实践机会。还有，正当他年富力强的时候，获调到中外园林建设总公司担任总工移居深圳，然而有机会参与海外中国园林工程的设计和施工，吸收了海外的园林设计精华（吴肇钊，2004），也扩大了他的设计范围，如住宅区庭园、风景名胜及城市公园规划等。然而，他的园林作品都能在继承传统上有所创新，能做到“继承而不拘泥于古，创新而不迷失祖国文脉”，参韵古今中外而出之己意（朱有玠，1992）。

在吴肇钊从业50余年的时间里，他主持规划设计的园林项目百余件，作品从古典园林修复、名园复建，到佛国景区、风景名胜区、主题公园以及现代住宅区园林规划设计等，并在美、德、法、加拿大等多国营造了10余座古典园林，如德国1993年国际景园建筑博览会中的清音园、美国华盛顿国际技术中心的翠园及峰园、法国巴黎的锦绣园、日本名古屋中国园等，使得我国传统园林艺术在国外大放异彩。

吴肇钊的成功基于他对中国传统园林艺术的执着，遵循导师的教导不断学习提高自己的学识修养，他将自己的设计定位在“画本再现的风范”上。这奠定了他继承传统园林的根本，他的学养因参透《园冶》这本经典后有了进一步的提高，这表现在他的《园冶图释》一书中。《图释》借用了许多古典园林实例，用江南园林实景的手绘图画来解释理论，不仅方便了学者读懂《园冶》，更证明《园冶》中的论述均是其实践与实例的总结，能真正感受到计成造园理论的伟大。他坚持学习绘画理论，用浪漫写真的画风及西方现代绘画工具，依托江南园林为母体绘制景观建筑表现图，形成自己“尺度准确、色调强烈、构图空灵”的景园建筑画风格（吴肇钊，2012），他的表现图为他的设计增添了文化和艺术的韵味。他所设计的透视图，凡以国画形式表达者，接近北宋院派的楼台界画，气韵生动；以西画油画表达者，往往不失为一幅现实主义画派的优美风景创作，情趣宛然（朱有玠，1992）。

另外，他善于归纳和总结设计心得并提升为造园理论，撰文著书传达他对古典园林的探索和追求，参韵古今中外的创新实践。总结起来，吴肇钊的成就包括三个方面: 首先，是他的设计作品，特别是古典园林修复和复园，如扬州片石山房、卷石洞天、二十四桥明月夜等都是上乘之作。其次，是他的理论著述，他的代表作《夺天工: 中国园林理论、艺术、营造文集》（1992年）和《中国园林立意·创作·表现》（2004年）是对传统造园理论深刻理解基础上的再创作，是他这一代园林设计师所著的园林理论著作中代表之作，他的中英文版《园冶图释》一书中1200多张手工图都是根据实例画出的。再有，是他的画作，他的水彩、油画以及景观建筑画特色鲜明，从而入选扬州画家之列（图5-33）。

图 5-33 吴肇钊的水彩画《钟山风雨》（引自：吴肇钊，1980）

吴肇钊在园林设计中的成绩受到老一辈园林学家的称颂，朱有玠称其“在设计工作中以其深厚的艺术功底和敏捷的构思而超出于侪辈”；孟兆祯赞其为“北林校友中的佼佼者之一”；潘谷西表彰他在“园林创作理论和实践研究两方面都取得显著成就，……致力于扬州瘦西湖风景点的恢复，成绩尤著”；陈从周先生为他修复片石山房写了碑记，无疑是对他最大的褒奖。

1. 扬州古典园林的修复与复原

1）细心复笔，再现石涛片石山房

1961 年陈从周来扬州调查古建园林，着意寻找石涛在扬州的叠石作品，他依据《扬州画舫录》《履园丛话》等古籍记载，几经周折找到花园巷的旧何宅寄啸山庄（又名双槐园），即石涛手笔片石山房，内依墙假山从堆叠手法分析再证以钱泳《履园丛话》的记载可征信确是石涛叠山之作。假山依墙南向，西首为主峰，迎风耸翠，奇峭迫人，俯临水池。度飞梁经石蹬，曲折沿石壁而登峰巅。向东山石蜿蜒，下构洞曲，幽邃深杳，运石浑成。但洞西已倾圮，山上建筑亦不存，无从窥其全璧。布局手法大体上仍沿袭明代叠山惯例（陈从周，1962）。

1989 年吴肇钊主持在原址上复建片石山房的具体设计，他在石涛 50 岁后的画作《醉吟图轴》《卓然庐图轴》中看出，画中布局与《履园丛话》中记载片石山房十分相似。而画上景物和现状遗物相吻，虽然 50 年代市政府曾维修过，修复时破坏了原貌但其奇峭之概尚存。本着设计与史料记载基本吻合，总格局以石涛山水画创作理论为宗旨、遗迹为依据，具体设计以石涛画为蓝本的三原则，以石涛画的题诗“四边水色茫无际，别有寻思不在鱼；莫谓池中天地小，卷舒收放卓然庐”为意境，从其画中找出与现存假山相似的奇峰，登山道的处理使山体产生深邃曲折的虚处，同时成为汇水线而形成瀑布，瀑布之下设计为深潭，再按石涛布局章法在奇峰之东叠成水岫洞壑。在周边布置假山的中间留有较大的水面，大胆将水引入水榭，围栏成泉，搁琴台、置棋桌、设书房。还根据石涛的诗句意境，在水岫中利用光的折射原理，设计假山洞将月牙的倒影映在水面上，这样把石涛的画表现在园林中（吴肇钊，2008，2013）（图 5-34）。

图 5-34　扬州片石山房
上：修复后的假山；下：以南面厅榭门窗为框，画意盎然
（引自：吴肇钊，1992）

吴肇钊修复片石山房得到陈从周的赞誉，并为其撰写《重修片石山房记》，赞其“细心复笔画本再全功臣也”。

2）尊重历史面对现实，复原“二十四桥明月夜”

唐杜牧有诗“二十四桥明月夜，玉人何处教吹箫”的千古传唱。而关于二十四桥却有三种说法：一泛指扬州桥之多；一实指扬州有二十四座桥；一确指一座桥。吴肇钊认为据杜牧的诗确实应有 24 座桥，但从《扬州画舫录》载“二十四桥即吴家砖桥”后一直认为就是一座桥，二十四桥几成扬州之别称（吴肇钊，1985，1992）。

基于此认识，20 世纪 80 年代后期吴肇钊主持恢复二十四桥的设计，他根据恢复瘦西湖清代最盛期精粹的原则，基本按历史原貌进行复原。据《扬州画舫录》记载及故宫博物院所藏乾陵南巡图示总体布局为：湖西为春台祝寿，以熙春台为主景与五亭桥相对，颇具皇家园林格局；其湖对岸为白塔晴云景区尾声，有“小李将军画本”及望春楼一组；湖南岸以栽种芍药为主，园名“玲珑花界”，依据古画绘制复原图。再考虑现代旅游需要，筑九曲桥连接玲珑花界和熙春台，而在熙春台和望春楼间的开阔水面建圆拱桥，即新二十四桥（吴肇钊，1992；三个景点在历史上均为宅园，因面积过大而有所删减）。为了与瘦西湖景观基调保持统一在各个建筑上有所改变，如熙春台仅屋面用铬绿琉璃瓦，体量尺度界于皇家与私园之间以求整体统一；小李将军画本和望春楼按古图恢复其外貌，但在细节设计上都有变化以迎合现代旅游观光的需求(图 5-35)。

图 5-35　扬州瘦西湖二十四桥景区
左：鸟瞰图（引自：吴肇钊，1992）；右：熙春台和新二十四桥（圆拱桥）（摄于 2014 年）

从上述两处园林复原设计来看，吴肇钊的设计首先是遵从历史，对历史文献及古画研究分析深刻，因此能很好地还原古物，但他并不拘泥于历史而有许多创新，使得它们能较好适合现代活动的要求，他对中国理景艺术所下的功夫及在理论上的造诣，在他的这些代表作品中得到充分的体现。

3）两本理论著作——《夺天工——中国园林理论、艺术、营造文集》和《中国园林立意·创作·表现》

《夺天工——中国园林理论、艺术、营造文集》和《中国园林立意·创作·表现》是吴肇钊的两本重要著作，分别于1992年和2004年出版，中间相隔了10余年，前者书名为他的老师孟兆祯所起，足以表明孟先生对他的赞誉之意。而两本书名“夺天工”和“园林立意”的内涵相通，都表明了中国传统园林的至理，即计成所言“虽由人作、宛自天开”的“天人合一”之理，就是巧夺天工之理。两书的内容同样都包括了园林理论研究和实例分析，是在分别总结作者两个不同时期作品基础上的一次理论提升。《夺天工——中国园林理论、艺术、营造文集》反映其90年代前的成果，那时主要是修复、重建扬州古典园林，著名的有片石山房、卷石洞天、瘦西湖二十四桥、五亭桥维修等。关于这些作品的设计理念、设计风格、从历史文献及古画中获得历史园林原貌的研究方法和体会，以及对古代造园家的文脉画风对园林设计影响的感悟，都收集在《夺天工——中国园林理论、艺术、营造文集》一书中了。从这本著作可见，此时吴肇钊造园理论已趋成熟，而这些理论研究成果也成为他的创作源泉。《中国园林立意·创作·表现》一书更多的是介绍他在90年代后的作品，内容更为拓宽但依然没有脱离他所植根的古典园林艺术，在现代的建筑庭园中融入了古典园林元素，典型如他所说的新版片石山房进驻高层住宅楼等（吴肇钊，2010）。

吴肇钊对中国园林艺术的理解无疑是深刻的，认为中国园林的审美特点是接近自然，指出乾隆盛世是我国园林艺术的巅峰时期，皇家园林以建筑为主构成景的主体，将园林建筑的审美价值推到一个新的高度。而此时的扬州园林则表现为构成园林群体序列，私家园林标新立异个性鲜明，利用叠石妙造园林环境，建筑造型多彩、装饰华丽的特点。美学思想是扬弃以往的清旷和超逸意境，创造环境美、注重形式美和技术的精巧，吴肇钊将此归纳为乾隆盛世的园林美学思想的特征。因有感于至今还没有关于园庭中水源经营的专著，而依据实例采用图例来诠释，如寄啸山庄用以假山形式承接屋檐之水，分层洒下形成瀑布；颐和园谐趣园从裸岩层开凿溪涧，从昆明湖引来水流，潺潺瀑布长年不断；香山饭店庭园，在香山前丛置山石、设置瀑布，给人以“延山引水”之妙趣等。当然，对扬州园林的研究更是多次出现在他的书中，如个园的四季假山艺术、瘦西湖的历史与艺术等（吴肇钊，2004）（图 5-36，图 5-37）。

吴肇钊是他这一代园林设计师中理论研究深刻、著述较多、作品有鲜明特色，为弘扬中华民族园林艺术文化传统作出贡献的一个典型人物。刘秀晨称其“在创作思维中又不停地拿捏着传统与时尚、文脉与创新的关系并吐故纳新，在园林的现实和虚幻中耕耘并游走”的人（刘秀晨，2009）。

图 5-36　德国清音园屹立鹰崖假山上的四面八方亭（引自：吴肇钊，2013）

图 5-37　吴肇钊主持修复的扬州卷石洞天之峦崖洞壑与楼阁（引自：吴肇钊，2013）

第六章

20世纪90年代前后园林设计进入多元化时代

第一节 快速城市化使园林设计进入多元化时代

一、20世纪90年代前后城市园林建设的历史背景

进入90年代后的第八个五年计划，首次提出了“城市化”概念，城市化进程发展加快，10年中城市化水平提高了近10%。此时已实施改革开放政策10余年，思想更加开放，文化进入多元化需求。尽管在90年代初期，城市建设曾一度陷于低潮，各地的园林建设事业受到影响，但不久后经济建设特别是开发区、科技园及房地产建设出现了一次高潮，在促进城市发展的同时也推动了城市环境整治工作。国际上，1992年联合国在巴西里约热内卢召开的环境与发展大会上，提出可持续发展的总体战略、对策和行动。所有关于城市环境建设、环境保护、生物多样性保护及可持续发展的目标，都与园林绿化建设密切相关。此时，建设部也将“改善城市生态，组成城市良性的气流循环，促使物种多样性趋于丰富”“城市热岛效应缓解”列入《园林城市评选标准》中。

这样的国内国际背景，给我国城市园林绿化建设全面发展带来了机会，就在90年代前后出现了许多影响我国城市园林绿化的重要事件，主要有以下几点：

（1）重视和加强城市园林绿化的立法工作。在1982年颁布《城市园林绿化管理暂行条例》之后，又于1992年正式颁发了《城市绿化条例》，提出依法严格处理破坏园林绿化的事件，这对维护城市绿化成果起了重要的作用。

（2）城市园林绿化工作会议相继召开。在中断了10年之后，分别于1994年（合肥）和1997年（大连）举行了两次，都强调城市绿地系统规划是城市总体规划的重要组成部分、城市建设与园林绿化建设有机结合，提出依托城郊自然环境搞好城市周围大环境绿化，增加城市绿量、提升绿地质量等建设目标。

（3）开展创建“园林城市”活动。于1992年命名北京、合肥、珠海为首批国家园林城市，把全国园林绿化建设推向一个新的水平。

（4）园林绿化工程规划设计进入多方竞争时代。主要包括三个方面：即原属政府部门的园林设计单位改制为企业性质的公司（1999 年开始企业化）；一些园林设计专家下海创业开设工作室、事务所、股份公司等；还有国外的园林设计公司进驻国内，并开始通过投标承担项目规划设计。

（5）园林专业教育出现了兴旺的景象。自 20 世纪 80 年代之后全国有 50 多所农林院校、理工科大学开设园林专业，到 90 年代这些学校已培养了大量专业人才，他们已进入园林行业开始发挥作用。

（6）园林设计专业队伍结构发生很大变化。1977 年高校恢复招生后的园林专业毕业生已有了 10 余年的实践经验，他们正逐渐成为各地园林设计队伍的骨干及领军人物。其中不乏硕士、博士之类高学历的人，还有留学海外的学子也已学成回国，带回了当代西方园林和景观、地景等设计理念、方法和技术，为园林设计带来一股新风。

（7）国际 A1 级园艺博览会落户昆明。昆明园艺博览会是首次由园林带来的城市大事件，世园会总面积 218 公顷，以一种集锦式的方式来展现各国园林艺术，因受场地等各种因素影响很难说能达到多高的艺术成就，但集中直观地展示了国外的园艺科技成果、建造工艺材料，使我国的园林产业有了新的发展方向。世园会不仅推动了昆明的城市建设和城市管理，也影响了今后在我国其他城市开展类似的活动，如沈阳、西安、青岛、唐山等都相继举办过，直接推动城市园林的发展。

（8）园林学科发展进入快车道。首先是《中国大百科全书：建筑 · 园林 · 城市规划》（1988 年）首次在中国将人居环境学科群分为建筑、园林、城市规划三个并列的学科，并对学科的概念作了权威阐述。同时在 1988 年底成立了“风景园林学会”，对学科的发展起到推动作用。其次，周维权先生独立完成的《中国古典园林史》也在此时出版，汪菊渊和陈植两位先生也在 90 年代完成了《中国古代园林史》和《中国造园史》的主体工程（但均在 2006 年才出版），将中国古代园林史研究推向新的高度。再次，陈植先生的《园冶注释》在 1988 年问世，成为《园冶》研究最重要的学术参考资料（王绍增，2014）。还有，汪菊渊、陈俊愉、孟兆祯分别在 1995 年、1997 年和 1999 年当选为中国工程院院士，也是对园林学科的肯定。另外，90 年代前后出现了许多有关园林的理论研究，如程绪珂等在可持续发展的理论指导下提出的“生态园林”概念，俞孔坚引入“景观评价”理论，刘滨谊提出的“风景园林（景观规划）三元论”及“风景景观工程体系化”，同时有学者在一些大城市开展园林绿化的生态效益研究等。

上述的种种关于园林发展的理念、概念和方法的形成和发展，最终都影响了园林规划设计的实践。现代西方景观设计理论，已愈来愈多地应用于我国公园及城市绿地设计中，常采用现代设计手法和现代材料来制作亭、桥、楼等。但在新建的西方现代感强烈的公园中，也可发现有假山、小桥、流泉等中国古典园林要素，体现了东西方园林文化融合的美感。当然，依然有古典园林修复、复建及以传统风格为主的新园林，但数量上有减少的趋势。较多的则是以某类建筑单体、假山等元素出现在城市公园中，然常常呈分散点缀之态，其中多数因缺少了整体氛围会有突兀之感，除非它们是园中园或成为一个景区的核心主题。而古典园林的整体输出却出现了又一个新的高潮。

概括说，这个时期是新中国成立50年来城市园林建设成果最卓著的时代，是进入下一世纪园林建设高速增长的理论储备和经验积累的时期。在90年代的十年中，全国绿化总面积比1989年提高了95.6%（柳尚华，1999）。上海市在90年代新建公园的面积几乎是80年代的5倍，几座大型的城市公园如浦东世纪公园、广场公园、野生动物园等都是在这个时期新建的。福州市1999年公园面积是1989年的6倍多；广州在1990年时有公园28个、面积1026公顷，至2000年年底增加至118个公园、面积7304公顷，而类似的绿地增长数据几乎可在每一座城市中找到。

园林建设进入新一轮的发展，这为园林设计师带来的巨大机遇和挑战，他们比前辈有了更多的实践机会。然而值得指出的是，在不同时期投身园林设计的人，他们的设计风格还是有着明显区别的。如20世纪80—90年代毕业及“海归”青年设计师，更趋向于对西方园林风格的模仿，但设计作品显得还不够成熟；而在60年代之前毕业的则较多继承传统，因此一些古典园林的修复、整修工程大多由他们主持完成。尽管如此，许多城市在90年代前后都有风格各异的优秀作品问世，并获得国家建设部颁发的各类奖项，留下了一个时代的园林特点（表6-1）。

表 6-1　20 世纪 90 年代前后设计建造的不同风格城市公园

杭州太子湾公园，1988 年规划，1990 年建园。由刘延捷主持设计。是与西湖风景协调、回归自然、以植物造景为主的自然山水园（引自：杭州园林设计院有限公司，2005）	广州雕塑公园，1992—1995 年建成开放，46.3 公顷。梁心如主持设计（引自：梁心如，2000）	厦门南湖公园，1990 年建，16.73 公顷。厦门园林设计院王中道主持设计（引自：林建载，2014）

南京石头城公园，1990 年。刘经安主持设计（王锁提供）	广州白云山云台花园，1995 年建成，12 公顷，欧式园林风格。梁心如设计（引自：周筝基，2008）	福州左海公园，1995 年完成三期工程建设，37.11 公顷，以五洲风光为主题。福建省规划设计院设计（引自：福州园林绿化志编委会，2000）

北京龙潭公园万柳堂景区，1995 年建，2.5 公顷，采用传统设计手法，水边以柳为主。由黄南等设计（引自：刘少宗，1999）	珠海圆明新园，建成于 1997 年，占地 1.39 平方公里。精选圆明园四十景中的十八景修建而成（珠海创森办提供）	威海海上公园，建于 1997 年，为沿海带状公园一角，图为欧式牌坊和模纹花园（威海创森办提供）

扬州古运河公园一段，建于 1997 年，延续了扬州传统园林设计手法，在方寸之地集中了亭、桥、假山等（引自：扬州绿化委，2008）	西安新纪元公园，1997 年建成，总面积 7.2 公顷（贾保全提供）	武汉长青公园，1997 年建，一期 16 公顷，为欧式风格（徐斌提供）

（续）

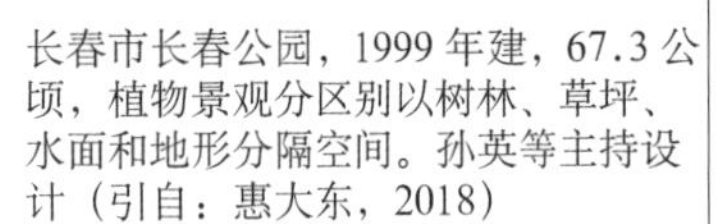 长春市长春公园，1999 年建，67.3 公顷，植物景观分区别以树林、草坪、水面和地形分隔空间。孙英等主持设计（引自：惠大东，2018）	上海大宁灵石公园绿地，2000 年建成，60.8 公顷（引自：上海市绿化管理局，2004）	上海太平桥公园，2001 年建成，是新天地住宅项目一部分，地下为大型停车场，居中为 1.2 公顷的人工湖，岸线曲折、四周绿地起伏。汤姆 · 里德（TLS）景观设计事务所设计（引自：上海市绿化管理局，2004）

表中图引自：《中国优秀园林设计集》《广州公园建设》《上海园林绿地佳作》等。

二、传承中国山水园林的几个代表作品

新中国成立以来的园林建设历史表明，除了在“文化大革命”的 10 年中把古典园林当作封建余毒来批判外，在其他的时间段都会有修复、复建传统庭园的项目，90 年代也不例外。随着经济发展，地方财政情况空前改善，一些城市努力修复历史遗址、挖掘传说典故、整理名人轶事、修复故居庭园，依托文化传承兴建山水园林，其中有几处以中国古典造园手法为主的园林很有代表性。

（一）匡振鶠的江南园林情——10 年间为同一城市设计了两座江南园林

地居太湖西岸的浙江湖州，在 10 年间修建了两座江南园林风格的公园，它们的设计者是同一人，即苏州园林设计院的匡振鶠。

匡振鶠(1936 年—)，古建筑专家，任苏州园林建筑设计院院长及总工程师多年，除了主持和参与苏州古典园林整修、苏州城市绿化规划等工作外，为其他城市设计和主修了多座江南风格的庭园、公园。代表作有湖州市莲花庄（1986 年）及飞英公园(1995 年)、珠海市西湖公园(1993 年)、上海市南翔古漪园扩建规划(2000 年)等。另外还主持设计了马耳他的静园、美国波特兰的兰苏园等，为苏州园林走出国门作出了贡献。这些代表作品主要在 20 世纪 80 年代中期之后，他已及知天命之年完成的，而在他 77 岁高龄时依然主持了苏州虎丘风景区一榭园的设计。因此，匡振鶠荣获 2017 年首届苏州风景园林终身成就奖，为他写的颁奖词如此说：“用

古建牵起了西藏高原与江南水乡的一段情，精心描绘的园林，遍布祖国大江南北”，可谓实归名至。

匡振鹍的园林设计基本为两种格局：其一，为输出海外的园林，一般面积不大，主要以庭园的形式复制苏州园林；其二，在国内设计的公园，基本是在江南私园的风格上融合了现代公园设计理念，在大面积的自然山水园的总体环境下，布设苏州传统造园元素，或集成小规模庭园，或将古典形式的楼、堂、亭、榭等按一定序列分散在游览路线上。他善于将历史地域文化融入园林设计中，这在他 10 年间为浙江湖州市设计的莲花庄和飞英公园两座公园中最是得到体现。

1. 浙江湖州市莲花庄——利用丰富历史风景资源的造园之作。

莲花庄公园，居湖州市东南一隅，由匡振鹍于 1986 年主持设计修建。公园原为吴兴籍元代大书画家赵孟頫的别业，但早已毁坏而无遗迹可寻，仅留下莲花石、三品石等少数遗物，因此复建设计完全依据文献记载，以写意手法重新创作（匡振鹍，1997）。

复建时将附近的青年公园和潜园连成一片，面积扩大至 7.5 公顷。潜园为清光绪年间著名藏书家陆心源的私园，戴季陶曾在此居住过，园中奇石莲花峰即为赵氏别业旧物，所刻题名为赵孟頫手迹。据童寯《江南园林志》记载，潜园有荷池、山石、亭、桥、楼、阁，但少曲折之路。建成的莲花庄公园，其西部的集芳园是从青年公园改建；东区菊坡园，题名取自《吴兴园林记》赵氏菊坡园之记载，实为为全园核心（图 6-1）；北区即原潜园旧址，主要根据残迹恢复，以盆景展出为主要功能。东西两园安排了十景，景点题名或应对了历史典故、文人轶事，或即景而成。主要景点如："白萍春晓"，在两座小岛之间，建曲桥和方亭，借湖州古风景区名之，又刻当年刺史颜真卿《江南曲》于亭旁叠石，亭周白

图 6-1 湖州莲花庄大雅堂 （引自：《森林湖州图册》）

萍、湖岸桃柳海棠，一片春色烂漫；“松泉印月”，包括全园主体建筑松雪斋及题山楼、印水山房、莲花峰，赵孟頫自号“松雪道人”此处应为其主要活动场所，故在石壁书刻“洛神”等赵氏书法题词；“鸥波荷香”，于池中仿宋画建鸥波亭，池南叠湖石假山，满池白莲点出“半湖烟水，千顷荷花”的主题；另外，“泓渟皎澈”，取“溪上玉楼楼上月，溪光合作水晶宫”之意，整个建筑跨水而作，展示湖州史称“水晶宫”的风采；“红蓼花疏”，于湖中小岛遍植红蓼，名“红蓼汀”，与白萍洲对应；“澄寰烟波”，为一组船坞小筑，意境取自赵孟頫“渺渺烟波一叶舟，西风木落五湖秋”（图 6-2）（匡振鶠，1997）。

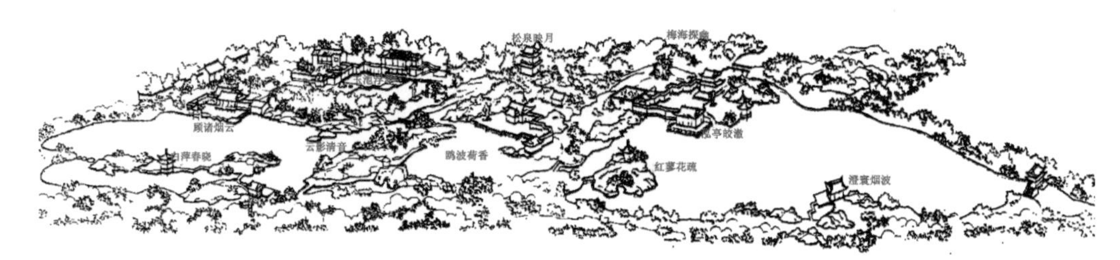

图 6-2　湖州莲花庄鸟瞰，西区为集芳园、东区为菊坡园（引自：匡振鶠，1997）

2. 湖州飞英公园——再现历史地域文化的成功之作

湖州城北的飞英公园，面积 2.98 公顷，建成于 1997 年，主要依托保存完好的历史名塔飞英塔而建。这座始建于唐代的古塔为舍利石塔，宋开宝年间在石塔外再建木塔罩护，后因遭雷击而毁。南宋绍兴二十四年重建石塔，又在南宋端平初年重修外塔，即所谓“塔里有塔”的特殊格局，是国内所罕见。1996 年市政府决定拆除古塔，在周围划地造园，请来匡振鶠主持设计。

公园总体布局以飞英塔为主景、古吴兴八景为题，取消分隔式的园中园布局、用南北轴线串联了塔、石牌坊和飞英堂等主要建筑，使得园林空间布局完整。所有景点从体量和尺度都考虑突出飞英塔的主景，建筑采用宋代风格以与古塔协调，力求简洁、古朴、浑厚（图 6-3）。园子面积不大，故理水不再分散，居中大水面 0.44 公顷，水体之南北两侧稍加规则，东西两向以自然为主，在东北向设计水湾和大型叠水，西北有曲溪，东南是方整的洗砚池。环绕水面在东、西、北三面堆山，主峰居北以作障景，东西两翼山体延墙蜿蜒。园内以“双塔擎天”为主的八景，主要如“墨妙古馨”，在湖面东南隅重建历史名亭墨妙亭，用曲廊连接亭、轩，在庭院中设计曲水流觞、流杯渠和洗墨池以表现文人墨客饮酒赋诗的场景。“飞英揽胜”，由飞英堂及大假山组成，飞英堂于湖水之北，为仿宋画设计的单层重檐十字脊、四向带抱厦的园林主体建筑。还有以纪念湖州历史上著名的文学及书画家之“六客八俊”典故，由戏台、堂、馆构成的“六客醉秋”景点。

园中叠石一反江南园林惯用湖石、黄石的做法，采用大块自然花岗野山石，给人以气势壮观、刚健浑厚之感。园内绿化面积占了 80% 左右，沿墙密植乔木为背景，山体用草坪覆盖配以乔灌树木，再用观赏树木点缀，却已是用了西洋园林的造园手法（匡振鶠，2000）（图 6-3）。

从上述两个园林的描述来看，匡振鶠的设计作品在充分利用当地历史、人文风景资源的基础上，结合造园功能、意境需要来造景。他的叠山理水颇得中国传统造园之精粹，景观设计借助画理或直接根据古画谱进行创作，还吸取了苏州庭园内向空间的设计手法。园中景点、建筑题名，一般都能在原园主的诗文中找到出处，故具有浓重的文人气息、较高的文化品位，是继承了苏州文人造园传统又有所创新的佳作。飞英公园被中国公园协会评为“全国百家名园”。

匡正鷗的古典园林设计几乎与李正、梁友松、乐卫忠、杨乃济等同时，是同为建筑师出身的古典园林专家，但从年龄来看他要略晚于上述几位，而他的作品整体数量似不及后来开设了自己公司或事务所的檀馨、周在春、吴肇钊等。然而总体来说他们是 20 世纪 80—90 年代最最主要的一批古典园林专家，他们中的许多人至今依然活跃在园林建设的舞台。

图 6-3 湖州飞天公园
左：鸟瞰图（引自：《森林湖州图册》）； 右：不同于传统庭园，山坡草坪覆盖再点植树木（引自：刘少宗，1999）

（二）陈樟德传承西湖传统的作品——西湖郭庄修复

陈从周称杭州西湖风景有开朗明静似镜的湖面，有深涧曲折、万竹夹道的山径，有临水的水阁湖楼，有倚山的山居岩舍，还有为数众多的临湖山庄。西湖的“庄子”一方面着眼于借景、对景，同时因为大多数临湖，除了安排适当的建筑外也掇山凿池（陈从周，1999a）。而据《江南园林志》记述，西湖“汾阳别墅，即郭庄，昔之宋庄也，在卧龙桥北，滨里湖西岸。有船坞，西式住宅仅占一角。园林部分，环水为台榭，雅洁有致似吴门之网师，为武林池馆中最富古趣者”，故郭庄可谓是民居与园林结合的典范。但郭庄曾几易其主，建筑倒坍、园林荒芜，湮没了几十年。“文化大革命”后陈从周先生在新民晚报上发表《郭庄桥畔立斜阳》一文，将的郭庄描述为“断垣残壁，鹅鸭成群，真有些不忍看，西子湖蒙尘太可惜了”，于是郭庄终于引起各方重视。在 1982 年杭州制订曲院风荷总体规划时，将郭庄列为古园保护区，1989 年由陈从周的学生陈樟德主持修复规划设计，1991 年竣工。修复后的郭庄占地约 14.7 亩，其中建筑占 16.6%、水面占 29.3%。

陈樟德对郭庄复园设计的宗旨是修复古园，对原存精品建筑如景苏阁、两宜轩实施修旧如旧，拆除破坏园林景观的监房、西洋住宅楼等建筑。同时挖地考证修复历史上有记载的建筑，保护有特色的山墙砖雕花饰，保护所有的古树及水池

图 6-4　西湖郭庄鸟瞰
1. 西湖 2. 镜池 3. 卧波桥 4. 两宜轩 5. 浣池 6. 伫云亭 7. 景苏阁 8. 浣藻亭 9. 香雪分春 10. 汾阳别墅 11. 乘风邀月轩 12. 廊（引自：陈樟德，1994）

和假山石（陈樟德，1994）。他的设计传承了西湖私家园林特有的形神品性，整体布局以南北两个池子为中心：北为镜池，规则空旷，石板驳岸；其卧波桥于东南一隅，“之”字转折造型；靠西面围墙建半亭，题名“如沐春风亭”；进门向北即逶迤的翠迷廊，长廊末端连接乘风邀月轩；南称浣池，曲折紧凑，四周叠石堆砌；主体住宅建筑静必居为四合院宅院，前为香春分雪，后即汾阳别墅。两宜轩居中，为跨水木结构廊轩建筑，横跨池东西两边，分隔南北空间（图 6-4，图 6-5）。全园建筑大多沿池参差而建，建筑围合的内庭空间，湖石、假山、池水气韵生动又富变化。

图 6-5　西湖郭庄浣池、两宜轩（引自：叶璃，2015）

郭庄濒临西湖，背依青山，东借苏堤烟水秀色、西接双峰岚气胜景，因此借景是其一大特色。通过精心设计，临湖一面用透漏的围墙分隔，留出三条不同的透景线：一是木风逝月轩临水小筑，为最佳赏月景点；二是景苏阁，既可俯瞰西湖，又可到临水平台领略湖光山色；三是假山上的伫云亭，停观八面景，内据外借处处入画（陈樟德，1994）。

陈从周先生称陈樟德主持修复的郭庄“颇能解我意，修旧花园，应该说是复园，要体会当时设计时的意境，还它本来面貌”“将来也可和网师园一样，名震世间，‘不游郭庄，未到西湖’，有那么一天吧？”（陈从周，2011），陈先生还为郭庄的修复亲笔撰写了《重修汾阳别墅记》。

然而，对郭庄的修复也多有不同意见，其中表达最为尖锐的是，曾任杭州博物馆馆长、杭州文物保护和考古所所长的高念华的批评。他认为郭庄维修没有保留和尊重它的原貌和风格，平面布局参与了太多的设计手法，无依据地添加了翠迷廊，新建乘风邀月轩和廊桥等，如此任意更改和添加亭、台、楼等建筑改变了郭庄原有的布局。另外，维修时将原建筑的朱红和黑色改为统一的清水做法，当时称为反映江南特色，高念华指出此“江南特色”范围过广，而杭州地区明清时代的民居建筑都是以栗壳、朱红、黑色为主的，因此郭庄采用清水做法并非杭州特色(高念华,1998)。如此不同意见在一定程度上反映了文物考古专家的基本观点，事实上古建园林专家同样强调复园要还它本来面貌，但在实际操作时也确有从造园角度出发而有所添减和改动。

陈樟德（1940 年—），浙江龙游人，1965 年毕业于同济大学建筑专业，毕业后分配至西南大三线工作，1975 年调入杭州园林管理局，曾任园林设计院副院长和总工程师。他的大部分工作是为西湖风景区作规划设计，除了西湖郭庄修复设计外，还有如黄龙饭店园林设计，曲院风荷公园规划设计，以及“玉带晴虹”等多处西湖景点的修复。他是传承西湖传统为西湖锦上添花的优秀园林师，还曾为新加坡设计了同济院。1987 年陈樟德出版了《园林造景图说》，著名园艺学家吴耕民先生为其写序，陈从周先生题写了书名，可见该书受到老一辈学者的重视和推介。该书将园林构成要素绘制成图，用图形解释园林建造，并通过实例分析进一步诠释各个要素在园林布局中的原则、要旨，应该说《园林造景图说》是陈樟德这一代人中较早出版的理论与实践经验结合、很有实用价值的图书，后来台湾博远出版社还出版了此书。西湖郭庄修复设计获国家优秀工程设计银质奖、建设部优秀设计一等奖，是陈樟德的代表作。

（三）建筑师金柏苓的传统造园——北京植物园中的“园中园”

金柏苓（1943 年—），满族，北京人。其父金承藻为建筑学家、清华大学教授，曾为我国第一届造园组教授画法几何、园林建筑等课程。金柏苓自幼接受家学渊源的文化熏陶，从小学习书法、绘画。1968 年他毕业于清华大学建筑系，是所谓“文化大革命”老五届的学生，之后先后在青海、甘肃的第四冶金建设公司工作，“文化大革命”后考回清华读研，导师为著名学者周维权先生。他师从周先生攻读中国园林史，以《清漪园后山景区的造园艺术及复原设想》为他的学位论文。1982 年后一直在北京市园林古建设计研究院工作，后任院长、总工程师。据他的校友回忆，在大学时金柏苓是清华围棋社的主要成员，与著名棋手陈祖德等都有过手谈经历，在青海湟水边还写了诗词传回棋社，如“弈道虽微，盈亏各分，谁可着着皆占先？”等，受到陈祖德的赞誉，可见他受中国传统文化熏陶之深（金柏苓，2015）。

因为“文化大革命”及攻读研究生，金柏苓直到20世纪80年代才有机会参与一些重要的项目设计，主要与檀馨、谢玉明、刘少宗等合作，代表作有北京紫竹院筠石苑、西土城遗址等建筑设计。从时间上推断，1986年他与檀馨合作的紫竹院筠石苑应为他早期的作品，以建筑师身份承担其中的园林建筑设计，而园林规划设计是以檀馨和端木岐为主。据檀馨回忆，在构思筠石苑建筑时采用了南方传统建筑的形式， 如友贤山馆这座小院落设计强调环境幽静、建筑和设施的独特美感。为此金柏苓调动和借鉴了多种中国传统园林建筑形式，有厅轩、游廊、桥廊、曲廊、粉墙、洞门等，辅以竹榭、竹亭及松竹梅为主的植物配置，组建成蕴含竹文化、体现江南特色的园林。孟兆祯称他的设计作品都有诗画、书法和金石艺术的意韵。

1988年他主持的香山伴霞阁设计，获北京优秀工程设计三等奖，进入90年代后，金柏苓主持完成了一些园林项目设计，代表作有1991年为日本登别市设计的天华园，1995年设计建造的北京植物园盆景园；1994年设计的柏林世界园林公园（原马灿公园）得月园，该园获2005年“德国最美丽新园林”的殊荣；以及颐和园耕织图景区复建工程（2003年），北京园博会古民居展区（2013年）等。我国近现代继承传统园林的造园家或古典园林学家大多出自建筑师，即使在20世纪80年代之后的一些古典园林修建项目也大多由建筑师担纲，从建筑师成为风景园林学家，金柏苓应可是跻身其中的代表人物之一。

金柏苓主持设计了北京植物园的盆景园，面积1.7公顷，基本的设计手法是让自然元素和建筑相互穿插围绕，形成不同的庭园空间。总体布局从西南向东北斜向布置一系列大小展厅，将全园划分为大小两部分，再用游廊花架围合成形状不同的庭园及天井。整体上是具有院落式布局特点但更为灵活，建筑和自然要素渗透融合在一起，是符合这个具体地形和环境条件的必然产物。园内建筑采用民族形式，借鉴了传统的坡屋面、封火墙、垂花门等形式。建筑构件几乎没有采用任何定型的产品，多数是按照设计要求定制的，使得建筑既有传统渊源又有新的创造，还有一种独特的装饰风格，金柏苓称此为“新中式”而可不受传统做法的约束（金柏苓，1996）。庭园设计体现盆景园特色，如主庭园为中国传统自然山水园，一方水面隔开了建筑与庭园，水源设在假山之内，水岸分别采用条石、山石和仿木桩，之间交接自然；园之中部草坪上选植地栽桩景，而其中千年古银杏 树桩以及榆树、石榴等树桩构成了盆景园独特的园林形式（图 6-6），盆景园获北京优秀园林设计一等奖及城乡建设部优秀勘测设计二等奖。

图 6-6　北京植物园盆景园庭园一角，水岸采用仿木桩、条石、方石，交接自然
（引自：金柏苓，2015）

金柏苓对中国古典园林理论有较为深刻的理解，他认为在改革开放后中国园林建设有一股复古倾向，是因为对过去多年批判甚至践踏传统文化行为的一种惩罚，同时又缺乏对建筑美和园林的敏感和判断力，只有借助既有的样板或流行的时尚（金柏苓，1991a，1991b）。他对传统园林进行理论上的研究和探索，主要理论著作有《园林景观设计详细图集》《中国传统民居福建土楼》等书，及《理解园林文化》《有关园林艺术的评价》《学则有派》《何来园林建筑》等文章。2015 年他重新修订和增补以前的文章著书出版，以“思欲求明——园林史论”和“工欲求当—— 设计选例”两部分总结了他 30 余年来的园林研究和实践，但基本思想是基于 90 年代初以《中国式园林的观念与创造》为题发表的系列文章，即从古典园林的历史变迁来阐述古代思想、哲学、文化在不同时期对传统造园理念的影响（金柏苓，1990a，1990b，1991a，1991b，1992，2015）。

他提出，主导中国园林创作的思想很复杂，一般来说是兼取儒、道、神、释等诸家。正是由于古代几大哲学体系在对自然认识上的兼容与互补，中国园林的内涵才那样丰富，并得以长久地兴盛与发展。他认为，把自然人格化、道德化是儒家对自然美的理解方式，然而儒家的说教对于造园艺术没有太多直接的帮助。重要的是，孔子把山和水作为人的道德品格的楷模引入了中国人的意识，即“仁者乐山，智者乐水”。而老庄的哲学对中国的园林艺术，有比孔孟哲学更具实质性的影响。老庄哲学顺乎自然、强调悟性的思辨方式，对中国园林的创作方法及独特风格的形成起了十分关键的作用。然后又指出，后人所谓造园“有法而无式”“虽由人作，宛自天开”，实际上是从老庄哲学思想中演化出来的中国园林的基本艺术标准。他的这些诠释说明了文人园林之所以出现在魏晋时期的原因，是因为老庄思想影响下魏晋人的旷达和风流，对返乎自然、山居岩栖表现出了浓厚兴趣，进而在家宅之中创造隐居山林的环境气氛（金柏苓，1990a，1990b，1991a，1991b）。

于是他得出一个结论，中国园林艺术以再现自然的美为基本特色，在有限的空间里获得像在大自然里那样的审美体验，即“小中见大”。为了实现此目的，传统造园手法主要可归纳为先抑后放，增加空间层次，曲折变化，缩小景物尺度和园外借景几个方面，要直接从视觉上使人得到“小中见大”的感受或者错觉。但这样得到的扩大空间感一般是有限的，有的还是暂时的。而利用审美规律中移情、联想或象征的作用来达到“小中见大”的艺术效果，可能更加富有情趣和诗意（金柏苓，1991a，1991b）。

对当代的园林建设现象金柏苓表示了一丝担忧，他指出我国历史上多次造园高潮是因为有园林文化上的突破，同时涌现一批成为楷模的优秀作品，然而当代的园林高潮主要靠量的支撑，但优秀的作品还不够、表达文化价值相当混乱（金柏苓，1992）。“我们并无避暑山庄或清漪园这样的辉煌力作，也没有发掘出代表时代的新的观念，今后的人又将如何评价今天的理论和实践，岂不是一个十分令人不安的问题”。为此他提出，“如果我们要承继中国园林艺术的优秀传统并开创一个新时代，那就必须把欲望与理想、异化和异化的消除自觉地放到我们的创作意识中来”；他语气尖锐地问道：“在对待专横的社会因素加之于园林艺术的干扰时……我们是否能维持中国园林艺术固有的追求人与自然的和谐这个最基本的宗旨呢？……我们能否从今天的实践中特别是那些具有典型价值的实践中得到现代园林艺术已经超越了没落的前人的结论呢？”（金柏苓，1990a，1990b，1991a，1991b）20 世纪 90 年代初的如此一问，到今天还没有真正得到答案。

纵观欧美国家，每次形成主导世界的园林风格，如意大利文艺复兴园林、法国巴洛克园林、英国风景园林以及美国景观建筑，都是与这个国家的经济发展和财富积累密切相关的。今天我国的经济增长、城市化进程、城市建设规模等都位于世界前列，它们都会与园林建设产生联系。而中国古典园林（文人园林）在延续了千余年后，在今天的城市生活轨迹中实际上已失去了发展的土壤，复原名园、修复名园以及古典庭园的输出都可看作是继承传统，但如何为大规模的人居环境建设服务，如何在为普罗大众服务的城市公园、风景园林名胜地等继续传承、将传统与现代结合，而不是不顾环境条件一味地简单套搬和随意拼凑。然而在展现中国古典园林魅力的同时，形成符合新时代要求、体现当代文化价值、具有中国特色的园林流派，依然还是没有得到很好解决的问题。包括金柏苓在内的许多园林学家一直在探讨这个问题。

三、园林设计进入多元化时代

（一）崇尚自然、融合中西的杭州太子湾公园——画家刘延捷的佳作

建于 20 世纪 90 年代初的杭州太子湾公园，位于西湖西南隅，苏堤春晓和花港观鱼的南面、南屏山荔枝峰下，面积近 1.2 公顷。此地在南宋时为西湖的一个港湾，因近旁曾埋葬庄文、景献两太子故名太子湾。新中国成立后疏浚西湖时都将淤泥堆积于此，1979 年西湖又一次大规模疏浚，挖出 18.84 万立方米淤泥堆于太子湾。这里环境独特、风景优美，前临西湖碧波、后依南屏山林，南收净寺钟声、西借南峰秀色，钱塘江向西湖的引水渠恰好从中穿越。据新华社浙江站记者孟凡夏记述，改革开放后杭州决定开发这块地方，当时曾有过建游乐园、展览馆、活动中心等多种设想，正是刘延捷奋起与之争辩，坚持西湖应当拥有一座充满野趣的自然山水园林，才真正应了“浓妆淡抹总相宜”的意境，而太子湾正宜于建这种天然园林（孟凡夏，1993）。她的建议被当局采纳并被委以总设计师之职，遂有了今天好评如潮的太子湾公园，也成就了刘延捷园林专家的声誉。

刘延捷出生于江南，在云南长大，大学学的是生物专业，1967 年来杭州成为

园林管理局的一员。然而在杭州这样一个园林世界里，刘延捷并没有多少从事园林设计的机会。那时她转向盆景艺术，为此下了不少功夫，1985 年她与杭州的花卉盆景专家姚毓璆、潘仲连合作出版了《盆景制作与欣赏》。姚毓璆是新中国成立后第一部兰花专著《兰花》的作者，潘仲连是中国盆景艺术大师，可见刘延捷是在两位大师的指导下展开盆景艺术研究的。在太子湾公园设计前的近 10 年时间里，她还发表了多篇谈盆景艺术的文章，感悟中国盆景艺术与诗画的密切关系，用画理分析盆景之美，感叹一个不会画画的人是绝对做不出好盆景的。而刘延捷就是一位颇有灵气的国画家，为浙江画院特聘画师，还被书画大师唐云、沙孟海誉为“女中杰手”“天与清新”（孟凡夏，1993）。

刘延捷在自己画集的自序中写道：“在西子湖上定居，朝朝暮暮钟情于西湖的阴晴雨雪，年年月月徘徊于江南的田园水巷……情怀深处，镂刻着一道道倾慕自然、追寻天趣、返璞归真的梦痕。”（刘延捷，1994）然而正是太子湾公园，让她的“自然梦”梦想成真了。

刘延捷设计太子湾公园的原则是：遵从西湖、别开生面、回归自然、返璞归真，充分体现以绿为主、以植物造景为主，在传承西湖风景园林艺术的同时有所发展；同时延续花港观鱼公园所开创的中西合璧、以“中”为主的艺术风格，并展示自己的特色（施奠东，2009）。公园总体布局因山就势分区，中部由从钱塘江向西湖的引水河道构成，河湾曲折、溪流蜿蜒，积水成潭、截流成瀑、环水成洲。其东区的琵琶洲，是全园最大的环水绿洲，带状山岗、林中空地、植物成丛，为蕴含东方哲理的山水园，另外还有颐乐苑及望山坪，以南侧山体作为背景，植物群落围合的望山坪有大草坪面积 1.1 公顷；河湾西为翡翠园主景区，另外还有逍遥坡、玉鹭池、谐音台、凝碧庄等，逍遥坡草坪 9000 平方米，呈现田野牧歌式的壮阔景象，西北角一座色彩淡雅的欧式小教堂，南侧山林有 10 余座西方田园风格的小木屋，尽显欧陆风情（刘延捷，1997；孟翎冬，2005）。

园中的池湾溪流水岸一般有多层植物群落、花境、草地，仅局部采用传统山石驳岸，又在水中点缀水生植物。东西两块草地环山抱水，曲折蜿蜒的岸线让长长的缓坡草坪伸入水中，这是典型的英国风景园林的造园手法，显然是与路北的花港观鱼大草坪有相似之处。太子湾在树种选择上要比花港观鱼更贴近杭州的地方特色，如河湾、洲岛上种植成丛的乐昌含笑、玉兰、鸡爪槭；逍遥坡草坪西侧坡岗树林以乡土树种麻栎、化香、青冈、苦槠、白栎等为主，林缘再适量点缀樱花，展示了西湖周围山地亚热带地带性植被特点，显得更加自然(图 6-7）。另外，公园入口处结合溪流走势遍植水杉，东部望山坪与琵琶洲之间有大片樱花，草坪周围种植马褂木、湿地松、玉兰、石楠等。全园树种丰富、群落类型多样，特别是乔木突出常绿树种乐昌含笑，没有像花港观鱼那样采用广玉兰作为基调树种的做法更加合理，今天乐昌含笑已郁郁葱葱、高大挺拔，更符合西湖自然环境，应该说是在植物配置上的一个进步。

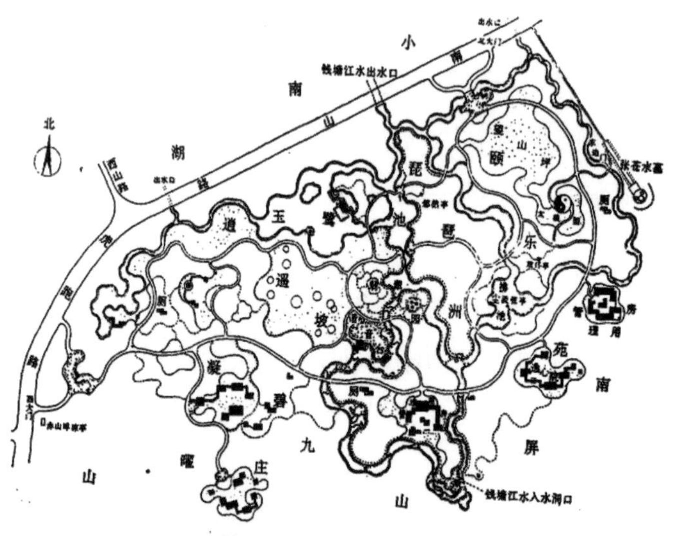

图 6-7　杭州太子湾公园
上：平面图；左下：河岸的几种处理；右下：逍遥坡的大草坪及欧式小教堂
（引自：刘延捷，1997；刘怡雯，2016）

太子湾公园无疑是成功的，这归功于刘延捷返璞归真的自然观，她对西湖的尊重以及身兼画家和园林设计师的优势，还有她亲临现场参加施工以让艺术构思准确地呈现。正如她自己所说的“借助诗人的胸襟为公园立意，借助画家的眼睛为公园造型，用工程师的缜密思维从事造园实践”。她“就是这样一针一线地密密缝、细细扎，精心制作这块心坎里的锦绣”。其实太子湾公园完成后刘延捷是准备拿起颜料、画笔重新返回丹青园去的，当然不能如愿（孟凡夏，1993）。太子湾公园获 1995 年城乡建设部优秀设计一等奖，但之后却没有再见刘延捷有重大的园林设计项目，也可能集中精力于画作了。2015 年她与施奠东合作，出版了《世界名园胜境》，主要是以拍摄的影像记录了他们在世界各地旅游、考察的名园。

（二）折中主义的混合风格——广州白云山云台花园

白云山花园位于广州白云山风景区南麓的三台岭内，建于 1995 年，面积 12 公顷。园址原地形为山凹谷地，设计师对地形做了较大改造，平山填谷，削平了两个山头，最高的降低了 12 米。公园设计原则以绿化及植物造景为主，立意强调景区各具特色、蕴含文化内涵。总体布局采用西方规则式园林轴线、规则及对称的设计理念，入口广场壮观华丽，由广场向花园纵深延伸，由大门—阶梯平台—喷泉广场—艳湖—半月形柱廊形成近南北向的公园主轴线。其主要组成是高差近 9 米的阶梯平台，设计成开阔的台阶，中间水渠、两边为大理石阶梯，艳湖之水从台阶顶端泻下，沿阶梯状水渠层层跌落流入底层水池，此即题名为“飞瀑流彩”的全园主景。台阶上端岭上的艳湖形似蝴蝶，为轴线一端；湖前是喷泉广场，湖北岸建罗马柱廊进一步突出了轴线终端，它与中西合璧的大门相对应成为轴线的两端；柱廊后为岩石园，安放图腾石柱。200 余种中外四时花卉散落在轴线两侧；中轴线东，大草坪依地势起伏，上方为玻璃温室；中轴线西为谊园，展示 26 个广州国际友好城市的 10 件礼品及其国花或市花（梁任重，2009）（图 6-8）。

云台花园的植物配置和造景很有特色，采用自然种植形式，选用地方树种展现南国植物风貌，植物种类丰富，配置形式多样，如大草坪中孤植或丛植大王椰子、假槟榔等热带棕榈科树木；阶梯台阶两侧设计条形花坛，平台上摆设巨型石雕花盆及布置各种应时花卉；在国际礼品展示区的谊园侧重植物造型，还有集世界奇花异卉的醉华苑，及收集了 50 余品种的玫瑰园。

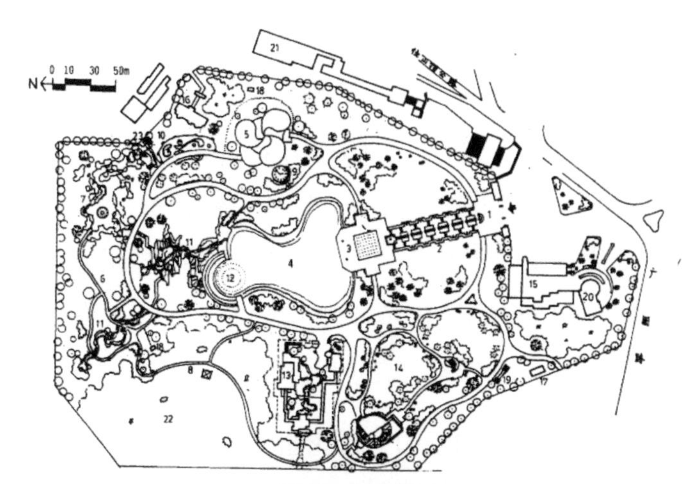

图 6-8　广州云台花园
上：平面布局；左下：轴线北端的古罗马柱廊；右下：阶梯台阶和跌落的瀑布（飞瀑流彩）
（引自：梁心如，2000；刘少宗，1999）

从上述描述可见，云台花园是融合西方古典园林经典元素，以展现花木为主题的花园。其中轴线上层层抬高的平台有意大利台地园格调，而沿山坡水渠、经几层台阶跌落的瀑布、半月形的罗马柱廊、大草坪上方的玻璃温室、各式花坛、巨石叠成的岩石园、铸铁的花架廊、哥特式风格的五眼桥、喷泉台及雕像等，这些都是西方古典园林中的典型元素。设计者将它们有机地组合到一个园中，尽管来自不同的园林风格但并不显得生硬。郦芷若（2005）认为这是一处成功的优秀作品，因而在受到广大人民群众热爱的同时，也获得了一系列奖项。

有文指出云台公园是以加拿大温哥华的布查特花园（Butchart Gardens）为蓝本的（吴碧珊，2005），但设计者本人却并未有此一说。布查特花园是反映 19 世纪英国“艺术和工艺运动”（Arts and Crafts Movement）的美学观，在花园设计中运用外来植物和遵循折中主义风格，从这一点看是与云台公园有相似之处。因为从园林设计风格来看，云台花园是一个具有混合风格特点的花园。

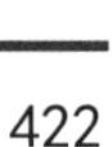

在 19 世纪初欧洲出现一种称为折中主义，也称混合风格的建筑理念，折中主义不是遵循某种单一范式，而是集多种理论、风格、理念以获得对某个事物的综合了解。其在艺术上表现为混合的风格，“从不同的源泉借用不同的风格、并把它们组合在一起”，这个术语描述了在一个艺术作品包含了来自不同影响的组合。而它对园林设计的影响表现为重新运用古代的风格。维多利亚时代中期英国的公园及花园的主要设计师爱德华·肯普（Edward Kemp，1817—1891 年），认为混合风格的设计“应采用特定的风格来应对在每一个立地环境的独特性”。目前还保存较好的是 1860 年所建的比杜尔佛牧场花园（Biddulph Grange），位于英国中西部米德兰平原斯塔福德郡，占地 6 公顷，它被划分成多个小区，安排得十分紧凑，分别为意大利花园、中国花园、埃及园、杜鹃园、樱花园、玫瑰园等小花园。

云台花园由梁心如主持规划设计，他的这种混合式设计及大规模改造地形的做法在当时并不多见，但在广州却是有过先例的。1921 年杨锡宗在设计广州市立第一公园（现之人民公园）时，为构筑轴线、营造几何形对称就对地形作了大量改造，不知梁心如是否是受此影响，或因有过国外考察学习的经验，使他能采用如此设计手法。

梁心如（1941 年—），1991 年毕业于广州教育学院园林绿化专业，从年龄来看这应是他的在职进修，90 年代后期梁心如继吴劲章后任广州园林建筑规划设计院院长，除云台公园外还主持设计了广州碑林（1992 年）、广州雕塑花园（1998 年）等。

（三）北京第一座欧式园林——意大利庭园和英国风景园林相结合的人定湖公园

檀馨于 1994—1996 年主持设计的北京人定湖公园，是其开设园林景观公司后的首批作品之一，被称为北京第一座欧洲园林，体现了园林文化多样性。檀馨在此前为北京规划设计了许多公园、园林，总体风格是以中国传统园林为基本格调的，如她的成名作——北京香山饭店庭园、紫竹院公园的筠石园等。然而，正因为她与贝聿铭的成功合作，使她在改革开放不久后就有机会出访欧洲多国考察西方园林。而此时也正值社会上新旧观点发生改变的时期，因此当檀馨的北京创新景观园林设计公司承担南北狭长、杂树丛生、周围被居住区包围类似苗圃的荒园改建时，就有可能改变中国传统的自然山水造园手法，试图用欧洲古典园林艺术与现代园林功能结合的表现手法，让人们了解世界园林文化的发展（檀馨，2014）（图6-9）。

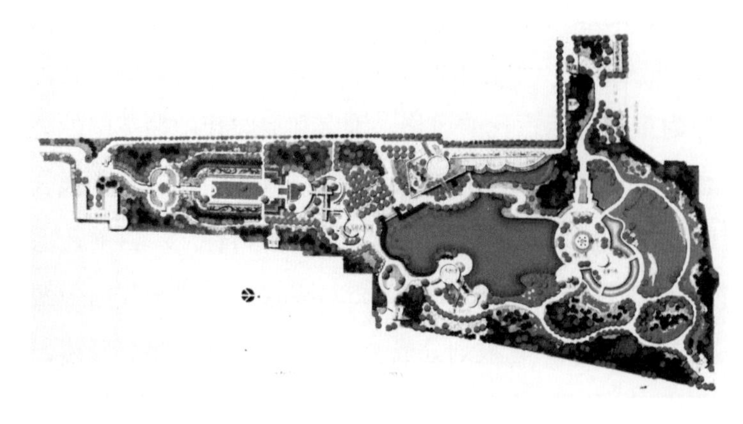

图6-9 北京人定湖公园平面图（引自：檀馨，2014）

由檀馨主持、刘巍等具体设计的人定湖公园位于北京西城区，是1958年由各界群众挖湖、植树建成的公园绿地，面积10公顷。檀馨的设计将公园划为南北两部分，在南半部狭长的地块上改造地形构筑轴线对称的意大利风格沉降园，是一座拥有多种文艺复兴时期园林元素、比较完整地复制了意大利式的庭园，在我国的现代园林设计中也是不多见的。下沉庭园的四周堆土抬高恰好遮挡了外侧的居民楼建筑，下沉庭园的一端，中间为叠泉、两侧对称布置阶梯及百泉台，台阶上喷泉、层层跌落的瀑布、墙面上兽头口中流出的涓涓细流构成水景，阶梯上至平台以圆曲形矮墙为界；下沉庭园的另一端是多力克拱形门廊，中间叠层喷泉。庭园四边西方仕女雕塑、坡地上的花境等展现了典型的意大利园林风采。公园北半部围绕人定湖水采用英国风景园林手法，疏林草地自然起伏，花境、廊架及自然式的植物配置。同时引进了现代园林元素，如公园空间转折点设计了园林史墙、浮雕、水幕、抽象风格的雕塑等（图6-10）。

在皇家园林占据主要地位的古都，如此大胆采用西方园林理念设计的公园，随即遭到了群众的联名告状和政府专家的质询。可见在当时的历史条件下人们的认识还是有局限的，幸好有当时一些领导的支持，才成就了这座欧式园林。人定湖公园能出现在北京，是檀馨和她的设计团队对继承、创新和发展有了正确理解的结果，也归功于当时的主管部门的理解。1997年人定湖公园荣获北京绿化美化优秀设计一等奖。人定湖公园是种全新的尝试，是一个成功的作品，是文化多样性的具体实现，但檀馨（2014）强调“我们必须清醒地知道，这样的风格，不可能成为主流，只能作为文化多样性来欣赏”，可谓是十分确切的。

图 6-10 人定湖公园南侧的意大利风格下沉庭园（引自：檀馨，2014）

（四）融合了中西园林文化的福州温泉公园

福州温泉公园建于 1997 年，面积 13.23 公顷， 是一座具有欧式风格的休闲公园，由中国建筑设计研究院陈奇（1938 年—）设计。公园布局为邻河景观带和五个景观区，以玻璃金字塔为景观中心，通过植物配置使各景区既各具特色又融为一体，是一座以温泉文化为内涵的欧式风格综合公园（福州园林绿化志编委会，2000）。

布局上，从进入古罗马柱西大门为公园的主轴线，从东至西排列、露天音乐广场、中央广场（中央花坛）、拱形（长方形）喷泉，将公园分隔成南北两个景区；中央广场和音乐广场相连，可容纳几千人成为福州市举办大型活动的场所之一。西北大门直线延伸的交叉点上是高 27 米的玻璃金字塔，音乐广场位居其东。在轴线之南为主景区，仿效天然的湖光山色展示自然风光，有小山、湖、岛和温泉瀑布，如圆形喷泉、旋水鸣音、热带风情园和亲子广场等。据称圆形喷泉的设计灵感来自摩洛哥皇室前的喷泉，而旋水鸣音则专为儿童和青少年设计，从上旋转而下，并伴有温泉的潺潺流水，是一处能够与水亲密接触的圆形活动场所（图 6-11）。北景区里有铁树园、竹园、桂花园和温泉博物馆。植物配置形式丰富，如图案式的花坛、榕树及珍稀树木、热带风情的大王椰子等，公园边缘是以木兰科常绿树木为主的林带，大片马尼拉草坪延伸至湖边，湖水几与岸边等高，隐去了人工驳岸的痕迹。

图 6-11　福州温泉公园
左：圆形喷泉（引自：福州园林绿化志编委会，2000）；右：旋水鸣音（董建文提供）

整座公园给人总的感觉是深远、开阔、清朗，是豪迈而又明丽，园中有一座 70 米直径方形台基的玻璃金字塔，高达 27 米，而基座以花岗岩叠垒而成。另外设有音乐广场、拱形喷泉、圆形喷泉等，公园现代感强烈，但园中又有假山、小桥、流泉、瀑布，大假山上有摩崖石刻，公园有明显的东西方园林文化融合的美感（郭风，2000）。

第二节

西方景观设计理念的引入及境外景观设计师的影响

一、“景观设计（建筑）”实践及影响

20 世纪 80 年代“景观设计（建筑）”（Landscape Architecture）概念引入国内，一时这个名词大量出现在我国的一些专业文章中，并被园林规划设计从业者应用。还在 20 世纪初 90 年代后期至 21 世纪初引发了“景观设计（建筑）”和“风景园林”的专业（学科）名称之争，最后这场争论以“风景园林”作为国家一级学科名而尘埃落定。而在此前曾有过“造园”和“园林”专业名称的争论（详见本章第三节），尽管“景观设计”没有被认定为国家一级学科，但其理念对我国城市园林绿化以及在更大尺度上的生态规划、自然保护、环境建设等方面产生了极大影响，“景观设计”依然被广大的园林工作者所应用。

在“景观设计学”学科的认知基础上，进一步推动景观设计理论和实践的，主要是一批海归学者。如 1998 年俞孔坚领衔在北京大学创办了景观规划设计中心，2003 年正式成立景观设计学研究院， 2010 年成立建筑与景观设计学院。同济大学在 2006 年将从原风景园林发展而来的“风景科学与旅游系”更名为“景观学系”，并首创“景观学”本科专业，刘滨谊是其中主要推动者。之后产生了“景观设计师”这个执业头衔。与此同时，国内出现了一大批以景观设计命名的公司，有的是弃用了“园林规划设计”的原名，有的则是新成立的事务所、工作室等。除了上述檀馨的创新景观园林公司外（1993 年），其他著名的有俞孔坚的北京土人景观规划设计研究院（1997 年），王向荣、林菁创建的北京多义景观规划设计事务所（2000 年），端木岐的北京山水心源景观设计院，以及陈跃中回国创建 EDSA(亚洲)（2000 年）之后成立易兰（Ecoland），并提出了“大景观”的设计理念。而从原园林设计院改名的有北京景观园林设计有限公司（2000 年），杭州易大景观设计公司等等，再有一些国外景观公司纷纷在国内设立分公司，如 Sasaki、AECOM、Schwartz 等。

（一）俞孔坚的景观设计实践

俞孔坚在推动景观设计理论和实践中一直是走在最前面的，他及其土人设计的早期代表作，主要有中山岐江公园和黄岩永宁公园，分别依据“野草之美”及“与洪水为友”的设计理念，而且在两个公园中都出现了景观盒子和柱阵这类现代设计元素。这两个公园的设计及建造在业界产生很大影响。

1. 中山岐江公园——工业遗址的再生和更新

1999年设计的中山岐江公园，原为粤中造船厂旧址，是俞孔坚景观设计理论的一次早期实践。他的设计宗旨是产业旧址历史地段的再利用和再生设计，被认为是一个成功的作品。因为它很好地融合了历史记忆、现代环境意识、文化与生态理念．为当代中国景观设计开辟了新的道路（Mary G. Padua，2003），成功地借鉴了西方后工业景观设计的理论和实践。在20世纪70—80年代，欧洲国家都有对老工业废地作景观恢复及改造的成功范例，著名的如德国彼得·拉茨（Peter Latz）设计的北杜伊斯堡景观公园（Landschaftspark Duisburgnord），是在鲁尔大型炼钢厂旧址上改建的公园，为后现代主义景观设计的典型，但当时在我国用工业废弃地改建城市公园的项目尚属全新事例。中山岐江公园于2001年建成，获2002年美国景观设计师协会(ASLA）的“设计荣誉奖”。

中山岐江公园面积11公顷，原址的造船厂是中山市重要的国有企业，俞孔坚的设计体现了对工业设施及原有自然元素的保留、利用和再更新理念。岐江公园整体上呈长方形，北部邻接市区繁华街区，集中主要景点体现公园文化内涵，南部为自然式景观，中间以占公园1/3多的水体衔接。在设计上避而不用岭南园林传统风格，既不是中国传统园林的那种曲径通幽，亦非规则对称的轴线格局，而是采用简单的线条，直线路网在草坪中展开延伸，直线、方格、简洁、便捷都体现了工业设计的秩序美。考虑到其在市民心中的地位，俞孔坚的设计刻意在公园中保留旧厂的一些遗迹，从而留下了原有场所的精神特质，如厂房的钢铁构架、铁轨、水塔等，并将龙门吊、变压器等工业设施结合在场地设计之中，再现以往工业时代景观。既留住了一个城市的集体记忆，同时又勾画出别具一格的体验空间，这种处理手法是成功地借鉴了西方后工业景观设计的理论和实践，与拉茨的设计有相同之处。然而，无论从公园的整体布局还是从具体的景观元素设计，都给人以一种全新的感觉，是以前公园设计所没有的，而它常以媒体称为的“叛逆者”形象登报上镜（沈实现，2014）。

进入一个广场式的入口，展现在眼前的是高大的钢铁构架，平地起涌泉，钢性的栅格铺地，结合“水”这一永恒的流动元素构成儿童嬉戏的乐园；一条长约250米的铁轨从入口延伸到湖边活动区，两旁是野生的茅草，在铁轨中部两旁加了一组白色的柱阵，由152根约5层楼高的细钢柱排列而成的方阵为全园焦点，他们表现为“或是千万枪杆，或是冲天的信念，或是无限的纪念，或是延入长空的不竭思念”，设计者以此喻示当年船厂工人“一不怕苦、二不怕死”的创业精神（俞孔坚，2002）。

在公园一角道路汇合的顶端，一个用红色钢板围合而成的红盒子与钢铁构架船坞相对，一角正对着入口。进入内部还有一汪碧水，微微的波纹与笔直的斜线、深深切割的钢板构成的空间，似乎唤醒了人们对昔日的回忆。与刚直的红盒子相对应的是，散在草坪中的“绿房子”，用树篱组成规则的模数化的方格网，与直线的路网相穿插，使人想起当年的工人宿舍来，这些元素被俞孔坚称为“再生设计”（图6-12）。

中山岐江公园是俞孔坚所提倡的“新乡土景观”的一个范例，倡导尊重乡土文化与乡土环境，从而以“足下文化与野草之美”来归纳他的设计理念。一处普通的破旧船厂成为市民休憩的场所，人们在这里追忆往昔岁月、思索时代变迁，它深刻的文化内涵亦即在此。

图6-12　中山岐江公园鸟瞰
北部的再生设计，如右边四方的红盒子，轨道延伸至湖边，中间是白色柱阵，两侧草地上的“绿房子”，湖边钢铁构架的船（俞孔坚提供）

公园有许多设计亮点，像生态岛、考虑水位变化的亲水湖岸和栈桥式堤岸，以及大量利用当地乡土植物等。设计者采用增减手法改变原有场地，提炼出现代人的审美和价值取向并满足其欲望及功能需求。如将水泥构建的水塔罩进一个泛着现代科技灵光的玻璃盒中，改造成太阳能灯光塔，并冠以“琥珀水塔”之名令人遐想不断；高大的钢铁构架矗立于水湾之中，船坞中插入了游船码头和公共服务设施，此等即为设计的加法处理。而对散置场地上的机器，则仅选取部分保留的减法处理，以体现抽象的艺术效果（俞孔坚，2002；Padua，2003）。

然而，公园中作为聚焦的白色柱阵虽然醒目却也显得突兀，Mary Padua 指出它与公园整体的设计风格不太协调，无法留给我们对公园所代表的历史的记忆。相反是减少了公园里直线路网所表达的工业化硬性体验，淡化了设计中铁轨作为生产符号的高度提炼。这组白色的柱阵将公园分成南北两个部分，也间接削弱了公园的整体性（Padua，2003）。然而类似的柱阵设计还可见于俞孔坚的其他作品中，如浙江永宁公园中的红色柱阵，邯郸广场上的箭林道，和他的景观盒子、红飘带一样成了俞孔坚的特殊设计符号。

俞孔坚在城市公园设计中大胆地应用野草，用芦苇、水草等野生植物构筑新的风光，并以“野草之美”来为他的公园点题（俞孔坚，2001）。这是其重视自然、乡土景观及生态环境重建的宣示，也是他“景观设计学”中最重要的理论之一。一般认为，在 20 世纪 60—70 年代，欧美国家的园林景观设计已出现环境主题和生态理念。如提出应用野生植物同样能达到美化的效果，运用乡土植物，实施生态种植、构建地带性植物群落，尝试在草坪上保留一些野花的生态种植方式等，但经过很长一段时间才被公众所接受。要知道，直到 70—80 年代，在我国城市中清除杂草依然是被称为“爱国卫生活动”的一项重要内容，怎还能在公园中培植野草群落？因此，在我国公园中运用野草的确是新而陌生的理念，可说是一个先例，当时大多数国内设计师还没有这个意识。

除了岐江公园外，俞孔坚还主持了多处工业旧址的改建设计，如沈阳冶炼厂旧址设计、苏州太和面粉厂改造设计、北京燕山煤气用具厂旧址利用设计等。

2. 黄岩永宁公园——与洪水为友“漂浮的公园”

永宁公园位于浙江台州市黄岩区之西侧边缘的永宁江右岸，面积 21.3 公顷。

2002年俞孔坚说服了当局停止对河道截弯取直及水泥护堤工程，改用生态方法恢复河岸的生态基础，建成具有效防洪功能、生态与文化结合的游憩地。之前俞曾多次撰文批评我国城市中河道取直、硬质驳岸、河流渠化等不利于生态环境的做法，因此永宁公园河岸生态设计是他的“与洪水为友”、保护河流自然生态理念的一次重要实践。

设计基于历史上10年、20年和50年洪水位分析，得出洪水过程的景观安全格局。与洪水为友的设计包括两部分：第一，改变原有的水泥堤岸，即降低水泥防洪堤、保留其基础。在保证河道过水量不变的前提下，采取退后防洪堤顶路面、改造垂直护坡、放缓堤岸护坡或全部改为土坡等方法使其成为种植区，在堤脚设木板平台或铺设卵石而形成亲水界面。同时保留江岸的沙洲和苇丛，恢复滨水带的湿地，另外放缓堤岸护坡和扩大浅水滩地，形成滞流区或人工湿地浅潭，为水生生物提供栖息地。还处理河床造成深槽和浅滩，在形成的鱼礁坡上种植乡土物种，形成人可以接近江水的界面。第二，在堤内侧营建与江平行的带状湿地，通过与江连接的闸来调节湿地水位与水量，形成生态化的旱涝调节系统，同时为乡土植物提供了栖息地（俞孔坚，2005）。

如此形成河床、滩地、河滩湿地、堤面高地、堤内底地及内河湿地连续的地貌，在不同地形区形成不同类型的乡土植被。如1年水位线以下的河漫滩湿地群落，1~5年水位线以下的河滨芒草群落，5~20年水位线以下的江堤疏林草地，堤面行道树，堤内乡土树种的密林带，以及内河湿地植物群落与内河滨水疏林草地等。在洪水季节堤外的河岸植被带及堤内的湿地都被水淹，旱季时堤内湿地通过水闸调节保持一定的水位。

在自然的乡土植被景观背景之上构筑一个个方台，在台上按5棵×5棵种植当地常见的水杉，从而形成48个网格状的树阵，它们或漂于水上、或落入湿地、或嵌入草地。与此相对应的是沿道路设计了8个5米见方的景观盒，分别冠以水、石、稻、橘、渔、道、武、金的主题，一方面产生美感给人神秘感，另一方面展示了传统民俗文化，被称为讲故事的盒子（Gina）（图6-13）。树阵、景观盒及直线形道路的几何形状及网格布局，与湿地背景及湿地植物群落的自然形状形成强烈对比，而此布局与中山岐江公园有相同之处。

图 6-13　永宁公园中的水杉方阵（左）和景观盒子（右）（引自：土人设计网）

永宁公园的设计宗旨是尽可能恢复河流的自然状态，保护和恢复自然过程，形成多样化的生境，提高生态服务功能。而本质上就是模拟自然河流及河流植被，设计理念依然强调乡土植物、野草之美。这是俞孔坚提出景观设计中生态学理念的具体体现，然而他的红色柱阵依然令人费解，或者只是要与无序的野草构成对比。

永宁公园依据生态理论维护河流自然生态特点、实现洪水调控的景观设计，为我国城市滨水景观设计提供了成功的范例。该项目获 2005 年中国人居奖和 2006 年 ASLA 荣誉奖。但需要指出的是，中山岐江公园和黄岩永宁公园这两个项目规模都不大，未能全面反映景观设计的内涵。

（二）王向荣的现代景观设计实践

王向荣是 20 世纪 90 年代后期在我国景观设计中应用生态学理论的主要实践者和先行者之一。他留学德国卡塞尔大学的城市与景观规划系，1995 年获博士学位后在卡塞尔城市景观事务所工作过一段时间，之后回北京林业大学完成博士后研究。2000 年他与林菁共同创建北京多义景观规划设计事务所，取名“多义”即蕴含了他对景观具有多种含义和多种表达方式的理解（详见本章第三节）。

王向荣对西方景观设计的历史发展有着深刻的理解，是我国系统介绍西方，特别是欧洲现代景观设计理论和实践的主要学者之一。他认为，景观设计就是要针对项目的特定目标，发现场地的问题，创造性地寻求最佳的解决方法、合理的解决途径，最终完成适合场地的设计（林菁，2005；仇文娟，2009），同时在设计中始终贯穿生态学的理念。他的设计作品最大程度地体现了他的设计哲学。

1997 年，王向荣在仙湖植物园化石森林改造设计中，已应用现代设计语言，以草地与砾石、岩石与水系、道路与场地三层叠加的模式来塑造环境。2002 年完成的青岛海天大酒店南部环境景观设计，应用一系列三角形的地面隆起塑造了整体而有剧烈变化的地形，构成景观的基调，形成深远的层次和强烈的地表变化，是现代景观设计手法的熟练运用。而在杭州的“西湖西进”规划及湘湖设计中，都是运用景观生态规划理论突出自然、生态和经济社会的融合。可以说王向荣是我国运用景观生态学理论于景观设计中的最早实践者之一。

1. 杭州“西湖西进”工程——景观生态设计方法的具体运用

西湖历史上多次应用疏浚的淤泥堆堤造景，如苏堤、白堤、杨公堤及湖心亭、阮公墩等岛屿。但清嘉庆以后，杨公堤以西的湖面因逐渐淤积而缩小，杨公堤也不复存在。到了现代，西湖主要汇水区的西部山区和西湖水面之间，被杂乱的建筑农田所隔离，流入西湖的溪水受到污染。西湖景区与山地景区的隔离，导致西湖景观主要为开阔的水面空间，湖面基本上一览无余，景观层次相对单调，而面积最大的西山景区却没有发挥应有的作用。

鉴于现代西湖环境已不同于历史上山水相依的自然格局，同时为了弥补西湖整体空间比较平和、缺少层次的缺憾，杭州市政府决定实施“西湖西进”工程，主要是通过疏浚恢复西湖历史上的部分水域，实质是对西湖的又一次疏浚。

“多义景观”在“西湖西进”工程竞标中获胜，王向荣和林菁主持规划设计。他们应用地理信息系统技术针对高程、坡度、植被、地表水、建筑密度、文物、道路等多个要素，进行可拓展为水面的适宜性程度的分层分析。各分层叠加后确定适于拓展为水面区域 66 公顷，但考虑游人活动及道路设施的因素，最终确定拓展水面 30 公顷，规划湖西区域新增湿地型湖面 70 公顷，并划分为 6 个景区。由此形成良好的生物栖息地，恢复了历史上的杨公堤，挖掘湮灭在民居及周边环境中的历史文化，使得茅家埠、法相寺、盖叫天墓、黄公望故居、五老峰等旧时著名的景点重新呈现出来。同时，通过形态各异的小块水面，体现出“幽”和“野”的意境，新拓展的水域改变了原来西湖一览无余的状况。而原来被湖西地区建筑所阻隔的山、水重新紧密融合，拓展了西湖的游览空间，改善了西湖的生态环境及景观结构（图 6-14）。湖面向西部扩展的同时实施引水工程，利用广阔的湿地区域处理西湖的上游来水，改善了西湖的水质，同时协调好原住民的产业与风景之间的关系（王向荣 等，2001）。

图 6-14　西湖西进形成的湿地景观（引自：王向荣，2012；多义景观网）

“西湖西进”工程总面积 760 公顷，从规划尺度上说是一个区域景观项目，也是一个综合项目。规划过程中王向荣借鉴了麦克哈格的适宜性分析方法，依据现代景观生态规划理念，采用遥感及地理信息系统等现代科技手段，综合社会、生态、水文、历史人文及城市规划等多方面因素，深度考虑村庄整治、土地使用性质调整、水污染处理、促进当地居民生活改善等现实需求。该项目的科学规划很好地体现了王向荣始终遵从生态学原则，以及寻求自然、文化历史、社会、艺术、技术、经济等的最佳平衡的景观设计理念。“西湖西进”是一个成功的案例，作者自认是“比较满意，也是比较重要的作品”（许晓东 等，2012），可看作是“多义景观”早期的代表作。荣获 2003 年全国“十大建设科技成就奖”；2010 年 ASLA 分析与规划类荣誉奖，获奖评语为该项目传递了一个积极的信息，显示了景观在促进更好的环境质量方面的潜力。

2. 杭州江洋畈生态公园——一座悬浮在淤泥上的公园

江洋畈位于西湖风景名胜区南侧、玉皇山南麓，历史上是江海退却后的一片滩涂湿地，之后逐渐缩小成为钱王山、大慈山之间的山间谷地。1999 年西湖开始实施疏浚工程时将淤泥输入其中，结果形成了面积约 20 公顷的淤泥库。江洋畈虽离西湖有一点距离，但居凤凰山名胜区西部，三面环山、南面通透，可南眺钱塘江。周边有八卦田、吴越国钱王墓遗址、南宋官窑等众多历史遗迹，区位优势明显。2008 年杭州市政府决定在此兴建公园。

在众多参与设计竞标的方案中，王向荣主持的规划方案获得第一。他的方案不同于其他恢复西湖的经验，如建造一座风景如画的园林的设想，而是要建设一座以自然为主题的生态公园。因为他被那里经多年表层自然干化而形成类似沼泽的立地环境，自然演替形成的湿生植被，周边山坡次生林地所构成的朴野而富有生机的景象所震撼、所迷恋（王向荣，2011）。他想一定要维护和利用好江洋畈这特有的生态景观，展示该地块从淤泥库到不同植物群落演变的过程，展示地块上独特的生态系统，于是将公园定位为一座露天的生态博物馆。所有设计都应传达生态理念和自然美学观念，不仅是延续和弘扬西湖疏浚文化，还是对西湖文化景观的一大升华（图 6-15）。在西湖风景名胜区的所有项目中，江洋畈是一个创举。2011 年该项目获英国国家景观奖及中国风景园林学会优秀园林工程金奖。

图 6-15　杭州江洋畈生态公园
左：公园平面图；右上：公园中锈红色钢板围合的“生境岛”，自然演替的树林；右下：曲折于林中的木栈道
（引自：王向荣，2011）

他们设想：首先，是保护自然生态景观，即划出一系列原生植被（指在淤泥沼泽地上自然演替的植被）生长较好的区域，称之为“生境岛”。不加干涉和改造地保留大片原生植被，作为自然演替的样本供人们参观了解。其次，是梳理生境岛外的植物，适当疏伐，为下层植物生长创造环境，构造生机勃勃的公园景观。

再次，通过微地形调整使雨水汇集到低洼处，恢复部分沼泽湿地与原来的芦苇联系起来，创造更加丰富的生境条件，为动植物栖息提供适宜的环境。王向荣称“我们所要的不是建造一座风景如画的园林，我们不要人工砌筑的叠石和按所谓的构图来配置的植物，我们要的是一种轻松和质朴的风格”（林菁 等，2011）。

在公园中设计两种步道：其一为游步道，作为景观空间的主框架贯穿整个园区，两侧野花繁茂，最终延伸至山林，使生态公园的休闲、游览及科普观光功能更加完善。其二为木栈道，是多视点透视景观的主要载体，它架于淤泥之上，在精心选择的路径上高低蜿蜒曲折地穿越水系、生境岛的密林、沼泽地上的草丛，串联起以往不同时期形成的生境。由此给人以时间在大自然中流动的感觉，加强了景观的空间层次，形成光影与空间变化丰富的景观（图 6-15）。同时，栈道结合造型简洁的廊架、平台、座椅、围栏，为游人提供了观景和休息的场所。从山顶平台远眺钱塘江，就如一条白色的飘带气势非凡，在此再延出一条栈道，其端点能看到更大幅面的江面和对岸的城市景观（王向荣 等，2001）。

公园整体布局完全遵从场地的自然特点和植被分布，不仅在对自然生态系统的更新设计中独具匠心，在局部的细节上也处处体现了设计者的精心思考以及与自然交流的敏感心灵。如生境岛，用钢板围合，让植被继续它的自然演替过程，而锈红色的钢板又为公园带来优美的线条；周围的密林通过疏伐改善了林地光照，林下灌木及草本植物得以生长而丰富了物种；在植物选择上只用少数种类，但每种的种植面积很大，如几千平方米的大坝斜坡只种了一种金鸡菊；另外应用乡土植物和原生品种，如引种当地野生的蓼类植物、增加吸引昆虫的植物，并繁殖场地中的原生植物来修复施工破坏的植被（王向荣 等，2001；沈实现，2011）。

设施构筑物用了大量金属材料，这似乎并不符合人们习惯的生态观念，但它们在潮湿的环境中更加耐用；在淤泥中用 PVC 管材组成浮排为基础来支撑上层的木栈道，真正实现了技术创新；公园的服务设施、主题建筑（杭帮菜博物馆）等布置在空间开阔及地势较高的山坡边，避免了淤泥库的影响，还采用屋顶绿化进行雨水利用设计，这是与西湖的传统建筑不同之处。

在举世闻名的西湖边上，能建造起不同于西湖风景总体风貌的生态公园，除了王向荣设计团队对生态理念的坚持外，更要归功于当地主管部门的理解和支持。王向荣的设计方案在评审和公开展示中，专家和民众虽然认同方案的生态理念，但又都指出其缺少文化内涵、文化表达不足，因为其他参赛的方案都充满了诗情画意的文化表达。从本质上说这些文化符号都是西湖风景历史的延续，是当地民众耳熟能详的文化记忆，而这恰恰与王向荣的理解不同。为此，他与林箐专门研究了景观与文化的关联，并撰文《风景园林与文化》发表在《中国园林》上，最终说服了主管部门，才使得乡土的景观没有被抹杀掉，使得所有的设计元素都能与环境很好地融合。林箐曾说过“江洋畈的设计是一个挑战”，不仅在于场地的特殊性以及设计理念的创新，更在于在深厚的淤泥层上施工的难度（林箐 等，2009）。后来王向荣发表了题为《杭州江洋畈生态公园工程月历》的文章，列数设计和施工中遇到的问题和一一解决的办法，足可见他们的倾心投入和施工的艰辛。然而，正是如此执着的探索才有了今天的江洋畈生态公园——西湖边上一颗异样的明珠。

江洋畈生态公园和仅咫尺之遥的太子湾公园，同为在西湖疏浚的淤泥层上兴建的公园，但它们的风格却完全不同。刘延捷设计的太子湾公园虽然同样基于自然景观，但依然是以画理修园、蕴含东方哲理的山水园，也与具田野牧歌式的英国自然风景园林风情相近，多见人工配置的群落。而王向荣的设计似乎无迹可寻，是在自然上创造的自然，正如阙镇清所说，原始质朴而生机盎然，神秘莫测而启人深思……设计师理解、欣赏并尊重荒野，以敏感的心灵与自然交流，江洋畈生态公园展示了“设计结合自然”最轻盈的一种可能性（阙镇清，2014）。

江洋畈生态公园建成至今已 10 余年，公园面临一些新的问题，如淤泥层地表逐年沉降导致木栈道的不稳定性，水位变化导致南川柳等原主要树种生长不良甚至死亡，而适应水湿生环境的植被则兴盛起来，成片栽植的金鸡菊等出现颓势，栽培植物种类有减少的趋势，植物发生着变化，其他物种也在悄悄变化之中。若持续高水位，公园将逐渐被水湿生植物所替代，植物资源将趋于单一性（全璨璨 等，2016）。这些都是需要进一步深入研究的课题。

二、境外景观设计公司带来新理念

20 世纪中叶现代景观在国外蓬勃发展，当时我国正在学习苏联经验而一味地排斥西方设计理念。之后的园林设计中多数以明清园林为摹本，沿袭了中国传统园林设计理论和手法，当然也有不同的呈现，如上海松江方塔园、杭州太子湾公园等。改革开放打开国门后，园林设计专业人士有了出国访问学习的机会，开始了解西方现代主义设计思想并逐渐引入国内。20 世纪 90 年代中期后，一些赴欧美的留学生学成归来，带来了国外现代景观理念，开始系统介绍国外的设计理论及实践，从而开创了一个景观设计的新时代。当代的海归要比那些在民国时期出国学习的前辈们幸运得多，因为他们一回国就遇到了我国城市化进程加速发展的时代。尤其在 2003 年之后城市的快速发展需要大量的景观设计，建筑和园林出现了井喷式的奇观，可以说他们是当今世界上面对最多景观设计需要的设计师。然而，一开始他们就面临来自海外景观设计公司的竞争和挑战，因为 90 年代的初中期，现代主义在中国仍没有成为设计主流，而境外景观设计师却已开始进入中国的景观设计市场，并赢得竞标项目（王向荣，2005）。如美国的 Sasaki、SWA、Peter Walker and Partners、AECOM、Martha Schwartz，加拿大蒙特利尔 WAA，英国的 LUC，意大利的 Metrostudio，荷兰的 West8、Nita 等，可列出长长的名单。他们多数在中国成立了分公司或办事处，参与了在我国进入 21 世纪后的一些重大景观设计，如北京奥林匹克公园、北京国际会展中心、上海世纪公园、上海世博园景观、上海临港新城、南京青运会公园等。还有一些大城市的房地产开发、风景区建设、城市公园、滨水改造、湿地公园等项目。一般情况下，境外公司都雇用在海外接受过景观教育的华裔设计师，或与当地的设计单位合作，在确定了总规后一些局部设计及细节安排通常由当地合作单位负责。他们在全国各地留下了许多作品，这里仅列举几项由境外景观设计公司承担的重要项目。

（一）上海世纪公园——我国最早引进国际公司的景观设计项目之一

1993 年上海浦东新区决定建造中央公园，1996 年开始建设，历时 4 年完成，占地 140 公顷。公园整体呈三角状，内有张家浜河渠横贯中央，建成后改名世纪公园，是上海市区最大的公园。公园的主体规划设计采用国际招标方案公开评选的方法，是新中国成立后最早引进国际设计公司的景观设计项目之一。据当时参加技术领导小组的吴振千回忆，当时有 5 家国际公司参与投标，包括美国 RHAA 设计事务所、英国 LUC 环境咨询公司、法国 Arte Charpentier 设计公司及日本的日建设计。最终确定采用LUC公司的方案，该公司1966年成立于伦敦，在国际上享有盛誉（吴振千，2009）。1995年完成设计，当时国内参与的单位有上海市园林设计院、同济大学等，之后依据LUC的方案进行深化设计，因此可以看作是中西设计师合作的结果。

公园规划体现休闲和游人需求相结合，如设计宽广的会晤场地、安排游憩娱乐场地等。采用生态学的方法，包括设置有意义的自然保护地块、鸟类保护区等展现自然魅力，并通过地形设计和大面积的水体来改善气候环境，建成以植物为主的生态型自然风景园。设计上采用大水面、大草坪、大广场及大块树林等大块面手法，山坡多形成缓坡，运用大量色块、色带的表现手法呈现出一种现代、简约的造园风格。总体上说公园是基于西方现代景观设计的表现手法，但在局部加了中国传统园林的元素，如假山石道等。

公园以主入口空间及喷泉构成景观轴线，成为浦东世纪大道之延续，并连接12.5公顷的中心大湖。布局上以湖为核心，在西、北、南三面堆高地形成围合之势，敞开东南一面，以迎合上海夏季多东南风、冬季多西北风的季风特点，而南山与景观轴线形成对景。环大湖安排7个景区，包括位于东北角的乡土田园、湖滨观景、鸟类保护区，东部的异国园区，南部的树林草坪区，西北和西侧的小型高尔夫球场及果园区。设计露天音乐台、水乡风光、欢乐王国、儿童世界、科学体验馆等游乐展览设施，布置多彩绚丽的花坛、花丛和造型别致的喷泉、雕塑等组合（LUC）。建成后公园中绿地占61.41%（其中草坪占公园面积的39.68%），水面21%，道路地坪11.67%。

园中应用行道树分隔空间、灌木和花丛划分地块，在主游览路线上配置花境，沿游览路径随地形变化配置多种植物组群。乔木多选用乡土树种，如栎、榆、朴、枫香、槐、黄连木、青桐等，同时引进了乐昌含笑、独杆杨梅等新型绿化树种。规划的梅园，引种30余个品种，通过组景将梅文化融合在景观之中。用植物组成世纪花钟是公园的标志，白色指针、小叶黄杨构成的12时点、多彩的花卉镶边，通过卫星控制时间，误差0.02秒，是艺术和科学的结合。在草坪中点缀红色屋顶的欧式建筑。公园的建筑、设施和各项服务内容都体现高水平、高品位、高效益的理念（吴振千 等，1993）。

世纪公园的设计带来了海外现代景观设计新理念，如园中从2号门至3号门规划了一条笔直的银杏大道作为主干道，这与公园中其他自然曲线的道路布置并不协调，曾遭到质疑，而规划方认为这是与曲线道路冲撞中的结合，是一种设计手法，最终被中方采纳。由此认为花些代价引入一些国外经验，对园林规划设计是值得和必要的（吴振千 等，1993）。 但周向频等（2004）认为世纪公园和上海其他新建的大型公园一样，在设计中偏重水体而忽略了堆山，仅有的几处可称得上叠山的园林也没有堆出山的气势和显著的空间效果（图 6-16）。

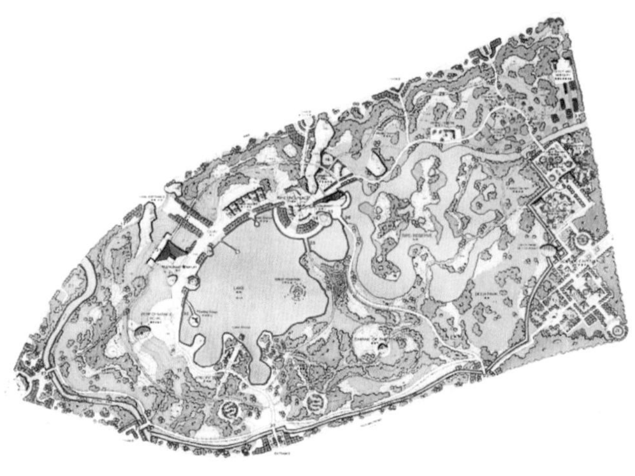

图 6-16 上海世纪公园（原名中央公园）
左上：世纪公园规划图；左下：自然化的湿地（引自：LUC 官网）；
右上：树林及延伸至水边的缓坡草地，展示英国风景园林的特点（引自：LUC 官网）；
右下：花坛（引自：上海市绿化管理局，2004）

笔者感到世纪公园总体上表现为开、旷、新及大气，因其在浦东世纪大道的景观端点，客观上成为整个浦东新区的中心。作为浦东陆家嘴金融贸易区的一个重要景观，它延续整个金融区的规划理念，与附近的科学馆、世纪广场、世纪大道、陆家嘴中心绿地的气势很是相称。但若要从公园设计本身来说，如与建于 20 世纪 50 年代的长风公园比较，两者同样都有大面积的湖泊，然而在湖岸处理、堆山、山水空间结构变化等方面，长风公园却是要略胜一筹的。世纪公园看上去西式元素占了主要部分，蕴含东方文化底蕴的内容却少了，水面缺少变化、缺少了层次感。当然，世纪公园作为20世纪90年代中期境外设计公司的作品，确实给国内的设计界带来不少启发，可以说对于上海城市环境建设起了启蒙的作用（周向频 等，2004），然而类似的设计手法在21世纪新建的许多城市公园中被不断引用，成为常见的景观而有了雷同的感觉。

（二）加拿大蒙特利尔 WAA 的两项作品

WAA由曾任加拿大景观设计协会主席的Vincent Asselin于1986年创立。Vincent Asselin是上海科技委城市规划及景观设计国际专家，获上海白玉兰银奖。WAA在中国的设计项目主要有徐家汇公园、上海广场公园（延中绿地）、上海复兴公园改造、武汉解放公园改造及哈尔滨太阳岛改造（2007年）等项目。

1. 徐家汇公园——寓意上海老城版图的布局

徐家汇公园位于上海徐家汇商业中心，紧邻历史上从属法租界的衡山路、宛平路等，是近代优秀建筑集中的区域。其南面的肇嘉浜路是20世纪50年代填河建造的第一条景观路。公园占地8.6公顷，自2001年开始分三期建设历时4年完成，其原址是我国民族工业的先驱大中华橡胶厂（3.35公顷）、诞生了义勇军进行曲的中国唱片业先锋百代唱片公司（4.45公顷）和周边住宅区域。

公园由Vincent Asselin领衔设计，充分考虑到公园所在地历史文化及现在的商业繁华，及对徐家汇商业圈缺少绿地的补充。公园表现出几个鲜明特点：

①总体布局既有自然式分区也有直线分隔，直路方格及其内部随意布置绿篱色块，喻示上海老城厢的印象缩影，形似上海老城的版图；而东西蜿蜒的水系象征黄浦江，南岸自然草坪延伸入水，北岸为亲水步道。

②保留了大中华橡胶厂高40多米的红砖烟囱，及百代唱片公司在20世纪20年代建造的法式别墅，延续了民族工业的历史文脉。

③设计高架景观天桥，从西南入口笔直通向东部的空中走廊，穿越便捷，又能俯览园景，感受老城厢的格局，构成景观布局与近代历史对话的主要载体。联系了大烟囱、小红楼、老城厢不同内涵的历史元素，意味着连接了上海的过去、现在和未来。采用钢结构、厚玻璃、矮栏杆、木板路面，设计大胆新颖。

④公园北侧毗邻衡山路，设计规则式带状花园，通过高低不同的景墙、艺术长廊及雕塑等，与原法租界装饰艺术（Art Deco）风格的洋房建筑相融，在保留的法式小楼东侧设计下沉欧式花园，营造延续历史风貌的氛围。

⑤种植设计结合各分区内涵的同时体现多样性，如在南侧以展现春景植物为主，西侧以常绿树种为骨架，高架道两侧树木疏密有致，反映老城厢的中心区以乡土植物为主，自由种植与模纹花坛结合。而和衡山路相依的北侧延续了百年悬铃木行道树的风情，依然选用悬铃木构成林荫道及规则式绿化（图 6-17）。

图 6-17　上海徐家汇公园
左：鸟瞰图，展示保留的大烟囱及百代唱片公司的法式小楼（引自：上海市绿化管理局，2004）；右：高架天桥下方格状绿篱喻示的上海老城厢格局（摄于 2002 年）

徐家汇公园展示上海历史并与法租界文化交融的设计，可说是体现了海派文化的包容及强烈的时代感。悬铃木林荫道本是上海城市的一个特色，在民国时期建造的公园中也常见，在这里再次应用给人以熟悉亲切的感觉。但设计中应用抽象的手法关于老城厢的设计却是全新的理念，难得的是它出于国外设计师的创意，说明确是独具匠心之作。遗憾的是游人中知道这点的并不多，由此看来设计者的原意似乎并没有引起大众的共鸣。但游人比较喜欢公园中的“希望之泉”以及雕塑这些代表西方文化的景观小品。

2. 上海广场公园（延中绿地）——以构建城市森林为目的的市中心绿地

广场公园位于上海市中心，原名延中绿地，居最繁华的黄埔、卢湾和静安三区交界处，申字形内环高架中心道路的周围，毗邻市府广场、上海博物馆，以及淮海中路、南京东路等繁华地区。这里也是市中心区旧危房高密度地区之一，是城市热岛效应最严重的地区。上海市政府下决心在此寸土寸金的地段拆屋建绿是极具远见的大手笔，是对我国城市建设有着重大指导意义的举措。要知道，当时在我国许多城市中都是以建造大广场为时髦的，而广场公园则是以构建城市森林为目的，尽最大可能利用这些土地多建森林（秦启宪，2008）。2002 年上海市举办国际城市生态研讨会，提出建设城市森林目标，同时编制了城市森林发展规划。而延中绿地正是在这个时候强调了以乔木为骨架、以木本植物为主体，艺术地再现上海地带性植物群落特征。广场公园可以说是我国城市森林发展历史上的先驱之作。

广场公园规划设计由 WAA 公司承担，上海市园林设计院完成施工设计。2000 年开始分三期建设，2003 年竣工，之后公园从 23 公顷扩大到 30 公顷。总体上以英国风景园林风格为主，设计主题是反映上海城市发展与江海的关系，通过流过绿地全境的水体回忆历史上曾有的河流。公园被道路分割成 7 个区块，它们相对独立，分别应用了中西园林设计手法和不同元素，因此各有特色但又相互呼应，组成一个有机整体（图 6-18）。

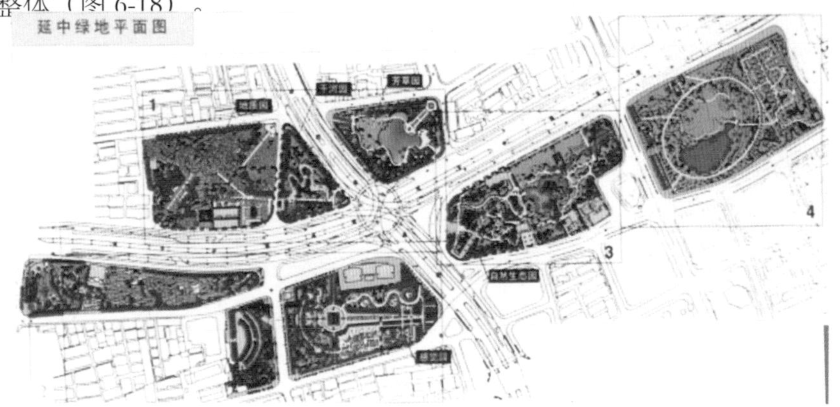

图 6-18　上海广场公园（延中绿地）平面图（引自：上海市绿化管理局，2004）

广场公园设计理念为蓝与绿交融，传统与现代结合，展现自然生态，传承城市文化。以 7 个主题层次展现一曲蓝绿相拥的自然交响曲，其设计手法多变，融合了中西园林元素。如以林荫大道构成轴线的规则布局，中轴线上设计的喷泉及以其为中心的对称布局，四周绿树环绕的大草坪与现代生活雕塑，与保留的西班牙风格建筑相对应的西班牙式庭园；用植物种植分隔一系列空间，形成多处幽静的场所，保证了一定的领域性与私密性；树林中的干枯小河，岸边散落大小卵石喻示洪水的象征手法；构筑天然黄石大假山、两侧瀑布，形成地质断裂的景观，流水从石亭底下淙淙流出的中国传统元素；弯曲的河道流过树林、花丛，河中小岛、茂密的水杉、竹林，苍劲的古树，展现了一幅自然野趣的景象等。这些设计分别集中在各个园中，以春之园、岩石园、地质园、干河园、芳草园、感觉园、自然生态园等冠名（图 6-19）。

图 6-19　上海广场公园景观
左：感觉园中的水平台（引自：WAA；上海市园林设计院，2006）；右：空间分隔（引自：上海市绿化管理局，2004）

广场公园特点鲜明，首先是以生态为主，绿地面积大、植物材料丰富、种植设计自然，乔木林占了 60%，成了市中心的城市森林，其中布置了月季园、药草园，以及樱花路、玉兰路、水杉路等颇具特色的植物景观。其次，规划注重保护和展示地域历史文化，如保存原址夹在旧房群中的大树，保留了原中德医院的西班牙建筑、中共二大会址及石库门等上海特色民宅老建筑，之后又将建于 20 世纪 30 年代的上海音乐厅移入公园，更加丰富了文化内涵。再次，在入口地形变化较大，限制了自行车的进入，而在沿街采用较陡的坡度代替围墙，犹如英国园林中的隐垣（Ha-Ha）功能。

公园建成后，发挥了极大的生态、社会效应，有研究表明这里夏季白天平均气温比园外低 0.6 摄氏度，生态效应日益彰显，唤起市民保护动植物、保护水资源、保护生态环境的意识。

（三）北京奥林匹克公园——21 世纪初我国最重要的景观设计

1. 规划设计过程的简略回顾

2008 年的北京奥运会举世瞩目，被誉为是最成功的一届奥运会，提出了“新北京、新奥运”两大主题和“绿色奥运，科技奥运，人文奥运”三大理念。会后国际奥委会主席萨马兰奇的评价称“北京奥运会是所有奥运会中最好的一届奥运会”。这不仅指在赛事组织、赛事文化、开幕及闭幕式、志愿者服务等方面都是杰出的，就是在场馆建设、奥林匹克公园设计上也是非常有特点而成为奥运会的经典。

北京奥林匹克公园占地11.59平方公里，位于北京皇城传统中轴线的向北延伸段。除了部分应用当年亚运会的设施外全部是新建的，这是21世纪初国内最大的一项景观建设工程。公园的规划设计及施工建设全程采用国际招标方式。而规划设计过程分了多个层次，包括总体规划，森林公园和中心区规划，深化设计，景观景区规划设计及最终的施工设计等。

总体规划，2002年北京市规划委组织奥林匹克公园概念设计国际竞赛，当时国内外多家景观设计公司积极参与，如美国Sasaki、德国HWP公司、法国AREP公司、北京大学城市规划设计中心及北京大学景观规划设计中心等，总计有96个候选方案。最终美国Sasaki景观设计公司和华汇工程建筑设计公司的方案中标。该方案以中国传统山水文化为支撑，自然山水园，龙形水系，五千年文明大道以及削弱建筑对中轴线的干扰，通过夹道突出中轴线的纪念性，通往自然的轴线等，这几个极具中国特色的理念，赢得了各方的高度赞赏。在北京奥运会设施规划设计展览会上，该方案得到的观众投票数很高，公众对这个方案表现出高度认同。

美国Sasaki公司是由美籍日裔建筑师Hideo Sasaki (1919—2000年) 于1953年创建，发展为以景观设计见长的建筑公司。Sasaki曾担任哈佛大学设计研究生院景观设计系主任 。Sasaki采用现代主义的设计方法，特点是体现历史、文化、环境和土地利用的社会属性，实现平衡，提升及维护环境的健康。虽然Sasaki已经离世，但他创建的公司在其留下的独特工作方式基础上继续努力发展，创新性的着眼点、无限的好奇心以及对工作的热情注入到了每一个项目中。北京奥林匹克公园方案体现了Sasaki公司的一贯理念，设计与环境密切联系，植根于中国古代的神话和传统，进一步结合了北京的城市历史、文化和环境，并通过现代的可持续性开发与当下联系起来（Sasaki官网），因此在竞赛中胜出是必然的结果。

北京奥林匹克公园由三个部分组成：北部奥林匹克森林公园，占地6.8平方公里；中部是主要场馆和配套设施的中心区，占地 135 公顷；南部是已建成场馆区和预留地，占地 1.64 平方公里。在总体规划完成后，即征集其中的森林公园和中心区景观规划方案，共有独立或联合的 51 个申请人，包括中国、新加坡、美国、德国、法国、英国等 12 个国家。由来自 4 个国家的 13 名专家组成的评审委员会，通过无记名投票选出 A01(易道公司和中国建筑设计院合作方案)、A02（Sasaki 和清华城市规划设计院合作方案）及 A04(北京土人景观规划设计研究所)为优秀方案。而在公开展览和市民投选中，A01、A02 和 A06(北京风景园林协会设计联合体)被选为优秀方案。最终北京市规划委员会确定 A02 号方案为中标方案，主题为“通往自然的轴线”。

2. 奥林匹克公园规划特点

Sasaki 公司为主的总体规划，被确定为奥林匹克公园的规划实施蓝本。规划主题为“人类文明成就的轴线”，设计构思寻求和谐性和综合性，充满诗意又考虑到实用性。寻求东西方文化、古典与现实、发展与自然、周围已存在的建筑与奥林匹克公园之间的和谐。公园位于北京中心故宫的正北方，是北京中轴线向北的高潮区，延续了北京的历史文化。他们认为在中轴线上都是故宫、人民英雄纪念碑等代表政治、历史的建筑；而体育建筑则是公众休闲娱乐的文化类建筑，非主题性、政治性建筑，所以主体场馆不应该压在中轴线上，而应该由一片中国式的自然山水园来结束北京的中轴线（李彦，2008）。包括三个基本要素：森林公园向南延伸；文化轴线向北延伸，作为城市中心轴线的终点；奥林匹克轴线，连接亚运村和国家体育场。

规划以长 2.4 公里的景观大道形成中轴，贯穿中心区直通北部的森林公园，获得十分壮丽而自然的景观，构思富有创意。北面的森林公园被五环路分为南北两部分，南区以人工景观为主，北区定位贴近自然野趣。园中利用挖湖堆山的中国古代园林技术，建造出奥海、仰山，仰山压在中轴线上，颇似故宫中轴线北景山的意象（图 6-20）。

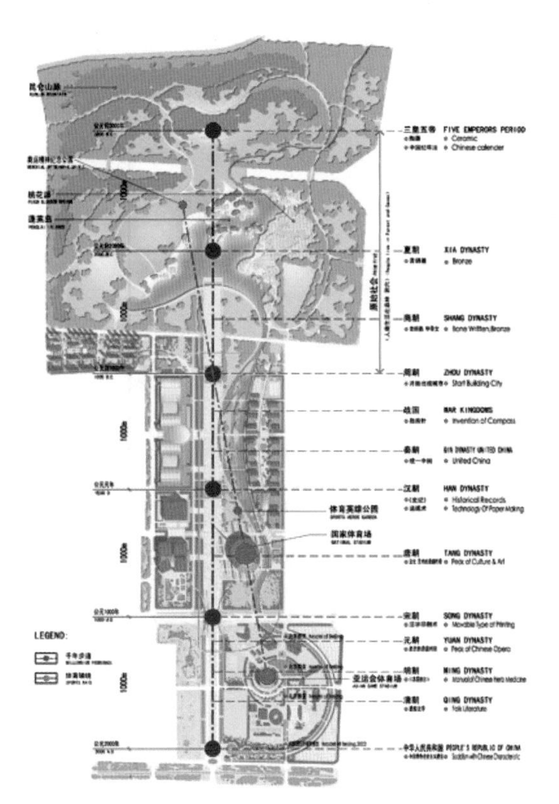

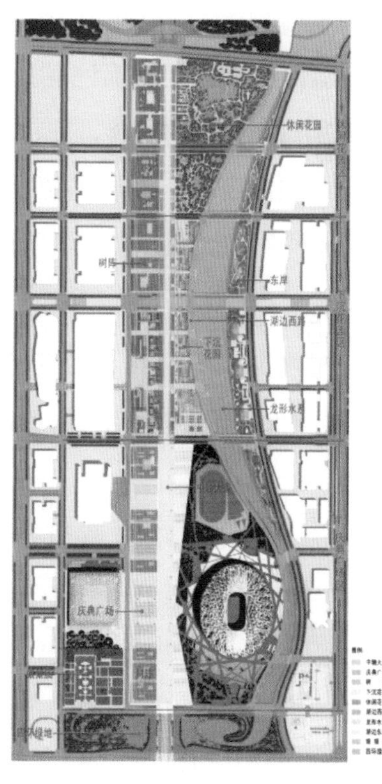

图 6-20 左：Sasaki 的奥林匹克公园总体规划（引自：Sasaki 网）；右：奥林匹克公园中心区规划平面图（引自：朱小地，2008）

其中心区规划延续北京城市的棋盘格网布局，设计风格简约、现代、宏大。重视中心轴线，在轴线两侧分别排列体育场馆等建筑，轴线上体现中国各个朝代的成就与贡献，轴线的规模是纪念性的，轴线以简洁的形式消失在森林公园的山中，代表中国古代文化起源于自然。另外一条奥林匹克轴线，起自亚运村体育场，向北穿过国家体育场到达体育英雄公园，与文化轴线交叉（胡洁 等，2008；吕璐珊，2008）。

规划重视中心轴线，从公园入口处到主山山顶正好 5000 米，代表中国五千年文明发展史，中间一条 2.3 公里的“千年步道”以山水为终结，体育设施分布两侧。“千年步道”上设计着中华文明上至三皇五帝、下至宋元明清各个历史时期的纪念性标志物，每一个千米处都有一个广场作为整千年纪念，体现中国各个朝代的成就与贡献（Sasaki，2003）。

森林公园整体上可与皇家园林的气势与规模相媲美，通过森林公园的一条运河，流向两侧有树的步道，运河和小路就像龙尾一样，连接森林公园、奥林匹克公园中心和亚运村（胡洁 等，2006）。森林公园中大湖与轴线东侧的曲折运河呈龙形，恰与故宫西侧的什刹海、中南海对称呼应，使延伸的北京中轴线成为人文、历史和山水相融的整体，并将各个部分有机地联系起来，且形成个首尾呼应的统一体。由此以来，奥林匹克所倡导的体育，文化、环境理念通过奥林匹克公园规划被平等地表现出来。该项获得国际设计竞赛一等奖（Sasaki，2008；胡洁 等，2014）。

3. 奥林匹克公园中心区重要景观设计——多种设计元素融合

奥林匹克公园中心区重要景观规划用地 82 公顷，有来自国内和美、德、法、日等 7 个国家和地区的 23 个设计单位参加了招投标。2005 年初由北京市建筑设计研究院、北京市市政工程设计研究总院、北京中国风景园林规划设计研究中心等 5 家单位组成的设计联合体中标，由朱小地负责。

中轴景观大道采用灰色花岗岩铺装是借鉴了故宫、天坛等御道铺砖的特点；大道布置 4 条种植带，外侧两排银杏用大叶黄杨篱作下木，中间两条种植池，大屯 路以南为应时花卉，以北为颜色由深到浅的丰花月季，突出赛时的效果，并隐喻奥林匹克公园由城市向自然的过渡。中心区南部设计庆典广场，位于国家游泳中心西侧，中轴景观大道东侧，与国家体育场隔道相望，南北长 260 米、东西宽 100 米，为庆典活动及人流集散地，南北两端各有全地下旱喷泉池（朱小地，2009）。

景观大道西侧设计 20 个整齐排列的树阵；在中轴线和现代体育场馆之间设计下沉花园，安排 7 个院落分别截取皇城根的城市片段，如紫禁城红墙、四合院、千年古乐、盛唐马球运动等，创造开放景象；10.8 公顷的休闲花园分为南北两块，以自然式文化休闲为特色并成为向北部森林公园的过渡地带，种植设计趋于自然化，作为整个中心区的背景。南北向贯穿中心区的龙形水系全长 2.7 公里，宽 20~125 米不等，水域面积 16.5 公顷，自然曲折形成中心区水轴，采用自然水景观维护方法而无须换水，在中段与下沉区对应处设计水中音乐喷泉，全长 600 米。龙形水系西侧为沿河曲折的景观非机动车道、有亲水平台、石台阶等形成亲水景观；东岸为长条带状绿地的自然花园（朱小地，2008）（图 6-20）。

4. 奥林匹克森林公园——中国风景园林的新亮点

在森林公园和中心区规划方案征集中，参与竞标的公司有国内外多家著名公司，最终由 Sasaki 和清华城市规划设计研究院合作的方案被选中。这很容易理解，因为奥林匹克公园的总体规划就是 Sasaki 牵头做的，而清华的胡洁当时还在 Sasaki 工作，并且是主要设计师之一。2003 年 12 月有关单位决定由北京清华城市规划设计研究院以 A02 号方案为基础进行深化整合，胡洁任主设计师。

最终方案延续北园以山为主、以水为辅，南园以水为主、以山为辅的格局，并以大型跨越式草坡将南北两园联系起来，使中轴线渐隐在自然山水中。南园，占地 380 公顷，以大型自然山水景观为主，山环水抱，创造自然、诗意、大气的空间意境，兼顾群众休闲娱乐功能，充实为游人服务的内容。重要景观包括仰山、奥海、天境、天元观景平台、林泉高致、湿地及叠水花台、垂钓区、露天剧场、生态廊道等。北园占地 300 公顷，为自然野趣密林，尽量保留现状自然地貌、植被，形成微地形起伏及小型溪涧景观，尽量减少设施。公园主山名仰山。高 48 米，与北京西北屏障燕山山脉遥相呼应，既符合中国园林建造的传统，又与北京周边大自然环境相得益彰。最终得到调整后的山水设计方案——山体设计绵延磅礴，以势取胜；水体设计绰约大气，以形动人 (胡洁，2014) （图 6-21）。

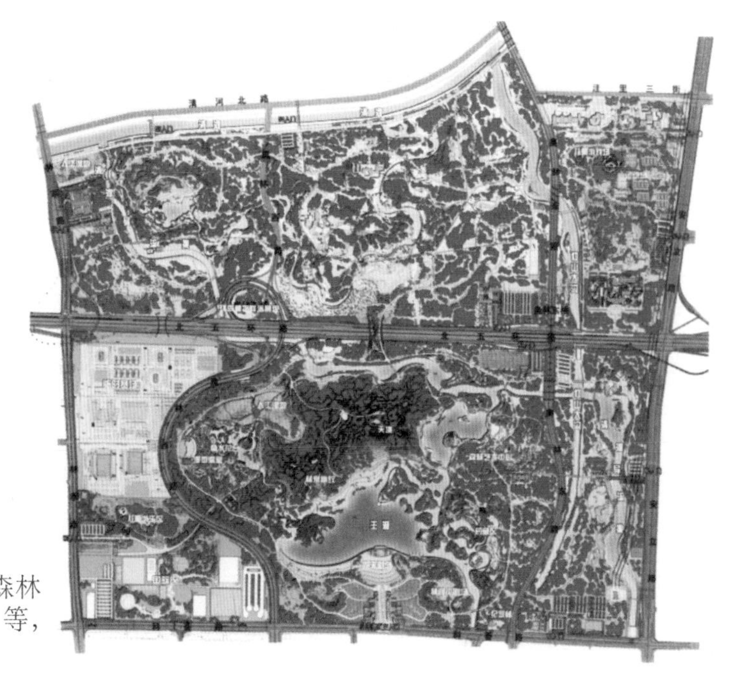

图 6-21　北京奥林匹克森林公园平面图 (引自：胡洁 等，2008)

国际风景园林师联合会（IFLA）主席戴安妮·孟斯博士，认为森林公园的设计反映文化与新的概念，又符合自然野趣，还展现了园林设计技术的最新发展，包括湿地管理技术，是风景园林的新亮点（曹娟 等，2007）。奥林匹克森林公园荣获2009年美国ASLA综合设计类荣誉奖，国际风景园林师联合会亚太地区风景园林设计类总统奖（一等奖），全国优秀城乡规划设计项目城市规划类一等奖，北京市奥运工程落实“绿色奥运、科技奥运、人文奥运”理念突出贡献奖，北京市奥运工程优秀规划设计奖等多项大奖。

5. 北京奥林匹克森林公园主设计师胡洁——以“中和之美”践行“诗意栖居”

奥林匹克森林公园主设计师胡洁(1960年—)，北京人，出生于建筑世家，父母亲都在清华大学建筑系任教，他从小在清华园长大。胡洁本科毕业于重庆建筑工程学院，分别在北京林业大学获风景园林硕士（1986年）和美国伊利诺伊大学Urban-Champaign分校景观设计硕士学位(1995年)，毕业后进入Sasaki公司工作8年。Sasaki作奥林匹克公园总体规划时他是主要设计者之一，后来Sasaki公司没有继续跟踪此项目，胡洁毅然回国，被清华大学作为引进人才担任城市规划设计研究院景观园林设计所所长。

在征集奥林匹克森林公园和中心区景观规划方案时，胡洁联合Sasaki公司一起投标，以Sasaki公司为主创的A02方案中标。后来北京市规划委员会决定，由清华规划院负责奥林匹克公园及中心区景观深化设计、Sasaki公司配合完成，然而Sasaki却选择了退出。从技术上来讲所有的担子都会压到胡洁身上，当时胡洁还只是回国不久、刚40出头的年轻人。实事求是地说，他在国内景观设计领域中还只是后辈，要承担如此重要的国家项目无疑困难重重，事实上也有不少人是劝他退出的。但清华规划院成立了以胡洁为总负责人和主设计师的团队，而胡洁坚持采取开敞式合作方式，邀请海外设计师参与，请来参与竞标的其他单位主设计师研讨，特邀孟兆祯、檀馨、端木歧等许多名家、名师作为设计顾问（胡恩燕，2010）。2005年10月，在一次专为奥林匹克森林公园开的北京市常委扩大会上，景观规划方案被通过。

森林公园设计是成功的，被认为是新时代儒家“礼制”思想和道家“自然”

观念的完美结合，也是“和合”哲学观的体现。仰山与同在北京中轴线上的景山相呼应 ，暗合“高山仰止，景行行止”，并联合构成“景仰”一词，符合中国传统文化对称、平衡、和谐的意蕴（陈道隆 等，2010），更是凝结了“国依山川”的传统精神。大湖取名“奥海”与北京名“湖”为“海”的传统一致，而跨越高速公路的生态廊道又是国内城市中的第一（图 6-22）。由此可见胡洁的设计理念以及种种细节， 都体现了他在西学指导下成功地展现了中国传统文化。有人说森林公园在许多地方仿照了阿姆斯特丹的 BOS 公园和纽约的 Prospect 公园，但似是而非，此说恰恰证明了胡洁在融合中西园林设计手法上的成功。

之后胡洁主持规划设计唐山南湖生态城中央公园、铁岭凡河新城中心区等，连续三年登上国际风景园林师联合会领奖台。他是“山水城市”理念的执着追寻者。

图 6-22 北京奥林匹克森林公园跨高速公路的生态廊道（引自：胡洁 等，2008）

（四）境外公司在国内的景观设计作品

境外景观设计公司进入国内市场后，因为他们的国际化视野，掌握最新的理念、技术，又熟悉国际市场运作，而国内业主对他们带来的异国风景、抽象简约的风格、多变的形式以及现代化的气派等有很高的认可度。于是境外公司在一些大型建设项目中中标率很高，这对我国风景园林、景观设计行业来说无疑是巨大的冲击。20 世纪 90 年代他们的作品主要在几个一线大城市，然而进入 21 世纪以来在全国各地城市中都是常见的了（表 6-2）。

同时，境外公司的设计作品成为国内设计师学习的样本，常常被模仿，那些设计元素频频出现在各类公园绿地中。如宽阔的景观轴线、下沉广场、几何形拼接的铺装地坪、高架通道、木质步道、金属结构廊架、抽象的金属雕塑、音乐喷泉、人造沙滩、亲水平台、树阵、外来彩色树种等。然而，在 20 世纪 80 年代前公园中常有的中国传统建筑元素却少见了，有时偶然见到的假山、叠石、亭廊等恰又显得如此格格不入。然而，在今天高楼密集的中国城市中，现代主义的景观设计看来似乎与大环境更加协调。不过，中国自己的景观设计在哪里？应该是中国风景园林及景观设计师需认真考虑的。

表 6-2　21 世纪以来主要境外公司的部分设计作品

上海嘉定中央公园。2013 年由 Sasaki 的迈克尔·格罗福任总设计师，贯穿嘉定新城的景观轴、面积 70 公顷的带状公园连接了分散的绿地斑块及街区，创造多种体验空间，设计概念——“林中的舞蹈”	蚌埠龙子湖公园总体规划。2013 年美国 AECOM（Edow）所作，并作湖西岸公园设计。设计原则为保护原地形，采用减少地表径流进入湖体的设计，应用乡土树种，建筑设计采用当地传统的结构，降低公园的维护费用	重庆凤鸣山公园。位于沙坪坝，2013 年由 Martha Schwartz（MSP）设计，16 公顷，以一座座山形的景观雕塑、折线型的地面铺装、挡墙、溪流，展现一幅简约化的抽象画作，表达了当地的文脉特质，也体现了极简主义的精练

上海太平桥绿地。美国 Peter Walker and Partners（PWP）和上海市园林设计院合作设计，面积 4 公顷，建于 2001 年，以水为核心布局，展现东西方园林元素交融	万桥园。荷兰 West 8 为 2011 年西安园艺博览会设计了大师展园中的万桥园。设计简洁，只有桥、小径和竹子，但这座园林模糊了感官上的界限，带给游人惊奇的游园体验	广东蛇口滨水廊道。美国 SWA 于 2014 年设计，面积 34 公顷，将原厂区等改造为融合了渔村、西式风格主题公园、休闲活动场地等的城市公共空间

表中图片均引自各公司网站。

第三节

从“造园”和“园林”到“风景园林”和“景观设计”

一、长达 30 年的“造园”和“园林”正名之争

20 世纪 20 年代，在我国有关“造园”及“园林”的著述中出现 Landscape Architecture（LA）、Landscape Gardening（LG）等英文名称，与其相对应的译名经历了从早先的“造亭园艺”“庭园建筑”“风景园艺”，到后来的“造园”“园林”，及今天的“风景园林”“景观设计”的变化。“园林”作为一个学科（专业）的名称，在不同时期都以“正名”为由发生过争论，其中最主要的有两次。

第一次，分别以陈植和汪菊渊为代表，始于 50 年代的“造园”、“绿化”和“园林”之争。陈植多次发文论述“造园”才是正名的观点，而汪先生坚持以“园林”为名，并在《中国大百科全书》的园林与城市规划篇中确定了“园林学”为学科名，最终随陈老去世（1989 年），这场长达 30 余年的争论自然终止了。

第二次，是“风景园林”与“景观设计”之争。起始于 20 世纪 90 年代后期，到 21 世纪初达到高潮。2011 年国务院学位委员会和教育部联合印发通知确定“风景园林”为一级学科。之后，这场争论已不再成为焦点，但依然不断有相关的讨论。和上一次“造园”和“园林”讨论不同的是这次参与争论的人很多，几乎涵盖了园林学界的知名学者。在我国的学术史上，很少有一个学科（专业）在名称上有如此激烈和长久的争论。然而纵观这两次争论结果，尽管都是以主流派的“园林”和“风景园林”压倒了“造园”和“景观设计”，但并没有影响这些学术名称的继续使用。在此，我们简略回顾园林专业名称之变的历史过程及引起的争论。

（一）陈植一生坚持为“造园”正名

本书第二章曾简单介绍陈植（养材）先生， 1922 年他从日本留学归国，1924 年任职江苏省立第二农业学校园艺系时开设庭园学及观赏树木的科目，开创我国的造园教育。1928 年陈植倡议成立中华造园学会，成稿于 1930 年的《造园学概论》

由商务印书馆于1935年作为大学教材出版，当时还没有专业，而“造园”是作为一门课程的名称，由此陈植被称为我国“造园学”的创始人。

同为日本留学归来的章守玉先生，在1922—1927年间任职江苏省立第二农业学校时讲授花卉园艺，其著作《花卉园艺学》中的“风致园艺”和其开设的“庭园学”一样（林广思，2005a），属于造园学范畴。同时讲授造园课程或出版有关著述，但用了不同名称的还有童玉民《造庭园艺》(1926年)、范肖岩(造园法)(1930年)、叶广度《中国庭园》(1933年)，而莫朝豪(1935年)则用了“园林计划”，童寯(1937年)描述江南名园用了“园林”，由此看来，当时“园林”主要针对一些实体，如名园、城市公园等。

园林史家一般认为，Landscape Architecture是日本人最早译成“造园”的，而陈植又将“造园”这个名词引入国内。但陈植自己说得非常明确，“造园”与Landscape Architecture划成等号则于20世纪初叶，始由日本造园学权威东京大学教授、林学博士本多静六和农学博士原熙两氏，“造园之名……不谙其辞源者，当亦以我为日本用语之贩者耳！抑知日人也由我典籍中援用耶？斯典籍为何？乃明季崇祯时计成氏所著之《园冶》是也”（陈植，1983），表明“造园”是出自《园冶》，后来他还考证出“造园”一词源于元末明初。尽管早就有陈植的这些解释，但在很久以后孟兆祯依然认为，“造园”就是园林学科的一个日本名称。似乎“造园”是外来名词而“园林”才是本土的，就如后来认为“景观”是外来词而“风景园林”才是本土的一样，而选择本土化的名称成为理所当然。

从20世纪20年代开始，“造园”在我国一些农学院的园艺系、林学系、建筑系中被列为正式课程。如浙江大学有“森林造园组”，复旦大学、金陵大学、武汉大学等园艺系有“观赏组”，中央大学建筑系等也都教授“造园学”。然而，它们都没有形成一个专业的规模和体系，一般归属于园艺、森林及建筑专业之下，是其中的一门课程、从行政序列则在教研组（室）一级。直到1951年，清华大学和北京农业大学合作创办造园组后才有了我国第一个造园专业。当时并没有用“园林”作为专业名称，而是用了造园组，可见那时的创办人，无论是来自清华的建筑学界还是来自北农大的园艺学界，都是认可“造园”这个名称的。

“造园”专业的名称发生变化应是在1956年，当时该专业从北农大调整到北京林学院。在全国各行各业全面学习苏联的大形势下，北林将“造园”专业改为译自苏联的“城市及居民区绿化”专业。据陈有民教授回忆，北京农业大学在1952年下半年已经拿到了苏联列宁格勒林学院“城市及居民区绿化”系的教学计划和教学大纲，但当时没有更名（陈有民，2002，2011）。园林史家认为1956年的更名是全国学习苏联的结果，1957年林业部批复同意北林成立“城市及居民区绿化”系。

陈植对“造园”更名为“绿化”很不理解，几乎在第一时间著文《对我国造园教育的商榷》提出质疑，该文发表于《光明日报》（1956-10-10），自此开始他长达30年为“造园”正名的漫长之路。在“商榷”一文中，他指出“绿化”这个名称十分含糊，还列举1952年有人发起成立“风景建设学会”时，因造园学界主张应为“造园学会”，反对擅自更改，因之流产，这足以说明“造园学”这个名称已为国内造园学界同志所一致拥护（陈植，1956），但陈植的意见并未被采纳。

当时汪菊渊先生是同意用“绿化”的，他在《光明日报》（1956-12-04）发表《关于城市及居民区绿化专业几个问题的商榷》，可看作是对陈植质疑的回应。明确指出“城市及居民区绿化”千真万确地不能就是“造园学”。它既未“混淆视听”，更未“缩小范围”，它的范围比园林艺术或造园学的更为广大。他解释“绿化”的含义，强调不能仅仅限于字面上的理解，绿化不等于造林。他引用《人民日报》“绿化祖国”的社论来进一步说明，绿化可以是造林也可以是造园，要看地点条件而定（汪菊渊，1956）。

陈植与汪菊渊对于“造园”和“园林”专业名称的争论就是从这时候开始的。汪先生当时已出任北京市农林水利局局长，同时兼任北林绿化系的副主任，理应与官方意见保持一致。之前认为“绿化”一词是从苏联引进的，但据赵纪军（2013）考证，“绿化”在20世纪初就经日本传入开始应用，如1947年武汉就有《绿化美化龟山计划》，因此非是从苏联引进。

1958年2月，国家城市部召开了第一次全国城市绿化会议，1958年8月毛泽东主席在北戴河会议上提出：“要使我们祖国的山河全部绿化起来，要达到园林化，到处都很美丽，自然面貌要改变过来。”然后在中共八届六中全会上通过《关于人民公社若干问题的决议》，提出“实行大地园林化”的号召（见第三章）。至此“园林”“绿化”成为官方应用的名称。1964 年中苏关系恶化，直接导致引自苏联的“城市及居民区绿化”专业名称的弃用，不过并没有改回“造园”而是用了“园林”，各地行政管理部门也都为园林局。学界认为这与毛泽东提出的“大地园林化”有关，因为 60 年代初的政治气候，已不利于这个被称为有所谓“封资修”毒素的专业，而借用“大地园林化”的概念似可保证园林专业的存在。遗憾的是 1965 年园林专业还是被停办了，直到 1974 年才恢复，之后又在 1985 年分设为园林、观赏园艺、风景园林 3 个专业。

陈植同样反对用“园林”作为专业的名称，早在他的《造园学概论》中，就指出“造园”内涵十分丰富、包括了“苑囿、园林、山居三大端”，可见他只是把“园林”作为造园的一个对象。他对“造园”这个名称在以往的 30 年中（1955 年前）一直相安无事而无论争，却突然改为“绿化”“园林”之举不可理解（陈植，1956）。此后他撰写了 12 篇论文专门论述“造园”的含义，明确提出作为专业（学科）的名称较之“园林”更为恰当。据赵兵（2009）统计，陈老的这类文章占了他论文总数的 26.8%，因此牵涉了他的精力也影响了其学术研究，可见他的执着和严谨。

陈植在得知《中国大百科全书：建筑 · 园林 · 城市规划》编印后，再次提出不同意见，谓“我国目前从事造园学工作的不少同志多数从建筑或园艺系出身，由于这个旧框框的限制，可能把造园学误认为就是庭园学，而以我国习惯所用的‘园林’代之，忘了造园学中所谓‘园’，庭园只是其中的一种，此外还有很多的造园类型”（陈植，1983，1985），但他的意见已起不到多大作用了，陈植最终也没有看到他的理论被正式接受。我们根据陈植先生发表的多篇文章简单归纳他对“造园”的主要论述如下：

（1）把“造园”一词的辞源推溯到元朝陶宗仪的《曹氏园池行》，诗中“浙右园池不多数，曹氏经营最云古。我昔避兵贞溪头，杖屦寻常造园所”，比计成的《园冶》早了近三百年。

（2）“造园”和“园林”虽一字之差，但意义有主次之分。园林即庭园，由“园亭”“园庭”转变而来，疑为树木较多之园，古今文献中所谓“园林”，即指今日造园学中的庭园而言，“园林”仅为我国古代一个时代或一个地区的庭国古名，仅属于“园”之一种。造园教育的学系或专业的教学内容绝不限于造园起点的庭园，凡市区或郊外的造园建设莫不在内。

（3）正确的造园学是决不能隶属于任何一种科学之下。必须自成独立学系，甚至独立学院。造园学的范畴甚广，按目前情况包括庭园、城市公园、自然公园（国家公园、森林公园、水上公园）、名胜古迹、环境保护、自然保护、风景资源开发、国土美化、观光事业、休养工程等。按国际造园会议 (IFLA) 决定今后造园发展方向，“以庭园为起点而向大自然发展”。

（4）批评大百科全书的园林篇，谓“闻将仍按数十年前的园艺学体系，而将造园缩小为‘园林’……如此安排，形同倒退”。而《中国大百科全书》“园林”部分忽视不同意见，决定采用“园林”，并由创议“园林”的同志负责主编，一家独鸣，在审稿中发现原则性错误，而致“失之毫厘，差以千里”(上述根据陈植 1983 年发表的《造园与园林正名论》编辑)。

（二）汪菊渊的“园林学”诠释

汪菊渊被誉为我国“园林”专业创始人，是因为他在 20 世纪 50 年代初与吴良镛先生一起在清华大学创办了我国第一个高等教育的“造园”专业(详见第三章)，之后该专业从北京农业大学到北京林学院名称也几经更改，汪先生作为北京林学院园林专业的主要领导之一是全程参与的。“文化大革命”后恢复园林专业后，陈植继续发表质疑“园林”、为“造园”正名的文章，但汪菊渊并未发文直接回应。1988 年在他主编的《中国大百科全书：建筑 · 园林 · 城市规划》，以“园林学”为题作了全面系统的论述，可认为是他坚持“园林”而弃“造园”的宣言，是对陈植所谓的“园林”只是“庭园”之说的回应。

他指出“人们一直在利用自然环境，运用水、土、石、植物、动物、建筑物等素材来创造游憩境域，进行营造园林的活动”。园林学的内涵与外延，随着时代、社会和生活的发展，随着相关学科的发展，不断丰富和扩大。他提出，现代园林学的研究范围包括 3 个层次：

（1）传统园林。主要包括园林史、园林艺术、园林植物、园林工程和园林建筑。

（2）城市绿化。是研究绿化在城市建设中的作用，规划城市绿地系统包括公园、街道绿化等。

（3）大地景物规划设计。是发展中的课题，把大地的自然景观和人文景观当作资源来看待，从生态、社会经济价值及审美价值各个方面来评价，在开发时最大限度地保存自然景观，最合适地使用土地，其单体规划主要是风景名胜区、国家公园、修养胜地及自然保护区游览部分的规划（汪菊渊，1988）。

在《中国大百科全书：建筑·园林·城市规划》中，汪菊渊论述西方园林发展时列举了两本重要著作，但他都将其译成了“造园”，如法国最早的园林著作J. 布阿依索的《Traite du Jardinage》（1638年）译为“造园艺术”；英国申斯通的《Unconnected Thoughts on Gardening》（1764年）首次使用Landscape Gardening，汪氏是将Gardening译为“造园”，而Landscape Gardening则译为“风景造园”。同时，将奥姆斯特德的Landscape Architecture译为“风景建筑”(汪菊渊，1988)。建筑也是有营造含义的，然而恰恰没有与“园林”对应的英文词条。现在看来这和陈植对Landscape和Gardening的理解，在本质上并没有多大区别，那为什么汪先生一直推崇用“园林”而非“造园”呢。作者认为：一方面，他之前就在造园专业的名下教授“中国古代园林史”而非“造园史”，用园林代替造园可谓是非一时之想；另一方面，从上述对几本国外经典著作的译名来看，他是把“造园”局限在传统园林的范畴，而“园林”涉及的范围更广；再者，最有可能是与“大地园林化”保持一致。

汪老是推崇“大地园林化”的，为此还专门撰写了《怎样理解园林化和进行园林化规划》，解释了园林化的总任务是“为了将来的美好生活，在一切有居民的地区，把自然面貌改变过来，征服自然灾害、改善地方气候和环境卫生；为居民的工作休息，创造既卫生又舒适优美的环境，使得到处都很美丽，到处像公园；而且到处都生产丰富的产品”。“在制定园林化规划时，必须制定有关原则性的、轮廓性的园林系统”，这首先是要研究自然条件、掌握自然资料，其次是研究规划条件，掌握经济资料，从发展的观点进行总布局（汪菊渊，1959），这和他后来提出园林的三个层次是一脉相承的。

必须说的是，当时建议将Landscape Architecture译为“风景建筑”的还有程世抚先生，程老是我国第一代现代园林专家，1982年他著文《园林科学发展趋向的初步探讨》对园林的名称提出不同看法。认为“园林”和“造园” 二词含义偏窄，最大范围不超过城市公园， 而绿地系统、风景区、大地景色等都很难包括进去。他建议用“风景建筑”一词， 一则概念准确， 同时也便于国际上交流（指与

Landscape Architecture 对应），认为在我国又出现了“园林绿化”一词，实属续貂。他指出我国古典园林是古代劳动人民创造的成果，蕴藏着大量人民性的精华，对精华也有个历史主义的态度问题，彼时彼地的精华，不一定适用于此时此地。且以为建筑密度太大是我国古典园林的一个缺点。从整体看，我国园林还是要走以植物为主、以自然为主、为广大人民服务、与生态保护相结合的道路。现在看来程老的观点是超前的，而且十分正确（程世抚，1982）

1996 年自然科学名词审定委员会（《建筑 园林 城市规划名词》，1996 年，科学出版社）将“园林学”对应 Landscape Architecture、Garden Architecture，“园林”对应 Garden and Park，造园则译为 Garden Making、Landscape Gardening。然而，“园林”这个专业名词使用时间不长，又被“风景园林”所替代了。

二、“风景园林”和“景观设计”

（一）风景园林（Landscape Architecture）

20 世纪 80 年代初教育部开始全面修订高等学校专业目录。1984 年，《高等学校工科本科专业目录（审议稿）》中列出了“风景园林”专业。在 1986 年初的教委会上，委员们将“园林”专业置于林科资源环境类，工科专业设“风景园林”专业，在农科设“观赏园林”专业，原来的“园林”专业被一分为三，各有侧重，即：“园林”专业侧重园林生态；“风景园林”侧重规划设计、园林建筑；“观赏园林”侧重花木生产。

陈植先生对专业的拆分甚为不解，他再次发表不同意见并建议“园林”专业和“风景园林”专业还是以“造园”专业名之为好，而“观赏园林”专业改名为“观赏园艺”或“庭园”为宜（陈植，1988b），当然这个建议还是没有被采纳，而他的《对部定造园学改革计划的管见》也就成了他生前最后一次为“造园”正名的呼吁。陈植先生用了 30 年的时间连续认真、执着地坚守自己的学术观点，几乎是以一人之力为“造园学”争位，让我们后辈生出由衷的钦佩，他的学术精神永垂史册。

在这里我们要问，这个“风景园林”名称出自何处、来自何人？为何用此名称，它似乎是突然出现却随即被园林学界接受。其实在我国“风景园林”一词至少可追溯到 1952 年陈嵘先生的《造林学特论》一书，书中专设“风景园林”一篇，指出“风景园林”为应时代需要而建立，然而这个名词却一直未被园林学界注意及采用。陈嵘在这一章中除了论述我国历代园林及西方园林外，还包括天然公园、城市公园、城市风景林、植物园、陵园林、行道树等。他强调“风景园林”的建立和设计务须审察社会之风俗习惯以及一般群众性需要，与经济状况和地形、地质、地位，材料种类及其他关系。其设计原则为实用和美观两种（陈嵘，1952）。陈嵘在 1950 年开始撰写此书，那时陈老任教于金陵大学，是为学校林学系造林组而编写的讲义。从“风景园林”这一章的内容来看，它和陈植先生的《造园学概论》相近，当时已有了清华的造园组，但陈嵘并没有用当时惯用的“造园”一词，却用了“风景园林”。

陈嵘（1888—1971 年），字宗一，出生于浙江安吉，著名林学家、树木学家，是我国近代林业的开拓者之一、我国树木学的奠基人，他还是陈植的老师。1906 年他东渡日本北海道大学林科学习，期间加入中山先生的同盟会。1913 年回国后任教于江苏第一农业学校，在南京浦口老山创办了 12 万亩的教学实验林场，现在成了南京著名的风景区。1923 年他又赴哈佛大学阿诺德树木园研读树木分类，由此必然对美国的景观设计学科（Landscape Architecture）有所了解。他在《造林学特论》一书中列举了美国景观设计的先驱道宁（Andrew Jackson Downing）和奥姆斯特德，并称他们的设计为美国风景式园林，可能这就是在书中用了“风景园林”的起因。遗憾的是现在已很难知道当时陈嵘先生的原意，“风景园林”一词是否也是他的创意。按目前掌握的文献来看，在《造林学特论》一书之前并未见有“风景园林”词语的出现，应该是他最早把“风景园林”和美国 LA 对应的学者，就是在 1952 年此书出版之后很长一段时间里也无人再用，这才有林广思关于“风景园林”最早出现于 1981 年的误认。

在 20 世纪 80 年代之前的很长一段时间里，“风景”和“园林”这两个词基本是分开运用的，有时并列则分别指“风景名胜”和“园林”两者，还常用“园林风景”。70 年代末有园林学家开展自然风景、风景区规划等方面的研究，1979 年《人民日报》（1979-02-12）载文《保护好园林和风景区》，提出“园林绿化和风景区的建设，是社会主义建设的一个组成部分，是建设现代化城市的一个标志”。文中多次提到“园林风景”，要求“园林风景区建设要有全面规划”。1980 年 11 月，中国建筑学会园林绿化学术委员会在昆明召开风景名胜区及新型公园规划设计专题学术讨论会，时任学术委员会副主任的程世抚、汪菊渊、陈俊愉都参会了。会议指出风景名胜区是具有优美、奇特的自然景观和具有文化历史价值的文物、古迹、建筑、园林、地方风情及风物等人文景观的地区。当时都没有用“风景园林”，可见一直是将园林作为风景区的一个组成，同时对于风景区的保护及利用的规划通常由建筑、规划及园林绿化部门负责，并没有形成新专业的需要。

林广思（2005）认为，风景园林专业名称的出现，是受到学科从城市拓展到了城市外围的风景名胜区的影响。然而，据陈俊愉先生回忆，在1982年开始修订高校专业目录时，陈从周教授提议增设“风景园林”专业，从周老认为这是和Landscape Architecture接轨的，据同济大学官网及刘滨谊的回忆文章，都称1980年同济大学将“城市绿化”专业更名为“风景园林”专业。但林广思（2014d）根据同济档案，指出同济大学是在1985年才将“园林绿化”专业正式改名为“风景园林”专业的。

在政府文件中最早出现“风景园林”这个名词是在1981年，源于国家文物局、城市建设总局和公安部联合发出《认真做好文物古迹、风景园林游览安全的通知》（1981年2月），通知中出现了“风景园林”这个名词。其历史的因果是，1979年7月邓小平同志登上黄山，他在黄山观瀑楼留下了被称为“中国旅游改革开放宣言”的“黄山谈话”，这极大地推动了我国旅游事业的发展。但因受“文化大革命”的影响，当时几乎所有的风景区都存在设施落后、管理不善等问题，面对激增的旅游人群一时应接不暇，有的地方还造成旅游事故，于是有了上述的通知。但仔细分析却可发现，此处的“风景园林”似应是与“文物古迹”并列的“风景名胜”和“古典园林”之合称。林广思（2014d）考证这是第一次出现“风景园林”这个词句，当然这是误会。因为陈嵘在《造林学特论》中已有了叙述，但很有可能在政府文件中是第一次出现“风景园林”这个名词。

然而，学界是十分敏感的，因为有了新增“风景园林”专业的说法，很快就出现了许多相关的研究论文，同时如武汉城市建设学院等一些院校也先于专业目录公布成立了“风景园林”专业，1989年11月，中国风景园林学会在杭州成立，其前身是成立于1983年的中国建筑学会园林学会，再早是1978年在建筑学会下设立的园林绿化学术委员会，由此完成了从“园林”向“风景园林”的转变。

陈从周先生建议增设“风景园林”专业名称，是借鉴于陈嵘老的《造林学特论》还是自己所撰就不得而知了。那么为什么要从“园林（学）”改为“风景园林（学）”，是因为“园林学”不再满足学科发展的需要，或是因为“风景园林”包含了更多内容。我们从关于园林的前后两个标准来看这个问题。发表于2002年的《园林基本术语标准》(CJJ/T 91—2002)，只有“园林学”“园林”，而没有“风景园林”这个词。从时间上看，这个标准出台晚于上述的专业目录，而且当时各地高校早已有了“风景园林”专业，还经历了1998年教育部撤销理工院校“风景园林”本科专业（合并至城市规划专业，2006年恢复），在农林院校保留园林专业本科（偏重于植物）的变化。那为何这个标准制定时却没有收录“风景园林”术语的词条呢？是因为“风景园林”涉及的领域和“园林”相同，即包括了汪菊渊在园林学中所论述的三个层次，没有必要再另用新词了。可以肯定的一点是，该标准是把“园林”等同于“风景园林”的。或许是因为“风景园林”专业被停办，既然失去了法定地位也就失去了作为术语的条件。

但随着“风景园林学”被国务院学位委员会与教育部批准为一级学科，原来的《园林基本术语标准》作了重新修订，同时更名为《风景园林基本术语标准》（CJJ/T 91—2017)（李金路，2017）。新的标准将“风景园林”提高到整个专业名称的地位，明确定义为“通过保护和利用人文与自然环境资源保留和创造出的各种优美境域的总称”；而将“园林”定义为“在一定地域内运用工程技术和艺术手段，创作而成的优美的游憩境域”。

比较上述两个行业标准，最大的不同是：原先的标准认同汪菊渊的观点，同时将“风景园林”等同于“园林”；而新标准中的“园林”，只是完全由人工创作的游憩境域，可理解为只是汪菊渊所说的第一、二层次，而汪先生之“园林”第三个层次——大地景物规划设计这个发展中的课题则成为“风景园林”的主要立点。这个标准可看作是对几年来因“景观设计”出现而引发激烈争论的回应，争论的结果是“风景园林”被认定为一级学科。

陈俊愉先生在“风景园林”被确认为一级学科后即发文祝贺，并称“园林”是我国传统用词，“风景”则有与国际接轨的含义，比“景观”具体得多，这样既统一了学科名称，又发扬了继承革新精神，至于其他名称就将一律以异名对待之（陈俊愉，2011）。

然而，在园林学家中对于应用“风景园林”作为专业名称也是有不同意见的，如协助汪老创办造园组的陈有民教授，就认为“园林”或“园林绿化”是很好的名称，而“风景园林”则有些画蛇添足之感，我们尊重奥姆斯特德及他提出的 Landscape Architecture 一词，但更应尊重中国传统的“园林”和较新的总称“园林绿化”（陈有民，2011）。冯纪忠先生则称同济最早有风景园林专业，当时林学院也有园林专业，但两者的着重点不同，一个是在规划上头，一个是在绿化、植物的分布上”（冯纪忠，2010c）。前者认为“园林”和“风景园林”是相同的，但后者认为两者并列、各有侧重。

1983 年，钱学森先生倡导“山水城市”建设，他认为 Landscape、gardening、horticulture 三个词，都不是‘园林’的相对字眼，……都不等于中国的园林，中国的‘园林’是他们这三个方面的综合，而且是经过扬弃，达到更高一级的艺术产物”（钱学森，1994）。

（二）景观设计（建筑）(Landscape Architecture)

1926 年童玉民所著《造庭园艺》中引用了 Landscape Gardening，称其有“造庭园艺”或“风致园”之意。叶广度的《中国庭园记》(1932 年) 将 Landscape Garden 译为“风景园艺”，同时称其范围很广还有 Landscape Art 、Landscape Design、Landscape Architecture 等，要下一个精确完善的定义很不容易（叶广度，1932）。几乎在同时，陈植（养材）先生分别在他的《都市与公园论》（1930 年）和《造园学概论》(1932 年) 中，都引用了 Landscape Architecture，以及和 Landscape 组合的多个名词，但非常明确地将 Landscape Architecture 与“造园”对译。

陈植可能是最早讨论 Landscape Architecture 含义的学者，他在《造园学概论》中指出该词最早出现在英国 Laing Meason 所作的《On the Landscape Architecture of the Great Painters of Italy》（1828 年）一书中，同时他将 Landscape 译为风致、风景，并称与其相对应的有风致建筑（Landscape Architecture）、风致设计（Landscape Design）。Landscape 作为动名词有营造公园、花园的含义，自此后 Landscape Architecture 一直被作为是“造园”的对应词，20 世纪 50 年代应用“园林”替代了“造园”，之后又出现“风景园林”。然而，尽管有“园林”“风景园林”，包括陈植的“造园”之专业术语，却都与英语 Landscape Architecture 相对译（后来又将园林译为 Garden and Park）。

在我国把 Landscape Architecture 译为“景观设计（建筑）”、将“景观”与 Landscape 对译是从何时开始的呢？要知道在我国的汉语中以前是没有“景观”这个词的。据王其亨等（2012）分析，《四库全书》与“景”相关的词组，发现其中用词率最高的是“风景”，其次为“景物”，之后有“景色”“景致”“胜景”等，恰恰没有“景观”一词。民国后出版的《辞源》（1915 年），在“景”的词条下也只有“风景”“景象”“景物”“景色”“景致”，“景致”是引用了白居易诗“规模何日创？景致一时新”为例句。即使在 1983 年出版的《现代汉语词典》中，“景”字的条目中依然无“景观”这个词条。

有学者称，“景观”是日本植物学者三好学博士于 1902 年前后从德语翻译而来（李树华，2004）。王其亨等认为最早是陈植在 20 世纪 30 年代从日本引进的，但这个说法有些含糊、容易被人误解为“景观”这个中文词也是陈植引进的。其实陈植先生是引进了 Landscape Architecture 这个英文名，而非“景观”这个译名，因为在陈植早期的著作中从未出现过“景观”这个词。

目前可查到较早出现“景观”词条的是 1979 年版的《辞海》（上海辞书出版社），即：景观，地理学名词，一般概念泛指地表自然景色，在景观学中指特定区域概念，类型的概念如森林景观、草原景观。再看英汉辞典，包括《现代高级英汉双解辞典》（1970 年）、《新英汉辞典》（1979 年，上海译文出版社）等都无与 Landscape 对应的“景观”词条，直至 2010 年外文社出版的《英汉大词典》依然如此。查到有将 Landscape 译为“景观”的是《英汉林业词汇》（1977 年，科学出版社）和《英汉植物学词汇》（1978 年，科学出版社），另外《现代英汉综合大辞典》（1990 年，上海科技文献出版社）和《英汉详注词典》（1997 年，上海交通大学出版社）中将“景观”与“地形”“地貌”并列。

由此看来，在我国“景观”一词最有可能是作为地理学的专有名词在 20 世纪 70 年代开始出现。80 年代初“景观”这个学术性词汇出现频率逐渐增多，则是因为国际上有一门蓬勃发展的学科，即 Landscape Ecology（译为“景观生态学”），是将地理学概念的 Landscape（景观）和生物学概念的 Ecology（生态）相结合的学科。我国在引进这个概念时就自然地将其中的 Landscape 译为地理学概念的“景观”了，最初可见自然地理学家林超教授翻译发表的特罗尔所作《景观生态学》（地理译报，

1983年第1期)和E. 纳夫的《景观生态学发展阶段》(《地理译报》, 1983年第3期)。1990 年生态学家肖笃宁将 R. Forman 的经典之作《Landscape Ecology》一书译成《景观生态学》出版，产生很大影响。对于我国来讲这是一个全新的研究领域，地理学、生态学、林学、农学等领域的研究人员对此给予了极大的关注，景观生态学成为不同学科的共同研究热点，当然也一定会影响园林学人，如刘滨谊、俞孔坚、王向荣等应该就是在这个时间段接受此理论的园林学者。

从现有的文献看，在建筑、园林专业领域中较早使用“景观”和“景观设计（建筑）”名词的应在 20 世纪 80 年代初，大致与地理学、生态学上应用景观术语的时间相近。如沈福煦（1980）发表在同济大学学报上的《视觉与景观》一文中，将景观看作是一种造型艺术上的问题。而王清池（1981）的《谈谈公路景观设计》，则是将“景观设计”和 Landscape Design 对应。然后是 1988 年《世界建筑》发表了大中的《国外景观建筑学及景观建筑教育》，该文摘自台湾 1984 年的《建筑师》杂志，是当时最为系统地介绍美国景观建筑（Landscape Architecture）的学术文章。同在 1984 年，台湾詹氏书局出版了徐淑女翻译的《景观规划设计：日本当代的问题与解析》，徐氏曾留学美国学习景观建筑，她称景观即造园的衍生与扩大，其范围或为庭园设计、社区开发，或为都市规划，均与生活环境息息相关。不过，在整个 80 年代，出现在学术期刊上关于景观规划设计（建筑）的论述并不多。

俞孔坚是园林界应用“景观”这个词的先行者之一，他自述对景观感知方面的研究是从研究生论文开始的，当时被 Forman 的专著所吸引而接受了“景观”这个概念。然后在 1987 年发表《论景观概念及其研究的进展》一文，是将 Landscape 与“景观”相对而非之前习惯应用的“风景”。几乎在同时，刘滨谊的博士论文用了“风景景观”这个名词（刘滨谊，1990），并应用遥感技术获取及计算景观感受信息，事实上已是景观生态学的研究方法。然后，一些园林设计师也开始将园林和景观并用了，典型的如檀馨在 1993 年成立北京创新景观园林设计有限责任公司，之所以称为“景观园林”，是“因为单纯的园林也不太符合时宜，景观这个名称大家喜欢，能代表一个领域，也挺好”（付蓉，2009）。但应注意的是，当时很多人尽管用了“景观”这个词，但对其含义的理解却是不同于后来“景观设计”中的景观之含义的。

将 Landscape Architecture 译为“景观规划设计”，并作为一门学科的应首推俞孔坚，这是在他获得哈佛大学景观设计博士学位之后。俞孔坚先是提出中国园林专业面临的挑战和机遇，指出在今天的城市与环境问题面前，园林专业人员必须在更大的空间中承担起改变整体人类生态系统的重任（俞孔坚，1998a）。然后发表了《哈佛大学景观规划设计专业教学体系》（俞孔坚，1998b）一文，强调“景观规划设计”对我国风景园林学科和事业发展有着重要意义。2004 年他以《还土地和景观以完整的意义：再论“景观设计学”之于“风景园林”》为题，重新系统分析了 Landscape Architecture 的多种译法，认定它是一门学科，应与“景观设计学”对应，其包括“景观设计”（Landscape Design）和“景观规划”（Landscape Planning），同时将 Landscape Gardening 译为“风景园林”（或风景造园）。

笔者追踪俞孔坚关于“景观设计”的论文、专著，按他在 20 世纪 90 年代末发表的论文来看，他引用了很多 McHarg 的《Design with Nature》、R. Forman 和 M.Goclron 的《Landscape Ecology》理论。最典型的如《城乡与区域规划的景观生态模式》《生物多样性保护的景观规划途径》等，实质上很多可归属于景观生态学的研究范畴，是景观生态规划的实践，从中可看到俞孔坚受 Forman 的影响之深。Forman 是美国景观生态学派的鼻祖，又是俞在哈佛读博时的指导组导师之一。因此，2004 年他对“景观设计”的诠释，是不同于当时造园及风景园林学的一些学者对景观的理解，是蕴含了更多生态学的理论，本质是尺度上的不同，由此产生分歧也就是必然的了。

由此，在 20 世纪 90 年代后期至 21 世纪初引发了一场可说是激烈的争论，主要围绕 Landscape Architecture 该对应“风景园林”还是“景观设计”，“景观设计学”是否是不同于“风景园林学”的独立学科，当时几乎所有与园林学有关的著名学者都参与进来了。其间主要的分歧是：俞孔坚等认为“园林”或“风景园林”已不能解决当今城市发展中出现的严重的人地关系危机，这就需要一门新的学科（专业），它就是“景观设计”；而坚持“风景园林”的学者认为，它已包括了“景观设计”所涉及的内容，而且有着深厚的历史传承，因此没有必要再立新学科。

三、“风景园林”与“景观设计”主要论述回顾

至今有很多论文探讨 LA 的译名，因为 Landscape 的含义十分宽泛，多数作者主要从词源、含义等方面研究，是对应“风景”还是“景观”，“风景”和“景观”

内涵的差异等等。当然作为学科来说“正名”是很重要的，但更重要的是学科的内涵、与传统的关系、是否适应今天社会经济发展的要求，以及学科未来发展的影响等。这里仅摘录关于学科内涵的不同观点，供读者参考。

（一）关于“风景园林”

1. 孙筱祥的论述

孙先生是较早阐述“风景园林”学科的知名学者，但他自认是在1986年哈佛大学的国际 Landscape Planning 教育学术会议上真正弄清 Landsrape Architecture 含义的，因为在美国这个行业的界定非常混乱。在这个会上明确了 Landscape Planning 学科，“这是一门多学科的综合性学科，其重点领域关系到土地利用、自然资源的经营管理、农业地区的发展与变迁、大地生态、城镇和大都会的景观”。于是孙先生也将其译为“大地规划”，Landscape Architecture 译成“风景园林和大地规划设计学”，这是他选定的最全面准确的翻译。同时认为 Landscape Design 译成“景观设计”也不是错，但不妥当，最好翻译成“风景”（孙筱祥，1990）。他自称是我国第一个教授风景园林和大地规划学（LA）的老师（王向荣，2011）。

孙先生(1990)认为风景园林专业和学科的领域，大至国土整治、土地利用规划、区域规划、国家自然保护区规划，小至一个城市的公园、植物园、工厂和居住区房前屋后空地的绿化美化。风景园林专业在国际上已经形成了一门独立的、综合性很强的边缘科学，现代观念的“风景园林规划设计”专业（Landscape Planning and Design）已经是“环境规划设计”（Environmental Planning and Design）的同义词（孙筱祥，1990）。

孙先生明确地提出，“风景园林”学科是以绿色生物系统工程为主的新学科。“这一学科是以生物、生态学科为主，并与其他非生物学科（例如土木、建筑、城市规划）、哲学、历史和文学艺术等学科相结合的综合学科”。“风景园林”这一学科的中心工作是“地球表层规划—城市环境绿色生物系统工程—造园艺术”，主要从事两项工作：一是保护和规划国家、地方风景名胜区，国家自然保护区、国家森林草原、牧场、湿地、河流湖泊、海滨、岛屿等原始地区；二是城市园林绿地系统，城市、居住区园林绿地，大型公园，郊区公园设计，工矿、机关、医院、学校、郊区风景区、旅游休闲胜地、度假村等园林绿地设计 。他建议在工科院校成立“风景园林”专业（Landscape Architecture），在农科院校成立“园林”专业（Landscape Gardening）。前者是奥姆斯特德创建的学科，是要承担地球表层规划和国土规划工作的；后者则是英国的赖普敦创建的（孙筱祥，2013）。然而，尽管孙先生对“风景园林”有过多次阐述，但他又认为当前我国将LA译为“风景园林”，国家主管部门已经批准，最好不要因为一些其他原因，随意标新立异而引起混乱；重要的是在实际工作中创新，而不是在名称上天天翻新。显然这是针对“景观设计”而言的。

有学者认为，孙先生把“风景园林”（LA）学科范围界定为“地球表层规划”是不符合风景园林学科性质的，这一表述看似清楚，实则模糊不可取（刘茂春，2016）。他把“风景园林”和“园林”分开并列为两个专业，且将“风景园林”看作是奥姆斯特德创建的学科，也是和“风景园林”的主流派意见并不完全相符，但和冯纪忠先生的观点相似。

2. 孟兆祯的论述

孟兆祯曾多次阐述“风景园林”的名称及学科问题，当然作为工程院院士他在确定“风景园林”为一级学科中的作用是举足轻重的。2005年他指出计成《园冶》中的园林相近于Garden，而Landscape是指大地景观，再概括一点是指自然，和中国园林其核心是相通的，中文名以“园林”为宜（孟兆祯，2005）。他说我国风景园林具有近3000年的悠久历史，而直至1951年才成立造园专业并发展为风景园林，中国工程院2004年通过风景园林为建筑学之下的二级学科，风景园林规划与设计为独立的三级学科。风景园林规划与设计是以设计为中心的，含城市园林和风景名胜区单项设计、城市绿地系统规划和大地景物规划三个层次（孟兆祯，2006b）。

在《园衍》（2012）一书中，孟兆祯开篇就提“学科第一”，强调“学科是需要正名的”，是要把中华民族传统体现出来，然后再结合与国际相近的学科顺应接轨，而非直译，因此他认为LA和“风景园林规划设计学”对应相对而言比较妥切。之后又阐述了LA是不宜译为“风景建筑”的，因为它只是“园林学”的一个分学科。Landscape Architecture应该指的是自然的兴造，也就是人造自然，即恩格斯所说的第二自然，可以说与我们的园林从本质上是一回事，是完全可以接轨的。同时，他又指出我国的园林学包括“风景园林规划设计”以及“园林植物”两大分支学科，而Landscape Architecture应该指的是“风景园林规划设计”，由此认为译为“风景园林”比较合适。不同意译为“景观”是因为“园林”一词由西晋沿用至今，加之中国工程院2004年将城乡规划与风景园林划为建筑学下二级学科，《中国大百科全书》中已经统一了园林学方面的名词和概念。但他又提出中国风景园林规划设计之所以有理由并可能发展为独立的一级学科，就因为其与兴造之关联是融为一体的（孟兆祯，2012）。

由此看来孟先生对LA这个学科的认知，主观上一直把规划设计作为学科的主体。浙江大学刘茂春（2016）就曾针对孟兆祯的表述指出，其对园林学科体系中的“园林学”“风景园林规划与设计”的概念表述不清楚。刘家麒（2015）也对《园衍》中关于学科正名的阐述提出质疑，指出既然将LA和“风景园林规划设计”对等，哪其上一级的学科“园林学”的英译名又该是什么呢？“园林学”和“风景园林学”是同一个学科的延续和不同阶段的发展，因此“风景园林规划设计”应该译成Landscape Planning and Design。针对《园衍》中“建筑学的中心是建筑设计，作为广义建筑学中一员的风景园林规划与设计学也是以设计为中心的”提法，刘家麒（2015）指出广义建筑学是吴良镛先生提出的，融合了建筑、地景（Landscape Architecture）与城市规划。因此“风景园林规划与设计学”不是吴先生广义建筑学中的“地景”，《园衍》是将其和“风景园林”混为一谈了，“风景园林”当然不能只是以规划设计为主。孟兆祯（2015）对此作了回应，指出园林规划设计和观赏园艺或称园林植物是两个学科，而今学会也含两学科，已不存在综合性的学科。意为综合性的风景园林学已不存在，只有“风景园林规划设计”和“园林植物”学科，而此论述显然和他人的理解并不相同，而且确实会造成实际使用上的混乱。

汪菊渊、孙筱祥和孟兆祯三位先生对“园林”“风景园林”的论述在当今的园林界应是最有权威、颇具代表性的，但他们的观点也并非完全相同，可见在学术层面上依然需要进一步深入讨论。

3. 其他论述

曾任北京园林局总工的李嘉乐认为，尽管“风景园林”和“景观设计”同由Landscape Architecture翻译而来，但含义未必相同，“风景园林”所涵盖的内容比“景观设计”更广，其中包括造园、城市绿化规划设计、大地景观规划、园林绿化施工养护及园林植物繁殖、引种、育种等等，甚至包括切花、盆花生产。从学科角度，它可划分为造园学（或称传统园林学）、风景园艺学、城市绿化和大地景观规划四个分支学科。景观设计只能是风景园林专业中的一个组成部分，但在学科名称的争论上不必纠缠不休、誓不两立，更不要因此产生门户之见，鄙薄对方，伤了彼此的感情与合作机缘，影响我国风景园林事业的进程（李嘉乐，2002）。

中国园林学会前副理事长王秉洛，针对俞孔坚的"风景园林"是行政管理体制产物的提法，指出中国风景园林学正是借助于这个行政的系统拥有了一个良好的发展空间形成了自身的系统和特点。针对俞孔坚所说"LA 的过去叫园林或风景园林，LA 的现代叫'景观设计学'，LA 的未来是'土地设计学'"，指出俞孔坚要把中国现代的风景园林学推向过去，而把他首创的"景观设计学"取而代之，这完全是不正确的结论。刘家麒等认为"景观设计"和"风景园林"其实是相同学科相同内容，本可以各叫各的，但俞孔坚要推倒风景园林学科自立山头，这已超出学术争论的范围。而由"园林"到"风景园林"，是行业和学科内容由城市的园林绿化向国土规划——当前阶段主要是对国土精华部分的自然文化遗产的保护规划和管理的拓展（李嘉乐，2004；刘家麒 等，2004）。

王绍增指出，中国人在20世纪80年代把"风景"和"园林"两个单词组合在一起，这是中国风景园林史上自我跨出的一大步。这个名称也比较容易团结国内规划设计和园林植物两大派，一定意义上它是妥协的产物；"风景园林"的缺点是听起来外延偏小，似乎没有包容以硬质材料为主的室外空间和风景区以外的大地景物(王绍增，2006)。

朱建宁等（2009）以为，Landscape Architecture 是指设定一项 Landscape 整治计划的过程与方法。无论称 Landscape Architect 为"风景园林师"还是"景观设计师"，其本质应该是一致的，都是针对土地的自然特征、为人类活动创造适宜的空间载体而开展的整治行动，其目的都在于追求土地的合理安排与利用。除了在"城市规划"方面国内风景园林的主流学派与景观学派存在一些不同之外，就整体和大的方面而言，中外学者对两者的解释是基本相同的。而"风景园林"在城市规划方面作为的大小，是受制于管理体制和政策法规等因素，因此不应该为宣传"景观设计"而有意把"风景园林"说成是已经落伍和不合时宜的事物，将其归为传统农业社会与小农经济的产物，有意压缩风景园林的空间等都是不能被接受的，"风景园林"也没有必要改为"景观设计（规划)"。

王向荣的观点有相当的代表性，他指出“风景园林”与“景观设计”名称不同，但对应的国际术语只有一个，即 Landscape Architecture， 从这点上看“风景园林”和“景观设计”是一回事，实际上中国目前的“风景园林”和“景观设计”，尽管有一些激烈的争论，但两者的研究领域、实践范围和核心教学体系的确没有什么差异。不过一个行业具有两个或多个名称必然会引起误解和混乱。

但就应对 Landscape Architecture 而言，这两个中文名称都有不足，如果用“风景建筑”或“景观营建”可能更为确切。因为 Architecture 含义中包含了营建的意思，奥姆斯特德用此词并非仅仅指“规划设计”，事实上他是以 Architect 的身份监督和指挥 1000 多名工人建设纽约中央公园的，其营建的含义十分明确。程世抚先生曾建议用“风景建筑”，而此建筑应该不是指“建筑实体”，同样是建造的意思。然而在我国“正名”非常重要，所谓“名不正，言不顺”，而“正名”的结果，就是“风景园林”作为一级学科的合法名称。

4.“风景园林”的起点

我国近现代可与国际 LA 相对应的风景园林的起点，应该从何时算起呢？林广思（2005）认为作为学科无疑是 1951 年成立的造园组，尽管之前有陈植先生于 20 世纪 30 年代开创的造园学，但此仅是一门课程，而造园组则是一个专业，它的合法性地位还来自 1951 年教育部的试办批文以及 1952 年在院系调整中开始确立的全国唯一的造园专业。笔者并不同意这个观点，认为中国的 LA 应以陈植先生的“造园学”为起点，这可以美国的景观设计（建筑）史为鉴。

至今学术界一般认为，奥姆斯特德是首先用了 Landscape Architecture 这个名词， 因此被称为景观设计（建筑）之父。哈佛大学著名园林史学家 Norman T. Newton，也将 1863 年 5 月 4 日在官方文件中第一次出现 Landscape Architects 看作是景观设计（建筑）专业的诞生。1899 年成立全美景观设计（建筑）师协会（American Association of Landscape Architects，ASLA），而哈佛大学直到 1900 年才开设景观设计专业课程（Newton，Design on the Land，1976），可见并非一定要形成完整专业体系才可称为这个专业的起点。在陈植之前及同期，虽然也有章守玉、童玉民、叶广度、范肖岩等涉及庭园、造园的教授以及出版专著，但都不及陈植《造园学概论》的内容具体和全面。陈植的《造园学概论》包括了造园史、庭园、都市公园、天然公园、植物园、公墓、都市美（实为城市规划及绿化）的规划、设计及营造，并直接论述了与LA的关系，是当时与LA最贴近的，客观上形成了我国LA的雏形，不能因为用了“造园”而被忽视。因此，中国的LA学科当是起自20世纪30年代陈植的《造园学概论》。而汪菊渊的贡献是和吴良镛一起将“造园学”发展成为一个专业，之后又经历了“园林”、“风景园林”和“景观设计”的发展过程。

（二）关于“景观设计”

俞孔坚认为“景观设计”与“风景园林”之争不仅仅在于对LA的翻译，因为并非如国内的专家所说“风景园林”专业范围等同于LA，因为客观上远不如国际的LA。俞孔坚指出，是唯美论限制了中国风景园林学科的发展，一些园林专家认同“园林归根到底是营造风景的艺术”，因为，正如金柏苓先生所说“人们不会真的用生态、生物多样性或环保的科学标准或科技的先进性来衡量园林”。但现代景观设计学中，人们真的用生态、生物多样性或环保的科学标准或科技的先进性来衡量景观，而不是它的形式（俞孔坚，2004）。

俞孔坚提出，景观设计职业是大工业、城市化和社会化背景下的产物，是在现代科学和技术（而不仅仅是经验）基础上发展出来的，而景观设计职业先于景观设计学的形成。在大量景观设计师的实践基础上，发展和完善了景观设计的理论和方法，这就是“景观设计学”。它是一门关于如何安排土地及土地上的物体和空间以为人创造安全、高效、健康和舒适的环境的科学和艺术；是一个以设计为核心的学科和职业，不是一个行政管理意义上的“行业”。俞孔坚引用西蒙兹的概念，“景观设计学首先是科学，然后才是艺术，它要解决一切关于人类使用土地及户外空间的问题”。

因此，根据解决问题的性质、内容和尺度的不同，景观设计学包含两个专业方向，即：“景观规划”（Landscape Planning）和“景观设计”（Landscape Design），前者是指在较大尺度范围内，基于对自然和人文过程的认识，协调人与自然关系的过程。具体地说，是指为某些使用目的安排最合适的地方，和在特定地方安排最恰当的土地利用，而对这个特定地方的设计就是景观设计。其关注的领域包括从国家公园到户外空间的具体设计；它关注具有历史意义的公园与花园的研究、保护和重建工作；它参与城市开放空间与废弃土地恢复的管理工作：它通过利用从生态学、环境心理学的技术手段到大地艺术的方法来创造新的空间；

它致力于景观资源的评价和环境影响研究的前期准备；它参与居住区环境的设计和新建基础设施项目对环境影响的改善。

他认为，从历史发展观看，我国 LA 学科需从三个层面来理解：①过去。是风景园林或园林学，其核心是审美与艺术论。②现在。是景观设计学，核心是解决城市化和工业化及人口膨胀带来的严重的人地关系危机，它将解决所有关于人们使用土地和户外空间的问题。③未来。是土地设计学，体现LA的本质和核心内涵。显然，他认为景观规划设计是园林（风景园林）发展的新阶段，其未来是对土地利用的设计，也可看作是景观生态规划的范畴，按此思路应是园林→风景园林→景观设计的发展序列。

俞孔坚提出解决“景观设计”与“风景园林”争论的办法，是走向土地和景观的完整设计。如果将“风景园林”等同于 LA，则必须设法改变目前风景园林专业内容，同时设法改变国民对“风景园林”局限于“风景审美”意义的认同。如果保持“风景园林”的审美意义和目前的专业范围，则必须有新的名词与 LA 对应，它将同时包含“园林”和“风景园林”作为始祖学科的含义。一个现实的名称是“景观设计学”，而未来更科学的名称是“土地设计学”（俞孔坚，1998，2003，2004，2006）。

对于俞孔坚提出的 Landscape Architecture 是工业文明产物的观点，刘滨谊（1997）也是赞同的，不过当时他用了“景观建筑”这个名称。刘指出，与产生于农耕文明时代背景下的，以园艺、绿化为核心的“风景园林”有很大的不同，景观建筑学 (LA) 是在工业文明及后工业文明中，作为适应新的社会发展需要，以开放空间 (Open Space) 的规划设计为核心，而产生的一门新兴的工程应用性学科专业。在美国及欧洲等国，景观建筑学与建筑学、都市规划共同组成了规划设计界的三大行业。

2006 年同济大学在“风景园林”的基础上创办了“景观学”本科专业，同济大学是最早成立“风景园林”专业的，但“风景园林”和“景观设计”争论时它改为“景观学”，这与冯纪忠先生的支持密切相关。冯先生曾谈道，后来同济的风景园林专业被认为是景观，景观就是讲好看，“看”是主要的。你说“看”怎么和自然结合了，但是我的学问就是从这个“看”出发的。我们这个景观学包括的比风景园林、园林规划都大，一个是“开发风景”，还有一个是“审美风景”，都是规划的问题。把城市的、建筑的元素都包括进去了。那我说，我们就叫“景观”好了。同济成了第一个设立“景观学”专业的学校（冯纪忠，2010c）。显然，冯先生认为风景园林是有局限性的，但没有用“景观设计”而用了“景观学”，具有更宽泛的含义。

综上所述，“风景园林”和“景观设计”争论之焦点可归纳为两点：其一，应对国际上现代LA学科的Landscape，“风景”和“景观”两个名词哪一个更适合？也就是翻译问题；其二，关于学科的内涵，针对城市化及后工业时代的社会发展，土地利用及环境建设等的规划设计，“风景园林”和“景观设计”哪一个更能胜任？。

从“风景”和“景观”的词义来说，虽说有人认为景观比较具体，而风景要比景观宽泛，但严格意义上说这两个词并非有着质的差别，“景观”一词就包括了美学、地理、历史及文化性质的含义，及自然和人工景观。牛津（Oxford）大字典、韦伯（Webster）大字典关于Landscape的定义：代表自然风景的景色， 一个地区的各种土地类型的集合，你一眼可以看到的部分土地或风景。因此，如孙筱祥先生所说，Landscape译成“风景”或“景观”都不算错，关键是作为学科、专业或职业名称时“风景园林”和“景观设计”的内涵，是否基本相同或有很大差异而不可替代。

按汪菊渊提出的“园林学”包含传统园林学、城市园林绿地系统与大地景物规划3个层次，他当时认为是发展中课题的“大地景物规划”却正是现在“景观设计”的主要课题。如此说来两者是否正如一些学者所说，是“相同学科相同内容”或是本质上相同的，但严格说两者的学科背景、理论基础还是有所不同、实践上也各有侧重。笔者认为“风景园林”有较多中国传统造园的痕迹，较多关注景园艺术理论、审美理论，对于较大尺度（景观尺度）的规划设计，在理论贮备和实践积累方面尚有不足；而“景观设计”也包含了园林的内容，但更多地吸收了生态学理论，引进新技术、新方法，在大尺度规划设计，如土地利用、自然资源保护及开发、城市环境建设规划等方面“景观设计”有较大的优势。因此，在我国，“风景园林”和“景观设计”作为学科或专业在目前都是可以共存的，其发展也是趋同性的。在未来会统一于一个学科，也许就是“景观学”“大地景物规划”“人居环境学”之类更为宏观、宽泛的名称。

第四节

三位任副市长的园林专家和坚持撰写主编心语的主编

一、三位主管园林绿化的副市长

2010 年 5 月，国际风景园林师联合会 (IFLA) 第 47 届世界大会在苏州召开，我国三位主管园林绿化的副市长，即广州市林西、杭州市余森文和合肥市吴翼，被中国风景园林学会确定为推介人物，对他们的事迹与功绩作了介绍。他们的人生经历不同，林西是从老革命而成为园林专家；余森文是从国民党左派成为中共地下党，又从技术官员而成为园林专家；吴翼则是作为园林专家而从政。然而他们都在各自的城市中主政园林建设，并作出重大贡献，取得令人瞩目的成绩。

（一）林西——广州城市及岭南园林建设的杰出领导者

林西（1916—1993 年），原名王崇仁，出生于安徽黟县三都的一个商户人家，少年时就读于新式的"敬业学校"，因北伐军的到来使他接收了新思想。1937 年他在徽州岩寺参加新四军，翌年被送往延安抗大第四期学习，之后一直在总政治组织部，成为胡耀邦的部下。1949 年林西随叶剑英南下广州，出任华南分局办公厅主任一职（周艳红， 2016）。从一位革命者转向城市管理，并主管广州的城市建设是从 1951 开始的，当时政府决定在广州举办华南土特产展览交流大会，林西担任筹委会秘书长。在他的组织下，邀请了那时最有名的建筑设计师参与规划设计，在建成的场馆中以夏昌世设计的水产馆最引人注目，其中庭设计更是体现了岭南园林的神韵，后来又是在林西的建议下改为文化公园（周艳红，2016）。"三反"运动时林西受冲击离开广州，1954 年底重回广州任政府副秘书长兼城建委副主任。林西在1956—1966年和1972—1983年的20余年间，分管广州城市建设工作(林广思，2014a），正是在他主政城建期间，广州园林建设发展迅速。

林西是早年投身革命的领导干部，似乎与园林学家沾不上边，当然他也不可能亲自规划设计。但他对园林的认知却是很深刻的，能把握园林建设的方向，指导设计者构建符合时代要求的作品。正如建筑学家莫伯治院士在回忆文章中所说的："林西同志在指导工作过程中所阐述的思想，所发表的意见和见解，说明他对城市建设、园林和建筑设计工作，在理论上有广泛的把握，并且形成了正确的指导方针。"而更重要的是，作为领导他能放手让设计者进行创作，如新中国成立初设计华南土特产展览交流大会展览馆，多数设计师都有留学背景，他们设计的在形式上体现了现代主义特色的场馆却遭到严厉到批评，但林西承担了政治舆论的压力坚持付诸实施，于是才有了夏昌世设计的被称为现代岭南建筑先声的水产馆。他对夏昌世一直表现了十分的尊重和关心，曾说："像夏昌世这样有学问有本事的建筑师和教授，为什么没有得到重视和使用？"（莫伯治，2000）说明他是正确理解和执行了党的知识分子政策。

之后以莫伯治为首设计的广州北园酒家、泮溪酒家和南园酒家，依然是林西在这些建筑设计遭受批判时给予了支持，否则也就没有了把岭南庭园与岭南民间建筑形式相结合的"岭南酒家园林"了（莫伯治，2000）（详见第三章）。林西给设计人员最大的尊重，在建造白天鹅宾馆时他就说过"要尊重建筑师的意见，凡是经总建筑师最后确定拍板的东西都不要改"，而其中庭用"故乡水"点题，是林西亲自提出的。中庭正面的假山，原设计方案中山体居中，林西建议把山体移向一边，使山体山势不再显得呆滞，并且突出了"故乡水"的摩崖题字石刻，使之成为一幅生动的立体化的中国山水画。30 多年后莫伯治撰文回忆当时的情景，称"一个个建筑设计和建设中的感人事例仍然历历在目""他多方面调动设计人员的积极性和创造性，身体力行，正确贯彻党的知识分子政策。他是建筑师们的良师益友"（莫伯治，2000）。可见岭南建筑及园林的得以发展是与林西的支持分不开的。

1956 年林西倡导成立了全国第一个市级的绿化委员会——广州地区绿化工作委员会；他主持建设越秀公园 (1957 年建成) 及流花湖等四大湖公园（见第三章）；1962 年他倡议成立广东园林学会，并当选为理事长。因为林西具备了综合的艺术素养，才有对园林的全面和深刻理解，他认为园林应该是"园中有景，景中有物，物中有境""园林是多方面的综合体，只有树木花草还不能成为公园，还须加上艺术家丰富的想象和工程技术人员的智慧，才能创造出美好的公园来"（林广思，2014a）。著名建筑学家、工程院院士佘畯南，在他的回忆文章中提到 60 年代初林西提出“轻巧通透”的建筑风格，要在“巧”字上下功夫，林西认为亚热带城市应发挥庭园绿化的有利条件，不应见缝插屋，宜见缝插树。佘畯南称林西“不愧为岭南建筑风格的带头人”，是“岭南建筑交响乐团的总指挥及作曲家”，是“岭南建筑的巨人”（佘畯南，1996）。

林广思指出，在我国现代园林发展上，新岭南园林具有重要的影响力。而据李敏等（2017）考证，“岭南园林”一词最早出现在1962年广东园林学会成立大会上林西同志的开幕讲话中，后被业界广泛采用，之前多是用“岭南庭园”的。林西讲话的原文标题是《把爱国主义的诗篇，用劳动和智慧的彩笔写在祖国的土地上》，他说“继承与创造岭南园林风格问题……应当说是我们的学术任务……所谓岭南园林风格，并不完全是抄袭历史上岭南庭园而不加以批判应用，而是继承其艺术遗产，加以研究提高、融会贯通来丰富今天的园林艺术，创造一套新的风格……”。正是在1962年后，“岭南园林”在各类文献中使用频率增加，逐渐被业界广泛采用。

1991年林西在病榻上为21世纪城市园林绿化对策研讨会撰文，提出，21世纪城市园林绿化，首要任务是着眼改善生态环境，再是进一步为人民群众创造方便而又舒适的游休场地。还提出，扩大绿地面积，形成体系，协调和完善人与自然界的关系；不断创新与提高，满足人民群众对精神文化生活日益提高的要求；宣传教育人民，把党和政府的方针、政策、路线寓教育于参观游览艺术之中；为旅游事业的发展创造物质基础（韦国荣，1993）。

2010年5月，在苏州召开的国际风景园林师联合会第47届世界大会上介绍林西的功绩时，称“林西是我国著名的园林学家，是广州市城市园林建设方面的卓越领导者，他倡导成立园林绿化管理机构和学术组织，推动城市绿化的可持续发展，鼓励建筑师设计创作，成就岭南建筑和园林相融合的传世之作；重视培养园林技术人才，为有识之士提供展示才华空间；关心城市园林绿化发展，科学规划城市园林绿化未来”（周艳红，2016）。对他一生在园林绿化建设中的功绩作了客观的评价。

（二）余森文——被誉为杭州现代园林奠基人的副市长

余森文（1904—1992年），广东梅县人，出身农家，1922年考入南京金陵大学农林科，因参与进步活动被通缉，后因国民党要员杨杏佛的介绍，转入广州中山大学农学院继续读书。他的一生经历十分丰富，先从教后从政，早年即接触共产党，后成为国民党左派，赴英国工作而有机会游历世界各国，又从一名技术官员成为杭州市副市长。

大学毕业后余森文先后在中山大学、浙江警官学校等任教，经朱家骅介绍加入国民党，1930年任上海同济大学注册部主任，后随朱家骅历任南京国民政府教育部督学、交通部职工事务委员会主任，还出资帮助上海左翼作家创办思潮出版社。1934年余森文任国际电信局驻伦敦专员，期间在伦敦政治经济学院读行政管理学研究生。在旅欧的2年中他游览了19个国家，对当地园林的实地考察为他日后主政杭州城建起了很大作用。1936年回国后，余森文任同济大学教导长，之后任浙江丽水林业学校、温州行政督察专员兼保安司令，创办《民生日报》及丽水林校、温州工业学校等。他是国民党左派，主张抗日胜利后民主建国，之后直接参与中共地下党活动，1949年加入中国共产党，后被认定自1936年起参加革命（施奠东，2010）。

新中国成立后，余森文任杭州市建设局局长（1949—1956年）、杭州市园林管理局局长（1956—1959年），1962年出任杭州市副市长，他主政杭州城市及园林建设20余年。他主持编制杭州第一个城市规划，确定以西湖为中心，拟建成“环湖大公园”。自1951年起他领导了西湖历次治理及疏浚工程，保护和恢复西湖周边山地森林，尊重历史修复西湖景点。他主持兴建花港观鱼和植物园，请孙筱祥设计花港观鱼，请冯纪忠为花港观鱼设计茶室。他请来著名植物学家陈封怀指导设计杭州植物园，并提出“公园外貌，科学内容”的建园八字方针。作为行政主管他尊重专家、信任设计人员，加上他有欧美的阅历，可说是见多识广的。据说，杭州解放后谭震林任省委书记，他找来余森文问，“日内瓦好在哪里”，余回答“日内瓦山上树木常绿，湖水清澈见底，环境幽雅极了”，谭震林即要求“把西湖建设好，把它建设成东方日内瓦”（陈浩望，1999）。余森文也许就是按着他心目中的日内瓦领导杭州园林建设的，对西湖风景区他提出，既要传承西湖的历史文化，又要吸收西方造园艺术，特别是英国园林艺术的一些手法，大胆创新。建设符合时代要求的“社会主义新园林”。

余森文不仅仅是园林建设的领导，他本人就是园林专家，在繁忙的行政工作之余他撰写多篇园林学术论文，虽说数量不多但每篇都观点鲜明、极有分量，表达了他的真知灼见。80 年代在他步入耄耋之年后还发表了几篇论文，如《园林植物配置艺术的探讨》（1984 年）、《城市绿地与居民生存环境》（1986 年）以及《园林建筑艺术的继承与创新》（1990 年），真实地反映了他的园林思想，可看作是他从事园林建设 30 年的理论总结。现在读来依然能体念到他对园林艺术的深刻理解、感悟，对园林建设的关切与期望。然而，仔细想来却发现他当年提出的一些问题至今依然未得到很好解决。

对于园林植物配置，余森文尖锐地指出《园冶》的园林情趣，应当摒弃，代之以万紫千红、蓬勃兴旺、郁郁葱葱，不似春光、胜似春光的园林景色。西方的“城市森林概念”，就反映了植物应用范围扩大，配置艺术更加重要这一趋势（余森文，1984）。就在 80 年代他多次提到“城市森林”的概念，而且作了必要的诠释。他提出“在今天为适应城市工业和科学技术的高度发展，向城市绿化提出了一个新的课题和任务，那就是城市森林绿化和生态园林、树木公园。……我们也深深感到城市森林绿化是反映了当前城市绿化的一个趋势”（余森文，1986b）。“城市森林的概念并不是不讲求园林艺术，相反，而是要更好地保持我国特有的自然园林和传统的园林艺术……决不是林木的简单集合，而是要按照自然植物群落的优美景观，吸取当地自然植物群落的树种组成、层次、结构和生长的环境，形成一幅美丽动人的森林生态系统，更好地为人民服务。为了实现这一目标，应以城市中心为圆心，分作圆周包围和放射形分布的两种林带。并以此为骨干，构成环状放射的林带系统网，从城市到城郊要设几重林带”（余森文，1980）。笔者在这里之所以要大段引述，是因为当时“城市森林”概念刚刚引入我国不久，而余老不仅将其内涵作了简单而清晰的表述，还考虑了城市森林的规划及布局问题，可见他的园林学术思想不仅不保守，还是非常前沿的。要知道，在 20 年之后我国全面创建“森林城市”的时候，却是有不少园林学家提出非议的，甚至还指责森林是没有文化艺术的（详见第七章）。然而“森林城市”的理念和做法又与余老当年的想法很是一致，足见余先生的科学观和前瞻性。

余森文对园林建筑作了客观的论述，他认为应正确对待中国园林建筑的传统；园林建筑的艺术要求要高于建筑功能；园林建筑的空间处理，既要收敛含蓄，又要疏通开朗，所有在真山面前搞假山、真园之中造公园的做法都是不可取的。他指出当年请冯纪忠先生为花港观鱼设计茶室（1962年），冯先生的设计借鉴浙江古代民居造型，大屋顶坡面下拖，既可遮阳又可避风，是符合当地气候特征的。然而被批判为有复古之嫌，将原设计的大屋顶切去一半，使整个设计缺乏完整性。因此他强调，园林建筑需保持各自的个性特点，力求自然和协调。并强调园林也应古为今用，不断推陈出新。他指出，今天的我国园林艺术，既不是封闭式的，又不是孤立式的。我们应该形成一种独特的造园艺术手法，在世界园林艺术中独树一帜。不论是叠山理水、花术配置、植物造景，都是自然美与人文美结合的民族风格（余森文，1990）。

他批评西湖景区兴建高楼影响景观，湖滨地区建筑物的体量、尺度、层次、体形、色彩直接影响到西湖的景观，使湖滨地区失去应有的本色，使地方特点逐渐濒临消泯（余森文，1986a）。他率直的批评出自他对西湖的爱护，也是他性格刚正、磊落的最直接表现，即使在“文化大革命”中蒙受冤屈也没有改变一贯直言的风格。他早年反对把杭州建成工业城市，后来反对环西湖建高楼都反映了他拥有正确理论，拿今天的话来说是遵循了“科学发展观”的理论。

余森文作为杭州园林建设的主管领导，在他主政期间城市建设、园林建设的成绩斐然。而作为园林专家，他的理论和实践都是有开拓性的，他的观点是有前瞻性的，他被称为是杭州现代园林建设的奠基人。余老去世后，根据他的遗愿将其安葬在杭州植物园的大树下，在天之灵依然守护着那片西湖胜景。

（三）吴翼——提出“荫”“景”“净”街道绿化理论的合肥市副市长

吴翼（1925—2013年），江苏江阴人，出生于书香之家。原名吴承芝，因报考空军未被录取而改名吴翼。受父亲爱好花草的影响考入南京中央大学学习园艺，抗战时随校迁往重庆。1948年毕业，经老师毛宗良推荐到上海两路局（铁路局）园艺委员会工作。1955年他离开上海来到成为省会城市不久、园林建设刚刚起步的合肥，在园林处任规划组组长，受时任市长的杜炳南赏识编写了合肥园林发展计划。

50年代逍遥津公园扩建，他建议将西部的200亩菜地并入公园，并将其设计为文化休息公园，这是他第一次设计大型公园并参与建设的实践。他为合肥新建的几条主干道都设计悬铃木（法桐）为行道树（1956—1957 年），据说当时的法梧树苗也是吴翼从杭州铁路苗圃买来的，由此奠定了合肥干道绿化的基础，也奠定了法桐为合肥主要行道树树种的基础。之后他提出园林路设想，至 1978 年整理改建后形成颇具特色的淮河路园林路（图 6-23），同时提出城市园林路的概念（1985 年）。1955—1980 年，吴翼主持设计了合肥大部分园林规划和设计，即使在“文化大革命”中下放逍遥津公园劳动时，他还设计完成了牡丹亭景区、水榭景区和梅花山景区等一系列新景点（杨小奇，2016）。1980 年吴翼当选为合肥市副市长，兼任市园林局局长，他领导并具体参与了 80 年代中期在原环城林带的基础上建设环城公园的工程。他指出，合肥市拆除了旧城墙，在旧基上建起一圈环城公园，既疏通了交通又美化了环境，这是渐次才为人们所理解的（吴翼，1988）。在 20 世纪 50 年代拆除城墙后，吴翼建议保留了一段墙土，并按照自然山丘形貌加以整理，让它呈现出起伏的自然山势，同时也保留当年城墙的高度，作为一种自然的标志，形成了现在环城公园“西山”景区的一大自然景观。据曾任合肥市建委主任及常务副市长的厉德才回忆，70 年代末吴翼和劳诚提出规划建设环城公园（厉德才，2014）。而在 1978 年修编的合肥城市总体规划时，“环城公园”作为重要的规划项目，第一次提出并纳入总规（劳诚，2014）。

图 6-23　合肥 70 年代的园林路（摄于 20 世纪 80 年代）

80 年代，在当时魏安民市长的领导下，正式提出建设环城公园（吴翼，1993）。在他领导下由劳诚编写总体规划设计（详见第四章），而环城公园很多地方，如西山一带的植物配置，都是吴翼亲自在现场指挥，选定树种，包括高矮、色彩、栽种位置，都是到现场确定的（厉德才，2014）。1992 年合肥能成为国家首批园林城市之一，环城公园是主要的因素之一。当然建设环城公园不是哪一个人的功劳，从省市领导到全体军民都作出了贡献。80年代初，吴翼提出城市园林少不了雕塑，只有把雕塑美和园林的美结合起来，才能在大环境中展示城市的精神文明风貌，同时组织逐步实施。

吴翼撰写了30余篇城市园林艺术、绿化建设方面的学术论文，其中多数是在80年代完成的。当时他已担任副市长，在长期领导园林绿化建设中积累了丰富的实践，加上多次出国访问感受西方园林的风采，使他有机会认真思考我国城市园林的问题。在政务繁忙中挤出时间撰写的文章，以及《环境绿化》（1984年）和《当代城市园林》（1991年）两本著作，不仅仅全面阐述了他的园林理论和实践经验，更是对我国当前园林建设问题提出许多建议。

在1984年的一篇论文中，他坦率地指出园林绿化忽视了环境作用，认为在过去30年（80年代之前），许多城市的做法反映了过去对城市绿化较多地强调一个园、一个区（风景区）和一个圃的个体建设，却未曾认真提倡从城市环境质量要就来考虑城市的绿化整体。当今首先需要将绿化重点放在工厂、机关、学校、医院、居住区等在城市用地中占有较大比重的境域的环境上，这是城市绿化中的“面”，同时在他的《环境绿化》一书中，重点阐述了这几个方面的植物造景、栽植及养护等方法；其次，要在城市外围营造大面积森林，争取开辟出环绕于城市的绿色环带。同时提出，将工厂、单位、居住区等境域的植树种草的土地也称为绿地值得商榷，它们应为“环境绿化”。园林布局中的“大、中、小结合”，必须以普遍分布的小型绿地为基础，进而形成发展为面的整体。而植物造景是我国当代城市园林建设中必须遵循的建园方针之一。

吴翼将街道绿化理论概括为“荫”“景”“净”三个字，是为居民创造优美、洁净、舒适且富有安全感的步行环境。为此必须重视在车行道和人行道之间和它的外侧，组织一定宽度的绿色空间，这不仅增加了绿量也增强了绿色网络作用（吴翼，1985，1989）。城市中应用沿街或临江河畔纵长地带，结合交通需要开辟一定宽度的绿化用地，提高城市环境质量，这一绿地布局过去称为“林荫道”，后称之为园林路。吴翼在合肥开始园林路建设实践，并提出“园林开敞化，在布局上兼顾外向景观，把公园景色引向街头”。他认为“园林路串联道路旁的小游园，当是最佳的布局”（吴翼，1986）。

吴翼强调绿化的环境作用，认为城市绿化效益的高低，不在于栽多少树、建多少公园，更重要应体现在绿化工作为城市环境、为人民生活带来多大实际价值。而城市园林是以“回归自然”为出发点和归宿，为千千万万普通劳动者营造一个舒适、优美的生活和工作环境。因此，应把人们工作生活的境域绿化，摆在城市绿化工作的首位。他批评那些热衷于在有限面积的空间里塞进建筑小品，在所处环境机械单板、人流往复不绝的地方搞假山，无法产生美的意境（吴翼，1986）。

关于城市绿化的布局，他认为应把绿化中的点、线、面结合的笼统提法改为以面为主，带动点、线发展（他对面的诠释为机关、单位、校园等的绿化空间，是城市绿化中的重点）；同时把园林建设中的大、中、小结合改为以小为主，中、小结合,因为大的太集中,又受各方面条件的限制,而小的既容易搞,效益也不错(何非，1986）。

从各自专业领域来说，吴翼与钱学森本不可能有交集，但在80年代中央举办的一次市长研究班上，吴翼认识了来作报告的大科学家钱学森，让他不可思议的是钱学森居然讲了《我国园林艺术》。1992年，钱学森在收到吴翼赠他的《当代城市园林》一书后，在给吴的回信中写道：“近年来我还有个想法：在社会主义中国有没有可能发扬光大祖国传统园林，把一个现代化城市建成一座大园林？高楼也可以建得错落有致，并在高层用树木点缀，整个城市是‘山水城市’。”（吴翼，1995）钱学森的“山水城市”理念最早见于他给吴良镛院士的信，“是中外文化的有机结合，城市园林与城市森林结合”的“21世纪的社会主义中国城市构筑的模型”（顾孟潮，2000）。对此，吴翼是积极响应的，他认为园林化是实现钱先生所说“山水城市”的一个基础，也是为居民提供日常休闲游憩绿地的一个途径。他专门撰文论述“园林化”与“山水城市”，明确提出城市园林必须发挥生态效益、审美效益和游息效益。而“山水城市”是园林的进一步升华，要体现的是以人工美结合自然美的城市景观（吴翼，1995）。

吴翼主持及领导合肥城市园林绿化建设长达40余年，在他担任副市长之前，特别是50—60年代，合肥园林绿化规划及设计大多由他主持或参与完成的。合肥市常务副市长厉德才曾说过“对合肥园林绿化贡献最大的是吴翼教授，他一生执着于 园林绿化事业”。合肥的绿，当然不只是吴翼一个人的功劳，但吴翼的确有一份无法抹杀的大功劳（郭因，2003）。

二、王绍增——坚持撰写主编心语的《中国园林》主编

1983 年 11 月 15 日，中国建筑学会园林学会（对外称“中国园林学会”）成立，其前身是成立于 1978 年的中国建筑学会园林绿化学术委员会。园林学会的第一届理事长是秦仲方（原国家城市建设总局副总局长），汪菊渊、陈俊愉、程绪珂、甘伟林同为副理事长，由甘伟林兼秘书长，1989 年更名为中国风景园林学会，周干峙任理事长，副理事长有汪菊渊、陈俊愉、程绪珂、李嘉乐等六位，李嘉乐任学会秘书长。

1985 年 2 月，园林学会创办中国园林学会学刊《中国园林》，由学会顾问余树勋任主编，王秉洛、陈明松为副主编，由建设部城建研究院和城建局共同管理。学会还同时和上海园林学会合作创办了《园林》杂志，明确《中国园林》的定位，是向国内外发行的综合性专业学术刊物，是反映我国园林界学术水平和工作发展的刊物；而《园林》是专业科普刊物，要坚持宣传城市绿化。

余树勋先生从 1985 年至 2000 年担任主编长达 15 年，1997 年杂志从起初的季刊发展为双月刊；2001 年陈有民教授接任主编，王绍增、王向荣任副主编；2002 年成立《中国园林》杂志社，学会副理事长王秉洛任《中国园林》杂志社社长，2003 年期刊发展成月刊，并成为中国科技核心期刊（2003 年）和中文核心期刊（2008 年），同时为国际风景园林师联合会（IFLA）在中国大陆唯一指定合作刊物，授权刊登每期的 IFLA 通讯。

2006 年王绍增接任杂志主编，作为新一届的主编，他对《中国园林》的定位为：“围绕户外人居境域建设，以维护人类生态环境为核心，以风景园林规划设计和风景园林植物应用为重点，以传承和发扬中国优秀园林文化为已任，突出国内外风景园林学科前沿、学术理论、科研进展和实践成果，及时刊出国内和国际的行业动态信息的综合性学术刊物”，并提出 4 个核心理念：内容的综合性，特征的中国性，心态的宽容性与探索性，学术的严谨性。《中国园林》基本上每期都有一个主题，集中论述当时大家关注的问题，如关于园林教育、园林史研究、学科发展以及针对某种类型的规划设计研究（如城市滨水景观、公园、风景名胜和旅游规划专题等）；而值得称道的是有几期的主题专为纪念老一辈的园林学家（如

陈植、汪菊渊、陈俊愉等）而设。

2007 年起王绍增在《中国园林》开设了《主编心语》，除了介绍该期的主题、推荐关键文章外，主要针对他所关注的一些热点问题抒发自己的内心感悟、理解、感叹，当然还有意见和建议。他关注的热点不仅仅是园林、环境，还拓展到社会、伦理、学术道德等多个方面。从 2007 年至 2016 年作为主编发表的心语共计 120 篇，均收集在《王绍增文集》的第一分册中，该文集由中国建筑工业出版社于 2018 年出版。“心语”即内心的真实感悟与表白，因此从文字中常常可感到王绍增思考问题的学者风范，批评园林设计乱象的勇气，体会到他对中国园林的热爱和崇敬之心以及传承的愿望。然而也不时流露出对现实的感慨和无奈，还有希望园林健康发展的期盼，形成中国自己的现代园林体系的希望。

王绍增的《主编心语》有很强的可读性，不知不觉中会受到作者真实思想的感染，从而引发深层次的思考。《主编心语》涉及范围很广，从中可见作者学养之博杂、知识积累之丰厚，对学术领域的发展趋势也是了解很深的，因此能游刃有余地抒发自己的观点、意见。

当然《主编心语》也有值得商榷的地方，因为有时会失却一贯的冷静而导致看问题的偏颇，譬如在谈“风景园林的科学性”的主题中，说林学打着生态的旗帜进入园林，“城市森林”等却是思维乱象之一，“偏正颠倒”等（2013 年第 2 期）。又认为林业系统提出的“生态林带”，是把人类生活和生物生态两套生境系统分割处理的作法，是否合理，值得其他地方思考（2012 年 6 期）等等的说法，却是有失偏颇的。如作为个人的学术观点自是无可非议，但若作为学会刊物的主编意图引导学科和专业的发展，那就不合适了。王绍增一贯言之“园林学科”是综合性的学科，既然如此为何“林学”就不能进入“园林”了。

王绍增的《主编心语》中许多论述具有警醒的作用，也值得我们深思，由于篇幅所限这里仅选几点：

王绍增多次表达对园林事业的忧虑：因为“至今我们并没有完成中国风景园林的现代化，今后如要走向世界就需拿出既能符合现代社会需求，又具理论前瞻和艺术优势的自己品牌”（2011 年 11 期）。因此，“需建立具有中国自己文化印记的风景园林基本理论体系”。于是提出，“以节约的精神创造既符合自己需要又符合自然规律的人居环境才是人类能力与良知的表现。如果说纯艺术的使命是人类个性解放，人居环境艺术的使命却是为人民服务，不是自我表现”（王绍增，2009）。

他直言有个不好的预感，“一股将会最终毁掉我们学科的浊流正在从暗处走向公开，即完全不顾自然规律和社会财富分配，靠大肆耗费民脂民膏和狂妄地改造自然来制造景观……”。然而感叹，我们的学科是综合性学科，然而很多做规划设计的人热衷于玩弄图形和理念，对于自然规律的知识准备不足。他说“当今公园设计为了展现道路线形的美观，而将树木种在距路缘三四米以外，而使得道路少了遮阴”，如此违反公园本意的设计却成了一种模式，正是园林设计需要认真反思的了。可见确是“到了大规模探讨‘当代中式’风景园林的时候了”。他认为，“理念”传入中国，导致实事求是精神被很多人抛到了脑后。因此，不能不加思考地把某些西方人在人少地多条件下搞出来的“理念”捧到天上，特别是大学里不能再由这类东西肆无忌惮地流传。他指出，许多文章是对国外思想和研究的介绍、追随和仰望，“其实以后还可以从批判和审查出发来撰写这类文章”。

王绍增对最近城市建设中的一些现象提出尖锐的批评，如对于盐碱地上搞湿地公园的后果；及针对深圳渣土山滑坡，呼吁中国改变用口号和理念指导城市建设的现状，而立即开始对城市化发展道路的顶层设计。对目前一些文章热衷于数字化及数理模型他梳理出了几个问题如：不了解条件，不了解机制，而风景园林模型刚刚起步，漏洞很多（或日还相当粗放），大多数也不难，为何总是基于别人的东西进行研究？再有，“生态格局（Pattern），是从普适性生物繁衍机制中导出来的，也不能解决环境污染问题，而城市是以人为主的地域，又是污染的主要源头，单凭所谓格局来做各种规划是很有问题的”。对为了绿地的海绵效应而提出的“城市绿地一律下降 20 厘米”提出评判，指出必须以确凿的科学为基础，而不是一味地宣扬新理念、制造新理论，却不作估量和计算（2015 年 6 期）。

王绍增（1942—2017 年），河北吴桥人，1964 年从北京林业大学毕业，先后在成都市园林局、青白江区工作，还曾从事环保工作。1979 年考回北林，师从郦芷若、程世抚教授攻读园林规划设计（外国园林史方向）硕士，是“文化大革命”后第一届硕士研究生。他在研究生毕业后再回成都，先后在四川省城乡规划设计院、省建委工作。1989 年调入华南农大任教，1998 年以来任《中国园林》杂志编委、副主编，2006 年接任《中国园林》主编。任华南农业大学风景园林设计研究院院长、任上市公司棕榈园林股份有限公司独立董事（2010—2014 年）。

王绍增的硕士论文是《上海租界园林》，但之后并没有沿袭这个课题继续研究，而是在回四川后开始了巴蜀园林的研究，形成《四川古典园林风格初探》研究报告及《西蜀名园——新繁东湖》一文。他是国内较早开始关注、研究巴蜀园林的学者之一，被誉为巴蜀园林研究的先行者。然而，真正进行系统的学术研究当是在调入华南农大任教之后，可以说在 2002 年退休前他的工作重点是教书育人，这个阶段他提出的最重要理论，是城市规划应生态优先，提出了基于城市气候调节和大气污染净化的城市开敞空间规划生态原理的基础理论，形成《城市开敞空间规划的生态机理研究》的成果。

2002 年担任《中国园林》主编后，王绍增的学术思想趋于成熟，逐渐形成自己的理论，除了在《主编心语》中抒发自己的感悟外（见上），他着重于“园林专业学科发展”。以《必也正名乎》为文探讨“风景园林”“景观”等的名称，开展“中国风景园林理论的研究”。他坚持将中国传统文化中的“境界”“意境”学说引申到当代风景园林理论研究中来（成玉宁，2018），对杨锐教授提出的，基于中国文化的风景园林学概念—“境”大加赞赏，认为是中国风景园林创立自身学派学说的重要基石。王绍增自己提出了“营境学”的理论观点，其“营境学”的定义是通过人与天调的过程使地球表面成为“善境”的学科，“善境”是学科的价值取向和目的。人与天调的含义，是通过人类善待自然达到自然善待人类，是学科的手段。处理生产生活环境中的人天关系，是学科的特质（王绍增，2009，2015）。他提出了“入境式”园林创作方法，还描述了他心目中的风景园林师应该有的，即尊重科学，理解人性又不过分张扬的样子（王绍增，2016）。他把《中国园林》创刊 30 年来的中国风景园林理论发展分为两个阶段：第一阶段，前 15 年 (1984—1999 年)，在封闭环境中探索，主要集中在对传统园林理论的研究和总结上；第二阶段，在开放中的后 15 年（2000—2014 年），理论系统也呈现出多元化的景象，随之是长达十数年的实践和理论大激荡（30 年来中国风景园林理论的发展脉络）（王绍增，2015）。除了论文外他的主要著作有：《城市绿地规划》

（2005 年），《园冶读本》（2013 年）等。他曾发起过“风景园林沙龙”，旨在集聚学界智慧，共谋中国风景园林发展。

然而，王绍增的园林实践并不很多，见之于文献的主要有四川九寨沟风景区规划（1982 年）、长江三峡（四川段）旅游和文物保护总体规划纲要（1984 年），主导设计东莞银城酒店园林绿化工程、绿色世界（现东莞植物园）等。在银城酒店园林绿化设计中，将西班牙园林、英国岩石园、日本枯山水、法国凯旋门等外国园林要素，以“古今中外、为我所用”的造景手法与度假式酒店建筑融为一体，在当年是非常有影响力的（尹洪卫，2018）。王绍增任《中国园林》主编的 10 年中，在引导我国园林学术研究上起了很大作用。他身后，他的论文由其学生结集出版《王绍增文集》。

第七章

世纪之交的园林景观设计理论和实践

第一节

新世纪园林景观设计名师、名家

一、新世纪园林景观设计师群体

21 世纪初我国开始第十个五年计划，城市化进程加速、城市快速发展，几乎所有的城市都在近郊划地建新城，政务新区、工业园区、经济开发区等犹如雨后春笋。居民住房商品化改革推动了房地产业，造成空前的房地产热，出现了拥有较大面积绿地的新型住宅区。高等教育进入新一轮发展，兴起建设新校区、大学城的热潮。同时在可持续发展理论、环境保护、生态优先等理念的指导下，从政府到民众愈来愈关注改善和提升居住环境的问题。城市建设的新局面，给城市园林景观设计及建设带来了新课题，同时形成的较为成熟的市场招投标体系，也为设计、施工带来了良好的竞争机会。园林专业人员的就业机会愈来愈多，吸引了无数专业人士进入 ，当然也有不少境外公司来华参与竞争。高校的园林专业随即成为热门专业之一，毕业学生逐年增加、园林专业设计队伍迅速扩大。在 21 世纪初的新形势下，从位居一线的园林景观设计师队伍结构来看，依然是老中青结合的格局，不过人员组成有了很大变化。

所谓“老”者，主要是指“文化大革命”前我国自己培养的一批，此时已到了或接近退休年龄，著名的如孟兆祯、刘少宗、叶菊华、檀馨、周在春、金柏苓、吴肇钊等，他们之间的年龄差距较大，有的下海自营公司，有的著书立说总结自己多年的学术理论，总体上说他们承担的设计任务所占比重在下降。而比他们年龄更大的一些园林学家，如冯纪忠、余树勋、朱有玠、孙筱祥、程绪珂、李嘉乐、吴振千等已步入耄耋之年，但依然参加学术咨询、项目评审等活动为园林建设建言献策，在世纪初关于园林和景观专业名称之争中也都发表了意见，但除了极少数人外大多已不再承担设计项目。

所谓“中”，主要指1977年恢复高考后进入大学，在80年代至90年代初毕业的园林人，他们一般进入各地园林管理部门、设计单位、高校或研究机构，此时已成为单位的业务骨干，有的已步入名师、名家行列。他们大多出生于50年代中期至60年代初，在21世纪的前十年一般在40~50岁的年龄段，由于他们受到系统的专业教育，特别是其中有不少留学欧美的此时已学成回国，带来了一股设计新风成为新世纪园林景观设计界的主力。主要如刘滨谊、俞孔坚、李敏、王向荣、刘庭风、王浩、何昉、端木岐、成玉宁、朱建宁、马晓暐、章俊华、胡洁等。他们思想开放、对中西方园林都有较深刻的理解，在理论研究和设计实践结合方面比他们的前辈有更多机会，设计实践中更多融合中西方的造园理念和技术，本节主要介绍他们在园林景观设计中的新思想、新理论及实践作品。

所谓“青”，主要是指在20世纪90年代中后期至21世纪初毕业进入业界的人，他们是在园林专业教育有了很大发展的情况下进入高校学习的，是最近十几年中形成庞大从业队伍的主体。客观地说，他们的知识储备和实践经验还不足以与先辈学长抗衡，但他们思想活跃，其中不少人也有国外留学及工作的经历，在许多设计机构已能挑起重担，不乏杰出者，从年龄来说他们是70年代之后出生的代表，如朱育帆、林菁、冯潇等。

必须说明的是进入21世纪以来，在我国从事园林景观设计的人员已形成一个很大的群体，因此本书只能选择少数几位在理论研究和设计实践中都具代表性的，作简略的叙述和分析。

二、刘滨谊——不断探索理论的风景园林专家

国人常常把在某一领域产生巨大影响且地位相当的俩人并列，如近代画坛的“南吴北齐”（吴昌硕、齐白石），近代建筑界的“南刘北梁”和“南杨北梁”之称（梁思成、刘敦桢、杨廷宝）。在2000年前后景观设计（建筑）理论引入国内并引起热烈的讨论，学术界将当时处于讨论中心的同济刘滨谊和北大俞孔坚也并称为“南刘北俞”。不过后来此说逐渐淡出，但刘、俞两位在园林景观设计界中生代中是极具代表性的。

刘滨谊，1957年出生，祖籍哈尔滨，父亲任职中科院合肥分院，在合肥西郊

董铺水库风景秀丽的科学岛上与科学家们比邻而居。刘少年爱画，家中曾延聘画师指导，因此他的画作很显功底（图 7-1）。高中毕业在下乡插队 2 年后，刘滨谊于 1978 年考入上海同济大学工程测量专业，翌年因其有美术专长而经李国豪校长批准，转入城市规划系风景园林专业，据说是仅此一例。至 1989 年他完成了从本科至博士的求学路，是我国园林学的第一位博士。他先后两次赴美弗吉尼亚理工学院深造，导师是 Patrick Miller。1994 在美弗吉尼亚理工学院及州立大学完成景观环境规划与 GIS 博士后研究，之后一直在同济大学任教。在同济大学风景园林专业的发展历史中，如成立风景科学与旅游系，因全国所有建筑类工科院校的风景园林专业被撤销而以“旅游管理”名义继续风景园林教育，以及 2006 年在国内首创“景观学”本科专业，推行风景园林学、城乡规划学、建筑学三位一体的专业教育思想中，都有刘滨谊的努力（刘滨谊，2013）。2005 年他在同济大学主持国际景观教育大会，主张将景观规划设计学（LA）扩展为景观学（LS），并提出景观学包括景观资源保护与利用、常规的景观规划设计、景观工程与管理三个方面。他逾 30 载耕耘于这一领域的研究与实践，为追求与构建理想人居环境作出贡献。

图 7-1　刘滨谊的画作

刘滨谊的硕士和博士导师，都是我国现代建筑大师冯纪忠教授，他受教于先生的“理性唯美，缜思畅想”的专业哲学观（刘滨谊，2008b）。他的博士学位论文《风景景观工程体系化》，即是在冯先生的《组景刍议》和《风景开拓议》两篇论文奠定的风景园林发展理论雏形上深化的佳作。

刘滨谊可说是我国工科院校风景园林专业的代表人物之一，他注重理论研究，1986 年就在冯纪忠先生的指导下承担国家自然科学基金项目，之后陆续承担国家科技部支撑计划重点项目和 8 项国家自然科学基金项目，是风景园林学科中少有的承担了如此多项国家科研项目的学者。他不断探索现代景观设计理论，提出风景景观工程体系、设计三元论、人居环境研究方法论等，是典型的学院派园林学家。其主要学术观点及理论包括：

1. 风景景观工程体系

刘滨谊在他的博士学位论文中提出中国风景景观工程体系化的理论，于 1990 年成书正式出版（《风景景观工程体系化》，中国建筑工业出版社），包括了刘对我国现代风景园林的几个重要观点。

他把 Landscape Architecture 译为“景园建筑学”，“景园”是对风景园林的简称。他认为我国现代风景园林专业基本上是从 1979 年以来才陆续建立，虽然在无意中开始了新景园的工程实践，却仍为古典园林理论和方法所束缚。

他创立中国传统和国际现代相结合的评价标准，提出包括 8 个要素的风景景观概念框架，其中景观意境、风情、景象、景色称之为风景，是主观层面，是风景感受形式和结果；而园林境界、山水、风光、景致称之为景观，是客观层面、是客观存在形式。风景景观工程体系按设计尺度从大到小分别为：全球系统，国土环境，区域，风景名胜区，城市，风景点园林游览线（刘滨谊，1990）。

他提出四个层次的风景景观规划序列，即：景—景域—景场—景秩；四个层次分别侧重于四方面的分析评价：视觉环境质量分析、风景景观资源评估、风景空间旷奥评价、风景时空感受评价（刘滨谊，1989）。在研究方法上，运用计算机、GIS 和遥感技术，建立大尺度风景景观资源普查评价方法，这在当时的风景园林领域是非常前沿的。

刘滨谊的“风景景观”理论不同于中国传统园林的理论体系，可以说是风景园林的现代化。他发明了景观视觉空间“美感量化”模型，运用量化的方法使得对景观的评价更加客观，这是在融合了McHarg的适宜性分析、图层叠置处理技术，以及当时已成为热点的景观生态学理论和方法上的一个创新。他的这个工程体系和后来的“景观设计”所涉及的范围相当，对当时风景园林理论的发展起了很大的促进作用。然而，刘的论文将风景和景观作为主观感受和客观存在两个层面，在术语中又出现风景园林、风景景观、景园及风景、景观、园林之间的交叉，使得很不容易把握其相应的尺度，而景色、景象、景致、风致、风光等术语内涵相互涵盖又实难细分。另外“景园”作为风景园林的简称出现易引起概念上的混淆，因此“景园建筑”（Landscape Architecture）这个译法也很快被放弃，而改用了“景观建筑”。

2. 景观规划设计三元论

自1999年刘滨谊提出景观规划设计三元论以来，三元论蕴含在风景园林设计、风景旅游规划以及人类聚居环境学中，成为他整个设计理论的哲学基础。刘提出现代景观规划设计包含三个层面，即景观感受层面，环境、生态、资源层面，人类行为和历史文化层面。由此引出景观环境形象、环境生态绿化和大众行为心理的景观规划设计三个方面，称之为“三元”。可理解为景观设计应追求视觉美、生态良好、富含文化内涵的总体目标。然而鲜明的视觉形象、足够的绿地绿化以及足够的空间设施，是现代景观规划设计与传统的风景园林规划设计实践侧重的差异所在。他认为当前的景观形象上不少仍是模仿西方传统园林，景观环境建设“硬质景观”重于植物的“软质景观”，而设计中的场地意识淡薄导致缺少足够的活动场地（刘滨谊，2001）。然而这个现象，在当下似乎并没有得到完全改变。

在上述的景观规划设计实践三元论基础上，刘氏进一步提出了景观规划设计观念目标的三元，即游憩行为、景观形态和环境生态；景观规划设计操作方法论的三元，即多学科专业人员介入、层次明确的系统理性和规划与设计的专业素质；景观规划设计理论研究的三元，即明确观点、分清纲目、不断创新。2013年扩展为风景园林三元论以及后来的人居环境三元论，形成完整的理论体系。鉴于当时我国城市建设、园林绿地规划设计中出现的一些刻意展现视觉形象、忽略生态影响、缺少鲜明的地域文化特色又多重复的现象，刘氏的三元论无疑具有十分重要的指导意义，不应仅仅将其比作是一种规划方法，应理解为是一个理论研究和实践操作的体系。

刘滨谊的著作很多，其中《现代景观规划设计》（1999 年）和《人居环境研究方法论与应用》（2016 年）是他最重要的两本学术专著。前者被认为是景观设计者的必读之作，曾 4 次再版，可看作对现代景观规划设计（Landscape Architecture）全面系统的阐述，是对现代景观规划设计的主张，在当时对景观设计学科开展全面讨论的时候，这本书无疑是起到了解惑的作用；后者则是他投身吴良镛院士开创的人居环境学研究实践 19 年后的总结，是在三元论基础上作了更深入的阐述和拓展，而人居环境与景观的含义相比更加突出了人这个主体。他的人居环境三元论包括人居建设、人居活动和人居背景（图 7-2），更加强调了作为人居背景的环境、生态、资源的作用，是人居环境科学的哲学基础（刘滨谊，2016）。他将中国人居环境分为河谷、丘陵、平原、水网、干旱 5 类，从人居环境背景、活动、建设三方面筛选案例，总结经验，甄别问题，寻找未来规划对策。他探本溯源中国的风景，认为景观十年、风景百年、风土千年，今天更应该考虑风景与风土，并提出“诗意人居”的人居环境建设目标。他认为，中国风景园林不能再局限于传统园林概念、方法、技术，必须应国家发展之需，与国际现代景观界接轨，借助现代人居环境科学等多学科专业理论、方法、技术的综合运用，实现中国园林的现代转换。

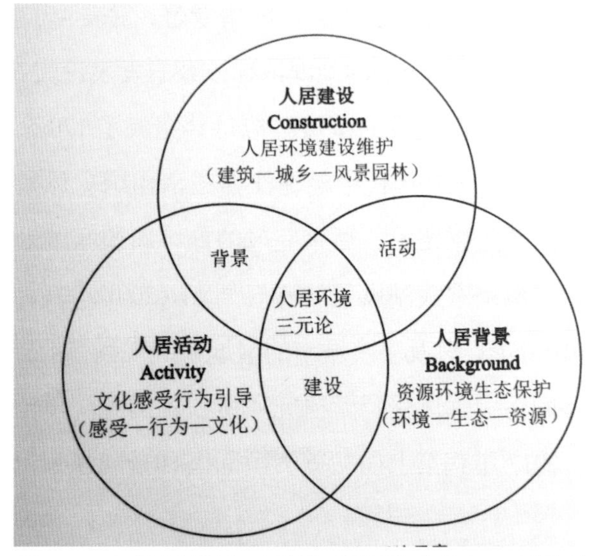

图 7-2　人居环境学三元论示意图（引自：刘滨谊，2016）

笔者与刘滨谊相识20多年，知道他是一个善于思考、长于包容的人，在国内的风景园林界是他这个年龄段中较早接触现代西方景观设计思想的，又在美国亲身体念景观设计学作为一门学科、一门专业对改善人类环境方面能起的作用，同时认识到传统和现代之间的差别。因此一方面他引进、介绍和阐述景观设计理论，另一方面他通过实践提炼并形成自己的理论，而他的理论很大程度上是基于生态观、基于对自然环境的深刻认知。

然而，他并不只是恪守自己的专业、局限于狭小的专业层面，而是有包容性地吸收新的理念。例如当我国出现城市森林研究、提倡"森林城市"建设的时候，有不少园林专家提出质疑、反对，还用了相当激烈的措辞。但刘滨谊却是最早参与森林城市建设活动及规划的风景园林专家，因为他是将城市森林纳入人类聚居环境建设范畴的。在中国首届森林城市论坛（贵阳，2004年）上，他提出森林化是未来人类聚居环境建设发展的趋势，是颇有远见的。2005年他主持新疆阿克苏城市森林规划，提出城市森林分类方法。2008年运用景观生态学方法作的《无锡森林城市规划》等都产生了很大影响。

近10年来，刘滨谊承担了多项国家重点项目，对于中国风景园林有了更深刻的认识，基于人居环境科学的风景园林三元论也已形成体系化理论与应用。至今，景观规划设计三元论已为业界所熟知，三元论的实质内容体现在许许多多的设计实践中，而刘滨谊也在自己的设计实践中客观地展现他的理论。

刘滨谊还是一个多产的学者，他出版了18本专著，发表450余篇论文。据《中国园林》杂志统计，1985—2014年期间刘滨谊在该杂志发表论文64篇，位居第二，论文涵盖了几乎所有人居环境建设的范畴。他总共完成了170余项风景园林和景观规划设计项目，在20世纪80年代中期在江西三清山国家风景名胜区规划中首次运用风景旷奥度理论及遥感技术，后来完成的如《新疆喀纳斯湖生态景观旅游规划》（1999年）、《南京玄武湖风景旅游规划》（2001年）、《上海世博园区景观总体规划》（2010年），以及多个城市的绿地系统规划在业界产生很大影响。

现在，刘滨谊是同济大学风景科学研究所所长，国务院学位委员会风景园林学科评议组召集人，2017年获第七届艾美奖国际园林景观规划设计大会设计推动奖。

3. 体现三元论的代表作——张家港市暨阳湖生态园区及镜湖公园景观规划设计

暨阳湖生态园位于张家港市的南城区，总面积为 4.41 平方公里，2002 年国际招标时同济大学风景科学研究所、美国弗吉尼亚理工及州立大学和 Hill Studio 三家联合的概念规划方案中标。目标是将这块城边的土地规划为集休闲、娱乐、度假和居住于一体，以景观规划为导向的综合社区。刘滨谊和 David Hill 主持设计，将城市与景观紧密结合，以生态建设为核心，再现传统的江南风光，同时提高土地利用效益和价值。规划具体包括了城市景观设计、风景园林设计、土地利用规划和人居环境设计等内容，旨在回归暨阳湖的昔日自然生态，创造 21 世纪的理想居住环境（刘滨谊，2007）。规划以暨阳湖为中心，四周安排城市生态公园（镜湖公园）、自然湿地，露天剧场、广场等公共空间，别墅、公寓、度假村等房地产开发项目及商贸、学校、旅游区等，蓝绿生态用地占了 50%（刘滨谊，2008a）。从规划范围及内容来看，这是一项很典型的景观规划设计项目，设计者保留水面构筑自然生态环境，有点类似奥姆斯特德所作 Riverside 居住区景观设计所用的尊重场地自然的做法。

生态园规划以水为设计主线，使水成为多种活动的载体，确定以景观为导向，以水面为核心、水陆交接滨水水岸为重点，以水流印迹和带来的遐想为构图灵感。通过规划设计实现水生态环境、展现水景观，营造具有地方文脉特色的社区景观（刘滨谊 等，2003）。具体在暨阳湖东侧规划了镜湖公园，进入正对社区的公园大门，即面对一排廊架，然后是花带、生命之谷、荷花池、生态中心，再至湖边的广场，形成形态曲折的轴线，最终连接了镜湖。湖面是用浮桥在暨阳湖中划出一圆形的水面犹如圆镜，它与对岸同为圆形的露天剧场相呼应；在园之南北两端引镜湖水入园，构成形状变化的小湖丰富了水景；进入大门不远有空中栈道直通游船码头及连接水面的浮桥；一条略呈弧形的步道居园西部，从北至南贯通整个园区，穿越林地、疏林草地而与设施、小径等相连；镜湖西北岸设计沙滩、泥趣园、石趣园等以游乐为主，西南岸则为水生植物带以休闲为主；从湖面向陆地以沙滩（水生植物）、草地、疏林草地、树林的序列过渡，符合在自然条件下水生向陆生的植被过渡；公园中可远眺暨阳湖中瀛洲岛上的鸟塔（图 7-3）。

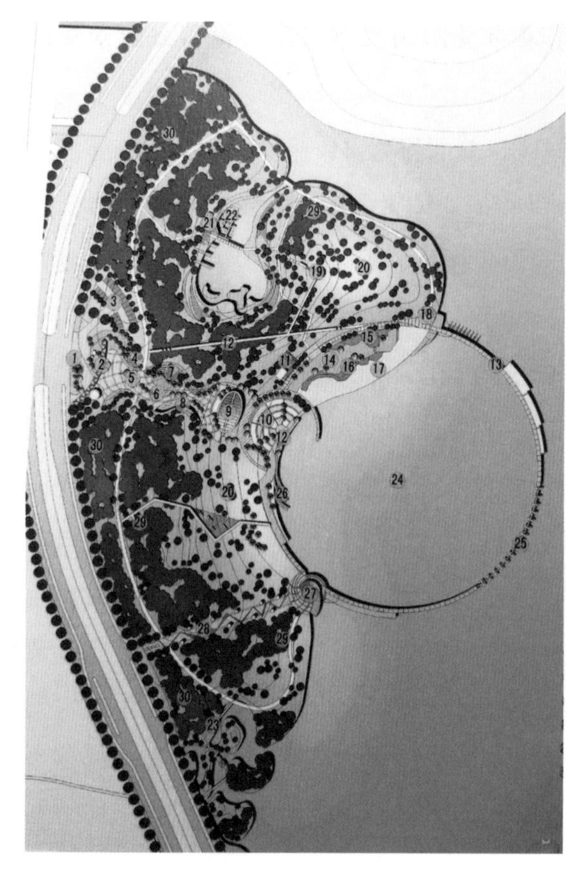

图 7-3　张家港暨阳湖生态园中的镜湖公园
左：平面图；右上：生命广场雕塑；右下：水边的钢结构长廊
（引自：刘滨谊 等，2003）

镜湖公园设计风格是现代的、生态的、艺术的，景观及节点的处理以现代主义手法为主，如疏林草坪、方石汀步、钢结构廊架、高架步道、几何形铺装地面等。整体布局及景观设计与周围的现代居住区、别墅群及商贸建筑风格很是协调，但和江南传统水乡风貌还是有所不同，在承继暨阳湖的千年文脉上也有待改进。因此在人们更喜欢现代化的住宅建筑和现代主义简约的景观时，如何蕴含地方传统文化和民俗特色更需要深入研究。

三、俞孔坚——创新景观学理论、推动“大脚美学革命”的景观学家

俞孔坚，1963 年出生于浙江金华白龙桥镇东俞村的一个农民家庭。1980 年他

考上北京林学院园林专业，其实之前他从未离开过家乡农村，没有听说过园林专业，高考也没有填过这个志愿。据称是他的老师骑了 1 个多小时的自行车，到他家解释了园林专业才略有所知（Farrelly，2006），由此可见他进入北林读园林是一个偶然事件，是一种机缘巧合。然而恰恰是他早年在山川秀美的江南农村的生活经历，成为后来“野草之美”等乡土观念的源头，他作品中的代表元素“红丝带”也许就来自对家乡那片红土的依恋，后来他把这段少年时期的生活归之于“启蒙”阶段。而正是这个“偶然”的选择和童年的“启蒙”，成为他走上景观道路之必然（建筑档案，2019）。

1984 年他大学毕业师从陈有民教授攻读研究生开始风景评价研究，他的硕士论文《自然风景评价研究 -BIB-LCJ 法及群体差异与风景评价》，主要分析了 SBE 和 LCJ 法两种风景评价方法，这在当时是园林学中很前沿的研究课题。研究生毕业后俞留校任教，在按规定工作 5 年后于 1992 年他进入哈佛大学设计研究生院攻读博士。1995 年以《Security Patterns in Landscape Planning: With a Case Study in South China》（景观规划中的安全格局：以中国华南为例）的论文获哈佛大学设计学博士，之后留在美国进入世界著名的 SWA 集团工作了 2 年。1996 年俞孔坚回国讲学和考察，也为自己回国的前景投石问路，他从深圳一路北上，却发现在国内城市所见的一切，均是与其所学到的城镇化和城市建设理论和观念相违背的。1997 年 1 月他被北京大学招之麾下，他自称“自命不凡，开始大声疾呼，并投身于阻止和治疗城市病的艰苦工作中”（俞孔坚，2016）。1997 年，他创立了北京大学景观规划设计研究中心；1998 年，创办了北京土人景观规划设计研究所（现名为“北京土人城市规划设计股份有限公司”，以下简称“土人设计”）；2003 年，成立北京大学景观设计学研究院；2010 年，领衔创立北京大学建筑与景观设计学院。从 1998 年开始伴随着理论研究，土人设计以土地的名义，针对中国城市发展中出现的问题探索建设和谐人地关系的实践。2004 年，俞孔坚提出 landscape architecture 应译为“景观设计学”而非之前的“园林”或“风景园林”，认为它是不同于风景园林的学科，然而引发了“风景园林”和“景观设计”专业名称之争，当然这不仅是名称的不同，而是对风景园林学科认知的歧义（详见第六章）。

自 1997 年以来，俞孔坚出版专著 20 多部，发表论文 200 余篇，他主持的土人设计实践遍及全国200多个城市，完成大量城市与景观的设计项目。其作品多次获全美景观设计奖、国际建筑展全球年度景观奖等，他也成为国际著名的景观学者和景观设计师。对俞孔坚来说最重要的是，2016年他当选为第236届美国艺术与科学院（American Academy of Arts and Sciences）院士，该院成立于1780年，是美国历史最悠久的学术机构，著名的华人学者如胡适、钱学森、李政道、吴健雄、丁肇中、贝聿铭、施一公等都是该院院士。但在景观设计学领域当选该院院士的华人却只有俞孔坚一人，他能与这些科学界的大师们并列，当然是对他在景观学研究方面所取得成就的肯定。

（一）主要学术观点

从俞孔坚的学术生涯来看，在大学阶段主要接受中国传统园林教育，当时只有少数几个学校有园林专业，基本还是沿袭了“文化大革命”前的教学体系及内容。虽然北林有如孙筱祥、李驹、陈俊愉等拥有西方园林理念的教授，但传统造园理论教学一直是占主导地位的。当时北林园林专业分园林植物和设计专业两个方向，俞孔坚因在入学时听了陈俊愉先生的一次学术报告，暗自下决心要成为园艺植物育种师而选了植物专业（俞孔坚，2013）。他的硕士研究生导师是陈有民，陈教授参与创办我国第一个造园专业，以园林树木研究见长，1982年开始中国风景类型研究。俞孔坚的论文选题风景景观评价及方法研究，显然是与导师的研究有关，但已非中国传统园林的研究方法，也可看出当时俞孔坚已有跳出园林植物和传统园林研究格局的趋势。

俞孔坚在整个80年代是以学习理论积累知识为主，期间他接受了在园林中应用生态学的观点，他自述对生态学的感知是得益于陈俊愉先生。当时陈先生请来著名生态学家侯学煜作报告，并极力推动在园林学科中应用生态学，这对俞孔坚今后开展生态学研究有着启蒙的意义（俞孔坚，2013）。在80年代俞孔坚发表了10余篇文章，基本是以其硕士论文内容为基础涉及景观美学评价的。1987年他以论文《系统景观美学方法的研究》参加全国青年规划师论文竞赛，获二等奖，俞孔坚自称此举为“难忘的禁林”，是第一次学术禁林的经验，这给他未来的学术和专业生涯带来很大的影响（俞孔坚，2002）。

1987年他在北林学报上发表《论景观概念及其研究的发展》一文，把“景观”

与英文 landscape 相对译，把“风景”与“景观”对应。俞孔坚是园林学家中应用“景观”这个词的先行者之一，现在看来这应是他从事景观设计研究及实践的开端。据俞孔坚自述，他在景观感知方面的研究是从研究生论文开始的，当时被 Forman 的《Landscape Ecology》这本专著所吸引，并接受了“景观”这个概念。虽然《论景观概念及其研究的发展》有较大篇幅叙述了景观美学评价，但较详细地阐述了景观作为地学概念及生态系统的载体，并且指出园林风景学科关于景观的理解在发生重大变化，生态学思想占的比重愈来愈大。同时认为景观生态学对景观作为生态系统的能量和物质的载体功能研究较多，而作为社会精神文化系统的信源存在方面却被忽略，而此正是风景园林学科的研究内容之一（俞孔坚，1987）。在景观生态学引入我国不久的 20 世纪 80 年代初，俞孔坚就能在景观生态尺度上理解风景园林，这在当时的园林学界可说是少有的。然而，正因为他接受了景观生态学理念，了解 McHarg《Design with Nature》的理论和方法，在他 1992 年进入哈佛大学设计研究生院攻读博士时，能很快接受当代景观设计，特别是简约设计和生态设计的理念。他将“源于中国本土经验的理想景观的研究与当代景观生态学、地理信息系统和理论地理学的碰撞”作为他博士论文的主题，这成为之后的 20 多年中一直推动我国景观设计学科发展的基础。

俞孔坚的性格是率直的，这表现在对我国“城市化妆运动”的尖锐批评，90 年代全国城市都成了大工地，迅速出现了大高楼、大马路、大广场、大草坪，然而这些建设成果却使俞孔坚感到困惑，因为他确信中国犯了西方城镇化和城市建设已经犯过的错误。他认为在当今中国这股裹足般的“城市化妆运动”大潮下，城市设计逐渐迷失了方向，转而追求毫无意义的风格、形式以及华丽的异国情调，因此需要一场“大脚的革命”（俞孔坚， 2009）。他归国后不久，就出版了在当时引起强烈反响的三部著作，即《理想景观探源——风水的文化意义》(1998 年)、《景观: 文化 · 生态与感知》(1998 年) 和《城市景观之路——与市长们交流》(2003 年)。两院院士周干峙先生为其写了序，指出俞书中论述我国当今城市发展出现的问题，特别是专注形象的不良倾向是切中时弊，并说了书名以“与市长们交流”为副题是中肯的，因为市长们是决策者。在书中俞孔坚率直地表达了他的观点，批评中国城市景观的歧途是小农意识下的“城市化妆运动”，提出生态安全格局及生态优先的“反规划”理论，论述理想的景观模式。主张完整的设计学科应包括建筑学、景观设计学和城市规划学，建立景观感知评价理论和方法等。这些都是他在21世纪不断发展和完善，并亲历实践的理论和方法，之后从“大脚美学”到“大脚革命”，将景观设计学定位于“生存的艺术”，继续推进景观设计学科在国内发展。

俞孔坚的话语是尖锐的，时有语惊四座之举，如他认为，正是被称为“国粹”的中国传统造园艺术埋葬了曾经辉煌的封建帝国，而宁可将其与具有同样悠久历史的裹脚艺术“相媲美”（俞孔坚，2006）。这是俞孔坚在2006年全美景观设计师年会及国际景观设计师联盟第43届世界大会上的主旨报告中说的。将传统园林比喻为“小脚”显然是为他的“大脚革命”作铺垫，然而正是这个比喻遭到了广泛的指责，成为他最受争议的焦点。

俞孔坚的思想是真诚的，他的“野草之美”“乡土与自然的信仰”均来自他的故乡情结。他丝毫不隐瞒早年在农村生活对他的影响，他说“在我心里，越来越频繁地浮现儿时穿越黄花摇曳的农田和神秘葱茏的风水林时起伏跳跃的视野，那种广阔，那种深邃，那种绚丽，那种弥漫在空气中的大地的声音……在触手可及的思念中，我想我找到了答案”（裘竹如，2013）。由此他更推崇如“桃花源”一样的人与自然和谐相处的乡村景观，倡导节约土地和白话景观的理念。

俞孔坚的内心是充满激情的，他的许多被认为是尖锐的话语确实是来自他的内心，他自称“自命不凡”，要给中国城市治病，他切中时弊的大声疾呼恰是展现了他内心世界的激情。他自知“在青年学子中获得了很高的认同，主要是由于我的探索中明显带有年轻人的热性和激情，为美丽中国积极奋斗的正能量”（俞孔坚，2015）。

然而，俞孔坚遭到了很多批评、质疑，甚至反对，有人认为他是2004年那场“风景园林”与“景观”名称之争的主要推手，有着不可告人的目的。他曾亲口告诉笔者，母校的老师中就有人用了过激的言辞来批评他，笔者感到了他的无奈，但同时也感受到他对自己观点的执着和坚持，因为俞孔坚是自信的。

可以说在21世纪中国风景园林界中，没有一个人像他那样受到业界、媒体和公众的高度关注，又成为争议的焦点之一。到了2017年对俞博士的争议达到了顶点，当俞孔坚进入增选工程院院士的提名候选人名单时，居然有20名风景园林领域专家联合签名致信工程院，直言反对他的院士提名，还批评他的设计手法千篇一律、水平拙劣。然而这封信在网上传开了，于是引起“挺俞”和“反俞”的热烈争论，并有多家新闻媒体介入报道。《中国新闻周刊》2017 年第 30 期上还发长文《俞孔坚的“大脚”能否迈进院士大门》，全面报道这个事件（杨智杰，2017），然而正是从这件事上可看到俞孔坚的影响之大。其实俞博士的作品是受到不少人赞誉的，要不也不可能有那么多的作品问世。著名园林学家程绪珂先生就在她的《生态园林的理论与实践》一书中，举了俞孔坚的中山岐江公园为例，称其为“形成生态多样性和亲水性公园特色，掌握了文脉，加以继承和发扬，其文化价值、历史意义、艺术美学是值得赞赏的”（程绪珂，2006）。现在俞博士是教育部长江学者特聘教授，意大利罗马大学荣誉博士，挪威生命科学大学荣誉博士，2020 年获颁 IFLA 世界景观学与风景园林终身成就奖——杰里科爵士奖，而他的“土人设计”已发展为有 600 余员工的规模了。由此看来，无论在学术研究、设计实践还是在创办企业上，俞孔坚无疑都是成功的。2021 年，俞孔坚获得“柯布共同福祉奖”（John Cobb Common Good Award）。纵观 30 年来他的学术研究及成就主要体现在两个方面：

第一，景观生态和景观规划的理论与实践。提出中国人的理想景观模式、生态安全格局理论与方法，在此基础上提出“反规划”理论和方法，继续发展为“海绵城市”、水生态基础设施，线性文化遗产系统、大运河生态与遗产廊道构建等理论与实践。

他探索理想的景观，提出景观设计就是为了创造一种“诗意的栖居地”，而其本质是归属于土地、认同于土地，归属和认同最终一个科学的含义就是一种生态适应。因此，理想的景观设计是科学和艺术的结合，科学和艺术在这里面得到了完美的结合，到后面就强调生态。他认为解决工业文明出现的问题，恰恰不能用工业文明的办法（建筑档案，2019）。

第二，关于美学与设计理论及实践。提出“大脚美学”“低碳美学”，同时将景观设计学定位于“生存的艺术”，都是基于环境伦理准则的新美学体系。他提出“大脚美学革命”，第一是保护、第二是修复、第三是创造一个新的生活方式。他诠释所谓“革命”，就是从农业文明到工业文明，工业文明到生态文明。他将自己的设计理念归纳为："复兴中国的农业智慧，包括造田造地、灌溉、种植、施肥等等，与当代科技相结合，来解决工业文明带来的生态环境问题，创造基于自然的深邃之形。"因此，作为景观设计师，一定要跳出具体的设计，因为我们希望解决的是国土的问题，要解决的是整个国家的生存环境问题，整个民族的生存环境问题（建筑档案，2019）。

他成立了"土人设计"，领衔创办了中英文双语杂志《景观设计学》（Landscape Architecture Frontiers），致力于实践"生存的艺术"。特别从中国农业的造田、灌溉和种植智慧中吸取营养，发展当代中国的景观设计美学观和价值观。他说服了许多城市的决策者实践他的理念，如哈尔滨群力雨洪公园、沈阳建筑大学校园、黄岩永宁公园、中山岐江公园、天津桥园、秦皇岛海滨生态修复工程等，体现了他基于当代生态理念的景观设计、生态防洪设计、生产性景观、工业遗产的再生等等，成为他称为"大脚革命"和"生存的艺术"的工程范例。

他在国内受到有些人的批评甚至指责，但在国际上却享有盛名，在由 Barry Star 和 John Simonds 合著的美国大学教材《Landscape Architecture 》（2013 年）中，俞孔坚的 10 多个设计项目被收用作为教学范例；2012 年 2 月，美国《Landscape Architecture》杂志用了一整期介绍俞孔坚的设计思想及作品，甚至《科学美国人》也发表了专题文章，评述俞孔坚的"海绵城市理论与实践"（2019 年）。《哈佛设计》杂志创刊编辑 William Saunders 编辑了题为《Designed Ecologies: the Landscape Architecture of Kongjian Yu》（设计生态学：俞孔坚的景观）的专著（2012 年）。书中十多位国际知名学者对俞孔坚及其设计团队 10 年来的 22 个优秀规划设计作品进行了客观、专业的分析与评价，对俞孔坚的设计思想和学术路程进行了多角度的剖析，指出他是通过作品在不同尺度上重建生态基础设施，确定了基于环境伦理准则的新美学体系。认为他的作品在构思和实施上达到了很高的水平，是中国最重要的景观设计实践，在欧美国家日益受到重视。另外，维基百科（Wikipedia）收录了他的"反规划"（Negative Planning Approach），称其是一个新的概念和术语，不同于其他理论而是一个创新，是有可能解决中国城市规划问题的实用方法。可见他当选为美国艺术与科学院院士并非偶然，由此看来有些人指责他是凭和国外有良好关系而获得国际奖项的说法并不确实。

有人认为，“俞孔坚论文《城乡与区域规划的景观生态模式》，博士论文《景观生态安全格局途径在生物保护规划中的应用》，论文《生物多样性保护的景观规划途径》等是生态专业论文，而非风景园林规划论文”（姚亦锋，2002)。其实它们之间很难明确区分，重要的是俞孔坚在园林规划设计中成功地应用生态学理念和方法，并确实产生了很大影响。笔者以为他的“大脚革命”的提法是有现实意义的，但因此用了“小脚”来比喻“传统园林”却是不妥。周干峙先生也指出，“反规划”的提法容易被误解为反规划之道而行之，好像为倒孩子的洗澡水把孩子一起倒了一样（周干峙，2002）”。但无可否认的是，在当今中国风景园林、景观设计及建设实践中，俞孔坚的影响、作用及贡献是很大的，应当肯定，在未来的10年、20年，他将是引领我国景观设计学界最重要的理论创新者和实践者之一。

研究俞孔坚学术思想的文章很多，本书不再赘述，对于他的景观设计作品，除了在上一章简单介绍了最具代表的中山岐江公园和浙江永宁公园外，这里再简述几处，主要是为了反映他的“红飘带”设计元素。

（二）代表作品

俞孔坚的景观作品是他生态设计理念的实践，设计理念多受西方现代景观设计理念的影响，设计手法较为前卫。难得的是他的许多看似不符常理的设想，却能得到当地决策者的认同而赋予实施，因此能产生理论结合实践的作品让后人去体会。而他的设计在布局、景观元素的运用、重视乡土植物、结合地方文化、运用现代简约主义手法及现代化材料等方面都有独到之处，作品具有鲜明的特点（表7-1）。

当然对于他的景观设计也同样褒贬不一，如有人认为他的设计手法单调，重复使用高架桥、红飘带、景观盒子等元素，而此类评价基本来自国内专家。很有意思的是，他的景观设计项目，在国外获奖的要远多于国内。

表 7-1 俞孔坚的代表作品

<table>
<tr><td></td><td></td></tr>
<tr><td>天津桥园，项目始于 2005 年，规划面积约 22 公顷。属海绵城市项目，将原打靶场改造地形，使城市雨洪融入植被自然演替中。“适应的调色板”设计方案，开挖 21 个坑洞成为湿地、水坑，形成斑块式的景观。获 2009 年世界建筑节最佳景观奖、2010 年美国景观设计师协会综合荣誉奖，以及中国人居环境范例奖</td><td>秦皇岛汤河公园，2002 年设计，规划面积约 20 公顷。公园设计保留原河漫滩及原有植被，在绿色河流生态廊道中，引入一条以钢为材料，长达 500 余米贯通全园的红色飘带线性景观元素，“串联”起不同环境要素，整合了包括漫步、环境解释系统、乡土植物标本种植、灯光等多种功能和设施需要。获 2007 年美国景观设计师协会设计荣誉奖，2010 世界城市滨水设计荣誉奖</td></tr>
<tr><td></td><td></td></tr>
<tr><td colspan="2">金华燕尾洲公园，2010 年设计，规划面积约 26 公顷。左为正常年份景观；右为 20 年洪水位的情况，公园洲头被淹。这是俞孔坚与洪水为友的又一代表作，称为水弹性景观，为保护这城市中心仅有的河漫滩生境，通过蜿蜒动感的步桥将城市南北两岸与江心洲连接，而长桥的设计灵感源自当地的“板凳龙”舞。根据洪水位采用不同设计，将洲头设计为可淹没区，保留原有植被和环境，同时拆除硬质防洪堤，改造为多级可淹没的梯田式种植带，而在原坑塘、高地形成滩、塘、沼、岛、林等生境以培育丰富植被景观。获 2015 年世界建筑节（WAF）年度最佳景观奖</td></tr>
<tr><td></td><td></td></tr>
<tr><td>上海后滩公园，是上海世博会核心绿地之一，2009 年建成。在大城市中心展现了一片自然湿地，创造了丰富的溪谷景观，同时具有生态净化、防洪等功能，是生态设计的范例。获 2010 年美国景观设计师协会设计杰出奖，2010 年世界建筑节最佳景观奖等荣誉</td><td>衢州鹿鸣公园，2013 年设计，规划面积约 32 公顷。将具有生产性的农业景观与低维护的乡土植物融于景观设计之中，对自然过程不造成过度干扰，同时保留了场地的生态特色与文化遗产，以达到人与自然的和谐。获第五届中国环境艺术金奖、2016 年美国景观设计师协会设计荣誉奖、2017 年 AZ Awards 最佳景观奖等</td></tr>
</table>

注：上表图片由俞孔坚提供或引自“土人设计”网。

四、李敏——师承三位院士扎根岭南的园林学家

李敏，1957 年出生于福州，祖籍福建莆田，在江苏下乡插队 2 年后于 1977 年考入北京林学院园林专业，1982 年本科毕业后师从汪菊渊、孟兆祯攻读风景园林规划设计专业研究生，1985 年以论文《中国现代城市公园的发展、评价与展望》获硕士学位。之后在北京园林局总工办任汪菊渊的专职助手，1989 年他南下广州任职城建学院（筹）建筑系风景园林教研室主任。1993 年在工作了多年后考入清华大学投师吴良镛院士门下，成了清华城市规划与设计专业（风景园林规划设计研究方向）的博士生，以论文《生态绿地系统规划与人居环境建设研究》通过博士答辩。1999 年他调任佛山市建设委员会，以副总指挥的身份参与 1999 年昆明世界园艺博览会广东园建设，后任职广州市市政园林局副总工程师。2003 年作为学科带头人被引进到华南农业大学林学院风景园林与城市规划系工作至今。

李敏和其他同年代的风景园林设计师相比，有着更为丰富的行政工作经历，在政府部门的多年历练使得他视野更加开阔，更能立足于现实，从多个角度来思考城市园林绿化现状和发展问题，而不只局限于园林一家。20 世纪 90 年代后期，在一个关于城市森林的会上笔者和李敏相识，那时他还在佛山园林局工作。他并没有像其他园林专家那样反对甚至排斥城市林业（森林）的概念，而是参与其间提出了许多有益的建议。在 21 世纪初当“森林城市”建设遭到质疑时，李敏有着独立思考，坚持自己的学术观点，他和刘滨谊等是较早认同“城市森林”概念的少数风景园林专家。在成都第四届中国城市森林论坛上，李敏应邀作了题为《论城市林业与风景园林的和谐发展》的报告，明确提出“风景园林和城市林业所涉及的客观实体工作对象，均为城市化地区的‘生态绿地空间’”，而它们之间的互动关系，“要从园林与林业的学科体系之间相互交叉与渗透的联系来考察，才能获得正确的概念”，指出“我们应该积极研究城市林业与城市园林如何更好地和谐发展”。这个提法是有高度现实意义的。

李敏是个温和低调的人，言谈举止尽显书卷气，常常用平淡的语调表述自己尖锐的观点，可见其内心的自信。他的学术思想深受汪菊渊和吴良镛院士的影响，他在汪老身边学习工作 7 年，陪同汪老考察各地园林，并协助编写《中国古代园林史》和《中国大百科全书：建筑·园林·城市规划》。耳濡目染下他的《华夏园

林意匠》《中国古典园林30讲》等著作，都展现了深厚的传统园林功底，得以在中国古典园林艺术研究上占有一席之地。而吴良镛院士的深邃思想和严谨学风，更使他在专业素质上得到了进一步锤炼和提升。在吴良镛先生的城市规划、大地景观及人居环境等理论指导下，李敏在宏观尺度上考虑风景园林问题，在城市绿地系统规划上体现了他的宏观生态理念。另外，他曾先后在瑞士苏黎世高等工业大学及美国麻省理工学院作访问研究，对西方园林也有着切身的感受。在传统和现代理论的影响下，他的学术研究是比较宽泛的，主要侧重于中国现代公园、中国古典园林、岭南园林及城市绿地系统规划理论等多个方面。

李敏长于总结、勤于笔耕，除了发表近百篇论文外，还出版了30余部专著，从园林史到设计实例、从园林建筑到园林植物、从皇家园林到岭南及闽南园林等，涵盖了园林专业的方方面面。其代表作如《中国现代公园：发展与评价》(1987)、《论岭南造园艺术》(1993)、《现代城市绿地系统规划》(2002)、《华夏园林意匠》(2008)、《菽庄花园一百年》(中英文版，2013)、《闽南传统园林营造史研究》(2014)及《深圳园林植物配置与造景特色》(2007)等，可谓著作等身。他领会中国传统园林艺术之精粹，同时也接受现代景观设计的理念，在风景园林规划设计中善于应用传统园林元素，特别注重因地制宜地表达地带性园林的营造特色。

李敏在中国现代园林发展史上影响较大的学术成就主要有：

（一）主要学术观点

李敏继承了汪菊渊的中国古典园林史研究思想，对古典园林艺术有了深刻理解，在其《园林古韵》(2006)和《华夏园林意匠》中以深入浅出的笔法，全面概括地表述了中国传统园林艺术的精华。同时，成为第一个系统研究闽南园林营造史，及系统归纳提炼“岭南园林”“热带园林”学术定义的学者。

1. 关于“岭南园林”的学术定义

李敏首先明确岭南的地域范围在宋代以后已基本固定，与当代华南行政区地理版图一致，大致包括广西和广东（含香港、澳门及琼州——海南岛），并指出有学者提出将闽南地区漳州、厦门及台湾地区纳入岭南园林的地域范围，其史实依据不足。

李敏定义“岭南园林”，广义上泛指发生在岭南地区的风景园林营造活动及相关作品；狭义上是代称在岭南地区营造的具有岭南文化与自然特色的风景园林实体，如“岭南四大名园”等。岭南园林的外延可作为地带园林学中的特定类型，可归之于“热带园林”研究范畴（李敏，1993，2004；李敏 等，2017）。

李敏总结岭南园林主要有以下特点：以静观近赏为主，园景创作讲究点景、借景和升华意境；通常在庭院中凿池置石，周边间以四时花木点缀，配置高大乔木留荫，各类建筑穿插其间，结构精巧，色彩艳丽，空间通透开敞；总体上求实兼蓄，精巧秀丽，吸取西洋手法，善于融会贯通。传统的岭南园林都具有规模小、景象精、意境深的特点（李敏，2003）。在99昆明世博会上他主持营造的“粤晖园”大获成功，荣获室外庭园“最佳展出奖”，是当代概括表现岭南园林艺术特色的精品之作。

2. 关于闽南园林

李敏指出，闽南园林的历史价值因国内学术界长期以来较少关注以至少为人知。作为祖籍闽南的园林学子，在他随汪院士作古典园林研究时，就萌生探寻闽南园林的念头。其实他对闽南园林的情结，还来自小时候老家乡下的红砖大厝，那里的庭园给他留下了深刻的印象。之后花了近20年的时间断断续续地开展调查，从历史文献及实地考察，考证出明清时代留下的遗产实例数十处，和研究生何志榕合作完成了《闽南传统园林营造史研究》一书，为我国地方性古典园林研究添加了浓重的一笔。

李敏梳理了闽南园林的形成及发展历史，归纳为初创于西晋至五代，唐代已有园林的记载，宋元发展到鼎盛，明清达到成熟，明代时趋于小型化、家庭化，到清代日渐式微，近代又多西化。他指出，从闽南园林特色看，其与中原园林一脉相承；但在清中期后因闽人移民南洋颇多，园林建筑融合了南洋风格。其多以宅园为主，规模较小，山石、水池、建筑及花木围合，形成具有浓郁书香气的幽雅深邃的居住环境；一般均有湖石假山，掘地构景的做法，以造型独特的景石为组景焦点；建筑为红砖、红瓦的闽南传统做法，植物配置以乡土果树为主。其风格特点以“小家碧玉，淡雅质朴”而可区别于北方的大气和苏州园林之大家闺秀（李敏 等，2014）。

李敏总结了闽南造园理论可概括为：“五因论”，即“因山，因水，因树，因石，且又因先人之迹”，取自明代泉州名仕何乔远为其表侄“五因别业”题联，意为对于自然和人文环境的巧妙利用；“三近论”，即“近山，近水，近月”，是明末漳州黄道周为自己设计讲堂的设计原则；以及“园居论”，是明王世懋总结的泉州私家园林散处布局的园居及种植乡土瓜果的特点（李敏 等，2014）。

同时指出，台湾的传统园林营造手法与闽南园林一脉相承，“闽台园林”宜独立作为中国园林史中的一个风格流派加以深入研究。他在《菽庄花园一百年》著作中，深入探讨了台北林家花园与鼓浪屿菽庄花园之间的历史联系和造园艺术，提炼归纳了“菽庄花园 12 景”及其文化遗产价值，为后来鼓浪屿成功申报世界文化遗产提供了重要论据。

3. 关于城市绿地系统

李敏曾为桂林、澳门等多个城市编写绿地系统规划，他非常推崇吴良镛院士的观点——“园林在当代已不仅仅是传统上的公园等概念……应走向宏观尺度，向大地景观、郊野景观和人类领域拓展”，认为应该重新认识“大地园林化”的思想内涵，提出规划核心理念是基于生态系统原则，实现生态规划；核心是形成一个连通性强的绿色空间网络体系，强调公园和公园之间的连接。因此，生态绿地系统是城市规划、建筑、园林、生态、地理、环保等学科在人居环境伦理框架下相互渗透、融贯发展的耦合空间，是可持续发展战略在城乡建设实践中的重要应用领域。

他提出，应对各类有人工参与经营的绿地和水域恰当定位，从系统结构上明确人工建筑系统和生态绿地系统之间的“相应相属，共生互补”关系。然后通过加强生态绿地系统的保护、规划和建设，争取达到区域范围内人类活动与自然环境之间的动态平衡。因此，城市绿地系统规划总体上要按照功能为主、生态优先的原则进行空间布局，并要充分考虑满足城市景观审美的需要进行相应的规划设计，重要的是要让设计结合自然、设计保护自然、设计尊重自然，这是我们生态文明时代新的生活方式和消费方式（李敏，2002a，200b；佘美萱 等，2015）。

（二）代表作品

李敏所作的规划设计作品不是很多，这可能与他多年担任行政职务和从事教学工作有关。但他主持营造的 1999 年昆明世博会广州展园“粤晖园”（李敏，

2003），主持设计和营造的北京密云水库白河公园象鼻山景区、湛江渔港公园、深圳园博会云梦福田园、福州闽水园、湛江渔港公园，以及广州、深圳、澳门市的绿地系统规划等都是享有盛名的。他的设计手法既顺从现代景观生态理念也蕴含传统园林手法，是现代和传统的结合，又更多体现传统园林的立意、意境，更是善于融合地方文化，展现岭南园林特色及亚热带风情，他的设计自成一家，他的作品多次荣获大奖。这里仅选择李敏的几个代表作品（表 7-2）。

表 7-2　李敏的代表作品

1999 年昆明世界园艺博览会广东展园“粤晖园”，面积 1518 平方米。巧借地形凿池叠山，以高低错落的水体组景，点缀艺术雕塑，营造一个将传统岭南园林特色与现代审美情趣相结合的自然山水庭园，体现了岭南文化内涵和清雅晖盈的造园意境。园景以水池和船厅为构图中心，融入木、石、砖雕等民间工艺，精巧秀丽。它是当代岭南园林的精品之作。“粤晖园”获博览会室外庭园 “最佳展出奖”、庭园设计大奖和施工金奖等荣誉	福州闽水园，原为白马河和闽江交汇处的滩地，规划面积 1.5 公顷，2000 年设计。力求表现闽江水文化内涵，表达“闽水流、闽江情”的理念，体现人与水的共生关系。园成，李敏作《闽水园记》，表明其造园艺术理念：“……闽水园，依生态原理高立意，扬古城文化细构思……片山多致，寸石生情……动感江流天地外，静赏山色有无中。巧于因借，四桥英姿入园景；精在体宜，闽人风采蔚大观……”

深圳云梦福田园，深圳第五届国际园林花卉博览会展览园，面积 1.1 公顷。2004 年设计。灵感来自一次在飞机上看到的窗外白云飘拂的壮观景象，形成“花开鹏城，云梦福田”的立意和“云为容，花为衣，云水相映，福地生辉”的意境。传统与现代手法的结合，营造了充满诗意与梦境的园林艺术空间。全园以“云梦晶阁”为中心，含“云山福地”“云溪泉石”“云影瑶池”（上图）等 5 个景点，以小体量谋大效果，创造清新脱俗、富有现代感和地域性的艺术情趣。获该届博览会“室外造园综合奖大奖”	湛江渔港公园，基址原为海滨滩地，面积 21 公顷，2003 年设计。主题力求表现雷州半岛渔船文化和渔家生活场景，植物配置以乡土植物为主，体现了浓郁的湛江特色。主要景点有 “海之恋”雕塑广场、渔乡风情、渔港船歌、椰林沙滩等。公园主雕“海之恋”与礁石融为一体，是湛江渔民依海为生的艺术写照。“渔港船歌”海滨休闲景区，展示各式渔船，沙滩上配有木栈道、卵石路，观光码头停靠多艘渔船供人观赏。项目获广东省首届岭南特色园林设计银奖等奖项

上表图片由李敏提供。

五、王向荣——没有东西方界限、不拘形式的学者型设计师

王向荣，1963 年出生，甘肃人，1979 年以省高考成绩前 20 名被同济大学录取，进入建筑系第一届园林绿化专业，那年他刚刚 16 岁，用现在的说法无疑就是一个学霸。其实当时他对园林专业并无多少了解，进入同济大学有很大的偶然性。在大学期间主要学习建筑和城市规划，只是到了大四才接触了城市公园及古典园林的设计。大学毕业时因同济只有陈从周教授一人招收园林研究生，他改投北林园林系攻读硕士，在享有盛名的孙筱祥先生指导下完成硕士论文《镜泊湖风景名胜区总体规划》，这为他日后成为一名风景园林师奠定了基础。1991 年在毕业留校任教 5 年后，他留学德国 Hesse 州卡塞尔大学（Unversität GH Kassel）城市与景观规划系攻读博士，1995 年通过《18 世纪后中国园林文化与欧洲园林文化的相互影响》的论文答辩取得博士学位，之后在卡塞尔城市景观事务所工作了一年，1996 年回北林任教，并完成了博士后研究。

王向荣自称虽然进入风景园林专业有偶然性，但在同济和北林师从了这个领域中最好的老师，如陈从周、冯纪忠、孙筱祥、孟兆祯等，从中国传统造园到西方园林，获得了全面系统的教育。在德国留学并去欧洲其他地方游学、考察，使得他“能在更高的高度去看整个世界，从更广的视野去看自己的国家；能使自己受到不同思想的启发，从而不盲从、不极端也不偏执；能让自己一直对周围保持新鲜感，从而保持创作的活力”（《风景园林》，2010）。王向荣用了 5 年的时间研究、对比、体会中西园林蕴含的文化差异，终于脱颖而出成为“没有东西方界限、不拘形式”的风景园林学家及设计名家。

有了如此经历，王向荣成为近 20 年来系统介绍西方园林（主要是欧洲）的重要学者之一。因为欧洲的生活环境给了他强烈的冲击，切身感受到中西方园林的巨大不同，但并不是之前在课堂里听说的西方园林是不自然、对称和规则的，恰恰是许多园林展现出比中国园林更为自然和轻松的面貌，同样充满了空间变化而并非一览无余。他列举自己喜欢的设计师，包括 16 世纪意大利文艺复兴时期的著名建筑师 Giacomo Barozzi da VIGNOLA，是风靡欧洲的风格主义的代表之一；17 世纪法国凡尔赛宫的园林设计师 Andre Le NÔTRE，其作品代表法国巴洛克风格的最高水平，影响了整个欧洲的园林建设；19 世纪在德国造园方面起到

重要作用的 Fürst von PÜCKLER，因设计 Muskau 城堡林园闻名遐迩，是欧洲优秀的造园师及艺术家、游记作家；以及 20 世纪现代建筑的先驱、出生瑞士的法国籍建筑师 Le CORBUSIER；还有被称为第一代现代景观设计的领军人物之一、设计了第一个儿童乐园的丹麦设计师 Carl Theodor SØRENSEN，他的作品是以强烈的几何形及优美的地形表达为特点。另外，他还欣赏现代主义风格的美国景观设计师 Dan KILEY，在他的设计中林荫道、小树丛、水面、小路、果园和草坪为主要元素，而园林中心的几何形状犹如 Le NÔTRE 的风格（《风景园林》，2010）。这些名家代表了园林从文艺复兴、巴洛克风格、英国风景园林及现代主义景观设计的整个发展过程，可以说他们对王向荣设计理念的形成必然会产生很大影响。

王向荣有机会在欧洲不同国家体会各个时期的园林经典，从中吸收了充足的养料，有了精神依托，开始重新审视之前学到的知识，从而有了自己独立的见解，自然不会再认同西方园林只是对称和不自然的狭隘的评价了。而是“欣赏他们以最简单的手段控制场地的能力，欣赏他们塑造的简明但富于诗意的场景，欣赏他们的创造力”，最终形成了他的“优秀的设计应该是用最合理最简明的方式创造性地解决问题的作品”的设计理念（《风景园林》，2010）。

2000 年他和志同道合的妻子林箐共同创办了北京多义景观规划设计事务所。林箐从大学到博士都是在北林园林专业完成的，期间赴法国凡尔赛国立高等风景园林学院做过研究学者。他们有共同的追求和相近的兴趣，互相补充，王向荣称“我有一个好妻子……她对我的进步帮助很大”。而他们将自己的公司取名“多义”是源自对景观的理解，即景观的范围十分广泛，本身就是多义的，同时在设计中始终追求与社会发展同步的、满足功能的、艺术与科学相互融合的、具有多重含义、多重表现力和多重感染力的景观（王向荣 等，2012）。

“多义景观”成绩斐然，在不到 20 年的时间里完成大小项目 150 余个，其中著名的如西湖西进工程、杭州江洋畈公园、湘湖风景区、中关村软件园、厦门海湾公园等，在园林景观设计界影响很大。“多义景观”也经常参加国内外的展览，园博会、园林展中的展览花园等，2011 年王向荣成为西安世界园艺博览会的策展人，并设计了四盒园。林菁称这类花园对使用功能要求不多，更多是展览对花园艺术的理解，探讨如何在现代社会继承中国园林传统，是有挑战性的设计。

除了在设计实践方面的成就外，王向荣还发表了百余篇论文，很多是和林菁合作发表的，如《现代景观的价值取向》《自然的含义》等均有广泛影响。他的著述主要有《理性的浪漫：德国传统园林艺术》（1999）、《西方现代景观设计的理论与实践》（2002）、《北欧国家的现代景观》（2007）、《2011 西安世界园艺博览会：大师园》（2012）、《多义景观》（2012）等。2019 年他将历年来在繁忙的教学、研究和设计实践中抽空写下的记录自己思考的文字整理成集以《景观笔记：自然 · 文化 · 设计》为题由三联书店出版。正如王向荣所说“因为没有了科研论文的写作羁绊，这些文章也就少了些刻板与说教”。确实如此，读此小书感受到了作者行文的清新与真诚，有一种进入作者内心与之深入交流的感觉。于是想到陈从周先生以散文形式娓娓道来的对中国古典园林的解说；还有画坛大师吴冠中先生以同样清新的文字叙述他的画论。自然，王向荣的这本“笔记”尚不能与这些大师的文字并论，但真的是值得推崇的，因为对于园林学科来说，在研究论文愈来愈有专业范式的今天，这确是难得的一股清流，在这些文字的背后让我们有了真实的感悟。

王向荣曾是北京林业大学园林学院院长，现在是香港大学荣誉教授及国内多所大学的客座教授，还任《风景园林》主编、《中国园林》副主编，在教学、科研、规划设计、行政管理以及主持学术期刊等多个方面开展工作，为风景园林的传承、创新、发展作贡献，他将是未来 20 年中国风景园林学科的主要领军人物之一。

（一）学术思想及设计理念

从王向荣近 20 年来风景园林研究和设计历程，可看到他是一个很有思想、善于思考、勤于实践、勇于创新、敢于挑战、愿为人先的学者型设计师。他敢于直白自己的观点，然而态度是谦和的，没有激烈的语言，不哗众取宠。他和林菁的共同研究基本来自实践，是为了能和甲方及其他设计师更好的交流，表达他深刻的设计理念而作。因此，他的研究很多是基于对项目实践中的关注和思考，是针对场地、为解决问题的，林菁称之为“设计师式”的研究，而非纯理论研究，希望他们的研究更有助于自己和他人的实践（林菁，2005）。如在设计杭州江洋畈生态公园时，针对有人提出缺乏当地文化内涵的问题，研究了风景园林和文化等。

1. 关于景观设计

王向荣认为景观的建造是让社会更公平的一个重要手段，应该消除景观设计、城市规划和建筑设计之间存在的人为界限。而设计的本质是解决具体地块上的问题，用最简单、最经济，最适合和最有效的方法解决问题。对于城市景观设计来说，功能性、艺术性和生态性的和谐是一种境界，更是一种理想状态。他清楚现在景观设计存在的问题和面对的困难，由此批评许多景观设计项目更趋同、更没有个性，是设计师没有维护好自然和文化的延续，价值观有所偏差，而我们的城市却是改变了自然、摧毁了许多前辈的文化遗迹（王向荣 等，2003）。

他强调景观设计的基本理念，是尽量不干扰自然发展的脉络，不但要把自然发展的脉络延续下去，也要把前人生活痕迹、文化的价值延续下去。要明确，设计不应以某一种单一的因素为导向，因为所有的设计都会涉及广泛、综合与复杂的方面，涉及使用、经济、自然、文化、艺术和技术等，设计是需要寻求一种平衡。因此，他的设计“不会为了人的使用而忽视场地上自然和文化的历史，不会为了强调对自然的维护而忽略人的使用，不会为了历史而排斥现代的观念、技术和材料，不会为了艺术而艺术”（王向荣 等，2012），他的这些学术思想在其设计作品中得到了充分的体现。而他认为，一个作品存在的时间长短并不决定于它的物理属性，更重要的是它的精神属性。而在精神上不朽的作品，一定是在时代的水平坐标点上代表设计思想从原有道路的偏离；在垂直坐标点上位于一个时代的高峰（王向荣，2019）

2. 关于传承

他最欣赏的中国传统园林是苏州的网师园、拙政园的中部和艺圃，当然还有西湖。他因主持西湖西进工程而对西湖有了很深的感情，表示这是世界上建设时间最长、最出色的景观作品之一。这份遗产几乎包含了今天 landscape architecture 所涉及的一切内容——自然、人文、城市、村庄、田野、森林、湿地、水利工程。

他认为中国园林，首先是表达了一种哲学思想，一种追求自然、追求和谐，在小的地块上创造出世外桃源的理想，而这种思想在今天仍然具有价值。其次，中国的园林有两个层面的意义：在精神层面，中国园林是一种理想、一种世外桃源的理想；而在物质层面上，中国的历史园林是独树一帜的，因为中国园林的原型是第一自然。因此，不应该将中国园林看作是一个封闭的系统，人为地规定什么是属于我们的，什么是属于他人的。他表示，世界上没有什么形式一定代表了西方，也没有什么形式一定就代表东方。而东方传统文化与当代景观规划设计完全是两个概念，两者也有必要结合，也没有必要不结合。因此在他的设计思想中，并没有东西方的界限，只有创造性地寻求最佳解决问题的方法，完成适合场地的设计（《风景园林》，2010）。

他认为在世界范围内，传承都是设计领域非常重要的课题，但我们不能把优秀的传统符号化、固定化和模式化，传承与可持续发展的本质应该是向自然学习，不过我们需要拓展自然观。他在许多场合强调，优秀的设计不是对传统的浅薄模仿，而是将悠久的园林传统与现代生活需要和美学价值很好地结合在一起的作品。现代景观早已从被围墙围起的世外桃源中走了出来，其不可避免地会和大自然、城市、建筑密切地联系在一起。应与时代精神息息相关，应符合科学的原则，反映社会需要技术发展以及新的美学观点（王向荣 等，2003）。

3. 关于自然和文化

王向荣解释自然有四个层次：第一自然是原始自然；第二自然是人类改造的自然（生产的自然）；第三自然是美学的自然；第四自然是被损害的自然在损害的因素消失后逐渐修复的自然。他据此从中西方园林产生的背景及对自然的认知，提出中西园林具有不同自然观，中国园林起源于对第一自然的模仿，西方园林则是模仿第二自然。我们一直认为中国园林崇尚自然，而欧洲以人工的形式去强迫自然的认知很是主观。然而恰恰是因为对第二自然的理解不同，导致国内外风景园林从业领域和指导思想的差异。西方园林设计师一直从第二自然中得到设计语言和设计策略，艺术性地再现第二自然，因此西方园林是实用性和欣赏性兼而有之。中国园林则很早就从实用性发展到了观赏性，并且基本抛弃了实用性，加入了很强的象征性。但要说从美学的自然这个层面上看，中外的历史园林并没有本质的区别（林菁 等，2009；王向荣 等，2003；王向荣，2019）。

王向荣对景观设计就是要解决具体地块上的问题的理念，也体现在对自然的解读中。他认为自然本身没有美丑之分，不能把是否符合人们的审美习惯作为评判自然与否的标准，而新的景观的建立不应该以抹杀原有景观的所有痕迹为前提，应该是在“自然上创造自然”（王向荣 等，2014）。他批评把形式与自然联系起来，实际上这是对自然符号化的一种错误理解。他认为园林设计中运用直线或曲线是与场地特征有关，与功能有关，与美学有关，但与自然无关。当今中国许多最为重要景观项目的设计师，对其原有自然的认识和态度，会对这些项目的走向带来关键的影响。因为我们长期以来一直延续的固有的自然观，在今天已经在一定程度上禁锢了学术思想，阻碍了风景园林行业的发展，因此需要重新思考自然的含义（林菁 等，2005；王向荣，2019）。

王向荣把风景园林文化问题归属于“广义的文化”范畴，即包含人类社会和历史生活的全部内容，它不同于更多地体现中国传统的文化观念的“狭义文化”。风景园林作为文化和历史的载体，必然反映出特定的文化内涵。他提出一个问题，风景园林中的文化是来自对该地区历史的挖掘、演绎复制，还是源于场地的文化景观？ 他指出必须认识到设计中维护乡土景观的重要性，思考景观文化未来的新的出发点。然而现在相当多的设计却都是将场地上原有的文化景观进行彻底改变后，根据考证、历史挖掘甚至揣测，进行“文化”设计和建造。因此，在杭州江洋畈生态公园设计中，他们坚持采用保留自然植被类型及延续其演替过程的做法就是立足于这一点（林菁 等，2009）。

4. 关于景观设计中的生态问题

在这个方面王向荣延续了他一贯的自然观，他认为现在多数设计都是提出依据生态理念，然而那些按“如画”原则配置的植物群落恰恰是最不生态的，因为需要花费大量人力、财力来维持。“生态”与否并不能用人们惯常的经验来判断，而许多所谓的生态建设不过是制造美丽的生态幻境（王向荣，2019）。

他坚持认为，在景观设计中如果我们需要对自然干扰，要尽量和自然发展过程相吻合，不应对原先所有的东西置之不理，来凭空创造。原始的自然环境是最生态的，重要的是我们改变自然创造出的新环境是否合乎自然规律和生态原则，根本是重新把人类和社会置于自然之中。他指出，生态设计要么把对环境的负面影响控制在最小程度，要么促使自然系统向良性循环方向发展，因此只要一个设计或多或少地应用了生态原则都可称生态设计。

6 年的欧洲学习和生活在王向荣的思想上留下了深刻印痕，他有德国人的严谨。他对学术问题的态度是认真的，在设计施工中更是体现了这个精神，他和林菁为江洋畈生态公园写的工程月历就是一个证明。他写了许多文章介绍欧洲园林，《西方现代景观设计的理论与实践》就是一部广泛涉及这一领域的著述（王向荣 等，2002）。他体会地域文化和精神的表达、感受作品浓厚的艺术气息和大地结构的融合，感悟对自然与文化的理解，为我们解读了中国现代景观设计的要旨。

（二）代表作品

王向荣和林菁认为杭州江洋畈生态公园、西湖西进工程（见第六章）和杭州湘湖等是他们最主要的代表作品。这些实践体现了王向荣对现代景观设计的探索，应用生态学理论，采用简约的手法、实现他的景观设计就是解决场地实际问题的主张，是现代景观生态学思想与城市规划的成功对接，直接启发和促进了后来国内众多的区域规划和生态规划的项目（沈实现，2011）。他们的作品涵盖了城市公共空间、公园、湿地、住宅区及展览等多个方面，《多义景观》一书中均有详细记述。2019 年《城市 · 环境 · 设计》专刊介绍了王向荣和林菁的代表作品，除了上述几项外主要是近年来的作品，包括西安园博会的四盒园（2011 年）、南宁园博园采石场花园（2015 年）、重庆云阳湖环湖绿色廊道（2017 年）等。他们 2007 年以来的作品 30 多次荣获国内外的大奖，如杭州江洋畈公园、四盒园、珠海园获英国 BALI 国家景观奖，重庆云阳水上公园等获国际风景园林师联合会亚非中东地区奖等，限于篇幅本书仅选几个典型实例来反映他们的设计精粹（表 7-3）。

表 7-3　王向荣的代表作品

浙江杭州萧山湘湖风景旅游区，2006 年设计。恢复湘湖历史上的自然状态，水域深入到山谷之中，山坡下形成许多小水面、增加水面的空间变化，在保护现有植被的前提下增加动植物多样性，完善林地结构及季相变化。保留部分村落和旧居、农田和茶园，形成农业特色的乡村景观。旧石材建成的纤道是浙东水乡的特色。如此设计，体现了自然、人文、历史和功能相结合，成为维持自然和文化延续的典型	2011 年为西安世界园艺博览会大师园设计名为“四盒园”的展览花园。在狭小的地块，用乡土材料及简单的设计语言，创造一个空间变化莫测的花园，用夯土墙围合，用石、木、竹、砖建成四个盒子，代表春夏秋冬四季轮回的意境、吸引人去体念和感受。花园分隔成主庭院及 10 个小庭院，形成与网师园非常相似的结构。王向荣自述，设计灵感来自网师园和个园，而追求中国园林的空间简明、流动和不确定性的空间魅力，正是他设计小花园时的情结。获英国 BALI 国家景观奖，国际风景园林师协会亚太、中东、非洲区景观设计优秀奖

南宁园博会概念性规划及矿坑花园，2015 年设计，面积 620 公顷。矿坑花园将 7 个采石场构成一个体系，因坑而建，包括落霞池、水花园、岩石园、峻崖潭、飞瀑湖等，保留了矿坑的形状及部分采矿设备，通过巧妙的设计融入未来的景观中，展示了工业遗址的历史文脉。设计各种栈道、平台、廊亭以供观景，深入矿坑空间内部让游人感受悬崖峭壁、清澈湖水的自然魅力，在山崖上覆土恢复植被。应用现代简约的设计语言表达了独特的艺术气质；他不是在造园，而是解决场地的问题，是在近年来众多矿坑设计作品中独具匠心的一处精品	重庆云阳湖环湖公园绿色廊道，2016 年设计，面积 75.5 公顷，建成尽可能贯通的滨水公园，通过慢行步道和自行车道实现全线连通，保留原有的自然岸线形态，应用高差及季节差异，利用消落带，恢复湿地植被，修补生态环境，设计耐淹的游览路径和休息平台，成为枯水期的亲水空间。利用大桥下的荒置半岛和消落带的浅滩设计为风格轻松自然的水上花园，以植物为特色，中部疏林草地，周边沿水边布置亲水平台，以栈道与水中小岛上的平台连接；另外有月光草地等多处景点。该设计获英国 BALI 国家景观奖，国际风景园林师协会亚太、中东、非洲区景观管理杰出奖

引自：王向荣 等，2012；王向荣，2019。

六、朱建宁——深论中国古典园林现实意义的园林学者

朱建宁，1962 年出生，南京市人。1984 年毕业于南京林学院园林专业，先在南京园林规划设计院工作，2 年后赴法国凡尔赛国立高等风景园林学院攻读景观

设计学。1990 年获博士学位及法国国家风景师证书，进入法国 A. Chemetoff 景观设计事务所，主持了法国勒阿佛尔市海滨公园等多个项目的规划设计。1995 年朱建宁回国到北京林业大学任教，之后与他人合作创办北京北林地平线景观规划设计院。

在学校他主要教授景观设计及西方园林史，是我国西方园林史研究（主要是 19 世纪前）领域年青一代中的代表之一。因为有了在法国 9 年的学习和工作的经历，能亲自从遗存的那些历史经典中，感悟各个时期园林设计大家的理念和设计手法，并熟悉西方园林的精华及发展历史。同时也体会到法国人非常强调设计师运用现代的、个性化的眼光重新审视传统文化，而不是照抄传统文化的外在形式。

（一）主要学术观点

朱建宁归国后一度集中介绍法国及欧洲其他国家的园林，在 20 世纪 90 年代编著了《户外的厅堂——意大利传统园林艺术》《永久的光荣——法国传统园林艺术》等专著。2001 年和当时北林主要研究中西方园林史的郦芷若教授，合作编写了《西方园林》一书，之后为教学需要编写了《西方园林史——19 世纪前》教材（2008 年）。以风景园林师的观点从设计角度重点论述西方园林的构成要素，空间结构和表现形式，思想观念及发展演变。是继陈志华《外国造园艺术》、张祖刚《世界园林发展概论》之后，关于西方园林史的重要著作之一。必须指出的是，朱建宁在研究西方古典园林的同时也不忘对中国传统园林的研读，作中西方古典园林的比较研究，而对中西园林文化的比较及中国古典园林的现代意义之论述，是他在风景园林理论研究上的重点。

1. 中西方园林的文化比较

2010 年朱建宁在《风景园林》杂志上发表了题为《中国园林文化艺术典型特征》一文，指出东西方文化体系的不同特点：一方面与各自的自然条件和自然环境有密切关系；另一方面受各自语言文字特点的极大影响。

他认为，中国的自然环境适宜农耕，农业经济的稳定使得产生了遵从祖法以及泛神灵的观念，以天文历法为基础产生的“天道观”和以血缘伦理道德为基础产生的“人道观”互相结合，建构了“天人合一”的哲学体系。汉字属于意音文字，其特点使形象思维的能力得到发展，但制约了语言思维能力。而形象思维具有模糊性特点，因此认为思想的最高境界是无法用语言来表达的。古代思想家强调内心的反省、体验与觉悟在认识活动中的重要性，造就了追求“神似”与“超脱”的美学观念，并产生了阴阳、风水、气数、神韵等一系列概念（朱建宁，2010）。而西方文化发源于巴尔干半岛，是基于落后的畜牧业及不稳定的商业经济，且长期陷于战乱。西方文化的基础是古希腊文化，在文艺复兴之前是由“神本思想”主导，产生“天人相分”的哲学思想。而西语是音义文字，其语言与形象之间无直接联系，重要的是语音交流，从而提高了西方人的语言思维能力，属于理性认识阶段的抽象思维形式。而语言思维的精准性造就西方人在艺术表现中的求真与再现，力求创造如临其境、如闻其声、如见其貌的真实感受。

由此，中国的传统文化更加注重表现人格精神，进而导出天人合一、君子比德、寓情于景、虚实相生的中国园林文化四大特征。“天人合一”哲学思想在中国园林中的反映，就是推崇“大巧若拙”“大朴不雕”，不露人工痕迹的天然美，追求“虽由人作，宛自天开”和“源于自然，高于自然”造园境界。“君子比德”，是孔子在理论上率先突破了人对自然的崇拜，揭示了人与自然是可以相互感应交流，造园就是要赋予“自然”以人的情感，表现人对自然山水的主观感受。“寓情于景”，表达的是“以形会意”、情景交融、“写意”高于“写实”、“抒情”与“写景”结合的艺术目标；“虚实相生”，强调作品的意境，是由“如在眼前”的“实境”和“见于言外”的“虚境”组成（朱建宁，2010）。

2. 论中国古典园林的现代意义

21 世纪初，国内对于传统园林有着两种截然不同的态度，朱建宁积极参与这场讨论。他批评我国近现代风景园林的发展一直在追随西方的形式和风格，却既没有很好理解其内涵及文化背景，又没有将其理论与中国实际情况相结合。因此，在全面了解古今中外园林艺术的基础上，唯有继承传统中优秀的部分，勇于创新、融贯中西、博采众长，才能使中国现代园林真正走向健康发展。他认为，对中国古典园林的研究作用在于两方面：一是古典园林的理念与理法对现代人的启示；二是古典园林中的不足与糟粕给现代人以警示（朱建宁 等，2005）。他的这篇《中国古典园林的现代意义》产生很大影响，据冯媛（2017）统计，此文在《中国园林》杂志刊出的 7215 篇文献中被引用次数排名第六，更是位列传统园林研究文章之首。

在文中他列出的警示作用包括：古典园林与现代人生活相距甚远；山水式园林更适合江南，在北方如北京奥林匹克森林公园挖水堆山是反生态设计理念；现代人能方便地融入真山真水，古典山水园已失去存在的必要性；古典园林与现代城市格局格格不入；因为材料和工匠缺失，导致仿古园林水平低下；古典园林大多在封闭的小环境，在现代社会中难免被摒弃。虽然他用了“被摒弃”“反生态”“失去存在必要性”等看似激烈的词语，还遭到一一批驳（冯媛，2017），但必须承认朱建宁指出的这六点是客观的，如果我们不正视这些问题、不认真研究解决，中国古典园林在今天的社会中难以依然延续她的光彩。犹如京剧也需要改革以适应社会发展一样，而中国的现代山水画也大不同于古代。中国古典园林面临同样的问题，无论从哪个方面理解，在现代城市环境中传统园林的发展不可能只是仿制或重复。

朱建宁剖析了中国传统园林的特点、设计理念和手法，力求揭示其本质特征并彰显其现代意义，指出：从天人合一的自然崇拜观，应师法自然、顺应自然；从仿自然山水格局景观的角度，应对地域性景观深入研究，因地制宜地营造适宜的景观类型；而诗情画意的表现手法，即在狭小的空间中表现恢弘的自然山水之势，入画是园林设计的基本要求；从舒适宜人的人居环境角度来看，创造更加舒适宜人的小气候环境，是享受园林生活乐趣的前提；对巧于因借的视域扩展，是要把场地的视域空间作为设计范围，通过借景形成园林与周围环境的融合；对循序渐进的空间序列，是在人工环境和自然环境之间营造过渡空间；而小中见大的视觉效果，关键是假自然之景、创山水真趣、得园林意境、营造出空灵的空间效果；至于委婉含蓄的情感表达，必须抛弃注重形式表现、繁琐张扬的外表及简单直白地模仿自然乡村景观（朱建宁 等，2005）。他关于自然的理解、基于解决场地问题设计处理、符合原有自然风貌特点的设计等理念，代表了部分海归设计师的观点。

（二）代表作品

朱建宁主持设计的作品从数量上看不及上述几位多，但在景观设计结合自然地形、理念的展示上依然显得丰富多彩，而被他称为实验作品、为各地园博会设计的小型展览园，在体现地域文化中更具有鲜明的特色（表 7-4）。

表 7-4　朱建宁的代表作品

浙江义乌站前公园田园景观。2006年设计，面积48公顷。鉴于原生态环境遭到破坏，需合理组织已有景观资源，利用低丘多变空间，形成以山地为特色的景观类型，解决水土流失问题；优先考虑水系循环利用与水质改善；保留农田、融入公园景色之中	山东日照银河公园的亲水平台。2004年设计，在原采石坑建造的公园基础上改建，面积16公顷。塑造和谐自然的山水结构，改造混凝土驳岸，恢复花岗岩驳岸自然肌理，突出废弃采石坑的场地历史痕迹，营造以水景见长的湖光山色型城市公园（引自：中国风景园林信息委员会，2007）

山东省第四届园林绿化博览会潍坊园。朱建宁在各地园博会作了许多展览园，如在重庆的安阳展园、锦州的清涟园、厦门的网湿园等，他称之为实验作品。而此潍坊园2012年设计，面积1300平方米。因当年恰为龙年，以龙头蜈蚣为原型，设计一条水岸飞舞的龙形回廊串联起竖向变化丰富的园林空间，形成展园一大特色	南宁南湖广场。2000年设计，面积11.8公顷。设计寻求地域景观和城市景观融合，营造数条与湖岸线相平行的景观廊，从城市景观逐渐过渡到湖泊景观，引入高尔夫球场景观的概念营造丘陵起伏的疏林草地景观（引自：中国风景园林信息委员会，2007）

引自：朱建宁，2007。

七、朱育帆——以小尺度景观设计见长的风景园林师

朱育帆，1970年出生，上海市人，1988—1997年在北京林业大学连续完成从学士到博士的学业。读博期间他延续导师孟兆祯院士的研究方向，完成《艮岳景象研究》的博士论文。1998年他投在吴良镛院士名下作博士后研究，出站后就留在清华任教。

朱育帆少年爱画，8岁即拜师学习中国花鸟画，他的老师王羽仪是大画家王梦白的弟子。之后他又进入北京少年宫接受西画素描水粉培训。由于他爱好绘画，

在考大学时选择了园林专业，而且绘画成为在大学时专业发展的优势资源（冯纾苊 等，2008）（图 7-4）。在北林以传统园林为主的学术氛围中，朱育帆接受的是唯中国古典园林教育思想。1998 年进入清华开始全面接触城市与建筑，接触西方景观园林的东西，所涉猎的领域基本上都是西方语境，打开了眼界又有了自省的心态，结合不同背景的知识在专业层面进行思考。再后来他去意大利罗马大学和美国麻省理工学院访问研究，对西方园林有了切身的体念和进一步理解，因此他的设计思考方式是中西两条线并行发展。他从冯纪忠的方塔园，领悟到了“中国式表达”的含义，他称冯先生的方塔园使“建筑、园林、东方与西方得到了的高度的提炼和融汇”，每次去“都会有一种朝圣的感觉”（冯纾苊 等，2008；GARLIC，2017）。

图 7-4　朱育帆临摹古画《江山秋色图》（1997 年）（引自：朱育帆，2007a）

据朱育帆自述，他在研究生期间只是通过绘画来表现设计，对设计的真正理解是在随吴良镛先生做一些重要项目设计之后，在实体空间里想这个事，发现实践中的设计思考和简单代入之间其实还是有着非常大的距离。自 2001 年他做北京四合院的一个改造开始，逐渐领悟实体空间设计的要旨。他认为设计景观最主要的是修养， 含有文化价值的景观是未来的趋向。他受孟兆祯中国传统园林教育的影响颇深，自认在孟先生指导下的《艮岳景象研究》为他打开了园林史研究的大门，确立了后来作园林研究的方法和理论体系。而1995年做IFLA国际大学生设计竞赛，选题为北京房山的“十渡”，孟先生点拨作“人生十渡”使他对“借景”有所顿悟，把“借”作为“触类旁通”的精练词来理解，“借”应该成为一种先进的规划设计意识。2010年后开始对专业发展思路重新反思和批判，再次深入研读中国传统文化，认识到传统文化是一个专业人士进步最持续、也是最可持续的一个动力之源。从此他的学术观逐渐成熟，自省在2007年提出的三置论设计方法有不足之处也不再提了（见后）。朱育帆成立了一语景观工作室，原先他的设计总的来说更多为小尺度景观设计，可能是因为非常谨慎去挑选设计对象，但在辰山项目之后，项目变得多样，因为他自觉有能力去操控更加复杂的设计项目（GARLIC，2017）。

（一）主要学术观点

1. 对设计理论的解读

在北林主要接受中国传统园林教育，使他习惯用园林构思立意系统方法论来指导设计，而清华的教育促使他强调和关注景观空间处理。把场地当成画来理解，如读画一样读出场地本身带来的信息，读出其背后的真意并将其恰当呈现出来。他认为：“我自始至终都不相信美是仅仅凭借理性就抵达的，我更愿意相信的是一种来自场地的对人心灵直接的触动，这种油然而生的美学触动是我们设计所希望捕捉的创作之源。”因此，设计不会是全然的恋旧，在重组时必然会受到场地信息的明确影响，这个影响是基于你的判断。在园林史中你会把一个过去的东西当成一个历史对象去研究，从设计上讲它可能是对你产生重要影响的一个实体。可见他的设计更多源自灵感（程思远，2012）。

朱育帆自认，内心一直有着对于中国传统园林当代意义的怀疑，直言“中国式表达”是最难的，设计者必须同时具备两方面的素质，并且要达到一定的平衡。而他认为，“如果有一天我们不去探讨这个所谓新中式的问题，可能才是一个成熟的标志。只要我们还在提‘当代中式’这个词，就说明我们还没有成熟，因为当我们还处在一个文化不够自信的环境里面才会去探讨这个问题”（冯纾苨 等，2008；GARLIC，2017）。而他做景观设计一般是靠两条腿走路，一是寻找传统的方法论支持，另外就是现代空间的处理和变通能力。

2. 提出三置论

2007 年他提出三置论的设计方法，即所谓并置、转置和介置，其要义是考虑原有场地信息的价值，经过深思熟虑，将原有事物的潜在价值激活。它适用于城市环境，侧重与建筑结合的外环境设计类型，对于向大和超大尺度领域的拓展还尚待研究（朱育帆，2007b）。

并置，指的是场地原有文化与新文化之间的并存，也是独立性与整体性的并存。设计观念是新旧不予混淆，但并置后形成一个系统，是源于美学原理中相关的层次规律，设计师对于原生环境应尽最大限度地尊重和考量。朱教授在他的北京城区的一些改造项目中成功地应用了新老并置的理念，取到很好的效果。

转置，是在原有文化基础上通过转化和发展形成新的文化，一般通过隐匿以转换，强化原有设计秩序从而生成新的设计逻辑的设计方法。转置之后，原置不具备直接的可视性，所见都是新置，但原置的内在结构实际上深刻地影响着新置的结构语言。

介置，“介”有居中调和之意，介置是使设计场地内外环境协调共存的设计方法。不同于针对内部环境层面的并置和转置，介置是寻找一种途径，在设计场地内外诸多要素之间取得最佳的平衡。他在北京金融街北顺城街 13 号四合院改造实践中，恰当地展示了并置设计，而清华大学核能与新能源技术研究院中心区景观改造成为他转置设计的成功案例。

当代风景园林设计中的文化传承，归根结底就是处理设计场地内外新与旧、传统与时代之间的关系，不管它们是隐形的还是显性的。因此，三置论是基于文化传承的视角，针对当代中国风景园林设计创作中的一些时弊，尝试以方法论形式提出的一套设计理论构架（朱育帆，2007b）

朱育帆现在基本上不提三置论了，他认为这种说法偏设计技术一些，也比较容易让人费解。现在更强调的是场地潜质，或者说潜质空间的利用，但三置论的影响依然存在。

（二）代表作品

朱育帆的设计涉及现代房地产项目、别墅庭园、城市 CBD 广场公园、北京街坊院落改造及纪念公园，作品以小尺度为主。主要代表作品有北京香山 81 号院、青海原子城爱国主义基地纪念园、上海辰山植物园矿坑花园等，都是享有盛誉的作品，他的作品多次获得国际专业设计奖项。庞伟认为自原子城纪念园和万科如园之后，朱育帆设计的跳跃度和表现力进入了一个新的阶段（俞孔坚 等，2013）。

1. 青海原子城爱国主义基地纪念园

2006 年设计，位于青海西海镇，占地 12 公顷，为纪念研究两弹技术做出巨大奉献的人们，纪念新中国自强之路上的这一丰功伟绩。场地上那片充满了生命力的青杨、藏族人民的信仰嘛呢墙和嘛呢堆，试验场的锈蚀钢板等，都作为与自然地貌、纪念事件密切相关的要素成为设计文化的根基。在这里青杨已不单是景观要素，而是记忆的文化载体和历史见证，成为设计的原动力。朱育帆设想，能否设计这样的一条路径， 它轻轻滑过那片青杨，人游走其中，宛若身处这些历史见证者的旁白声中，分享着那段岁月的记忆（朱育帆 等，2013；清华大学建筑学院景观学系 等，2014）。

由此，他采用自由叙事式的空间布局，依着青杨林荫道走向调整园地格局，形成钟摆式“之”字形的隐性中轴线，冠以“596 之路”之称，喻示研制两弹之路是极其曲折的。整个空间序列设计为三段：南段纪念广场及纪念馆，中段“596”纪念园，北段纪念碑园（图 7-5）。曲折的路径长 700 米，在主要拐点上设置表达 1959—1967 年研制中的 9 个时间点，应用雕塑、构筑物、符号语言等讲述中国独立研制原子弹氢弹的这段史诗。在青杨林界定的空间构筑下沉式广场，以 240 米长的非线性锈蚀钢板墙和百米长嘛呢毛石墙围合，成为 596 之路上的第一处高潮空间 (图 7-5）。

同时采用情景化的手法，将主题雕塑和场地语汇完整地结合在一起使之情景交融，如读信的男主人公和寄信的女主人公（图 7-5）。596 之路的终端是“和平之丘”，以古时祭奠的“台”为原型，成为整个空间序列的高潮。丘顶一面镜池，四周石条凳上镌刻“在那遥远的地方”，宁静感油然而生，一块巨大的钢板斜向插入天空，上刻无数和平鸽在阳光中飞翔，它是人类所向往的和平共生的境界（朱育帆 等，2011）。

整个设计将场地遗迹、研制历史、轶事传说、当地人的信仰和自然环境融合在一起，空间序列顺着历史流动，用景观讲述一个真实感人、震撼人心的故事，该项设计获2010年度英国国家景观奖。

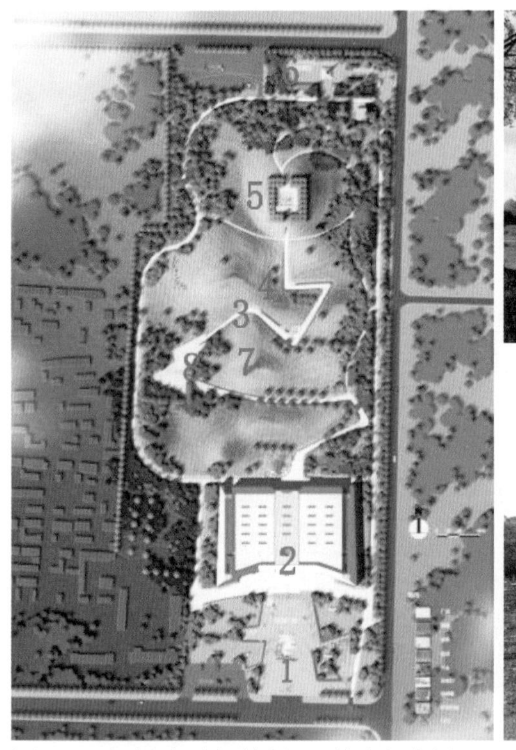

图7-5　青海原子城爱国主义基地纪念园
左：空间结构 1. 纪念广场 2. 纪念馆 3.zigzag路径（596之路） 4.“596”纪念园 5. 和平之丘 6.纪念碑原址 7.下沉广场 8.夫妻林；右上: 和平之丘，斜向的钢板上无数飞翔的和平鸽；右下：下沉广场、嘛呢墙和钢板构成延展的界面，读信的人雕塑，地面
（引自：朱育帆 等，2011）

2. 上海辰山植物园矿坑花园

将采石废坑建成精致的、有特色的修复式花园，属后工业改造类型。原址由山体、台地、平台和深潭四个层级构成，总面积4.3公顷，设计重点是修复严重退化的生态环境，充分挖掘和有效利用矿坑遗址的景观价值，重建矿坑和人们之间的恰当联系。设计采取了“最小干预”的方法，采用重塑地形和构建植物群落恢复生态，尊重裸露崖壁的景观真实性让其自然修复，用锈钢板这种带有工业印记的材料包裹台地边缘的挡土墙，形成有节奏变化的景观界面（GARLIC，2017）。

在平台处设计了一处“镜湖”，倒影山体优美的曲线，倚山建水塔，有泉水从山中流出增加生趣，镜湖另一侧坡地设置望花台与水塔对应。在东侧山坡上开辟一条瀑布，水击岩石、声传四方，援引古代“桃花源”的意境；设置钢桶以倾倒之势将游人引入深潭的半封闭栈道，栈道依壁而建，岩石触手可及；行至从采石的卷扬机坡道上的裂缝中塑造出的“一线天”景致；穿过山体后走上蜿蜒的水上浮桥进入水面空间，浮桥凌波轻盈，与崖壁若即若离；最终进入山洞，穿过隧道便是东矿坑另一片天地。整个游线既精彩刺激又宁静怡人（图 7-6）。

辰山矿坑景观重塑中，设计延续自然客观性，保持了场地本身的叙事性，创造与场地本身同型的形式语言，并借助场地自然力整合审美、生态、功能需求，设计与高效的技术相结合，重建人与自然的联系，并保证了场地可持续发展的生命力（孟凡玉 等，2017）。该项目获得美国 ASLA 景观设计荣誉奖（2012 年）、英国 BALI 国家景观奖（2010 年）及国内多项大奖。

图 7-6　辰山植物园矿坑花园
1. 镜湖 2. 钢筒进入栈道 3. 栈道 4. 浮桥 5. 山洞（隧道）入口 6. 深潭 7. 平台 8. 台地区
（引自：朱育帆 等，2017）

第二节
“生态园林”和“城市森林”影响城市园林绿化建设的理论和实践

一、程绪珂与“生态园林”

（一）“生态园林”概念及发展

2006年程绪珂和吴运骅主编的《生态园林的理论和实践》一书出版，“生态园林”和程绪珂的名字联系在一起，她被称为我国“生态园林”的主要倡导者之一。虽说在一次采访中她声明自己不是第一个提出“生态园林”（Ecological Landscaping）的人，但毫无疑问是她推动了“生态园林”从理论走向实践。

在我国，“生态园林”理论的出现时间可追溯到20世纪80年代，当时环境问题成为全球关注的热点，国际上提出环境生态学观点，而在“文化大革命”中沉寂的中国园林建设又必须面对城市发展带来的问题和困境。在此大气候环境下，中国园林学会于1986年在温州召开“城市绿地系统·植物造景与城市生态”学术讨论会，会上陈有民、余森文提出了“生态园林”概念。与会专家指出发展生态园林的时机已经到来，针对城市发展中的生态环境转变，提出城市生态园林规划是在维持城市生态平衡的基础上，为了改善城市环境、美化城市生活，利用园林植物内在功能的效益和外在作用的景观效果，以一定的绿化生物量，来达到人为创造的城市生态园林环境（冯良才，1986）。之后发布的会议纪要，明确了“城市园林绿化建设要以改善生态环境和植物造景、植物造园为主，走生态园林的路，这是现代园林发展的新使命”。

“生态园林”的提法在园林学界迅速获得响应的同时也为政府部门所关注，1986年程绪珂在天津的一次学术会议上讲了必须走生态园林的道路，她的讲话受到上海市倪天增副市长的重视。在倪天增的支持下“生态园林研究与实施”列入上海1989年的科技攻关项目中，提出建设生态园林的设想和实施意见，并分别选择居住区、风景区、外滩和宝山钢铁公司作试点。由此，上海市是我国最早开始“生态园林”实践的城市之一，上海绿化委员会还汇编了《生态园林论文集》（1990 年）和《生态园林论文续集》（《园林》增刊，1993 年），倪天增副市长为《生态园林论文集》作序，指出：“生态园林的提出不是偶然的，它既有历史发展的积累和深化，也有时代背景的孕育。它既继承了传统园林的经验，又适应现代化的发展。从过去单纯的供观赏和作为城市装饰的性质，向着为改善人类生存环境，保护城市生态平衡的高度转化，从而赋予园林绿化以新的含义和应有的地位。”1990 年 9 月，国务院发展研究中心在上海举办生态园林研讨班，明确提出把生态园林建设作为一项战略目标是具有深远历史意义的，它标志着我国的城市园林绿化建设有了一个新的战略性的良好开端，并对生态园林的指导思想、原则、理论、标准和类型提出了建议（程绪珂，2004）。

据园林史学家分析，现代造园应用生态学（生态园林）的思想最早出现在 20 世纪 20 年代的欧洲，源于 1925 年荷兰自然保护者蒂济（Jaques P. Thijsse）。蒂济 60 岁生日时获赠一块土地，他请来造园师斯普令格（L. Springer）规划设计而建成了自然景观园，被称为世界上第一座“野生生物花园”（Wildlife Garden）。园中林地、欧石楠灌木丛生的荒地、沙丘和湿地以及自然生长的草地，形成多种多样的野生生物栖息地。他将生态学引入园林设计，提出乡土植物花园理念，维持种植群落不断变化的自然过程，这与以往需通过管护以维持最初的种植设计效果的做法不同。

20 世纪 30 年代担任美国芝加哥西区公园主管的詹森（Jens Jensen），认为园林艺术是来自自然的乡土景观，他开创了被誉为“草原风格”（Prairie Style）的设计。即应用乡土植物、模拟自然植物群落，并试图展示植被自然演替的效果。1935 年他设计的林肯公园，应用乡土植物重建林肯在年青时见到的伊利诺伊斯州的景观，以及美国中西部的草原和树林。到了 60 年代，自称生态设计师的哈普林（Lawrence Halprin）为旧金山地区设计称为“海岸牧场”的住宅开发项目，他的设计理念是居民应融入环境、不会对环境造成破坏，在他的设计中保留了原来的牧草地并任其发生自然演替，这个项目成为把生物物理和社会文化结合在一起的范例。20 世纪 70 年代，荷兰的罗伊（Louis Le Roy）提出应采取维持和促使植被在相对稳定的顶极群落类型的经营措施，运用大量植物种类和自然形成的植物群落，作用是产生一种动态的景观。当时荷兰营建了大量的生态景观，目的是把大自然引入城市环境中，同时最大限度地创造娱乐和审美价值。然而，有人认为利用乡土植物群落和自然演替过程缺乏艺术形式，事实上它是一种“生态艺术”，可看作是适宜21世纪的一种新的艺术形式，它富有美感、生态良好、充满活力、变化丰富，常常带给人诸多遐想和回味（Morrison，2004）。

如此看来，20世纪80年代我国园林专家提出“生态园林”概念时，园林景观设计中应用生态学理念在欧美国家已有了几十年的实践。尤其是1969年，McHarg的“设计结合自然”开创了“生态规划”理论，构建了适宜性评价的科学方法，与景观生态学结合，形成生态规划的一股热潮。在20世纪90年代我国一些园林设计师也已开始应用生态学、景观生态学理论来指导园林规划设计。因此，我国园林学家在这个时间节点提出“生态园林”概念有其必然性，当然我们不否定在中国传统园林中也蕴含着“天人合一”“师法自然”的生态观，但这不能看作是现代生态学意义。

在提出“生态园林”之后有许许多多学者、园林设计师参与研究，发表论文讨论、诠释其概念，下定义、明确内涵、确认其研究范围，但至今没有形成完整的、为大家所接受的定义。朱建宁认为一些定义过于概念化、理想化的目标不仅对实践缺乏指导，而且很多概念本身就含混不清，对园林规划设计的影响依然停留在表象上或技术上，尚未在思想和方法等深层次上产生作用（朱建宁，2007；朱建宁 等，2017）。

在此我们摘录几条关于“生态园林”概念的主要论述：

北京大学生态学家陈昌笃教授提出：生态园林是按照生态学原理，以人与自然和谐一致为目的而规划、设计的某一地段。其中心思想是向大自然学习，应以自然景观作为规划设计的模型，即所谓的“自然构景”（陈昌笃，2006）。

复旦大学王祥荣教授提出，生态园林主要是指以生态学原理（如互惠共生、生态位、物种多样性、竞争，化学互感作用等）为指导所建设的园林绿地系统，在这个系统中，乔木、灌木、草本和藤本植物被因地制宜地配置在一个群落中，种群间相互协调，有复合的层次和相宜的季相色彩，具有不同生态特性的植物能各得其所，能够充分利用阳光、空气、土地空间、养分、水分等，构成一个和谐有序、稳定的群落。其主要应用的生态学原理，包括以“生态平衡”为主导，合理布局园林绿地系统；遵从“生态位”原则，搞好植物配置；遵从“互生互惠”原则，协调植物之间关系；保持“物种多样性”，模拟自然群落结构（王祥荣，1998）。

程绪珂先生提出：生态园林的核心就是保护环境，实现人与自然的和谐发展，是城市及其郊区的区域范围的自然生态系统。应遵循生态学和景观生态学原理，以人为本，建设多层次、多结构、多功能的植物群落，修复生态系统，使其良性循环，保护生物多样性，谋求持续发展，以体现在功能、环境文化性、结构和布局、形式和内容的科学性。以经济学为指导，强调直接经济效益、间接经济效益并重，应用系统工程发展园林，是生态、社会和经济效益同步发展，实现良性循环，为人类创造清洁、优美、文明的生态环境。同时认为生态园林建设要打破旧的思想框框。第一，要打破唯观赏论，要以生态观念规划园林；第二，要打破“城市围墙”，坚定地走城乡绿化一体化的道路；第三，要打破狭隘的园林植物观；第四，要打破过去园林光有生态效益和社会效益，没有经济效益的形象（程绪珂，2004，2011）。

“生态园林”概念提出已有 30 多年，今天还有不少学者发文阐述。如朱建宁等（2017）提出，生态园林的核心思想是在处理动植物群落、环境空间和游人活动三者关系时，将动植物与环境空间的关系置于优先考虑的位置。因此其规划设计的基本方法是以自然景观和生态系统为参照，以科学的动植物群落与环境空间之间的关系为基础，营造与当地的自然条件、生态环境、景观类型相适应的动植物群落类型和环境空间特征。生态园林是一种与当地的地理、地貌、气候等自然条件和自然环境特征高度吻合的园林类型，着重于再现当地自然景观和文化景观的特征典型。

当然也有不同的意见，如孟兆祯（2007c）认为“园林和生态园林没有本质区别”。李嘉乐（1992，1993）指出，历史上“园林”就含有“生态园林”意思，还指出我们提倡的生态园林和西方的生态园林不一样，生态学是构成园林理论和指导园林实践的主要基础之一。从目前使用“生态园林”这个词的情况看来，涉及园林与生态学和生态系统的许多方面，但着眼的重点不一，只用“生态园林”

一个名词来概括实嫌过于笼统。他建议，今后不要随便使用“生态园林”这个词，而要建立一门“园林生态学”，系统地论述园林与城市生态系统、植物配置与生态习性、栽培技术与植物生境、景观生态与审美意识、园林发展与人类生态等诸因素之间的交互关系。

尽管有不同的观点，但“生态园林”概念的出现，正是我国改革开放后城市建设进入大规模发展的前夕，对我国园林建设的影响是巨大的，所起作用不容忽视，经过 30 余年的实践人们已接受这个名词及其概念。2004 年，建设部在创建国家园林城市的基础上提出了创建国家生态园林城市的目标。

遗憾的是虽然有很多项目都冠以“生态园林”的名义，实际上真正能达到目标的并不很多，否则也不会有俞孔坚等用激烈的语言来批评一些城市的园林现状了。据笔者观察，“生态园林”理论的运用在小尺度范围，如种植设计、城市公园绿地等范围比较容易实现，王向荣所作“江洋畈公园”就可看作是具有生态园林典型特征的范例。但在大尺度范围，如城市绿地系统或景观尺度上，就显得难以把握，或者还是因为缺少科学方法的原因，依然需要继续研究和实践。然而，“生态园林”概念应该是“风景园林”“景观设计”所依据的基本理论之一，本质上说就是生态学原则的应用，对于各个类型、不同尺度的园林规划、设计及营造都应该用生态学理论来指导，包括运用群落生态学、生态系统生态学、景观生态学等理论，同时采用与环境友好的工程技术和材料，在此基础上使园林绿地发挥最大的生态效益和环境功能。

（二）程绪珂——集学者和领导于一身的园林学家

程绪珂（1922 年—），女，祖籍四川云阳，祖父程德全历任江苏巡抚、江苏都督及孙中山南京临时政府内务部总长等职；其父程世抚先后在美国哈佛和康内尔大学学习景观建筑，是我国第一代城市园林规划建设专家和缔造者，上海市工务局园场管理处首任处长（详见第四章第二节）。1945 年程绪珂从金陵大学农学院毕业进了上海园场管理处工作，之后一直在上海从事园林技术和管理工作，担任上海市园林管理局首任局长，与园林结下了不解之缘。她参与或主持了上海自新中国成立以来几乎所有重大的园林建设项目。在 50 年代她研究实现了牡丹花、兰花的错季开放；她是 1954 年筹建上海动物园的主要负责人之一；1958 年她提出在佘山地区辟建上海第一家植物园，开始规划建设并育成500多种乔灌木（胡永红，2013）；1960年她负责上海西郊宾馆环境规划设计，那里丰富的植物种类、近自然的植物配置，至今都是教科书级的典范。

“文化大革命”中程绪珂遭到不公正的待遇，但一遇机会她就重新投入园林事业，1972年程老抓住庄茂长提出建植物园的机遇，策划完成了上海植物园的规划方案；1974年她请出曾多次受到批判的同济大学冯纪忠先生设计松江方塔园，由此留下了中国现代园林史不容忽略的典范，程老称其为“在继承中国园林的传统中创造出现代园林新的生命力，为风景园林走出了一条新的途径”（程绪珂，2008）。1979年“文化大革命”刚刚结束不久就提议建设大观园，那时她已回到领导岗位。她说“那时候一大半人反对建大观园，但是我们顶过去了”，值得一提的是当时她不顾政治风险启用了所谓政治上曾有“问题”的古建专家梁友松，集聚了一批专家用了8年时间完成大观园建设。她的人生似乎与8年有缘，1990年，她与陈俊愉历时8年合作编写的《中国花经》出版，之后又用了两个8年完成了《中国野生花卉图谱》和《生态园林的理论与实践》（程绪珂 等，2006）的编著，可见她做学问的严谨和精致。其中，《生态园林的理论与实践》获得国家科学技术学术著作出版基金，并获2006年首届全国“三个一百”原创科技图书奖。

生态园林的理论研究和实践是她离开局长岗位后最主要的工作，据程绪珂回忆她对生态的认识源于她的父亲。新中国成立初程世抚先生在课上就提出过城市园林建设要以生态学为指导。早在50年代筹建佘山植物园时，程绪珂就按照生态要求，在不动原有树木的基础上，因地制宜地规划区域，种植、培育植物。在城市规划方面，她指出要贯彻生态系统理论，把城市绿化纳入更大范围的自然生物圈体系，实现“城市与自然共存”的战略目标（胡永红，2013）。

程绪珂先生对于城市园林绿化有独特的见解，她从不只局限于园林本身，也不人云而云。在纵谈上海绿化新目标时，她提出：“决不能仅止于讲绿地面积，更要讲绿色的生态本质，这里至少包含3个要素：足够的绿量；自然的文化内涵；有利于生物多样化。”她提出“实行城乡一体化的系统，把城市绿化纳入更大范围的自然生物圈体系”；认为“要从规划着手，采取适当的手段，在大片的地域中，建设生态林为主的城市森林体系”，大力保护生物种群，采取各种措施，引鸟入林、引哺乳动物入城，实现物种间和谐相处。她要求“在城市的各个中心城区，都会有连片的大型公园绿地，绿地中绿量充足，有色彩丰富的森林植被，会对优化上海的小气候发挥非常积极的作用”（洪崇恩，2003）。她的这些论述对上海乃至全国范围的园林绿化建设都有很大的影响，起到示范作用。

程老是谦逊的，当《生态园林的理论与实践》专著在全国产生巨大影响时，她郑重说明“它是集体智慧的结晶”“使我进一步认识到集体力量的伟大”；当人们赞誉她是生态园林理论的开创者时，她严正声明“我并不是第一个提出生态园林理论的人”“尽管这本书获得了一些荣誉，但与现在的形势仍然有距离，不是十全十美的，仅仅是生态园林理论与实践的开头”（文桦，2009）。

程老是“与时俱进”的，进入老年后她依然关注园林事业的发展，不断接受新事物。还记得1992年程老来安徽农学院讲学，当时笔者与她谈起城市林业的问题，她很坦率地说：“我们有好的，为什么要用国外的东西？”10余年之后国内开始创建“森林城市”，当时遭到很多园林专家质疑，但程老在一次会上立场鲜明地指出“城市林业是林业和园林的最好结合”，提出建设生态林为主的城市森林体系。可见程老只认可真理、在学术上没有门户之见，她的言行令人尊敬。

程老也是率真的，当年她为了保护宝钢工地上的一株古树，曾写信向全国人大常委会委员长万里“告状”，她批评房地产开发商花钱换来了生硬浅薄的“暴发户”形象，是没有文化的现象，是需要反省和付出代价的（吴明玲，2001）；她直言不讳“现在很多城市都开始有意识地强化自己的地域文化，但总的来看，现有的做法比较生硬，符号多，底蕴浅”（胡永红，2013），她的言论向我们展示了身为学者的操守。

（三）生态园林理论指导下的实践

程绪珂先生不仅是生态园林理论的倡导者，更是最重要实践者。她提出观赏型、环保型、保健型、知识型、生产型和文化型6种生态园林形式，分别在上海的一些工厂、住宅、公园、公共绿地、湿地等不同的用地类型实践。如主持宝钢生态园林工厂绿化设计，以绿为主，适地适树、植物造景，基本不搞亭台楼阁、假山花坛、小桥流水等建筑小品，绿化以常绿树为基调、坚持先绿化后美化，通过植物净化功能保持厂区生态环境的良性循环，绿化植物达到 500~600 种，厂区绿化率达到 44.12%。而由她所作的“云间 · 绿大地”别墅环境规划方案，构建了保健型植物群落；在上海万里住宅小区中营造万杏生态保健林、太极生态绿地、“九九归一”银杏树阵广场，“五行园”按金、木、水、火、土布局，对应人体的五脏来配置植物群落，提出了很多为居民身心健康服务的创意（表 7-5）。

表 7-5　程绪珂生态园林代表作品

上海万里住宅小区的植物群落，直径 30 米的圆形地构建为阴阳太极图，半边是杏林半边是桂，中间的阴阳界为生态步道，鱼眼是现代生活雕塑和雨水汇集池，四周为银杏林	上海西郊宾馆，中西园林风格兼容，以香樟、雪松为基调树种，配置大量适生树种，群落层次结构完整，季相变化明显，既体现了多样性，又用基调树种体现统一性

上海宝钢厂区绿化，绿地围绕厂区的建筑、管线。在污染区构建净化和滞尘功能高的抗逆植物群落；在清洁区，如办公、住宅区等，种植保健型、观赏性植物群落	上海市甘泉新村。保留原有的水塘，水体源头作成一处山泉，泉水从石缝中渗出，涓涓细流绕行林间，汇入池塘，利用地形及乔木分隔水面，取得小中见大的效果，并采用杉木桩打造生态驳岸

引自：程绪珂 等，2006。

二、从“园林城市”到“生态园林城市”

1. 园林城市

20世纪90年代初，我国在经历了10余年改革开放后的经济发展，城市化达到了一个新的水平。城市管理者必须考虑为迅速涌入城市的庞大人群提供就业机会和居住条件，因此许多城市开始大改造、大建设，如上海就有“一年一个样，三年大变样”之说，随之而来的是扩城运动，当然城市发展的同时对园林绿化也提出了新的要求。此期间全国城市园林绿地大幅度增加，据建设部城建司统计，到1992年我国城市绿地面积达到41.23万公顷、公园4.57万公顷，分别是1978年的5.1倍和3倍。然而，当时城市的绿化水平依然不高，有296个城市人均公共绿地不足4平方米，占城市总数的57.3%；有301个城市绿化覆盖率不足21%，占城市总数的60%。

1992年在巴西里约热内卢的世界环境与发展大会上，中国政府代表团签署了《生物多样性公约》。同年国务院发布《城市绿化条例》，标志着我国城市园林绿化建设步入了法治化轨道。《条例》明确了促进城市绿化事业的发展，改善城市生态环境，美化城市环境的三项任务，同时确定人均公共绿地面积、城市绿化覆盖率、城市绿地率为评价城市园林绿化的三项指标。为了表彰绿化先进推动城市环境建设，国家建设部提出评选国家园林城市活动，是紧跟时代步伐的举措。1992年，北京、合肥、珠海被首批授予“国家园林城市”称号，译名为National Landscape Garden City，之后每2年评选一次。

钱学森曾在1984年给《新建筑》编辑部的信中提出构建“园林式的城市”，还提到“让园林包围建筑，而不是建筑群中有几块绿地”（钱学森，1984,1985）。而“园林城市”是建设部在综合了国际上的“田园城市”“花园城市”“生态城市”以及钱学森提出的“山水城市”等构想的基础上提出的，认为创建园林城市更符合国情，更能弘扬民族文化和历史，更能提升城市品位，同时提高人民生活质量和促进城市的可持续发展（谭庆琏，2007）。将创建园林城市作为改善我国城市人居环境的主要助力，这积极推动了城市园林绿化建设的进程，促进了城市绿地系统的新一轮规划，同时直接导致城市绿地、公园规划设计和建设的高潮，也大大提高了城市绿化的水平。据2004年统计，国家园林城市的人均公园绿地面积 10.5 平方米，建成区绿地率 35.58%，绿化覆盖率 39.36%，分别比全国城市平均水平高出 3.11 平方米、7.86 个百分点和 7.7 个百分点（谭庆琏，2007）。

国家园林城市的评选标准从最初的 10 项指标到 1996 年扩充为 12 条，2016 年修订后，包括综合管理、绿地建设、建设管控、生态环境、市政设施、节能减排、社会保障和综合否定项八大类 57 个指标。具体内容包括：城市园林绿化管理机构、城市园林绿化建设维护专项资金、城市园林绿化科研能力、《城市绿地系统规划》编制实施、城市绿线管理、城市园林绿化制度建设、城市园林绿化管理信息技术应用和城市公众对城市园林绿化的满意率 8 个综合管理指标；建成区绿化率（≥ 36%）、建成区绿地率（≥ 31%）、人均公园绿地面积、城市公园绿地服务半径覆盖率和万人拥有综合公园指数等绿地建设指标 14 个；城市园林绿化建设综合评价值、公园规范化管理、公园免费开放率、公园绿地应急避险功能完善建设、城市绿道规划建设、古树名木和后备资源保护、节约型园林绿化建设等建设管控指标 11 个。此外，还包括节能减排指标 4 个，社会保障指标 4 个（详见 2016 年 10 月 28 日住房城乡建设部《关于印发国家园林城市系列标准及申报评审管理办法的通知》附件 2《国家园林城市系列标准》）。

由于规定了申报城市必须拥有植物园，从而促进了城市植物园的建设，在 90 年代后几乎所有的地级市都筹建了所谓的园林植物园，兼有普及植物学知识及城市公园的功能。

从目前已获"国家园林城市"称号的城市来看，较早一批获此殊荣的城市一般都占有自然地理的优势，市区内大多有风景名胜、历史人文景点等资源，经过多年的营建经营而拥有特色鲜明的园林绿化基础，如北京、合肥、珠海、深圳、杭州、厦门、南京等。而后来陆续申报的城市虽有一定绿化基础，但都是通过创建活动大幅度增加绿地面积、新建公园、提升绿地质量而终于达标的。

北京自 1986 年开始，沿环路建成环形绿化带，沿公路干线构建放射状"绿色走廊"，形成大环境绿化的骨架，被称为是城乡一体化建设的"城市大园林"。

珠海是首批"国家园林城市"（1992 年）和"国家生态园林城市"（2016 年）。珠海从 1980 年成为经济特区开始就明确提出"努力把珠海建成名符其实的花园式的海滨城市"的建设方向。1922 年颁布的《珠海市城市管理"八个统一"的规定》规定了各类用地绿化覆盖率指标：全市范围内不低于40%，改建旧城区不低于30%，新建区不低于50%，风景名胜区不低于65%，工业小区不低于30%，生活小区不低于35%。城市主干道规划3～5条以上的绿化带，沿干道的建筑物退出道路红线，保留有5~10米宽的绿化带。规定各级道路两侧的绿地宽度，划定公园绿地红线，创建花园式单位，沿海营建防风风景林带，园林建设和城市发展同步。1991年珠海城市绿化覆盖率39.59%，人均公共绿地面积20.07平方米，绿地率38.26%（黄大灏，1990，1992）。在城市规划中的八个片区之间，用带状绿地进行分隔和连结，形成环状的组团式园林格局，整个城市镶嵌在山海之间，绿色的基调中自然生态和人造景观融合（图7-7）。

图7-7　深圳（左）、珠海（右），拥有大片森林绿地，同为园林城市及森林城市
（引自：董慧，2018年会议交流材料；《珠海森林城市规划》）

在首批园林城市中合肥是最缺少自然山水资源的，但合肥从50年代开始就坚持不懈地构建市中心环城林带，通过义务植树营建近郊大蜀山森林公园，90年代初又提出完善绿地系统为重点的大环境绿化概念。将城郊融为一体、用环城公园和蜀山森林公园两大绿地斑块构成核心，用道路绿化串联起高校校园、政府机关等庭院绿地，构成比较完好的网络系统，主干道以高大乔木为行道树形成林荫道。环城公园以乔木为主的多树种混交、自然式配置的风景林为基点，融入城市的丰富历史文化，为居民提供户外游憩空间。大蜀山森林公园占地近500公顷（90年代），早期营造的人工林因少人为干扰而进入自然演替序列形成混交林，已具有地带性植被的基本特点，发挥良好的生态、景观和游憩功能及效益。

深圳作为一个新建的特区城市，从1980年只有3平方公里的小镇发展为现代化大都市仅用了13年时间，1994年建成区的绿地率37.7%，获得“国家园林城市”称号。到2008年绿化覆盖率45.02%、绿地率39.13%、人均公共绿地面积16.2平方米，远高于全国平均水平。在90年代深圳园林绿化建设主要依据《深圳特区规划》《深圳经济特区园林绿化规划和实施方案》，以及由同济大学李铮生教授主持编制的《深圳市绿地系统规划》。规划提出要实现绿化、净化、美化，在依山靠海的带状地域以罗湖、福田、南山三个城区各为组团，在南北方向建5块宽800~1000米的组团绿地隔离带，使人工环境嵌上了自然林带的框架，为城市生态环境奠下了良好的基础。东西方向在沿海结合人工填海建设滨海绿带，并将红树林“引入”城市；内陆海拔75米以下和规划建设用地之间的山地林带，是城市生态的结合部、城市景观的重要背景，划为风景林带归属生态绿地，最终形成两条环城绿化带；城区内则规划78个市、区级公园、街心花园和公共绿地广场，主、次干道的两旁构建10~50米宽的绿带；对各企事业单位则明确规定绿地指标，如酒店宾馆和大型商场35%，居住区40%，学校、一般工厂和30层以上建筑物45%，医院50%，生产无毒气工厂55%。整个城市便形成北有青山依托，南有绿水陪衬，中间有点、线、面结合，布局合理的生态园林格局（罗炳卢，1996；李铮生，1994；许晓梅，1994）。2004年深圳又成为我国第一个生态园林城市示范点。

上海市浦东新区和闵行区分别在1999年、2001年获“国家园林城区”称号后，上海市在2003年获得了“国家园林城市”殊荣，上海市的成功晋级可谓是最缺少绿地的城市成为园林城市的经典。新中国成立时上海的人均公共绿地只有0.132平方米，1993年人均绿地仍只有1.15平方米。上海人戏称自己拥有公共绿地从只有“一只脚”到“一张报纸”，再到有10.11平方米，而这个过程可是经历了半个世纪的时间。整个90年代上海新建公园31个、面积1049公顷。而从2000年开始，上海每年新建公共绿地800公顷，三年内新建公园20座、面积392.3公顷，市区人均公共绿地面积翻一番。2004年城区绿化覆盖率已达到36.03%，绿化植物品种也增加到了800多种。上海市为在市区增加绿地投入极大，基本是通过拆迁棚户区、老的密集居住地段才得以实现，典型的如居市中心的延中绿地、徐汇绿地、华山绿地、大宁灵石绿地，以及浦东新区的世纪公园等大型公园绿地，都是在2000—2003年建成的，大大丰富了上海城市绿化景观。

在创建过程中，国家园林城市绿量也在不断提高，如2000年以前的国家园林城市平均绿化覆盖率、绿地率和人均公共绿地面积分别为38.96%、34.34%和7.48平方米；到2003年平均绿化覆盖率、平均绿地率和人均公共绿地面积较2000年分别增长了0.89%、1.6%和2平方米，2008年较2003年又分别增长0.58%、0.99%和0.84平方米。创建国家园林城市是从沿海向中、西及北部推进的，自然这和城市发展历史、自然及经济条件有着密切的关系。

总体说，我国的城市土地资源紧缺，城市人均用地仅为80~100平方米，城市中绿量普遍太少，这是创建园林城市首先面对的问题。因此如何充分挖掘土地空间潜力、合理布局绿地、形成网络系统是创建园林城市必须首先考虑的问题。可以看到一些成功创建园林城市的城市，都有一个好的绿地系统规划作指导，形成了城市大园林的概念，这不仅指园林绿化部分，也包括城市环境空间构成的各个基本要素。这需要利用好城市中各类自然地貌，合理布局不同类型、不同尺度规模的绿地，做好道路绿化规划，构建丰富多样的植物群落，不仅美化街景更是发挥生态效应。同时注意将城郊接合部的土地纳入改善城市生态环境的主要资源，利用和保护城镇组团间的各类林地、果园、农田，并融入城市绿地系统中，做好历史和文化的文章彰显特色。

从提出“园林城市”至今已有20余年历史，各地的创建活动中也确实涌现了许多具有创新意义的做法，取得显著的成绩，最重要的是城市的绿量有了明显增加。然而，由于长期来人们对园林的主要特性侧重于景观，把园林看作是一种视觉享受的艺术，作为应用艺术来认定。因此，我们可以看到“园林”这个传统理念不时出现，并时时引领园林城市的建设过程，除了实现上述有具体量值的绿化指标外，较多的强调美化、精品及所谓的标志性景象等。于是，城市中出现了需要高投入、高标准养护的所谓园林精品，高价引来外来植物造景，过于依赖彩色树种，到处可见图案式的色块。有的还提出“引进大树，改善环境”，以至从乡村、山区挖掘大树，甚至把古树也移植到城区中。就如俞孔坚等人批评的，为城市美化运动添彩的园林设计，在追求所谓的流行风格中城市失去了自身特色。显然这与当今城市环境的现实和时代要求并不相符。因此，有专家指出：在城市建设过程中，如果我们只注重城市园林美观的方面，而不注意生态系统本身的结构稳定和功能发挥，这样的园林城市不能长久保存下去，是不可持续的，或者要费很多人力财力物力才能维持（舒俭民，2016）。而孙筱祥先生（2005）提出的园林城市建设要求值得我们再深思，他指出：园林城市应该是一种园林绿地的生态系统工程，其具体要求是：园林绿地有量的规定，有不同类型的详细分类；质量上要注重生态效应、美学效应、社会效应及经济效应四大目标，采用点、线、面、网和郊区森林环抱的结构；园林绿地的种植类型，不但要从美学和造景角度来考虑，还要从发挥生态效益与适地适树的生态学和栽培学的规律来考虑，大部分种植应以自然群落式的复层混交林为主。

2. 生态园林城市

鉴于我国城市化进程进入快速发展阶段，城市空间需求与有限的土地及自然资源紧缺的矛盾更加突出，在城市建设中出现的一些误区又阻碍了人居环境的根本改善。2004 年 6 月建设部发布《关于创建“生态园林城市”的实施意见》。2004 年 9 月 23 日，在深圳举办的生态园林与城市可持续发展高层论坛发表《深圳宣言》，提出保护非再生自然资源，珍惜赖以生存的生态环境，抢救逐渐消亡的历史文化，统筹经济发展与环境建设，建设舒适宜人的绿色家园，缩小区域差异与平衡发展，重视科学规划与有效实施，承担历史赋予的社会责任。2006 年 12 月，建设部确定深圳为创建国家生态园林城市示范城市。然而直至2016年，才公布徐州、苏州、昆山、寿光、珠海、南宁和宝鸡 7 个城市为首批“国家生态园林城市”。

“生态园林城市”的提出是在“园林城市”创建 10 年之后。住建部将“生态园林城市”定义为是“园林城市”的升级版，是“生态城市”与“园林城市”的结合。而国家生态园林城市申报条件明确必须取得“国家园林城市”称号 3 年以上，并获得“国家节水城市”称号，对照《城市园林绿化评价标准》进行等级评价并达到 I 级标准；对绿地率、公园绿地服务半径覆盖率的要求更高，如建成区绿化覆盖率 ≥ 40%，绿地率 ≥ 35%，人均公园绿地面积 ≥ 10 平方米（人均建设用地 <105 平方米）或 ≥ 12 平方米（人均建设用地 ≥ 105 平方米），公园绿地服务半径覆盖率 90% 以上。同时增加了许多重要的综合性内容，如城市湿地资源保护问题、生物多样保护、自然生态保护、节能减排、市政设施提升以及社会保障方面的内容（孙晓春，2016）。生态园林城市的先进性体现在：关注城市外围生态资源安全，关注城市环境质量，关注人在城市中的幸福感，关注资源的可持续循环利用，关注城市绿地管理中的数字化技术运用（张云路 等，2017）。

概括说，生态园林城市应在不同尺度体现生态学理论与原则；

首先，在城市尺度上实施绿地系统的景观生态规划，系统的概念十分重要，需要充分考虑不同面积绿地及各类自然元素的有机结合与合理布局。理论上说绿地斑块应分布均匀，使其热场效应能覆盖全部建成区，同时构建具有高连通度的绿廊、绿道的网络结构，以满足景观尺度下的绿地生态功能、服务功能及美学文化价值的要求。

其次，在大型公园等绿地斑块、风景区等尺度上的景观生态及生态系统规划，实现生态系统的平衡及动态稳定，应能有效地促进城市特色的形成，提高与城市居民密切相关的人居环境品质。

第三，在植物组群即群落尺度，应用生态系统及群落生态学理论，按照生态位原则配置植物，考虑群落结构的动态变化，构建具有较高生产力及相对稳定的群落，同时需较少的建设及后续的养护投入。如可模拟地带性的植被类型，树种选择以乡土植物为主，树种丰富度较高，种群结构相对均匀，维持地被植物的多样性，绿地设计更要从为居民所用的角度考虑，避免用密集的地被植物拒人于外等。

三、“城市森林”概念的引入及发展

（一）从引入“城市森林”概念到创建“森林城市”的历史过程

20世纪90年代初，天津、合肥等城市提出“城市大环境绿化”，北京提出“城市大园林”的概念。其核心内容是，园林不应该是小范围的，应着眼于整个城市环境、包括郊区，绿地的主体是由市区各类公园、绿地到郊区林带、经济林、森林公园、风景区等构成空间有机组合的绿地系统，是在生态学理论指导下建设成的具有多功能的复合体。“城市大环境绿化”的提出是基于城市环境问题，以及城市人群远离自然提出的一种应对措施，可看作是生态园林理论的实践。几乎在同时出现对“城市森林”和“城市林业”的讨论与实践，并逐步发展为创建“森林城市”，这里列出几个主要的时间节点。

20世纪70年初，中国林业科学院王义文率先将源自北美的Urban Forestry译为“城市森林”。从此“城市森林”进入中国林业的学术词汇中，但直到1985年后才陆续有几篇文章提及城市林业。1989年吴泽民在《世界林业研究》发表的《美国城市林业》，及之后的《城市林业的发展及城市森林的经营管理》（安徽农业大学学报，1993 年）可算是最早系统介绍城市林业的文章。1992 年在我国著名林学家沈国舫院士主导下，在天津召开了第一次城市林业学术研讨会，提出城市林业建设的指导思想是努力增加森林资源，促进城市绿化的发展，改善生态环境，维护城市生态平衡，美化生活环境。这为我国城市林业的发展奠定了基础。但当时对于城市林业的认识也仅局限于学术界。

在整个 90 年代，主要是讨论、探索城市林业理论，仅有少数城市开始实践，如 1990 年林业部同意在武汉建立城市林业试验区；1995 年中山市编写城市林业发展规划等。而长春市（1992 年）、合肥市（1993 年）都曾分别提出建设“森林城市”的设想，并经林业部批准编写了森林城市规划。对城市森林的讨论促使中国林学会于 1994 年成立城市森林分会。1997 年，广州举行第一次地方性城市林业研讨会，并开展城市森林信息系统研究。之后，城市林业研究进入了国家层面，如 1999 年林业部制定了《中国 21 世纪议程林业行动计划》，明确提出了我国发展城市林业的依据、目标和行动；2002 年，《中国可持续发展林业战略研究》的 10 个战略问题中包括了城市森林建设，指出城市林业的主要任务是依照以人为本、人与自然和谐相处的原则，从树种选择、结构配置与布局等方面着手构建以林木为主体、森林与其他植被有机结合的绿色生态圈。从而形成城区公园及园林绿地、河流道路林网、近郊远郊森林公园及自然保护区协调配置的城市森林生态网络体系，将城市森林的景观价值、保健价值、生态平衡价值以及城市的历史文化特色体现出来。2002 年，上海完成了城市森林规划，并于当年召开了城市森林与生态城市国际学术研讨会。2003 年，《中国城市林业》创刊，从而开创了城市森林及城市林业发展的新阶段。

城市森林发展历程中最重要的事件，当属 2004 年 11 月 18 日在贵阳市召开首届中国城市森林论坛，由全国关注森林活动组织委员会、国家林业局、全国政协人口资源环境委员会等主办。会上提出在全国范围创建国家森林城市活动，时任政协主席贾庆林的题词“让森林走进城市，让城市拥抱森林”，成为建设森林城市的一个目标。创建森林城市受到各地城市拥戴，之后连续召开 15 届论坛（座谈会），至 2018 年全国共有 165 个城市荣获“国家森林城市”称号。

自 20 世纪 70 年代我国引入“城市森林”“城市林业”的概念至今已逾 40 年，

由于创建森林城市活动使得关于城市森林的研究发展迅速，其成就获得国际上的关注。在我国先后举办亚欧城市林业研讨会（2004 年北京，2008 年广州）、亚太城市林业论坛（2016 年珠海）、国际森林城市大会（2016 年深圳）等重要会议，吸引了世界各国著名的城市林业专家参与。而中国的城市森林研究人员、学者、城市部门主管也频频出现在国际城市森林（林业）论坛上，向外界展示我国森林城市建设的成果，在国际上产生了巨大影响。在 40 年间城市森林研究领域完成了从开始的学、赶到超的过程，今天正逐步达到世界水平，并在一些方面有领先趋势。

2016 年 1 月 26 日，习近平总书记在中央财经领导小组第十二次会议研究森林生态安全问题时，专门强调要着力推进国土绿化，着力提高森林质量，着力开展森林城市建设，着力建设国家公园。同时在中央"十三五"规划《建议》《纲要》等重大决策中，也都赋予了森林城市建设拓展区域发展空间、营造城市宜居环境、扩大生态产品供给等重要任务。至今创建森林城市成为我国人居生态环境建设中最重要的一环。

中国林科院王成（2018）将森林城市建设归纳为八个方面：把城市森林作为城市的绿色基础设施；在整个城市地区开展城市森林建设；要按照森林生态系统的要求规划建设城市森林网；强调城市森林生态系统的主体是自然林；利用城郊森林控制城市无序扩张；注重提高整个城区的乔木树冠覆盖；发挥城市森林生物多样性保护功能；建设城乡居民休闲游憩的绿道网络。其建设重点是：增加森林资源，构建大型森林斑块，恢复河岸自然植被等完善城市森林生态系统；通过保护生态资源，建设森林生态缓冲区，恢复区域性生态廊道，规划建设城市组团之间的生态空间；针对现有城市森林质量问题，科学开展城市森林的营造、管护和经营。

（二）对"城市林业"和"城市森林"的理解

"城市林业"作为一门学科最早出现在加拿大，1965 年多伦多大学的 Jorgensen 教授首次系统诠释城市林业的概念，并在大学开设城市林业课程，培养应用现代理论来管理城市树木的专业人员。至少有三个方面的原因促使城市林业在北美产生：首先，愈来愈多的人口聚集在城市，城市中心向外扩展并和乡村林地分隔开；其次，社会的准则转而反映城市的生活，这对乡村土地的经营产生强烈的影响；再次，城市化的过程对城市植物、动物的经营与管理也逐渐成为市政府建设的一个重要方面，以致 20 世纪 60 年代纽约州立大学的李惠林就声称，应建立“城市植物学”来研究城市环境中的植物表现。除了上述宏观方面的原因外，还有三个具体的因素促使城市林业形成：①原有城市树木管理的知识仅局限于树木的个体，不能满足对整个城市森林体系的管理需要；②社会、经济的发展重点转向城市，因此必须注意满足城市居民不断增加的要求；③当时确实需要有一个专业的名称，来适应当时多伦多地区城市树木管理的研究项目，于是“城市”与“林业”这两个术语结合在了一起（Johnston，1996）。

美国很快就接受这个观念并随即在有关专业范围内广泛应用，因为城市林业超出市区的范围，比起原来的术语，如树木栽培（Arboriculture）、社区林业（Community Forestry）等更为适合。1970 年著名的平肖环境研究所与美国农业部林务局、西北林业试验站以及几个大学共同合作开始城市林业研究，目的是改善美国西北人口密集地区的环境条件。1971 年 10 月，佛罗里达州的国会议员 Robert L. F. Sikes 向国会提交提案，提出修改 1950 年的合作林业经营法（Cooperative Forest Management Act of 1950），1951 年国会通过提案使得林务局有权建立城市林业活动与项目，同年美国林学会成立城市林业工作组主要作政策上的说明，城市林业有了法律地位。

城市林业（Urban Forestry）是对城市森林的经营与管理，Jargenson 的定义是“城市林业不仅指对城市树木的管理，而是对受城市居民影响和利用的整个地区之树木的管理”，该定义明确指出城市林业的管理范围，不仅是在城市内，还包括其周围地区。以后对城市林业的理解不断更新，经典的定义有以下几种：

美国林业协会的定义（1972）：城市林业是林业的一个专门分支，它的目的在于栽培和管理那些对城市社会的生理、经济的健康具有实际或潜在效益的树木，广义来说城市林业拥有一个多方面的经营体系，它包括市政水域、野生动物的栖息地、户外活动的机会、园景设计、树木的一般维护以及用作原材料的木材纤维的再加工。Steward（1972）简单地归纳为城市林业是人口集中地区森林经营原则的运用。而 Garey Moll（1991）认为：城市林业不能只看作是林业的一个分支，实际上它是建立在许多学科（城市规划、景观设计、园艺、生态学等）的基础上，它把土地利用的探讨放在重要位置。John Helms（1999 年）在他的林业词典中提出：城市林业是经营与管理城市及其周围社区生态系统的树木、森林，为向社会提供生理、社会、经济、美学效益的一门科学、艺术和技术。

城市林业必须符合五个相互关联的方面：①社会性方面，居民、社团组织、机关单位及政府部门的愿望、关注、态度。②经营的目的，城市社会希望维持的城市森林的效应与功能。③含义，确定为实现城市要求的持续效应所必需的特殊植被结构或经营内容，或包括两者。④经营的结果，实施不同的经营活动后的城市森林结构、条件以及应用。⑤信息，调查资料、统计结果、关于城市森林的研究成果、植被结构与功能之间的关系、经营管理技术以及城市森林的健康与评价技术（Dwyer，2003）。

我国的学者同样对城市林业有不同的诠释，对于城市林业的认识也在不断深化，其内含已包括了林业、园林、资源管理、户外游憩等各种经营内容。

城市林业是对城市环境中自然生态亚系统的经营和管理，它是以生态系统理论为基础，吸收风景园林的美学思想，运用森林经营原则和技术来维持健康稳定的城市森林生态系统，为城市居民创造良好生活环境的一门专业。城市林业与园林（风景园林、景观设计）（Landscape Gardening，Landscape Architecture，Landscaping）等有着密切的联系，现代园林已扩大到对整个城市绿地系统的经营与管理，在这个意义上与城市林业有许多相同的地方。正如著名园林专家程绪珂说的“城市林业是园林与林业的最佳结合”。城市林业内容更为广泛，在目前我国城市化进程进入加速发展阶段，而城市土地资源又有很大局限的情况下，提出建设城市森林、发展城市林业更有利于城市环境的改善与提升，是现实的态度。

如今，尽管在我国高校中有了城市林业的硕士、博士培养项目，有了相关科研项目，甚至国家林业局还成立了“城市森林研究中心”，但至今在城市行政管理单位中依然没有城市林业管理机构，在林学一级学科下也没有纳入“城市林业”这个专业。而在美国，早在 20 世纪 70 年代就在城市管理层中设立了 Urban Forester 这样的管理职位。

简而言之，城市林业是对城市森林的经营与管理。然而，一直有“什么是城市森林”“城市中能有森林吗”这类问题，有不解、有争论，甚至是质疑。因为基于对经典的森林定义的理解，多数人并不认同城市中可有森林。如美国林学家 Grave 和 Guise 关于森林的经典定义（1932 年）：森林是乔木、灌木和其他植物组成的复杂群落，在此群落中每一个个体都在群落的生命中起着重要的作用，因为公园中分散的树木不能更新所以不是森林。俄国的特卡钦夫认为：森林应当理解为地理景观的一个特殊因素，为大量树木的总称，这些树木在自己的发育过程中彼此间有机地联系着，受环境的制约，而且也或多或少地影响着周围一个相当宽广的地区的环境。他认为森林应有很大的面积，经常以几百、几千公顷来计算。这两个定义从森林的更新及地域范围这两方面否认了城市中有森林存在。

直到 1987 年，美国城市林学家 Rowan A. Rowntree 在诠释了美国林务局的森林定义后，从理论上回答了城市是否可以有森林的问题。他所依据的森林的定义是：森林需要有一定的地域范围和生物量的密度（美国林务局）。Rowntree 对这个定义涉及的关于森林的两个实质性内容作了详细分析：一方面，生物量的密度指标可用单位面积土地拥有的立木地径面积（平方米 / 公顷，即树干基盖度 Basal Area of Tree Steam）表示；另一方面，森林所具有的地域范围，可从生物量表现出对生态环境的影响来考虑。依据 Loetch 和 Haller 的解释（1964 年），生物量的集合如果对气候、野生动物、水域产生影响则可认为其存在。据此 Rowantree (1984) 指出，如果一块土地至少有 10% 的面积有各种树木，即可认为拥有具森林实质的生物量，同时将影响风、温度、降水和野生动物的生活，在美国的东部州获得这一条件的阈值是每公顷有 5.5 平方米以上的立木地径面积。如此计算，相当于每亩地有胸径 15 厘米的树木 20 株，或 20 厘米的树木 12 株。

20 世纪 90 年代，我国学术界发表了很多文章诠释和讨论城市森林概念、内涵以及与园林、林业的关系等，总体说林学界接受和支持的较多，而园林学界参与讨论的就较少了，但并没有引起针锋相对的争论。然而，自 2004 年开始创建“国家森林城市”之后，园林学界的许多专家提出了质疑，甚至是激烈地批评和反对。如提出森林、湿地是自然资源，自然资源是不可人造的，人能造林但不能造森林等。2004 年 12 月建设部组织了针对城市林业的讨论会，有 30 位著名风景园林专家参加，在会上专家们普遍认为：城市森林、城市林业、森林城市的概念和提法是违背科学的。2004 年 12 月 30 日的《中国建设报》特为此作了整版报道，其中最有代表性的说法如：“城市不可能有森林，森林只有可能存在于城市的郊区，城市只可能拥有一套完整属于自己的园林绿地系统”“森林城市的概念是不科学的，人是从森林里来的，但并不意味着要回到森林里面去，这不符合人类发展的规律”“园林是一个复合、复杂的生态系统，其中包括经济系统、社会系统、自然系统等，而森林则是一个单一简单的生态系统”“所以森林城市是园林中对不具艺术文化特征的植物绿化的形象性描述。而城市郊区所存在的森林充其量即园林中的不具文化景观小面积植物绿化”。然而，令人不解的是老一辈的园林学家，如程世抚、余森文、余树勋、程绪珂等都早就对城市森林有了正确、客观的理解，并提倡在城市中建设城市森林，为何到了21世纪还会出现如此激烈的意见，再想到“风景园林”和“景观设计”的争论等等，确是需要现代园林史学开展进一步深入研究的。

今天，随着森林城市建设的发展，关于“城市森林”和“园林（风景园林）”的争论已不再如以往那样激烈，但歧义依然存在。其实在我国提出的如“生态城市”“园林城市”“生态园林城市”“森林城市”“绿化模范城市”“海绵城市”等种种提法，实质上都是以改善、提高城市人居环境为终极目的，而且都少不了以树木、森林及各种植物为主体的绿色基础设施。因此是可相互包容的，不应存有门户之见，当然还需要更加深入地研究、加深理解，为建设理想的城市环境提供理论与实践指导。而不容否认的客观事实是，森林城市大大促进了城市中以树木为主的绿地建设，在改善城市生态环境方面所做出的贡献是巨大的。

第三节

女风景园林师和青年园林史学者

一、中国女风景园林师分会——风景园林界的半边天

“巾帼不让须眉”，在今天的所有行业中无不都有女性的佼佼者，风景园林专业自然也不例外，而在这个以树木花草为基础的行业中似乎更加适合女性施展才能。林菁教授就曾著文称，她相信“最早的为了愉悦的园林，当然是由女性创造的”的论点，而女性热爱园艺，了解生活，熟悉家庭的需求，直至今日，这一领域仍然是女性设计师所擅长的（林菁，2014）。

从我国近现代园林发展的历史文献中可看到，在民国时期尽管已有如林徽因这样出类拔萃的女建筑师，但却未见有著名的女性园林设计师的身影。显然，这与当时社会动荡、园林建设规模小、从业人员少有关。但从 20 世纪 40 年代开始已有女性学习农事、园艺、植物等专业并接触造园课程的记录，其中有少数成为新中国成立后第一批园林建设的技术人才，典型的如毕业于 40 年代的程绪珂、柳绿华、陈丽芳等（详见第三章）。当然从事园林专业的女性主要是在新中国成立后逐渐增加的，最初学习“造园”的是在清华与北农大合作创办的第一届“造园组”，学生中就有朱钧珍、郦芷若两位女生，后来都成为园林界著名学者。

20 世纪 50 年代北京林学院成立园林绿化专业，至“文化大革命”前的十余年时间里培养了数百名专业人才，他们是后来被称为“北林风景园林现象”的园林专业队伍中的主体，其中就有不少这个时间段毕业的女性学者。如杨赉丽（北京林业大学教授）、张树林（北京市园林局副局长）、檀馨（北京创新景观园林设计有限公司创始人）、王莲英（北京林业大学教授）、刘延捷（杭州太子湾公园设计者）等等。还有如毕业于山东农大、后任上海市园林局副局长的严玲璋，毕业于北京大学中文系而研究中国园林美学的曹林娣等。这些女性园林学家现在已可称为老一辈的专家了，本书前面的章节中对檀馨、刘延捷等也都作了介绍。

“文化大革命”之后，尤其是80年代之后，我国园林专业教育有了很大的发展，学习园林专业的女生也愈来愈多，笔者教书数十年对此深有体会。而近年来大多数院校园林专业的女生比例已超过男生，不仅是本科还包括了硕、博研究生。事实是，今天活跃在风景园林业界的女性已占了很大的比例，园林专业的女教师、女设计师、女企业家的队伍都是不容忽视的。如从2008年起连续担任两届中国风景园林学会理事长的陈晓丽（第四、五届），任学会副理事长的王磐岩（中国城市建设研究院有限公司副院长）、郑淑玲（北京中国风景园林规划设计研究中心副董事长兼总经理），《中国园林》杂志社社长、常务副主编金荷仙，从种花、卖花发展成中国第一家园林上市公司的东方园林董事长何巧女，棕榈园林景观规划设计院院长张文英，易兰规划设计院副总裁唐艳红等。当然更多的是难以统计的女教师、女设计师、女工程师、女局长、女总工等等，她们是当今园林绿化事业的“半边天”，大多是出生于60—70年代，在80年代以后毕业的优秀女性。除此外，所谓的80后、90后也已在园林业界崭露头角。

2014年，在沈阳召开中国风景园林学会年会期间，发起成立了中国女风景园林师分会，这是中国现代园林史中的一个重大事件。张树林被选为首届会长，副会长有王磐岩、石继渝（重庆市园林局总工）、刘英（北京市公园管理中心巡视员）、刘燕（北京林业大学园林学院副院长）、何巧女、陈蓁蓁（中国公园协会会长）、周如雯（上海市风景园林学会副理事长兼秘书长）、郑淑玲、檀馨，秘书长为金荷仙。

这里，笔者仅选择从我国第一个“造园组”毕业的园林学家朱钧珍，以及现在活跃在园林教学、理论研究及设计实践一线，80年代后毕业的年青一代的骨干，来展示女性风景园林师在园林学界的重要作用，以及她们的风范和成就。

二、朱钧珍——对“中国传统园林自然观”咀嚼一生的女学者

朱钧珍（1929年—），湖南宁乡人，出生长沙市，1949年从华北大学农学院转入北京农业大学园艺系，1951年被选入北农大和清华建筑系合办的我国第一个“造园组”学习，从此开始了她一生从未停止过的对园林的学习和总结。朱钧珍毕业后留校任教，后因清华不再设园林专业而调至建工部建筑科学研究院，1962年建筑科学研究院建筑历史及理论研究室园林组开展杭州植物调查研究，朱钧珍即担任该项目的主持，后因“文化大革命”停止。1979年国家城市建设总局

下达杭州园林植物配置的研究课题，由杭州市园林管理局主持，清华大学建筑系、济南市园林局、北京林学院园林系等单位参加，朱钧珍依然为主要负责人，随即在1962—1963年的调查研究基础上，进一步作了补充调查。这是我国最早立项的关于一个城市的植物配置课题，最终由朱钧珍撰写了《杭州园林植物配置》并于1981年由城市建设杂志社以专辑出版，1992年外文出版社以译名《Chinese landscape gardening》出版。

该书从空间角度阐述植物和人的关系在当时是一种突破，标志着我国种植设计研究达到了一个新的高度。朱钧珍在园林学研究上的执着和坚持，受到多位老一辈学者的关注。1979年，朱钧珍重回清华建筑学院任教，吴良镛先生称是他“跑断了腿”把她调回的。1980—1985年汪菊渊主编《中国大百科全书：建筑·园林·城市规划》园林篇时，亲点朱钧珍为其助手。作为副主编，朱钧珍撰写了《中国大百科全书》城市园林绿化部分框架和条目初稿，后来园林篇基本按此条目编写。退休后朱钧珍移居香港，曾任香港大学建筑系兼职教授，继续她的园林学研究。

朱钧珍先生作为新中国成立后我国自己培养的第一代园林学家，见证并亲历了园林事业发展的全过程。正如她自己所说的，是对“中国传统园林自然观”咀嚼了一生（朱钧珍，2016）。这使她对中国园林有着深刻的理解，有广泛的研究兴趣，并形成了自己的独特见解。从最初的绿化建设到园林植物配置，从植物景观到园林理水，从古典园林到中国园林近代史的研究，她的研究领域涵盖了园林学科的方方面面。她的第一本著作是合译苏联的《绿化建设》（1958年），而1959年出版《街坊绿化》成为她笔耕不辍的起点。笔者检索到她的16本专著，竟有10本是已进入古稀之年后完成的，而这些著作无论从题材、内容、篇幅都堪称是重量级的。她还发表了多篇论述中国园林艺术、中国园林植物景观风格形成等文章，产生很大影响。2003年她的《中国园林植物景观艺术》出版，该书是在早年杭州园林植物配置研究成果基础上，不断地完善、修改和补充完成的，是她近半个世纪游弋于园林规划设计、教学与研究的结晶。正如她在该书的前言中所说，重点是探求植物景观艺术创作之源，强调中国园林的诗情画意特色，是从人所处的植物空间角度，而不是从一种植物的角度来论述植物景观艺术（朱钧珍，2003）。书中配以精美的图片，从植物配置的空间构图、树种结构组成特点、整体呈现的观赏性和艺术性，给予详细的描述点评。读者从一张张图片的描述中不仅学到了很多直接的知识，更重要的是提高了感悟、加深了理解，堪称是教科书式的经典。

在朱钧珍的学术研究中有多个第一，如是我国第一届造园专业的毕业生，第一个系统研究一个城市的园林植物配置，第一个写香港园林的内地园林学家，第一个系统编写中国近代园林史，等等。当然，其中最重要的是在积累了丰富的知识和文献素材，并做了大量实例调查的基础上完成的巨著——《中国近代园林史》。据说她以前有写中国当代园林史的想法，但没有想过要写近代园林史，中国建筑工业出版社提出编写《中国近代园林史》时有过犹豫，后来是程绪珂给予莫大鼓励才接受的（李树华，2012b）。

朱先生从 2004 年开始，在史料不足的情况下投入艰难的园林近代史研究，她调查了 8 个省 22 个城市，花了近 5 年时间才最终完成，当该书出版时她已近耄耋之年。吴良镛先生为其作序，称之“是从刘敦桢等到中国古代园林史后的又一项很有意义的工作”。这是可以和她的老师汪菊渊先生的《中国古代园林史》和周维权先生的《中国古典园林史》相提并论的最重要的园林史作。笔者在读《中国近代园林史》时曾遗憾朱先生在书中没有写人物，后来知道原来是朱先生“认为要写人物就要写他真正的精神，他有一定的厚度，一定的深度，如果写出来不合要求，不如不写”（李树华，2012b），由此看到她治学态度的严谨。此外，她还找到了十多位非园林专业的知名人士的园林业绩，并发掘了如孙中山、张謇、左宗棠、冯玉祥等在近代园林建设中的贡献，为园林史研究开创了新的研究领域。

在理论研究外，朱先生还主持或参与桂林、遵义、济南、杭州等城市绿地系统、风景区及公园等的规划设计。另外，她是中国摄影家协会会员，在内地和香港举办过 7 次摄影展，她书中的许多精美的照片也多出自她手（图 7-8）。关于摄影还有一个有趣的故事，在她的《中国园林植物景观艺术》一书中有一张一对枫香的秋景，那是杭州灵隐寺大草坪中的主景树，她说早在 1962 年就想拍摄，那年秋天叶色未变就脱落了，错失了机会，结果一直等到 1979 年才拍到理想的景象（朱钧珍，2003a）（图 7-9），可见她的坚持和执着，同时也展示了她多彩人生的一个令人敬佩的瞬间。

图 7-8　杭州孤山树木对植框景，朱钧珍作详细描述：以树木的树冠突出对景——八角尖顶亭，亭基以绿篱饰边，背景树的林冠线呈中间凹陷状，衬出亭顶，成为主景突出、配置对称、极显简洁宁静的植物景观（引自：朱钧珍，2015）

朱钧珍先生关于园林的诸多论述至今值得我们深思，如她说：“搞园林生态肯定是非常重要的基础，没有生态这个基础就不能称为园林，这无可厚非。但是我觉得园林还是园林，园林的本质说到底是解决景观问题……”“对于园林植物，我认为植物学是要学的，但不需要研究得太细，搞园林的人没有必要研究植物深入到植物学的范畴……”(李树华, 2012b) 她指出园林发展的问题：“在诸多的教训中，反映于园林规划设计方面的有二点：其一是在引进、移植西方游乐场性质的景区、景点上，缺乏全局性的合理控制，什么游乐场、缩景园……几乎弥漫大半个中国；其二是对发掘中国传统文化的内涵应用于园林的认识不够深，也不够广，而其建造更是失之粗俗。”（朱钧珍，1999）。

图 7-9　杭州灵隐寺前草坪中一对枫香秋景，朱钧珍等了 17 年才摄成的（引自：朱钧珍，2015）

她指出，园林植物的景观艺术，无论它是自然生长或人工的创造（经过设计的栽植），都表现出一定的风格。她的园林植物配置理论的基点是，以师法自然为原则，弘扬中国园林自然观的理念，即借自然之物，仿自然之形，引自然之象，受自然之理及传自然之神的境界。由此，创造园林植物的风格在于：以植物的生态习性为基础，创造地方风格为前提；以文学艺术为蓝本，创造诗情画意等风格；以设计者的学识、修养出品位，创造具有特色的多种风格。即使是在同样的生态条件与要求中，由于设计者对园林性质理解的角度和深度有差别，所表现的风格也会不同。她举了花港观鱼公园的雪松大草坪与孤山西泠桥东边的大草坪为例，由于植物种类选择及配置方式不同，地形也有差别，二者所反映的植物风格迥异。前者是简洁、有气势而略带欧风的，后者则呈现出中国的田园与山林野趣的风格。然而在同一个园林中，一般应有统一的植物风格，或朴实自然，或规则整齐，或富丽妖娆，或淡雅高超，避免杂乱无章，而且风格统一，更易于表现主题思想（朱钧珍，2003b）。

朱先生论述中国传统园林的自然观，包括大自然之实和大自然之虚两个方面：之实即借自然之物，仿自然之形，闻自然之声，引自然之象与顺自然之势；之虚则是赋自然以文，循自然之理，采自然之风，传自然之神和入自然之境。如以大自然之实再赋予相应的人文之虚，则中国传统园林或将以锦绣河山、如诗如画、人文意境、如醉如痴的姿态，屹立于世界的东方。她感叹："随着形形色色的缩影园（如锦绣中华、世界之窗）、主题公园（如香港海洋公园、广东长隆游乐园），以及极具轰动效应的迪士尼乐园的出现，使我疑惑所有这些游乐的形态（缩影园、主题公园、迪士尼游乐园），还能囊括在我们在20世纪所构建的'园林'定义之中吗？这些是'园林'的发展，还是早已跳出了'园林'的范围而成为另外一种专门的行业？"（朱钧珍，2016）这真的是振聋发聩的一问，也是为中国园林（或现在所称之风景园林）发展指明方向的一问。

综上所述，朱钧珍先生是一位拥有很高理论修养和学术成就，笔耕不辍、著作等身的园林学者，是在中国现代园林史中居重要地位女性园林学家。她的主要著作有：译自苏联卢恩茨的《绿化建设》（1956年），《街坊绿化》（1959年），《居住区绿化》（1981年），《杭州园林植物配置》（1981年），《香港园林》（1990年），《园林理水艺术》（1998年），《The art of Chinese pavilions》（中国亭子艺术）（2002

年），《中国园林植物景观艺术》（2003年），《园林水景设计传承理念》（2004年），《中国近代园林史（上篇、下篇）》（2012年，2013年），《香港园林史稿》（2019年）等。

三、20世纪80年代后毕业的女风景园林师代表

（一） 杜春兰——山地城市景观设计的践行者

巴蜀园林是中国古典园林中的重要支脉，但其研究深度及影响程度都不及苏州园林、北方园林以及岭南园林。20世纪60年代王绍增开始研究西蜀园林，但因受地域的影响总体上来说后续的研究并不突出，至90年代后巴蜀园林研究的队伍才逐渐壮大。在众多的研究群体中，重庆大学建筑城规学院可说是中坚，其依托山地城镇与区域环境研究中心开展工作。重点之一是尚未系统涉及的“巴蜀传统园林”，特别关注它们是如何适应与利用山地地域环境的，杜春兰为其领军人物之一。她以女性的独特视觉关注历史上的巴蜀女性纪念园林，从偏隅邛崃、纪念卓文君和司马相如爱情的文君井，纪念唐朝女诗人薛涛的望江楼（薛涛井），及供奉明末女将秦良玉之太保祠，总结出“园林中融入了巴蜀女性所独有的刚柔并济，于端整处透灵秀，于雅致中见风骨”，展现主角的生平、在园林造景处融入人物性格、风貌等特点（杜春兰 等，2018）。

杜春兰（1965年—），出生于青海省西宁，据她自述当年高考填志愿时原本想学医，但后来却上了建筑系。1986年她从重庆建筑工程学院建筑系毕业，转而投师夏义民教授攻读风景园林硕士，然后在昆明工学院执教一段时间后重回重庆建筑工程学院。1998年她师从著名建筑学家、科学院院士齐康教授攻读博士，《山地城市景观学研究》为她的博士论文。其内容融合了建筑、城规、园林等多个方面，正是这三段不同领域的专业学习，为她的学术道路奠定了深厚的理论基础。期间曾作为中法交流项目“50名中国建筑师在法国”长期项目成员，赴法国巴黎塞纳建筑学院进修一年（1999年）。杜春兰现任重庆大学建筑城规学院院长，重庆市风景园林学会副理事长，受聘为重庆市规划委员会委员。她的主要研究方向为山地城市景观规划与设计、景观设计理论与方法、景观遗产保护。2004年曾在中央电视台举办的“百家讲坛”中，主讲“中西园林景观”。

杜春兰的工作经历主要在山城重庆，面对山城的特殊地形地貌，她认为不能用一般的规划设计理论，其设计理念、方法、技术都需重新确立。为此她归纳、总结出了针对山城的可操作的规划、设计方法，并为其他山区城市应用。她拥有厚实的建筑学基础，掌握城市规划的宏观理论，又长期沉浸在巴蜀园林的研究，有多年主持重庆大学风景园林学的教学经验，基于对工科院校学术基础的理解，杜春兰提出了“四位一体”的“山地人居环境科学”的学科体系。包括山地建筑学（含历史理论）、山地城市规划学、山地风景园林学和山地建筑技术科学，显然该体系更适合于西南诸城市的特点。她的这个园林教学模式，是基于重庆大学把建筑学、城乡规划学、风景园林学三个学科联合的教学基础，应是园林景观教学的一种理想的模式（需说明的是，这个教学模式并非起于此，早在 1979 年冯纪忠教授就在同济大学构建了“建筑—城市规划—风景园林”三位一体的学科发展布局）。

解译巴蜀古典园林的“匠心”是杜春兰的学术研究之一，她总结巴蜀园林的特点包含如下几个方面：基于真山真水的园林环境，因此更少人工斧凿的痕迹；展现多维的空间层次和景深关系；空间序列不再拘泥于形式，而是顺应等高线组织形成非对称的排布，形成曲折开合的空间序列；园林布局因循地势、造景注重因势就形，并不简单拘泥于建筑规制，而是与山体环境融合一致，巧妙安排出“起、承、转、合”的园林空间，最终形成雅野自成的意境品味。她指出，诸多哲学思想与园林处理手法，对于现代山地景观建设依然具有指导与启发意义（杜春兰 等，2015）。她对巴蜀古典园林的研究可看作是其博士论文研究主题的延伸和深入。2014 年 6 月她主持了在重庆大学建筑城规学院举办的“传承与创新——巴蜀园林”研讨会，把巴蜀园林研究推向了全国。

杜春兰将山地城镇规划理论及巴蜀古典园林的造园要旨应用于设计实践，如重庆的人民公园改造设计。公园建于 1926 年，原名“中央公园”，是在秦汉时期就有的古巴渝十二景中第一景基础上建设的。抗战时期改为“中山公园”，园内有辛亥革命纪念碑，抗战时牺牲于日军大轰炸的消防英烈纪念碑。作为抗战时期的陪都，公园见证了当时宋氏三姐妹为抗战募捐、许多文化名人在园中聚会等重要历史事件，因此公园承载了重庆厚重的历史文化。整个公园面积为 1 万平方米，而进深只有 80 米，高差却达到了 45 米。杜春兰主持的改造设计，体现了她一贯对历史文脉的保护传承，以及“园林是一种复合功能”的设计理念。如从空间格局上加强人民公园与城市之间的联系，真正成为连通上下半城的步行轴线和城市阳台，成为从下半城到上半城之间必需的交通通道。人们在赏园的过程当中，不知不觉地从江边来到解放碑，这是山地公园应该形成的园系城脉中的关系（杜春兰，2018）。同时挖掘历史资源，包括明清古建、最典型的传统巴渝山地园林、民国重要建筑遗迹，以保护为根本前提展示陪都历史的场所精神，复原巴县衙门建筑，使之作为巴渝文化、民俗及非物质文化遗产的集中展示平台（图 7-10）。她认为，现在的大型公园里，过山车等已经把公园或者古典园林当中的精神成分消耗殆尽，已经变成游乐场。因此，要坚守最早的根，要找到我们的园林或者山水城原本的初衷，这不能丢掉（杜春兰，2018）。

她在重庆市渝中区整个公园系统规划中，把所有的公园、分散的小地方进行缝合、疏解，最后形成一个大公园系统，体现了她以城为园，在重庆甚至整个山地当中，是把整个城市都作为一个园林来看待的理念。杜春兰是把山地城市景观设计理论研究应用于重庆山城建设的实践者。

图 7-10　重庆人民公园改造项目民国重要建筑（中山亭、丹凤亭）复原复建透视图（转引自：徐然，2011）

（二）贺凤春——从古典园林到湿地公园设计

贺凤春（1965 年—），原籍河南，出生宁夏银川市，父亲是园林局的总工程师，显然她读园林专业是有着父亲的影响。1988 年她从北京林业大学园林规划设计专业毕业，分配至苏州园林设计院工作，30 年来从一名技术员成长为设计院院长、国企的 CEO，2016 年被评为江苏省设计大师称号。她自述，“对我帮助最大的是老院长匡振鶠先生”，在他的指导下花了近三年时间静心研究艺圃，又参与匡振鶠1995年主持的湖州市飞英公园规划设计，并合作发表了专题论文，这是以中国古典园林元素为主又融入西方造园手法的作品（详见第六章），也可能是贺凤春最早的大型公园设计实践之一。匡振鶠主持在美国俄勒冈州波特兰的兰苏园规划设计方案（1995年），贺凤春是其负责的设计团队主要成员之一，她参与选址、设计、监理和后来的协调管理，经历了兰苏园建设的全过程。兰苏园的设计特别注重景观形象和文化内涵的创作，如“流香清远”“香冷泉声”“翼亭锁月”“浣花春雨”等主要景点，都充满丰厚的中华文化内涵，园中植物种类丰富，植物配置中应用了500余种植物。同时在建设中运用了先进科技和环保理念，如兰苏园所在地区是美国的一个地震高发区，为了达到抗震要求，将中国传统的木榫结构进行改进，引入了美国的碳纤维和钢构建，使园林建筑从外表看仍然是中国传统的木结构，而实际上木柱与木梁结合部，完全是用钢构件和碳纤维紧密连接，达到了抗震效果；在电器、暖气、水净化等方面也引入最先进的设备与技术，让使用者感到舒适，这些人性化的设计，受到美国民众的高度赞誉与好评。（贺凤春，2012，2015）。

贺凤春走出校门即在我国古典园林设计最负盛名的苏州园林设计院工作，恰好赶上该院开创苏州园林输出国门的全盛时期，又在张慰人、匡振鶠等老一辈古建及园林专家的指导下，参与中外重点园林的设计实践，无疑为她日后的园林设计及管理奠定了坚实的基础。后来她成为继张慰人、匡振鶠之后的第三任院长，并领导改制后的企业开创新的辉煌，成为今天古典园林输出国门的主力之一。最初在美国纽约设计建造的中国第一个走向世界的古典庭园明轩，开创了苏州园林设计院“园林艺术”外贸的先河，近40年来他们在境外设计建造了20余座中国园林，其中多座园林是在贺凤春任上设计建造的。坐落在美国洛杉矶圣玛利诺市亨廷顿艺术博物馆、图书馆及植物园内的流芳园，就是2008年由贺凤春、谢爱华负责规划设计的，是目前海外规模最大的苏州园林海外名园。

流芳园规划面积约12英亩（约合72.8亩），由苏州园林股份有限公司施工，2007年11月底一期工程建成。园址选在植物园的一处山谷，植被丰富，还有一条小溪穿越山谷，是造园的佳地。规划设计根据植物园内植物品种丰富的特色，结合场地的山水格局，从我国传统园林景观意象构成元素中，撷取了蓬岛瑶池、世外桃源、濠濮间想、岁寒三友等意象（图 7-11）。以映芳湖为中心，5 座小桥跨水连接 3 处小岛，构成“一池三山”的意境。同时，采用“园中园”的空间构成手法，形成“流芳小筑”“荷浦薰风”“曲径通幽”等九大景区，通过景观空间序列组织产生连续性变化，达到步移景异的观赏效果（谢爱华，2008）。流芳园是苏州古典园林的传统技艺与现代科技结合的佳作。除了新建的古典园林设计外，贺凤春还带领团队修复苏州可园，创新再造了已经荒废的常州曾园（虚廓园）和赵园（静园），参与上海古琦园改扩建等古典园林修复项目。

图 7-11　洛杉矶亨廷顿的流芳园一角（引自：苏州园林设计院网站）

贺凤春在承继苏州古典园林艺术上有其独到的见解，她认为当代苏州园林的主要特点，可归纳为“四变”和“四不变”。“四变”指服务对象、功能要求、用地规模、建造技术的改变；“四不变”指造园思想、山水格局、造景手法、建筑风格不变。她指出：“当代人造园，应传承和发展苏州古典园林，延续苏州地域文脉，要运用新材料、新工艺，满足使用者的需求，并体现节约、生态理念。”（邵群，2016）这是对苏州园林的承继和发展的最好理解。

进入 21 世纪，作为江苏省人大代表，贺凤春更加关注生态环境及历史文化遗产保护及修复，特别是太湖地区环境问题。2006 年苏州实施湿地的宏观生态恢复战略，她抓住契机开始实践湿地公园设计和建造。其代表作是苏州太湖湿地公园、苏州三角嘴湿地公园，其共同的特点是湿地生态环境的保护与培育，建立湿地栖息地，湿地和自然湖泊形成水系循环提高水系自净功能，延续江南水乡文化。

苏州太湖湿地公园位于苏州高新区镇湖镇（现改为街道），规划用地 4.6 平方公里，原是20世纪70年代大堤围起的人工鱼塘群，包含了湖泊、河流、河漫滩和沼泽四种湿地类型。贺凤春提出三条基本原则，即利用场地肌理，维持大地记忆；延续太湖文脉；培育多样化的生态环境。由此，形成保护—修复—开发的基本经营模式，具体是：保留一部分鱼塘和稻田原状，其余恢复成为自然条件下的湿地、湖面，使湿地水体参与环太湖水系的循环；同时，以湿地公园为载体，保存正在消失中的传统乡土文化，即田园文化、渔耕文化和刺绣文化等，以开发湿地生态旅游业为契机，为当地居民提供更多的就业机会和经济收入。由此，围绕中心湖区设计了湿地渔业体验区、湿地展示区、湿地生态栖息地、湿地生态培育区、水乡游赏休闲区、湿地生态科教基地及原生湿地保护区七大湿地功能区（图7-12）（贺凤春 等，2014）。

图7-12　苏州太湖湿地公园规划平面图（上），湿地生态栖息地（下）（引自：贺凤春 等，2014）

贺凤春是园林学界年青一代中的佼佼者，她取得的令人瞩目的成就不仅仅在于园林景观规划设计方面，还在于园林设计企业经营和管理方面，正如她自己所说的“苏州园林设计院将本着一条品牌企业的道路走下去”。和她同时代的许多园林界同仁不同的是，她并没有在职学习去获取硕士、博士的学位，更多的是在实践中向老一辈专家学习，在与他们的合作中积累学识。她以其设计作品、以迅速发展的企业向人们展示了她的业绩比一篇博士论文更有价值。

（三）张文英——应用“类型学”系统研究景观营建方法

张文英（1966 年—），陕西渭南人，1983 年入读北京林业大学林园林专业，毕业后曾在西宁市政园林局工作过一段时间，1989 年考入华中农业大学攻读硕士，1992 年始到华南农业大学风景园林与城市规划系任教，2010 年获华南理工大学建筑学院城市规划与设计专业博士学位。其博士论文题为《当代景观营建方法的类型学研究》，应用类型学理论研究景观设计方法。读博期间曾赴美国宾夕法尼亚大学设计学院风景园林系做访问学者。张文英现任华南农业大学园林专业教授，2002 年为棕榈设计（前身棕榈景观规划设计院）第一任院长，现任棕榈生态城镇发展股份有限公司副总裁，棕榈设计有限公司董事长及首席设计师。棕榈园林成立于 1982 年，是继东方园林之后的第二家上市公司。她主持设计的项目主要有：广州星河湾六期景观环境设计、江门市李锦记中草药体验园、南京银河湾花园园林景观设计、西宁香格里拉城市花园、佛山新城滨水景观带规划设计等。

纵观其发表的学术论文，她的园林规划设计理论主要是在博士学习期间形成及遂趋成熟的。她最重要的学术成就是，应用“类型学”开展“景观营建”（Landscape Architecture）方法的类型研究。在她的博士论文基础上形成《当代景观营建方法的类型学研究》一文发表于《中国园林》（2008 年第 8 期），产生较大影响。王绍增在那一期的《主编心语》中特为这篇文章加了说明，指出这是首次介绍“类型学”的研究方法，但对于园林这样的综合事物，用什么方法细分，细分到什么程度才是适度的，细分的同时如何与综合考虑相结合，大有继续探讨的空间。

张文英是我国较早应用类型学理论研究园林景观的学者，而在她撰写博士论文时正好是我国讨论 LA 学科名称、内涵，也是关于“风景园林”和“景观设计”学科名称争论的时候。张文英的论文用了“景观营建”（Landscape Architecture）

表明了她的观点，她认为“风景园林”一词，从某种意义上说是不通顺的，并且会约束学科的范围，不利于学科发展；而“景观设计”只是并列于工程、建设、管理的一个子域，没有包括 LA 的整个行业（张文英，2008）。她的这个观点和程世抚等老一辈的学者相近，因为 Architecture 这个词本身就有营造、建筑的含义。

她通过对大量的中外景观设计进行比较，将景观营建方法归纳为 8 个类型，即:

①综合思维设计。包括设计师所作的公园设计、城市设计、场地规划等大部分项目。她认为这源自奥姆斯特德，是将“多种多样的自然和人工景观结合起来，创造和谐的关系”。而中国古典园林也属于综合思维设计范畴。

②艺术表达设计。是将景观作为艺术形式，展示高度的艺术成就，重视作品的美学价值，关注产生新的、独特的艺术作品。如法国的勒·诺特尔园林、托马斯·丘奇的“加州花园”等，以及中国古典园林中的拙政园、网师园、留园等；近期如俞孔坚的红飘带、方盒子等作品，表现对作品风格的追求。

③景观分析。是从生态、自然地理和文化地理等方面入手，试图保护保存大的自然和文化景观。早期的典型是麦克哈格团队设计的项目，而多义景观的厦门国际园林花卉博览会规划方案也是成功的例子。

④多元设计。是以公众设计为代表，如美国的口袋公园，其社会意义远远高于美学和生态意义。

⑤生态设计。是针对不同容量和规模的保护、保存以及提高现存自然环境质量的设计，专注于通过设计解决特殊的问题导致景观的改变，例如中国的三北防护林。

⑥精神景观。如纪念园等，更重视社会价值而不是受市场的影响而产生。

⑦过程主义设计。其通过一个在生态过程基础上建立的开放式的设计系统来表达，如根据对植被演替过程设计种植。

⑧恢复景观。是在完全被破坏的、生态碎裂的场地作设计（张文英，2008）。

她将“类型学”方法应用于当代居住区的环境营建，提出“场所精神”的建立，必须从历史中、从地域中寻找人们集体记忆中的“原型”。场所的精神包括：空间构成、感知和记忆，由时间和空间唤醒的诗意。场所要能激起回忆和共鸣，并由外而内地进入个体的精神领域（张文英，2011）。

张文英主持设计了多项住宅景观，她的设计体现强烈的人文关怀、提倡人与自然的和谐相处。其中被她称为“诗意的栖居”的保元泽第住宅小区，是景观设计实践探索的成功之作。该小区位于杭州市余杭区，面积 7 公顷，采用回归的态势组织空间，模拟地域空间的自然式布局，想象水乡的田园生活（图 7-13）。没有过多采用流行的轴线及构图的概念，而是因借水系，营造完整的水系结构；应用古桥、乌篷船、青砖、青花瓷等江南特有的元素，反映了属于江南水乡生活独有的情节；通过乡土环境元素、乡俗文化细节等景观手段，再现具有族群性的记忆性轨迹（张文英 等，2009）。

她对当今园林景观中的过度设计现象提出尖锐的批评，指出在房地产热的推动下，房地产的园林始终在宣扬最奢华、最尊贵、无限富裕、无限享受的价值，我们的园林设计也无不在刻意体现这些价值观，导致“过度设计”的现象。由此提出，我们应改变以“消费者为中心”“以市场为中心”的设计观，从长远看，设计要实现从“以人为中心”的设计观向“以自然为本”的可持续发展的设计观的转换。未来的风景园林设计不再是单一地创造“诗意化生活”的手段，而是要以有利于人类的健康发展为前提，使人与自然和谐发展，不但以当代人生存为本，也要以子孙后代的发展为本（张文英，2006）。

图 7-13　保元泽第，体现江南水乡的乌篷船、古桥（迁地复建的明代石拱桥——保元桥）（引自：张文英 等，2009）

四、中国近现代园林史研究的几位青年学者

在新中国成立的 70 年中，园林事业经历了跌宕起伏，从恢复、沉寂、复兴到全面发展，期间专业人员几经变化，园林理论、风格、建造技术不断创新，管理体制、政策法规也多有不同，因此对其历史的研究成了园林学史家的一个重要内容。至今，不断见到有价值的现代园林史论文发表，挖掘历史中的点点滴滴，而亲历了

整个过程的老一辈学人的回忆更是道出了许多历史真相。随着时间的推移许多老人离开了我们，然而他们的同事、同学、后辈、学生撰写的纪念和回忆，包括生平、园林思想、理论及设计作品、学界的评价等，为我们提供了他们见证的那段历史线索。本书关于刘敦桢、冯纪忠、陈从周、陈植、陈俊愉、汪菊渊等先辈学者的叙述，关于苏州园林研究、新中国成立后发生的许多园林大事件等等，无不得益于这些文章。

中国近现代园林史的研究重点，包括针对一个地区的、关于园林大师的、针对某一种类型的，以及关于园林教育、学科发展的等等。主要的文章如刘秀晨的《60年园林绿化回首》和《中国近代园林史上三个重要标志特征》，刘庭风的《民国园林特征》，吴劲章和谭广文的《新中国成立60年广州造园成就回顾》，王绍增的《30年来中国风景园林理论的发展脉络》，李嘉乐等的《中国风景园林学科的回顾与展望》，林广思等的《20世纪50—80年代的中国现代主义园林营造——以华东、华南两地为例》及《1949—2009风景园林60年大事记》，郑力群和周向频的《上海近代公共园林谱系研究》，赵纪军的《新中国园林政策与建设60年回眸》等。另外，在20世纪90年代中期，所有省（区）及省会城市都编著出版了园林绿化志，为现代园林史研究提供了十分重要的历史资料。同时对园林大师如陈植、冯纪忠、陈从周、汪菊渊、陈俊愉、夏昌世等的研究也都取得了很好的成果，有的还出版了传记、论文集等。

在园林专业教育中，“园林史”始终是一门主要课程，为此出版了多个版本的教材，但这些教材一般涵盖了中外古典及近现代园林史，故关于中国近现代部分的内容篇幅都不大，而至今尚未有《中国近现代园林史》教材。目前关于中国近现代园林史最重要的专著当属朱钧珍的《中国近代园林史（上篇、下篇）》，以及柳尚华的《中国风景园林当代五十年（1949—1999）》，赵纪军的《中国现代园林：历史与理论研究》，王云的《上海近代园林史论》，李敏和何志榕的《闽南传统园林营造史研究》等。现在介入园林近现代史研究的学者很多，其中不乏年青学者，而周向频、赵纪军、林广思可看作其代表。

（一）周向频——跳出编年史写园林史

周向频（1967年—），福州人，1989年本科毕业于同济大学风景园林专业，

1992 年获同济大学城市规划硕士学位，1997 年以《城市自然环境的塑造——基于保护与发掘自然的城市环境规划研究》论文获同济工科博士学位，师从著名城市规划学家李德华先生。周向频曾在法国里昂建筑学院进修和在 INSITU 景观事务所工作，现任同济大学建筑与城市规划学院副教授，冶园景观设计工作室主持人，联合国环境规划署顾问等职。除了在风景园林规划与设计方面的研究与实践外，他在中外园林历史与理论研究，尤其是在中国近现代园林史方面倾注了很大精力，也取得了不俗的成果。

他编写的《中外园林史》（2014 年）古代史部分，采用了以园林性质为线索的分类结构，将多个国家和地区的园林并行论述，意图摆脱以往以自我文化为中心的观念，将整个人类的造园文明平等地并置，从而跳出编年史的写法（李铮生，2009）。在现代部分，则将 20 世纪 30 年代之后归为中外现代园林的形成与发展期，在中国部分列举了重要的园林设计师及学者，并将方塔园、陶然亭公园、花港观鱼、越秀公园作为重点案例。

周向频对中国近代园林研究较多，他考证最早出现“近代”一词的园林文献可追溯到 1935 年周士礼先生发表的《近代之庭园》一文，陈植先生在《造园学概论》一书中明晰了“近代”的时域，即为 1911 年辛亥革命之后（现一般将甲午战争作为我国近代的开始）。通过研究文献，他将 20 世纪 80 年代后的近代园林史研究划分为独立 (1980—1999 年)、发展 (2000—2010 年) 和深入 (2011—2015 年) 三个段落。认为，王绍增（1982）、朱钧珍（1989）等对上海、澳门的研究成果为近代园林史研究的早期范本。而在 2000 年之后，不再拘泥于对“统治阶级”或“精英群体”等上层营造的单一崇拜。在“现代化范式”影响下，史学界对一些重要人物和事件等也作出了重新审视，张謇、朱启钤、吴国柄等园林建设的推动者和陈植、童寯等早期学者的贡献再次得到肯定。2012 年朱钧珍的《中国近代园林史 (上篇)》是近代园林史首部通史性著作。同时学者围绕近代园林展开了微观化、日常化、多元化的细致考察，研究更加深入（周向频 等，2018）。

周向频具体研究了上海公园历史，指出西方公园形式的引入带来了园林形式的突变，也撼动了中国古典园林一脉相承的地位。他认为，西方园林往往以明晰统一、层次完整的结构来达到人工对自然的驾驭，而中国则以流变松动的结构来体现天人合一，物我相融的人文心态。但他觉得，留存下来的明清古典园林实例，都是在有限的空间内发展大量的建筑，“人作”之强似乎掩盖了“天开”之感（刘海兰，2008），这似乎与一般以这些传统园林实例来解译“虽由人作，宛自天开”的观点不同。

他看到，以往对中国近代园林史的书写，常侧重于论述从西方植入中国的租界公园，而较少关注中国传统园林在近代转型时期自发的形式及风格上的变化。因此着重研究上海清末两座最著名的私园——张园和爱俪园（哈同花园），以此来了解和诠释这种变化，从园林空间与建造的角度去解读近代中西文化的碰撞和新旧思想的交替。他依据文献史料、照片复原两座园林，描述爱俪园的整体结构呈现封闭内敛的传统宅园特征，以水系作为天然屏障，以及用于内、外园的分割，园内丰富的景致皆围绕水系展开。他指出其设计者黄宗仰不仅取法古典园林，以生平游历会心之景物点缀园林，且在造园期间远赴东瀛借鉴日本的园林艺术，融汇成建筑形制各异，中日乃至西式元素相配的园林景致。他认为，爱俪园是上海私家园林近代演变的关键一环（周向频，2016）。而张园，表明其为中西混合的布局与风格，创造出私园与公园相结合、中国文化与西方文化共存的新式园林。张园的重要性还在于其造园思想、园林风格、建筑实践等方面作为可批评借鉴的实例，促使后续有更多关于中西园林的思考与实践出现。因此张园是中西文化交流的重要场所，也是中西园林比较的重要研究案例（周向频 等，2018）。

周向频对上海这两座近代私园的研究，意义在于探讨了从中国传统私家园林向现代社会背景下的园林转变的过程，同时将其作为海派园林的先声。他归纳两园的特点，主要表现在其中西杂糅的布局，求新立异的造园元素，叠山理水受海派文化的浸染而呈现出异于传统的特点，植物应用不同于传统的画理要求而充实花卉草木的色彩运用，以及选用异国植物及草坪，再有传统的造园立意与意境营造的弱化，这些对海派园林的发展有着启发的作用，应该是探索海派园林形成的重要案例，也是近代园林理论研究的重要一环（周向频 等，2007a）。

对于租界公园，他指出因其特有的开放性和所谓民主意识的表达，使得沪人领略到公共娱乐空间的吸引力，同时带来了强烈的中西文化碰撞。作为中国园林由古典向近代转变的“触媒”，租界公园既开启了近代中国园林史上的转折篇章，同时作为社会发展的侧推力，也影响了整个上海城市近代化的进程（周向频 等，2007b，2009）。由此提出保护此类历史公园，在为适应当今社会需求而实施改造时，需注意保护其历史价值，更需要对园林植被进行长期保护与更新，以保证核心景观价值的维系和加强（周向频 等，2014）。

在近年兴起讨论国家公园的概念、内涵及标准的热潮时，他考证中国最早出现 National Park（国家公园）名词的报道，可追溯到 1908 年 9 月 17 日的《字林西报》。20 世纪 30 年代，中国已然被纳入了世界国家公园思想的传播系统中，1935 年国民政府收回了原为英租借地的庐山牯岭，计划辟为国家公园，40 年代相继提出了五大连池（1943 年）、南岳（1946 年）、西湖（1947 年）、水桓覇（1948 年）等国家公园建设计划。而中国首次独立进行的国家公园实践，是陈植于 1930 年公开发表的《国立太湖公园计划书》，这为当今国家公园建设提供了历史基础（周向频 等，2014）。

当然，周向频的研究并非仅仅在园林史方面，涉及的内容较广，正如著名城市规划学家、他的硕士生导师李铮生对他的评价：他一直持续关注传统中国园林的现代化命题，对同济大学的一批学者冯纪忠、陈从周的理论与作品尤感兴趣，后来更将精力转向全球化背景下的中国城市环境改善及传统园林的再认识，通过中外园林的比较取得丰富的研究成果（李铮生，2009）。

同时，周向频作为冶园景观设计工作室主持人，主持及参与了许多有影响力的景观设计实践，他的作品收集在《冶园创景——周向频景观规划设计作品集》一书中，代表性作品如：成都大熊猫生态公园设计（2004 年），同里肖甸湖森林公园设计（2002 年），芜湖青弋江沿岸景观设计（2007 年），兰溪诸葛文化园设计（2004 年）等，受篇幅所限不再赘述。

（二）林广思——着重研究中国风景园林教育发展的青年学者

林广思（1977 年—）广东信宜人，2000 年毕业于北京林业大学风景园林专业，从事设计工作 2 年后考入北林园林学院城市规划与设计（含风景园林规划与设计）学科读研，2007 年获博士学位，导师王向荣。2007 年 7 月至 2009 年 2 月，在深圳市北林苑景观及建筑规划设计院有限公司工作。2009 年 2 月至 2011 年 7 月，在清华大学建筑学院景观学系博士后流动站工作，之后至华南理工大学建筑学院任教。

在本书叙述的所有园林学者中他是最年轻的一位。作者检索了他发表的论文，最早的发表于2004年。他的博士论文选题为《中国风景园林学科和专业设置的研究》，涉及园林教育历史发展的研究，之后开始研究中国近现代园林的历史，侧重于相关人物，关于中国风景园林教育则成为其研究的重要部分。

博士毕业(2007年)后的10年中，他发表论文90余篇，以第一作者在《中国园林》上发表20篇，在《中国园林》创刊30年中发文最多的40位作者中排位15。另外，他几乎每年都会参加各类学术研讨会，并宣读论文，可见他是一位十分勤奋、善于交流的年轻学人。林广思的学术论文主题涉及面较广，关于近现代园林史研究主要在三个方面:

（1）新中国成立后风景园林教学发展历史。这是重要的一块，他系统梳理了新中国成立后第一个园林专业在北京林业大学产生、发展及壮大的过程。从分析各个时期在校任教的教师情况，提出了教师是北林园林专业发展并形成特色的关键。特别强调了几位园林大师如汪菊渊、陈俊愉、孙筱祥、孟兆祯对园林专业教育的贡献，以他们为中坚的师资队伍，吸引了有不同国家留学背景的教师，再加上清华、北大、中国科学院植物所以及同济大学等的参与，风景园林专业得到迅速发展，并形成代代相传雄厚的教学和研究专业队伍，造就其综合各学科之长、多学科交叉融合的鲜明特色，至今依然是国内最好的专业（林广思，2012a）。在此基础上，他进一步系统分析了新中国成立后中国内地园林专业设置的演进，至2006年全国风景园林本科有140所院校、6个专业，开办研究生教育的有25所学校、学科16个；1979年、1985年、1993年和2005年是园林专业院校数量的拐点，正好与专业调整的时期相吻合。而各个院校在专业名称、侧重点以及授课内容等方面都有很大不同，分属于园林、园艺、林学、建筑、景观、人文、环境、艺术、地理、生物等多个学科，因此专业名称有园林、风景园林、景观学、景观建筑设计、环境艺术设计等等。从历史上看，园林专业名称的变革主要集中在三个时期: 1960年前后，为城市及居民区绿化、园林、园林绿化等；1986年时有园林、风景园林、观赏园艺；2003年后出现了景观建筑设计、景观学。

（2）关于中国LA学科的名称辨析。在学界讨论“风景园林”和“景观设计”名称时，他考证了LA在中国各个时期应用的情况，发文阐述中国LA学科的诞生。

提出其学科的核心空间规划及设计，研究对象是境域，他的一些论点在本书第六章中已有所引用，在此不再赘述。他对“景观”词义的辨析，指出“景观”在中国当前的学术界中被普遍地使用导致了人们对学科核心概念的误解，而中国景观学科中景观并不等同于地理学和生态学的景观概念。他认为，中国人对景观理解的差异，是东西方社会在室外人居环境营建中文化思维的差异以及传统园林遗产与当代环境建设的差别所造成的（林广思，2006）。

（3）岭南园林历史研究。林广思是广东人，又在华南理工大学工作，因此对岭南园林历史产生兴趣并开展研究是顺理成章的事。他的研究没有局限于园林实体而是关注岭南园林学家。如着重研究了夏昌世，对他的生平作了详细的考证，整理出夏先生的年谱，从其早年对传统园林的研究、规划及设计，到研究岭南庭园的方法和核心的造园意匠概念作了详细、系统的介绍。指出夏昌世是现代岭南园林的开创者，而通过与夏昌世合作或师徒传承等，岭南地区形成了一个传统园林研究和现代岭南风景园林创作的团队。莫伯治、郑祖良、余植民、金泽光和何光濂等现代岭南园林代表人物，都与夏昌世有过合作或受其指导和帮助。另外，夏昌世在华南工学院建筑系（现华南理工大学建筑学院）培养了一个风景园林研究和创作的团队，其中不乏杰出的代表。夏昌世唯一的研究生何镜堂先生，已是中国工程院院士，是我国现代建筑创作中岭南学派的代表性人物（林广思，2014c）。他认为，岭南园林从古典转向现代起始于1963年，即广州白云山“双溪客舍之乙座别墅”的设计建造标志着现代岭南庭园风格的产生。莫伯治领衔完成的设计，迅速引领了现代岭南建筑和庭园创作的现代性和地域性并重的风格流派的形成，也是行政主管领导和建筑师群体在风格上达成的共识。这里的行政主管即指时任广州副市长的林西同志，林广思归纳为：20世纪50—80年代，在林西的领导下，以广州为中心的岭南地区，通过夏昌世的创作活动以及思想传承，岭南现代建筑和园林创作人员形成了一个积极合作、相互促进的团体（林广思，2012b，2014a）。

值得一说的是，他对历史事件的梳理并不仅仅依靠阅读文献，当然这是十分重要的、也是大多数学者的研究方法。但作为现代园林史研究，还可以从现存的档案中获得确切的佐证，林广思在研究园林教育时是实地查阅了不少学校的档案，并纠正了一些回忆录、人物访谈中因记忆而出现的差错，由此可见他治学态度的严谨。

（三） 赵纪军——书写中国现代园林春秋的年轻人

至今以中国现代园林史为题的专著，仅见赵纪军的《中国现代园林：历史与理论研究》（东南大学出版社，2014年）。这本书的体例不同于一般的园林史，或以时间序列，或以造园师为纲，或以园林类型，或以风格流派为要点撰写。赵纪军之作，截取了新中国成立后园林发展的几个重要历史节点，如学习苏联文化公园的设计理念、大地园林化、“文化大革命”时期的园林革命以及园林城市建设，来阐述不同时期与之相对应的园林理论与实践创作。在实例部分，他又选择了当年红遍全国的大寨村，以其大规模的景观（地貌）改造来说明那个年代的特点。朱钧珍称赞此书编写方式在以往景观论述中极为少见，不仅使读者感到新鲜，也会增加园林工作者对中国农业景观作进一步探索研究的魅力（朱钧珍，2014）。赵纪军的这本书，在学界产生较大影响，被誉为是中国园林史的补白之作。

赵纪军（1976年—），河北人氏，1999年毕业于华中理工大学建筑学院，即考入清华大学建筑系读硕士，师从建筑学家高亦兰教授，2002年毕业，其论文为《新时期我国大学校园中的景观设计研究》。2003年他赴英国留学，在谢菲尔德大学景观学系攻读博士，5年后获风景园林博士学位，回国后到华中科技大学建筑与城市规划学院任教，因此他的求学兼及“建筑学”与“风景园林”。他曾在深圳市清华苑建筑设计有限公司、北京泛道国际设计咨询有限公司担任建筑师及主创设计师。

他是当今研究中国现代园林史的主要青年学者之一，与林广思共同编辑了《1949—2009风景园林60年大事记》，并经刘家麒和王绍增先生审阅。不同于林广思，他的研究更偏重于政治变革、政策对园林建设的影响。和所有研究中国现代园林史的学者一样避不开学科、专业名称的解译，他也为“正名”而辨析“造园”“园林”“绿化”“风景园林”“景观”等多年，他考证了这些名称、术语的来源及历史变革。如对“绿化”这个名词的考证，改变了一般认为是引自苏联的观点，指出“绿化”一词源自日文，而在民国时期已在国内应用，如武汉吴国炳在提出武汉市政计划时，即有《美化绿化龟山计划》的提案。他进一步分析新中国成立后“绿化”的内涵不同于之前“绿化园林”“绿化家园”的理解，而是绿化国家。如20世纪50年代园林必须与生产结合的提法一直延续到80年代，直到1986年才得以否定。改革开放后，“绿化”概念及实践才逐渐摆脱政治及经济的时代局限。他认为“绿化”在本质上应视为社会“近代化”或“现代化”热潮中，寻求人居环境改良、改善的一种手段或途径。然而，“绿化”一词忽视了人类对环境的综合要求，也带来了危及园林传统和降低文化价值的困惑（赵纪军，2013）。

他认为“风景园林”是“园林”行业、专业在新时期的拓展和深化。“园林”来源自然，是中国人与自然和谐相处的一种方式。但“风景园林”毕竟不同于“园林”，其实践力图寻求并实现人与自然之间可持续的平衡、协调关系，应具备空间、时间、经验、生命四个层面的内容，但“风景园林”的称谓似乎为人们平添了些许困惑和不解（赵纪军，2015）。看来，青年一代园林学者对“风景园林”这个名词也是有着不同看法的。

他对1949—2009年各个时期政治形势及园林政策对园林设计的影响做了梳理，认为新中国成立初期鼓励“中”“新”结合，在“古为今用，洋为中用”以及“双百方针”等指引下产生了一批新园林；然而，由于追求发展速度，出现设计上的粗糙及对艺术传统的忽略。20世纪50年代学习苏联经验对园林设计的影响是巨大的，但受限于中国的经济水平及土地资源，对其短暂模仿后，就采取了有限采纳的姿态。接着是“绿化祖国”和“大地园林化”的号召，以及“普遍绿化，重点提高”的城市绿化方针，在“大跃进”中得到推动。然后进入了“园林革命”时期，“文化大革命”颠覆了园林的基础，视园林为“封资修”的大染缸而遭到批判。“文化大革命”之后拨乱反正，园林回归之后提出园林城市建设推动了园林建设与发展（赵纪军，2009）。赵纪军系列论文《新中国园林政策与建设60年回眸》（2009）及专著《中国现代园林：历史与理论研究》（2014），是至今较为全面阐述现代园林史的文献，尽管还是宏观和粗线条的，但不容否认它们为进一步的深入研究提供了很好的思路。

赵纪军对章守玉的研究，也是填补中国近现代园林史学家研究的空白。章守玉（1897—1985年），是我国现代园艺、造园的奠基人之一，陈植的《中国造园史》中仅列出5位近代造园名家，章守玉名列其中。章守玉作为当时主要的造园家，与傅焕光一起，参与“中山陵园”园林及植物园建造（详见本书第二章）。赵纪军详细论述章守玉先生生平的园艺与造园思想，认为最重要的一点是其“园艺”理念将“造园”内涵囊括在内，同时强化了观赏植物之于造园的基础作用，这个思想也被他带到了在复旦大学园艺系的教学中。而章先生的实践中也有着明显的中西融汇的特点,表现了近代先辈在执业探索道路上吸收外来、立足本土的共性(赵纪军，2018）。青年学者对老一辈园林学家的研究，是我国近现代园林史研究领域的一个趋势，赵纪军、林广思等无疑是其中的佼佼者。

第八章

植物园和园林植物应用

第一节

植物园及植物园设计

一、我国城市植物园简史

植物园是收集、栽植及展览植物的园地,其中包含属于特定科属的植物专类园,如常见的蕨园类、苏铁园、仙人掌类园、蔷薇园、杜鹃园等。另外，一般都建温室,收集展览热带、亚热带的植物。植物园的传统功能主要是为植物学家进行引种收集、分类、驯化、育种栽培、植物生理生态等各种研究提供服务，同时面向教学，并向民众普及植物学知识等，也在为城市绿化与园林建设提供新的植物材料方面起到了重要的作用。之后逐渐演变为公众游览、休闲及其他文化活动等场所，兼有城市公园的作用,在我国还有“园林式植物园”的称谓,而且这种趋势愈来愈明显。

史家认为具有现代意义的植物园，可追溯至16世纪意大利文艺复兴时期。世界上以植物科学研究为标志的第一座植物园， 是意大利植物学家 Luca Ghini 于 1544 年在意大利帕多瓦（Padua）比萨大学创立的 Pisa 植物园，也是欧洲第一座大学药用植物园。以后在欧洲各地的一些大学中陆续建立植物园，到了 17 世纪，欧洲的植物园从早期关注药用植物，转向从欧洲以外地区采集标本，引进新的植物种类。1753 年林奈建立植物分类系统和命名法则，开始在植物园中展示分类系统用于教学。

19 世纪后植物园类型更为多样，出现了不同形态、尺度及风格，趋向于广泛收集园艺方面的植物，同时更加突出其工艺性质。不仅是植物研究及展示植物的机构，还承担了城市公园的功能，兼具科学研究与社会文化属性。世界上历史悠久的著名植物园,如英国牛津大学植物园(1667年)、皇家爱丁堡植物园(1670年)、皇家邱园（1759 年），荷兰阿姆斯特丹植物园（1638 年），瑞典 Upppsala 大学植物园(1655年)、法国巴黎植物园（1635 年），德国柏林植物（1672 年），以及美国华盛顿国家植物园（1820 年）、密苏里植物园（1859 年）、哈佛大学阿诺德树木园（1872 年）等。

1954 年成立了国际植物园协会、附属于生物科学联盟（international union of Biological Sciences），现由国际植物园保护组织［Botanic Gardens Conservation International （BGCI）］协调，包括 700 个成员，支持植物保护的全球战略。据 BGCI 提供的搜索工具，目前世界上 150 个国家拥有植物园（树木园）1800 余所，其中欧洲有 500 所，北美 200 所。

植物园（树木园）对于城市树木应用的重要性，在于它为城市树种的选择、种植及养护提供科学依据，至今许多城市绿化树种是通过植物园驯化及繁殖而获得的。植物园又是城市园林绿化的内容之一，列入公共园林的范畴，有的国家认为植物园就是公园的一种特殊类型。也有国家把植物园列在教育系统内， 专为教学服务，无论如何它是对市民开放的、专门提供丰富植物景观的游览场。在现代化城市中起着十分重要的作用（余树勋，1989）。

我国对药用植物研究可追溯到神农氏，代代口耳相传、成书于东汉的《神农百草经》是已知最早的中药学著作，但 1578 年问世的李时珍的《本草纲目》影响最大。至于种植药草而形成药圃，至少可追溯至司马光的《独乐园记》中描述的采药圃，园圃中种植了草药、蔓药和木药，已是小型药用植物园的雏形。该园建于北宋熙宁四年 (1071 年)，那年司马光 52 岁，距今已是 900 多年（余树勋，2000）。据李约瑟的《中国科学技术史》记述，14 世纪末明周定王（明太祖的第五子）撰写《救荒本草》，在开封王府附近建大植物园种植在灾荒时可食用的植物。

然而，在现代我国的植物园建设要迟于欧美国家，最早的应是香港植物园，建于 1861 年，面积 5.6 公顷，市民称为“兵头公园”，1975 年正式改名为香港动植物园。而在日本占领台湾时以垦丁为基点，分别在 1906 年及 1921 年设立恒春热带植物园和台北植物园，但严格说是林业生产的母树园，而非真正意义上的植物园。另外就是 1915 年建的辽宁熊岳树木园，占地 5.8 公顷，以及 1938 年日伪在长春建的所谓“新京动植物园”，但都是侵略者所为。

我国在民国后开始筹建现代植物园，如 1915 年陈嵘（宗一）在江苏甲种农校创办教学性质的小型树木园，1927 年为中央大学接收扩充，据马大浦（1934）统计园中有植物 308 种。1917 年上海在高行区东沟由浦东塘工善后局设立花圃，后改为上海县教育局植物园，但规模很小不久就被社会局接收改为市立园林场。然而，正式筹建上海市立植物园是在1933年，位于市南区的龙华路上海市教育局管辖园（姜斌，1987），于1934年11月开放，园内分12大区，包括观赏、食用、森林、水生、工艺、药用、热带、沙漠等及苗圃盆景、标本陈列，"八一三"事变后关闭（上海园林志）。

据余树勋先生回忆，大约在1925年，北京西直门外原清代三贝子花园改为"农事试验场"，入门后西半部为植物园（余树勋，1989），不过他并未说明是否是按植物分类系统排列。另外，1927年植物学家钟观光先生，在国立第三中山大学劳农学院（浙江大学农学院前身）创建植物园（40～50亩），园地面积虽小但一开始就是以植物园命名的。钟观光先生是我国第一代现代植物学家，为纪念他对植物学研究的贡献以他的名字命名了木兰科的一个单种属，即观光木（*Tsoongiodendron odorum*）。

上述这些植物园虽然建设时间较早，但规模不大，存在的时间也较短，因此对我国植物园建设的影响并不大。但在民国期间已有关于植物园的书籍，如1926年商务印书馆出版蒋希益的《植物园》一书，叙述了世界及我国植物园概况、植物园设计、管理及经费组织、人才训练及世界植物园一览，虽然是一本小书，但对民众了解植物园知识还是起到一定作用。

至今可以确定的、我国现代第一座位于市区范围的大型植物园，是1929年为纪念孙中山先生而建的孙中山先生纪念植物园，位于南京钟山脚下、中山陵寝一侧，是今天南京中山植物园的前身。另外，还有同年陈焕镛在广州创立的中山大学植物研究所（华南植物园的前身）；以及中国近代植物学奠基人胡先骕、中国蕨类植物学创始人秦仁昌、中国植物园之父陈封怀三位先生，于1934年在江西庐山创办的我国第一座亚热带山地植物园，也是第一座供植物科学研究的大型正规化植物园；1937年，西北植物调查所和国立西北农林专科学校筹建植物园，面积约300亩。由此看来，民国时期我国仅有4所由国内植物学家创建规划的植物园。

我国现代植物园进入真正的发展期是在新中国成立后，除了"文化大革命"时期外可划分为三个发展期：

第一时期，新中国成立后至1966年，是植物园建设的第一个高潮，期间新建

20 所植物园，仅在前 10 年（1950—1960 年）就建了 15 座。至今依然占了重要地位的北京植物园、武汉植物园、沈阳植物园、杭州植物园、西安植物园、昆明植物园、西双版纳植物园等，都是 20 世纪 50 年代建成的，多数属中科院系统，成为我国植物研究的重要基地。

第二时期，1976—1999 年，期间建了近 40 座植物园，几乎涵盖了所有省会城市。

第三时期，21 世纪以来，主要集中在地级城市，至 2010 年建成 57 座植物园，占全部植物园的 46%，并进入所谓的第三代植物园，而上海辰山植物园是其中的代表。

据不完全统计，2010 年全国有植物园的城市 115 座，占全部城市的 17.5%；200 所植物园中不属于研究系统的约占 70%（贺善安，2010）。但各地区城市植物园的建设不平均，省、地级城市中有植物园的城市比例以华东及华北居高、西南及华南较低（图 8-1）。2010 年颁布的《城市园林绿化评价标准》以及园林城市评选标准都明确提出城市应至少具有一座面积大于 40 公顷的植物园，这大大推动了城市植物园的建设，因此城市植物园的发展潜力还是很大的。

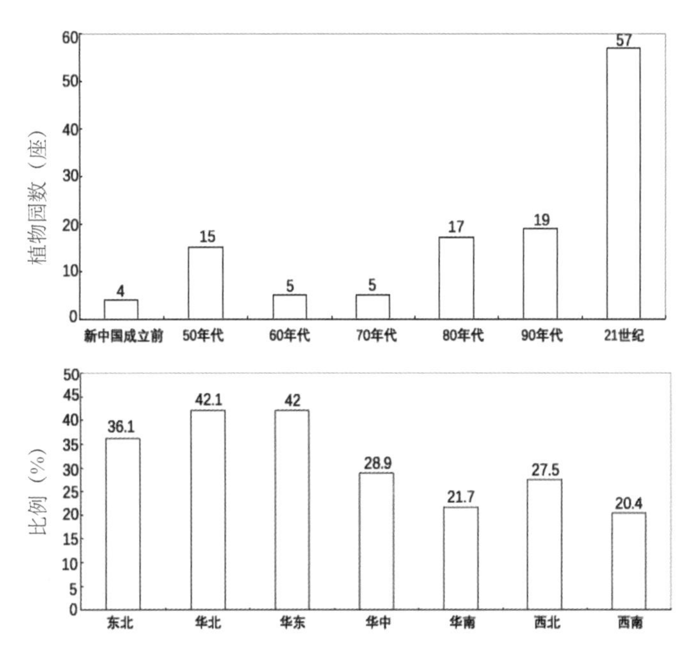

图 8-1 上：各年代建成植物园数；下：各地区有植物园的省、地级城市占各地区全部同级城市数的比例（2010 年）（引自：吴泽民，2011）

研究性的植物园大多按植物分类系统以科属次序排列种植，早期一般采用德国人恩格勒（H. Engler）的分类系统，是把具有单性花的柔荑花序类植物，如杨柳科、胡桃科、桦木科等作为原始类型，如柏林植物园。或采用英国人哈钦松（Htchinson）分类系统， 则是以雌蕊心皮分离的木兰科、毛茛科等植物为原始类型，如英国的皇家植物园邱园。后期又采用了美国克朗奎斯特的分类系统，如美国纽约植物园等。我国建于 20 世纪 70 年代的上海植物园也是按克朗奎斯特系统排列的。

我国早期的植物园建设，一般都由植物学家，尤其是植物分类学家主持规划，如南京中山植物园由陈嵘、钱崇澍、秦仁昌等主导规划；庐山植物园以胡先骕、秦仁昌、陈封怀等为主规划设计。新中国成立后建造的北京植物园以俞德俊为主，杭州植物园是在陈封怀指导下由孙筱祥具体设计，华南植物园由陈焕镛、陈封怀等主导设计等。后来，由于研究型植物园逐渐减少，植物园进入城市公园系统之列，以植物分类学家为主导规划设计的愈来愈少，大多由园林景观规划设计单位承担，也许会邀请植物学家参与指导按植物进化排列的专类园设计，但植物学家已不是设计主体了。

目前我国的城市植物园中，除了少数以科学研究为主要目的外，极大部分是以引种及收集当地珍稀植物为主，一般很少附有相应的科研机构，主要是与林业、园林部门结合，为当地城市绿化建设提供主要的参考。由于大部分植物园建设历史较短，多数在原有的苗圃、公园、林场、风景区的基础上改造或扩建而成，收集的植物种类特别是树种较少，作为植物园的作用相对受到限制。在我国经济实力持续增长、城市格外重视环境建设的今天，城市植物园的建设也必将迎来新的建设高潮。因此应深入研究植物园规划的特殊性，更加关注植物园在城市园林绿化建设中的作用，科学规划植物园。植物园应能很好地协调植物收集、保存、科普教育、游憩及科学研究之间的关系，因此在具体设计中更需体现植物园的属性，不应与一般的城市公园雷同，以能更好地满足经济和社会发展、环境和资源保护，特别是生物多样性保护与合理利用的需求。

二、民国时期建立的两座植物园

1. 南京中山植物园

中山植物园，原名“总理陵园纪念植物园”，实际上是中山陵纪念性建筑物之一。最初为金陵大学农科教授陈嵘向中山葬事筹备处主任杨铨（杏佛）建议的，陈嵘也是植物园计划的最初起草人。陈嵘还建议，将孙中山逝世纪念日 3 月 12 日作为植树节（之前为清明节）也被采纳。据杨杏佛记述，沪葬事委员会第 41 次会议通过总理陵园内设立中山植物园计划，拟以植物园为全部结构之基础，造林莳花，专家、园丁复可同时担任护陵之责。当时开办费 4 万元、经常费每月 1000 元，筹备处推林焕亭、陈嵘、杨杏佛负责（南京市档案馆，1986）。1928 年 2 月 7 日，葬事委员会拟于明孝陵前建设植物园，接收江苏第一造林场紫金山林区，同时聘傅焕光为中山陵园主任技师及园林组组长，担任陵区内造林、育苗及布置和植物园建设。据傅焕光记述，为纪念总理，在其陵园之西南部划地三千余亩，有山阜平地水泽之处，辟植物园一所，广采中国原有植物，并集世界各国名种，繁殖其中以备学者之研究……使总理之精神，如花木之欣欣向荣［（民国）总理陵园管理委员会，2008］。当时傅焕光邀请陈嵘一起勘测园址，陈嵘记述，1929 年勘定明孝陵全部，东至吴王坟、西迄前湖一带之地，将来布置成就，兼有公园效用（陈嵘，1952）。这里地形多样、土壤肥沃，水源充沛，适宜各类植物生长。

中山植物园的规划请植物学家钱崇澍、秦仁昌所作，由陵园技师章君瑜（守玉）绘成图，具体划分植物分类区、树木区、松柏区、灌木区、水生及沼泽植物区等 11 区并附说明，遂译成英文以便与国外植物园交换种苗。章君瑜依据庭园设计原理绘成计划图，各区设景布置均利用天然地形，道路、建筑、池塘、树木、竹林等均标志明白，即可以之作实地布置之图案。

植物园正式命名为“总理陵园纪念植物园”，其英文名为 The Botanical Garden Dr. Sun Yat-Sens Memorial Park。1929 年完成的设计署名为陈嵘、傅焕光、秦仁昌、钱崇澍、章君瑜及叶培忠。同年开始建设但至 1937 年底南京沦陷时尚未按规划完成，当时已建成的有展览温室；面积 280 平方米的苗圃，拥有种苗 3000 余种；最早建成的蔷薇科花木区，占地 200 余亩；树木区，占地 60 余亩；应用植物区，主要是经济类植物；竹林区，占地 10 亩；药用植物区，占地 10 亩，有名贵药材 200 余种。

植物园初建时因国内无植物园专家，傅焕光派叶培忠于1930年赴英国爱丁堡皇家植物园学习，1932年叶培忠回国任植物园技师及植物研究课（科）主任。至1937年，总理陵园植物园已有植物种类3000余种。抗战期间陵园受损、园林荒芜，植物园建筑及树木几乎全毁。

抗战胜利后，总理陵园管委会接收管理，张静江、于右任、宋子文等17人任委员，沈鹏飞为园林处处长。沈鹏飞(1893—1983)，字云程，广东番禺人。1921年获耶鲁大学林学硕士学位，回国后，先后在广东农业专门学校、北京农业大学、广东大学、中山大学、同济大学、广西大学等校任教授、系主任、农学院院长等职，代理暨南大学校长。1945—1949年间先后有盛诚桂（1919—2003年，毕业与金陵大学园艺系）、郑万钧（树木学家）、焦启源（1901—1968年，威斯康星大学博士）担任主任。1949年初，邵力子、于右任等邀请傅焕光重回陵园任园林处主任，但新中国成立后很快卸任并调往安徽。吴敬立（1906—2008年）接任园林科科长分管植物园，他毕业于江苏第一农校，除了抗战8年外一生在陵园工作。

1954年中科院接手植物园，成立南京中山植物园，由分类研究所管理，其面积约187公顷，植物800余种。当年陈封怀曾做过规划，按照植被类型划分为:常绿阔叶林带，暖温带季雨混交林带，温带常绿林带，常绿针叶林带，高山灌丛带，草原和草甸带。

2. *庐山植物园*

庐山植物园是民国时期建造的最重要植物园，是著名植物学家、时任北平静生生物调查所植物部主任的胡先骕在1933年提出建议，随即获江西农业院理事会和中华教育文化基金会赞同，确定庐山含潘口下三逸乡海拔1000～1300米间的原星子林校实习场为园址，由北京静生生物调查所和江西农业院合办，由胡先生起草植物园计划书（胡宗刚，1998）。1934年秦仁昌来庐山主持建园，划定建园面积为4400余亩。抗战时期园区基本被毁，1946年重新复建，新中国成立后庐山植物园改归中国科学院领导，曾名为工作站、研究所，1962年正式改为植物园。

秦仁昌（1898—1986年），字子农，江苏武进人，毕业于江苏第一甲种农校、后进入金陵大学，先后受教于林学家陈嵘，植物学家钱崇澍、陈焕镛等。1930年秦仁昌赴丹麦主攻蕨类植物分类研究，1932年回国入静生生物研究所任标本室主任，之后他发表蕨类植物分类系统为国际广泛应用。他是庐山植物园首任主任，被称为中国植物园事业的开创者之一。

庐山植物园成立之初，胡先骕就要求以世界著名植物园为样板，拟将其办成世界一流的植物园，明确“纯粹植物学研究和应用植物学研究”（胡宗刚，1997）。据此原则，秦仁昌根据庐山的自然地理环境，决定以裸子植物和杜鹃花科植物为主，建成一座亚高山森林植物园，当时郑万钧、俞德俊等植物学家都来协助建园。因缺少植物园专业人才，胡先骕选送陈封怀去英国留学，1936 年陈封怀从英国爱丁堡皇家植物园留学归来任技师，当时汪菊渊也在植物园工作。在抗战时期胡先骕将庐山森林植物园部分员工，迁至云南丽江，成立庐山森林植物园丽江工作站，坚持研究，蓄积资料，保留力量。

抗战胜利后，陈封怀回庐山主持植物园恢复工作，复建的庐山植物园，总体布局分远山、近山和中心区三个部分：远山区为当地的天然次生林；近山区成片栽植松柏类植物，形成苍绿的背景；中心区为相对平缓的山坡、谷地，主要布置植物专类园区，在整体上采用自然风景式造园与四周环境协调。之后一直继承当时的建园风格，除草花区、杜鹃园等少数展区作了一些地形改造外，整个布局依山就势、错落有致，道路随地形起伏、蜿蜒迂回；植物栽植模拟自然群落，按植物分类类群布置建园。至 1953 年各园区基本形成，1957 年全部建成，遂形成了今天的整体格局（刘永书，1994）。

庐山植物园主要展区有松柏区、树木园、岩石园、温室区、经济植物区、果园药用植物区、草花区、茶园和苗圃。其中有在我国首次出现的岩石园，栽植各种矮小宿根草本和丛生灌木，形成高山植物群落，有高山植物 400 余种，包括我国西南及阿尔卑斯山的植物。陈封怀来庐山后即开辟岩石园，抗战胜利后返庐山又重修之，其意义如我国庭园中的假山石，是代表我国庭园民族风格（陈封怀，1951），但与我国古典园林中的假山石又不相同，其设计最有可能源自陈封怀对爱丁堡植物园中岩石园的借鉴。因为他曾在《中国植物学杂志》上发文介绍那里的岩石园，称：“岩石园之来由乃模仿高山岩石上天然生长所有一切植物之状态，不仅摹仿外表形式，且将其内部地层构造以及土壤种种情形无不揣摩之，盖非此植物不能适应其环境也。”（陈封怀，1935）

1953年庐山植物园开辟的草花区为规则式园林布局，上、下两块台阶式大草坪，每块都由十字形石板路均分为四块，并在中轴线中央各种一株铁杉，上部南侧2块草坪及下部4块草坪中央各对称布置花坛1个，草坪西侧为大花带，北侧栽植常绿松柏类植物作对景，东南两侧以修剪整齐的绿篱镶边分隔园区；同时在水生植物区采用了辐射式对称的方式布置造景（张乐华 等，2005）（图8-2），其中的松柏园、杜鹃园和蕨类园均为庐山植物园之特色。1990年在规划杜鹃园时，余树勋提出一园三区的设想，即包括国际友谊杜鹃园、杜鹃分类区、杜鹃景观区和杜鹃自然生态区，有300余种（品种），是国内收集杜鹃花种类最多的杜鹃花专类园区之一（张乐华 等，2005）。蕨类植物园收集了151种蕨类植物（秦仁昌先生是蕨类植物专家，在建园初就开始收集蕨类植物），是我国研究蕨类植物的重要基地。松柏园共收集保存国内外松柏类植物11科41属250余种，是中国乃至亚洲户外保存松柏类植物最多的专类园区之一。

图8-2　左：庐山植物园水生植物区的辐射状布局；右：上、下台地式的草花区（胡宗刚摄于20世纪50年代初；引自：张乐华 等，2005）

在庐山植物园的园区景观设计中,因借天然巨石及溪流瀑布造景,以造型不同、材质各异的小桥跨越溪涧；园中还建廊架、亭台，点缀石刻、匾额赋予文化含义，展现了中国传统园林的特色，形成的中西合璧的独特园林风格成为庐山植物园的特色之一。陈俊愉先生曾撰文评价庐山植物园的造园设计，将其归纳为5个特点：灵活地利用地形地势；道路设计很好地组织风景引导参观；因地制宜按植物的生态要求栽植；巧妙组织风景点，如大门前的冷杉，杜鹃岭下的草地、穿过草地在群山环抱下的一片开朗空间，流水、杜鹃及草花缤纷的园地，老树参天的松柏，林中泉水涧回、山腰管着瀑布，似乎一景复一景；就地取材建造亭路以及合理划分种植区（陈俊愉，1964）。

陈封怀（1900—1993年），江西修水人士，曾祖父陈宝箴为湖南巡抚，父陈衡恪是著名画家，叔父陈寅恪是著名历史学家。陈封怀于1927年毕业于东南大学生物系，1931年加入北京静生生物所，1936年就任庐山植物园技师，抗战期间曾任教中山大学，1946年重返庐山主持植物园复建。从他在新中国成立后的工作经历可知，陈封怀在我国筹建植物园工作中起了很大作用。如1953年陈封怀调任南京植物所（园）但仍兼顾庐山植物园领导之责，同年应杭州城市建设局邀请协助制定杭州植物园建设规划，还被聘为筹委会副主任；1954年协助规划建设南京植物园，1957领导武汉植物园筹建；1963年又应陶铸邀请领导广州华南植物园建设，并留下担任了华南植物研究所所长；中国科学院在筹建其他植物园时委任陈封怀亲临规划设计（汪国权，1994）。陈封怀主持或领导了我国四座重要的植物园建设，并指导了多座植物园规划建设，由此被称为中国现代植物园创建人之一。他提出“植物园是科学与艺术共同结合发展之基地”。他的建园理论是“科学内容与美丽的园林外貌相结合”；对植物园的引种驯化工作，提出了“从种子到种子”全面、系统进行研究的思想（汪国权，1983）。

同时，他在报春花科、菊科、毛茛科以及栽培植物方面都有很高的成就。陈封怀晚年回顾自己一生所从事的植物园事业时，曾赋诗：“植物学家丹青手，二绝一身学父祖。匡庐云雾云锦开，秦淮河畔留芳久。翠湖步月话古今，羊城赏菊怀五柳。布景建园园中园，一片丹心待后守。”（胡宗刚，2009）由此可见他一生钟情于植物园建设。20世纪30年代，叶培忠也曾去英国爱丁堡皇家植物园学习，而且比陈封怀还早，但抗战胜利后他离开植物园而去了武汉大学，新中国成立后又做橡胶种植研究，之后到南京林业大学任教，成为著名树木育种学家，因此在植物园方面的影响远不如陈封怀了。

庐山植物园的重要意义不仅仅在对植物的收集和研究上，作为中国近现代史上的第一座大型正规植物园，为之后的植物园建设积累了经验。同时为我国植物学、植物园及园林等方面培养了大量优秀人才，如花卉园艺学家、园林学家汪菊渊，山茶花及杜鹃花专家冯国媚，武汉植物研究所副所长、植物园专家王秋圃，报春花科系统研究专家胡启明等，都曾在庐山植物园工作过。

三、孙筱祥、余树勋——我国最重要的两位植物园规划设计家

新中国成立初期，植物园的建设大多在植物学家的指导下完成，但园林学家也已开始主导园区的规划设计，如孙筱祥、余树勋均为其典型代表。

（一）孙筱祥——一生规划设计了八所植物园的园林教育家

本书之前已多次提到孙筱祥，如规划设计杭州花港观鱼公园等，按他在我国园林设计界的地位，原本应在之前就作重点介绍的，但因为如要写中国植物园规划，又必然绕不过孙先生，因此对他的着重介绍就放到了这一章。

孙筱祥（1921—2018 年），浙江萧山人，早年就读浙江丽水联合高中，1938 年开始师从徐悲鸿弟子孙多慈学画。1942 年考入浙江大学龙泉分校农学系、二年级转入农化系，抗战期间浙大迁至贵州，孙先生又转入园艺系。期间他曾有意到当时在重庆的中央大学美术系随徐悲鸿学画，但终未遂愿。据孙先生回忆，是因为当时美术系主任吕斯百不收，还让他回去继续读园艺（王向荣，2011），结果画坛少了一位画家，而园林界多了一位大师（图 8-3）。

图 8-3　孙筱祥先生画作《漓江》（1981 年）（引自：孙筱祥，2011b）

1946 年孙先生从浙江大学农学院毕业后留校教花卉，任造园学助教。1952 年浙大成立森林造园组他即教授制图及绘画。1954 年他到南京工学院进修建筑，受教于刘敦桢、杨廷宝等著名建筑学家。从他的学习经历看，孙筱祥是他同辈人中少有的兼有园艺、造园、建筑和书画教育背景的园林学家。

20 世纪 50 年代他在浙大教书时，因主持规划设计杭州花港观鱼公园而一举成名，他所作杭州植物园规划也是新中国成立后最早的植物园规划之一。1956 年他调往北京林学院，和他同时调入北林的还有陈俊愉、李驹、余树勋等，翌年就任园林规划设计教研室主任，从此一直没有离开北林。他于 1956 年编著《园林艺术》，1962 年主编《园林规划设计》（郦芷若和梁永基参编），在此基础上于 1981 年编著《园林艺术及园林设计》讲义，后来成书出版。这是一本杰出的经典著作，我国所有大学风景园林系都用他的这本教材，一用就是 30 年。孙先生被誉为我国第一位在园林设计中教授园林艺术的学者（王向荣，2011），也是首次将园林艺术与造园分开的学者（王绍增 等，2007）。除了教书育人外，孙先生一生的学术经历十分丰富，他担任过中国科学院北京植物园造园组导师（1956—1962 年），中国城市规划研究院园林研究室主任（1974 年），中国风景园林学会副理事长(1993—1999 年) 等重要职务。他是第一个让欧美了解中国传统园林和现代风景园林教育的学者，1983 年他成为国际风景园林联合会个人理事，美国哈佛大学设计研究生院聘其为客座教授，获得该院最高荣誉“红领带奖”；2014 年获国际风景园林师联合会杰里科奖，这是国际风景园林最高奖，是我国首位获此殊荣的风景园林师。他曾先后在美国、澳大利亚等国家的 30 多所大学讲学（王绍增 等，2007），他培养了众多优秀的风景园林师，其中的佼佼者如王向荣、胡洁等。

孙筱祥一生规划设计了许多园林项目，从 1954 年设计杭州花港观鱼公园，首次应用等高线作竖向设计开始，其设计生涯长达 50 余年。其中植物园是他规划设计中最主要的部分，是我国现代植物园发展史上最重要的规划设计专家。另外，他还作了西湖风景区规划（1950 年），北京丰台公园设计（1992 年），青岛太平山公园规划设计（1993 年），中央音乐学院高山流水园设计（1993 年），为美国爱达荷州首府博伊西爱达荷植物园内设计诸葛亮草庐园（1999 年）等。

1. 孙筱祥的学术思想

孙先生具有很高的艺术天赋，他受到艺术素养和科学思维方法的双重教育，使得他在中国古典园林艺术理论的继承与创新、园林设计及大地规划理论等方面都有杰出的成就。他的学术理论涵盖了园林学科的方方面面，追其源则可看到这是从研究中国古典园林理论开始的。他在 20 世纪 60 年代发表的两篇论文《中国传统园林艺术创作方法的探讨》（1962 年）、《中国山水画论中有关园林布局理论的探讨》（1964 年），以及他的作品向世人展示了他对中国传统园林有着深刻的理解。面对生态环境问题，他倡导中国传统自然美学和环境保护科学精神有机融合。对于风景园林学科的诠释，他认为学科的中心是“地球表层规划—城市环境绿色生物系统工程—造园艺术”，他的作品是继承更是创新。至今已发表不少关于孙先生学术思想的研究文章，甚至有学者认为，我国在 20 世纪 50—90 年代初的公园设计和建设都有类似，这可能与当时的举国体制以及全国各地主持规划设计者大多为孙先生的学生有关，但肯定和孙先生的体系非常给力有关（王绍增，2011）。然而，他的学术理论涉及面很广，这里仅举最重要的几点：

1）“三境论”

1962 年孙先生在园艺学报上发表《中国传统园林艺术创作方法的探讨》，指出中国优秀的古典园林造景，是自然山水的艺术概括。之后提出，评价江南文人写意山水园林的艺术成就，必须从创作进程的三个境界入手，即著名的“三境论”。此理论以《生境·画境·意境 ——文人写意山水园林的艺术境界及其表现手法》一文，见于 1987 年出版的《中国园林艺术概观》中。所谓的“三境论”：第一是“生境”，指自然美和生活美的境界，是中国文人园林来自自然、来自生活的现实主义创造方法的反映。第二是“画境”，是把自然和生活中美的素材，再通过艺术加工，进一步上升到“人工美”和“艺术美” 的境界，按画境来造园的手法，是中国园林现实主义创作方法与自然主义创作方法根本不同的重要标志。第三是“意境”，即理想美和心灵美的境界。

所以中国文人园林的创作过程是：首先创造自然美和生活美的“生境”；再进一步通过艺术加工上升到艺术美的“画境”；最后通过触景生情达到理想美的“意境”，进入三个境界互相渗透、情景交融的高潮（孙筱祥，1962，1987，2011c）

2）“五条腿走路”的园林教育模式

1986 年在国际风景园林与大地规划教育学术会议上，孙筱祥先生提出， 一个优秀的造园师（Garden Designer）必须是一个著名的诗人以及一个优秀的画家，之后在美国 11 所著名大学巡回讲学期间（1989 年 9 月 — 1991 年 6 月），系统提出了“五条腿走路”的园林教育模式：首先要成为一个诗人，诗人是充满爱心的人；第二，成为一名画家；第三，要是一名园艺学家；第四，是一位生态学家；第五，还必须是一位杰出的建筑师。他还指出园林这个行业必须做两件事，一是为社会，二是为工人，必须以民为主。对大自然来讲，要以大自然的客观规律为本，不可违反（王向荣，2011）。孙先生的园林教育理念以及这个教育模式，是孙先生早年在浙江大学的森林造园教研组的尝试，也是他在北林任教多年来的心得体会，正是最需要今天的园林教育界深思的。

3）大地规划理论

孙先生将 Landscape Architecture 译为“风景园林和大地规划设计学”，他认为风景园林学科的中心，是“地球表层规划—城市环境绿色生物系统工程—造园艺术”，包括从一个小园林的设计一直到宏观的，涉及土地利用、自然资源的经营管理、农业区域的变迁与发展、大地生态的保护、城镇和大都会的建设。同时包含着运用现代尖端科学技术，如航测遥感技术和卫星遥感技术的应用、计算机技术的应用等内容。大地规划（Landscape Planning）包括土地利用、自然资源管理、大农业的发展和变化，然后是矿业、工业、城市和大都会的营造。他提出地球表层规划（Earthscape Planning）的概念，即一个从事超越国境全球性的宏观控规。而在 21 世纪初关于“风景园林”和“景观设计”名称的争论中，他也提出过许多尖锐的意见（详见第六章）。

4）规划设计理论

园林设计要紧紧抓住园林的空间、时间以及色、光、声等要素的布局而展开，包括静态与动态、视觉、听觉、嗅觉和体感，不是单纯停留在视觉的画面上。他说风景和园林有区别，风景是自然的，园林则是经人为加工，由人来设计建设而成的。风景只能开发、规划，不能设计。在相当大的自然范围内去“造园”，那就大错特错了（孙筱祥，2011c）。

他指出，城市里要解决的绝不是游乐园，现在要规划的是几千亩甚至几万亩的面积，所以在种植方式和美学观点上，不能再沿用过去的“三棵一丛、五棵一群”的非对称种植形式，而要应用天然群落的形式。他强调，建造植物园要从种子到种子，而不是移植大树，但现在大多数地方还是按照园艺学的方法建造，种大树造园（王向荣，2011）。

他从中国山水画论来探讨园林布局，认为“画论”能对园林艺术起一定的理论指导作用，但不可能解决园林创作的全部问题，它在园林布局中的作用也是不宜片面夸大的。园林布局需宾主分明、主景突出，配景前后呼应、掩映烘托，画论中多样统一的规律同样适合园林布局，如布局中各局部或个体，必须具有差异、对比与动势，这才能使构图丰富、生动、印象强烈；布局中强烈对比的双方，必须互相转化，这就是相反相成；布局中所有各具个性的因素，又必须具有一种共同性，即多样统一；布局必须有强烈动势，动势又必须力求其均衡；布局中一切生动、多样、对比的因素，必须为一种严格的规律控制起来（孙筱祥，1964）。孙先生在花港观鱼公园设计中应用上述理论，如密林中留出空地、草坪中点缀了桂花厅及成群树木，就是对虚实对比的运用。

孙先生自称：“在中国我是第一位教授风景园林与大地规划学的老师。这已成为过去。现在我是世界上一名学习风景园林与大地规划学科的老学生。”（王向荣，2011）而周干峙（2011）称其为刚正不阿、非常讲原则，他做的园林设计与建设都是从全局出发、思考全面，用长远眼光来考虑的传世之作。

2. 孙筱祥主持规划的植物园

1952—2004 年，孙先生主持、规划或设计的植物园有 8 个，其中有 4 个是大型热带、亚热带植物园：① 1952 年开始编写杭州植物园的第一个规划。②北京植物园总体规划（南、北园）的第一个规划（1956 — 1962 年），当时成立专家规划设计委员会。规划以莫斯科总植物园为蓝本，突出全国性和综合性，包括系统树木园、实验果树园、植物分类展览区、温室植物展览区、引种驯化试验区等 13 个分区。这次规划最接近传统经典的植物园，指导了初期的 10 年建设。③广州华南植物园规划与设计（1959 年），其前身是陈焕镛院士创建于 1929 年的国立中山大学农林植物研究所，1954 年改隶中国科学院，同时易名为中国科学院华南植物研究所。④北京林学院植物园（1956 年）。⑤ 1960 年海南岛万宁县龙滚河海南植物园规划，此园已毁。⑥福建厦门万石植物园（1961 年），当时林业部长罗玉川派遣北林李驹、孙筱祥、陈有民、陈兆麟等组成规划、设计专家组作全面规划（陈榕生，1990）。⑦深圳仙湖植物园规划（1982 年），孙先生确定园名、性质、内容、园址和提出总体设计初步方案，然后由孟兆祯主持总体设计，白日新和黄金锜分别承担建筑和结构设计（孟兆祯，1997）。⑧中国科学院西双版纳热带植物园（2004年），是与北京植物园朱成珞教授共同承担，当时孙先生已是83岁高龄，这是他植物园规划的封笔之作。

1）杭州植物园——孙筱祥规划的第一个植物园

新中国成立初任杭州建设局局长的余森文（后任杭州副市长）（见第六章第四节）提出在西子湖畔建造现代植物园，初选丁家山为园址，后接受陈封怀建议改在地形多变的玉泉和桃源岭一带。陈封怀多次来杭指导植物园规划，主要借鉴英国爱丁堡植物园的规划分区，1953年由孙筱祥设计绘制第一幅总体规划图，面积3000亩。当时成立了以余森文为首，包括陈封怀等人的植物园筹备委员会，还特邀陈俊愉、周瘦鹃、余树勋等专家来杭讨论。1956年形成规划初稿，规划面积250公顷，1957年起又经过几次大的修改，1961年基本定型。到1966年“文化大革命”前已完成大部分规划内容，余森文为首任植物园主任（俞志洲，1996；李志炎，2006）。

在第一次规划方案中，有大小园区30个及大型建筑物8座，建筑基本集中在园中部呈规则对称布局。经修改后的规划布局建筑相对分散，园区减少至9个，为观赏植物区、植物分类区、经济植物区、竹类植物区、树木园、山水园、果树试验区、引种驯化实验区和禁伐区，面积212公顷，以树木园为中心扇形向外扩伸（谭伯禹，1986）（图8-4）。

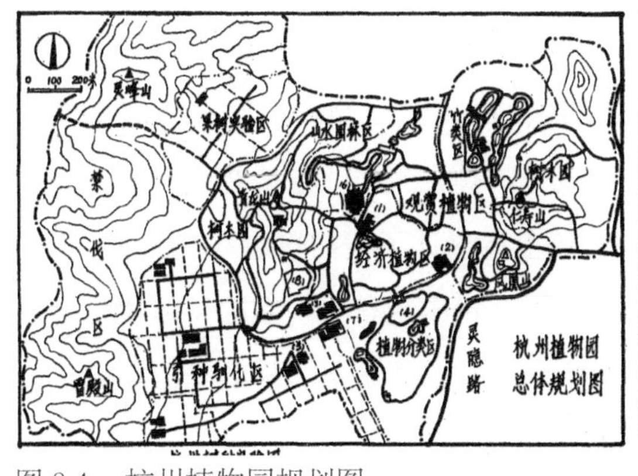

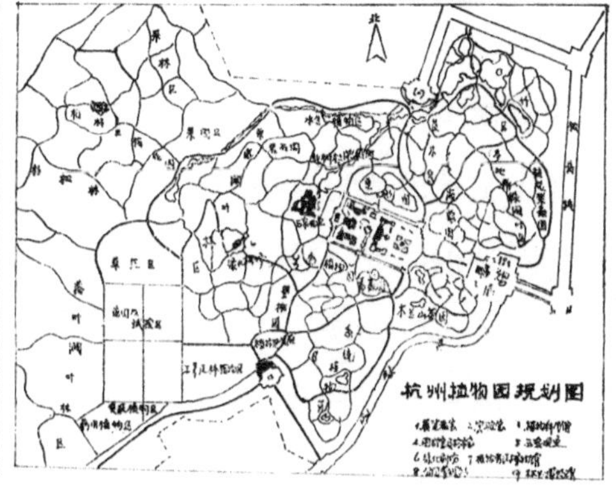

图8-4　杭州植物园规划图
左：第一次规划；右：修订后的规划（引自：谭伯禹，1986）

植物分类区（进化系统园）由孙筱祥设计，布局上采用格罗斯姆放射状进化顺序，科目则按照恩格勒—第而斯分类系统顺序排列。园中林木层叠、道路蜿蜒，既考虑了植物的生态习性，也兼顾作为公园的观赏效果。1972年尼克松访华赠送的红杉就栽种在此园中。

现在的植物园丘陵湖塘相间，地势西北高、东南低，中间多起伏，划分为四大区域，即西面的灵峰探梅、中间的森林公园、东部的玉泉景区和南面的植物分类区。灵峰探梅收集40余种梅花，围绕中国传统赏梅文化，以梅、月为主题筑瑶台、笼月楼，恢复历史古迹洗钵池、掬月泉，以“春序入胜”“梅林草坪”“香雪深入”“灵峰餐秀”构成探梅四大景区。从大门至玉泉观鱼的大道两侧为观赏植物专类园，设置木兰山茶园、海棠园、槭树杜鹃园、樱花碧桃园等，基本由两种植物搭配，是从设计上考虑赏花的季节性。而百草园中山石、水流、水塘、喷雾错落有致，提供了不同的生境，参天大树构成江南山间草木茂密的生境，树下是耐阴的药用植物。必须说的是，这个百草园居然是在“文化大革命”期间艰难的条件下由植物园职工自己辟建的，当时就收集了1200余种中草药植物（俞志洲，1996）。另外，石蒜科植物的收集及栽培是杭州植物园的一大特色，是国内收集石蒜最多的植物园，在园中虽不设置专区却是遍布在植物分类区，如浓密的樟树林下只见各色的石蒜花而不见其叶，花和叶互不相见的石蒜又称彼岸花，谓生生相错。

2）中国科学院西双版纳植物园——孙筱祥集54年的经验总结、植物园规划的封笔之作

1959年我国著名植物学家蔡希陶教授，在云南勐腊县创建了我国第一个热带植物园，即现在的中国科学院西双版纳热带植物园。到21世纪初已发展为世界一流的植物园和国内外知名的风景名胜区，面积1125公顷。2004年，耄耋之年的孙筱祥先生被邀请为植物园作新一轮的总体规划。孙先生与北京植物园的朱成珞教授共同承担完成了总体规划方案，之外他还主持设计了大门景区（7公顷）和百花园景区（20公顷）（图8-5）。2006年3月，由中国科学院副院长陈竺院士担任组长的专家评审组，称此规划“在继承中国传统自然山水园林艺术的基础上，提出来较多的创新性构思，使其造景独具特色”。

图 8-5　西双版纳百花园（孙筱祥主持设计）（引自：西双版纳植物园官网）

孙先生的总体规划将植物园划分为三个区：

大门景区，体现民族特色，如设计白象喷泉，以傣族人民的图腾、独木成林的大青树（高山榕）组成背景；进园干道两旁栽植了两排贝叶棕，作为欢迎游客的“迎客棕”，出园处种植叶子犹如孔雀开屏的鱼尾葵，以示由“孔雀椰”送客。

西园区，地形地貌变化不大，规划为对外开放的科普教育区供群众参观游览，布置如棕榈园、百花园、南药园、香料植物区等 55 个专类花园，展示和保存的植物达 6000 种。

东园区，地形地貌复杂、立地环境多样，规划为试验区，分为科学研究区、物种迁地保护区、就地保护区三大部分，保存一片面积约 250 公顷的原始热带雨林，同时规划红豆湖、丁香湖、菩提湖蓄水。其设计理念是以热带、亚热带过渡区生物群落和生态系统为基础，探讨人类活动和环境变化对生态系统结构与功能的影响和物种濒危机制（孙筱祥 等，2006）。

孙筱祥在总体规划的前言中，论述了植物园与人类生存环境可持续发展的重大关系；植物园与城市及人居生态环境可持续发展的重大关系；建立“生态经济”体系，以缓和市场经济眼前利润与生态浩劫之间的对抗。他称“这是我 54 年设计植物园的经验总结，也是国际植物园 54 年历史发展的缩影。因为全世界除了中国人，对植物园规划设计，还没有其他人，有过这么多的经历”（孙筱祥，

2006）。历半个世纪，主持设计了我国 8 个重要的植物园，堪称中国乃至世界之第一人。

（二）余树勋——强调植物造园的园林艺术大师

1. 余树勋简介

余树勋（1919—2013 年）出生于北京一个旧公务员家庭，父亲在北洋政府农商部任职，日军入侵华北时举家迁至南京。1937 年余树勋报考浙江大学园艺系，因抗战爆发即随父迁往武汉，又再考入广西大学农学系。1938 年浙大迁至广西宜山办学，他在得知自己早被浙大录取且保留了学籍后即转入浙大园艺系，受教于园艺学家吴耕民、熊同和等著名教授。1942 年毕业后在云南大学农学院任教，1948 年他参加中共地下组织，先在越南河内进修，后去法国巴黎。当时听从在丹麦留学的陈俊愉建议，而转到丹麦皇家农学院半工半读学习造园。1951 年回国后由教育部安排到武汉大学农学院任教，和陈植、陈俊愉成为同事，还兼任武汉东湖风景区设计室主任，编制了东湖风景区的第一个总体规划（李明新，2010；王其超，2014）。1957 年余先生调往北京林学院负责造园学和园林工程学的教学，当时用的是俄语教材，于是在第二年即编写了我国第一部园林工程学讲义（董保华，2014），可谓是我国园林工程学的奠基之作。

1960 年他调往武汉城市建设学院任园林系副主任，参照西方的教学体系制定的教学计划，重视植物、坚持以植物为主，对园林小品的大小、形状要求不严。不久后因学校调整为中专他离开武汉，然而余树勋却未能重回北林，而应当时的中国科学院植物研究所北京植物园主任俞德浚先生之邀，调至北京植物园。1964 年之后便一直在植物园工作，任设计室主任、植物园副主任等职（董保华，2014），期间也曾因南京林业大学之邀担任客座教授。80 年代初，年近 60 岁的余树勋作为访问学者赴美国明尼苏达大学树木园学习，1982 年回国不久就撰写了《植物园》一书。1985 年起长期担任《中国园林》学刊主编、名誉主编，中国风景园林规划设计研究中心主任。2013 年余树勋先生获得中国风景园林学会终身成就奖。

陈俊愉先生曾这样评价余树勋：“余树勋教授既是园林艺术大师，又是观赏植物专家。这样博大兼美的园林巨子，是我国罕有的。他作为我国园林界的先行者，强调园林设计师既应熟悉园林植物，又要理论知识与动手能力并重，不愧为园林界的楷模。”（刘青林，2001）余先生从事园林研究、教育、实践逾70年，涉及园林规划设计、植物园、观赏植物、花卉、园林工程、园林美学、园林设计心理等众多领域，一生笔耕不止，“直到90岁以后一发而不可止， 连续写了10本。渐渐爬进百岁之年了”（余树勋，2010）。在他的学术生涯中有多个第一，如第一个编写园林工程讲义，新中国成立后出版第一本《植物园》专著，第一个开拓园林设计心理学研究等，而在90岁高龄还不断有新作出版，真是名副其实的楷模。

2. 余树勋的学术思想

余树勋的学术研究主要在以下几个方面：

（1）植物园研究。这是他最重要的研究领域。他认为植物园是现代化城市的标志，是城市绿化的样板，是市民游憩的风景胜地，植物园是公园但又不同于一般的公园。他的《植物园》和《植物园规划与设计》两本专著，记述了他对国内外植物园研究的心得体会，对指导我国植物园建设起到重大作用。

（2）观赏植物及花卉研究。他对我国园林中许多重要的花卉，如荷花、月季、杜鹃花、玉簪、锦带花等都有深入研究，还出版了《花卉词典》。

（3）园林艺术研究。1958年余先生在北京林学院开设“园林艺术”课，有学者认为是他引领了园林艺术教学和研究。1985年汪菊渊在余树勋的《园林美与园林艺术》一书序言中写道，“园林艺术只是作为园林规划设计的原理或原则部分，还不曾有人把它作为一个独立学科来写作”“对于构成形式美的因果在园林创作中的运用，造景手法和各种题材造园部分，作了较详细的、中西结合并论的阐述，确有独到之处”“是一本很有意义，值得一读的书”。余树勋认为所谓园林美是指自然美加以“人化”和人工模拟的自然美，一方面是自然的“人化”，另一方面是“人化”的自然，其中都有不同程度的艺术加工，但核心都是自然（余树勋，2006）。

（4）植物造园。他多次强调园林、造园应以植物为主，植物造园是主流，只有用植物创造的环境才是最美好的环境，才是适合人类生态要求的环境， 而不是盖庙修菩萨、大搞亭台 楼阁。植物作为造型材料，有时间和空间的动态变化，是四维的时空关系，而乔木是植物中的主角（余树勋，1996）。

（5） 园林设计心理学研究。2009年他的《园林设计心理学初探》一书出版，成为我国园林心理学研究的开拓之作。他明确提出，从事规划设计的人应该具备一些心理学知识，因为园林的欣赏者是心境复杂的游人，这当中必然存在心理的交织，很是耐人寻味，不掌握游人欣赏的心理，就很难达到园林美的目标。“灵感”是突发、冲动的创作心理现象，“想象”是创作的源泉。“园林设计”则属于创作的心理学中的一种“行为”，是围绕目的进行的综合加工，在设计前必须有资料及作好心理准备、要对游人心理有所了解（余树勋，2009）。

对于园林理论与实践，余树勋都有精辟的论述，他提出“空地皆公园”“公园植物园化”，即“为城市内的空地找一条先栽树的出路，以便将来派上用场，已是一片绿油油的公园雏形”“在设计一块地时，能让游人享受大自然之美，才是一流的风景园林设计师”“将古诗、古画、山水画中描述的优美景致，运用到造园中来是一条可以尝试的路”等等。

对于古典园林，他认为：“古典园林的建造是封建时期私欲膨胀的典型代表……由于没有进行深入、具体的分析，看了古典园林油然而生的共鸣和羡仰仍旧十分普遍。这个历史的烙印促使着大量新园林仍旧以古典园林为样板，结果充斥着大量的古典园林建筑，甚至成了复古主义”“人们游览古典园林以后，不太肯批评它的不合理部分，主要是把它看成是民族遗产，其中部分建筑艺术（不是园林艺术）还是稀世少有的……但是新园林中充斥大量古典建筑的事实，正说明社会上还存在着一股强大的习惯势力……为了降低园林建设的投资、增加园林的环境效益、广泛地种树植草、把城市装扮起来，少搞园林建筑，是当前必需明确的方向”（余树勋，1986）。

关于园林设计，他指出，“好的设计要预见到植物在时空延续下的变化，并用图纸和文字说明肯定下来，由养护管理者逐渐完成”“园林工作是土地的利用，所有地面上的改变和添补，都要通过有意识的设计，既充实我们美的欣赏，又科学地为人类排除恶劣环境的困扰”“在一块公共园林的土地上，绝大部分是为了满足功能的需要进行种植，少数地块加以美化成为华丽的场面，这种淡雅、疏旷的风景更符合多样统一的规律”（余树勋，1988）。同时对园林营造中目标指向性、设计模式化、商业功利性提出质疑和批评。

对于园林教育，他强调“园林专业过分重视设计及植物都不对”，认为西方国家更重视植物对设计要求不严，而国内更注重设计对图纸要就非常严格。为此他提出应以“生物”为重点，兼及“非生物”的思路，指出应基于植物学有关知识的把握，引入美学的哲理、运用艺术的手法，形成引人入胜的园林空间（赵纪军，2014a）。

3. 规划设计实践

与同辈的园林学家相比，余先生的规划作品并不是很多，这可能与他在工作上多次转换角色有关吧。而他又一直在北京植物园潜心研究园林美学、园林艺术和植物园建设理论，自然错过了不少设计机会。到 1999 年他受邀为保定编制植物园规划时已 80 高龄了，还亲自伏案修改规划图（芦建国，2014）。

其实他是新中国成立后最早作风景区规划的人之一，20 世纪 50 年代初他就和陈俊愉一起规划了武汉东湖风景区，60 年代初所作的武汉长江大桥桥头绿地设计，也是类似的绿地设计第一人（图 8-6）。然而，他的设计实践主要还是在植物园方面，如 1990 年为庐山杜鹃园规划作细化工作，提出一区三园方案；1999 年编制《保定植物园规划》，2002 年主持珠海凤凰山南亚热带植物园的规划。他的植物园设计理论形成于 80 年代，2000 年出版《植物园规划与设计》一书，是国内第一本关于植物园规划的专著。

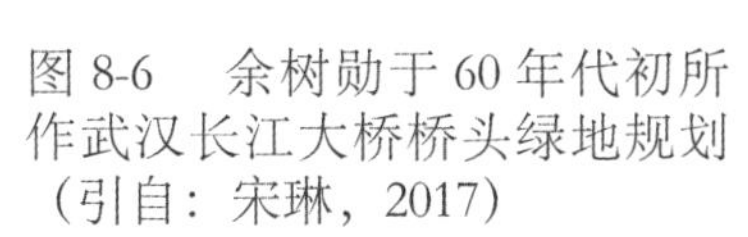

图 8-6　余树勋于 60 年代初所作武汉长江大桥桥头绿地规划（引自：宋琳，2017）

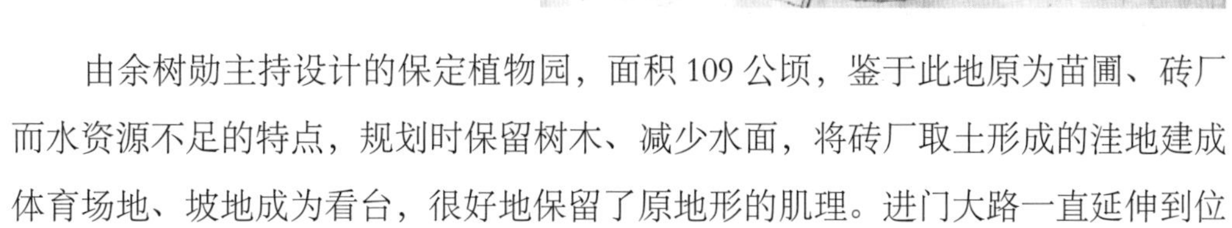

由余树勋主持设计的保定植物园，面积 109 公顷，鉴于此地原为苗圃、砖厂而水资源不足的特点，规划时保留树木、减少水面，将砖厂取土形成的洼地建成体育场地、坡地成为看台，很好地保留了原地形的肌理。进门大路一直延伸到位

于中部的温室，形成中轴线，以温室为全园中心，前是规则式的草花园、后为弧形排列的月季园烘托这一主景。园地的中部及东部安排树木园（分类区），面积占全园1/4，布置在温室及轴线周围，用曲折的园路分隔成许多形状大小不一的小园区。按照恩格勒系统以目为基础集中种植代表性科属植物，借用英国威斯利（Wesley）植物园的做法点缀其他科目的花灌木等以避免景观单调。大门两侧分别为春花和秋色两园，与之相对应的园之北端是药用植物及球根花卉园，应用其低洼地形布置造成椭圆形偏心套接的自然层次，低处形成一小水面，成为该园的特色，其两侧分别是体育场和情侣园。

保定植物园的另一特色是岩石园，仿1999年昆明世博会法国园的手法，人工堆置土山、山脚堆石形成溪流、瀑布、叠水，将岩石植物与水生植物相结合。除此外，还有一般植物园常见的芍药牡丹园、盆景园等（图8-7）（余树勋，2000）。

保定植物园规划让我们看到了一位植物学家独具匠心的设计思维，布局疏密有致，设计有繁有简，植物分类的科学性和园林艺术的观赏性完美结合，是余先生中西造园手法的熟练运用成就了这座植物园，也是他的植物造园理论的具体实践。2002年他主持珠海凤凰山南亚热带植物园规划项目时，其总体布局及分区不再强调严格的分类系统，主要突出植物景观的观赏性、易识别性，结合立地条件依照植物生态习性采用专类园的形式进行分区，形成各区景观特色。同样在植物造景上创造地带性植被特点及引种和研究上的特点相结合的特色，另外增加了游览路线与景观的组织，有别于传统概念的植物园。

图8-7　保定植物园规划图（引自：余树勋，2000）

1. 草花区；2. 温室；3. 月季园；4. 分类区；5. 盆景园；6. 竹园；7. 药用植物及球根宿根植物园；8. 情侣园；9. 裸子植物区；10. 秋色园；11. 春华园；12. 引种园；13. 岩石植物园；14. 水生植物园；15. 柔荑花序各目区；16. 毛茛目区

四、上海辰山植物园——融入现代生态、景观造园的新世纪植物园

上海辰山植物园位于上海松江佘山西南，规划用地 202 公顷，是为 2010 年上海世博会让绿色演绎“城市，让生活更美好”主题的配套工程，是我国新世纪来建设的最重要城市植物园之一。而它的打破传统植物园分类法，为城市绿化提供丰富的植物资源， 为城市绿化景观构建提供技术支持，以及对废弃矿山遗迹的生态修复等，不仅提供了一处人与自然和谐共生的栖息地，而且表达了人类对自然环境的共识（胡永红 等，2017）。

植物园的总体规划由克里斯朵夫 · 瓦伦丁领衔的团队所作，他是德国慕尼黑工业大学景观设计教授，有 30 多年的城市规划、景观设计和环境研究的经验。他认为植物园源于一种乌托邦式的理想。“自从帕多瓦（Padua）植物园成为世界植物园的范本以来，植物园设计对于风景园林师而言，成为一项艰巨而又荣耀的任务”（克里斯朵夫 · 瓦伦丁 等，2010），可见他对植物园设计是持有一种敬畏的心态，也有着热切的心情。2006 年在对他的方案评审中，包括程绪珂、冯纪忠在内的众多评委，被他的“高度融合中西方先进园艺理念、充分结合辰山及周边生态肌理、深切理解辰山植物园所肩负的功能需求的精湛规划与主体设计”所打动（洪崇恩，2010）。

其实辰山植物园的立地条件并无多少优势，这里除了一座孤兀独立的辰山山体外（近 70 米高），周围多为平地，地形非常单薄。而山体因多年采石已残破不全，且少有植被，一条公路和运河又将全区分割成三块，说起来那里其实已是一片“残山枯水”。

然而，瓦伦丁充分尊重原有地形地貌演变发展的脉络，“在地形处理上避免大动干戈人工造景，尽量因减少因建设工程对生态环境的二次破坏和污染，从因地制宜、经济节约的角度入手，为各种植物群的生长寻觅适宜的区域”。在总体布局上，运用 3 个主要空间构成要素，即绿环、山体以及具有江南水乡特质的中心植物专类园区。一方面反映了辰山植物园的场所精神；另一方面，由此为植物生长创造了丰富的生境。瓦伦丁把这个绿环比喻为汉字“园”的外框，他借助于中国传统的园林艺术底蕴以及丰富的植物种质资源，使辰山植物园具有无与伦比

的特质（图 8-8），而其中的“绿之环”可谓是最成功的创意。

围绕园区的绿环，长 4.5 公里、宽度 40~200 米不等，总面积约 45 公顷，是用挖湖土方堆积而成、随地形起伏，将被道路和运河分割的地块重新连接了起来。同时自然地划分出了植物园的主次空间，而被堆高的地势又降低了地下水位，成了适宜植物生长的立地环境。园区的出入口建筑、展览温室、科研中心等都有机地镶嵌在里面，在园区内部看不到任何建筑，由此腾出了中心区保有充足的土地构筑各类植物专类园（图 8-8）。

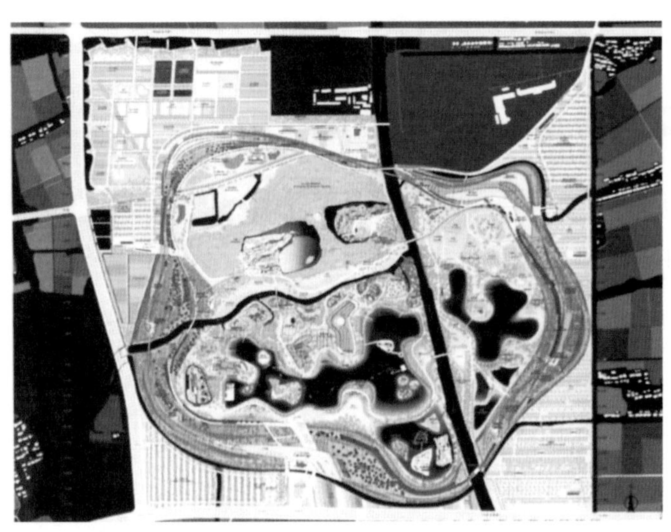

图 8-8　辰山植物园总体布局图。绿环围绕整个园区，北为辰山山体、矿坑花园、岩石园；南部分为东西两区设专类园；绿环外四角分别为科研区、旅游服务区、交通服务区及经济植物区（引自：克里斯朵夫·瓦伦丁 等，2010）

中心专类园区以“辰山塘”为界形成两大园区：东部为以华东区系植物收集为主的专类园区和珍稀濒危植物收集区；西部结合原有农田肌理，布局四季景区、反映江南水乡特色的植物景观序列。共设 35 个专类园区，分为四大类：①按照植物季节特性和观赏类别集中布置展示区，如月季园、春花园、秋色园、观赏草园等；②为增加植物园游园的趣味性，吸引某类特殊人群或为游客科普活动设置的园区，如儿童植物园、能源植物专类园等；③结合植物园的研究方向和生物多样性保护，收集和引进植物新品种展示区，如桂花种质资源展示区、华东区系植物展示区等；④据园地特征营建的特色专类园区，如水生植物专类园、沉床花园和岩石草药专类园等（克里斯朵夫 . 瓦伦丁 等，2010）（图 8-9）。有些专类园就是一个个小岛，如月季岛、蕨类植物岛、柳树岛、杉树岛等，之间小桥浮板相连。

辰山植物园并未如一般的植物园设植物分类区或系统进化区，瓦伦丁巧妙地因借辰山山体，先进行生态修复，以乡土植物逐渐恢复地带性植被，依原来山势构筑道路系统，几乎所有的展览区都沿着观众游览路线设置，山顶建一平台成为俯瞰全园的最佳去处，而又将破损的山体设计为“矿坑花园”。

瓦伦丁的规划始终贯穿了他的一个重要理念，即坚持可持续性发展的原则，贯彻资源节约型、环境友好型的生态设计手法。除了在地形处理上减少工程量、基本维持土方平衡外，还注重雨水收集形成天然的水质净化及水系循环；建筑采用集中式布置，节省用地及建设成本，最大程度地利用可再生能源，注重节能和环保技术的应用，为辰山植物园构建了一个稳定的、低能耗的、多样的植物生长空间，真正成为理想的植物王国（克里斯朵夫·瓦伦丁 等，2010）。其尊重地域文化、从传承中创新，坚持可持续性发展原则的先进设计理念，正是我们需要学习和效仿的，不仅是在植物园，在公园、绿地、风景区等等的规划设计中都应如此。

图 8-9　辰山植物园岩石园（张庆费摄）

第二节

园林植物应用及城市绿化树种规划

一、园林植物种类的应用变化

汪菊渊在《中国大百科全书：建筑·园林·城市规划》中定义“园林植物”：“园林植物是园林中作为观赏、组景、分隔空间、装饰、庇荫、防护、覆盖地面等用途的植物。园林植物要有体形美或色彩美，适应当地的气候、土壤条件，在一般管理条件下能发挥上述功能者。”园林植物是所有可称园林的重要组成部分，也是园林学研究的园林史、园林艺术、园林植物、园林工程、园林建筑五大内容之一。主要研究应用植物来创造园林景观，研究植物配置的原理，植物的形象所产生的艺术效果，植物与山石、水体、建筑、园路等相互结合、相互衬托的方法等（汪菊渊，1988）。

中国古典园林是以建筑、山水、花木等组合而成的一个综合艺术品，而树木栽植不仅为了绿化，且要具有画意，窗外花树一角，即折枝尺幅；山间古树三五，幽篁一丛，乃模拟枯木竹石图（陈从周，1999a）。但一般对古典园林更多关注立意、意境的艺术内涵，旷奥疏密的空间关系，掇山理水、借景框景的造园手法等，对植物应用也较多探究其寓意、象征、画义等方面的文化内涵，但总体来说所占篇幅都不大，在《园冶》中也未列专述植物的章节。

（一）历代古典园林树木概述

自有园林开始就离不开植物，自古以来的造园家无不精通对植物的运用，在园林发展的历史长河中，对园林树木的选择与应用也是有着变化的，但总体来说，中国古典园林植物景观欣赏常以个体美及人格含义为主。这里我们引用一些文献研究结果，列举各个时期园林中的主要树木。

汉司马相如《上林赋》中，写上林苑的树木有卢橘、枇杷、橪柿、厚朴、梬枣、杨梅、樱桃、蒲陶等。据文献记载考证，秦、汉上林苑见著录的植物名称有 197 个，其中包括了松、冷杉、侧柏、松柏、栗、槠、栎、柞、樟、肉桂、楠、枫香、胡桃、竹、梓、槭、木兰、女贞、柿、枇杷、桃、槐等（冯广平，2011），这些树种一直沿用至今天的园林中。

隋、唐朝京城长安，道旁植树成荫，街旁植樱桃、石榴。唐华清宫所用植物见于文献记载的有松、柏、槭、梧桐、柳、榆、桃、梅、李、海棠、枣、榛、芙蓉、石榴、紫藤、芝兰、竹、旱莲等 30 余种（周维权，1990）。唐时皇帝姓李，故长安及皇宫中都栽李树。唐王维在《辋川集》中描述的树木包括了文杏、竹、木兰、茱萸、槐、柳、荷花、辛夷、漆、椒等。而在《白居易集》中提到的观赏树木花草有，孤桐、柏、紫藤、桐、柳、竹、枣、桂、松、杜梨、荔枝、杏、桑、桃、李、石榴、枇杷、莲、荷、牡丹、菊、杜鹃花、木莲、木兰、蔷薇、芍药等。另在唐代的寺观园林中，松、柏、杉、桧、桐等则较为常见。

金时北京多栽柳、桑、栗、柘、桃、杏、楸，当时已从南方引种梅、竹。宋《艮岳记》登录的植物品种则有枇杷、橙、柚、橘、柑、椰、栝（桧）、荔枝之木等。

明代皇城多栽槐树，私园中又以松、柏、竹、槐、柳、榆、楸、朴、梧桐、碧桃、石榴、海棠、苹果、柰子、杜梨、梨、杏为主。如扬州《影园自记》记述，“入园门山径数折，松杉密布，间以梅、杏、梨、栗”。描述的树种还有梧桐、柳、玉兰、垂丝海棠、桃、蜡梅、山茶、石榴、紫薇、香橼等。明文震亨《长物志》花木卷中，列举了园林中常用的花木 42 种，如玉兰、茶、桃、李、杏、芙蓉、菊、蜡梅、海棠、瑞香、茉莉、素馨、杜鹃花、松、桂、梧桐、椿、乌桕、银杏、竹等，并称栝子松（白皮松）宜“植堂前广庭或广台之上，不妨对偶。斋中宜植一株，下用文石为台，或太湖石为栏”，即是对园林植物配置的描述。

清康熙年间的《广群芳谱》登录花木 187 种，另有《花镜》“花木类考”记述花木 167 种。道光年间吴其濬著《植物名实图考》包括“图考长篇”和“图考”两部分，前者收集经史子集中记载的植物 838 种，后者收集 1714 种，大多是作者考察所得。然而周维权（1990）认为在论述栽培、观赏之道方面，其水平并未超过明、清初人的同类著作。清皇家园林中常用的乔木有银杏、油松、侧柏、白皮松、桧柏、槐、楸、梧桐、榆、桑、栗、核桃、榛、樱桃、玉兰、海棠、丁香、梅、桃等，灌木如黄刺玫、牡丹、紫荆、金银花等。在 1687 年（清康熙二十六年）建成的畅春园中，有绛桃堤、丁香堤，并有玉兰、丁香、桃等北京地方志编辑委员会，2000；在圆明园中以植物为主题命名的景点竟有150处之多。乾隆年间颐和园从南方移植紫玉兰，嘉庆年间《圆明园内工则例》收录80种树木，可见当年应用植物之广。同时北方私园植物造景又常以松、柏、杨、柳、榆、槐、丁香、海棠、牡丹、芍药、荷花等构成主题（周维权，1990）。北京现存的古树中多银杏、侧柏、桧柏、槐、油松、白皮松、榆、小叶朴、枣、柿、梧桐、香椿、臭椿、楸、卫矛、桑、皂角、龙爪槐、核桃、西府海棠、丁香、玉兰等，足可见证当年所用园林树木的范围。另外，据记载，乾隆时期，在北海琼华岛铺草皮约3万平方米、南海瀛台铺7575平方米，是北京园林最早的草皮记录（郭翎 等，2009）。

在明清的江南园林中，常见树木有松、银杏、海棠、紫藤、桂、槭、玉兰、垂丝海棠、蜡梅、丁香、梧桐、青枫、牡丹、绣球、夹竹桃、茶花、芭蕉、罗汉松、枇杷、梅、柏、白皮松等。

陈从周（1999a）论述，今苏州树木常见者，如拙政园大树有榆、枫杨等；留园中部多银杏，西部则漫山枫树；怡园面积小，故以桂、白皮松为主，杂以松、梅、棕树、黄杨；岩壑必植松、柏之类。扬州园林中，树木配置以松、柏、桧、榆、枫、槐、银杏、女贞、梧桐、黄杨为习见；花树有桂、海棠、玉兰、山茶、石榴、紫藤、梅、蜡梅、碧桃、木香、蔷薇、月季、杜鹃花等。

周维权论述，岭南处亚热带，其用花木有从海外引进外来植物，而乡土树种以红棉、乌榄、仁面、白兰、黄兰、鸡蛋花、水松、榕树等为主（周维权，1990）。

（二）民国期间园林树种应用主要特点

1. 主要绿化树种

20世纪初以来西风东渐，西方的政治、经济、文化对国人的影响是巨大的，包括城市规划、建设、建筑设计及公园规划等都学西方。此时新建公园多数由境外工程师或海归留学生设计，除了展现英、法园林特点外，在树种选择上也趋向于多用外来树种。当时最常用的如悬铃木、广玉兰、雪松、日本樱花，另外还有美国花柏、北美圆柏、西洋杜鹃、日本五针松等，以及大量引进的西洋花卉。

而同时的北京园林，则基本延续了以往皇家园林的树种，如1930年北京农事试验场的调查，北京共有树木69种，其中裸地栽培的有40种，主要是银杏、白皮松、云杉、侧柏、桧柏、悬铃木、海棠、玉兰、广玉兰、蜡梅、南天竹等；当时龙柏、黄杨、梅、贴梗海棠、木香、紫薇、五角枫、桂花、石榴等大多需盆栽防寒（北京地方志编辑委员会，2000）。

我国城市树种的选择与规划很早就为业界所重视，早在20世纪30年代，造园学家陈植在镇江伯先公园计划中（1931年），分别针对各个园区列出了可种植的树种名录，实是一份树种规划：如草皮区之道路可用悬铃木、大叶合欢、鹅掌楸、枳椇等；强调在森林区选择具当地所处森林植物带特征的树木，如香樟、楠木、槭、榉、榆、糙叶树等，也有如雪松、广玉兰等少数外来树种，毫不夸张地说这份名单还要优于今天的许多树种规划。另外如童玉民的造庭园艺（1926年），范肖岩的造园法（1935年），莫朝豪之园林计划（1937年）等都有树种规划。范肖岩列出雪松（喜马拉雅山杉）及最适合之行道树种，如复叶槭、胡桃、欧洲七叶树、中国七叶树、悬铃木、白杨、臭椿、刺槐、合欢、枫杨、槐等。莫朝豪为华南的行道树选择开出了一个名单，包括银桦、相思、樟、石栗、合欢、槐、大叶榕、细叶榕、榅、紫荆、梧桐、秋枫、红豆、枫树等，都是在广州及华南各省试植且有效者。

现在的上海中山公园在当年被称为英国花园，疏林草坪是其一大特色，另外还有植物园，建园时树木种类比较丰富。主要树种如针叶类的银杏、马尾松、黑松、白皮松、赤松、冷杉、云杉、雪松、龙柏、塔柏、侧柏、香榧、柳杉、落羽杉；常绿树种，如香樟、肉桂、广玉兰、厚皮香、香橼、桂花、冬青、杨梅、女贞、枇杷；落叶树种，如悬铃木、旱柳、毛白杨、美国白杨、垂柳、刺楸、梓树、黄连木、枫香、鹅掌楸、白玉兰、紫玉兰、枫杨、榉树、榔榆、白榆、黑弹朴、合欢、黄檀、刺槐、槐、乌桕、重阳木、七叶树、蒙古栎、梧桐、山茱萸、灯台树、白蜡、樱花、花楸（*Sorbus pohuashanensis*）、丝棉木、小叶椴、泡花树等，计57种；以及灌木如紫荆、山麻杆、卫矛、大叶黄杨、小叶女贞、连翘、红瑞木、海桐、六道木、雀舌黄杨、胡颓子等47种（《上海园林志》编纂委员会，2000）。上述树种中有的在上海现在绿化中已很少应用，如黄檀、蒙古栎、灯台树、小叶椴等。

民国时的上海租界，除了引种外还自行培育苗木，当年的法租界苗圃曾培育上海以及外地的一些树种，有鹅掌楸、枫杨、无患子、相思树、泡桐、楝、金合欢、皂荚、槐、柳、乌桕等，但为数不多。上海公共租界的苗圃树种比较多，有柳、乌桕、枫杨、白蜡、青桐、梓、槐、榆、泡桐、皂荚、槭、白杨、樟、扁柏、龙柏、广玉兰、瓜子黄杨等，悬铃木的比例并不很大。而市立苗圃在 1930 年有石楠、侧柏、扁柏、三角枫、黑松、柳杉、冬青、黄杨、紫藤、紫薇、枸橘、白玉兰、塔枫、云头柏、悬铃木、枫杨、黄檀、榉、榔榆、梓、青桐、榆、皂荚、栎、枫香、柞、胡桃、无患子、黄连木、乌桕等 70 种（《上海园林志》编纂委员会，2000）。

在外来树种中用的最多的是二球悬铃木、广玉兰和雪松。

二球悬铃木（*Platanus acerifolia*）（俗称法国梧桐，有时也称英国梧桐），是在长江流域城市中广泛栽种的，可能是 17 世纪源于英国牛津的一个杂交种。据陈嵘先生推测，三球悬铃木（真正法国梧桐）自晋代已由鸠摩罗什传入西安，但陈杰（2017）考证认为今存陕西鄠邑区罗什寺的悬铃木古树可能是 12 ～ 15 世纪初传入，在 16 世纪前后传至新疆墨玉县境内。而 1870 年在南京建教堂时一位法国神父从国外引进悬铃木种植（即现南京石鼓路小学）是南京的第一棵“法国梧桐”。然而形成引种的批量传入始于 1887 年（清光绪十三年），当时上海法租界公董局拨银 1000 两，从法国购回 250 株悬铃木苗和 50 株桉树苗，次年试种，结果悬铃木的生长远比桉树好。悬铃木引种成功后，法租界公董局多次从法国成批运来这种树苗，到 19 世纪末悬铃木苗已经能够自给。由于首批悬铃木苗木来自法国，加上法租界又以悬铃木作为行道树的主要树种，所以被人们习称为“法国梧桐”（图 8-10）。另外德军侵占青岛（1898 年）后，在其建成的俾斯麦兵营四周种了不少的悬铃木。晚清及民国以来悬铃木从上海传至全国，作为行道树广植于全国各地，如杭州、福州、汉口等地。南京中山陵园建园时傅焕光担任园林组主任，陵园开辟的道路两旁均栽悬铃木为行道树，其中首批悬铃木树苗 1500 株即由上海法租界赠送（南京地方志编纂委员会，1997）。后来南京的许多马路都以悬铃木为行道树。

图 8-10　上海衡山路的法国梧桐（原法租界）（引自：上海市绿化管理局，2004）

广玉兰（*Magnolia grandiflora*），原产北美，现成为我国黄河流域以南城市的主要绿化树种。据记载，湖南长沙在 1836 年（清道光十五年）引种广玉兰，现存的有长沙县高塘乡柞山村的一株广玉兰树，高 18m、胸径 90cm。另有一说是，慈禧在其六十岁生日（1894 年）时，将德国人送她作为寿礼的 108 棵广玉兰赏给李鸿章，李把树苗带回老家合肥，1901 年李鸿章去世，1903 年建成的李鸿章享堂内即种了广玉兰。而现在合肥多名淮军将领，如张树生、周胜波、刘铭传的故居也都保存有当时栽植的广玉兰（胡尚升，2017）。但有文献称广玉兰是在 1913 年引入广东，故称广玉兰（刘艳萍，2013）。虽然对引入广玉兰的时间记载有所不同，但基本可以确定是在清末民初这个时间段引入的。

雪松（*Cedrus deodara*），也被当作外来树种，但在我国喜马拉雅山南也有天然林分布。青岛约在 1914 年从日本引入雪松，现存青岛中山公园的一株雪松古树从树龄来看应是当时引栽的。上海中山公园在其前身兆丰公园时就有雪松，约在 1914 年。南京和南通也是早期引种雪松的城市，1929 年中山陵建成时其祭堂外平台及广场都种植了雪松。可见在我国城市中雪松种植也是从清末民国初开始的。1953 年以后南京市开始把雪松用作城市绿化，之后雪松还被选为南京市树。

2. 行道树主要树种

在我国栽种行道树可追溯至周代，《国语》中有“列树以表道”之句。《周礼》也载：“国郊及野之道，列以表道，以荫行旅。”记载通往洛阳的道路两侧栽有行道树。《汉书 · 贾山传言》道：“为驰道于天下……道广五十步，三丈而树……树以青松。”晋代有“长安大街，夹树杨槐”之歌谣。之后列朝列代也多有关于在道旁植树的记载，如元世祖令在路两旁广植高大乔木，间隔不得超过两步。北宋的东京（今开封）有松、槐、柳、榆、梓、桃、李等行道树。

我国北方城市的行道树大多以槐树为主，如唐时长安就有“青槐街”“绿槐道”之说，有诗“青槐夹驰道，宫馆何玲珑”；但诗人元稹却有“何不种松树，使之摇清风”之句以表达对植槐的不满。明之北京紫禁城四周夹道皆槐树，今景山西街仍留有当时种植的古槐（北京地方志编纂委员会，2000）。马可 · 波罗在其 1268—1295 年间的旅游回忆录中，有这样的记载：“大汗让人们在道旁植树，而且植得井井有条。大汗所采用的这一套做法既有点缀风景的作用，又有实用意义。”中国的环境外貌虽然千差万别，但今日中国道路的主要特征（指行道树）使整个中国具有共同的“风貌”，使得这个拥有十亿人口的国家，具有外观上的统一（Hill & Mahan，1988）。

清末北京前门大街的行道树以杨、柳、合欢为主，宣统年间已有行道树 11000 余株，树种有槐、刺槐、柳等（北京地方志编纂委员会，2000）。另外在上海、天津、青岛、广州沙面等地的租界，开始系统栽植行道树。据记载，上海行道树始栽于 1865 年（清同治四年），树种以悬铃木为主，此外还有柳、槐、栎、合欢、皂荚等（《上海园林志》编纂委员会，2000）。今天上海衡山路、静安公园入口百年以上的悬铃木行道树，已成为上海的一个标志。1897 年，德国在胶济租界种植赤松、黑松、落叶松、刺槐为行道树。

民国之后对行道树有了明确的定义，即“沿道路两旁，依一定距离与位置，栽植特种树木，谓之行道树”（储韵笙，1929）。1916 年在上海华界大规模种植行道树，至 1929 年华界的 32 条马路上行道树主要是枫杨、乌桕、悬铃木、白杨、刺槐、黄檀、槐、柳、重阳木，以及其他少量的榆、梧桐、梓树等（《上海园林志》编纂委员会，2000）。民国定都南京后，在中山路分段栽刺槐及悬铃木等作为行道树，

1938 年行道树补植记录中出现雪松，至新中国成立前行道树主要树种是悬铃木、刺槐、美国白杨、青桐、槐、榆、扁柏、龙柏、女贞、榉树、重阳木、乌桕、枫杨、白杨、银杏以及少量的冬青等（南京地方志编纂委员会，1997）。

民国时期的汉口的行道树主要有美杨、侧柏、刺槐、桦树、楸树、枫杨、梧桐等。在广州，1921 年孙科担任广州市市长后开始实施广州旧城改造，在美国建筑师墨菲（Murphy）制定的广州城市规划中提出建设“林荫马路”，树种主要为石栗、银桦、桉树和榕树。杭州从 1913 年开始在主要道路种植悬铃木、加杨、重阳木和三角枫（李志英，2016）。而据西安市档案馆资料，其在民国时期行道树以杨、柳、榆、槐为主，香椿、苦楝次之，均以乡土树种为主（西安市档案馆，1994）。

北京市，由市政府技士孙葆琦拟订行道树计划（1933 年）。据 1945 年统计，主要树种有国槐、刺槐、美杨、毛白杨、栾树、柳、合欢、栲叶槭、元宝枫、榆、椿、桑、龙爪槐等，但到新中国成立前全市行道树只有 9100 株（北京地方志编纂委员会，2000）（图 8-11）。

图 8-11　左：民国时期广州沙面租界的行道树（引自：李志英 等，2016）；右：民国初北京东直门前行道树（引自：北京地方志编纂委员会，2000）

民国时期多有关于行道树研究的文章，如朱燕年（1917）提出市街行道树标准，包括：植大苗；宜选落叶阔叶树；行道树的姿势之优劣，关系风致之美恶；其枝梢能耐剪切者；宜选择树龄长远者；以清洁为第一要义。他将行道树树种分为三级：一级为银杏、梧桐、刺槐、楝；二级为榆、楸、枫、垂柳、椿、槐、樱、厚朴、栲、胡桃、无患子、朴；三级为合欢、桂花、白杨、青桐。谢申图（1923）列出了珠江流域行道树树种，主要为相思树、黄槐、合欢、化香、石栗、天竺桂、樟树、龙眼树、橄榄树、枫树、柳树、檀木和榕树等。关于中国行道树史的研究还有鲁慕胜（1937）、王汝弼（1933）等。

（三）20 世纪 50 年代后城市行道树的树种选择

新中国成立后我国城市建设经历了几个高潮，而在每次的城市改造或扩建中，道路建设必然是其主要的内容。道路格局从最初简单的双车道（单幅式）到中间出现隔离带（双幅式）、快慢车道分隔（三幅式），以及有 3 个隔离带（四幅式）的道路，高架路等。现在道路的隔离带大多为绿化带，两侧还有宽阔的绿地形成景观大道，因此已不仅是人行道上种植行道树的问题，而是增加了隔离带、景观带的绿植空间，还有高架上的垂直绿化等。然而，行道树依旧是城市绿化中的主要部分，行道树树种选择也一直是讨论的主题。

（1）新中国成立后行道树树种选择的变化趋势。纵观 20 世纪 50 年代后，我国黄河及长江流域地区城市行道树种的选择的应用，大致可归纳出如下的变化趋势：

① 20 世纪 50—60 年代。主要选择拥有较大树冠的乔木以构成林荫道，总体来说应用的树种不多，一个城市往往只有少数几个树种，主要如杨、槐、悬铃木、刺槐以及松、柏等，常常是一条路种植一个树种。如北京的白蜡街（东四十条）、枫杨路（阜八路）、银白杨路（颐香路）、合欢路（台基厂路），合肥的法桐路（芜湖路），广州的榕树路等。

栽植的方式：一般在人行道外侧种植一行树木，仅在少数城市出现用于道路隔离的种植带。典型的如北京第一条快慢车分行的三里河路（1958 年），在分车带上密植加杨和白蜡、慢车道两侧种植柳和栾树；北京东直路（机场路）干道两侧征地 266 公顷，采用馒头柳和加杨、馒头柳和梣叶枫交替栽植，以及苹果、梨、桃、葡萄等果树形成林荫道。上海肇嘉浜路中间林带于 1957 年建成，由上海市园林管理处沈洪负责设计，带宽 20 ～ 30 米，通常在中央设 4 ～ 5 米宽的散步道，道口布置花坛。每一路段以 1 ～ 2 种乔木为主，辅以适当的花灌木，此林带一直保留至今，主要树种有水杉、乌桕、鹅掌楸、花桃、樱花、海棠，在最宽的地段还布置了一个小游园（《上海园林志》编纂委员会，2000）。类似肇嘉浜的道路绿化设计在当时是十分稀少的，难得的是这条林荫大道一直保留至今，并未因城市的多次改造而消失，当然树种组成及绿化设计有了不少改变。

② 20 世纪 80 年代后。行道树趋向于落叶树种与常绿树种结合，曾一度认为

行道树的大树冠不利于汽车尾气扩散，还遮挡商店广告而影响营业，故选用小树冠的乔木、小乔木等。不再刻意要求形成林荫道，同时城市普遍出现隔离带及路侧绿化带，种植花灌木、草皮，构成乔、灌、草结合的形式。如南京中山路中间分隔带宽 10 米， 有悬铃木、雪松、美国山核桃、海桐、大叶黄杨等；上海闹市区的西藏中路绿化带用雪松、日本小檗；合肥主干道分车带配置白玉兰、红叶李、桂花、紫荆、月季等（表 8-1），在长江流域地区行道树主要树种有香樟、女贞、广玉兰、雪松、棕榈、银杏、栾树、杜仲、鹅掌楸、柿、喜树、美国山核桃等。

表 8-1　不同年代建设的行道树比较

年代			
20世纪70年代前	合肥芜湖路悬铃木	上海江川路香樟（上海绿化管理局提供）	北京行道树槐（引自：北京地方志编纂委员会，2000）
20世纪80年代	上海西藏中路雪松（20 世纪 80 年代后期建）	长春人民路北京杨和黑皮油松（长春林业局提供）	广东肇庆文明路黄花梨行道树
20世纪90年代	南宁大王椰子	马鞍山市栾树	福州羊蹄甲行道树（福州林业局提供）
21世纪	上海引种棕榈科树种	成都道路绿化带的楠木树林	上海金沙江路双行银杏、内侧为杜英

③ 20 世纪 90 年代以后。乔灌木结合的道路绿带成为普遍，其中最具代表性的是 90 年代初北京机场路的两侧林带。同时开始流行用灌木构成大色块布局，最早起始于上海浦东的杨高路，然后各地纷纷效仿。到 90 年代后期则格外关注彩叶树种、外来树种的应用，如上海等地一度大量引种棕榈科植物，华盛顿棕榈、布迪椰子、假槟榔、银海枣、加拿利海枣等成为一些路段的行道树，但不久就被其他树种代替。

进入 21 世纪，各地城市构建景观大道成为道路绿化的一个重点，选择树种更加广泛、种植设计更加精致。然而此时已认识到过度依赖外来树种的问题，于是在行道树种不断增加的同时提出应用乡土树种，朴、榉、榆、黄连木、乌桕、枫香、槭等又重新回来。

（2）主要城市的行道树树种。我国地域广大，各地城市自然条件相差很大，这里仅选几个主要城市，根据文献记载归纳其中心城区行道树的主要树种。

北京市：行道树主要种类有乔木 50 余种（2011 年），以槐、白蜡、毛白杨、银杏、紫叶李、臭椿、栾树、桧柏、侧柏等为主，这些树种几乎占行道树总数的 81%，其中槐更是占 40.4%，且在二环以内比重最大，占了 66.2%。四环以内毛白杨仅次于槐，紫叶李也比较普遍，但到了五环外白蜡成为仅次于槐的行道树，而新城区行道树树种丰富度明显高于老城区。其他树种还有杜仲、悬铃木、白杆、雪松、油松、华北落叶松、银杏、白皮松、华山松、龙柏、小叶杨、加杨、垂柳、旱柳、悬铃木（一球、二球）、核桃、胡桃楸、板栗、玉兰、紫玉兰、合欢、刺槐、香椿、元宝枫、梧桐、女贞、黄金树、泡桐等（汪瑛，2011；张楠，2014）。

沈阳市：建成区行道树主要有加杨、白榆、刺槐、垂柳、银杏、银中杨、桧柏、旱柳、油松、山桃、红皮云杉、华山松等，其中杨树占了 27.4%；灌木以紫丁香、水蜡、重瓣榆叶梅和黄刺玫为主（李海梅 等，2003）。

长春市：在 20 世纪 70 年代前行道树主要用小青杨，如著名的斯大林大街林荫道，在新中国成立时树木已有 20 米高。80 年代后小青杨面临更新，遂采用北京杨、云杉、黑皮油松等，成为长春的第二代行道树种。21 世纪以来树种选择范围较宽，如有冷杉、美人松、银中杨、新疆杨、蒙古栎、水曲柳、五角枫、三角枫、梓树、紫椴、旱柳、垂柳、东北花楸等（李艳杰，2011）。

哈尔滨市：主要有榆、银中杨、青杨、旱柳、红皮云杉、樟子松、水曲柳、色木槭、山槐、白桦、水榆花楸、胡桃楸等。

西安市：在一环路内行道树主要有槐、悬铃木、楝树、栾树、泡桐、三角枫、红叶李、银杏、女贞、白毛杨、柿子、塔松等（史素珍 等，2005）。

青岛市：市区主要道路行道树中悬铃木占了 67.6%（2009 年），另外主要有槐、杨、刺槐、白蜡、合欢、银杏、五角枫、樱花、柳、水杉、马褂木、臭椿、龙柏、雪松、蜀桧等（李沪波 等，2009）。

成都市：行道树主要有银杏、香樟、黄葛树、女贞、栾树、悬铃木、小叶榕等 16 种，最近几年有用楠木等珍稀树种作道路绿化。

昆明市：主要行道树有 46 种，但大部分是外来树种，乡土树种约占 1/10，乡土树种主要是云南栾树（复羽叶栾树）、滇杨、云南樟三种；其他有垂柳、刺桐、大叶女贞、冬樱花、广玉兰、枇杷、朴树、三角枫、石楠、水杉、天竺桂、喜树、香樟、小叶榕、二球悬铃木、雪松、银桦、银杏、云南樟、柏木、柳杉、黄槐（张敬丽 等，2004）。

广州市：城区主要行道树有 80 种，以热带、亚热带成分占优势。其中最主要的优势种为大叶榕，占行道树总数的 17.23%（1995 年）；另外羊蹄甲、石栗、小叶榕、洋紫荆、麻楝、白千层、木棉、木麻黄、杧果等为优势种，而这 10 个树种占了总数的 71.21%。其他种类如大叶相思、白玉兰、海南蒲桃、非洲楝树（*Khaya senegalensis*）、蝴娜果、高山榕为丰富种，占比 11.26%；另有常见种如蒲葵、紫薇、扁桃果、黄槐、腊肠树、樟、重阳木、假槟榔、台湾相思、降香黄檀、凤凰木、海南红豆、鱼尾葵、宫粉羊蹄甲等，以及少见种如复叶栾、南洋楹等，总计 117 种，其中外来树种有 64 种（詹志勇 等，1997）。不同时期对行道树树种选择有明显差异，如旧城区多人叶榕、细叶榕、石栗、紫荆且大多为单一树种，而新城区则有白千层、木麻黄、扁桃果、大叶相思等新树种。到 2012 年调查时常见行道树则为白兰、海南蒲桃、 石栗、秋枫、大叶相思、红花羊蹄甲、 高山榕、垂叶榕、小叶榕、杧果和扁桃等；庭园路上常用樟树、桂木、人面子、假槟榔、油棕、蒲葵及大王椰子；分车道上常栽植的有苏铁、大花紫薇、小叶榄仁、木棉、黄槐、鸡冠刺桐、刺桐、垂叶榕、糖胶树等（陈红锋 等，2012）。这显然与 20 世纪 90 年代前的树种有了较大差别，其中出现多个外来树种，如假槟榔、白千层、木麻黄、银桦、石栗、刺桐、杧果等。

（3）不同地区城市行道树分析比较。

①南亚热带的13个主要城市：行道树乔木共有101种，但应用频率最高的仅20种，主要是细叶榕、杧果、大叶榕、红花羊蹄甲、海南蒲桃、垂叶榕、木棉、阴香、高山榕、非洲桃花心木、大王椰子、大花紫薇、白兰、麻楝、人面子、石栗、樟树、糖胶树、凤凰木、黄花槐，它们出现频率高达80.8%，其中细叶榕是各个城市都选用的树种。大叶榕、细叶榕和木棉是广州的基调树种，从不同树种的胸径结构分析表明，现在细叶榕和大叶榕的应用有下降趋势，而木棉、樟树、石栗及台湾相思已不再种植；但高山榕、红花羊蹄甲、海南蒲桃、非洲桃花心木、麻楝则有增加的趋势（周贱平 等，2007）。在广州的新城区又用了扁桃、尖叶杜英、海南红豆、火力楠等新树种。

②华东地区的主要城市：上海市浦西主城区（内环线范围内）道路绿化应用乔木21种，灌木33种，乔木层的优势树种为悬铃木、香樟、广玉兰、女贞、银杏、棕榈、紫叶李、木槿、垂丝海棠、榉树。道路绿化中采用的灌木主要有瓜子黄杨、金叶女贞、日本珊瑚树、红花檵木、龙柏、海桐、金边大叶黄杨、红叶小檗、毛杜鹃、南天竹等（何晓颖 等，2008）。据上海48条主要道路调查资料，悬铃木占65.5%、香樟19.8%、银杏3.72%，其余为女贞、白榆、青桐、广玉兰、香椿、桂花、黄山栾树、乌桕、臭椿（曹蕾，2009）。

南京老城区行道树主要是悬铃木、香樟、槐、水杉、女贞、雪松、枫杨、薄壳山核桃、银杏、栾树、榉树、广玉兰、杂交鹅掌楸、加杨、臭椿、柏木、杜英、梧桐、巨紫荆、粗糠树、乌桕、棕榈。而2005年前后建成的河西新城区，行道树主要有香樟、悬铃木、榉树、广玉兰、栾树、杜英、银杏、雪松、女贞、乐昌含笑、桂花、合欢、槐、杂交鹅掌楸。由此可见21世纪新建的城区使用行道树种类数量减少了，如原来的水杉、加杨、薄壳山核桃、臭椿、梧桐、巨紫荆等已不再应用，但增加了最近十几年才应用的乐昌含笑（窦逗，2007）。

杭州市城区种植行道树的主次干道175条，主要树种有悬铃木、香樟、杜英、枫杨、无患子、枫香，其中悬铃木占了52.5%，另外有泡桐、银杏、水杉、七叶树、桂花、臭椿、榆树、乌桕、珊瑚朴、山玉兰、长山核桃、重阳木和三角枫等。

如果比较不同地区行道树树种的相似情况可以看到，华东和华北及华中之间的树种相似性要高于华北和华中以及华东和华北，而华南和其他各地区相似性都很低，显示其最具特殊性（表 8-2，表 8-3）。曹蕾（2009）对长三角及周边主要城市作了行道树树种相似性分析，分析上海、南京、杭州、合肥、宁波、马鞍山等城市行道树树种的相似性，除了上海和南京相似性系数达到 0.44，其他城市之间在 0.18 ～ 0.38 之间，而南京和杭州最低。

既然在我国城市之间树种相似性程度并不很高，但为什么总有各地城市行道树，甚至是绿地植物景观有雷同的感觉。问题出在树种的种群结构上，因为尽管用了很多树种，但只有其中少数几个种的数量占了很高比例，而且他们又都是被不同城市反复选用的，这些树种主要是悬铃木、香樟、杨、槐、雪松等，它们常常被列为基调树种，而一个城市的基调树种一般为 3 ～ 5 种，由此可知为何会有雷同感了。

表 8-2　各地区行道树主要树种比较

地　区	主 要 行 道 树 树 种
东北	樟子松、油松、云杉、桧柏、青杨、加杨、北京杨、旱柳、新疆杨、垂柳、蒙古栎、五角枫（色木槭）、复叶槭、皂荚、榆、刺槐、泡桐、核桃、白桦等。悬铃木及银杏主要在辽南如大连等城市
华北	油松、白皮松、雪松、桧柏、水杉、银杏、槐、刺槐、毛白杨、加杨、箭杆杨、垂柳、旱柳、元宝枫、白蜡、绒毛白蜡、美国白蜡、柿、臭椿、合欢、毛泡桐、悬铃木、栾树、杜仲、重阳木、枫杨、核桃、女贞、榆等
西北	悬铃木、槐、刺槐、毛白杨、钻天杨、加杨、小叶杨、新疆杨、箭杆杨、桧柏、核桃、梨树、旱柳、榆、白蜡、油松等
华东	香樟、女贞、悬铃木、广玉兰、银杏、白玉兰、马褂木、乐昌含笑、水杉、雪松、枫杨、重阳木、棕榈、槐、美国山核桃、加杨、垂柳、柿、桑树、白蜡、榔榆、榆、桂花、无患子、枫香、青桐、七叶树、乌桕、栾树、榉树、臭椿、红叶李、杜英、桧柏、龙柏、喜树、三角枫、五角枫等
华中	悬铃木、泡桐、重阳木、枫杨、栾树、加杨、水杉、池杉、银杏、柿树、香樟、广玉兰、女贞、核桃、棕榈、合欢、桂花、雪松等
华南	大叶榕、细叶榕、香樟、白兰、白玉兰、木棉、木麻黄、洋紫荆、红花羊蹄甲、大花紫薇、桃花心木、白千层、柠檬桉、凤凰木、石栗、大叶相思、相思树、银桦、木波罗、杧果、扁桃、橄榄、人面果、悬铃木、棕榈、假槟榔、阴香、大王椰子、龙眼、荔枝、榄仁、糖胶树、海南蒲桃、非洲楝树、蝴蝶果、高山榕、蒲葵、紫薇、黄花槐、腊肠树、樟、重阳木、台湾相思、降香黄檀、构树、海南红豆、鱼尾葵、宫粉羊蹄甲、复叶栾、南洋楹、桂花、广玉兰等
西南	香樟、银桦、女贞、悬铃木、泡桐、榆树、臭椿、红椿、大叶桉、小叶桉、白蜡、梓树、银杏、水杉、苦楝、刺槐、槐、滇杨、雪松、黄葛树、榕树、阴香、青桐、台湾相思、小叶榉、榔榆、川楝等

表 8-3　不同地区主要行道树相似性比较

地区	东北	华北	华东	华中	华南	西北	西南
东北		0.26	0.09	0.13	0.01	0.35	0.09
华北	0.26		0.31	0.35	0.04	0.32	0.24
华东	0.09	0.31		0.35	0.10	0.08	0.21
华中	0.13	0.35	0.35		0.12	0.10	0.15
华南	0.01	0.04	0.10	0.12		0.02	0.08
西北	0.35	0.32	0.08	0.10	0.02		0.13
西南	0.09	0.24	0.21	0.15	0.08	0.13	

对于行道树树种的认识及选择常有反复，最典型的是二球悬铃木，这个树种一直被认为是城市行道树的最佳选择之一，在我国近代系统种植行道树就是从悬铃木（法桐）开始的。但在 20 世纪 80 年代中后期，却出现了不少反对用悬铃木作行道树的声音，主要是因为其球形果序宿存，到翌年带有褐色长毛的小坚果脱落犹如飞絮而刺激人的呼吸道，于是有的城市甚至砍掉了已有数十年树龄的大树，其中合肥最为典型。合肥市从 20 世纪 50 年代起，市中心的几条主干道都以悬铃木为行道树，70 年代末期省建设厅曾起草保护长江路法梧的文件（程华昭，2012）。可后来又有人提出法桐有十大罪状，要把建筑亮出来，结果长江路的悬铃木大树几乎是在一夜之间消失了（图 8-12）。

图 8-12　合肥行道树的变迁
左：20 世纪 80 年代前的悬铃木林荫道（引自：合肥老照片）；中：20 世纪 90 年代悬铃木遭砍伐后改为女贞行道树；右：2010 年后重新应用悬铃木

从南京悬铃木和香樟的胸径分布来推测其种植的历史及变化，悬铃木行道树其胸径分布主要在20厘米、40～49厘米及55～89厘米三个区间，说明在民国时期至新中国成立后的20多年、以及20世纪90年代后一直都有种植，而缺少胸径30厘米左右的树木恰好应对了20世纪80年代讨论甚至夸大了悬铃木的缺点的这个时间段。当时南京虽然没有砍除法桐但几乎不再选用它了，取而代之的是香樟，因此大部分香樟的胸径集中在20厘米这个范围，说明大约是在80年代后期种植的。然而，90年代后人们重新权衡悬铃木的优缺点，南京重新开始种植悬铃木，于是有了大量胸径在20厘米左右的悬铃木。而当年合肥用女贞、玉兰等代替悬铃木之后，却在2010年前后道路改造时又种回了悬铃木（图8-12）。

二、城市树种规划——提出“基调树种”和“骨干树种”的选择原则

在我国的城市绿地系统规划中，有一顶重要的内容即树种规划，其中包括基调树种、骨干树种的选择。

（一）树种规划及“基调树种”概念

1959年著名林学家吴中伦先生在“大地园林化”的时代大背景下，著文论述园林树种选择和规划问题。明确提出必须充分发掘祖国丰富的植物种类的潜在能力，树种选择和规划应当以能够满足人类生产上及生活上的要求，能适合当地的自然环境为原则，强调树种的适应性问题（吴中伦，1959b）。这可看作是我国最早提出城市树种选择的地理区划理论，也是首次提出园林树种规划。

1965年《建设部城建工作纪要》明确指出，“通过调查，摸清绿化任务，了解群众要求，根据以近期为主，远近结合的原则，实事求是地作出绿化规划、育苗规划和树种规划”（苏雪痕，2004a）。之后陆续有关于城市树种选择的论文发表，如王其超在1965年从文献挖掘历史上武汉地区常用的园林树种，根据现存古树、大树提出了树种选择应遵循以乔木、乡土树种、速生树种为主的原则，还应有经济观点。文中还列出10种骨干树种，包括马尾松、樟、广玉兰、桂花、悬铃木、枫杨、枫树、黄连木、楝和梧桐，但当时并无“基调树种”之谓。

然而，真正开始系统研究城市园林树种选择问题当在“文化大革命”结束之后，全国城市园林绿化工作会议在中断了近20年后，于1978年在济南召开了第三次会议，重新提出编写“园林绿化规划”。翌年中国园艺学会开展城市园林树种探讨，建设部组织了“城市园林树种调查、引种和选种”的研究，有21个城市参与。1979年，陈俊愉先生发表了《关于城市园林树种的调查和规划问题》一文，提出树种规划包括重点树种（基调树、骨干树）和一般树种的规划，重点应放在基调树与骨干树的选择和次序安排上；每一城市应有经过审慎选择的基调树种1～4种，形成全城绿化的基调；每一城市也应有其精选的骨干树种5～12种，构成全城绿化的骨干；至于一般树种，则种类多少不拘，通常可选用100种或更多。这是至今能查到的、在树种规划上最早出现“基调树种”和“骨干树种”称谓的文献，陈先生还为昆明列出了骨干树种名单，为上海列出基调树种和骨干树种名录。

然而，在植物种植设计中应用“基调”这个概念并非起自陈俊愉，可追溯到1959年孙筱祥和胡绪渭联名发表的《杭州花港观鱼公园规划设计》一文。他们列举了公园设计中选用树种多达200余种，在选择上一方面刻意与西湖其他主要景区不同，另一方面在园内各区采取不同的基调，然后用广玉兰统一起来。“整个公园，各区虽然主调变化，但是广玉兰在任何分区都有分布，全园以广玉兰作为基调，把各分区统一起来”。虽然当时孙先生没有把广玉兰称为基调树种，但事实上有此含义，当然后来的“基调树种”之称是否就源于此还有待进一步考证，但孙先生对花港观鱼种植设计的详细论述，应是新中国成立后最早对植物造景的理论阐述。

从20世纪60年代开始，对西安、武汉等地树种有了较系统的调查，进入80年代，鉴于城建部门要求城市绿地系统规划应包括树种规划的内容，在全国重点城市开始有计划地开展城市树种调查，1983年进入全国城市树种区域规划阶段（陈俊愉，1984）。如上海的园林植物的选择（1979年），哈尔滨（1980年）和武汉市（1981年）的绿化植物调查，以及西安城市及郊野绿化树种调查（1982年）等。当时南京林学院的刘玉莲教授提出，让公园里种植成功很有潜力的树种“走出园门”应用到南京城市道路的绿化中来（1985年）等，都是极具代表性的。之后有不少学者应用植被生态学、群落学理论和方法调查分析城市绿地植物结构，在树种丰富度的基础上进一步通过生物多样性，来客观表述城市绿化树种的种群结构。

20 世纪 90 年代后，虽有研究者进一步讨论基调树种和骨干树种的概念，但基本都是围绕陈俊愉先生的基本理念来讨论的。只是在选用多少种、如何选择方面作深入诠释，然后针对具体城市提出树种建议或推荐名单。之后又提出针对不同绿地类型确定基调及骨干树种，同时在基调树种名单中增加了灌木树种的做法。从基调树种的数量来看，陈俊愉提出 1 ～ 4 个，后来大多建议用 4 ～ 6，近年来逐渐增加、有的到达 10 ～ 20 个。

1990 年出版的《实用林业词典》，明确了基调树种和骨干树种是城市绿化选用的树种中起支配作用的重点树种。每个城市应经过慎重选择，确定一种或数种最适应各地环境条件、最能表现本市基本特色的乔木树种作为城市绿化的重点树种，使之成为本城市特有景色的主要组成者。同时，也有从景观角度出发，从植物配置、景观效果方面考虑，认为基调树种集合如园林平面构图中的底色，骨干树种和一般树种则是配景；基调树种、骨干树种和一般树种需通过合理配置和精心设计，才能体现多样与统一的形式美法则。而简单说来，一个城市通过对基调树种的种植，能形成绿化基调（苏雪痕，2014）。但也有学者提出，“在没有人为干扰的情况下自然发展成的植被状况作为植物种群选择利用的原则”（陈自新，1991），显然这已是基于生态学理论的树种选择了。

2002 年建设部印发了《城市绿地系统规划编制纲要（试行）》，在第六项“树种规划”中明确要求选定基调树种、骨干树种和一般树种。据初步统计，到 2013 年至少有 113 个城市完成树种规划，而基调树种、骨干树种、一般树种的选择成为树种规划的主要内容。但在具体规划上也有一些城市不完全列出基调和骨干树种的，只是在针对不同类型绿地提出相应树种选择的建议。

（二）主要城市的树种选择

关于选定基凋树种和骨干树种，按陈俊愉（1979）的叙述是“树种调查和规划应走群众路线，实行领导、技术人员和群众三结合，在统一领导下按计划进行。树种规划，尤其是基调树种和骨干树种的规划，要认真而慎重，反复讨论，有上有下，三榜定案”。目前树种选择的主要依据包括：首先，在现有树种中选择数量多、经过多年种植、生长良好、景观作用明显、受群众喜爱的树种；其次，考虑历史上一直应用，且代表了城市历史文脉的树种；再次，基于适应性的考虑，从当地自然植被中选择代表自然地理特点的乡土树种。按照相关文献及各地城市绿地树种规划，列举几个主要城市选择、建议或拟用的基调树种和骨干树种（表 8-4）。

表 8-4 南北主要城市建议或规划的基调树种及骨干树种

城市	基调树种	骨干树种	备注
哈尔滨	榆、旱柳、樟子松、丁香（与以前相比多了旱柳、樟子松）	乔木：杨树（窄冠杨、银中杨）、旱垂柳、糖槭、蒙古栎、椴树、白桦、山槐、云杉、黑皮油松、赤松 灌木：榆叶梅、红瑞木、偃伏梾木、锦鸡儿、连翘、红（黄）刺玫、水蜡、绣线菊、花楸、爬地柏（与以前相比山槐代替了山皂荚，灌木增加了锦鸡儿和水蜡）	高荣（2012）
长春	黑皮油松、垂柳、加拿大杨、小叶杨、小青杨、京桃、山杏、榆树、梓树、糖槭、稠李	红皮云杉、新疆杨、蒙古栎、五角枫、美国花曲柳、水曲柳、糖槭、樟子松、丹东桧、黄花落叶松	朱旺生，2011
北京	槐、毛白杨（♂）、柳（♂）、榆树、臭椿。	乔木：银杏、雪松、华山松、白皮松、油松、侧柏、桧柏、旱柳、金丝垂柳、玉兰、悬铃木、海棠、贴梗海棠、刺槐、龙爪槐、元宝枫、茶条槭、栾树等	张宝鑫 等，2009
天津	绒毛白蜡、槐、刺槐、垂柳、桧柏、龙柏、臭椿。		杨瑞兴 等，1996
青岛	雪松、黑松、女贞、刺槐、法桐、榉树、小叶朴、山茶	赤松、白皮松、华山松、龙柏、青杆、桧柏、桂花、枇杷、广玉兰、银杏、毛白杨、杜梨、流苏、水杉、鸡爪槭、槐、乌桕、杜仲、构树、枫香、元宝枫、垂柳、合欢、臭椿、梅花、樱花、紫薇、碧桃、紫叶李、海棠、黄连木、枫杨、槲树、榆类、栎类、鹅掌楸、楝、栾树等	李沪波 等，2009
西安	槐、悬铃木、银杏、白皮松、独杆石楠	雪松、油松、广玉兰、枇杷、独杆大叶女贞、桂花、垂柳、胡桃、枫杨、玉兰、杜仲、皂荚、椿树、苦楝、元宝枫、三角枫、七叶树、栾树、柿树、白蜡、楸树、紫叶李、樱花、碧桃	2017 年西安《城市绿化植物配置设计导则》
郑州	雪松、悬铃木、白蜡、槐	油松、白皮松、女贞、枇杷、广玉兰、银杏、元宝枫、重阳木、黄山栾、白榆、楸树	郑州市城市绿化树种推荐名录
上海	樟树、悬铃木、银杏、池杉、水杉	棕榈、广玉兰、乌桕、女贞、龙柏、黄连木、构树、枇杷 、柑橘、柿树、日本榧树	陈俊愉，1979
成都	大叶樟、女贞、桂花、楠木、银杏、黄葛树、栾树、皂荚、水杉、桢楠木、木樨、悬铃木		成都市城镇绿化树种及常用植物应用规划（2010年）
昆明		云南樟、金江槭、腾冲红花油茶、银桦、香叶树（*Lindera comunis*）、枇杷、广玉兰、藏柏、悬铃木、柿树、乌桕、鹅掌楸、银杏	陈俊愉，1979
佛山	细叶榕、白兰、秋枫、木棉、红花洋蹄甲、尖叶杜英、大花紫薇、扁桃、人面子、大王椰子		佛山市城市绿化应用植物规划
福州	小叶榕、樟树、杧果、羊蹄甲		福州园林绿化志编委会，2000
厦门	凤凰木、高山榕、羊蹄甲、杧果		

（续）

城市	基调树种	骨干树种	备注
广州	木棉、大叶榕、细叶榕、樟树		李琼，2005
柳州	小叶榕、高山榕、桂花、白兰、樟树、阴香、大叶榕、洋紫荆、木棉	红花羊蹄甲、水蒲桃、垂榕、棕榈、蒲葵、老人葵、假槟榔、鱼尾葵、广玉兰、垂柳、糖胶树、海南蒲桃、灰木莲、四季桂、秋枫、苹婆、朴树、香椿、南酸枣、枫香	朱旺生，2011

（三）关于“基调树种”的不同观点

在陈俊愉先生提出城市绿化的基调树种和骨干树种概念以来已有40余年的历史，它是指导我国城市园林绿化树种选择的一个基本概念、必须遵循的规则。然而，今天我们可看到经常有人评说我国的城市 “千城一面”、缺少地方特色，这不仅表现在建筑，城市绿化也是如此。树种选择相似、绿化树种单一、绿化模式雷同，尤其是行道树，街道两侧大多是香樟、悬铃木、广玉兰、杨树、银杏、槐。从黄河流域到长江流域大半个中国的城市绿化主要树种的趋同性现象十分明显，如北京，槐、银杏、毛白杨、加杨、小叶杨、旱柳、垂柳、刺槐等占了落叶乔木总量的53%；合肥市中心，女贞、香樟、红叶李、广玉兰、二球悬铃木、槐等10种阔叶树，占了整个阔叶树木的81.9%。据史琰等（2016）对我国21个城市的研究，建成区植被主要乔木树种（重要值排前三位）有香樟、大叶榕、小叶榕、悬铃木、槐、银杏、榆树、枫香、白蜡、加杨、水杉、侧柏等17种，占了全部树木的30%～60%。

客观地说，我国城市中应用的园林绿化树种并不少，大多数大城市园林树种少则200余种，多则400～500种，甚至有更多者，如上海市的目标是800种。因此从树种数量来看并不低，而且城市间树种相似性系数也并不是很高，问题就在种群结构的不合理上。因为只是少数树种的个体占了多数，必然表现为树种单一、空间分布不合理、树木景观缺少变化的表象，同时也是造成结构不稳定、病虫害多发以及功能低下的主要原因。当然之所以有此现象，除了树种选择与应用的问题外，还关乎追求流行的设计方式、苗木供给侧脱节等等方面，但不可否认这与“基调树种”的理念是有一定关系的。

笔者认为确定基调树种是直接导致应用少数树种的主观原因之一，按景观生态学理论，所谓“基调”就是基质、背景，是面积占50%以上的主体部分。而最早只提出 1 ～ 4 个树种构成基调，因此即使一个城市的绿化树种有几百个，但实际只是反复地种植少数几个树种。树种均匀度低了，生物多样性自然也低，单一性的问题就迭现出来，这显然是不符合现在大力提倡的生物多样性保护战略。而且基调树种、骨干树种和一般树种的组合方式强调了背景、主景和配景的构图模式，更多是从景观效果的美学观点出发。

近年来一些城市增加了基调树种数量，有的城市只确定骨干树种而舍弃了基调树种的选择（表 8-4），就从一个侧面反映了对原定基调树种的不同观点。因此有学者提出，在树种规划中引进建群种、优势种和伴生种的概念，是形成稳定的人工植物群落的基础（张庆费 等，2002）。也有研究者将城市绿化树种选择提高到战略问题对待，指出城市树种选择是影响整个城市设计的大问题，城市绿化树种的组成应能充分提供生物多样性的支持。由此，我国在《国家森林城市评价指标》（GB/T 37342—2019）中，规定某个树种的栽植数量不超过树木总数量的 20%，可认为是对于基调树种的一个纠正。美国提出称为 Diversification Formula 的计算标准，即在城市绿化树种的应用中，属于同一个科的树木不宜超过 10%，属于一个种的树木不宜超过 5%，显然是不同于“基调树种”的提法。

树种规划是基于不同尺度的，如一个城市、一个公园、一个居住小区，但这只是提供了在相应尺度下可供选择的树种名单，并不等于这些树种都能适应某一个具体的、特定的立地环境。而种植设计中的树种选择，却是针对具体立地而言的小尺度活动，必须考虑立地环境、适应性，以及空间、景观和功能要求等因素。目前，我们更多关注树木本身的特点，而与周围环境的协调性或适应性缺乏研究，特别是对于树木生长动态与生长空间，及相伴植物的竞争关系较少考虑。当然，树种选择首先必须遵循“适地适树”原则，然而“地”和“树” 之间的平衡是相对的、动态的，应贯穿于树木整个生长过程。在城市绿化中还有一种说法叫“改地适树”，那是需要采用各种措施使树木生长与立地环境达到平衡，显然要有较大的投入，因此不应夸大其作用。

今天，面对全球气候变化的大趋势，城市树种选择还应该纳入气候变暖的影响，但作者检索了近期（2017 年）发表的关于树种选择的 1000 余篇文章，只有两篇明确提到气候变化的影响，可见对于气候变化与树种选择的关系还没有受到真正关注，同时依然缺乏气候变化对城市树木影响的知识。因此，有学者提出应预测未来至少 50 年。

城市树木对气候变暖导致干旱的反应。 全球气候变暖成为人类活动必须面对的问题，必须研究城市树木对未来气候变化的反应，为应对未来变化选择树种提供科学依据，提出一个具有前瞻性的城市树种名单，植物园应成为研究主力。笔者曾提出城市树种选择模式，在树种规划和选择上，要考虑多种因素，协调设计者、种植者、使用者、供给者的意见（图 8-13）（吴泽民，2017）。

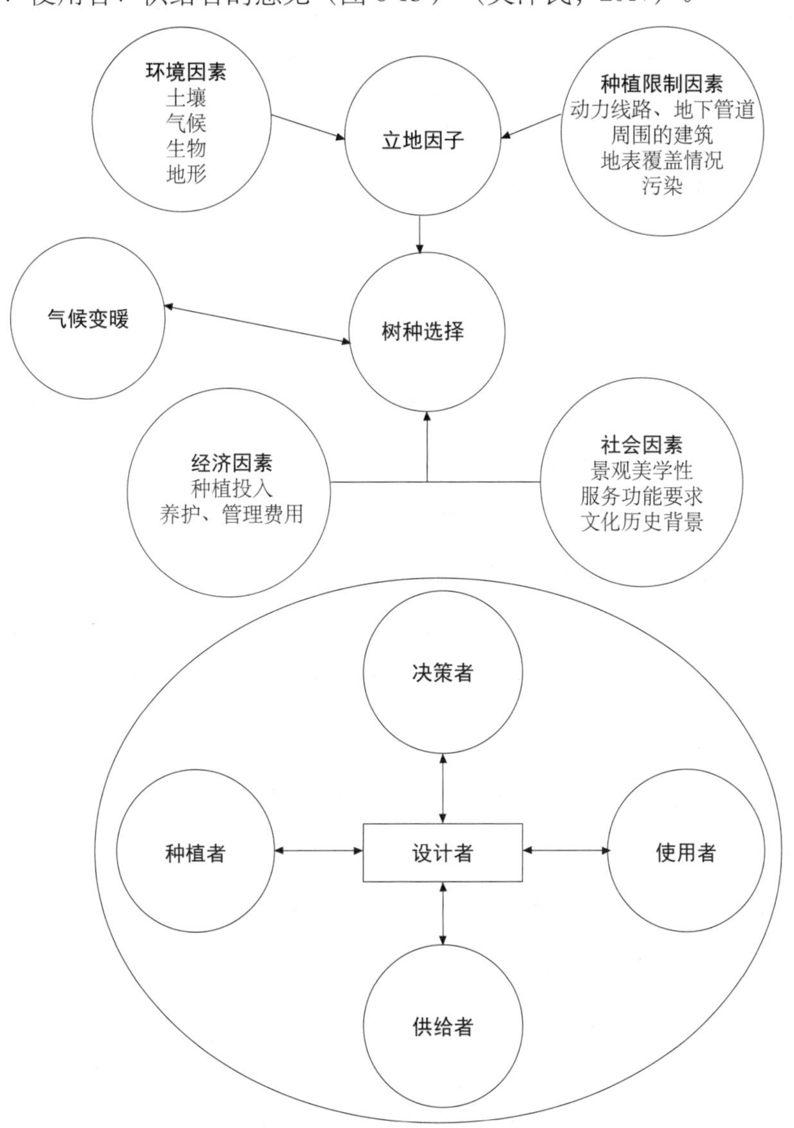

图 8-13　纳入气候变化的城市森林树种选择模式

三、园林绿化树种区域规划

20 世纪 90 年代后城市绿化事业的发展对树木需求愈来愈大，南树北移及跨地域的调运苗木，未经试验应用外来树种的现象不断发生。进入 21 世纪后多数城市将彩化、美化作为高水平绿化的标准，而房地产热更是从市场角度追逐所谓新、特、珍、稀的庭园树种，更多从景观效果出发选择引种对象。如上海道路绿化出现全缘叶栾树、秃瓣杜英、北美枫香、挪威槭、地中海荚蒾、紫叶加拿大紫荆、艳红锦带花、垂枝红千层、海滨木槿等新引入的树种（徐炳声，2013）；北京引种的外来树种有 128 种，多数是彩叶观花乔灌木，如'紫叶'欧洲山毛榉、北美稠李、紫叶梓树、北美红栎、北美兰杉、北美唐棣、美国红栌、地中海柏木、'金叶'刺槐、'金叶'侧柏、金叶黄栌、偃伏梾木、'欧洲红花'山楂、大西洋黄连木等（丛磊 等，2004）。

许多研究表明，城市植物区系的一个主要特点是外来物种比重高，这是因为一方面引种驯化也是园林绿化的一个重要工作内容，一些外来树种确实为城市景观增色不少。另一方面，城市环境本来就有它的特殊性，其气候、土壤、植被都不同于原生环境，还由于城市空间格局的人为性，导致立地复杂、生境多样。而在城市中的有些立地环境，外来树种要比乡土树种更适应也是事实，同时在气候变暖的情况下今后选择外来树种的机会还会增加。

虽然城市绿化不能排斥对外来树种的应用，但从整体来说应该积极提倡并强调应用乡土树种。关于乡土树种的界定，不应只局限于本地（行政区划范围），应理解为同一个植被带或亚带的区系种类。而树种选择过程中的一个重要依据就是"树种区划"，即划定各个树种适宜生长的地域范围。在新中国成立后最早提出园林化树种选择应依据森林植物自然地理分布的当属吴中伦先生，1959 年他根据与森林生长有关的主要气候因素及现有树种的分布情况， 将全国划分为 14 个森林植物自然地理区，并指出列入一区的树种， 在选择上还要注意局部地区的小环境， 特别要注意具体地点的不利因素，如城市地区的烟害等因素。

20 世纪 50 年代初，我国开始自然地理区划工作，1956—1963 年正是我国植被学家集中研究讨论植被分区的时候。全国性的中国植被分区以黄秉维"中国植物区域"（1944 年）为最早，50 年代后有钱崇澍（1956 年，1957 年）、侯学煜（1956 年）、刘慎谔(1959年)以及自然区划委员会(1959年)提出的不同分区方案,之后由于“文化大革命”的爆发而终止，直至1980年在吴征镒主持下最终完成了《中国植被》巨著的编写（侯学煜，1963）。1982年陈有民主“中国城市园林绿化树种区域规划”的建设部重点攻关项目，由北京林学院园林系、杭州植物园和沈阳市园林科研所共同负责，邀请了37个城市的园林部门参与树种调查，成果获得了建设部科技进步二等奖。然而这个成果在当时仅以油印本《中国城市园林绿化树种区划规划》（1993年）在内部交流，这是我国首次在园林植物应用上引用了植被学和植被区划的理论，遗憾的是在整个园林界并未受到足够的重视。

2006年经陈有民重新整理后由中国建筑工业出版社以《中国园林绿化树种区域规划》为题正式出版，在题名中取消“城市”是因为其应用并非仅限于城市园林绿化范围。该书基于前人对中国植物分布和植被区划的研究，在掌握园林植物资源的基础上，综合分析自然地理、气象、土壤 、植被等区划条件，按全国三大阶梯地形特征、干湿两大区系和400毫米等雨量线，将我国划分为寒温带、温带、北暖温带、中暖温带、南暖温带、北亚热带、中亚热带、南亚热带、热带及青藏高原10个大区，再在其中划分20个绿化分区（陈有民，2006）。这个分区方案和上述自然地理区划、中国植物区划等基本相似。书中列举了4500多种木本植物的形态、习性和分布区域，为各地园林绿化树种选择、园林设计和应用提供最直接的参考，被陈俊愉院士誉为“绿化宝鉴”，可见其价值。2011年刘家麒在中国园林杂志上撰文《建议积极推广 < 中国园林绿化树种区域规划 >》建议积极推广这个成果，他写此文的一个原因，是因为读到了张雯婷等的论文《中国植物极限温度分区的探索性研究 》。在提到此类研究重要性时指出，决定植物的分布区域不能仅考虑温度单一因素，而是要考虑温度、湿度、土壤 、地形等综合因素。而另一方面，是他不由想起这样重大的研究课题在我国早就有人做过了，就是陈有民的《中国园林绿化树种区域规划》，其实他是为这个成果至今没有被广泛应用而感到遗憾（刘家麒，2011）。

从已有的一些城市树种规划及实践应用上可看到，树种区划的理论并未得到很好体现，故而有了树种选择、应用上的诸多问题。如以陈有民划分的北亚热带绿化区为例，该地域范围包括江苏、浙江、河南、湖北、湖南、陕西等一些重要城市，在列举的数百种自然分布的木本植物中，如珍稀树种珙桐、香果树、连香树、领春木、金钱槭、紫树（蓝果树）、青钱柳、香槐、马鞍树、黄檀、香榧、三尖杉、红豆杉、铁杉、华东黄杉、椴类、润楠、栲类、山毛榉、冬青类、天目木姜子、稠李、唐棣等，极少见到在城市绿化中应用，即使有也只是在植物园、50 年代建造的公园中有少量种植，可谓“藏在深闺无人识”。然而，正是这些在我国城市中极少见到的珙桐、香果树、连香树、领春木等，却是欧洲城市的主要绿化树种（图 8-14），这的确是值得我们深思的。

陈有民（1926 年—），辽宁省辽阳市人，1948 年毕业于北京大学农学院园艺系，留校任教。1951 年北农大园艺系与清华建筑系合作创办造园组，他担任汪菊渊的主要助手（助教），带领学生到清华大学营建系学习。1956 年随造园组调至北京林业大学，因此陈有民是我国最早从事园林专业教学的教师之一。20 世纪 80 年代他开始调查北京野生花卉，之后从事风景区研究，发表《论中国的风景类型》《中国自然风景域的划分》等学术论文；20 世纪 50 年代，他主持北林植物园的规划设计，曾参与由孙筱祥负责的厦门植物园、西双版纳植物园等设计工作。由他主编的《园林树木学》一直是高校园林专业的教科书。当然陈有民最主要的学术成就，是基于自然地理及植被学理论所作的《中国园林绿化树种区域规划》。

图 8-14　中国特有的珍稀树种，在荷兰等欧洲国家城市绿化中广泛应用，但在国内却很少见到
左：香果树；右：珙桐在荷兰苗圃中大量育苗
（摄于 2001 年）

四、陈俊愉——花凝人生的梅花院士

在本书之前的若干章节中我们多次写到陈俊愉先生，因为在新中国成立以来园林发展的各个历史阶段中，都有陈老的参与并起重要的作用。早年他参与风景区设计，被称为北京林业大学园林专业的“掌门教授”。1997 年当选为中国工程院院士。而纵观他一生对中国现代园林的贡献，最主要还在园林植物的研究方面。因此我们在这一章着重阐述，就像孙筱祥先生也在这一章的植物园规划内容中阐述一样。

陈俊愉（1917—2012 年），祖籍安庆，出生于天津官宦人家，在南京的家中就有十几亩大的花园，故从小就爱种花种草并立志从事园林花卉工作（周武忠，2010）。1935 年夏他考入金陵大学园艺系，因抗战返回老家安庆，当时曾在国立安徽大学农学院（现安徽农业大学）借读半年，后赴成都金陵大学继续学业，再师从柑橘专家章文才读研究生。1943 年毕业后留校任教，民国时期在四川大学、复旦大学讲授果树学，还合股办过园艺场。1947 年他公费留学隶属丹麦皇家管理系统的哥本哈根农业高等学堂（相当于大学）花卉专业，是中国首届公费留丹学生。授课老师是北欧著名的帕卢丹（H. Paludan）教授，他编写的《花卉园艺学》对陈先生后来整理梅花品种分类的研究成果有很大的启发（余树勋，2012a）。1950 年获荣誉级科学硕士后全家回国，先后在武汉大学、华中农学院任教，1957 年调入北京林学院，后来又任园林系主任（刘秀晨，2013）。他一生从事园林植物研究和教学，被称为当今园林植物与观赏园艺学界的泰斗，他与陈植、陈从周并称为园林三陈，其中他的年龄最小但从事园林教学与研究的时间最长。当今著名的园林植物学家，如苏雪痕、刘秀晨、张启翔、包满珠、包志毅等都出自他的门下，他的兴趣广泛，涉及文学、艺术、绘画、医学、哲学等多方面。

陈俊愉先生因在梅花研究中的杰出成就而被外界称为“梅花院士”，当然他的研究不仅仅在梅花一个方面，包括山茶、菊花、月季等，几乎涉及所有园林名花。同时在园林规划、设计及城市绿地建设等方面，特别是在园林植物应用方面同样建树颇丰。他对园林树种规划的论述长期以来指导园林树种的选择与运用；“文化大革命”后他提出开设植物配置课程，在园林教学中强调生态学理论；21 世纪初他多次重提大地园林化，及与大地园林化一脉相承并为其重点组成部分的城市园林化（陈俊愉，2002a）。他在九十高龄时还发表了《园林十谈》，如他所说是“认住园林这个词不放”，抱住汪老（菊渊）在《中国大百科全书：建筑·园林·城市规划》书中所下的定义不放。再一次论述园林的三个层次；明确园林的基本素材是植物；提出要大办园林苗圃；要大抓屋顶绿化、地被绿化和攀缘绿化；要重视基础种植；要勤俭造园；深刻认识园林之综合性特色；园林基本素材的重点是树木；园林迫切需要创新；要把哲学当作处理园林、花卉问题的锐利武器（陈俊愉，2008）。他的这篇“十谈”可以看作是对当时关于园林、景观规划设计争论的回答，事实上在当代园林学发展的各个时期都可见到陈俊愉先生带有引领性的观点、直率的意见。

当然，他在学术上的最重要成就还是在观赏植物的研究方面，据他的第一位博士生张启翔教授归纳，陈先生的主要学术成就包括：创立了中国花卉品种二元分类新系统；建立金花茶基因库并进行繁殖研究；调查整理中国梅花种质资源并培育出在三北地区越冬的梅花抗寒品种；选育出地被菊及刺玫月季新品种；为探明菊花起源作出贡献；培育了大批园林花卉专业人才（张启翔，2012）。

陈俊愉先生提出了中国花卉产业应以中国植物资源为核心的育种理念；提出“中国名花国家化，国外名花中国化”；成立了栽培植物命名与国际登录工作委员会，让中国的植物育种工作与世界接轨，向世界展示中国的植物资源（史港影，2017），这些都是园林植物研究的战略性问题，具有长期的指导意义。

据陈老自述，他之所以开始梅花研究还是受曾勉教授论文《Mei Hwa: National flower of China》的影响，于是自 1943 年开始了长达 70 年的梅花研究。先随汪菊渊调查成都地区梅花品种，1945 年它们合作发表了《成都梅花品种之分类》（《中华农学会报》）。1947 年他的第一本梅花专著《巴山蜀水记梅花》出版。1957 年秋起，开始在北京研究梅花引种驯化，最终选中 2 个抗寒优良新品种。在“文化大革命”中梅花研究遭到极大摧残，他收集的与梅花相关的资料遗散，选育出的梅花抗寒品种均丢失，他也被贬至学校的取暖大锅炉房昼夜司炉劳动。直到 1979 年才重新开展品种分类研究及梅花抗寒育种，1989 年出版了《中国梅花品种图志》，90 年代后他的梅花研究更趋深入，1997 年他当选为中国工程院院士，翌年国际园艺学会批准成为梅品种国际登录权威（陈俊愉，2002a），开创了中国植物品种国际登录的先河。并在武汉、无锡建立了梅花资源圃，为更深入研究打下基础。另外，还有一点必须记住的是，陈俊愉提出并推动评选国花的工作，而且力举选梅花、牡丹为双国花，遗憾的是他生前未能看到国花的确立。

晚年陈俊愉先生撰写了《菊花起源》一书，他把其一生的最后一本著作交给了家乡的安徽科学技术出版社出版。而从他将所有关于梅花研究的资料遗赠给了安徽合肥植物园这一点，可见他对家乡的感情之深。植物园为陈先生建了“梅园”和博物馆，他的塑像耸立在梅花丛中，永远凝望着他挚爱的梅花。遗憾的是他没有见到《菊花起源》的正式出版。从书中得知，陈先生还在丹麦攻读学位时（1948年），即在一次国际学术研讨会作了题为《中国菊花栽培及菊文化》的报告，这可能是现代中国学者在国门之外发表的论述种菊历史的最早论文。据他回忆，20世纪50年代著名植物学家陈封怀先生曾向陈俊愉谈起，菊花可能是野生菊的杂交种，这极大地激发了他探寻菊花原祖的兴趣。然而，真正进入系统研究则是在70年代以后了。他的菊花研究最重要的成果是：其一，认定菊花的科学名，应是*Chrysanthemum*× *morifolium*，同时采用家菊（Garden Ghrysanthemum，园菊）这个俗名以区别于其他野生菊种；其二，证实自然界不同野菊间的天然杂交形成了家菊；其三，确认我国最早栽培菊花（准菊花或家菊）的年代可能在东晋末期（约公元365—427年）。因此，菊花起源于中国，从此终结了以往菊花（家菊）源于日本的误传。

陈俊愉先生决定采用实验方法来诠释一个物种形成过程，而让人惊叹的是，陈先生确实通过野菊和毛华菊的人工杂交，获得了他所认定的家菊的原始类型。而且在踏遍千山万水后，却在他的家乡安庆市潜山天柱山上采得了这两个种的天然杂交种，而这里与陶渊明居住的浔阳柴桑（今之九江）仅隔江相望。距离是那样的近，以至于自然地会想到，在1700余年前的一天陶渊明也许就在此地采了菊花后种在他的“东篱下”。于是笔者想到，这正是陈先生在《九十感言》中，对他几十年研究工作的一个精辟总结。他说：“抓住重点，锲而不舍，持之以恒，必有大得。”他一生从事的梅花研究、菊花研究，还有数不清的其他研究，不就是锲而不舍、持之以恒的吗？作为后辈学者岂不更要深思而敬之、学之、效之？

陈俊愉院士是中国园林植物界的泰斗，他的研究生涯长达70余年，岂是这区区几千字能归纳总结的，对于陈先生的研究有待更加深入。

第三节

植物配置（造景）的理论与实践

一、历史的传承——中国古典园林中的植物配置

古时立国要建立祭土地神的庙，其牌位需选当地生长的树木来做，称社木，“社”即土地神。据《论语·八佾》篇，“哀公问社于宰我，宰我对曰：夏后氏以松，殷人以柏，周人以栗”，从宰我所答表明，夏后氏、殷、周分别用松、柏、栗为社木，而周朝用栗木做社主是为了“使民战栗”，可见当时的先民在应用树木时已蕴含了文化意义。

汉时上林苑方300里，有苑36、宫12、观21处，苑内树种百余个，园中宫、观多有以植物命名者，如葡萄宫、棠梨宫、青梧观、细柳观及竹圃等，说明一个地方基本是用一种植物为主调。关于水景的植物描写，如“池周植柳，池中荷花”。另据《西京杂记》，建章宫太液池西有孤树池，“池中有洲，洲上煔树一株，六十余围，望之重重如盖”。而建章宫的“一池三山”格局成为皇家园林的主要模式，一直沿袭到清代（周维权，1990）。

自魏晋受山水田园诗画影响形成延续千余年的自然园林以来，树木花草一直是中国古典园林的重要组成元素。西晋石崇庄园金谷园，有“前庭树沙棠，后园植乌椑；灵囿繁石榴，茂林列芳梨”的描述，而陶渊明的“榆柳荫后檐，桃李罗堂前”，都说明当时是结合不同环境，按一定布局栽种树木的。

唐时大明宫中“植白杨于庭”，以其“此木易成，不数年可庇”，但又因“白杨多悲风，萧萧愁煞人”而更植以桐，说明在树种的选择上不仅考虑其生长还包含其文化内涵。在唐诗中多有描述京城的树木景观，如白居易“春风桃李花开日，秋雨梧桐叶落时”，岑参“青槐夹驰道”等。王维的辋川别业总体上以天然风景取胜，局部的园林则偏重各种树木花卉的大片成林或丛植成景，如“木兰柴”为一片木兰树林，“茱萸沜”是生长茂密山茱萸的一片沼泽，“宫槐陌”则是槐树林荫道（周

维权，1990）。始建于唐贞观年间的北京卧佛寺，寺基平台仅10米高，但因修了一条135米长的坡道，两侧古柏森森，坡道尽头高大的琉璃牌坊气势非凡，走上此道不由得生出敬畏之心。如此的古柏夹道在中国寺观园林中也颇为常见，如杜甫的“丞相祠堂何处寻，锦官城外柏森森”，说出了柏在园林中的作用，也表明是通过树木来营造寺观所特有的气势。

北宋皇家园林艮岳中以植物之景为主题的景点、景区不下数十处，如在山岗上种丹杏的“杏岫”，植梅万本的“梅岭”，叠山石隙遍栽黄杨的“黄杨巘”，上岗险奇处栽植丁香的“丁嶂”等，依不同环境选不同植物孤植、丛植，大量的是成片栽植（周维权，1990）。朱钧珍（2003a）将宋时洛阳名园植物景观归纳为：植物多成片成丛自由栽植；一种园林基本只突出某一种植物；在成片的树林中辟出“林中空地”，树林周围环以水，中间空地按不同种类种植各种花木；建筑与植物的园林布局紧密结合，产生十分丰富的园景；以植物命名制匾，为宋代之风。

明宣德年间北京皇城的承光殿，俗称团殿（即今之团城），上有栝子松、白皮松、探海松3株古松，被乾隆帝分别封为遮荫侯、白袍将军和探海侯，相传为金元时所植，在高高的团城上无须浇水也生长良好。直至新中国成立后才发现，原来在城垛与树之间竟有暗沟蓄水（陈向远，2008），可见当时植树的技术有多高明了。

到了明清时期，园林植物运用常强调艺术构图的美学规律，以孤植、对植及丛植方式栽植，重视意境的创造。如苏州古典园林，花木讲究近玩细赏，因而比较重视枝叶扶疏、体态潇洒、色香清雅的花木，常以古、奇、雅为追求对象，如紫藤、榉树象征高官厚禄，玉兰、牡丹谐音玉堂富贵（刘敦桢，2005）。

总体来说，中国古典园林的植树要求精而不求多，先要讲姿态，尤珍爱古树能入画。江南私家园林，灰瓦白墙，建筑色彩淡雅，且园林面积不大，一般选择梅、竹、梧桐、桂花、丁香、石榴、海棠、玉兰等能体现诗情画意和文化内涵的植物，进行精巧布置或画龙点睛式的点缀。如曹雪芹描述大观园中植物，桑、榆、槿、柘，各色树稚新条，随其曲折编就两溜青篱；入木香棚，越牡丹亭，度芍药圃，入蔷薇园，出芭蕉坞；池边两行垂柳，杂以桃杏；青松拂檐，玉兰绕砌；一边种几本芭蕉，那边是一株西府海棠。蕉棠两植，暗蓄“红”“绿”二字，道出了中国园林中对植物运用及造景的哲理和文化内涵。

在上一节我们简略列举了各朝代园林中常用的主要树木，除了选用不同的植物外，还有不少关于园林环境与植物配置的论述，以及如何栽种、在哪里栽种、如何构成景观等的叙述。《长物志》描写了园林植物配置的若干原则，如“庭除槛畔，必以虬枝古干，异种奇名”“草木不可繁杂，随处植之，取其四时不断，皆入图画”“桃李不可植于庭除，似宜远望”“杏花差不耐久，开时多值风雨，仅可作片时玩”等。在《园冶》中虽然没有专列章节论及植物配置，但全文中有多处提到植物，在“园说”“相地”篇中有关于植物配置的论述：“多年树木，碍筑檐垣，让一步可以立基，斫数桠不妨封顶，斯谓雕栋飞楹构易，荫槐挺玉成难”“院广堪梧，堤弯宜柳”“梧荫匝地，槐荫当庭”，“编篱种菊……锄岭栽梅”等，体现了充分利用原有树木的思想，并提出了常见园林植物的配置方式。

《花镜》中记述园林中花木更为具体，当“因其质之高下，随其花之气候，配其色之深浅，多方巧搭，虽药苗野卉，皆可点缀姿容以补园林之不足，使四时有不谢之花，方不愧为名园二字”。还有具体描述，如“牡丹、芍药之姿艳，宜玉砌雕台，佐以嶙峋怪石，修篁远映”“梅花、蜡瓣之标清，宜疏篱竹坞，曲栏暖阁，红白间植，古干横施”，这些要点成为园林植物配置的标准。

中国古典园林常以建筑划分空间，而从不以植物作为园林空间的结构性因素。童寯先生就曾说过“中国园林建筑是如此悦人地洒脱有趣，以致即使没有花木，它仍成为园林”，显然此语有失偏颇，或许是因童寯先生对古建过于偏爱的缘故。中国古典园林更重视植物姿态和神韵，以花木性格来象征人的品德。尽管园林植物姹紫嫣红、争奇斗艳，但多以树木为主调，栽植树木不讲求成行成列，但亦非随意参差。往往以三株五株、虬枝古干而予人以蓊郁之感，运用少量树木的艺术概括而表现天然植被的气象万千（周维权，1990）。

陈从周（1980）归纳了古典园林的植物配置方式，如：“玉兰，宜种厅事前，对列数株，花时如玉圃琼林，最称绝胜。”“山茶……人家多以配木兰，以其花同时，而红白灿然，差俗。”“若桃柳相间，便俗。”至于乔木若榆、槐、枫杨、朴、榉、枫等，每年修枝，使其姿态古拙入画。厅轩堂前多用桂、海棠、玉兰、紫薇诸品。假山间为了衬托山容苍古，酌植松柏、水边配置少许垂柳，至于芭蕉、竹、天竹等，不论用来点缀小院，补白大园，或在曲廊转处、墙阴檐角，或与蜡梅丛菊等组合，都能入画。古典园林植物配置与诗情画意有密切联系，而此与西方园林是完全不同的。

二、民国园林的植物配置

本书在民国园林一章中已叙述了私家园林、公园等设计和营建的主要特点，从风格上看，中西结合、洋为中用是民国园林的主要特点。从园林植物应用看，乡土树种是主体，在西式庭院及租界公园中也用了不少外来树种。园林中植物的配置，一方面是沿袭中国古典园林的传统，另一方面是学习和应用西方园林的理念。公园中一般都有大面积草坪与西式亭子、各种形式的花坛结合，而草地成为主要景观正是全世界园林进入现代建筑时代的典型特征，这与传统园林景观形成鲜明的对比。

民国时期虽然时间不长、政局动荡、战争不断，又经历了长达 14 年的全民抗战，但一些主要城市依然都制订了城市规划，并都列出了城市公园的建设内容。这里仅举几个主要城市来说明民国时期公园建设中园林植物的运用特点。

上海，从园林风格看，主要有法国古典主义规则式园林、英国风景式园林布局，以及规则式与自然式相结合的园林布局三类。同时，在综合性大型公园中也有不少专类植物园，植物配置主要表现为西方的植物造景手法，大草坪、绿篱、花坛、花圃、棚架等为其主要特点。采用疏林草地，而精心修剪整形的灌木、四季花坛、花境、林荫大道则成为当时公园的主要标志。运用植物分隔空间，草地缓坡接水，草坪周边采用层次错落、透视强的种植设计，点缀孤植树、树丛、树林产生扩大草坪的视觉效果，在路边、亭边、水边、堆土形成的小丘等处建小片树林形成较为私密的空间。公园的边界一般种植浓密树林来掩隐公园，入口都有高大的法国梧桐构成林荫道，或在道路两侧由法国冬青、石楠等常绿植物形成整齐的树墙，迎门即见树丛、花坛，然后是几何式的沉床花坛或立体花坛，月季园、牡丹园、玫瑰园等沿公园游览路线散布园中。

如上海极司非尔花园（Jissfield park）（现中山公园）的植物运用和配置在当时极具代表（详见第二章）。当年进入大门即为一大花坛，园中草坪旁植各种树木，草坪起伏宽广，视野开阔，周围种有香樟林、香榧林、广玉兰、雪松林、竹林、银杏林，至今还可见到保留下来的树林。挖湖造丘建成山地植物园，引进一百多种树木，至新中国成立前夕还有177种。公园主要特色包括月季园、大草坪和大理石亭为主体的英式园林景区（图 8-15）。

图 8-15　中山公园树木配置
左：民国时期由植物围合的私密小空间，从图中判断至少有10种树木（引自：上海老照片）；
右：民国时期在草坪边栽植的香榧树林（摄于 2000 年）

保留至今的有，园北部的一株大悬铃木，据记载是1866年（同治五年）原园主霍格所种，此树来自意大利，现树高近30米，据称是华东地区最大者。另外有刺楸、黄檀和香榧树林。从公园现在的植物配置来看，当年以乔木为骨架构成树丛、树林，现在公园中的主要植物景观，如草坪中孤植的香樟（图 8-16），白色大理石亭两侧攀缘的紫藤，巨大的悬铃木行道树，整齐的法国冬青树篱，小丘上浓密的树林，还有丰富的植物群落，大多是当年所植而保留下来的。

上海另外两个租界公园——复兴公园、襄阳公园，基本为法国古典主义规则式布局，以悬铃木林荫道、花坛为主要特色。如勒·诺特尔式几何形花坛（又称沉床园）、椭圆形图案式的玫瑰园花坛、道路两侧轴对称几何图形的花坛、连续的花坛群和整齐的大草坪。草坪周围、公园周边种植大乔木，如悬铃木、七叶树、枳椇、椴树、梓树、榉树等，还有修剪整齐的圆柱形的珊瑚球、黄杨球等（图 2-24、图 2-25）。

图 8-16　左：上海法国公园（复兴公园）在 20 世纪 30 年代时的植物种植情况（引自：do.ccome）；右：上海中山公园当年孤植于草坪边的香樟（摄于 1998 年）

其实各地租界公园的园林风格基本相同，天津的公园同样有法国园林规则式布局、自然式园林格局及半规则、折中主义风格（见第二章）。公园中主要树种有毛白杨、小叶白蜡（洋白蜡）、柳、榆、槐、臭椿、桑、悬铃木、泡桐等，其造园要素主要是缓坡草坪、修剪绿篱、规则式花坛、花架、廊架等，且用植物划分空间。《天津历史名园》（郭喜乐 等，2008）中如此描述法国花园："园内的人工草坪修剪得如同地毯一样，草坪中自然种植槐、杨树、海棠、皂荚……还有一片片美人蕉……"另外的久布利花园（土山公园），以花池为主要造景元素，中部草坪上绿篱修剪整齐，周边种植乔灌木及大片花卉。皇后公园草坪上设各种几何形状的花坛，大量应用草坪、树丛和树群等，对植物整形剪修；其中心花坛中间孤植雪松，周围配置修剪成球形或三角形的黄杨。

在民国时期别墅园林是建筑与园林设计的一个重要方面，南京、上海、天津、青岛、厦门、广州等城市，以及庐山、莫干山、北戴河、鸡公山等风景名胜区都有大规模的别墅群，以西方建筑和园林风格为主。青岛的八大关至 20 世纪 40 年代有各类别墅 300 余栋，由来自德、俄、英、法、日、西班牙等国的建筑师设计，形成所谓"万国建筑博览会""红瓦绿树、碧海蓝天"的总体景色。各条道路分别以黑松、刺槐、银杏、五角枫、雪松、海棠为行道树，别墅顺应地形地貌、庭院内都有草坪、疏林、花台、灌木绿篱，而别墅群与海之间的滨海带保持自然植被。厦门鼓浪屿别墅群又有另一种风情，自 1844 年建英国领事馆第一栋别墅，至 20 世纪 30 年代在方圆不足 2 平方公里的岛上修建了近千座别墅。一方面其建筑风格多元，表现为有闽南传统民居和西方建筑风格融合的华侨建筑风格，同时将山、海、庭院等元素纳入整个空间组织中；另一方面，植物景观展现鲜明的南亚热带特色，树种中多白兰、南洋杉、凤凰木、蒲、榕树、香樟、棕榈、竹类等（见第二章）。

在民国的别墅园林中，1931 年建于南京的小红山官邸（现称美龄宫）别墅建筑，以其独特的行道树组型成为最引人瞩目的园林景观，即“美龄宫镶有绿宝石挂坠的珍珠项链”（图 8-17）。该建筑及园林布局由时任南京工务局局长的赵志游设计，主体建筑是一座三层重檐山式宫殿式建筑，位于中山陵外侧的小红山坡脚，抗战胜利后为蒋介石官邸。2015 年 11 月 6 日，航拍南京美龄宫时发现，已现黄色的法国梧桐行道树围绕官邸一圈，再向外延伸镶嵌在周围色彩斑斓的森林之中，将中山陵外的陵园路勾勒出一条项链。而小红山上的环山路犹如项链上的吊坠，美龄宫的主体建筑便成为镶嵌在吊坠上的一颗璀璨的绿宝石，于是这张图片在网上疯传。然而，此设计究竟是设计师的独具匠心还是无意之作，至今依然是个谜，但无论是何种原因，今天展现在世人眼前的景观效果确实令人惊讶。

赵志游，浙江宁波人，蒋介石的远亲，毕业于巴黎中央工艺学校，也是一位土木工程师。据曾见过当年美龄宫设计图的卢海鸣（2019）说，整个建筑采用中西合璧形式，最初设计更像水滴形，但并没有关于模拟项链的记载，因此称其是设计者的刻意为之也许只是一个传说。然而，悬铃木行道树形成的景观确是别有情趣，秋天悬铃木黄叶组成的色带围绕大楼、庭院、池塘的美丽景色很多地方都有发现，只是它们的人文内涵不及美龄宫厚重和丰富。

图 8-17　南京中山陵小红山官邸（美龄宫）法桐行道树形成的项链景观（摄于美龄宫宣传栏）

三、20 世纪 50 年代以来从园林植物配置到园林植物规划设计

（一）20 世纪 50—60 年代的植物配置理论

苏雪痕曾指出，植物景观规划设计最早叫“植物配置”，归在园林设计范畴，主要针对小空间，如私家园林、皇家园林，按照诗情画意、情景交融建造的园林等。园林植物配置又称植物种植设计、植物造景，在 20 世纪 50 年代初又常常以“绿化”概括之。总体来说植物造景相对简单（图 8-18）。

图 8-18　20 世纪 50 年代城市绿地植物配置相对比较简单，应用种类少、结构单一
左：天津海河绿地，草坪仅在四角点缀花卉（引自：天津老照片）；右：北京崇文门街边绿地，以乔木为主（引自：北京老照片）

在 20 世纪 50 年代发表的关于公园规划的文章中，对植物运用的论述一般都很少。至今可查到应用“种植设计”这个名称的，是 1957 年发表在《建筑学报》署名上海市园林管理处的《上海市西郊公园的规划设计》一文。该文明确提出种植设计方面的建议，要求尽量与动物生活的自然环境相符合，如象房附近多种芭蕉、棕榈、无花果等，动物园不仅要注意动物笼舍的布置，还必须注意植物的绿化和美化，这不仅对动物和游人的健康有很大好处，而且能丰富全园的艺术外貌（图 8-19）。

图 8-19　20 世纪 50 年代上海西郊公园，草地边缘的植物配置（引自：上海老照片）

最早在公园规划中着重表述种植设计的是孙筱祥和胡绪渭，他们的《杭州花港观鱼公园规划设计》（1959年）一文，专设“种植设计”一节，并与“公园布局及空间构图”并列，可见对植物设计的重视。从目前可检索到的文献看，这是50年代公园规划中对种植设计最为详细的论述。现摘录如下：在树木覆盖面积内，主要为大乔木。灌木只分布在林缘，及乔木树冠下。一般不单独占有绿地面积，仅少量阳性灌木，占有单独的面积 。公园自然式种植类型为：孤植树，树丛，树草，树丛组，树草组，林带， 空旷草地，稀树草地，草地疏林， 密林，庇荫铺装广场，行道树等。全园一共用了200多个树种，这些树种并非全园平均分布，布置仍然有主次之分。 牡丹园应用树种达80余种 ， 配置以混交为主。大草坪构图要求简洁雄伟，选用雪松、香樟、鹅掌楸等大乔木，草坪上的雪松、桂花、樱花树等均采用单纯栽植。不用灌木，以免琐碎。金鱼园以海棠为主调，广王兰为基调。牡丹园以牡丹为主调， 槭树为配调，针叶树为基调。大草坪以雪松为基调， 樱花为主调。“全园以广玉兰作为基调， 把各分区统一起来”。孙先生的种植设计理念在花港观鱼公园得到充分的体现，对现代园林植物配置产生极大的影响，成为公园设计和园林植物运用的经典，被无数的论文、专著、教材所引用，同样被许多设计者所效仿，至今依然如此。孙筱祥先生是最早论述园林植物种植设计的学者，从20世纪50年代开始讲授“园林艺术及园林设计”时就包含了种植设计内容，他根据自己在1951—1964年间讲课的逐年积累编成讲义，在1981年由北林园林系印成《园林艺术及园林设计》一书。全书共有三篇，分别是园林艺术理论、园林种植设计和园林设计。在种植设计中主要叙述了园林草地和覆地植物（地被）；规则式种植设计，包括花坛、花境、绿篱绿墙及树木整形；自然式种植设计，包括孤植、对植、丛植、带植、群植（树群）以及风景林等的设计原则。

然而，几乎在同时兴建的北京陶然亭公园和紫竹院公园规划，既未提“植物配置”也不用“种植设计”。如陶然亭公园规划只简单地提到如林荫路，山坡种植茂密的针叶树林，在陶然亭前布置大片落叶乔木林，云绘楼背后有土坡突起种植针叶树林，成为云绘楼的背景，以及部分广场以山石与油松为布置中心等（北京市园林局，1959）。至于紫竹院公园的规划，提到的植物运用也只是寥寥数语，如在种植方面有茂密美丽的树木花草，使各季节都有不同的花果以供观赏。在适当地段布置了大片草地，供人们休息之用；树林草地和沿园路处可布置自然式花群以增加色调（北京市园林局，1960）。如此叙述就不如上述花港观鱼公园的来得形象和具体，产生影响自然也就小了。

之后，有一些文章用了“植物配置”“树木配置”等，如李嘉乐在1962年开始讨论继承中国古典园林艺术遗产的一些问题，之后又阐述了中国传统园林在树木配置方面的特点，指出其重朴实疏落，忌矫揉造作；对植物不仅欣赏形与色，而且欣赏香与音，松涛、蕉雨，使风雨的气氛更浓厚，甚至由此冥想山林呼啸，波涛起伏的情景。并提出，植物配置不仅要考虑艺术效果，而且要在卫生防护效果上多加推敲，园林植物的种类当然要大大增加，但是群众熟悉和喜爱的，在历代园林中一直占有特殊地位的种类应占有一定比重，尤其应该用为重点观赏的主要材料（李嘉乐，1962，1988）。

回顾20世纪60年代关于植物配置的论述，一般都包含在园林设计中，而刘先觉的文章则是一个例外。1964年他在南京工学院学报发表了《西湖与太湖风景区的植物配置》一文，这是当时少见的以“植物配置”为主题的论文，据目前能检索到的文献看很有可能是第一篇专论植物配置的文章（有待考证）。他在文中提出植物配置需遵循两项基本原则，即因地制宜与地方风格以及观赏与生产的结合，并列举了西湖和太湖两大风景区的实例。必须指出的是，该文将“植物构图与配置”和“植物造景”分设为并列的两节，可见当时刘先觉认为这是不同的两个方面，而“植物造景”这个词汇也是第一次正式出现在文献中。刘先觉将植物配置与空间构图相联系，如“以乔木与灌木、落叶树与常绿树混合组成一幅起伏变化的空间构图”“以树木姿态来形成空间构图”“以植物作为构图的景框”等风景艺术的手法。他指出，在我国园林与风景区中自然式的植物配置方式是传统的特点，一般树丛的布置都呈不规则形，植物的组合也是多种多样的。以孤植为主的植物配置方式，常常把它作为对景处理，或者把它作为局部装饰的中心。以落叶乔木与灌木配置的方式，往往可以取得很好的风景效果。以常绿乔木与落叶乔木相配置，是观赏冬景的良好对象。对于植物造景，他认为植物在风景区中可以作为造景的主题；以树木作近景的主题，既能丰富画面的构图，又能增加景的层次，并且有时透过扶疏的枝叶，在树丛中隐约呈现远景，更有含蓄之意；用树木作为景的主题时，不仅要考虑树木的姿态，常常还需要进一步考虑色彩的构图；树木同样可以作为远景构图的主题，有时通过一个建筑的景框（柱廊、窗洞、券门等），探出一枝红梅、几杆修竹，或是松枝柳条都能造成景面；植物与水面配合，最能形成各种动人的景色；树木与山石配合造景，可以造成刚柔对比的效果；以树木与建筑相配合，可以构成复杂的轮廓线，增加变化，活泼构图气氛（刘先觉，1964）。

刘先觉（1931 年—），安徽无为人，1953 年毕业于南京工学院建筑系，1956 年在清华大学建筑系研究生毕业，师从著名建筑学家杨廷宝和梁思成先生。他主要从事建筑历史与理论的教学与科研，包括中国近代建筑史和古典园林的研究，如与潘谷西合作出版了《江南园林图录——庭院 · 景观建筑》等。但在这篇文章之后却再未见有关于园林植物配置的论述发表。

（二）20 世纪 80 年代之后关于植物配置的论述

以植物为园林的主角是达到自然美的唯一途径，是符合人类要求的生态环境（余树勋，1987），但在 20 世纪 70—80 年代，我国的园林植物造景各地发展不够均衡，有的城市偏重于布置建筑、假山或是喷泉而轻视园林植物，也有的城市缺乏种植园林植物的艺术性或科学性的研究，以致形成园林景观质量不高、防护和改善环境的功能未能充分发挥等欠缺（刘少宗，2003）。

然而，正是从 70 年代末开始，园林植物配置的理论研究不断深化，相关论述逐渐增多，而同时在公园中也出现以往少见的珍稀树种（图 8-20）。80 年代初《杭州园林植物配置》一书的面世，标志着我国种植设计研究达到了一个新的高度。这是园林植物配置研究的一项重要成果，而此项研究最初是从 60 年代就开始的，后因政治运动被搁置。1979 年恢复研究，最终由主持人朱钧珍等编著出版了《杭州园林植物配置》（城市建设杂志社，1981）。这是我国第一个关于一个城市的植物配置研究及专著，主要论述杭州园林植物配置

图 8-20　上海植物园亭边栽植厚皮香成为植物主景，该树种的大树在园林中很少见，而其树冠形状、体量与园亭十分协调（约在 20 世纪 70 年代后期）

的发展过程，园林中草坪、道路、水体、建筑旁的植物配置以及地被植物的运用，并列举了花港观鱼、平湖秋月、三潭印月等多处风景点的植物配置实例。进而对今后西湖的植物配置提出了建议，如环西湖滨湖地带以欣赏湖景为主，植物配置宜疏不宜密、宜透不宜屏，以垂柳为主景树、以香樟为基调树、穿插水杉作配景；景区的公园，要求四季美景如画、景胜丰富多彩，苏白两堤“树树桃花间柳花”的主景，苏堤多配春花以突出“苏堤春晓”意境。孤山保留梅花特色，开辟杜鹃园；花港观鱼以牡丹亭为主景增设芍药园等。杭州一个成功的经验是每个风景点突出一个树种等等（朱钧珍，2003）(图 8-21)。

图 8-21　杭州水边的海棠与垂柳（引自：朱钧珍，2003）

在 20 世纪 80 年代，北京和杭州的两位园林主管李嘉乐、余森文对园林植物配置的论述颇具代表性。李嘉乐在北京园林上连续发表园林规划设计知识讲话十讲，其中单设植物配置和种植设计，专论自然式园林中植物配置的技法，在空间布置、画面构图，以及如何和建筑、山石结合等方面都有详细论述，总体上说是在中国传统园林手法的基础上运用现代理念（李嘉乐，1988）。余森文（1984）阐述园林植物配置艺术，认为园林植物的配置，既是科学，又是一种艺术。它根据植物的不同习性及其对环境的要求，因地制宜地合理选择树种，采用多种栽植手法，构成一幅幅错落有致、疏密相间、晦明变化的美丽图景。他指出，园林风格决定植物配置的方法，不同的配置手法，将产生不同的风格，两者相辅相成。随着园林事业的发展，植物应用范围扩大，配置艺术更加重要。西方的“城市森林”概念，就反映了这一趋势。余森文（1984）指出，在植物配置时应注意以下几点：①掌握自然地形特点，合理划分植物空间。②植物空间的要求，既要有多样性，又要有统一性。园林植物种类要多样化，配置要有一定景深，大小空间相济，避免一览无余并有豁然开朗的意境；并建议在大、中型园林中，用三五个树种，十数株或数十株为一群有机地组成植物空间的效果最为突出。③植物配置必须主次分明， 疏落有致。④植物空间的立体轮廓线要有韵律。⑤植物配置要与建筑物和谐协调，自然有致。⑥ 植物配置要注意四季变化。

而在同时有苏雪痕（1983）关于“广州的园林植物造景从鼎湖山自然群落类型中可以得到借鉴”的论述；以及生态学家赵儒林（1985）提出，应用群落生态学原理开展园林绿化植物的引种和配置，都是应用生态原则指导园林种植设计的早期文献，可看作是 90 年代后生态园林的萌芽。

当年还有一本《绿化种植设计构图》是必须提到的，该书为苏联的切洛格索夫所著，1988 年由杨乃琴摘译出版，书中主要是设计图例（图 8-22），包括花园，公园、道路交叉口、广场、林荫道等的构图类型。几乎在同时，朱钧珍（1990）依据 1960 年前出版的苏联关于园林植物配置的 7 本著作，编译发表了《苏联园林植物配置综述》一文，对树木的孤植、丛植、群植等均有详细论述。联想到当年学习苏联，而又将园林专业改为“城市居民区绿化”，并且翻译应用苏联教材的历史，可以认为之前在植物配置方面的一些做法受苏联的影响也是很深的。

据苏雪痕（2014）回忆，1990 年陈俊愉院士召集他和陈有民讨论植物配置的重要性，决定为研究生增开“植物配置”课程，后因陈俊愉退出而由苏雪痕和陈有民共同讲授。当时汪菊渊将该课程定名为“植物造景”，即在研究植物之间景观设计外，还研究植物与园林建筑、园路、水体、小桥、山体山石等重要元素的组景。1994 年汪菊渊为苏雪痕的《植物造景》一书所作的序言中写道：在植物造景的设计中，如果所选择的植物种类不能与种植地点的环境和生态相适应，就会生长不良，甚至不能存活，也就不能达到造景的要求，如果所设计的栽培植物群落不符合自然植物群落的发展规律，也就难以生长发育达到预期的艺术效果。所以师法自然，掌握自然植物群落的形成和发育，其种植、结构、层次和外貌等是搞好植物造景的基础。

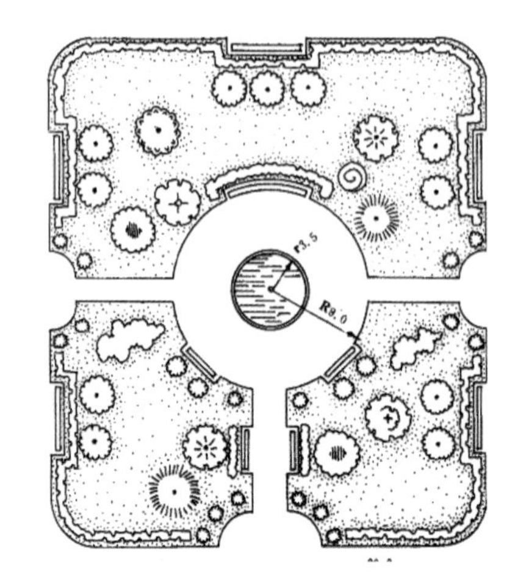

图 8-22　苏联城市绿地植物种植设计构图（面积 1800 平方米）（引自：切洛格索夫，1988）

综上所述，在园林植物运用中一直有“植物造景”和“植物配置”之说，前者更趋向于具体的景象，而后者似乎较为宏观一些。但朱钧珍认为“造景”一词不能涵盖园林中一些并不是造景，而是以防护为主的边界林、隐蔽林、隔离林等等，而“配置”一词的含义较广（朱钧珍，2015）。此观点与苏雪痕的诠释并不完全一致，显然朱钧珍是代表了大百科全书的观点。

在大百科全书园林篇中，“植物造景”和“植物配置”分为两个词条，对“造景”的定义为“通过人工手段，利用环境条件和构成园林的各种要素作所需要的景观；用不同的组合方式，布置群落以体现林际线和季相变化或突出孤立树的姿态，或者修剪树木，使之具有各种形态，造花木景”。对“植物配置”的定义为“按植物生态习性和园林布局要求，合理配置园林中各种植物，以发挥它们的园林功能和观赏特性。包括两方面：一方面是各种植物相互之间的配置；另一方面是园林植物与其他园林要素……相互之间的配置”。理论上讲两者应有不同，前者是指构成以植物为主的具体景观，后者偏重于植物之间及植物与其他园林元素之间的搭配关系，但在具体应用及表述中又常常将两者混同而无区别。

进入 90 年代后出现了“生态园林”“大环境绿化”“城市大园林”等新概念，苏雪痕认为，园林建设已经不仅仅是城市重要的活的基础建设，而且已经融入国土治理中去了。据此，他提出“植物造景”的内容又不适应当前的园林建设要求，应提升到规划的层面，因此改成了“植物景观规划设计”，就是说植物景观是要规划和设计的，不是随便种些树木、花草。之后，苏雪痕编著出版《植物景观规划设计》一书（2014 年）。按照苏雪痕的理论，园林植物的应用经历了植物配置、植物造景和植物景观规划设计三个阶段。当时有一些学者应用“植物景观规划设计”题名出版了专著，主要如胡长龙等的《园林植物景观规划与设计》（2010 年）、谢云等的《园林植物景观规划设计》（2014 年），以及刘慧民主编的“十三五”规划教材《植物景观设计》（2019 年）。但至今“植物配置”“植物造景”这两个术语的运用频率依然是最高的。

90 年代后，园林城市的评审进一步提高了植物景观的地位，同时生态学原理被广泛应用于风景园林理论中，产生了“生态园林”“节约型园林”“近自然植物景观”等一系列相关的概念。达良俊等引进日本宫胁昭的“自然森林种植”方法，在上海浦东科技馆5号门前绿地进行试验；而由陈自新、陈有民和苏雪痕主持的“北京城市园林绿化生态效益的研究”成果发表（1998年），对园林植物的作用有了进一步的认识，其重要性也愈来愈得到重视，有了更多的深入研究。

进入21世纪以来，植物配置更强调体现生物多样性，在城市绿地中也出现较大面积的树林、树丛，并强调模拟自然植被构建乔、灌、草结合的多层次植物群落。同时更着重于空间设计、展现特色、基于生态基础的植物群落构建，丰富季相变化。另外，地被植物、花境、花坛成为各类绿地中的主要构成元素，同时也更多使用外来植物、彩色植物，模纹布置、色块图案等也趋流行。总之，在园林绿地中的植物更加丰富多彩。

四、20世纪50年代以来一些典型的植物配置实例

新中国成立以来园林建设硕果累累，呈现出了无数优秀的植物景观设计作品，它们分布在各地的公园、风景区、校园、单位庭院、城市各类绿地中。正如刘少宗（2003）所说，植物配置是用体形各异、色彩不同、性质多样的植物作为语言来表达感情、叙述故事、传达信息的。由于篇幅有限，这里只能选择一些典型的实例来说明不同时代植物配置的特点。

（一）道路隔离带的种植设计变化

市区道路的中间隔离带
左：20世纪50—60年代上海肇嘉浜路，以乔木为主、局部有草坪（引自：上海老照片）；中：80—90年代沈阳和平大街，中间绿地用乔灌草结合的配置，银杏为主要树种（引自：《沈阳“森林城市”宣传图册》）；右：21世纪初北京，乔木间距加大，采用灌木构成色块
由此可看到道路绿化格局的变化，现在道路绿化形式更加多样，还大量应用四季花卉，注重色彩的四季变化，甚至出现树桩盆景等

（二）高速公路绿化带植物配置

21 世纪常见的高速公路进入城市入口处的植物配置模式（王嘉楠设计）

（三）草坪与植物配置

草坪边缘的植物配置从简单到复杂，早期一般以乔木构成边缘线，之后运用灌木过渡，然后多用花境

左：20 世纪 80—90 年代上海静安公园缓坡草坪，边缘多以灌木构成色带为过渡；中：21 世纪初的上海延中绿地，草坪边缘以彩叶灌木色带勾出边界；右：杭州草坪边缘的花境。花境已成为近年来园林植物配置的主要形式，大量出现在公园、居住区及街头绿地中

（四）水面岸边的植物配置

水岸种植从单一的林带，间植柳、桃等较为简单的配置形式，到注意多种植物形成层次丰富、色彩多变，林冠线优美的植物景观，植物与池水相映成辉

左：合肥环城河边林带，20 世纪 80 年代前营建时已注意到多树种配置，但色彩简单；中：普洱市水岸绿化，疏透、起伏的林冠线和曲折的岸线十分协调（2012 年）；右：杭州三台山公园，树种多样，在常绿树背景的衬托下，不同树形和色彩的树木相互交融，林冠线变化丰富，水中清晰的倒影尤其精彩（2002 年）

（五）巧妙应用树形的种植设计

不同树形的树木合理搭配是园林植物配置的传统技法，现增加了修剪造型及色彩变化，使得组景更加丰富
左：南京植物园，落羽杉、金钱松、雪松、地中海柏木、金叶桧构成的针叶林群落，树形不同、质地各异，且有落叶树种显示四季变化；中：沈阳市宾馆，同样是针叶树木，以枝干疏朗的赤松为背景和球形的桧柏形成对比，自然与人工造型结合，不过需要经常修剪才能保持设计要求；右：西双版纳植物园，以人工造型的花灌木为主景，侧旁一株棕榈科植物展现了热带风情

（六）群落中地被植物配置

在绿地群落中种植地被植物，从单一植物到多种植物的混合，在近年来园林植物配置设计中很是流行
左：杭州西湖湖心亭绿地林下栽植石蒜，类似的多用吉祥草、麦冬、三叶草等草本植物；中：杭州孤山坡上林下栽植杜鹃花，这也是常用的配置方式，模拟天然松—杜鹃花林，20 世纪 90 年代最为常见（引自：苏雪痕，2004b）；右：上海公园水杉林下种植，有草本、灌木等多种植物构成天然群落类型，是生态种植的范例（引自：上海市绿化管理局，2003）

（七）岩石园的植物

民国时期在庐山植物园建造了我国第一个岩石园，它不同于中国古典园林中的假山，岩石园源自英国，后成为西方园林的重要组分。新中国成立后在各地园林中都有出现，20 世纪 90 年代后数量逐渐增多，成为大型公园的主要内容之一。

左：扬州蜀岗风景区（建于21世纪初）；中：北京右安街心花园岩石园（2003年），以松柏类植物为主（引自：北京市园林局，2004）；右：东莞植物园岩石园植物配置（2018年建成，东莞植物园提供）

（八）21世纪初十分流行的地被色块及花境

左：园林植物的色彩运用和配置是园林种植设计永恒的主题，从20世纪90年代初上海道路绿化运用大色块概念后，用色叶灌木配置各种形式的大色块成为一时的流行，尽管后来在生态园林理念指导下提出摈弃大色块，但至今依然不断出现在各地的园林中，用得最多的是红花檵木、红叶石楠、金叶女贞等；中：林下密植的灌木构成大色块很流行，但游人没有了在树林中活动的空间，野生动物丧失了栖息环境（张庆费摄）；右：近10余年来花境在我国广泛应用，从草花花境到运用灌木和多年生花卉配置成永久性的花境等，如建于2008年的上海普陀区清涧公园的林缘花境（引自：成海钟，2018）

（九）采用特色树种构成乡土特点的植物景观

用当地特色乡土树种造景，在南方湿热地区似乎比较容易
左：鸡蛋花种植在色叶灌木的垫状植被中间，然后是高大的假槟榔背景树，彰显热带风貌（2005年南宁市）；中：形状独特的旅人蕉为主景，配以三角梅点缀（普洱，2010年），这是在华南城市中最受喜爱的植物景观；右：在广州常见的用不同种类的大榕树为对景，点植三角梅等作辅景，加上巨大的板根，景观靓丽、特色鲜明（广州，2005年）

五、苏雪痕——从《植物造景》到《植物景观规划设计》

苏雪痕（1936 年—）浙江镇海县人，1952 年考入苏州农业职业学校园艺专业，毕业后由农校推荐考入上海外国语学院俄语专业。1957 年因中苏关系恶化，允许原中专生转回原专业本科学习，于是苏雪痕有机会进入北京林学院城市及居民区绿化专业继续学习。1960 年他被抽调出来成为陈俊愉先生助手，还制订师徒培养计划，故自称为陈先生的大徒弟，主要教授园林树木学、花卉等课程。80 年代他赴英国皇家植物园进修，回国后主持成立北林花卉研究所，之后一直专注于园林植物研究。他较早开展园林植物配置的理论研究，1981 年发表《园林植物耐阴性及其配置》，以植物光合生理特性并分析栽培群落中光照条件，作为植物合理配置的一种依据，使得植物配置更具科学性。如他指出广州的“兰圃”，园内植物配置在密度上是相当大胆的，与一般设计图纸相比，密度是相当大的，但由于应用了很多耐阴种类，所以群落内种间关系还能相安无事（苏雪痕，1994）。他提出借鉴当地地带性植被及群落结构，选用乡土树种构筑城市园林植物群落，是群落生态学理论的具体应用。

苏雪痕是当代研究园林植物配置理论的重要学者之一，他在园林观赏植物的资源开发、生理生态、功能效益、树种选择和应用，以及调查规划设计等方面取得了很多成果。其中最主要的是他前后出版的两本专著，即《植物造景》（1994 年）和《植物景观规划设计》（2012 年），总结了他数十年研究园林植物配置的理论和设计经验。他提出，园林植物景观设计经历了三个阶段，具体描述为：

第一阶段，20 世纪 50—60 年代，称“植物配置”。常以中国古典私家园林中的植物景观为范本。为突出自然山水写意园林及文人风格的特点，在植物种类的选择上对具有比德、比兴，能够赋予植物以人格化的种类予以应用和欣赏。

第二阶段，1990 年后，在北林设立研究生课程时，汪菊渊院士决定用“植物造景”代替“植物配置”。定义为：“利用乔木、灌木、藤木、草本植物来创造景观，并发挥植物的形体、线条、色彩等自然美，配置成一幅幅美丽动人的画面，供人们观赏”。其主要特点是强调植物景观的视觉效应，其植物造景定义中的“景观”一词也主要是针对视觉景观而言的。他认为，植物造景比植物配置更进一步，因为植物造景是植物和园林各因素之间组景的关系（苏雪痕，1994）。在他的《植物造景》一书中指出，我国拥有丰富的园林植物资源，且对世界园林作出重大贡献，但遗憾的是我国大量可供观赏的种类仍然处于野生状态。书中论述了环境与植物景观的生态关系，园林植物与建筑的组景及对水体、道路的造景作用。同时客观评述广州、杭州、北京等地的植物组景特点，还对岩石园的植物组景作了重点叙述。正如汪菊渊（1994）所评价的："这是一本系统的、比较完备的论述植物造景的专著，是难能可贵的。这本书的出版将增强从生态的、美学的观点出发，重视园林中植物景观的意识。"

第三阶段，1995 年，苏雪痕开始应用"植物景观设计"这个术语，最早见于《质感与植物景观设计》一文（王淑芬 等，1995），之后多次应用，2004 年在他的文章中出现"园林植物规划"的提法。2012 年他在《植物造景》一书基础上编著的新作《植物景观规划设计》出版，多位园林专家参与编写，还收录了多篇研究生论文。2014 年他又郑重提出，最重要的是正名，应该把植物景观营造中的"植物配置"或"植物造景"改成 "园林植物景观规划与设计"，提高到规划层面，因为小比例的"植物配置"和植物与各园林要素组景的"植物造景"，已满足不了当今园林建设的需要（苏雪痕，2014）。

他提出植物景观设计是园林规划设计中的一个重要部分，同时还应有"植物多样性规划"，就是对城镇园林绿化应用的植物种类作一全面的规划，以便有计划、按比例地培养苗木。强调植物景观设计的核心是师法自然，提出植物景观设计的"四性"原则：科学性，要知道植物的习性；艺术性，即统一、调和、均衡和韵律四大原则；文化性；实用性。《植物景观规划设计》增加了植物园专类园设计内容，对植物景观的空间营造、园林各要素与植物景观设计的关系，都作了深入的论述，因此较之以前出版的《植物造景》一书更为全面。

参考文献

（伪）南通县自治会，1930. 二十年来之南通 [Z]. 南通：南通县自治会 .

（民国）总理陵园管理委员会，2008. 总理陵园管理委员会报告 [M]. 南京：南京出版社 .

《风景园林》，2010. 访中国多义景观事务所主持设计师王向荣 [J]. 风景园林 (2)： 137-141.

《上海文物博物馆志》编纂委员会，1996. 上海文物博物馆志 [M]. 上海：上海社科院出版社 .

《上海园林志》编纂委员会，2000. 上海园林志 [M/OL]. 上海：上海社会科学院出版社 . [2016-06-10]. http：//www.shtong.gov.cn/newsite/node2/node2245/node69854/index.html.

《天津风光》摄影编辑部，2002. 天津风光摄影纪实 [M]. 北京：中国摄影出版社 .

《天津园林绿化》编写组，1989. 天津园林绿化 [M]. 天津：天津科学技术出版社 .

安怀起，1986. 中国园林艺术 [M]. 上海：上海科学技术出版社 .

安怀起，1991. 中国园林史 [M]. 上海：同济大学出版社 .

包志毅，史琰，2014. 借古开新，洋为中用：杭州花港观鱼公园评析 [J]. 世界建筑 (2)：32-35.

北京地方志编纂委员会，2000. 北京志 · 市政卷 · 园林绿化志 [M]. 北京：北京出版社 .

北京市规划委，2004. 北京奥林匹克森林公园及中心区方案征集 [M]. 北京：中国建筑工业出版社 .

北京市园林局，1959. 北京市陶然亭公园规划设计 [J]. 建筑学报 (4)：26-29.

北京市园林局，1960. 北京市紫竹院公园规划 [J]. 建筑学报 (1)：30-31.

北京市园林局，1987. 当代北京园林发展史 [M]. 北京：北京市园林局 .

北京市园林局，2004. 北京优秀景观园林设计 [M]. 沈阳：辽宁科学技术出版社 .

博凌，2007. 百年园林叹变迁：访天津曹家花园旧址 [Z/OL]. (2009-10-23) [2018-09-06]. http：blog.sina.com.cn

曹洪涛，储传亨，1990. 当代中国的城市建设 [M]. 北京：中国社会科学出版社 .

曹洪涛，刘金声，1998. 中国近代城市的发展 [M]. 北京：中国城市出版社 .

曹娟，付彦荣，张婷，2007. 2007 中国风景园林高层论坛：风景园林新亮点：北京奥林匹克森林公园 [J]. 中国园林，23(6)：87-87.

曹蕾，2009. 长三角及其周边城市行道树结构研究 [D]. 合肥：安徽农业大学 .

曹汛，1982.《园冶注释》疑义举析 [J]. 建筑历史与理论（第三、四辑）：90-118.

曹汛，2009a. 张南垣的造园叠山作品 [J]. 中国建筑史论汇刊：327-378.

曹汛，2009b. 中国园林的造园叠山艺术 [J]. 艺术设计研究 (3)：15-18.
曹振起，2013. 紫竹梦：我们的中国梦景观 [J]. 紫竹院特刊 (3)：10-13.
陈昌笃，2006. 序 [M]// 程绪珂，胡运骅 . 生态园林的理论与实践 . 北京：中国林业出版社 .
陈从周，1956. 苏州园林 [M]. 上海：同济大学建筑系 .
陈从周，1962. 扬州片石山房：石涛叠石作品 [J]. 文物 (2)：18-20.
陈从周，1979. 续说园 [J]. 同济大学学报 (自然科学版)(4)：9-12.
陈从周，1980. 园林谈丛 [M]. 上海：上海文化出版社 .
陈从周，1981. 跋陈植教授《园冶注释》[C]// 陈植 . 园冶注释 (第一版). 北京：中国建筑工业出版社 .
陈从周，1983. 扬州园林 [M]. 上海：上海科学技术出版社 .
陈从周，1984. 说园 [M]. 上海：同济大学出版社 .
陈从周，1987. 扬州园林 [M]. 台北：明文书局 .
陈从周，1999a. 园韵 [M]. 上海：上海文化出版社 .
陈从周，1999b. 梓室余墨 [M]. 上海：三联书店 .
陈从周，2005. 园林清议 [M]. 南京：江苏文艺出版社 .
陈道隆，庞贝，2010. 中和之美诗意栖居 [J]. 科技创新和品牌 (38)：8-14.
陈芬芳，2017. 理论与实践的结合：20 世纪五六十年代夏昌世、莫伯治岭南庭园研究思路解读 [J]. 建筑与文化 (2)：155-158.
陈封怀，1935. 英国爱丁堡皇家植物园 [J]. 中国植物学杂志，2（3）：751-758.
陈封怀，1951. 庐山植物园 [J]. 中国植物学杂志 (1-3)：34-37.
陈浩望，1999. 一九四九年后的谭震林 [J]. 武汉文史资料 (5)：18-21.
陈红锋，周劲松，邢福武，2012. 广州园林植物资源调查及其评价 [J]. 中国园林，28(2)：11-14.
陈杰，2017. 法国梧桐名实及其传入中国时间考 [J]. 农业考古 (3)：166-172.
陈俊愉，1958-11-18. 从绿化到园林化 [N]. 人民日报 .
陈俊愉，1964. 庐山植物园造园设计的初步分析 [C]// 庐山植物园档案 . 庐山植物园 .
陈俊愉，1979. 关于城市园林树种的调查和规划问题 [J]. 园艺学报，6(1)：49-63.
陈俊愉，1984. 三十五年来观赏园艺科研的主要成就 [J]. 园艺学报，11(3)：157-159.

陈俊愉，2002a. 梅花研究六十年 [J]. 北京林业大学学报，24（5/6）：224-229 .
陈俊愉，2002b. 重提大地园林化和城市园林化 [J]. 中国园林，18(3)：3-6.
陈俊愉，2004. 忆程老（世抚）教诲数事：1946 年来的主要启示与感受 [J]. 中国园林，20(8)：29-30.
陈俊愉，2003. 附录：中国工程院院士、北京林业大学教授陈俊愉对檀馨的评价（2003 年 10 月）[C]// 檀馨 . 梦笔生花 . 北京：中国建筑工业出版社 .
陈俊愉，2006. 代序 [C]// 张薇 .《园冶》文化论 . 北京：人民出版社 .
陈俊愉，2006. 中国园林教育的现状和发展 [C]// 中国园林 . 风景园林学科的历史与发展论文集 . 北京：中国园林增刊 .
陈俊愉，2007. 花凝人生 [C]// 张启翔，刘青林 . 陈俊愉院士九十华诞文集 . 北京：中国林业出版社 .
陈俊愉，2008. 园林十谈 [J]. 园林 (12)：14-17.
陈俊愉，2011. 风景园林的新时代：祝贺风景园林被批准为国家一级学科 [J]. 风景园林 (2)：18.
陈丽芳，1958. 中国园林的探讨 [J]. 建筑学报 (12)：33-36.
陈嵘，1952. 造林学特论 [M]. 南京：金陵大学森林系 .
陈榕生，1990. 厦门园林植物园三十年 [J]. 生命世界杂志 (4)：26-27.
陈向远，2008. 城市大园林 [M]. 北京：中国林业出版社 .
陈晓丽，2016. 序 [C]// 张薇，杨锐 . 园冶论丛 . 北京：中国建筑工业出版社 .
陈欣，2010. 回忆我的父亲陈从周 [J]. 世纪 (6)：31-33.
陈新一，施奠东，王公权，等，1965. 对当前古典园林艺术理论研究的一些意见 [J]. 园艺学报 (4)：229-230.
陈秀珠，2015. 合肥古城墙的改造与公园环 [C]// 尤传楷 . 环城公园 . 合肥：安徽园林杂志社 .
陈有民，1982. 论中国的风景类型[J]. 北京林学院学报（2）：17-19.
陈有民，2002. 纪念造园组（园林专业）创建五十周年 [J]. 中国园林，18(1)：4-5.
陈有民，2006. 中国园林绿化树种区域规划 [M]. 北京：中国建筑工业出版社 .
陈有民，2007.《< 园冶 > 文化论》读后感 [J]. 中国园林，23(6)：8-10.
陈有民，2011. 园林学科教育感谈 [J]. 风景园林 (2)：18-19.
陈蕴茜，2006. 空间重组与孙中山崇拜：以民国时期中山公园为中心的考察 [J]. 史林 (1)：1-18.
陈樟德，1994. 小园人家：谈郭庄的设计 [J]. 建筑学报 (3)：46-48.
陈喆华，周向频，2016. 民国上海私家园林爱俪园研究：平面复原及疑点探讨 [J]. 中国园林，32(5)：92-97.
陈真，1985. 旧中国工业的若干特点 [C]// 黄逸平 . 中国近代经济史论文选（上册）. 上海：上海人民出版社 .
陈植，1930. 都市与公园论 [M]. 上海：商务印书馆 .
陈植，1935. 造园学概论 [M]. 上海：商务印书馆 .
陈植，1944. 筑山考 [J]. 东方杂志，40(17)：50-56.
陈植，1956-10-10. 对我国造园教育的商榷 [N]. 光明日报 .
陈植，1982. 对中山陵设计的回忆 [C]// 陈植 . 陈植造园文集 . 北京：中国建筑工业出版社 .

陈植，1983. 造园与园林正名论 [J]. 南京林产工业学院学报 (1)：76-80.
陈植，1985. 对改革我国造园教育的商榷 [J]. 中国园林杂志 (5)：51-54.
陈植，1988a. 园冶注释 [M]. 北京：中国建筑工业出版社 .
陈植，1988b. 对部定造园学改革计划的管见 [C]// 陈植 . 陈植造园文集 . 北京：中国建筑工业出版社 .
陈植，1988c. 镇江赵生公园设计书 [C]// 陈植 . 陈植造园文集 . 北京：中国建筑工业出版社 .
陈植，2006. 中国造园史 [M]. 北京：中国建筑工业出版社 .
陈植，2009. 造园学概论 [M]. 北京：中国建筑工业出版社 .
陈植，汪定曾，1956. 上海虹口公园改建记 [J]. 建筑学报 (9)：1-11.
陈植，张公弛，1983. 中国历代名园记选注 [M]. 陈从周，校阅 . 北京：安徽科学技术出版社 .
陈自新，1991. 城市园林植物生态学研究动向及发展趋势 [J]. 中国园林，7(2)：42-45.
成海钟，2018. 花境赏析 [M]. 北京：中国林业出版社 .
成玉宁，2018. 唯理求真斯人犹在：忆王绍增先生 [J]. 中国园林，34(2)：49-51.
城市观察，2017. 广州中山纪念堂 [J]. 城市观察 (3)：166.
程崇德，1959. 努力实现大地园林化的伟大理想 [J]. 科学通报 (3)：79-81.
程华昭，2012. 从事合肥规划建设工作的回忆 [Z/OL].(2012-02-29)[2018-06-09].http：//www.doc88.com/p-008206649624.html.
程世抚，1957. 关于绿地系统的三个问题 [J]. 建筑学报 (7)：11-13.
程世抚，1960. 城市建筑艺术布局与园林化问题 [J]. 建筑学报 (6)：26-28.
程世抚，1982a. 园林科学发展趋向的初步探讨 [J]. 建筑学报 (2)：18-22.
程世抚，1982b. 城郊园林空地与周围环境的生态关系 [J]. 建筑学报 (2)：32-35.
程世抚，冯纪忠，钟耀华，等，2015. 上海绿地研究报告 [J]. 华中建筑 (6)：1-5.
程思远，2012-08-08. 朱育帆：景观设计的文化通觉 [N]. 中华建筑报 .
程绪珂，2004. 论生态园林 [C]// 上海市园林局 . 上海市风景园林学会论文集 .
程绪珂，2008. 新的途径 [J]. 世界建筑导报 (3)：56.
程绪珂，2011. 生态园林建设要打破旧的思想框框 [J]. 广西城镇建设 (3)：32.
程绪珂，胡运骅，2006. 生态园林的理论与实践 [M]. 北京：中国林业出版社 .
仇文娟，王向荣，2009. 地域性自然 [J]. 城市环境设计 (9)：115-117.
储韵笙，1929. 安徽全省公路行道树之计划 [J]. 安徽建设，3(4)：1-26.
丛磊，刘燕，2004. 北京市国外树木引种现状分析 [J]. 中国园林，20(2)：199-204.
崔文波 .2008. 城市公园恢复改造实践 [M]. 北京：中国电力出版社 .
崔勇，2003. 朱启钤组建中国营造学社的动因及历史贡献 [J]. 同济大学学报（社会科学版）(11)：50-154.
崔勇，2010. 中国营造学社奠基者朱启钤 [J]. 中华文化画报 (3)：48-53.
戴志昂，2005. 谈《红楼梦》大观园花园 [C]// 俞平伯 .《名家眼中的大观园》. 北京：文化艺术出版社 .
董保华，2014. 深切怀念余树勋先生 [J]. 中国园林，30(10)：55-57.
董斌仁，顾丽云，2018. 无锡梅园隅疏影暗香春微茫，念劬塔下欲报之德昊天罔极 [J]. 花木盆景 (3)：62.
董慧，2018. 深圳城市公园绿地蝴蝶多样性 [Z].2018 年中国林学会年会交流材料 .
董鉴泓，1955. 第一个五年计划中关于城市建设工作的若干问题 [J]. 建筑学报 (3)：1-12.

董鉴泓，1999. 城市规划历史与理论研究 [M]. 上海：同济大学出版社 .
董鉴泓，2004. 中国城市建设史 [M]. 北京：中国建筑工业出版社 .
董芦笛，2012. 西安城墙历史风貌保护与环城公园建设历程评介 [J]. 风景园林 (2)：38-42.
窦逗，张明娟，等，2007. 南京市老城区行道树的组成及结构分析 [J]. 植物资源与环境学报，16(3)：53-57.
杜安，2013. 周在春：园林设计界的探路先锋 [J]. 园林 (9)：88-92.
杜春兰，罗馨，2015. 巴蜀传统山地园林设计“匠心”[J]. 西部人居环境学刊，30(2)：115-120.
杜春兰，刘廷婷，蒯畅，等，2018. 巴蜀女性纪念园林研究 [J]. 中国园林，34(3)：75-81.
杜春兰，2017. 人居与自然之歌：景观视野下的山地城镇建设 [Z]. 第七届艾景奖 . 国际园林景观规划设计大会演讲 .
范文澜，1965. 中国通史简编 [M]. 北京：人民出版社 .
范肖岩，1930. 造园法 [M]. 上海：商务印书馆 .
费正清，费维恺，1994. 剑桥中华民国史（上、下卷）[M]. 北京：中国社会科学出版社 .
冯广平，包琰，刘海明，等 .2011. 秦汉上林苑栽培植物初探 [C]. 中国植物园 (14)：47-60.
冯纪忠，1981. 方塔园规划 [J]. 建筑学报 (7)：40-45.
冯纪忠，1983. 致程绪珂同志函 [J]. 世界建筑导报 (3)：25.
冯纪忠，2010a. 人与自然：从比较园林史看建筑发展趋势 [J]. 中国园林，26(11)：25-30.
冯纪忠，2010b. 与古为新：方塔园规划 [M]. 北京：东方出版社 .
冯纪忠，2010c. 建筑人生：冯纪忠自述 [M]. 北京：东方出版社 .
冯良才，1986. 城市环境与生态园林：深圳市绿地规划探讨 [J]. 广东园林 (2)：40-42.
冯纾苊，周政旭，2008. 本土景观的自然式表达：清华大学朱育帆教授访谈 [J]. 城市环境设计 (4)：124-126.
冯叶，2009. 爸爸冯纪忠 [J]. 新建筑 (6)：54-55.
冯友兰，2013. 中国哲学简史 [M]. 北京：北京大学出版社 .
冯媛，孙文静，刘路祥，等，2017. 中国传统园林现代意义的再认知：就《中国古典园林的现代意义》一文若干观点与朱建宁教授商榷 [J]. 新建筑 (5)：136-140.
符拉第米罗夫，1950. 苏联的文化休息公园 [J]. 友谊 (2)：25-27.
福州园林绿化志编委会，2000. 福州园林绿化志 [M]. 福州：海潮摄影艺术出版社 .
付蓉，2009. 檀馨：中国园林的后现代实践 [J]. 城市环境设计 (10)：133.
傅凡，2016. 阐铎传统建筑与园林研究探析 [J]. 中国园林，32(1)：65-67.
傅凡，李红，2013. 朱启钤先生对园冶重刊的贡献 [J]. 中国园林，29(7)：120-124.
傅焕光，1933. 总理陵园小志 [M]. 南京：南京出版社 .
傅启元，2009.1929 年的《首都计划》与南京 [J]. 档案与建设月刊 (9)：48-51.
高路，2014. 民国以来 20 世纪前半叶中国城市化水平研究回顾 [J]. 江汉大学学报（社会科学版）(6)：26-32.
高念华，张震亚，1998. 对杭州私家园林郭庄维修的看法 [J]. 中国文物报 (30)：2.
高荣，2012. 哈尔滨市城市基调树种和骨干树种选择的研究 [D]. 哈尔滨：东北林业大学 .
葛培林 .2014. 从天津走出的中山陵设计者：吕彦直 [J]. 天津政协 (7)：40-42.
耿志强，2007. 包头城市建设志 [M]. 呼和浩特：内蒙古大学出版社 .
龚和解 .2003. 黄家花园的生态园林效验 [J]. 园林 (8)：6.

谷牧 . 1965. 关于设计革命运动的报告 [C]// 中央文献研究室 . 建国以来重要文选选编（第二十册）.
顾孟潮，2000. 钱学森论山水城市和建筑科学 [J]. 民主与科学 (3)：14-16.
顾孟潮，2015a. 冯继忠先生被我们忽略了：中国建筑师（包括风景园林师、规划师）为什么总向西看 [J]. 中国园林，31(7)：41-42.
顾孟潮，2015b. 由必然王国走进自由王国：重读“人与自然——从比较园林史看建筑发展趋势”[J]. 华中建筑，33(7)：4-5.
顾朴光，顾雪涛，2014. 百岁画家谢孝思 [J]. 当代贵州 (11)：63.
顾其华，1964. 读了《读〈园冶〉》之后 [J]. 建筑学报 (6)：17,16.
广州市地方志编纂委员会，1995. 广州市志 · 卷三 [M]. 广州：广州出版社 .
广州市市政厅，1972. 广州市沿革史略 [M]. 广州：崇文书店 .
贵阳市档案馆，2006. 贵阳老照片选载：梦草公园 [J]. 贵阳文史 (2)：65.
郭飞平，2014. 中国全史 · 中国民国经济史 [M]. 北京：人民出版社 .
郭风，2000. 试谈福州公园 [C]// 福州园林绿化志 . 福州：海潮摄影艺术出版社 .
郭湖生，1981. 序 [C]// 刘敦桢文集（第一卷）. 北京：建筑工业出版社 .
郭翎，周忠樑，何燕，2009. 北京园林植物 60 年变迁 [C]// 北京园林协会 . 北京生态园林城市建设研讨会论文集 .
郭喜乐，张彤，张岩，2008. 天津历史名园 [M]. 天津：天津古籍出版社 .
郭因，2003. 见绿思吴 [J]. 当代建设 (4)：18.
国都设计技术专员办事处，2009. 首都计划 [M]. 南京：南京出版社 .
国家城市建设总局办公厅，1982. 城市建设文件选编 [M]. 北京：国家城市建设总局办公厅 .
韩锋，2005. 吕彦直和杨锡宗 [C]// 李齐念 . 广州文史资料存稿选编第六辑 . 广州：广东人民出版社 .
韩小蕙，2010. 冯纪忠：远去的大师 [J]. 鸭绿江 (4)：81-84.
杭州园林设计院有限公司，2005. 杭州太子湾公园设计 [J]. 景观设计（F11)：48-49.
合肥地方志办公室，1992. 合肥风采 [M]. 合肥：安徽人民出版社 .
何昉 . 2014. 那一年春暖花开：孟兆祯院士深圳实践与经验谈 [J]. 风景园林 (3)：18-21.
何非，1986. 园林：面向人民和未来——访合肥市副市长吴翼 [J]. 中国花卉盆景 (7)：4.
何凤臣，2007. 先生之风山高水长：缅怀周维权教授 [J]. 风景园林 (5)：18.
何济钦，2004. 报学垦荒终不悔：记城市园林规划专家程世抚及作品 [J]. 中国园林，20(6)：4-12.
何镜堂，刘业，2002. 纪念一代建筑宗师夏昌世 [C]// 华南理工大学 50 周年校庆论文选 . 广州：华南理工大学 .
何晓颖，张明娟，郝日明，2008. 上海市浦西内环线范围内道路绿化的组成及结构分析 [J]. 上海农业学报 (3)：76-79.
何一民 . 2009. 清代城市研究的意义、现状与趋势 [J]. 湘潭大学学报（哲学社会科学版），33(5)：139-146.
贺凤春，2012. 美国波特兰市兰苏园规划与设计 [J]. 风景园林 (2)：80-86.
贺凤春，2015. 江苏省人大代表贺凤春：心系民生的园林设计大师 [Z/OL].(2015-02-02)[2018-08-09]http：//www.chla.com.cn/htm/2015/0202/228878.html.
贺凤春，朱红松，俞隽，等，2014. 苏州太湖湿地公园规划设计 [J]. 风景园林 (1)：60-61.

贺善安，2010. 21 世纪的中国植物园 [Z]. 厦门：2010 年全国植物园学术年会 .
洪崇恩，2003. 城市，让生态更完善：程绪珂谈上海绿化发展新目标 [J]. 中国花卉园艺 (11)：14-15.
洪崇恩，2010. 传承中国园林传统，融合西方近代科技：看德国园艺大师瓦伦丁如何规划、设计辰山植物园 [J]. 上海城市规划 (3)：49-52.
侯杰，2006.《大公报》与近代中国社会 [M]. 天津：南开大学出版社 .
侯学煜，1963. 试论历次中国植被分区方案中所存在的争论性问题 [J]. 植物生态与地植物学丛刊 (1-2)：1-23.
侯杨方，2001. 中国人口史：第六卷（1910—1953）[M]. 上海：复旦大学出版社 .
胡冬香，2010. 广州近代城市公园的制度化演绎 [J]. 广东园林 (4)：5-8.
胡恩燕，2010. 演绎山水间的新城：胡洁与他追寻的山水城市 [J]. 中国科技奖励 (9)：42-47.
胡尚升，2017. 黟县广玉兰引种历史初探 [J]. 安徽林业科技，43(5)：49-50.
胡洁，吴宜夏，吕璐珊，2006. 北京奥林匹克森林公园景观规划设计综述 [J]. 中国园林，22(6)：1-8.
胡洁，2014. 北京奥林匹克森林公园 [J]. 世界建筑 (2)：108-115.
胡洁，吴宜夏，吕璐珊，等 .2008. 奥林匹克森林公园规划设计 [J]. 建筑创作 (7)：62-71.
胡巧利，2013. 浅论孙科的都市规划思想及实践 [J]. 广州社会主义学院学报，43(4)：73-78.
胡耀星，2006. 洪青先生与西安建设 [J]. 建筑 (5)：146-149.
胡永红，杨舒婷，杨俊，等，2013. 建设美丽中国植物园大有可为：访我国著名园林专家程绪珂先生 [J]. 现代园林，10(8)：21-23.
胡永红，2017. 植物园支持城市可持续发展的思考：以上海辰山植物园为例 [J]. 生物多样性，25(9)：951-958.
胡泽之，2011. 羡鱼之人，花港观鱼 [Z/OL]. 潮牌圈中人新浪博文 .(2011-10-09)[2020-06-07].http：//blog.sina.com.cn/s/article_photo_1548023597_1.html.
胡宗刚，1997. 胡先骕与庐山森林植物园创建始末 [J]. 中国科技史料，18(4)：73-87.
胡宗刚，1998. 从庐山森林植物园到庐山植物园 [J]. 中国科技史料，19(1)：62-74.
胡宗刚，2009. 庐山植物园最初三十年（1934—1964 年）[M]. 上海：上海交通大学出版社 .
胡宗刚 .2017. 江苏省中国科学院植物研究所 · 南京中山植物园早期史 [M]. 上海：上海交通大学出版社 .
华声，2014. 朱启钤京城近代化开创者 [J]. 中华儿女 (3)：86-88.
黄大灏，1990. 重视生态环境建设花园城市 [J]. 广东园林 (3)：3-5.
黄大灏，1992. 花园城市与珠海 [J]. 广东园林 (4)：21-22.
黄华华，1992. 合肥风采 [M]. 合肥：安徽人民出版社 .
黄金荣，1936. 黄家花园全景 [Z]. 上海：上海北成都路美术印书馆 .
黄裳，1988. 读《江南园林志》[J]. 瞭望 (4)：42-48.
黄晓鸾，2006. 中国园林学科的奠基人：汪菊渊院士生卒 [J]. 中国园林，22(1)：11-16.
黄一知，2011. 略解冯纪忠先生的中国园林史观 [J]. 时代建筑 (1)：133-136.
黄以仁，1912. 公园考 [J]. 东方杂志 (2)：93-95.
黄永河，2009. 泉城“玉带”：护城河 [J]. 城建档案 (10)：17.

黄元炤，2013. 杨锡宗：近代，从景观设计切入到建筑设计的翘楚 [J]. 世界建筑导报 (6)：33-38.
黄恽，2016. 汪星伯与苏州园林 [J]. 苏州杂志 (1)：43-45.
惠大东 .2018. 长春市城区老旧公园改造案例浅析 [J]. 建筑工程技术与设计 (20)：739-740.
惠中权，1958. 关于园林化的几个问题 [C]// 大地园林化（第一辑）. 北京：中国林业出版社 .
惠中权，1959. 目前园林化规划设计中的一些情况和问题 [J]. 林业科学技术快报 (10)：6-8.
贾建玲，汪民，2012. 武汉市解放公园轴线空间序列探究 [J]. 华中建筑 (10)：134-136.
贾珺，2003. 屋宇朴斫山池巧构：北京东城马家花园造园艺术分析 [J]. 中国园林，19(2)：39-41.
贾珺，2005. 小桥凌水长堤卧波：北京西郊达园记 [J]. 中国园林，21(9)：51-53.
建筑档案，2019-04-15. 建筑档案对话俞孔坚 | 诗意栖居，我的理想景观探源 [Z/OL]. 微信公众号：建筑档案 .
江海平，2017. 一组老照片带你看南通五公园变迁 [Z/OL].(2017-03-27)[2018-06-06]. https：//www.sohu.com/a/130521818_362949.
江良栋，1957. 对“关于城市绿化系统的三个问题”一文的几点商榷 [J]. 建筑学报 (12)：49-51.
江洛一，2014. 苏州近现代画家传略 [M]. 苏州：苏州收藏家协会 .
江沛，秦熠，刘晖，等，2015. 中华民国专题史 · 第九卷 · 城市化进程研究 [M]. 南京：南京大学出版社 .
江苏省地方志编纂委员会，2000. 江苏省志 · 风景园林志 [M]. 南京：凤凰出版社 .
姜斌，1987. 旧上海的植物园 [J]. 园林 (5)：48-48.
姜锋，2015-05-17. 民国文人汪星伯的传奇一生 [N]. 城市商报 .
蒋春倩，2008. 华盖建筑事务所研究（1931—1952）[D]. 上海：同济大学 .
蒋经国，2001. 伟大的西北 [M]. 银川：宁夏人民出版社 .
金柏苓，1990a. 中国式园林的观念与创造（系列论文）[J]. 北京园林 (3)：4-11.
金柏苓，1990b. 中国式园林的观念与创造（系列论文之二）：仁智之乐与道法自然 [J]. 北京园林 (4)：6-9.
金柏苓，1991a. 中国式园林的观念与创造（系列论文之三）：旷达、风流、返朴归真 [J]. 北京园林 (1)：13-16.
金柏苓，1991b. 中国式园林的观念与创造（系列论文之五）：小中见大、得意忘象 [J]. 北京园林 (3)：14-16.
金柏苓，1992. 中国式园林的观念与创造（系列论文之七）：探古今之变 [J]. 北京园林 (3)：5-6.
金柏苓，1996. 北京市植物园盆景园设计解析 [J]. 北京园林 (4)：16-22，49.
金柏苓，2015. 中国风景园林名家名师 [M]. 北京：中国建筑工业出版社 .
金泽光，郑祖良，何光濂，1955. 广州起义烈士陵园规划设计纪要 [J]. 建筑学报 (6)：30-31.
金泽光，郑祖良，何光濂，1959. 广州三个人工湖 [J]. 建筑学报 (8)：39-46.
金泽光，郑祖良，何光濂，等 .1964. 广州园林建设（1950—1962）[M]. 广州：广州市建设局市政工程试验研究室 .

阚铎，1931. 园冶识语 [J]. 中国营造社汇刊，2(3)：1-11.
克里斯朵夫·瓦伦丁，丁一巨，2010. 上海辰山植物园规划设计 [J]. 中国园林，26(1)：4-10.
克鲁格梁柯夫，1957. 城市绿地规划 [M]. 成勖，译 . 北京：城市建设出版社 .
匡振鶠，1997. 继承传统创意就新：湖州莲花庄规划设计 [J]. 中国园林 (5)：20-24.
匡振鶠，贺凤春，2000. 湖州市飞英公园规划 [J]. 中国园林，16(6)：43-45.
赖德霖，2008. 纪念恩师周维权先生 [J]. 中国园林，24(2)：25-27.
赖德霖，2012. 童寯的职业认知、自我认同和现代性追求 [J]. 建筑师 (1)：31-38.
劳诚，1987. 合肥环城公园造园艺术浅析 [J]. 城市规划，1(4)：47-53.
劳诚，二千年风物荟萃 环城为园；五十载经营不辍 锦上添花：环城公园规划建设数珍 [Z/OL].(2014-07-31)[2018-09-06].www.docin.com/p-878168791.html.
乐峰，2009. 陈从周传 [M]. 上海：上海文化出版社 .
勒·勃·卢恩茨 .1956. 绿化建设（上册）[M]. 朱筠珍，等，译 . 北京：建筑工程出版社 .
雷穆森（O.D.Rasmussen），2009. 天津租界史（插图本）[M]. 天津：天津人民出版社 .
雷颐，2008. 公园古今事 [J]. 炎黄春秋 (4)：65-68.
雷芸，任莅棣，2012. 从北林"绿规"课程发展60年看园林规划课程的设置 [J]. 风景园林 (4)：106-109.
李百浩，吕婧，2005. 天津近代城市规划历史研究 (1860—1949) [J]. 城市规划学刊 (5)：75-83.
李东泉，周一星，2006. 中国现代城市规划的一次试验：1935 年《青岛市施行都市计划案》的背景、内容与评析 [J]. 城市发展研究 (3)：14-21.
李恭忠，2016. 中山陵选址问题质疑 [J]. 江淮文史 (5)：128-132.
李海梅，刘常富，何兴元，2003. 沈阳市行道树树种的选择与配置 [J]. 生态学杂志 (5)：157-160.
李浩，2016. 论新中国城市规划发展的历史分期 [J]. 城市规划 (4)：20-27.
李沪波，李佳睿，姜荣荣，2009. 青岛市园林绿化树种的调查研究 [J]. 陕西林业科技 (4)：48-53.
李嘉乐，1960. 天安门广场的绿化 [C]// 北京园林局 . 北京园林工作经验汇编 . 北京：北京市园林局 .
李嘉乐，1962. 关于继承中国古典园林艺术遗产的一些问题 [J]. 园艺学报 (11)：361-367.
李嘉乐，1988. 园林规划设计知识讲话 第六讲 地形和植物配置技术设计 [J]. 北京园林 (1)：37-42.
李嘉乐，1992. 关于生态园林 [J]. 园林 (4)：30-31.
李嘉乐，1993. 生态园林与园林生态学 [J]. 中国园林，9(4)：42-43.
李嘉乐，2002. 现代风景园林学的内容及其形成过程 [J]. 中国园林，18(4)：3-6.
李嘉乐，2004. 对于"景观设计"与"风景园林"名称之争的意见 [J]. 中国园林，20(7)：44-44.
李嘉乐，2006. 前言 [C]// 北京园林局 . 李嘉乐风景园林论文集 . 北京：中国林业出版社 .
李嘉乐，刘家麒，王秉洛，1999. 中国风景园林学科的回顾与展望 [J]. 中国园林 (1)：40-43.
李金路，2017. 从园林到风景园林：关于《风景园林基本术语标准》修编的思考 [J]. 中国园林，33(1)：7-40.

李理，2011. 朱启钤对北京的贡献 [J]. 北京档案 (12)：51-53.
李敏，1993. 论岭南造园艺术 [J]. 广东园林 (3)：2-8.
李敏，1995. 从田园城市到大地园林化：人类聚居环境绿色空间规划思想的发展 [J]. 建筑学报 (6)：6-14.
李敏，2001. 广州公园建设 [M]. 北京：中国建筑工业出版社 .
李敏，2002a. 从“见缝插绿”到“生态优先”：论现代城市绿地系统规划理论与方法的更新 [C]// 中国科协 2002 年学年会论文集 .
李敏，2002b. 现代城市绿地系统规划 [M]. 北京：中国建筑工业出版社 .
李敏，2003. 岭南园林艺术与粤晖园的营造 [J]. 规划师，19(4)：44-46.
李敏，2004. 热带园林的基本概念与研究意义 [J]. 中国园林，20(11)：61-67.
李敏，2011. 大业初成念恩师 [J]. 风景园林 (2)：27-28.
李敏，2013. 菽庄花园一百年 [M]. 北京：中国建筑工业出版社 .
李敏，何志榕，2014. 闽南传统园林营造史研究 [M]. 北京：中国建筑工业出版社 .
李敏，李源，周恩志，2017. 岭南园林艺术的学术定义 [J]. 广东园林 (6)：27-32.
李明新，2010. 博大兼美的园林巨子：记余树勋研究员 [J]. 中国园林，26(6)：45-48.
李明新，2013. 大观园里有大观：北京大观园 [J]. 曹雪芹研究 (2)：188-195.
李琼，2005. 广州市绿化树种选择与配置的研究 [J]. 湖南林业科技，32(3)：55-57.
李树华，2004. 景观十年、风景百年、风土千年：从景观、风景与风土的关系探讨我国园林发展的大方向 [J]. 中国园林，20(12)：32-35.
李树华，2004. 景观十年、风景百年、风土千年 [J]. 中国园林，20(2)：1-5.
李树华，2012a. 博古通今，灵性点拨：访著名园林专家余树勋先生 [J]. 现代园林 (3)：1-3.
李树华，2012b. 中国近代园林史研究：考证、抢救、挖掘——访清华大学建筑学院教授、中国风景园林学会顾问朱钧珍先生 [J]. 现代园林 (4)：1-4.
李树华，2013. 访中国植物景观规划设计创始人：苏雪痕先生 [J]. 现代园林 (4)：23-26.
李龣宸(述)，王汝弼(记)，1933. 中国行道树小史 [J]. 江苏公立宜兴职业学校农林杂志 (2)：2-3.
李天，2015. 天津法租界城市发展研究（1861—1943）[D]. 天津：天津大学 .
李艳杰，2011. 长春市行道树的树种选择：以“斯大林大街”为例 [J]. 中国城市林业 (1)：17-18.
李彦，2008. 胡洁：奥林匹克森林公园，不只是设计 [EB/OL].（2008-07-18）.https：//news.tsinghua.edu.cn/info/1235/45146.htm.
李泽，张天洁，2011. 文化景观：浅析中国古典园林史之现代书写 [J]. 建筑学报 (6)：10-14.
李铮生，1994. 深圳绿地系统规划 [J]. 同济大学学报（自然科学版）(2)：214-215.
李铮生，2009. 序 [C]// 周向频，陈喆华上海公园设计史略 . 上海：同济大学出版社 .
李正，2010a. 古典名园今与昔：无锡寄畅园的保护和修（上）复 [J]. 国土绿化 (2)：15-17.
李正，2010b. 古典名园今与昔：无锡寄畅园的保护和修（下）复 [J]. 国土绿化 (3)：20-33.
李正，2010c. 造园意匠 [M]. 北京：中国建筑工业出版社 .
李正，2016. 造园图录 [M]. 北京：中国建筑工业出版社 .

李正，忻一平，2010a. 因地制宜巧借外景：浅谈无锡寄畅园的造园艺术 [J]. 国土绿 (1)：12-14.
李正，忻一平，2010b. 大胆落墨小心收拾：谈造园总体规划中的扬长避短 [J]. 国土绿化 (8)：18-19.
李正，忻一平，2011. 无声的诗 立体的画：谈吟苑园的规划布局 [J]. 国土绿化 (9)：18-19.
李正，忻一平，2012a. 清溪倒挂映山红：谈江苏无锡“杜鹃园”的造园组景处理 [J]. 国土绿化 (8)：14-15.
李正，忻一平，2012b. 一园红色醉陂陀：谈江苏无锡“杜鹃园”的景观规划和空间布局 [J]. 国土绿化 (7)：8-9.
李志炎，鲍淳松，朱春，2006. 杭州植物园 50 年（1956—2006）[M]. 杭州：浙江大学出版社.
李志英，杨洋，2016. 民国初期广州行道树建设对社会治理的启示 [J]. 社会治理 (5)：120-128.
李治亭，2002. 清史（上、下册）[M]. 上海：上海人民出版社.
李宗黄，1925. 新广东观察记 [M]. 上海：商务印书馆.
厉德才，2014. 合肥城市规划的回顾和思考 [D/OL].(2014-11-06)[2017-09-18].https：//www.docin.com/p-1567088251.html.
利建能，1997. 一代岭南园林宗师：郑祖良先生 [J]. 南方建筑 (2)：65-65.
郦芷若，2005. 广州园林建筑规划设计院作品点评 [J]. 中国园林，21(2)：7-8.
梁敦睦，1998.《园冶全释》商榷 [J]. 中国园林 (1)：15-17.
梁任重，2009. 花城明珠友邦纪念：记云台花园建设 [C]// 中国公园协会.2009 年论文集. 北京：中国公园协会.
梁思成，1934-03-03. 读乐嘉藻《中国建筑史》辟谬 [N]. 大公报 (12).
梁思成，1982. 梁思成文集（四）[M]. 北京：中国建筑工业出版社.
梁思成，2005. 中国建筑史 [M]. 天津：百花文艺出版社.
梁思成，2006. 梁思成谈建筑 [M]. 北京：当代世界出版社.
梁思成，2006. 梁思成致童寯信 [J]. 建筑创作 (4)：103.
梁思成，张锐，1930. 天津特别市物质建设方案 [M]. 天津：北洋美术印刷所.
梁心如，2000. 城市园林景观：广州园林建筑规划设计院作品集 [M]. 沈阳：辽宁科学技术出版社.
梁友松，1985.《庭园深深深几许？》：“怡红院”设计手记 [J]. 时代建筑 (1)：64-68.
梁友松，1989.“太虚幻境”：大观园 [J]. 上海建设科技 (1)：35-38.
梁友松，1994. 自然风景的审美与中国园林艺术 [J]. 规划师，10(4)：6-9.
廖群，2008. 谢孝思与留园 [J]. 民主 (4)：38-40.
洌金文，2009. 广州兰圃的造园理法及其文化功能的探析 [D]. 广州：华南农业大学.
林福临，1992. 我国著作园林之首创：北京大观园 [J]. 城市问题 (2)：33-37.
林广思，2005a. 回顾与展望：中国 LA 学科教育研讨 [J]. 中国园林，21(9)：1-8.
林广思，2005b. 中国风景园林学科的教育发展概述与阶段划分 [J]. 风景园林 (2)：92-93.
林广思，2006. 景观词义的演变与辨析 (2)[J]. 中国园林，22(7)：21-26.
林广思，2008. 论我国风景园林学科划分与专业设置的改革方案 [J]. 中国园林，24(9)：56-63.
林广思，2012a. 北林风景园林学科创办及发展 [J]. 风景园林 (4)：51-54.

林广思，2012b. 岭南早期现代园林理论与实践初探 [J]. 新建筑 (4)：94-98.
林广思，2013. 关于研究夏昌世的进展与讨论 [J]. 南方建筑 (6)：4-8.
林广思，2014a. 林西之于广州风景园林建设和管理的贡献 [J]. 中国园林，30(12)：5-8.
林广思，2014b. 岭南庭园艺术继承与创新：基于双溪客舍乙座别墅的考察 [J]. 装饰 (7)：76-78.
林广思，2014c. 岭南现代风景园林奠基人：夏昌世 [J]. 中国园林，30(8)：108-111.
林广思，2014d. 中国风景园林教育发展 30 年 [J]. 园林 (10)：42-44.
林广思，2015. 冯纪忠杭州花港茶室设计方案分析 [J]. 装饰 (1)：100-102.
林广思，2016. 20 世纪 50—80 年代的中国现代主义园林营造——以华东、华南两地为例 [J]. 文艺研究 (11)：122-131.
林广思，赵纪军，2009. 1949—2009 风景园林 60 年大事记 [J]. 风景园林 (4)：14-18.
林建载，2014. 厦门的公园 [M]. 厦门：厦门大学出版社 .
林菁，2014. 世界因我们而完美 [J]. 中国园林，30(3)：15-18.
林菁，王向荣，2005. 地域特征与景观形式 [J]. 中国园林，21(6)：16-24.
林菁，王向荣，2009. 风景园林与文化 [J]. 中国园林，25(9)：19-23.
林洙，1995. 叩开鲁班的大门：中国营造学社史略 [M]. 北京：中国建筑工业出版社 .
林西，1992. 走向二十一世纪风景园林与城市绿化发展的对策思考 [J]. 中国园林 (1)：9-12.
林小峰，2010. 冯纪忠先生设计思想的永恒价值：以方塔园为例 [J]. 园林 (2)：42-45.
刘滨谊，1989. 风景景观工程体系化 [D]. 上海：同济大学 .
刘滨谊，1990. 风景景观概念框架 [J]. 中国园林 (3)：42-44.
刘滨谊，1991. 城市生态绿化系统规划初探：上海浦东新区环境绿地系统规划 [J]. 城市规划汇刊 (6)：50-56.
刘滨谊，1997. 景观建筑学：中国城市建设中必不可少的专业 [J]. 世界科学 (12)：25-26.
刘滨谊，1999. 现代景观规划设计 [M]. 南京：东南大学出版社 .
刘滨谊，2001. 景观规划设计三元论：寻求中国景观规划设计发展创新的基点 [J]. 新建筑 (5)：1-4.
刘滨谊，2007. 创造 21 世纪的“人间天堂”：江苏省张家港暨阳湖生态园区规划设计 [C]// 中国风景园林学会信息委员会 . 中国当代青年风景园林师作品集 . 北京：中国城市出版社 .
刘滨谊，2008a. 创造 21 世纪的“人间天堂”：张家港暨阳湖生态园区规划设计 [J]. 园林 (12)：108-109.
刘滨谊，2008b. 方塔园 · 恩师 · 我 [J]. 世界建筑导报 (3)：42-43.
刘滨谊，2010. 一代宗师 · 园林巨匠（代序）[J]. 中国园林，26(4)：1.
刘滨谊，2013. 同济大学景观学系二十年历程 [J]. 中国园林，29(11)：34-36.
刘滨谊，2014. 敬畏传统学习前辈 [J]. 风景园林 (3)：155-156.
刘滨谊，2016. 人居环境研究方法论与应用 [M]. 北京：中国建筑工业出版社 .
刘滨谊，姜允芳，2002. 论中国城市绿地系统规划的误区与对策 [J]. 城市规划，26(2)：76-80.
刘滨谊，王敏，2003. 创作之源 · 灵感之泉：以水为主线的江南生态园区规划设计 [J]. 建筑创作 (7)：104-111.
刘滨谊，张国忠，2006. 近十年中国城市绿地系统研究进展 [J]. 中国园林，22(6)：25-28.

刘敦桢，1936. 苏州古建筑调查记 [J]. 中国营造学社汇刊，6(3)：1-11.
刘敦桢，1957. 苏州的园林 [J]. 南京工学院学报 (4)：1-4.
刘敦桢，1963. 序 [C]// 童寯 . 江南园林志 . 北京：中国建筑工业出版社 .
刘敦桢，1979. 苏州古典园林 [M]. 北京：中国建筑工业出版社 .
刘敦桢，1987. 刘敦桢文集（三）[M]. 北京：中国建筑工业出版社 .
刘敦桢，2005. 苏州古典园林 [M]. 北京：中国建筑工业出版社 .
刘海兰，2008. 传统：无处不在——设计师访谈 [M]. 北京：中国水利水电出版社 .
刘家麒，2007. 博学、多思、求真、务实：纪念李嘉乐同志 [J]. 中国园林，23(11)：49.
刘家麒，2011. 建议积极推广《中国园林绿化树种区域规划》[J]. 中国园林，27(6)：82.
刘家麒，2015. 有关《园衍》的几个问题向孟兆祯院士请教 [J]. 中国园林，31(8)：29-32.
刘家麒，2016.《中国古代园林史》(第二版) 校对后记 [C]// 汪菊渊 . 中国古代园林史 . 北京：中国建筑工业出版社 .
刘家麒，王秉洛，李嘉乐，等，2004. 对《还土地和景观以完整的意义：再论“景观设计学”之于“风景园林”》一文审稿意见：还风景园林以完整的意义 [J]. 中国园林，20(7)：51-54.
刘茂春，2016. 风景园林学科需要开展评论 [J]. 浙江园林 (2)：57-60.
刘青林，2001.“博大兼美”的园林巨子：余树勋研究员 [J]. 花木盆景 (花卉园艺版)(2)：1.
刘少宗，1996. 花雨山河壮 . 松风天地香：天安门广场绿化设计析述 [J]. 北京园林 (2)：9-16.
刘少宗，1997—1999. 中国优秀园林设计集（1，2，3，4）[M]. 天津：天津大学出版社 .
刘少宗，1999. 中国园林设计优秀作品集锦海外篇 [M]. 北京：中国建筑工业出版社 .
刘少宗，2003. 园林植物造景 [M]. 天津：天津大学出版社 .
刘少宗，2007. 怀念老师、挚友：李嘉乐同志 [J]. 中国园林，23(4)：27.
刘少宗，2013. 收四时之烂漫 . 纳千顷之汪洋 [J]. 景观 (3)：19-23.
刘天华，2010. 古典园林的守护者和复兴者：怀念陈从周先生 [J]. 中国园林，26(4)：4-5.
刘庭风，2005. 民国园林特征 [J]. 建筑师 (1)：1-12.
刘彤彤，2012. 营造学社与中国造园史研究 [J]. 中国园林，28(9)：108-113.
刘先觉，1964. 西湖与太湖风景区的植物配置 [J]. 南京工学院学报 (1)：43-54.
刘晓明，2014. 简析孟先生学术思想的特征及发展历程 [J]. 风景园林 (3)：156.
刘晓宁，2010. 林森与中山陵 [J]. 世纪 (2)：68-72.
刘秀晨，2009. 60 年园林绿化回首 [J]. 中国园林，25(10)：18-20.
刘秀晨，2010. 中国近代园林史上三个重要标志特征 [J]. 中国园林，26(8)：54-55.
刘秀晨，2012. 请关注“北林风景园林现象”[J]. 风景园林 (4)：191.
刘秀晨，2013. 永留梅香在人间：记陈俊愉院士 [J]. 风景园林 (4)：28-30.
刘秀晨，2018. 一个园林大家对艺术的独白：记孟兆祯院士 [J]. 中国园林，34(1)：43-45.
刘叙杰，1997. 创业者的脚印 (上、下)：记建筑学家刘敦桢的一生 [J]. 古建园林技术 (3)：7-14.
刘叙杰，2008. 纪父亲刘敦桢对中国传统古典园林的研究和实践 [J]. 中国园林，24(8)：41-45.
刘延捷，1994. 刘延捷画集 [M]. 杭州：中国美术学院出版社 .
刘延捷，1997. 太子湾公园总体构思 [J]. 风景名胜 (C1)：44-45.
刘艳萍，2013. 广玉兰在我国的研究进展 [J]. 上海农学报 (2)：95-99.

刘怡雯，杨静，2016. 用植物创造意境：杭州太子湾公园考察心得 [J]. 锋绘 (12)：41-43.
刘永书，1994. 庐山植物园的园林布局 [J]. 植物杂志 (4)：9-13.
刘媛，2015. 民国时期北京中山公园社会功能初探 [J]. 北京档案 (4)：56-58.
柳尚华，1999. 中国风景园林当代五十年（1949—1999）[M]. 北京：中国建筑工业出版社 .
龙彬，2000. 近代重庆城市发展的三个重要时期 [C]. 清华大学建筑学院，东京大学生产技术研究所，广东省高教建筑规划设计院，等 . 2000 年中国近代建筑史国际研讨会论文集 . 广州、澳门：中国建筑学会中国近代建筑史专业委员会 .
龙彬，赵耀，2015.《陪都十年建设计划草案》的制订及规划评述 [J]. 西部人居环境学刊 (5)：100-106.
娄成浩，1992. 近代上海的建筑业及建筑师 [J]. 上海档案 (2)：49-52.
娄承浩，2012. 吕彦直：南京中山陵的设计者 [J]. 上海档案 (5)：29-31.
卢阳，2013. 岭南新庭园研究 [D]. 北京：清华大学 .
卢海鸣，2019. 南京美龄宫现最美“项链”或只是美丽误会 [Z/OL]. (2015-11-09) [2016-08-28]. http: //news.mydrivers.com/1/455/455560.htm.
卢洁峰，2009. 吕彦直的家学渊源与他的建筑思想 [J]. 建筑创作 (5)：166-169.
卢洁峰，2011. 大钟与十字架的叠加：中山陵新解 [J]. 建筑创作 (11)：234-241.
卢洁峰，2012. 金陵女子大学建筑群与中山陵、广州中山纪念堂的联系 [J]. 建筑创作 (4)：192-200.
芦建国，2014. 追忆南京林业大学兼职教授余树勋先生 [J]. 中国园林，30(10)：65-66.
鲁慕胜，1937. 中国行道树史略 [J]. 平汉农林 (2)：10.
陆琦，1999. 应深入岭南园林的研究 [J]. 南方建筑 (3)：83-85.
陆琦，2004. 岭南现代建筑庭园特点 [J]. 南方建筑 (2)：15-18.
陆琦，2009. 汕头中山公园 [J]. 广东园林 (6)：77-81.
陆其国，2003.《中山陵档案》过眼录 [J]. 上海档案 (5)：19-21.
路秉杰，2014.《陈从周与上海豫园的修建》[C]// 黄昌勇 . 封云 . 陈从周园林大师 . 上海：同济大学出版社 .
罗炳卢，1996. 探索生态园林城市的实践：深圳 15 年园林建设的回顾 [J]. 生态科学 (1)：116-118.
罗翠芳，2015. 1928—1936 年汉口规模实证研究：基于汉口市政府档案与原始材料的考察 [J]. 江汉论坛 (1)：109-113.
罗哲文，2005. 双园竞秀两岸情深：记台北板桥林家花园和厦门菽庄花园 [J]. 中国园林，21(7)：40-44.
罗兹 · 墨菲，1986. 上海：近代中国的钥匙 [M]. 上海：上海人民出版社 .
吕丹丹，2016. 西安市兴庆宫公园景观改造提升研究 [D]. 西安：西安建筑科技大学 .
吕璐珊，2008. 奥林匹克森林公园景观规划设计 [J]. 建筑技术及设计 (12)：99-107.
吕思勉，2006. 中国史 [M]. 上海：上海古籍出版社 .
马大浦，1934. 本校植物园树木之种类及其性质 [J]. 农学丛刊 (6)：155-192.
马晓暐，2014. 师从古意，勇赋新诗：论孟兆祯先生学术思想对当代风景园林设计实践的指导意义 [J]. 风景园林 (3)：32-35.
毛华松，2013. 宋代城市公园的形成分析 [J]. 西部人居环境学刊 (5)：11-16.
毛华松，2015. 城市文明演变下的宋代公共园林研究 [D]. 重庆：重庆大学 .

毛心一，1983. 园林何处不思君 [Z/OL]. 绿静春深新浪博客 . 2006-09-04.
孟凡夏，1993. 自然梦 [J]. 瞭望周刊 (14)：36-37.
孟凡玉，朱育帆，2017.“废地”、设计、技术的共语：论上海辰山植物园矿坑花园的设计 [J]. 中国园林，33(6)：39-47.
孟翎冬，2005. 溪流造景在景观建设中的作用：杭州太子湾公园考察体会 [J]. 锋绘 (12)：37-38.
孟森，2007. 孟森讲清史 [M]. 上海：东方出版社 .
孟兆祯，1997. 相地合宜构园得体：深圳市仙湖风景植物园设计心得 [J]. 中国园林 (5)：2-5.
孟兆祯，2005. 中国园林的发展和问题 [J]. 上海城市管理职业技术学院学报 (2)：23-27.
孟兆祯，2006a. 师恩浩荡：怀念汪菊渊先生 [J]. 中国园林，22(3)：12-14.
孟兆祯，2006b. 中国风景园林的特色 [J]. 广东园林 (1)：3-7.
孟兆祯，2007a. 奠基人之奠基作：赞汪菊渊院士遗著《中国古代园林史》[J]. 中国园林，23(6)：3-7.
孟兆祯，2007b. 纪念终生以中国风景园林事业为己任的李嘉乐先生 [J]. 中国园林，23(11)：48.
孟兆祯，2007c. 人与天调、天人共荣：建设具有中国特色的园林城市 [C]// 建设部城建司 . 园林城市与和谐社会 . 北京：中国城市出版社 .
孟兆祯，2011. 孟兆祯文集：风景园林理论与实践 [M]. 天津：天津大学出版社 .
孟兆祯，2012. 园衍 [M]. 北京：中国建筑工业出版社 .
孟兆祯，2015. 回应家麒学长对《园衍》的质疑 [J]. 中国园林，31(8)：33.
闵杰，1998. 近代中国社会文化变迁录 [M]. 杭州：浙江人民出版社 .
莫伯治，2000. 白云珠海寄深情：忆广州市副市长林西同志 [J]. 南方建筑 (3)：60-61.
莫伯治，2003a. 白云山山庄旅社庭园构图 [C]// 曾昭奋 . 莫伯治文集 . 广州：广东科技出版社 .
莫伯治，2003b. 岭南庭园概说 [J]. 建筑史 (2)：1-22.
莫朝豪，1935. 园林计划 [M]. 广州：南华市政建设研究会 .
莫少敏，谭广文，2007. 岭南园林名家：郑祖良 [J]. 广东园林 (1)：78.
南京市档案馆，1986. 中山陵档案史料选编 [M]. 南京：江苏古籍出版社 .
南京市地方志编纂委员会，1997. 南京园林志 [M]. 北京：方志出版社 .
南京市地方志编纂委员会，2009. 南京市志 2· 城乡建设 [M]. 北京：方志出版社 .
欧百钢，郑国生，贾黎明，2006. 对我国风景园林学科建设与发展问题的思考 [J]. 中国园林，22(2)：3-9.
潘谷西，2007. 师泽难忘：纪念刘敦桢先生诞辰 110 周年 [C]// 东南大学建筑学院 . 刘敦桢先生诞辰 110 周年暨中国建筑学史研讨会论文集 . 南京：东南大学出版社 .
潘谷西，2009. 中国建筑史 [M]. 北京：中国建筑工业出版社 .
潘谷西，2016. 一隅之耕 [M]. 北京：中国建筑工业出版社 .
潘雨辰，2016. 建国以来西安遗址型绿地空间周边环境形态演变的实证研究：以兴庆宫公园和大明宫遗址公园为例 [D]. 西安：西安建筑科技大学 .
俞孔坚，王向荣，朱育帆，2013. 景观四人谈：15 年思想与实践的历史 [J]. 城市环境设计 (5)：100-107.
彭长歆，2005. 岭南近代著名建筑师杨锡宗设计生平述略 [J]. 建筑 (7)：121-123.

彭长歆，2010. 地域主义与现实主义：夏昌世的现代建筑构想 [J]. 南方建筑 (2)：36-41.
彭长歆，2014. 中国近代公园之始：广州十三行美国花园和英国花园 [J]. 中国园林，30(5)：108-114.
齐康，2007. 忆刘老 [J]. 建筑 (9)：125-126.
钱学森，1984. 园林艺术是我国创立的独特艺术部门 [J]. 城市规划 (1)：23-25.
钱学森，1985. 为了 2000. 我想到的两件事 [J]. 新建筑 (1)：3-4.
钱学中，2007. 方塔园的往事 [C]// 赵兵 . 冯纪忠和方塔园 . 北京：中国建筑工业出版社 .
切洛格索夫，1988. 绿化种植设计构图 [M]. 杨乃琴，译，北京：学术期刊出版社 .
秦启宪，2008. 蓝与绿、现代与传统的融合：上海延中绿地的设计特色 [C]// 中国风景园林学会 . 中国风景园林学会第四次会员大会论文集 .
裘竹如，2013. 景观设计界的“土人”[J]. 华人世界 (1)：88-93.
全璨璨，黄飞燕，范丽琨，2016. 江洋畈生态公园植物资源调查及景观动态监测 [J]. 中国园林，32(3)：99-102.
全磊，2014. 西安城市公园实态研究 (1949—2013)[D]. 西安：西安建筑科技大学 .
阙镇清，2014. 江洋畈生态公园 . 杭州 . 浙江 . 中国 [J]. 世界建筑 (2)：80-85.
阮仪三，2006. 网师园的布局和明轩佳话 [J]. 上海房地产 (9)：62.
阮仪三，2010-04-07. 园林的修复之道 [N]. 苏州日报 (24).
上海城市规划志编辑委员会，1999. 上海城市规划志 [M]. 上海：上海社会科学院出版社.
上海地方志办公室，2007. 上海名园志 [M]. 上海：上海画报出版社 .
上海建筑施工志编纂委员，1997. 上海建筑施工志 [M/OL]. 上海：社会科学院出版社 .[2016-03-06]. http：//www.shtong.gov.cn/newsite/node2/node2245/node69543/index.html.
上海市绿化管理局，2003. 绿色的跨域：上海 5 年绿化建设辉煌掠影 [Z]. 上海：上海市绿化管理局 .
上海市绿化管理局，2004. 上海园林绿地佳作 [M]. 北京：中国林业出版社 .
上海市园林管理处，1957. 上海市西郊公园的规划设计 [J]. 建筑学报 (12)：32-37.
上海市园林设计院，2002. 悲金悼玉：上海大观园建筑园林艺术 [M]. 北京：中国建筑工业出版社 .
上海市园林设计院，2006. 上海广场公园（延中绿地）：蓝与绿的畅想曲 [J]. 中国园林，22(9)：43-44.
上海住宅建设志编纂委员会，1998. 上海住宅建设志 [M/OL]. 上海：社会科学院出版社 .[2016-03-06]. http：//www.shtong.gov.cn/newsite/node2/node2245/node75091/index.html.
邵群，2016-04-11. 苏州园林，当代人的古典情结 [N]. 姑苏晚报 .
邵忠，2001. 苏州古典园林艺术 [M]. 北京：中国林业出版社 .
佘畯南，1996. 林西：岭南建筑的巨人 [J]. 南方建筑 (1)：58-59.
佘美萱，叶昌东，李敏，2015. 高密度城市绿色基础设施规划策略 [J]. 动感（生态城市与绿色建筑）(1)：71-77.
沈福煦，1980. 视觉与景观 [J]. 同济大学学报（自然科学版）(4)：108-119.
沈国尧，2007. 往事历历 . 师恩绵绵：回忆跟随刘师敦桢参加《苏州古典园林》编写的日子 [G]. 东南大学建筑学院 . 刘敦桢先生诞辰 110 周年纪念暨中国建筑学史研讨会文集 . 南京：东南大学出版 .

沈虹太，2012. 荣德生与梅园 [C]// 无锡地方志编辑委员会 . 无锡史志 . 无锡：无锡地方志办公室 .
沈惠民，2015-12-10.《时报》与黄家花园 [N]. 新民晚报 .
沈实现，2011. 无为 · 无味：评杭州江洋畈生态公园 [J]. 风景园林 (1)：32-35.
沈实现，2014. 三十回望 [J]. 园林 (10)：36-42.
施奠东，2009. 西湖甲子纪述 [J]. 中国园林，23(10)：30-36.
施奠东，2010. 深切缅怀现代杭州风景园林的奠基人：余森文先生 [J]. 中国园林，26(2)：47-51.
施奠东，王公权，陈新一，等，1965. 关于《园冶》的初步分析与批判 [J]. 园艺学报，4(3)：159-167.
施林翊，2013. 上海方塔园整改项目的理论与实践 [J]. 园林 (4)：44-47.
史港影，2017. 花凝人生：陈俊愉百年诞辰纪念座谈会在沪召开 [J]. 园林 (3)：84-85.
史素珍，李红星，2005. 西安市道路绿化树种的调查研究 [J]. 陕西林业科技 (2)：21-24.
史文娟，2016. 从历史研究到建筑实践：《苏州古典园林》的反思与继承 [J]. 建筑史 (1)：155-159.
史琰，金荷仙，包志毅，等，2016. 中国城市建成区乔木结构特征 [J]. 中国园林，32(6)：77-82.
舒俭民，2016. 从国家园林城市到国家生态园林城市是全方位升华 [J]. 城乡建设 (3)：21.
宋丽萍，2007. 中国城市化水平预测 [J]. 辽宁大学学报（哲学社会科学版）(3)：115-117.
宋霖，2017. 余树勋先生风景园林理论与实践研究 [D]. 武汉：华中科技大学 .
苏联建筑研究院城市建设研究所，1959. 苏联城市绿化 [M]. 林茂盛，等，译 . 北京：建筑工程出版社 .
苏雪痕，1983. 鼎湖山植物群落对广州园林中植物造景的启示 [J]. 北京林业大学学报 (3)：46-55.
苏雪痕，1994. 植物造景 [M]. 北京：中国林业出版社 .
苏雪痕，2012. 植物景观规划设计 [M]. 北京：中国林业出版社 .
苏雪痕，2014. 论植物景观规划设计 [J]. 园林 (10)：122-127.
苏雪痕，李雷，苏晓黎，2004a. 城镇园林植物规划的方法及应用 (1)：植物材料的调查与规划 [J]. 中国园林 (6)：61-64.
苏雪痕，苏晓黎，宋希强，2004b. 城镇园林植物规划的方法及应用 (2)：华东地区专类园的植物规划 [J]. 中国园林 (8)：60-62.
苏智良，2012. 法国文化空间与上海现代性：以法国公园为例 [J]. 史林 (4)：32-43.
苏州市地方志编纂委员会办公室，苏州市园林管理局，1986. 拙政园志稿（内部发行）[Z]. 苏州：苏州市园林管理局.
苏州市平江区地方志编纂委员会，2006. 平江区志 [M]. 上海：上海社会科学院出版社 .
苏州市人民委员会园林管理处，1962. 苏州园林名胜 [M]. 苏州：苏州市人民委员会园林管理处 .
苏州市园林和绿化管理局 . 2014. 苏州园林风景志 [M]. 上海：文汇出版社 .
孙施文，1997. 城市规划哲学 [M]. 北京：中国建筑工业出版社 .
孙晓春，2016. 生态园林城市：中国特色城市发展的体现 [J]. 安徽园林 (4)：10-11.
孙筱祥，1962. 中国传统园林艺术创作方法的探讨 [J]. 园艺学报 (1)：79-88.

孙筱祥，1964. 中国山水画论中有关园林布局理论的探讨 [J]. 园艺学报 (1)：63-72.
孙筱祥，1981. 园林艺术及园林设计 [Z]. 北京：北京林学院城市园林系 .
孙筱祥，1987. 生境 · 画境 · 意境：文人写意山水园林的艺术境界及其表现手法 [C]// 宗白华，等 . 中国园林艺术概观 . 南京：江苏人民出版社 .
孙筱祥，1990. 有关风景园林专业国内外动态 [J]. 中国园林 (1)：13-14.
孙筱祥，2005-10-13. 建生态系统良好的城市 [N]. 中国建设报 (02).
孙筱祥，2006. 第三谈：创建生物多样性迁地保护植物园与人类生存生态环境可持续发展的重大关系 [J]. 风景园林 (1)：12-15.
孙筱祥，2011a 孙筱祥教授风景园林设计实践作品选登 [J]. 风景园林 (3)：25-29.
孙筱祥，2011b. 孙筱祥教授绘画作品选登 [J]. 风景园林 (3)：30-33.
孙筱祥，2011c. 园林艺术及园林设计 [M]. 北京：中国建筑工业出版社 .
孙筱祥，2013. 风景园林 (landscape architecture)：从造园术、造园艺术、风景造园——到风景园林、地球表层规划 [J]. 风景园林 (6)：34-40.
孙筱祥，胡绪渭，1959. 杭州花港观鱼公园规划设计 [J]. 建筑学报 (5)：19-24.
孙筱祥，朱成珞，2006. 西双版纳热带植物园规划设计 [J]. 风景园林专辑 (20)：1-68.
孙颖杰，王姝，邱柳，2009. 中国城市化进程及其特征研究 [J]. 沈阳工业大学学报（社科版）(3)：220-225.
谭伯禹，1986. 杭州植物园总体规划与展览区的建设 [J]. 杭州植物园通讯 (3)：1-10.
谭广文，2007. 吴泽椿 [J]. 广东园林 (3)：76.
谭庆琏，2007. 建设园林城市构筑和谐社会 [C]// 建设部城建司 . 园林城市与和谐社会 . 北京：中国城市出版社 .
檀馨，2013. 我和�石苑的缘分 [J]. 景观 (3)：14-18.
檀馨，2014. 梦笔生花 · 檀馨谈意：我的园林情怀 [M]. 北京：中国建筑工业出版社 .
谭伊孝，1991. 北京文物胜迹大全：东城区卷 [M]. 北京：燕山出版社 .
唐振缁，2014. 和院士同窗时的点点滴滴 [J]. 风景园林 (3)：150-151.
天津市城市规划志编纂委员会，1994. 天津市城市规划志 [M]. 天津：天津科学技术出版社 .
田中淡，1998. 中国造园史研究的现状与课题（上）[J]. 中国园林 (1)：10-12.
同济大学建筑系园林教研室，1986. 公园规划与建筑图集 [M]. 北京：中国建筑工业出版社 .
童寯，1963. 江南园林志 [M]. 北京：中国建筑工业出版社 .
童寯，1984. 江南园林志 [M].2 版 . 北京：中国建筑工业出版社 .
童寯，2006. 园论 [M]. 天津：百花文艺出版社 .
童乔慧，卫薇，2011. 汉口城市建设的先行者：忆吴国柄先生 [J]. 新建设 (2)：134-138.
汪国权，1983. 庐山植物园五十年 [J]. 中国科技史料 (2)：55-62.
汪国权，1994. 陈封怀：中国植物园之父 [J]. 植物杂志 .1994(4)：21-23.
汪辉，2016. 汪星伯与苏州园林 [J]. 苏州杂志 (1)：43-45.
汪菊渊，1956-12-04. 关于城市及居民区绿化专业几个问题的商榷 [N]. 光明日报 .
汪菊渊，1959. 怎样理解园林化和进行园林化规划 [J]. 福建林业 (2)：28-30.
汪菊渊，1962. 我国园林最初形式的探讨 [J]. 园艺学报 (2)：101-105.
汪菊渊，1981. 中国古代园林史纲要 [M]. 北京：北京林学院园林系印 .
汪菊渊，1981. 外国园林史纲要 [M]. 北京：北京林学院 .
汪菊渊，1982. 北京明代宅园 [G]// 北京林业院林业史研究室 . 林业史园林史论文集（第一集）：32-35.

汪菊渊，1985. 中国山水园的历史发展 [J]. 中国园林 (3)：32-33.
汪菊渊，1988. 园林学 [C]// 中国大百科全书编辑委员会 . 中国大百科全书：建筑 · 园林 · 城市规划 . 北京：中国大百科全书出版社 .
汪菊渊，1992. 我国城市绿化、园林建设的回顾与展望 [J]. 中国园林 (1)：17-25.
汪菊渊，1994. 序言 [C]// 苏雪痕 . 植物造景 . 北京：中国林业出版社 .
汪菊渊，2006. 中国古代园林史（上、下卷）[M]. 北京：中国建筑工业出版社 .
汪菊渊，2012. 中国古代园林史（第二版）[M]. 北京：中国建筑工业出版社 .
汪菊渊，金承藻，张守恒，等，1982. 北京清代宅园初探 [G]// 北京林业院林业史研究室 . 林业史园林史论文集（第一集）：49-61.
汪仕豪，2010. 专访孟兆祯：承继前人精华开创园林新篇 [Z/OL].(2010-07-06)[2010-10-18]. http：//www.chla.com.cn/html/c138/2010-07/59254.html.
汪星伯，1979. 假山 [C]// 清华大学建筑工程系建筑历史教研组 . 建筑史论文集(第二辑). 北京：清华大学建筑工程系 .
汪星伯，2016. 修园林 [J]. 苏州杂志 (1)：1.
汪瑛，2011. 北京市行道树结构分析与健康评价 [D]. 北京：中国林业科学研究院 .
王成，2018. 中国国家森林城市该怎么建 [J]. 绿化与生活 (1)：21-24.
王公权，陈新一，黄茂如，等，1965. 试论我国园林的起源 [J]. 园艺学报 (4)：213-220.
王军，2003. 城记 [M]. 上海：三联书店 .
王立永，李秀，1992. 济南环城公园总体构思、规划布局及设计手法 [J]. 中国园林 (2)：31-35.
王鹏善，2013. 中山陵志 [M]. 南京：南京出版社 .
王其超，1965. 武汉地区园林乔木树种选择问题的探讨 [J]. 园艺学报 (2)：91-100.
王其超，2014. 怀念良师益友余树勋先生 [J]. 中国园林，30(10)：48-49.
王其亨，吴静子，赵大鹏，2012. 景的释义 [J]. 中国园林，28(3)：31-33.
王缺，2015. 巧筑园林播芬芳：记 1983 年慕尼黑国际园艺展中国园“芳华园”[J]. 广东园林 (1)：4-7.
王荣，1989. 天津园林绿化 [M]. 天津：天津科技出版社 .
王绍增，1998.《园冶注释》疑义举析：兼评张家骥先生《园冶全释 · 序言》[J]. 中国园林 (2)：20-25.
王绍增，2000. 十年再磨剑：读周维权先生《中国古典园林史》第二版有感 [J]. 中国园林，16(4)：20-26.
王绍增，2004. 忆先师程世抚 [J]. 中国园林，20(6)：12-13.
王绍增，2006. 论风景园林的学科体系 [J]. 中国园林，22(5)：9-11.
王绍增，2009a. 建立完整的中国风景园林理论体系 [J]. 中国园林，26(9)：73-77.
王绍增，2009b. 消费社会与风景园林教育 [J]. 中国园林，26(2)：25-30.
王绍增，2011.主编心语[J]. 中国园林，27(6).
王绍增，2014. 风景园林理论发展的 30 年 [J]. 园林 (10)：32-35.
王绍增，2015a. 30 年来中国风景园林理论的发展脉络 [J]. 中国园林，31(10)：14-16.
王绍增，2015b. 论“境学”与“营境学”[J]. 中国园林，31(3)：42-45.
王绍增，2015c. 主编心语 [J]. 中国园林 (6)：1.
王绍增，2016. 论不过分张扬的风景园林师：尊重科学 . 理解人性 [J]. 中国园林，32(4)：5-9.

王绍增，林广思，刘志升，2007. 孤寂耕耘默默奉献：孙筱祥教授对“风景园林与大地规划设计学科”的巨大贡献及其深远影响 [J]. 中国园林，23(12)：27-40.
王淑芬，苏雪痕，1995. 质感与植物景观设计 [J]. 北京工业大学学报 (2)：41-45.
王祥荣，1998. 生态园林与城市环境保护 [J]. 中国园林，14(2)：14-16.
王向荣，2005. 现代景观设计在中国 [J]. 技术与市场（下半月）(3)：12-14.
王向荣，2011. “我是风景园林学的一名老学生”：访我国著名风景园林教育家和设计师孙筱祥教授 [J]. 风景园林 (3)：16-17.
王向荣，2014. 孟先生对中国风景园林的影响和贡献 [J]. 风景园林 (3)：146-148.
王向荣，2019. 景观笔记：自然 · 文化 · 设计 [M]. 上海：三联书店 .
王向荣，2019. 文化的自然 [J]. 城市 · 环境 · 设计 (1)：30-37.
王向荣，韩炳越，2001. 杭州“西湖西进”可行性研究 [J]. 中国园林，17(6)：11-13.
王向荣，林菁，2002. 西方现代景观设计的理论与实践 [M]. 北京：中国建筑工业出版社 .
王向荣，林菁，2003. 现代景观的价值取向 [J]. 中国园林，19(1)：4-11.
王向荣，林菁，2011. 杭州江洋畈生态公园工程月历 [J]. 风景园林 (1)：18-31.
王向荣，林菁，2012. 多义景观 [M]. 北京：中国建筑工业出版社 .
王向荣，林菁，2014. 风景园林与自然 [J]. 世界建筑 (2)：24-27.
王一如，2011. 略解冯纪忠先生的中国园林史观 [J]. 时代建筑 (1)：133-135.
王玉茹，1987. 论两次大战之间中国经济的发展 [J]. 中国经济史研究 (2)：97-109.
王云，2008.20 世纪上半叶外滩公园的变迁 [J]. 上海交通大学学报（农业科学版）(6)：550-554.
王云，2015. 上海近代园林史论 [M]. 上海：上海交通大学出版社 .
韦国荣，1993. 深切悼念林西同志 [J]. 广东园林 (3)：46-47.
韦雨涓，2014. 造园奇书《园冶》的出版及版本源流考 [J]. 中国出版 (3)：62-64.
文爱平，2007. 杨乃济：“槛外”论道覃覃有味 [J]. 北京规划建设 (4)：184-188.
文桦 .2008. 在继承中求创新在创新中谋发展：访中国风景园林大师孙筱祥 [J]. 风景园林 (1)：12-14.
文桦，2009. 生态园林和谐城市的一条“自然之道”：访中国著名园林专家程绪珂 [J]. 风景园林 (3)：13-15.
无锡城市科学研究会，2013. 李正治园 ：一个建筑师的园林畅想 [M]. 北京：中国建筑工业出版社 .
吴碧珊，2005. 广州白云山下流淌的花城明珠：云台花园 [J]. 花卉 (12)：76-77.
吴承明，1955. 帝国主义在旧中国的投资 [M]. 北京：人民出版社 .
吴国柄，1999. 我和汉口中山公园及市政建设 [C]// 武汉政协 . 武汉文史资料文库（第三卷）.
吴晗，2010. 明朝大历史 [M]. 西安：陕西师范大学出版社 .
吴劲章，李敏，2001. 广州公园建设 [M]. 北京：中国建筑工业出版社 .
吴劲章，谭广文，2009. 新中国成立 60 年广州造园成就回顾 [J]. 中国园林，25(10)：37-41.
吴敬琏，2013. 城镇化效率问题探因 [J]. 金融经济 (6)：10-12.
吴良镛，1999. 发达地区城市化进程中建筑环境的保护与发展 [M]. 北京：中国建筑工业出版社 .

吴良镛，2003. 张謇与“中国近代第一城”[J]. 文史知识(8)：4-15.
吴良镛，2006. 追记中国第一个园林专业的创办：缅怀汪菊渊先生[J]. 中国园林，22(3)：1.
吴良镛，2007. 淡泊名利成就辉煌：周维权教授追思[J]. 风景园林(5)：13.
吴明玲，2001. 生态的才是美丽的：记程绪珂和她的“住区生态文化理论”[J]. 房地产世界(7)：16-19.
吴淑琴，2006. 北京城市园林绿地系统规划20年[J]. 北京规划建设(5)：62-66.
吴廷燮，等，1998. 北京市志稿[M]. 北京：北京燕山出版社.
吴雪萍，吕丹丹，2016. 西安市兴庆宫公园景观重构设计研究[J]. 现代园林，13(2)：128-135.
吴翼，1984. 城市园林绿化发展战略的探讨[J]. 华中建筑(4)：36-41.
吴翼，1985. 城市中的园林路[J]. 中国园林(1)：21-25.
吴翼，1986. 城市园林绿化规划新议[J]. 城市规划(5)：49-52.
吴翼，1988. 现代生活与古代文化[J]. 装饰(4)：13-14.
吴翼，1989. “荫”·“景”·“净”：合肥园林路与街道绿化巡礼[J]. 风景名胜(2)：8-9.
吴翼，1993a，当代城市园林建设漫议：记者与专家访谈录[J]. 风景名胜(2)：18-20.
吴翼，1993b. 我与绿色之城[C]// 合肥政协. 合肥文史资料第9辑.
吴翼，1995. “园林化”与山水城市：和钱学森先生山水城市的倡导[J]. 中国园林(1)：27-31.
吴泽椿，1981. 园中院的艺术评价[J]. 广东园林(1)：26-31.
吴泽民，2011. 城市景观中的树木与森林：结构、格局与生态功能[M]. 北京：中国林业出版社.
吴泽民，2015. 欧美经典园林景观艺术[M]. 合肥：安徽科技出版社.
吴泽民，王嘉楠，2017. 应对气候变化：城市森林树种选择思考[J]. 中国城市林业(3)：1-5.
吴肇钊，1980. 海·中山风[J]. 江苏画(4)：21-22.
吴肇钊，1985. 瘦西湖的历史与艺术[J]. 新建筑(3)：16-23.
吴肇钊，1989. 中国庭园中瀑布与泉流艺术[J]. 建筑师(35)：58-66.
吴肇钊，1992. 夺天工：中国园林理论、艺术、营造文集[M]. 北京：中国建筑工业出版社.
吴肇钊，2002. 吴肇钊景园建筑画集[M]. 北京：中国建筑工业出版社.
吴肇钊，2004. 中国园林立意·创作·表现[M]. 北京：中国建筑工业出版社.
吴肇钊，2008. 诗为意境，画为蓝本：石涛“片石山房”研究与修复设计[C].2008中国民间建筑与园林营造技术学术会议论文集.
吴肇钊，2010. 新版“片石山房”进驻高层住宅楼[J]. 风景园林(4)：106-10.
吴肇钊，2012. 园冶图释[M]. 北京：中国建筑工业出版社.
吴肇钊，2013a.《园冶图释》借古开今[J]. 广东园林(6)：12-15.
吴肇钊，2013b-08-31. 石涛的“人间孤本”[N]. 扬州晚报.
吴肇钊，2013c. 吴肇钊教授部分作品选登[J]. 广东园林(1)：7-8.
吴振千，张文娟，1993. 浦东新区的绿洲：中央公园[J]. 上海建设科技(5)：32-33.
吴振千，2007a. 富有创意的方塔园规划设计：记冯纪忠精心设计的过程[J]. 世界建筑导报(3)：53.
吴振千，2007b. 用回忆拥抱过去用希望拥抱未来：上海市园林设计院早期的成长历史（1946—1976）[J]. 中国园林，23（8）：39-42.

吴振千，2009a. 情缘园林：我的园林人生 [M]. 上海：上海科学普及出版社 .
吴振千，2009b. 上海园林建设中的一出重头戏：记上海大观园兴建始末 [C]// 吴振千 . 我的园林人生 . 上海：上海科学普及出版社 .
吴中伦，1959a. 对于大地园林化的初步意见 [J]. 林业科学技术快报 (14)：1-4.
吴中伦，1959b. 园林化树种的选择与规划 [J]. 林业科学 (2)：85-111.
吴中伦，2009. 中国绿化之父：傅焕光 [J]. 金陵瞭望 (2)：22-23.
武汉市城市规划管理局，1999. 武汉城市规划志 [M]. 武汉：武汉出版社 .
武汉地方志编纂委员会，1996. 武汉市志· 城市建设志(上下卷)[M]. 武汉: 武汉大学出版社.
武汉市园林局，2008. 品读解放公园 [M]. 武汉：武汉出版社 .
伍卫东，万志洲，任青，等，1998. 紫金山风景区古老珍稀树木的调查研究 [J]. 江苏林业科技 (2)：28-30.
西安地方志编委会，2017. 西安雁塔区志 [M]. 西安：陕西旅游出版社 .
西安市地方志编纂委员会，2000. 西安市志· 第二卷· 城市基础设施 [M]. 西安: 西安出版社.
西安市档案局，1994. 筹建西京陪都档案史料选辑 [M]. 西安：西北大学出版社 .
夏昌世，1995. 园林述要 [M]. 广州：华南理工大学出版社 .
夏昌世，莫伯治，1963. 漫谈岭南庭园 [J]. 建筑学报 (3)：11-14.
夏昌世，莫伯治，2008. 岭南庭园 [M]. 北京：中国建筑工业出版社 .
夏成钢，2014. 构建中国特色的风景园林理论 . 孟兆祯先生学术思想感悟 [J]. 风景园林 (3)：36-38.
肖毅强，刘宇辉，2012. 郑祖良在岭南的学术创刊活动及其影响评析 [J]. 南方建筑 (2)：5-8.
谢爱华，2008. 海外最大苏州园林“流芳园＂规划设计回顾 [J]. 中国园林，24(3)：40-44.
谢申图，1923. 论说：行道树之应栽植 [J]. 道路月刊 (2)：13-15.
谢圣韵，2008. 上海租界园地研究 [D]. 上海：上海交通大学 .
谢晓霞，1999. 复兴公园是他设计的：访九六老人郁锡麒 [J]. 园林 (5)：16-17.
谢孝思，1961. 重修拙政园记 [C]// 苏州市旧城建设办公室编 . 苏州胜迹重修记 (1989 年版). 上海：上海三联书店 .
谢孝思，1988. 自此长留天地间 [J]. 苏州文物 (1)：1-8.
谢孝思，1998. 苏州园林品赏录 [M]. 上海：上海文艺出版社 .
谢孝思，2008. 谢孝思自传 [C]// 中国民主促进会苏州市委员会 . 一个人与一座城市：谢孝思与苏州文化 . 苏州：古吴轩出版社 .
谢友苏，2007. 父亲的奇迹 [J]. 苏州杂志 (5)：70-71.
谢玉明，刘少宗，1990. 陶然亭公园华夏名亭园景区设计 [J]. 北京园林 (2)：17-28.
新华社，1959-03-27. 提高造林质量，加快绿化速度：林业部召开造林园林化会议布置今年工作 [N]. 人民日报 (03).
邢和明，2014. 新中国初期反对建筑浪费和批判“形式主义、复古主义”问题 [J]. 中共党史研究 (7)：64-74.
邢晓辞，2010. 略论改变近现代上海面貌的匈牙利建筑大师邬达克 [J]. 东方企业文化 (15)：125-126.
徐炳声，2013. 上海园林植物的新变化 [J]. 园林 (10)：74-77.
徐波，2005. 城市绿地系统规划中市域问题的探讨 [J]. 中国园林，21(3)：65-69.
徐昌酩，2004. 上海美术志 [M]. 上海：上海书画出版社 .

上海地方志办公室，2005. 上海名建筑志 [M]. 上海：上海社会科学院出版社 .
徐大陆，2008. 江苏近代园林几多中国之最 [J]. 中国园林，24(3)：39-44.
徐飞鹏，袁春晓，2016. 解读民国时期青岛的城市规划 [J]. 建筑工程技术与设计 (33)：11.
徐刚毅，2001. 老苏州 · 百年历程（上、下卷）[M]. 南京：江苏古籍出版社 .
徐匡迪，2011. 中国城市化进程 [C].2011 年百城论坛文集 . 北京：2011.
徐然，2011. 山地中心区公园改造规划研究：以重庆市人民公园改造为例 [D]. 重庆：重庆大学 .
徐茵，2009. 南京中山陵设计者吕彦直籍贯新证 [J]. 滁州学院学报 (4)：7-9.
徐振亚，1963. 扎兰屯文化休息公园的规划设计 [J]. 建筑学报 (12)：18-19.
许江，2010. 孤独而庄严的方塔 [C]// 冯纪忠 . 与古为新：方塔园规划 . 北京：东方出版社 .
许晓东，赵夏榕，2012. 把自然发展的脉络和文化痕迹延续下去：访北京多义景观规划设计事务所主持设计师、设计总监王向荣林箐 [J]. 设计家 (3)：30-35.
许晓梅，1994. 深圳市再创奇迹十三年荣摘园林城市桂冠 [J]. 当代建设 (3)：8-9.
薛顺生，娄承浩，2002. 上海老建筑 [M]. 上海：同济大学出版社 .
严军，2015. 镇江伯先公园造园手法研究 [J]. 中国园林，31(7)：68-72.
扬州绿化委，2008. 扬州绿化 [Z]. 扬州：扬州绿委 .
扬州市广陵区地方志编纂委员会，1993. 扬州广陵区志 [M]. 北京：中华书局 .
杨乃济，1980. 大观园营建始末：追记赴日“红楼梦”展的大观园模型 [J]. 红楼梦研究集刊 (3)：405-414.
杨乃济，2003. 紫禁城古建筑修缮，我主张“焕然一新”[J]. 古建园林技术 (1)：54-55.
杨锐，2007. 寒舍书香深谷幽兰：深切怀念周维权先生 [J] 中国园林，24(10)：36-37.
杨瑞兴，刘玉贞，王和祥，等，1996. 天津城市环境与园林树种规划的研究 [J]. 天津建设科技 (2)：42-48.
杨小奇，2016. 绿色梦想：记城市园林绿化专家吴翼先生 [J]. 锋绘 (12)：64-67.
杨荫溥，1985. 民国财政史 [M]. 北京：中国财政经济出版社 .
杨智杰，2017. 俞孔坚的“大脚”能否迈进院士大门 [J]. 中国新闻周刊 (30)：62-67.
姚倩，2009. 武汉市综合公园发展历程研究 [D]. 武汉：华中农业大学 .
姚亦锋，2002. 环境审美规划的历史延续：与俞孔坚教授商榷“景观”等问题 [J]. 城市规划 (8)：76-82.
叶广度，1933. 中国庭园概观 [M]. 南京：南京钟山书局 .
叶广度，1933. 住宅庭院的设计 [J]. 科学时代 (2)：127-132.
叶菊华，1980. 南京瞻园 [J]. 南京工学院学报 (4)：2.
叶菊华，2007. 瞻园的维修 [C]. 刘敦桢先生诞辰 110 周年暨中国建筑学史研讨会论文集 . 南京，2007.
叶菊华，2011. 情系瞻园五十载：南京瞻园北扩工程规划设计 [J]. 现代城市研究 (6)：84-91.
叶菊华，2013. 刘敦桢 · 瞻园 [M]. 南京：东南大学出版社 .
叶璃，2016. 大隐隐于市：郭庄风雅 [J]. 浙江林业 (3)：34-35.
依凡诺娃，1951. 高尔基中央文化与休息公园 [J]. 时代 (13)：32-36.
尹洪卫，2018. 亦师亦友：缅怀王绍增先生 [J]. 广东园林 (2)：20-22.
尤传楷，2015. 环城公园 [J]. 安徽园林 2015 年特刊 .
游国恩，王起，萧涤非，等，1963. 中国文学史（1-4 册）[M]. 北京：人民文学出版社 .

于超群，2007. 济南市近现代（1904—2006）城市水系景观变迁研究 [D]. 泰安：山东农业大学.
余森文，1980. 从生态平衡谈城市绿化 [J]. 环境污染与防治 (3)：1-2.
余森文，1984. 园林植物配置艺术的探讨 [J]. 建筑学报 (1)：35-40.
余森文，1986a. 西湖高层建筑破坏西湖景观 [J]. 建筑学报 (10)：26-29.
余森文，1986b. 城市绿地与居民生存环境 [J]. 中国园林 (3)：1-3.
余森文，1990. 园林建筑艺术的继承与创新 [J]. 中国园林 (1)：15-22.
余树勋，1962. 武汉长江大桥桥头绿地的规划设计 [J]. 城市建设资料 (12)：29-33.
余树勋，1963. 计成和《园冶》[J]. 园艺学报 (1)：59-69.
余树勋，1982.《园冶》读后札记 [J]. 城市规划 (5)：18-20.
余树勋，1986. 浅议当前园林建设中的几个重大问题 [J]. 中国园林 (4)：39-42.
余树勋，1987. 浅议园林的艺术性 [J]. 中国园林 (1)：12-14.
余树勋，1988. 谈植物造园 [J]. 中国园林 (2)：2-6.
余树勋，1989. 植物园——现代化城市的标志 [J]. 城市 (3)：41.
余树勋，1996. 植物园规划的新概念 [C]. 中国植物园 (3)：19-21.
余树勋，2000. 植物园规划与设计 [M]. 天津：天津大学出版社.
余树勋，2006. 园林美与园林艺术 [M]. 北京：中国建筑工业出版社.
余树勋，2007. 向李嘉乐同志学习 [J]. 中国园林，23(11)：48-49.
余树勋，2009. 园林设计心理学初探 [M]. 北京：中国建筑工业出版社.
余树勋，2010. "写点东西" 交卷 [J]. 中国园林，26(6)：48-49.
余树勋，2012a. 痛失挚友陈俊愉 [J]. 中国园林，28(8)：5.
余树勋，2012b. 风景园林人才养培之我见 [J]. 风景园林 (4)：182.
俞孔坚，1987. 论景观概念及其研究的发展 [J]. 北京林业大学学报 (4)：433-439.
俞孔坚，1998a. 从世界园林专业发展的三个阶段看中国园林专业所面临的挑战和机遇 [J]. 中国园林 (1)：17-21.
俞孔坚，1998b. 哈佛大学景观规划设计专业教学体系 [J]. 建筑学报 (2)：58-62.
俞孔坚，1998c. 景观：文化、生态与感知 [M]. 北京：科学出版社.
俞孔坚，2001. 足下的文化与野草之美：中山岐江公园设计 [J]. 新建筑 (5)：17-20.
俞孔坚，2002. 难忘的禁林：1987 年第一届城市规划青年论文竞赛回顾 [J]. 城市规划 (8)：74-75.
俞孔坚，2004. 还土地和景观以完整的意义：再论"景观设计学"之于"风景园林" [J]. 中国园林，20(7)：47-51.
俞孔坚，2005. 河流再生设计浙江黄岩永宁公园生态设计 [J]. 中国园林，21(5)：17.
俞孔坚，2006. 生存的艺术：定位当今景观设计学 [M]. 北京：中国建筑工业出版社.
俞孔坚，2009-11-25. 需要一场"大脚的革命" [N]. 文汇报.
俞孔坚，2013. 怀念陈俊愉先生 [J]. 风景园林 (4)：41-42.
俞孔坚，2015. 不是你淘汰历史，就是被历史所淘汰 [J]. 风景园林 (4)：42-44.
俞孔坚，2016. 给中国的城市治病：我的 18 年自白 [J]. 中关村 (7)：26-28.
俞孔坚，李迪华，2003. 美国的景观规划设计专业 [C]// 俞孔坚，李迪华. 景观设计：专业学科与教育. 北京：中国建筑工业出版社.
俞孔坚，李迪华，2004.《景观设计：专业学科与教育》导读 [J]. 中国园林，20(5)：7-9.
俞孔坚，庞伟，2002. 理解设计：中山岐江公园工业旧址再利用 [J]. 建筑学报 (8)：47-53.

俞孔坚，王思思，乔青，2010. 基于生态基础设施的北京市绿地系统规划策略 [J]. 北京规划建设 (3)：54-58.
俞善庆，1982. 紫竹院公园水榭 [J]. 建筑学报 (5)：68-70.
俞志洲，1996. 回顾与展望：庆祝杭州植物园建园 40 周年 [J]. 风景名胜 (8)：22-25.
臧庆生，2007. 冯先生规划方塔园 [C]// 赵冰 . 冯纪忠和方塔园 . 北京：中国建筑工业出版社 .
曾昭奋，1993. 莫伯治与岭南佳构 [J]. 建筑学报 (9)：42-47.
曾昭奋，2001. 建筑大师莫伯治的创作实践与理论探索城市风 [J]. 建设管理专刊 (1)：37-39.
曾昭奋，2004. 岭南建筑艺术之光：解读莫伯治 [M]. 广州：暨南大学出版社 .
曾昭奋，2009a. 莫伯治与酒家园林（上）[J]. 华中建筑，27(5)：23-27.
曾昭奋，2009b. 莫伯治与酒家园林（下）[J]. 华中建筑，27(6)：17-20.
詹志勇，廖洪涛，1997. 香港与广州城市行道树群落比较研究 [J]. 地理学报 (6)：127-143.
张宝鑫，张治明，李延明，2009. 北京地区园林树种选择和应用研究 [J]. 中国园林，25(4)：94-98.
张大鹏，2013. 园冶研究的回顾与展望 [J]. 中国园林，29(1)：70-75.
张福山，1997. 济南市志 [M]. 北京：中华书局 .
张光钊，1935. 杭州市指南 [M]. 杭州：杭州市指南编辑社 .
张皓翔，2016. 城市绿地系统规划体系挑战与展望：城市绿地系统规划体系编制及成功案例的探讨 [J]. 建筑与文化 (6)：146-150.
张禾，1985. 天上人间诸景：记建设中的北京大观园 [J]. 中国建设 (11)：70-73.
张家骥，1963. 读《园冶》[J]. 建筑学报 (12)：20-21.
张家骥，1987. 中国造园史 [M]. 哈尔滨：黑龙江人民出版社 .
张家骥，1991. 中国造园论 [M]. 太原：山西人民出版社 .
张家骥，1993. 园冶全释 [M]. 太原：山西古籍出版社 .
张家骥，1997. 中国园林艺术大辞典 [M]. 太原：山西教育出版社 .
张家骥，2004. 中国建筑论 [M]. 太原：山西人民出版社 .
张家骥，2004. 中国造园艺术史 [M]. 太原：山西人民出版社 .
张敬丽，王锦，王昌命，等，2004. 昆明市建成区行道树结构研究 [J]. 西南林学院学报 (9)：36-39.
张乐华，2005. 庐山植物园杜鹃园专类园区的建设 [C]// 张治明 . 中国植物园第 8 期 . 北京：中国林业出版社 .
张乐华，王凯红，2005. 庐山植物园在中国近现代园林建设中的地位 [J]. 中国园林，21(10)：19-24.
张连全，2011. 踏遍青山觅绿引来新秀满园春：庄茂长先生的植物引种之路 [J]. 园林 (3)：72-77.
张民，2004. 北京风光北京大观园 [M]. 北京：北京美术摄影出版社 .
张楠，2014. 北京市中心城区行道树结构的研究 [J]. 中南林业科技大学学报 (5)：101-107.
张启翔，2012. 花凝人生香如故：深切怀念陈俊愉院士 [J]. 中国园林，28(8)：20-22.
张秦英，陈俊，2008. 我国园林植物研究及景观应用的几个方面 [J]. 现代园林 (12)：49-51.
张庆费，夏檑，2002. 上海城区主要交通绿带木本植物多样性分析 [J]. 中国园林，18(2)：72-75.

张述云，1996. 陶然亭的变迁：纪念陶然亭建亭 300 周年 [J]. 北京园林 (12)：43-45.
张树林，2014. 祝福檀馨 [C]// 檀馨 . 梦笔生花 . 北京：中国建筑工业出版社 .
张天洁，李泽，2006. 从传统私家园林到近代城市公园：汉口中山公园 (1928 年—1938 年) [J]. 华中建筑 (10)：177-182.
张薇，2005a. 论《园冶》产生的文化生态：《园冶》文化论之二 [J]. 中国园林，21(8)：65-68.
张薇，2005b. 论计成其人与《园冶》其书：《园冶》文化论之一 [J]. 中国园林，21(1)：45-48.
张薇，2006.《园冶 · 文化论》[M]. 北京：人民出版社 .
张文英，2006. 正确认识西风渐进对中国园林设计观的影响 [J]. 中国园林，22(2)：49-55.
张文英，2008. 当代景观营建方法的类型学研究 [J]. 中国园林，24(8)：59-68.
张文英，2011. 场所与定居：当代居住区景观营建的类型学方法研究 [J]. 风景园林 (5)：22-25.
张文英，许华林，李英华，等，2009. 诗意的栖居：保元泽第景观设计的现象学解析 [J]. 建筑学报 (12)：90-93.
张宪文，2002. 辛亥革命：中国城市现代化的新纪元和新境界 [J]. 江海学刊 (1)：148-155.
张宪文，2003. 对 1927—1937 年中国历史的基本认识 [J]. 历史教学 (4)：7-11.
张宪文 等，2012. 中华民国史 [M]. 南京：南京大学出版社 .
张云路，关海莉，李雄，2017. 从园林城市到生态园林城市的城市绿地系统规划响应 [J]. 中国园林，33(2)：71-77.
张长根 .2005. 上海优秀历史建筑（长宁篇）[M]. 上海：上海三联书店 .
张志国 .2013. 檀馨胸中藏锦绣梦笔绘园林 [J]. 绿色中国 (21)：50-53.
赵冰，2007. 冯纪忠和方塔园 [M]. 北京：中国建筑工业出版社 .
赵冰，冯叶，2007. 冯纪忠年谱 [J]. 世界建筑导报 (3)：64-69.
赵冰，冯叶，刘小虎，2010a. 方塔巍峨：冯纪忠作品研讨之八 [J]. 华中建筑 (11)：1-4.
赵冰，冯叶，刘小虎，2010b. 冬日何陋轩：冯纪忠作品研讨之一 [J]. 华中建筑 (3)：178-182.
赵冰，冯叶，刘小虎，2010c. 茶室秋风：冯纪忠作品研讨之四 [J]. 华中建筑 (7)：1-3.
赵兵，2009. 陈植造园文献分析 [C]// 张青萍 . 陈植造园思想国际学术大会论文集 . 北京：中国林业出版社 .
赵辰，童文，2003. 童寯与南京的建筑学术事业 [C]// 赵辰 . 伍江 . 中国近代建筑学术思想研究 . 北京：建筑工业出版社 .
赵纪军，2008. 现代与传统对话苏联文化休息公园设计理论对中国现代公园发展的影响 [J]. 风景园林 (2)：53-56.
赵纪军，2009. 新中国园林政策与建设 60 年回眸（二）. 风景园林 (2)：98-102.
赵纪军，2009. 新中国园林政策与建设 60 年回眸（三）. 风景园林 (3)：91-95.
赵纪军，2009. 新中国园林政策与建设 60 年回眸（四）. 风景园林 (5)：75-79.
赵纪军，2009. 新中国园林政策与建设 60 年回眸（五）. 风景园林 (6)：88-91.
赵纪军，2009. 新中国园林政策与建设 60 年回眸（一）. 风景园林 (1)：102-105.
赵纪军，2010. 对“大地园林化”的历史考察 [J]. 中国园林，26(10)：56-60.
赵纪军，2013. 绿化概念的产生与演变 [J]. 中国园林，29(2)：57-59.
赵纪军，2014a. 余树勋先生风景园林学术思想 [J]. 中国园林，30(10)：51-54.

赵纪军，2014b. 中国现代园林：历史与理论研究 [M]. 南京：东南大学出版社 .
赵纪军，2015-11-12. 哪个园林不是风景 [N]. 南方周末 .
赵纪军，2018. 章守玉先生早期“园艺”理念与实践研究 [J]. 中国园林，34(11)：64-68.
赵军，2008. 自囿走向开放：清末至民国时期中国公园建设研究 (D). 南京：南京农业大学 .
赵可，1999. 少城公园的辟设与近代成都 [J]. 成都大学学报（社科版）(2)：37-40.
赵莉，2015. 城市空间与其使用价值：汕头中山公园的城市空间意义 [J]. 南方建筑 (2)：75-80.
赵明远，2003. 孙支厦：中国近代早期建筑师的杰出代表 [J]. 南通工学院学报（社会科学版）(1)：42-45.
赵儒林，1985. 群落生态学与园林绿化植物的引种和配置的关系 [J]. 亚林科技 (1)：1-13.
赵耀，2014. 陪都十年建设计划草案》之研究 [D]. 重庆：重庆大学 .
正明，1952. 莫斯科中央文化与休息公园 [J]. 旅行杂志 (6)：54.
郑力鹏，2004. 中国近代国立大学校园建设的典范：原国立中山大学石牌校园规划 [J]. 新建筑 (6)：64-67.
郑力群，周向频，2014. 上海近代公共园林谱系研究 [J]. 城市建筑 (4)：195.
郑孝燮，罗哲文，刘小石，等，2012. 一个自由主义知识分子的红色蜕变（上）：梁思成与中共高层间的交往 [J]. 新华月报 (2)：68-71.
郑友揆，1984. 中国的对外贸易和工业发展 1840-1948 年史实的综合分析 [M]. 北京：社会科学院出版社 .
中国城市规划研究设计研究院，1985. 中国新园林 [M]. 北京：中国林业出版社 .
中国风景园林信息委员会，2007. 中国当代新年风景园林师作品集 [M]. 北京：中国城市出版社 .
中国共产党第八届中央委员会第六次全体会议，1958. 关于人民公社若干问题的决议（中国共产党第八届中央委员会第六次全体会议通过）(1958 年 12 月 10 日). 人民日报，1958-12-19(1, 2)
钟志德，2015. �溪札记 [C]// 叶广度 . 中国庭院记 . 北京：当代中国出版社
周干峙，2002. 序 [C]// 俞孔坚 . 城市景观之路：与市长们交流 [M]. 北京：中国建筑工业出版社 .
周干峙，2005. 西安首轮城市总体规划回忆 [C]// 中国城市规划学会 . 城市规划面对面：2005 城市规划年会论文集（上）. 北京：中国水利水电出版社
周干峙，2010. 深圳规划的历史经验 [J]. 城市发展研究 (4)：6-11.
周干峙，2011. 孙筱祥教授 90 华诞宴会祝词 [J]. 风景园林 (3)：18.
周干峙，储传亨，1994. 万里论城市建设 [M]. 北京：中国城市出版社 .
周贱平，李洪斌，陈李利，2007. 南亚热带主要城市行道树树种调查研究 [J]. 广东园林 (5)：48-3.
周健民，2010. 从建筑档案看中山陵建筑 [J]. 中国名城 (9)：56-61.
周如雯，朱祥明，周在春，等 .2009. 上海园林绿化事业辛勤的实践者和领军人：吴振千 [J]. 中国园林，25(10)：48-51.
周汝昌，2002. 北京大观园序 [C]// 林宽，周颖 . 北京大观园 . 北京：北京美术摄影出版社 .
周维权，1957. 略谈避暑山庄和圆明园的建筑艺术 [J]. 文物参考资料 (06)：8-12.
周维权，1960. 避暑山庄的园林艺术 [J]. 建筑学报 (6)：29-32.

周维权，1966. 中国名山风景区 [M]. 北京：清华大学出版社 .
周维权，1979. 北京西北郊的园林 [G]// 清华大学建筑工程系建筑历史教研组 . 建筑史论文集（第二辑）. 北京：清华大学出版社：72-126.
周维权，1981a. 圆明园的兴建及其造园艺术浅谈 [J]// 圆明园 .
周维权，1981b. 颐和园的造园艺术 [J]. 大学生 (4)：31-31.
周维权，1983. 名山风景区浅议 [J]. 中国园林 (1)：43-46.
周维权，1984. 魏晋南北朝园林概述 [G]// 清华大学建筑系 . 建筑史论文集（第六辑）. 北京：清华大学出版社：80-95.
周维权，1989. 魏晋南北朝的私家园林 [J]. 中国园林 (1)：2-5.
周维权，1990. 中国古典园林史 (第一版)[M]. 北京：清华大学出版社 .
周维权，1999. 中国古典园林史 (第二版)[M]. 北京：清华大学出版社 .
周武忠，2010. 中国名花与城市文化：陈俊愉院士访谈录 [J]. 中国名城 (1)：48-52.
周向频，2014. 中外园林史 [M]. 北京：中国建材工业出版社 .
周向频，陈喆华，2007a. 上海古典私园的近代嬗变 [J]. 世界建筑 (2)：142-145.
周向频，陈喆华，2007b. 上海近代租界公园：西学东渐下的园林范本 [J]. 城市规划学刊 (4)：113-118.
周向频，陈喆华，2009. 上海公园设计史略 [M]. 上海：同济大学出版社 .
周向频，陈喆华，2012. 史学流变下的中国园林史研究 [J]. 城市规划学刊 (4)：113-118.
周向频，刘曦婷，2014. 历史公园的保护与发展策略 [J]. 中国园林，30(2)：33-38.
周向频，麦璐茵，2018. 近代上海张园园林空间复原研究 [J]. 中国园林，34(7)：129-133.
周向频，王妍，2018. 中国近代园林史研究范式回顾与思考 [J]. 区域治理 (46)：114-119.
周向频，杨璇，2004. 布景化的城市园林：略评上海近年城市公共绿地建设 [J]. 城市规划学刊 (3)：43-49.
周醒南，1929. 厦门中山公园计划书 [M]. 厦门：漳厦海军司令部 .
周艳红，2016. 林西：广州城市和岭南园林建设的杰出领导者 [J]. 红广角 (12)：26-32.
周一星，杨齐，1986. 我国城镇等级体系变动的回顾及其省区地域类型 [J]. 地理学报 (2)：97-111.
周宇辉，2011. 郑祖良生平及其作品研究 [D]. 广州：华南理工大学建筑学院 .
周在春，1985. 上海植物园规划初步分析 [J]. 城市规划 (3)：33-38.
周在春，1992. 杨高路绿化设计创新探索 [J]. 上海建设科技 (5)：20-21.
周在春，1994. 人民广场改建工程设计纪要 [J]. 上海建设科技 (6)：13-14.
周在春，1998. 上海人民广场改建设计 [J]. 规划师 (1)：47-51.
周在春，1999. 上海园林景观设计精选 [M]. 上海：同济大学出版社 .
周峥，2008. 名园长留天地间：谢孝思与苏州园林 [C]// 中国民主促进会苏州分会 . 一个人与一座城市 . 苏州：古吴轩出版社 .
周肇基，2008. 云台公园佳景览胜 [J]. 花卉盆景 . 2008(10)：36-39.
周子峰，2004. 近代厦门市政建设运动及其影响(1920—1937)[J]. 中国社会经济史研究 (2)：92-102.
朱光亚，2001. 寻章摘句识童寯 [J]. 华中建筑 (1)：101-103.
朱鸿，2013. 唐时风景 [J]. 红豆 (10)：76-82.
朱建宁，2007 因地制宜建设生态园林城市 [C]// 建设部城建司 . 园林城市与和谐社会 . 北京：中国城市出版社 .

朱建宁，2008. 西方园林史：19 世纪前 [M]. 北京：中国林业出版社 .
朱建宁，2010. 中国园林文化艺术典型特征 [J]. 风景园林 (3)：108-111.
朱建宁，方岚，刘伟，2017. 生态园林的思想内涵和规划设计实例 [J]. 中国园林，33(8)：34-39.
朱建宁，杨云峰，2005. 中国古典园林的现代意义 [J]. 中国园林，21(11)：1-7.
朱建宁，周剑平，2009. 论 Landscape 的词义演变与 Landscape Architecture 的行业特征 [J]. 中国园林，25(6)：45-49.
朱钧珍，1990. 苏联园林植物配置综述 [J]. 北京园林 (2)：40-45.
朱钧珍，1999. 弘扬中国园林艺术：在 1998 年（深圳）广东园林学工作会议上发言 [J]. 广东园林 (1)：16.
朱钧珍，2003a. 中国园林植物景观艺术 [M]. 北京：中国建筑工业出版社 .
朱钧珍，2003b. 中国园林植物景观风格的形成 [J]. 中国园林，19(9)：33-37.
朱钧珍，2012. 中国近代园林史（上）[M]. 北京：中国建筑工业出版社 .
朱钧珍，2014. 序 [C]// 赵纪军 . 中国现代园林：历史与理论研究 . 南京：东南大学出版社 .
朱钧珍，2015. 园林植物景观艺术 [M].2 版 . 北京：中国建筑工业出版社 .
朱钧珍，2016. 咀嚼一生：关于中国传统园林自然观的思考 [J]. 中国园林，32(2)：66-69.
朱启钤，1934. 重刊园冶序 [J]. 国风 (8)：4-10.
朱铁臻，1996. 中国城市化的历史进程和展望 [J]. 经济界 (5)：14-16.
朱铁臻，2009. 改革开放与中国地市发展 [J]. 首都经济贸易大学学报 (2)：68-75.
朱旺生，2011. 城市绿地系统树种规划研究 [D]. 南京：南京林业大学 .
朱小地，2008. 北京城市中轴线与奥林匹克公园 [J]. 建筑技术及设计 (12)：92-98.
朱小地，2009. 北京奥林匹克公园中心区景观规划设计 [J]. 北京园林 (3)：8-13.
朱燕年，1917. 学术：市街行道树之研究 [J]. 国立北京农业专门学校校友会杂志 (2)：202-207.
朱有玠，1982. 园冶综论 [M]// 朱有玠 . 岁月留痕：朱有玠文集 . 北京：中国建筑工业出版社 .
朱有玠，1989. 南京园林药物花园及其蔓园与花径区设计随笔 [C]// 朱有玠 . 岁月留痕：朱有玠文集 . 北京：中国建筑工业出版社 .
朱有玠，1992. 长洲茂苑综述 [J]. 中国园林 (2)：11-13.
朱有玠 . 1992. 序 [C]// 吴肇钊 . 夺天工：中国园林理论、艺术、营造文集 . 北京：中国建筑工业出版社 .
朱育帆，2007a. 关于手绘专业表现 [J]. 风景园林 (2)：120-123.
朱育帆，2007b. 文化传承与“三置论”：尊重传统面向未来的风景园林设计方法论 [J]. 中国园林，23(11)：33-40.
朱育帆，2010. 传承中国园林文化精神的集大成者：记孟兆祯院士风景园林学术成就座谈会 [J]. 中国园林，26(5)：47-49.
朱育帆，姚玉君，2011. 为了那片青杨（下）：青海原子城国家级爱国主义教育示范基地纪念园景观设计解读 [J]. 中国园林，27(11)：18-25.
清华大学建筑学院景观学系，北京清华同衡规划设计研究院有限公司，2014. 原子城爱国主义教育基地纪念园，海北州，青海，中国 [J]. 世界建筑 (2)：94-101.
朱育帆，姚玉君，孟凡玉，2017. 辰山植物园矿坑花园，上海，中国 [J]. 世界建筑 (9)：96-97.
朱育帆，刘静，姚玉君，等，2013. 青海原子城爱国主义基地纪念园景观设计：设计的链接 [J]. 城市环境设计 (5)：158-159.

朱月琴，郑忠，2014. 移型与换位：民国时期长江三角洲城市体系之确立 [J]. 民国档案 (4)：102-109.
住房和城乡建设部新闻办公室，2009. 园林城市复查：成就 · 问题 · 措施 [J]. 建设科技 (19)：26-27.
庄少庞，2011. 莫伯治建筑创作历程及思想研究 [D]. 广州：华南理工大学 .
卓遵宏，姜良芹，等，2015. 南京国民政府十年经济建设 [C]// 张宪文 . 中华民国专题史 (第六卷). 南京：南京大学出版社 .
紫竹院公园管理处，2003. 紫竹院公园志 [M]. 北京：中国林业出版社 .
自然科学名词审定委员会，1996. 建筑园林城市规划名词 [M]. 北京：科学出版社 .
邹德慈，2003. 中国现代城市规划的发展与展望 [J]. 城乡建设 (2)：8-10.
邹德慈，2009. 发展中的城市规划 [C]// 中国城市规划学会 .2009 年中国城市规划年会的主题报告 .
邹德慈，2015. 回忆我的老师冯纪忠先生 [J]. 华中建筑 (7)：1-3.
Hill J W, Mahan C,1988. 中国行道树 [J]. 城市规划 (2)：62-63.
GARLIC,2017. 采访专题 | 清华大学朱育帆教授的传统文化视野 [Z/OL].https：//zhuanlan.zhihu.com/p/28035733.
Padua M G,2003. 工业的力量——中山岐江公园：一个打破常规的公园设计 [J]. 中国园林 ,19(9)：6-12.
Dwyer J F,Nowank D J,Noble M H,2003.Sustaining urban forests[J].Journal of Arboriculture,29(1)：49-55.
Farrelly E,2006.Behind the red velvet curtain lies a culture destroyed[C]// William S.Saunders(Editor).Designed Ecologies.The Landscape Architecture of Kongjian Yu.Birkh.user,Basel.
Gina C,2013.Tree gardens architecture and the forest[M].New York：Princeton Architectural Press.
Link P,1981.Mandarin ducks and butterflies:popular fiction in early twentieth-century Chinese cities[M].Berkeley:University of California.
Mark J,1996.A brief history of urban forestry in the United States[J/OL]. Arboricultural Journal,20(3)：257-278.LUC.ww.landuse.co.uk.
Morrison,David,2004.A methodology for ecological landscape and planting design-site planning and spatial design[C]//Dunnet H,Hitchmough J.The dynamic landscape,design ecology and management of Naturalistic urban planting.London and New York：Spone Press.
Murck A,Fong W C,1980-1981.A Chinese Garden Court： The Astor Court at The Metropolitan Museum of Art[J].from The Metropolitan Museum of Art Bulletin,38(3)：2-64.
Richard,1979.Metropolitan To Get Chinese Garden Court and Ming Room[J].The New York Times.January 17,1979.
Rowntree R,1984.The Urban forest-Introduction to Part I[J].Urban Ecology(8)：1-11.
Sasaki,2003.2008 年奥林匹克运动会—奥林匹克公园 [J]. 世界建筑导报 (3)：134-140.
Turner T,2010.European Gardens, History, philosophy and design[M]. Routledge,London and New York.

朱启钤

周醒南

杨锡宗

傅焕光

汪星伯

吕彦直

刘敦桢

陈植（养材）

童寯

李驹

章元凤

余森文

夏昌世

谢孝思

洪青

郑祖良

冯纪忠

莫伯治

林西

陈俊愉

陈从周

吴良镛

程绪珂

李嘉乐

吴翼

陈有民

李正

周维权

杨乃济

匡振鶠

叶菊华

苏雪痕

檀馨

周在春

陈樟德

李敏

胡洁

朱建宁

俞孔坚

王向荣

杜春兰

贺风春

章守玉

程世抚

汪菊渊

余树勋

朱有玠

孙筱祥

朱均珍

吴振千

梁友松

孟兆祯

王绍增

刘秀晨

吴肇钊

刘延捷

朱育帆

张文英

刘庭风

周向频

林菁

张薇

刘少宗

刘滨谊